中国国家大剧院

国家体育场("鸟巢")

国家游泳中心("水立方")

梅赛德斯-奔驰文化中心

重庆市人民大礼堂

深圳美伦酒店式公寓建筑设计

太原博物馆

湖州喜来登温泉酒店

广州塔

吉隆坡新地标Angkasa

美国芝加哥水族塔大厦

南京地标建筑：南京紫峰大厦

大连市某幼儿园

上海新江湾城中福会幼儿园

幼儿园建筑方案设计（一）

幼儿园建筑方案设计（二）

幼儿园建筑方案设计（三）

幼儿园建筑方案设计（四）

青岛大剧院

山西省大剧院

山西省图书馆

山西省科学技术馆

联体住宅(别墅)

独立住宅(别墅)

多层住宅(一)

多层住宅(二)

高层住宅(一)

高层住宅(二)

高雄圆山大饭店

山西长治潞安酒店、会展中心及办公楼

南京新天京大酒店

烟台市恒邦大酒店建筑方案设计

华西村龙希国际大酒店

某酒店建筑方案设计

广州市番禺客运站

大朗公路客运站

太原汽车客运东站

抚顺公路客运站

某公路客运站建筑方案设计

珠海客运站

印度泰姬陵

"十四五"职业教育国家规划教材

"十二五"职业教育国家规划教材
普通高等教育"十一五"国家级规划教材
高等教育建筑设计类专业系列教材

建筑设计原理

(第4版)

主　编　冯美宇
副主编　李　峰　王晓华
主　审　甘翔云

武汉理工大学出版社
·武汉·

内容简介

本书以建筑设计导入、建设设计初探、建筑方案设计、信息技术与建筑设计等四个模块为载体,系统地介绍了建筑与建筑设计、人-环境与建筑设计、总平面设计、建筑平面设计、建筑剖面设计、建筑体型与立面设计、幼儿园建筑方案设计、住宅建筑方案设计、汽车客运站建筑方案设计、BIM 概述、BIM 工具与相关技术标准的应用、BIM 与建筑设计、BIM 与建筑方案设计、BIM 与建筑初步设计、BIM 与建筑施工图设计、认知参数化建筑设计等内容。

本书可用于高等院校建筑设计、建筑装饰工程技术、环境艺术设计等专业的课程教学,也可作为二级注册建筑师的考试用书,还可作为工程技术人员的参考用书。

图书在版编目(CIP)数据

建筑设计原理 / 冯美宇主编. -- 4 版. -- 武汉:武汉理工大学出版社,2024.7.(2025.3 重印)-- ISBN 978-7-5629-7128-3

Ⅰ.TU2

中国国家版本馆 CIP 数据核字第 2024PT9802 号

项目负责人:戴皓华
责任编辑:戴皓华
责任校对:张莉娟
排　　版:芳华时代
出版发行:武汉理工大学出版社
地　　址:武汉市洪山区珞狮路 122 号
邮　　编:430070
网　　址:http://www.wutp.com.cn
经　　销:各地新华书店
印　　刷:武汉市洪林印务有限公司
开　　本:787×1092　1/16
印　　张:30　彩插:4　插页:6
字　　数:798 千字
版　　次:2024 年 7 月第 4 版
印　　次:2025 年 3 月第 2 次印刷　总第 20 次印刷
印　　数:3001—6000 册
定　　价:69.00 元

凡购本书,如有缺页、倒页、脱页等印装质量问题,请向出版社发行部调换。
本社购书热线电话:(027)87664138　87523148　87165708(传真)

版权所有,盗版必究。

第 4 版前言

本书是普通高等教育"十一五"国家级规划教材、"十二五"职业教育国家规划教材、"十四五"职业教育国家规划教材。

本书对接国家最新规范和法规,补充了新的建筑设计知识,删除了陈旧过时的内容;贯彻习近平提出的"思政课是落实立德树人根本任务的关键课程"和党的"二十大"精神,将课程思政元素与教学内容进行深度融合,融入辩证思维、融入中国传统文化和元素、融入工匠精神与职业道德等;为方便信息化教学,增加了扫描建筑设计信息动画的二维码学习资源(共计 29 个);为适应"1+X"证书制度试点工作需要,将建筑信息模型(BIM)职业技能等级课程标准的建筑设计相关内容有机地融入书中,对全书内容做了全面修订与升级,充分体现了"岗课赛证"融通的专业特色。

本书注重将教学改革的成果融入课堂教学,强调实践性和实用性,按照建筑设计导入、建筑设计初探、建筑方案设计、信息技术与建筑设计等四个模块调整了全书的整体架构。在每个模块设计了课程思政融合点思维导读,并将旅馆建筑方案设计采用二维码形式作为拓展资源;增加了认知参数化建筑设计相关内容;设置实例分析和实训课题,全面训练学生的专业核心能力,适应建筑设计新业态、新岗位发展的需求。

本书由山西工程科技职业大学冯美宇教授担任主编,由山西工程科技职业大学李峰副教授、王晓华一级注册建筑师担任副主编,由广西建设职业技术学院甘翔云教授担任主审。具体编写、修订工作分工如下:解析 2.1 和 2.2 由冯美宇编写、修订;解析 7、解析 8 由李峰编写、修订;解析 1、解析 4、解析 5 由王晓华编写、修订;解析 3 由山西工程科技职业大学王秀静副教授编写、修订;解析 9 由山西工程科技职业大学高林芳编写、修订;解析 10、解析 11、解析 12、解析 13 由山西工程科技职业大学付优编写、修订;解析 6、解析 14、解析 15 由山西工程科技职业大学范文东编写、修订;四个模块的思维导读、解析 2.3 和 2.4、解析 16 由山西工程科技职业大学邓慧霞编写、修订;旅馆建筑方案设计拓展资源由山西工程科技职业大学高林芳、严丽红编写、修订;解析 3.6、4.6、6.5、7.9、8.10,以及建筑设计信息动画资源文字介绍由高林芳、冯美宇搜集并整理。巴塞罗那国际博览会德国馆、富力湾别墅、丽景苑高层住宅、同城宾馆、汽车客运站等建筑设计信息动画资源是山西工程科技职业大学教师王凯徽在山西凯的建筑设计规划有限公司实践锻炼期间的作品。学生作品由朱栋、龚懂懂、郑妙、姚文慧、王飞设计制作，高林芳指导。

在本书的编写过程中，山西省建筑设计研究院有限公司史树一、中外建工程设计与顾问有限公司山西分公司边塞、新语空间工作室畅二军等提供了大量的建筑设计信息动画工程设计实例资源，在此表示衷心的感谢。

本书针对高等院校建筑设计类专业的建筑设计原理及建筑设计课程内容和结构进行了教学改革的尝试和探索，能否达到预期效果，有待广大师生和读者的检验。

限于编者水平，本书难免有不足和错漏之处，敬请读者批评指正，以待进一步修订完善。

编　者

2024 年 1 月

目　录

模块一　建筑设计导入

解析1　认识建筑与建筑设计 …………………………………………………………… (1)
 1.1　认识建筑 ……………………………………………………………………………… (1)
  1.1.1　什么是建筑 …………………………………………………………………… (1)
  1.1.2　建筑的基本属性 ……………………………………………………………… (2)
  1.1.3　建筑的构成要素 ……………………………………………………………… (3)
  1.1.4　建筑的分类 …………………………………………………………………… (4)
  1.1.5　建筑的分级 …………………………………………………………………… (6)
 1.2　认识建筑设计 ………………………………………………………………………… (8)
  1.2.1　设计与建筑设计的含义 ……………………………………………………… (8)
  1.2.2　建筑设计的方针、原则 ……………………………………………………… (9)
  1.2.3　建筑设计阶段划分 …………………………………………………………… (9)
 1.3　实训课题——建筑认知考察 ………………………………………………………… (14)

解析2　认知人-环境与建筑设计 ……………………………………………………… (15)
 2.1　人体测量学与建筑设计 ……………………………………………………………… (15)
  2.1.1　人体测量学的概念、由来和发展 …………………………………………… (15)
  2.1.2　人体测量的基础数据 ………………………………………………………… (16)
  2.1.3　人体测量学对建筑设计的影响及在建筑设计中的应用 …………………… (22)
 2.2　环境生理学与建筑设计 ……………………………………………………………… (26)
  2.2.1　建筑环境要素参数 …………………………………………………………… (26)
  2.2.2　视觉机能与环境 ……………………………………………………………… (26)
  2.2.3　视觉机能与建筑设计 ………………………………………………………… (29)
  2.2.4　听觉机能与建筑设计 ………………………………………………………… (31)
 2.3　环境心理学与建筑设计 ……………………………………………………………… (32)
  2.3.1　视觉心理学对建筑设计的影响与应用 ……………………………………… (32)
  2.3.2　人际空间心理学对建筑设计的影响与应用 ………………………………… (37)
  2.3.3　行为环境心理学对建筑设计的影响与应用 ………………………………… (39)
 2.4　实训课题——盥洗室内人体尺度测量问题的改造设计 …………………………… (41)

模块二　建筑设计初探

解析3　总平面设计 ……………………………………………………………………… (43)
 3.1　建筑基地 ……………………………………………………………………………… (43)
  3.1.1　地形条件 ……………………………………………………………………… (43)

3.1.2　自然条件 …………………………………………………………………………（44）
　　3.1.3　环境条件 …………………………………………………………………………（46）
　　3.1.4　建筑基地与城市规划 ……………………………………………………………（48）
3.2　总平面布局 …………………………………………………………………………………（50）
　　3.2.1　总平面布局原则 …………………………………………………………………（50）
　　3.2.2　基地总平面布局 …………………………………………………………………（50）
　　3.2.3　建筑布局 …………………………………………………………………………（53）
　　3.2.4　技术经济指标 ……………………………………………………………………（57）
3.3　总平面内交通组织 …………………………………………………………………………（58）
　　3.3.1　交通组织原则 ……………………………………………………………………（58）
　　3.3.2　基地出入口位置 …………………………………………………………………（59）
　　3.3.3　道路设计 …………………………………………………………………………（60）
　　3.3.4　停车场（库）设计 ………………………………………………………………（63）
3.4　实例分析——某中学扩建总平面图设计解析 ……………………………………………（66）
　　3.4.1　设计条件 …………………………………………………………………………（66）
　　3.4.2　任务要求 …………………………………………………………………………（66）
　　3.4.3　设计要点 …………………………………………………………………………（67）
　　3.4.4　设计方案 …………………………………………………………………………（67）
3.5　建筑设计信息动画二维码学习资源 ………………………………………………………（68）
　　3.5.1　某大学校区建设项目 ……………………………………………………………（68）
　　3.5.2　某农谷黑五类生物科技有限公司科技园区建设项目 …………………………（69）
　　3.5.3　某市广播电视无线发射台站建设项目 …………………………………………（69）
　　3.5.4　某农谷青创基地建设项目 ………………………………………………………（69）
3.6　实训课题——体育馆总平面图设计 ………………………………………………………（70）

解析 4　建筑平面设计 ………………………………………………………………………（73）
4.1　主要使用空间设计 …………………………………………………………………………（73）
　　4.1.1　主要使用空间设计时考虑的因素 ………………………………………………（73）
　　4.1.2　主要使用空间设计 ………………………………………………………………（77）
4.2　辅助使用空间设计 …………………………………………………………………………（87）
　　4.2.1　卫生间设计的一般规定 …………………………………………………………（87）
　　4.2.2　住宅卫生间设计 …………………………………………………………………（87）
　　4.2.3　公共卫生间设计 …………………………………………………………………（89）
　　4.2.4　卫生间无障碍设计 ………………………………………………………………（95）
　　4.2.5　第三卫生间 ………………………………………………………………………（96）
4.3　交通联系空间设计 …………………………………………………………………………（97）
　　4.3.1　水平交通空间设计 ………………………………………………………………（98）
　　4.3.2　垂直交通空间设计 ………………………………………………………………（100）
　　4.3.3　交通枢纽空间设计 ………………………………………………………………（112）
4.4　建筑平面组合设计 …………………………………………………………………………（117）

  4.4.1　功能分析 …………………………………………………………………(117)
  4.4.2　建筑空间平面组合设计 …………………………………………………(121)
  4.4.3　建筑平面组合设计手法 …………………………………………………(132)
 4.5　实例分析——幼儿园平面设计解析 …………………………………………(144)
  4.5.1　幼儿园设计任务综述 ……………………………………………………(144)
  4.5.2　幼儿园平面设计过程解析 ………………………………………………(146)
 4.6　建筑设计信息动画二维码学习资源 …………………………………………(152)
  4.6.1　中国联通运城市分公司办公大楼建设项目 ……………………………(152)
  4.6.2　某市妇幼保健院建设项目 ………………………………………………(153)
  4.6.3　1929年巴塞罗那国际博览会德国馆 …………………………………(153)
 4.7　实训课题 ………………………………………………………………………(154)
  实训课题一　多功能厅设计 ……………………………………………………(154)
  实训课题二　卫生间测绘 ………………………………………………………(155)
  实训课题三　民俗博物馆设计 …………………………………………………(156)

解析5　建筑剖面设计 ……………………………………………………………(159)
 5.1　房间的剖面形状与建筑剖面高度设计 ………………………………………(159)
  5.1.1　房间剖面形状的选择 ……………………………………………………(159)
  5.1.2　建筑剖面高度设计 ………………………………………………………(159)
 5.2　建筑层数的确定和剖面空间组合设计 ………………………………………(164)
  5.2.1　建筑层数的确定 …………………………………………………………(164)
  5.2.2　建筑剖面空间组合设计 …………………………………………………(166)
 5.3　竖向空间的利用与建筑局部高度设计 ………………………………………(170)
  5.3.1　竖向空间的利用 …………………………………………………………(170)
  5.3.2　建筑局部高度的确定 ……………………………………………………(172)
 5.4　建筑剖面设计与表达 …………………………………………………………(175)
  5.4.1　建筑剖面图的形成与制图表达 …………………………………………(175)
  5.4.2　建筑剖面设计 ……………………………………………………………(175)
 5.5　实例分析——某山地联排住宅剖面设计解析 ………………………………(176)
  5.5.1　建筑剖面设计任务综述 …………………………………………………(176)
  5.5.2　项目解析 …………………………………………………………………(177)
 5.6　实训课题——建筑剖面设计 …………………………………………………(179)

解析6　建筑体型与立面设计 ……………………………………………………(182)
 6.1　建筑形式美的基本规律 ………………………………………………………(182)
 6.2　建筑体型设计 …………………………………………………………………(191)
  6.2.1　建筑体型的类型 …………………………………………………………(191)
  6.2.2　建筑体型转折与转角处理 ………………………………………………(194)
  6.2.3　建筑体量间的联系与交接 ………………………………………………(196)
  6.2.4　体型的切割 ………………………………………………………………(196)
 6.3　建筑立面设计 …………………………………………………………………(197)

6.3.1 立面个性的表达 …………………………………………………………… (197)
　　6.3.2 立面轮廓的推敲 …………………………………………………………… (199)
　　6.3.3 立面比例的推敲 …………………………………………………………… (201)
　　6.3.4 立面尺度的推敲 …………………………………………………………… (201)
　　6.3.5 立面虚实的推敲 …………………………………………………………… (202)
　　6.3.6 立面门窗的推敲 …………………………………………………………… (202)
　　6.3.7 立面墙面的推敲 …………………………………………………………… (205)
　　6.3.8 色彩、质感及细部的推敲 ………………………………………………… (206)
6.4 实例分析 …………………………………………………………………………… (207)
　　6.4.1 乌尔姆展览馆 ……………………………………………………………… (207)
　　6.4.2 湖州喜来登温泉酒店 ……………………………………………………… (211)
　　6.4.3 美国芝加哥水族塔大厦 …………………………………………………… (212)
　　6.4.4 吉隆坡新地标 Angkasa Raya ……………………………………………… (213)
6.5 建筑设计信息动画二维码学习资源 ……………………………………………… (214)
　　6.5.1 某职业技术学院新建教学楼 ……………………………………………… (214)
　　6.5.2 某工人文化宫建设项目 …………………………………………………… (214)
　　6.5.3 某会所建设项目 …………………………………………………………… (215)
6.6 实训课题 …………………………………………………………………………… (215)
　　实训课题一　建筑造型、立面设计认识参观 …………………………………… (215)
　　实训课题二　建筑造型设计、建筑立面设计 …………………………………… (216)

模块三　建筑方案设计

解析7 幼儿园建筑方案设计 …………………………………………………………… (221)
7.1 概述 ………………………………………………………………………………… (221)
　　7.1.1 幼儿园的性质与类型 ……………………………………………………… (221)
　　7.1.2 幼儿园建筑的规模 ………………………………………………………… (221)
7.2 幼儿园建筑的房间组成及面积确定 ……………………………………………… (222)
　　7.2.1 幼儿园建筑的房间组成 …………………………………………………… (222)
　　7.2.2 主要房间的面积确定 ……………………………………………………… (222)
7.3 主要使用房间设计 ………………………………………………………………… (223)
　　7.3.1 幼儿生活用房 ……………………………………………………………… (223)
　　7.3.2 服务用房 …………………………………………………………………… (228)
　　7.3.3 供应用房 …………………………………………………………………… (229)
7.4 幼儿园建筑空间组合设计 ………………………………………………………… (229)
　　7.4.1 幼儿园建筑空间组合的原则 ……………………………………………… (229)
　　7.4.2 儿童生活单元设计 ………………………………………………………… (230)
　　7.4.3 幼儿园平面组合方式 ……………………………………………………… (233)
　　7.4.4 层数与层高 ………………………………………………………………… (234)
7.5 幼儿园基地选择与总平面布置 …………………………………………………… (235)

7.5.1　幼儿园基地选择 …………………………………………………………………（235）
　　7.5.2　幼儿园总平面布置 ………………………………………………………………（235）
7.6　幼儿园建筑设计发展方向 ………………………………………………………………（237）
7.7　实例分析 …………………………………………………………………………………（237）
　　7.7.1　大连幼儿园 ………………………………………………………………………（237）
　　7.7.2　丹麦创意幼儿园 …………………………………………………………………（241）
7.8　建筑设计信息动画二维码学习资源——某幼儿园建设项目 …………………………（245）
7.9　实训课题——幼儿园建筑方案设计 ……………………………………………………（245）

解析8　住宅建筑方案设计 ……………………………………………………………（249）
8.1　概述 ………………………………………………………………………………………（249）
　　8.1.1　住宅的种类 ………………………………………………………………………（249）
　　8.1.2　住宅建筑设计要点 ………………………………………………………………（249）
8.2　住宅套型设计 ……………………………………………………………………………（250）
　　8.2.1　住宅套型设计的依据 ……………………………………………………………（250）
　　8.2.2　住宅套型各功能空间设计 ………………………………………………………（251）
　　8.2.3　套型空间的组合设计 ……………………………………………………………（259）
　　8.2.4　套型空间的尺度控制 ……………………………………………………………（264）
8.3　住宅共用部分 ……………………………………………………………………………（265）
　　8.3.1　窗台、栏杆和台阶 ………………………………………………………………（265）
　　8.3.2　住宅消防和疏散设计 ……………………………………………………………（265）
　　8.3.3　楼梯、电梯设置 …………………………………………………………………（268）
　　8.3.4　地下室、半地下室 ………………………………………………………………（268）
　　8.3.5　住宅无障碍设计 …………………………………………………………………（269）
8.4　低层住宅设计 ……………………………………………………………………………（270）
　　8.4.1　低层住宅的类型 …………………………………………………………………（271）
　　8.4.2　低层住宅的套型设计 ……………………………………………………………（273）
　　8.4.3　节约用地 …………………………………………………………………………（274）
　　8.4.4　低层住宅的结构体系 ……………………………………………………………（276）
8.5　多层住宅设计 ……………………………………………………………………………（277）
　　8.5.1　多层住宅单元平面分类 …………………………………………………………（277）
　　8.5.2　多层住宅的结构体系 ……………………………………………………………（282）
8.6　高层住宅设计 ……………………………………………………………………………（282）
　　8.6.1　高层住宅的体型和平面类型 ……………………………………………………（282）
　　8.6.2　高层住宅的结构体系 ……………………………………………………………（288）
8.7　住宅的技术经济分析 ……………………………………………………………………（289）
8.8　实例分析 …………………………………………………………………………………（290）
　　8.8.1　阳泉药林别墅（独立式住宅） …………………………………………………（290）
　　8.8.2　盂县金龙凯旋城C区2#住宅楼（高层住宅） …………………………………（292）
8.9　建筑设计信息动画二维码学习资源 ……………………………………………………（299）

  8.9.1 富力湾别墅 ······ (299)
  8.9.2 颐和家园住宅 ······ (299)
  8.9.3 丽景苑高层住宅 ······ (299)
  8.9.4 蓝光·雅居乐雍锦半岛住宅小区 ······ (300)
 8.10 实训课题 ······ (300)
  实训课题一 独立式住宅设计 ······ (300)
  实训课题二 高层住宅设计 ······ (303)
 8.11 旅馆建筑方案设计 ······ (305)

解析 9 汽车客运站建筑方案设计 ······ (306)
 9.1 概述 ······ (306)
  9.1.1 汽车客运站定义 ······ (306)
  9.1.2 汽车客运站分级 ······ (306)
 9.2 基地选择和总平面设计 ······ (306)
  9.2.1 基地选择 ······ (306)
  9.2.2 总平面设计 ······ (307)
 9.3 站房主要用房设计 ······ (312)
  9.3.1 售票处 ······ (312)
  9.3.2 候车厅 ······ (314)
  9.3.3 行包用房 ······ (316)
  9.3.4 站务用房与服务用房 ······ (316)
  9.3.5 站台与发车位 ······ (316)
 9.4 站房建筑空间组合设计 ······ (319)
  9.4.1 旅客使用空间布局分析 ······ (319)
  9.4.2 流线分析与流线组织 ······ (320)
  9.4.3 站房部分防火疏散 ······ (321)
  9.4.4 剖面设计 ······ (322)
  9.4.5 结构选型 ······ (322)
  9.4.6 体型与立面设计 ······ (323)
 9.5 无障碍设计 ······ (325)
  9.5.1 站前广场无障碍设计 ······ (326)
  9.5.2 建筑入口无障碍设计 ······ (327)
  9.5.3 水平与垂直交通空间无障碍设计 ······ (327)
  9.5.4 公共卫生间 ······ (327)
  9.5.5 家具、器具及设备 ······ (328)
 9.6 实例分析 ······ (328)
  9.6.1 上海长途汽车客运站 ······ (328)
  9.6.2 大朗汽车客运总站 ······ (335)
 9.7 建筑设计信息动画二维码学习资源——某市汽车客运站 ······ (338)
 9.8 实训课题——长途汽车客运站建筑方案设计 ······ (339)

模块四 信息技术与建筑设计

解析10 认知BIM ……………………………………………………………… (342)
- 10.1 BIM的基本概念 ……………………………………………………… (342)
  - 10.1.1 BIM的来源与定义 ……………………………………………… (342)
  - 10.1.2 BIM的特点 ……………………………………………………… (343)
  - 10.1.3 BIM技术的优势 ………………………………………………… (344)
- 10.2 BIM的发展与应用 …………………………………………………… (346)
  - 10.2.1 AEC行业的发展历程 …………………………………………… (346)
  - 10.2.2 BIM在国外的发展路径与相关政策 …………………………… (347)
  - 10.2.3 BIM在国内的发展路径与相关政策 …………………………… (349)
  - 10.2.4 BIM的应用 ……………………………………………………… (350)
- 10.3 BIM技术相关标准 …………………………………………………… (353)
  - 10.3.1 BIM标准概述 …………………………………………………… (353)
  - 10.3.2 国外BIM标准 …………………………………………………… (353)
  - 10.3.3 国内BIM标准 …………………………………………………… (355)

解析11 BIM工具及技术标准的应用 ………………………………………… (357)
- 11.1 BIM工具概述 ………………………………………………………… (357)
  - 11.1.1 BIM核心建模软件 ……………………………………………… (357)
  - 11.1.2 BIM可持续(绿色)分析软件 …………………………………… (358)
  - 11.1.3 BIM机电分析软件 ……………………………………………… (359)
  - 11.1.4 BIM结构分析软件 ……………………………………………… (359)
  - 11.1.5 BIM可视化软件 ………………………………………………… (359)
  - 11.1.6 BIM深化设计软件 ……………………………………………… (359)
  - 11.1.7 BIM模型综合碰撞检查软件 …………………………………… (359)
  - 11.1.8 BIM造价管理软件 ……………………………………………… (360)
  - 11.1.9 BIM运营管理软件 ……………………………………………… (361)
  - 11.1.10 BIM发布审核软件 …………………………………………… (361)
  - 11.1.11 BIM常用软件汇总 …………………………………………… (361)
  - 11.1.12 软件互操作性 ………………………………………………… (363)
- 11.2 BIM相关技术 ………………………………………………………… (363)
  - 11.2.1 BIM和GIS ……………………………………………………… (363)
  - 11.2.2 BIM和FM ……………………………………………………… (364)
  - 11.2.3 BIM和绿色建筑设计 …………………………………………… (365)
  - 11.2.4 BIM和历史街区与历史建筑保护 ……………………………… (365)
  - 11.2.5 BIM和VR ……………………………………………………… (366)
  - 11.2.6 BIM和三维激光扫描技术 ……………………………………… (366)
  - 11.2.7 BIM和3D打印技术 …………………………………………… (366)
- 11.3 建筑设计信息模型(BIM)制图标准 ………………………………… (367)

11.3.1 相关的术语定义及说明 ……………………………………………………………… (367)
　　11.3.2 标准的相关基本规定 …………………………………………………………………… (369)
　　11.3.3 模型单元表达 …………………………………………………………………………… (371)
　　11.3.4 交付物表达 ……………………………………………………………………………… (379)
　　11.3.5 表达方式 ………………………………………………………………………………… (379)
　　11.3.6 单元化表达 ……………………………………………………………………………… (381)
　　11.3.7 图纸化表达 ……………………………………………………………………………… (381)

解析 12　BIM 与建筑设计 ………………………………………………………………………… (384)
　12.1　Revit 概念体量工具 …………………………………………………………………………… (384)
　　12.1.1 创建体量族及分析明细表的实现过程 ………………………………………………… (384)
　　12.1.2 分析图 …………………………………………………………………………………… (387)
　12.2　模型创建 ………………………………………………………………………………………… (387)
　　12.2.1 通过面模型创建面墙 …………………………………………………………………… (388)
　　12.2.2 通过面模型创建面屋顶 ………………………………………………………………… (388)
　　12.2.3 通过面模型创建面楼板、面地面 ……………………………………………………… (388)
　12.3　实例分析——幼儿园概念体量 ………………………………………………………………… (388)

解析 13　BIM 与建筑方案设计 ………………………………………………………………… (415)
　13.1　运用 Revit 软件，建立 BIM 模型 ……………………………………………………………… (415)
　13.2　建筑日照模拟分析的 BIM 应用 ……………………………………………………………… (416)
　13.3　建筑节能模拟分析的 BIM 应用 ……………………………………………………………… (420)
　13.4　建筑采光分析的 BIM 应用 …………………………………………………………………… (426)

解析 14　BIM 与建筑初步设计 ………………………………………………………………… (433)

解析 15　BIM 与建筑施工图设计 ……………………………………………………………… (435)
　15.1　建筑三维设计 …………………………………………………………………………………… (435)
　　15.1.1 标高与轴网的建立 ……………………………………………………………………… (435)
　　15.1.2 几何模型建模 …………………………………………………………………………… (436)
　　15.1.3 特殊立面建模 …………………………………………………………………………… (442)
　15.2　施工图绘制 ……………………………………………………………………………………… (443)
　　15.2.1 平面图纸 ………………………………………………………………………………… (443)
　　15.2.2 立面图纸 ………………………………………………………………………………… (443)
　　15.2.3 剖面图纸 ………………………………………………………………………………… (443)
　15.3　施工图阶段 BIM 流程 ………………………………………………………………………… (449)
　　15.3.1 施工图第一时段模型设计 ……………………………………………………………… (449)
　　15.3.2 施工图第二时段模型设计 ……………………………………………………………… (450)
　　15.3.3 施工图最终模型的设计 ………………………………………………………………… (451)

解析 16　认知参数化建筑设计 …………………………………………………………………… (452)
　16.1　参数化设计概述 ………………………………………………………………………………… (452)
　　16.1.1 参数的定义与使用 ……………………………………………………………………… (452)
　　16.1.2 参数化设计 ……………………………………………………………………………… (452)

16.2 参数化建筑设计 …………………………………………………………………… (452)
　16.2.1 参数化建筑设计的概念、内涵、分类、特点 ………………………………… (452)
　16.2.2 参数化建筑设计的应用 ………………………………………………………… (453)
　16.2.3 参数化建筑设计过程的关键环节 ……………………………………………… (454)
　16.2.4 参数化建筑设计对建筑师提出的要求 ………………………………………… (454)
16.3 参数化建筑设计实例解析 …………………………………………………………… (455)
　16.3.1 上海中心大厦参数化幕墙设计解析 …………………………………………… (455)
　16.3.2 杭州奥体中心体育游泳馆参数化建筑设计解析 ……………………………… (459)

参考文献 ……………………………………………………………………………………… (465)
附图

模块一　建筑设计导入

> **课程思政融合点思维导读**
> 1.习近平总书记强调"大自然是人类赖以生存发展的基本条件""推动绿色发展,促进人与自然和谐共生"。**课程融合点:**"认知人-环境与建筑设计"。
> 2.党的二十大报告指出"必须坚持问题导向""必须坚持系统观念"。**课程融合点:** "认识建筑设计"。

解析1　认识建筑与建筑设计

党的二十大报告指出,要积极稳妥推进碳达峰碳中和,生态环境保护任务依然艰巨。随着国家对环保的重视程度越来越高,以节能环保为导向,将加快核心、关键技术领域新技术推广应用,绿色建筑将成为建筑业的发展趋势之一,建筑企业应积极研发使用新工艺、新技术、新材料和绿色建材,大力发展绿色建筑。习近平总书记强调,大自然是人类赖以生存发展的基本条件,要推动绿色发展,促进人与自然和谐共生。建筑设计要把以人为本作为设计的主要依据,创造人性化空间,满足人的功能要求,结合生态环境,运用适当手法,从而实现"人、建筑、环境"三者和谐共生。

1.1　认 识 建 筑

1.1.1　什么是建筑

(1)建筑的产生

原始人构筑建筑和动物营造巢穴的目的是一样的,是为了寻求或创造一个使人们免受风吹雨淋及敌兽侵袭的场所,从这个角度上讲,建筑首先包含的是人类生活需要的成分,即功能成分。如我国西安附近的半坡村原始社会遗址(图1.1),据考古分析,这些建筑就是原始人利用自然材料,按照自己生产生活的需要而构筑的。由木柱支撑的斜坡屋顶既不会倒塌,又可以排泄自然雨水;在屋顶上部的侧面开口,既可以排除烟气,也可以采光,但雨水却进不来;室内地面下凹,有利于保温采暖;在出入口处做门,既利于使用,方便出入,又能防止敌兽侵袭。这种房子可以看作是建筑的起源形态,原始人凭借经验,口传身授,把这种建筑工程技术一代代传下来,并且不断改进和完善,便形成我们今天所看到的建筑。

(2)建筑的概念

什么是建筑?能不能把建筑简单地理解为房子?

历史上著名的建筑师、哲学家、艺术家是这样描述建筑的:贝聿铭认为"艺术和历史才是建筑的精髓";赖特认为"建筑是用结构表达思想的科学性艺术";勒·柯布西耶认为"建筑是居住

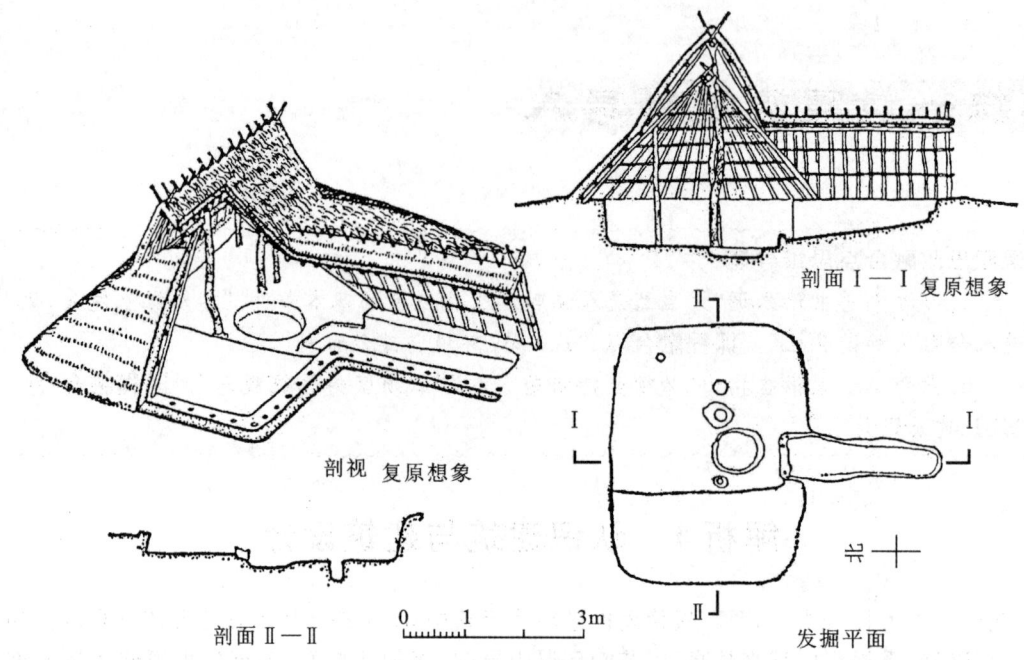

图1.1 陕西西安附近半坡村原始社会方形住房

的机器""建筑是最高的艺术,它达到了柏拉图式的崇高、数学的规律、哲学的思想、由动情的协调产生的和谐之感,这才是建筑的目的";雨果认为"建筑是石头的史书";歌德认为"建筑是凝固的音乐";果戈理认为"建筑是世界的年鉴,当歌曲和传说已经缄默,它依旧还在诉说";黑格尔认为"建筑是地球引力的艺术"。由此可见,建筑不是简单的房子,随着人类历史的发展,它是包含着科学、技术、宗教、文化、历史、政治、经济等多种人类文明成果体系的一个系统组合。

1.1.2 建筑的基本属性

(1)实用性

建筑是为了满足人类生产和生活的需要而建立的,所以,它首先是一个实用对象,应该具有与其使用功能相适应的空间尺度、合理的室内空间布置、必要的家具设施和良好的物理环境条件等。

(2)技术性

科学技术和物质生产是社会发展中最活跃的力量,它们不但推动社会的进步,而且直接推动建筑的发展。科学技术不但是形成现实建筑的保障,同时也为建筑开辟新领域(包括新的建筑类型和形制的产生),为建筑提供新的物质基础,并为建筑提供不断发展的可能性。

(3)艺术性

建筑的艺术性多指建筑的形式或建筑造型方面。建筑虽然是一个使用对象,但它需要用具体的形象表现出来。建筑的艺术性具有相对独立性,它有自己的一套规律和法则。

(4)时空性

从建筑作为客观的物质(空间)存在来说,建筑的时空特性具有两方面的含义:一是它的实体与空间的统一性,二是它的空间和时间的统一性。

(5) 民族和地域性

不同民族有着不同的建筑形式,这是由于人们的生活方式、风俗习惯、宗教信仰等因素的不同而形成的;不同地域也有着不同的建筑形式,这是由于气候、地貌、生态环境、自然资源等因素的不同而形成的。

(6) 社会性

建筑是社会赖以生存的物质基础之一,它的产生与发展依赖于社会的生产力,同时也是社会制度和社会意识形态的物质表征。也就是说,在一定的社会历史发展阶段,社会创造了它的建筑,反过来建筑也影响着社会。建筑的社会性比较突出地体现在以下几个方面:

① 建筑与各种社会制度的关系

建筑是人们从事各类社会活动的载体,必然会打上社会制度的烙印。在古罗马与古希腊奴隶制度下产生的西方古典建筑,在15世纪基督教建筑兴盛时期(封建制度下)就受到了压制,到了文艺复兴时期,随着资产阶级的兴起与人本主义思想的提出,西方古典建筑重新得到了肯定。这说明社会制度对建筑的发展起着一定的制约作用。

② 建筑与社会意识的关系

我国传统建筑中反映的封建等级观念、社会伦理观念、建筑易理与风水观念等,都从一定角度反映了社会意识对建筑发展产生的积极或消极作用。

③ 建筑与各种社会问题的关系

现代建筑的蓬勃发展映射出许多社会问题,如人口问题、住房问题、犯罪问题、社会老龄化问题、就业问题、青少年问题等,这些问题若不能得到妥善解决,势必会影响建筑业的发展。

1.1.3 建筑的构成要素

建筑的构成三要素是指建筑功能、物质技术条件、建筑形象。详见图1.2。

建筑功能是指建筑的用途和使用要求,是人们建造房屋的主要目的之一。具体来讲,功能代表了人类生产、生活的各种需要,如:为了满足居住生活的需要,人们修建了房屋;为了满足社会公共事务需要,人们建造了办公建筑(在古代表现为宫殿、衙署建筑);为了满足出行交通的需要,人们创造了汽车站、火车站、飞机场、高铁站等交通建筑……由于社会向建筑提出了各种不同的功能要求,于是就出现了许多不同的建筑类型,又由于这种要求不是一成不变的,所以建筑功能也在不断地发展变化。新的建筑类型不断产生,旧的建筑类型逐渐消失,已成为建筑发展中的基本现象。建筑功能是推动建筑发展最活跃的因素,在建筑构成中始终占据主导地位。

图 1.2 建筑的构成三要素

物质技术条件主要包括建筑材料、建筑结构技术、建筑设备技术、建筑施工技术等用以完成建筑的各类工程技术手段。它对建筑的发展既表现出积极推动的一面,同时也表现出消极限制的一面。在古代,由于工程技术条件的限制不能获得较大的室内空间,因而大大限制了人们的室内活动空间,为了克服这一矛盾,人们力求采用各种方法扩大室内空间。在西方,古罗马人发明了拱券结构和穹窿顶;在东方,古代中国人采用殿堂型、厅堂型等木构架技术,从而有效地扩大了室内空间,同时也推动了建筑外观形式的变化。近现代建筑的发展也突出地表明了工程结构技术的发展对建筑的推动作用,近代钢材、水泥、混凝土材料的应用,推动了钢结构和钢筋混凝土结构的发展,同时促使建筑在室内空间跨度和建筑高度方面取得了显著成就。

建筑形象包括建筑内部空间形象和建筑外在表现形象。如果说建筑功能反映了对建筑所围合空间的利用情况,那么建筑艺术形象则反映了对围合空间的周边实体(空间的界面)的形象设计。由于人类不同于一般的动物而具有思维和精神活动能力,因而供人居住和使用的建筑应考虑它对人的精神感受上所产生的巨大影响。因此,一般的居住建筑设计和公共建筑设计既要考虑到人们对它提出的物质功能方面的要求,同时还应兼顾人们的精神感受方面的要求,通过内部空间的大小、形状、比例、空间组合设计,外部体型、立面构图、细部处理、材料的色彩和质感,以及光影变化等综合因素创造出具有一定艺术感染力的建筑作品。

1.1.4 建筑的分类

按照建筑的使用功能,建筑可分为民用建筑、工业建筑和农业建筑三大类。民用建筑是供人们居住和公共活动的建筑的总称,包括居住建筑和公共建筑两大类。工业建筑是为工业生产所需的各类建筑,如厂房车间、仓储等。农业建筑是为各类农业、牧业、渔业生产和加工所需的各类建筑,如种植暖房、农副产品仓库等。

民用建筑又可进行以下分类:

(1)按使用功能分

民用建筑按使用功能可分为居住建筑和公共建筑两大类,详见表1.1。

表1.1 民用建筑按使用功能分类

分类	建筑类别	建筑物举例
居住建筑	住宅建筑	住宅、公寓、别墅、老年人住宅等
	宿舍建筑	职工宿舍、职工公寓、学生宿舍、学生公寓
公共建筑	办公建筑	各级党委、政府办公楼,企业、事业、社会团体、社区办公楼
	商业建筑	商场、购物中心、超级市场等
	餐饮建筑	餐馆、饮食店、食堂等
	科研建筑	实验楼、科研楼、设计楼
	教育建筑	托儿所、幼儿园、中小学、高等院校、职业学校、特殊教育学校
	休闲、娱乐建筑	洗浴中心、歌舞厅、休闲会馆
	金融建筑	银行、证券公司等
	旅馆建筑	旅馆、宾馆、饭店、度假村等
	观演建筑	剧院、电影院、音乐厅等
	博物馆建筑	博物馆、美术馆等
	文化建筑	文化馆、图书馆、档案馆、文化中心等
	纪念性建筑	纪念碑、纪念馆、纪念塔、名人故居等
	会展建筑	展览中心、会议中心、科技展览馆等

续表 1.1

分类	建筑类别	建筑物举例
公共建筑	体育建筑	体育场、体育馆、游泳馆、健身场馆等
	医疗建筑	综合医院、康复中心、急救中心、疗养院等
	卫生防疫建筑	动植物检疫站、卫生防疫站等
	交通建筑	汽车、铁路、港口客运站、空港航站楼、地铁站等
	广播、电视建筑	电视台、广播电台、广播电视中心等
	邮电、通信建筑	邮电局、通信站等
	商业综合体	集商业、办公、酒店或公寓为一体的建筑
	宗教建筑	寺庙、道观、教堂、修道院等
	殡葬建筑	殡仪馆、墓地建筑等
	园林建筑	各类公园、城市绿地建筑、旅游景点建筑、园林建筑小品等
	惩戒建筑	监狱、劳教所等
	市政建筑	变电站、热力站、锅炉房、垃圾站等
	临时建筑	售楼处、临时展览馆、世博会建筑等

(2) 按建筑高度分

民用建筑按照建筑高度可分为单、多层建筑，高层建筑，超高层建筑，详见表 1.2。

表 1.2 民用建筑按建筑高度分类

建筑类别	单、多层建筑	高层建筑	超高层建筑
住宅建筑	≤27m（包括设置商业服务网点的住宅）	>27m 且 ≤100m	>100m
公共建筑	≤24m（包括建筑高度大于24m的单层建筑）	>24m 且 ≤100m	>100m

(3) 按工程规模分

民用建筑按照工程规模可分为特大型、大型、大中型、中型和小型建筑，详见表 1.3。

表 1.3 民用建筑按工程规模分类

建筑类别	特大型	大型	大中型	中型	小型
展览建筑（总展览面积）	>100000m²	30001~100000m²		10001~30000m²	≤10000m²
博物馆（建筑面积）	>50000m²	20001~50000m²	10001~20000m²	5001~10000m²	≤5000m²
文化馆建筑（建筑面积）	—	≥6000m²		4000~5999m²	<4000m²
体育场（座位数）	>60000座	40001~60000座		20000~40000座	<20000座
体育馆（座位数）	>10000座	6001~10000座		3000~6000座	<3000座
游泳设施（座位数）	>6000座	3001~6000座		1500~3000座	<1500座
剧场（座位数）	>1500座	1201~1500座		801~1200座	≤800座
电影院（座位数）	>1800座	1201~1800座		701~1200座	≤700座
商店建筑（建筑面积）	—	>20000m²		5000~2000m²	<5000m²
公共图书馆（服务人口数量）		>150万人		20万~150万人	<20万人

注：本表根据各类最新的建筑设计规范整理而成。

(4)按设计使用年限分

民用建筑按照设计使用年限划分为四类,详见表1.4。

表1.4 民用建筑按设计使用年限分类

类别	设计使用年限(年)	示 例
1	5	临时性建筑
2	25	易于替换结构构件的建筑
3	50	普通建筑和构筑物
4	100	纪念性建筑和特别重要的建筑

(5)按防火类型分

按照《建筑设计防火规范》(GB 50016—2014)规定,高层民用建筑根据其建筑高度、使用功能和楼层面积可分为一类建筑和二类建筑,多层建筑不进行划分。详见表1.5。

表1.5 高层民用建筑分类

名称	高层民用建筑	
	一类	二类
住宅建筑	建筑高度大于54m的住宅建筑(包括设置商业服务网点的住宅建筑)	建筑高度大于27m,但不大于54m的住宅建筑(包括设置商业服务网点的住宅建筑)
公共建筑	1.建筑高度大于50m的公共建筑; 2.建筑高度24m以上部分任一楼层建筑面积大于1000m²的商店、展览、电信、邮政、财贸金融建筑和其他多种功能组合的建筑; 3.医疗建筑、重要公共建筑、独立建造的老年人照料设施; 4.省级及以上的广播电视和防灾指挥调度建筑、网局级和省级电力调度建筑; 5.藏书超过100万册的图书馆、书库	除一类高层公共建筑外的其他高层公共建筑

注:本表摘自《建筑设计防火规范》(GB 50016—2014)。

1.1.5 建筑的分级

(1)防火分级

民用建筑的耐火等级可分为一、二、三、四级。按照《建筑防火通用规范》(GB 55037—2022)规定,地下、半地下建筑(室)的耐火等级应为一级;建筑高度大于100m的工业与民用建筑楼板的耐火极限不应低于2.00h。一级耐火等级工业与民用建筑的上人平屋顶,屋面板的耐火极限不应低于1.50h;二级耐火等级工业与民用建筑的上人平屋顶,屋面板的耐火极限不应低于1.00h。

①下列民用建筑的耐火等级应为一级:

a.一类高层民用建筑;

b.二层和二层半式、多层式民用机场航站楼;

c.A类广播电影电视建筑;

d.四级生物安全实验室。

②下列民用建筑的耐火等级不应低于二级:

a.二类高层民用建筑;

b. 一层和一层半式民用机场航站楼；

c. 总建筑面积大于1500m²的单、多层人员密集场所；

d. B类广播电影电视建筑；

e. 设置洁净手术部的建筑，三级生物安全实验室。

除上述《建筑防火通用规范》(GB 55037—2022)规定的民用建筑外，城市和镇中心区内的民用建筑、老年人照料设施、教学建筑、医疗建筑的耐火等级不应低于三级。不同耐火等级建筑相应构件的燃烧性能和耐火极限不应低于表1.6的规定。

(2) 设计分级

按照建筑类型、工程规模和特征，民用建筑工程可分为特级、一级、二级、三级四个等级。详见表1.7。

表1.6 不同耐火等级建筑相应构件的燃烧性能和耐火极限(h)

构件名称		耐火等级			
		一级	二级	三级	四级
墙	防火墙	不燃性 3.00	不燃性 3.00	不燃性 3.00	不燃性 3.00
	承重墙	不燃性 3.00	不燃性 2.50	不燃性 2.00	难燃性 0.50
	非承重外墙	不燃性 1.00	不燃性 1.00	不燃性 0.50	可燃性
	楼梯间和前室的墙 电梯井的墙 住宅单元之间的墙和分户墙	不燃性 2.00	不燃性 2.00	不燃性 1.50	难燃性 0.50
	疏散走道两侧的隔墙	不燃性 1.00	不燃性 1.00	不燃性 0.50	难燃性 0.25
	房间隔墙	不燃性 0.75	不燃性 0.50	难燃性 0.50	难燃性 0.25
柱		不燃性 3.00	不燃性 2.50	不燃性 2.00	难燃性 0.50
梁		不燃性 2.00	不燃性 1.50	不燃性 1.00	难燃性 0.50
楼板		不燃性 1.50	不燃性 1.00	不燃性 0.50	可燃性
屋顶承重构件		不燃性 1.50	不燃性 1.00	可燃性 0.50	可燃性
疏散楼梯		不燃性 1.50	不燃性 1.00	不燃性 0.50	可燃性
吊顶(包括吊顶搁栅)		不燃性 0.25	难燃性 0.25	难燃性 0.15	可燃性

注：1. 除《建筑设计防火规范》(GB 50016—2014)另有规定外，以木柱承重且墙体采用不燃材料的建筑，其耐火等级应按四级确定。
2. 住宅建筑构件的耐火极限和燃烧性能可按现行国家标准《住宅建筑规范》(GB 50368—2005)的规定执行。

表1.7 民用建筑工程设计等级分类

类型与特征		工程等级			
		特级	一级	二级	三级
一般公共建筑	单体建筑面积	>8万m²	>2万m² ≤8万m²	>0.5万m² ≤2万m²	≤0.5万m²
	立项投资	>20000万元	>4000万元 ≤20000万元	>1000万元 ≤4000万元	≤1000万元
	建筑高度	>100m	>50m ≤100m	>24m ≤50m	≤24m(其中砌体建筑不得超过抗震规范高度限值要求)

续表 1.7

类型与特征		工程等级			
		特级	一级	二级	三级
住宅、宿舍	层数		20层以上	12层以上至20层	12层及以下（其中砌体建筑不得超过抗震规范层数限值要求）
住宅区、工厂生活区	总建筑面积		10万 m² 以上	10万 m² 及以下	
地下工程	地下空间（总建筑面积）	5万 m² 以上	1万 m² 以上至5万 m²	1万 m² 及以下	
	附建式人防（防护等级）		四级及以上	五级及以下	
特殊公共建筑	超限高层建筑抗震要求		抗震设防区特殊超限高层建筑	抗震设防区建筑高度100m及以下的一般超限高层建筑	
	技术复杂,有声、光、热、振动、视线等特殊要求		技术特别复杂	技术比较复杂	
	重要性		国家级经济、文化、历史、涉外等重点项目工程	省级经济、文化、历史、涉外等重点项目工程	

注：符合某工程等级特征之一的项目即可确认为该工程项目等级。

1.2 认识建筑设计

党的二十大报告指出,必须坚持问题导向,必须坚持系统观念。建筑设计创作要面临复杂的矛盾,需满足多方面的需求,解决这些多重而复杂的矛盾,需要利用系统思维找出众多创作控制因素之间的相关性,使建筑创作中所触及的因素逐渐条理化、具体化,并使整个创作过程逻辑化和清晰化,最终达到创作方案的最优化,系统思维的运用是提高建筑设计创作效率的必要保障。系统思维能够帮助在创作中实现问题提出的科学性、制约条件分析的条理性、创作目标理解的清晰性,使矛盾解决的难度降低,如果没有系统思维的支撑,设计中难免顾此失彼。

1.2.1 设计与建筑设计的含义

设计,英文翻译为 Design,是在正式做某项工作之前,根据一定的目的要求,预先制定方法、图样等,把一种计划、规划、设想通过视觉的形式传达出来的活动过程。设计广泛应用于人类的各项创造活动之中,如工业设计、服装设计、机械设计、环境设计、建筑设计、室内设计、网站设计、平面设计、影视动画设计等。

建筑设计,英文翻译为 Architecture Design,其含义比较复杂,可以从以下两个方面来理解：

一是从设计过程来理解。建筑设计是根据建筑物的使用性质、所处环境和相应标准,运用物质技术手段和建筑美学原理,创造功能合理、舒适优美,满足人们物质和精神生活需要的室内外空间环境的过程。

建筑设计是一个复杂的创造过程,其最终目的是其"功能性与审美性",一切以人的生产、生活需要和精神需要为核心展开。在设计之初,需要从整体把握设计对象的依据因素,主要包括使用性质——根据功能需要设计建筑物;所在场所——建筑物所在的周围环境状况;设计标准——工程项目的经济投入标准和各项设计规范标准要求。在设计构思过程中,需要运用物质技术手段,即建造一座建筑物所需要的工程技术,主要涉及建筑材料、结构、设备技术等;还需要遵循建筑美学原理,这是因为建筑设计的艺术性需要,在建筑造型设计中应考虑"统一与变化、对比与微差、均衡与稳定、比例与尺度、节奏与韵律、主从与重点"等美学法则。

二是从学科角度来理解。建筑设计是一门边缘性与交叉性的学科。就设计的功能性与技术性而言,建筑设计涉及的相关学科包括人体工程学、材料学、物理学、生态学、应用数学、结构力学、经济学等学科领域;就设计的审美性而言,建筑设计还要对相关的艺术美学、构成学、心理学、民俗学、色彩学、伦理学及哲学等方面进行研究。

1.2.2 建筑设计的方针、原则

1.2.2.1 建筑设计的方针、总原则

早在公元前1世纪,古罗马的建筑师维特鲁威在《建筑十书》中就明确指出,建筑应满足三个基本要求:适用、坚固、美观,作为建筑设计基本指导原则,一直影响至当代。

1956年,国务院下发了《关于加强设计工作的决定》,明确指出:"民用建筑设计中,必须全面掌握适用、经济,在可能的条件下注意美观的建设方针。"

1986年,国家建设部制定的《中国建筑技术政策》中提出了全面贯彻"安全、实用、经济、美观"的建设方针。

2019年,住房城乡建设部新颁布的《民用建筑设计统一标准》(GB 50352—2019)中提出民用建筑应符合"适用、经济、绿色、美观"的建筑方针,这是指导我国当前建筑设计的总体方针。

1.2.2.2 民用建筑设计基本原则

民用建筑设计除应执行国家有关法律、法规外,尚应遵循下列基本原则:

(1) 应按可持续发展的原则,正确处理人、建筑和环境的相互关系。
(2) 必须保护生态环境,防止污染和破坏环境。
(3) 应以人为本,满足人们物质与精神的需求。
(4) 应贯彻节约用地、节约能源、节约用水和节约原材料的基本国策。
(5) 应满足当地城乡规划的要求,并与周围环境相协调。宜体现地域文化、时代特色。
(6) 建筑和环境应综合采取防火、抗震、防洪、防空、抗风雪和雷击等防灾安全措施。
(7) 应在室内外环境中提供无障碍设施,方便行动有障碍的人士使用。
(8) 涉及历史文化名城名镇名村、历史文化街区、文物保护单位、历史建筑和风景名胜区、自然保护区的各项建设,应符合相关保护规划的规定。

1.2.3 建筑设计阶段划分

1.2.3.1 工程项目建设程序

我国工程项目建设程序依顺序可分为决策阶段、设计阶段、施工阶段、竣工验收阶段以及

后评价(使用)阶段。

(1)决策阶段

决策阶段主要包括编制项目建议书和可行性研究报告两项工作。

项目建议书是投资决策前对拟建项目提出一个轮廓设想,要求建设具体工程项目的建议性文件。其作用是推荐一个拟建项目。

可行性研究是项目建议书经过上级主管部门批准后,通过对项目有关的工程、技术、经济等方面条件和情况进行调查、研究、分析,对可能的建设方案和技术方案进行比较论证和预测建成后的经济效益。可行性研究的目的是评价拟建项目在技术上的先进性和适用性,在经济上的营利性和合理性。

可行性研究的最终成果是可行性研究报告,报告经过审批后方可进入项目建设的下一个阶段。

(2)设计阶段

根据项目建设的不同情况,一般的工程设计可分为四个阶段,即设计准备阶段、方案设计阶段、初步设计阶段和施工图设计阶段,详见第1.2.3.2节建筑设计各阶段的任务与要求。

(3)施工阶段

也称为建设实施阶段,这一阶段的主要工作是做好施工前的准备工作,组织施工,做好竣工前的生产准备工作以及进行工程竣工验收。

(4)后评价(使用)阶段(项目运营阶段)

建设项目后评价是工程项目竣工投产,生产运营一段时间后对建设项目的立项决策、设计、施工、竣工、投产以及生产经营全过程进行系统综合评价的一项技术活动,也是固定资产投资管理的最后一个环节。通过这一综合性的技术评价,可以总结经验、发现问题、汲取教训、提出建议,改进今后的工作。

我国工程项目建设程序详见图1.3。

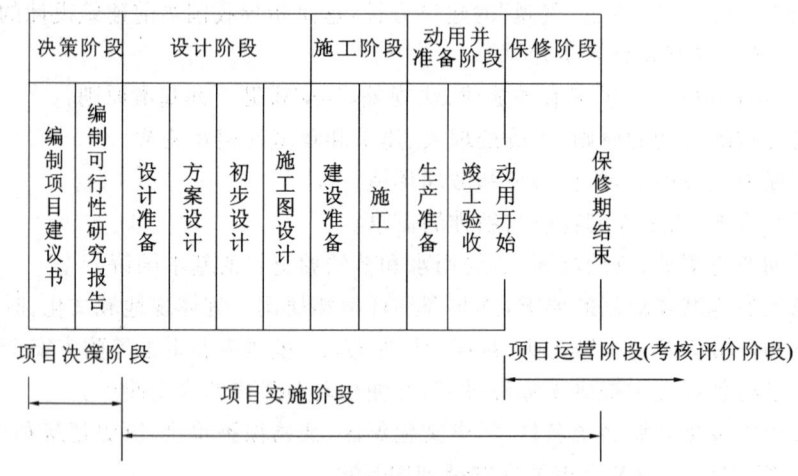

图1.3 我国工程项目建设程序

1.2.3.2 建筑设计各阶段的任务与要求

(1)设计准备阶段

设计准备阶段的具体工作内容有:

①接受委托任务书,签订合同,或者根据标书要求参加投标;明确设计期限并制订设计进度计划安排,考虑有关工种的配合与协调。

②明确建筑设计任务和要求

包括建筑的使用性质、功能特点、艺术风格、设计规模、等级标准、总造价等要求。

③资料收集与现场调研

资料收集包括各类现行规范、标准的收集,以及气象资料、地形图、现状图、规划文件、地质勘察资料的收集;现场调研包括现场踏勘以及对同类型建筑实例的参观等。

④拟定任务书

接受委托的设计,必要时需要协助业主拟定符合实际需求的任务书。

(2)方案设计阶段

本阶段包括两种情形:一种情形为设计不需要投标,建设方已直接委托设计。另一种情形为设计需要投标,又可分为投标方案设计和方案深化设计两个阶段。前者是在项目招投标阶段以招标书为依据,通过投标、竞赛,为建设方提供最佳方案,以获得设计权;后者是在获得项目设计权后,通过对方案的调整与深化设计,以满足建设行政主管部门的正式规划申报要求。

方案设计文件应包括设计说明、主要技术经济指标、设计图纸、建筑效果图或模型,以及其他手段的设计效果展示等。

①设计说明

设计说明是对设计方案的具体解说,包括设计项目概况、设计依据和设计要求、建筑构思说明、总平面设计说明、建筑设计说明、主要技术经济指标。其中建筑构思说明至关重要,它包括设计指导思想、地域特征与环境分析、设计构思的产生逻辑及演变过程、社会效益与经济效益、可持续发展的思想等。

②设计图纸

主要包括总图系列的图纸和建筑设计图纸。

总图系列的图纸一般包括场地的区域位置图、场地现状图、总平面图、各类场地分析图(总平面功能分区、交通分析、景观分析、日照分析等)。

建筑设计图纸一般包括各层平面图、代表性建筑立面图、主要剖面图等,还包括根据招标文件要求制作的各类分析图和详图,如:建筑功能分析图、平面交通分析图、室内景观分析图、建筑声学分析图等。

方案设计图纸最好采用彩色表达,平面图宜按照功能分区填色,立面图宜进行渲染。

③建筑效果图及模型

随着市场竞争日趋激烈,为了达到中标的目的,透视图、鸟瞰图、模型等已经成为常用的手段,三维动画也多有应用。

(3)初步设计阶段

初步设计是在已批准的方案设计文件的基础上,对各专业设计方案或重大技术问题的解决方案进行综合技术分析,论证技术上的适用性、可靠性和经济上的合理性。初步设计文件除了满足建设方和有关行政主管部门审查批准的要求外,还应满足编制设计概算和施工图设计文件的需要。

初步设计文件应包括设计说明、技术经济指标、设计图纸、计算书等。

①初步设计说明

包括设计总说明、执行的设计规范与标准、总平面设计、建筑功能设计、建筑造型设计、建筑材料及设施、防水工程设计、无障碍设施、建筑使用人数、建筑面积统计表、防火设计、人防设计、节能设计、环境保护与生态设计等内容。其中设计总说明是对设计项目基本概况和设计依据的描述,由各专业合作完成,在以后的各专业说明中不应另行撰写。

②初步设计图纸

包括总平面系列、平面系列、立面图、剖面图及详图系列。

总平面系列图纸包括区域位置图与城市环境图、总平面图、竖向设计图、交通分析图、绿化分析图、日照分析图等。

平面系列图纸包括轴网定位图(大型、复杂建筑有)、组合平面图(大型、单元式居住建筑有)、平面图、平面详图、防火分区图。

详图系列图纸包括平面详图、外墙详图、重点节点构造详图。

③专业配合

在初步设计阶段,建筑专业要向其他专业提供包括设计说明、设计图纸、建设标准、材料做法表及门窗表等必要的基本资料。具体内容详见表1.8。

表1.8 建筑专业提供给其他专业的设计资料表

设计资料项目	结构	设备	电气	经济	资料要求
设计说明	√	√	√	√	包括建设标准
室内装修做法表	√			√	
室外工程做法表				√	室外工程计入核算时提供
门窗表				√	
总平面图	√	√	√	√	包括竖向设计
平面图	√	√	√	√	
屋顶平面图	√		√		
立面图	√			√	
剖面图	√			√	
外墙详图、重点节点构造详图	√			√	

注:本表摘自北京市建筑设计研究院编制的《BIAD设计文件编制深度规定》。

(4)施工图设计阶段

施工图设计是根据已经批准的初步设计,编制出完整、准确和详细的用于指导施工的设计文件。施工图设计文件应满足建设单位和有关行政主管部门审查批准的要求;应满足材料设备采购、非标准设备制作及施工的需要;应满足编制施工图预算文件的需要,并可作为工程竣工验收的依据。

施工图设计文件应包括设计说明、技术经济指标、材料用量表、设计图纸、设计计算书等。

①施工图设计说明

包括设计项目概况、设计依据、设计范围与设计分工、设计坐标与高程系统、基本说明与要求、总平面设计、防空地下室设计、防火设计、节能设计、无障碍设计、各类工程做法说明、电梯(自动扶梯)选择及性能说明、卫生器具设置要求、噪声控制设计、新技术和新材料做法说明、其他需要说明的问题、施工注意事项等。

②施工图设计图纸

包括总图系列、平面系列、立面系列、剖面系列及详图系列的图纸。

a. 总图系列图纸有区域位置图、总平面图、竖向设计图、土方图、绿化及建筑小品布置图、总平面详图等；

b. 平面系列图纸有轴网定位图、组合平面图、平面图、平面详图；

c. 立面系列图纸有立面图、立面详图；

d. 剖面系列图纸有剖面图、剖面详图；

e. 详图系列图纸有外墙详图，楼梯详图，电梯、自动扶梯、自动步道详图，卫生间详图，厨房详图，门窗详图，幕墙详图，吊顶详图，其他详图（如变形缝详图、游泳池详图、特殊屋面详图、内墙详图、室外设施详图等）。

③设计计算书

设计计算书分为对外报审和供内部使用两种，既可以在设计说明中分项列出，也可以以附件的形式与设计说明并列。其内容包括建筑面积统计、使用人数、节能、土方、视线、座位、电梯、防火、安全疏散等。

④专业配合

在施工图设计过程中，建筑专业应及时向内部其他专业提供基本设计资料，详见表1.9。

表1.9 建筑专业提供给其他专业的设计资料表

设计资料项目		发放专业			资料要求
		结构	设备	电气	
设计说明		√	√	√	包括建设标准
室内装修做法表		√			
门窗表			√		包括门窗的规格、性能、开启情况
总平面图			√	√	包括竖向设计
竖向设计图		√	√		
平面图、平面详图		√	√	√	
屋顶平面图		√	√		
立面图		√	√	√	
剖面图		√	√		
详图	外墙	√	√		
	楼梯	√	√	√	提供给设备专业的主要指正压送风型楼梯，提供给电气专业的指平面图不能清楚表示的多跑楼梯等
	电梯、扶梯等	√			
	卫生间、厨房		√		
	设备机房		√	√	
	幕墙节点	√		√	提供给电气专业的是与防雷系统连接有关的幕墙节点详图
	节点构造	√			
	吊顶平面	√	√	√	应说明本次设计和二次装修的区域

1.3 实训课题——建筑认知考察

（一）项目概况

3~5名学生组成实训小组，选择典型的公共建筑及住宅建筑进行实地调研，分析、归纳总结，写出4000字左右的建筑认知报告。

（二）实训目的

通过实地参观，使学生将课堂所学知识与工程实践紧密结合，培养学生的工程实践能力。

（三）实训内容及要求

(1) 认识建筑和空间，认识建筑所包含的一些基本属性，如：实用性、技术性、艺术性、时空性、民族和地域性、社会性等。

(2) 认识建筑构成要素（建筑功能、建筑技术与建筑艺术形象）的具体表现，体会三者之间的辩证关系。

(3) 认识公共建筑与住宅建筑类型，初步了解各类建筑的特点。

(4) 思考建筑设计包含的内容。

（四）实训主要步骤

(1) 根据实训任务要求，联系当地典型建筑所在的单位，确定考察时间。

(2) 以小组为单位，组织参观，注意文字记录和照片记录。

(3) 以小组为单位，分析、整理所记录的文字与照片，并收集相关资料进行补充完善。

(4) 在实地调研的基础上分析、归纳和总结，写出实训报告。

(5) 任课教师组织小组进行交流汇报，针对调研的内容进行讨论。

（五）实训成果要求

1. 成果规格

采用A4打印纸，竖向排版，装订线在左侧。要求有封面、封底。

2. 成果内容

完成4000字的建筑认知报告，包括题目、内容摘要、关键词、正文（图文并茂）及参考文献。其中报告正文应包括：

(1) 参观时间、地点，建筑名称；

(2) 建筑简析，包括建筑的区域位置、功能类型、外部环境、内部空间、建筑层数、造型特征、建筑技术应用等；

(3) 心得体会，联系所学的知识，认识建筑的内涵，认识建筑构成三要素之间的关系，对建筑设计包含的内容进行思考。

（六）实训成果评价

(1) 建筑认知报告内容的规范性及完成情况。

(2) 建筑认知报告内容的创新点与不足之处。

(3) 课堂知识的综合运用能力。

(4) 交流汇报中对所提问题的回答和语言表达水平。

成绩评定分为五级（优、良、中、及格、差），过程考核占总成绩的40%，成果考核占总成绩的40%，交流汇报占总成绩的20%。

解析 2　认知人-环境与建筑设计

本解析简要介绍与建筑设计有关的人体测量学、环境生理学、环境心理学的基本知识,通过分析人的行为与环境、建筑设计的关系,阐述人-环境与建筑的交互作用,为后续建筑设计的学习与创作奠定理论基础和方法。

2.1　人体测量学与建筑设计

2.1.1　人体测量学的概念、由来和发展

2.1.1.1　人体测量学的概念

人体测量学是通过测量人体各部位尺寸来确定个体之间和群体之间在人体尺寸上的差别的一门学科。

2.1.1.2　人体测量学的由来和发展

人体测量学是一门新兴的学科,但渊源由来已久。早在公元前 1 世纪,古罗马建筑师维特鲁威就已从建筑学的角度对人体尺度进行了较全面的论述,他从人体各部位的关系中发现人体基本上以肚脐为中心。一个站立的男人,双手侧向平伸的长度恰好就是其身高,双足趾和双手指尖恰好在以肚脐为中心的圆周上。文艺复兴时期,艺术家达·芬奇根据维特鲁威的论述绘制了著名的人体比例图(图 2.1)。

19 世纪,建筑师勒·柯布西耶等人对人体尺度在建筑中的应用做出了巨大贡献,创立了模数制(图 2.2)。他的研究结果是:假定人体身高为 1.83m,举手后指尖距地面高度为 2.26m,肚脐至地面高度为 1.13m,这三个基本尺寸的关系是:肚脐高度是指尖高度的一半;由指尖到头顶的距离为 432mm,由头顶到肚脐的距离为 698mm,两者之商为 0.6189,再由头顶到肚脐的距离

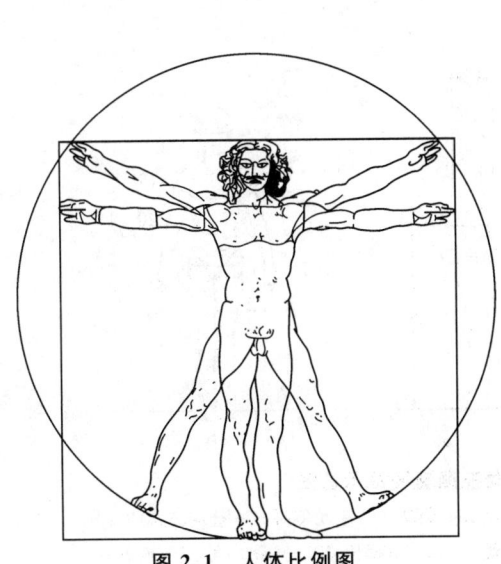

图 2.1　人体比例图

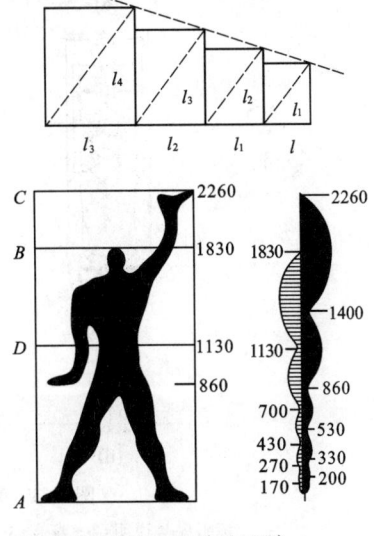

$AD=DC$,$BD/AD=AD/(AD+BD)$

图 2.2　柯布西耶创立的模数制

698mm 除以由肚脐到地面的距离 1130mm 得 0.6177,恰巧这两个数字均十分接近黄金比例。利用这样一些基本尺寸,再不断地进行黄金分割而得到两个系列的数字,一个称红尺,另一个称蓝尺,然后再利用这些尺寸来划分网格,就可以形成一系列长宽比率不同的矩形。由于这些矩形都因黄金分割而保持着一定的制约关系,因而相互间必然包含着和谐的因素。

目前,人体测量学已经成为相对独立的研究领域。为了设计的需要,现在世界各先进国家都有本国的人体尺寸国家标准(或数据资料),我国也于 1988 年发布了相应的国家标准——《中国成年人人体尺寸》(GB/T 10000—1988)。人体测量学的成果被作为工效学和建筑学的基础资料,建筑师们也意识到人体测量学在建筑设计中的重要性,把人体测量学的研究成果应用于建筑设计中。2023 年 8 月,我国发布了《中国成年人人体尺寸》(GB/T 10000—2023),代替 GB/T 10000—1988,与 GB/T 10000—1988 相比,新标准除结构调整和编辑性改动外,更改了所有的人体尺寸统计数据,增加了上臂围、大腿围、瞳孔间距、掌围、足围 5 项人体尺寸测量项目,增加了"人体功能尺寸",从而提高建筑环境质量,合理地确定建筑空间尺度。

2.1.2 人体测量的基础数据(人体测量学的重要研究成果之一)

人体测量包括人体静态测量和动态测量,前者测量人体各部位在静止和正常体态时的尺寸,后者测量人体各部位在活动时的位置关系,如图 2.3 所示。

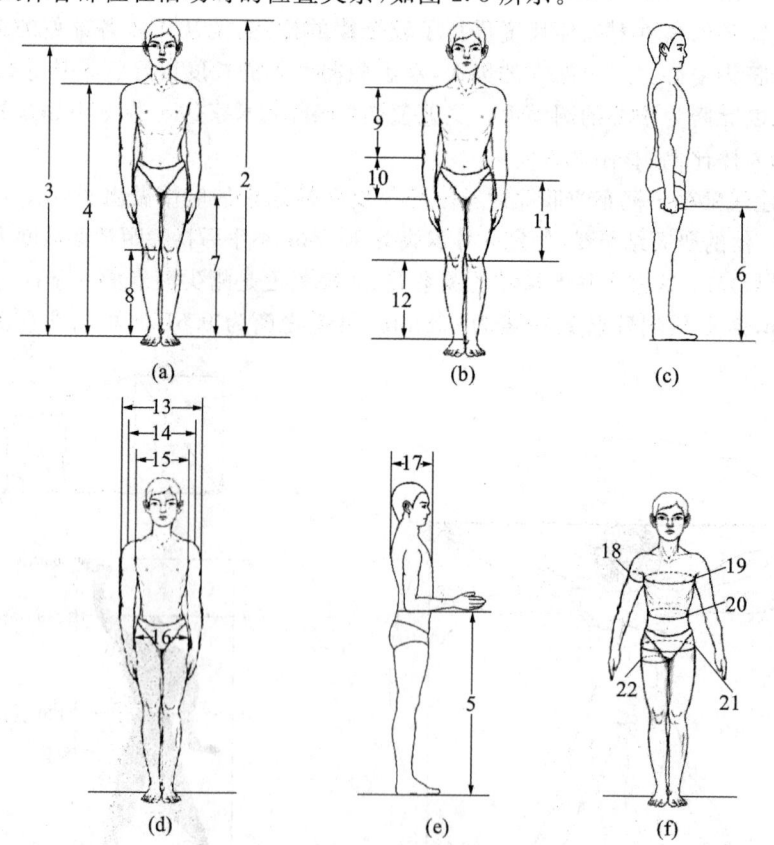

图 2.3 我国成年人立姿测量项目示意图

标引序号说明:2—身高;3—眼高;4—肩高;5—肘高;6—手功能高;7—会阴高;
8—胫骨点高;9—上臂长;10—前臂长;11—大腿长;12—小腿长;13—肩最大宽;14—肩宽;
15—胸宽;16—臀宽;17—胸厚;18—上臂围;19—胸围;20—腰围;21—臀围;22—大腿围

2.1.2.1 人体静态尺寸

人体静态尺寸主要指人体的构造尺寸(即人体结构尺寸),包括头、躯干、四肢等在标准状态下测得的尺寸。《中国成年人人体尺寸》(GB/T 10000—2023)给出了分年龄段成年男性、女性静态人体尺寸百分位数,见表2.1、表2.2。

表2.1 18～70岁成年男性静态人体尺寸百分位数

	测量项目	百分位数						
		P1	P5	P10	P50	P90	P95	P99
1	体重/kg	47	52	55	68	83	88	100
立姿测量项目(mm)								
2	身高	1528	1578	1604	1687	1773	1800	1860
3	眼高	1416	1464	1486	1566	1651	1677	1730
4	肩高	1237	1279	1300	1373	1451	1474	1525
5	肘高	921	957	974	1037	1102	1121	1161
6	手功能高	649	681	696	750	806	823	854
7	会阴高	628	655	671	729	790	807	849
8	胫骨点高	389	405	415	445	477	488	509
9	上臂长	277	289	296	318	339	347	358
10	前臂长	199	209	216	235	256	263	274
11	大腿长	403	424	434	469	506	517	537
12	小腿长	320	336	345	374	405	415	434
13	肩最大宽	398	414	421	449	481	490	510
14	肩宽	339	354	361	386	411	419	435
15	胸宽	236	254	265	299	330	339	356
16	臀宽	291	303	309	334	359	367	382
17	胸厚	172	184	191	218	246	254	270
18	上臂围	227	246	257	295	332	343	369
19	胸围	770	809	832	927	1032	1064	1123
20	腰围	642	687	713	849	986	1023	1096
21	臀围	810	845	864	938	1018	1042	1098
22	大腿围	430	461	477	537	600	620	663
坐姿测量项目(mm)								
23	坐高	827	856	870	921	968	979	1007
24	坐姿颈椎点高	599	622	635	675	715	726	747
25	坐姿眼高	711	740	755	798	845	856	881

续表 2.1

	测量项目	百分位数						
		P1	P5	P10	P50	P90	P95	P99
26	坐姿肩高	534	560	571	611	653	664	686
27	坐姿肘高	199	220	231	267	303	314	336
28	坐姿大腿厚	112	123	130	148	170	177	188
29	坐姿膝高	443	462	472	504	537	547	567
30	坐姿腘高	361	378	386	413	442	450	469
31	坐姿两肘间宽	352	376	390	445	505	524	566
32	坐姿臀宽	292	308	316	346	379	388	410
33	坐姿臀-腘距	407	427	438	472	507	518	538
34	坐姿臀-膝距	509	526	535	567	601	613	635
35	坐姿下肢长	830	873	892	956	1025	1045	1086
	头部测量项目(mm)							
36	头宽	142	147	149	158	167	170	175
37	头长	170	175	178	187	197	200	205
38	形态面长	104	108	111	119	129	133	144
39	瞳孔间距	52	55	56	61	66	68	71
40	头围	531	543	550	570	592	600	617
41	头矢状弧	305	320	325	350	372	380	395
42	耳屏间弧(头冠状弧)	321	334	340	360	380	386	397
43	头高	202	210	217	231	249	253	260
	手部测量项目(mm)							
44	手长	165	171	174	184	195	198	204
45	手宽	78	81	82	88	94	96	100
46	食指长	62	65	67	72	77	79	82
47	食指近位宽	18	18	19	20	22	23	23
48	食指远位宽	15	16	17	18	20	20	21
49	掌围	182	190	193	206	220	225	234
	足部测量项目(mm)							
50	足长	224	232	236	250	264	269	278
51	足宽	85	89	91	98	104	106	110
52	足围	218	226	231	247	263	268	278

表 2.2　18～70 岁成年女性静态人体尺寸百分位数

测量项目		百分位数						
		P1	P5	P10	P50	P90	P95	P99
1	体重/kg	41	45	47	57	70	75	84
立姿测量项目（mm）								
2	身高	1440	1479	1500	1572	1650	1673	1725
3	眼高	1328	1366	1384	1455	1531	1554	1601
4	肩高	1161	1195	1212	1276	1345	1366	1411
5	肘高	867	895	910	963	1019	1035	1070
6	手功能高	617	644	658	705	753	767	797
7	会阴高	618	641	653	699	749	765	798
8	胫骨点高	358	373	381	409	440	449	468
9	上臂长	256	267	271	292	311	318	332
10	前臂长	188	195	202	219	238	245	256
11	大腿长	375	395	406	441	476	487	508
12	小腿长	297	311	318	345	375	384	401
13	肩最大宽	366	377	384	409	440	450	470
14	肩宽	308	323	330	354	377	383	395
15	胸宽	233	247	255	283	312	319	335
16	臀宽	281	293	299	323	349	358	375
17	胸厚	168	180	186	212	240	248	265
18	上臂围	216	235	246	290	332	344	372
19	胸围	746	783	804	895	1009	1042	1109
20	腰围	599	639	663	781	923	964	1047
21	臀围	802	837	854	921	1009	1040	1111
22	大腿围	443	470	485	536	595	617	661
坐姿测量项目（mm）								
23	坐高	780	805	820	863	906	921	943
24	坐姿颈椎点高	563	581	592	628	664	675	697
25	坐姿眼高	665	690	704	745	787	798	823
26	坐姿肩高	500	521	531	570	607	617	636
27	坐姿肘高	188	209	220	253	289	296	314
28	坐姿大腿厚	108	119	123	137	155	163	173
29	坐姿膝高	418	433	440	469	501	511	531

续表 2.2

测量项目		百分位数						
		P1	P5	P10	P50	P90	P95	P99
30	坐姿腘高	341	351	356	380	408	418	439
31	坐姿两肘间宽	317	338	352	410	474	491	529
32	坐姿臀宽	293	308	317	348	382	393	414
33	坐姿臀-腘距	396	416	426	459	492	503	524
34	坐姿臀-膝距	489	506	514	544	577	588	607
35	坐姿下肢长	792	833	849	904	960	977	1015
头部测量项目(mm)								
36	头宽	137	141	143	151	159	162	168
37	头长	162	167	170	178	187	189	194
38	形态面长	96	100	102	110	119	122	130
39	瞳孔间距	50	52	54	58	64	66	71
40	头围	517	528	533	552	571	577	591
41	头矢状弧	280	303	311	335	360	367	381
42	耳屏间弧(头冠状弧)	313	324	330	349	369	375	385
43	头高	199	206	213	227	242	246	253
手部测量项目(mm)								
44	手长	153	158	160	170	179	182	188
45	手宽	70	73	74	80	85	87	90
46	食指长	59	62	63	68	73	74	77
47	食指近位宽	16	17	17	19	20	21	21
48	食指远位宽	14	15	15	17	18	18	19
49	掌围	163	169	172	185	197	201	211
足部测量项目(mm)								
50	足长	208	215	218	230	243	247	256
51	足宽	77	82	83	90	96	98	102
52	足围	200	207	211	225	240	245	254

2.1.2.2 人体动态尺寸

人体动态尺寸是指人体的功能尺寸，这是人体活动时所测得的尺寸。由于行为目的不同，人体活动状态也不同，故测得的各功能尺寸也不同。要精确地测量其尺寸是比较困难的，但根据人在室内活动的范围和基本规律，也可以测得其主要功能尺寸，详见图 2.4。

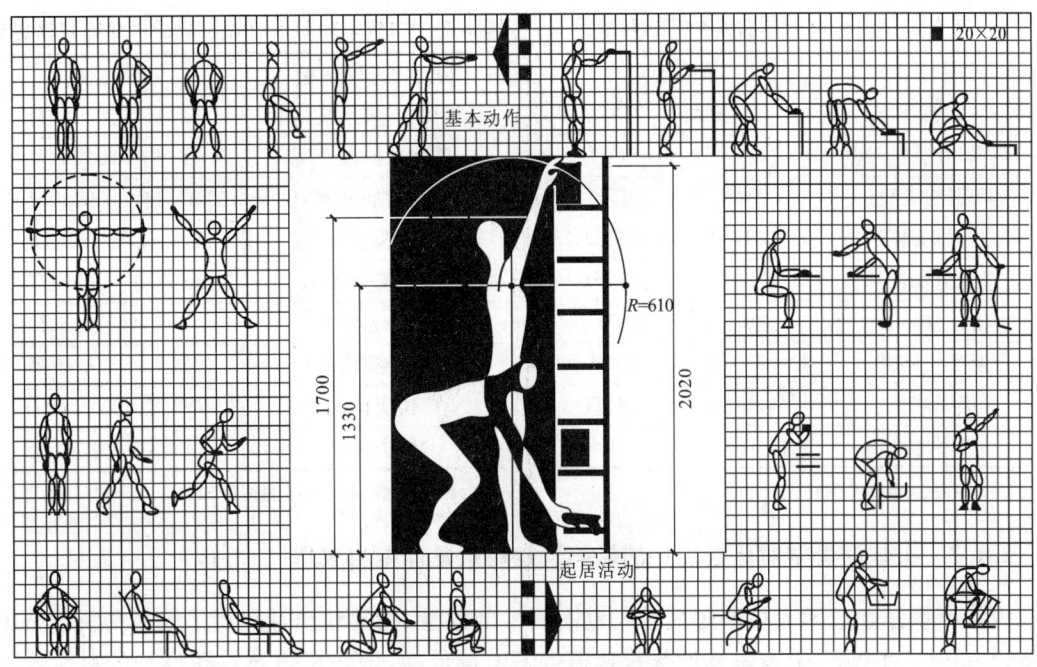

图 2.4 人体活动的基本尺度

为了便于设计时选用,可以采用比例法进行估算。图 2.5 所示是用比例法表示的部分人体动作尺度。在工作空间的工效学设计中,两臂和两肘展开宽、跪姿、俯卧姿、爬姿的基本人体尺寸项目数值可按表 2.3、表 2.4 计算。

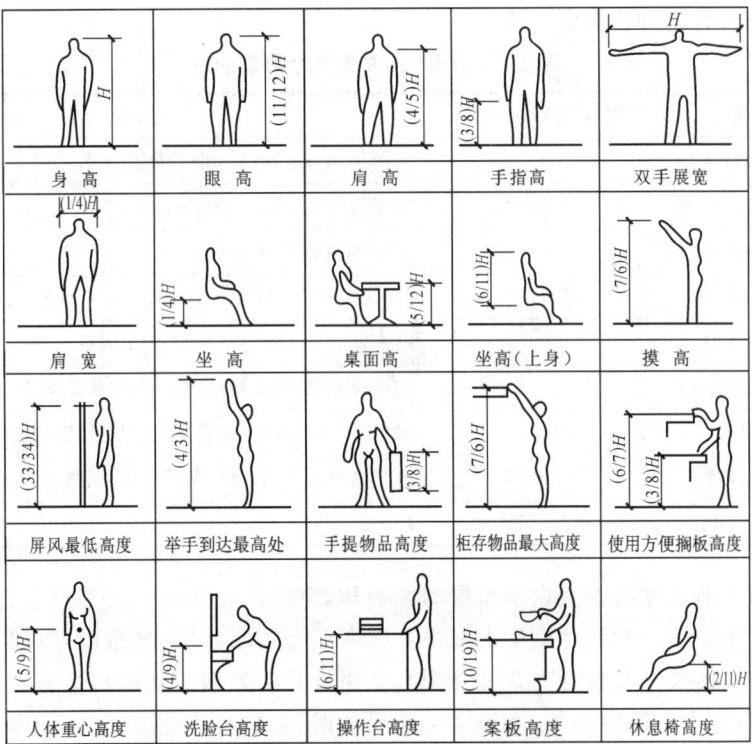

图 2.5 人体动作尺度(比例法绘制)

表 2.3 男性工作空间设计用功能尺寸项目推算表

尺寸项目(mm)	推算公式
两臂展开宽	87.363+0.955H
两臂功能展开宽	11.052+0.877H
两肘展开宽	90.236+0.467H
直立跪姿体长	361.992+0.617H
直立跪姿体高	128.309+0.679H
俯卧姿体长	62.06+1.217H
俯卧姿体高	275.479+1.459W
爬姿体长	117.958+0.661H
爬姿体高	61.036+0.446H

注：H 为身高(mm);W 为体重(kg)。

表 2.4 女性工作空间设计用功能尺寸项目推算表

尺寸项目(mm)	推算公式
两臂展开宽	72.468+0.946H
两臂功能展开宽	32.604+0.834H
两肘展开宽	97.372+0.455H
直立跪姿体长	212.689+0.276H
直立跪姿体高	64.719+0.721H
俯卧姿体长	126.542+1.18H
俯卧姿体高	308.342+0.949W
爬姿体长	368.218+0.506H
爬姿体高	195.347+0.355H

注：H 为身高(mm);W 为体重(kg)。

2.1.3 人体测量学对建筑设计的影响及在建筑设计中的应用

人体测量学通过对人体静态尺寸与动态尺寸的测量，为建筑设计提供了大量的科学依据，为确定室内空间尺度、室内家具设备布置提供了定量依据，增强了建筑空间设计的科学性，并使建筑的空间环境设计进一步精确化。

(1)在阶梯教室、影院、剧场的阶梯座位设计中的应用

如图 2.6 所示，要确定阶梯的高度 D 和前后排座位的间距 I，就必须使后排就座者观看黑板（或荧幕、舞台表演）的视线不被前排就座者的头顶挡住。目标看起来简单，实际上存在几个互相影响的因素，具体分析见表 2.5。

表 2.5 对图 2.6 中的几个数据分析

标号	名称	尺寸范围(mm)	说 明
A	座面高度	A	只要所有座位等高，则具体高度与本例讨论的问题无关
B	前排人的坐高	908	取中等身材男子的坐高
C	后排人的坐姿眼高	739	取中等身材女子的坐高
D	阶梯的高度	约 170	$D=(A+B)-(A+C)=B-C=908-739=169≈170$
E	最大人体厚度	270	取男子 95 百分位的胸厚 245 加穿衣修正量 25
F	通行避让距离	150~180	进出座位需别人避让的部位在膝盖附近，其值小于胸厚
G	臀膝距	610	取男子 95 百分位的臀膝距 585 加穿衣修正量 25
H	靠背深度	60~160	由靠背厚度和靠背倾斜所占进深两部分构成
I	前后座位间距	820~950	$F+G+H$

(2)对房间平面尺寸与家具设备布置的影响和制约

房间面积、平面形状和尺寸的确定在很大程度上受到家具尺寸、布置方式及数量的制约和影响，而家具的具体尺寸及布置方式又受到人体测量基础数据的制约和影响。

先以住宅设计中的卧室为例，在确定平面尺寸时，应首先考虑最大的家具——床的布置，并使其具有灵活性，以适应不同住户的要求，而床的尺寸又受人体尺寸的直接影响。当床长边

平行开间布置时，床长 2m，床头板厚约 0.05m，门宽 0.9m，床距门洞 0.12m，考虑模数协调的要求和墙体的厚度，所以开间尺寸不宜小于 3.3m。进深尺寸考虑有沿进深方向纵向布置两张床的可能，故不宜小于 4.5m。如图 2.7 所示。

再以卫生间设计为例，设计中应保证使用设备时人体活动所需的基本尺寸，并据此确定设备的布置方式及隔间的尺寸(图 2.8 和表 2.6)。特别是供残疾人使用的专用卫生间，人体测量基础数据的参考应用显得尤为重要，如图 2.9 所示的浴室的安全抓杆和图 2.10 所示的供残疾人使用的无障碍卫生间。

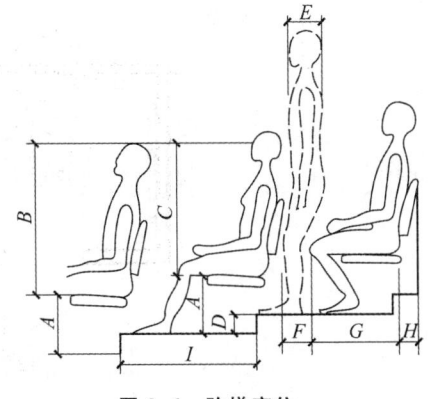

图 2.6 阶梯座位

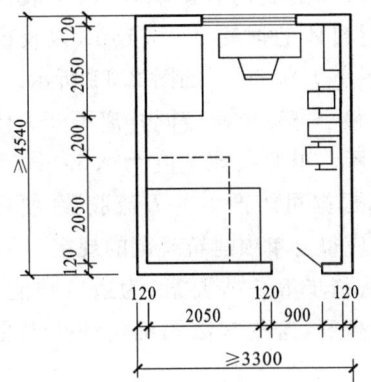

图 2.7 家具布置与平面尺寸的关系

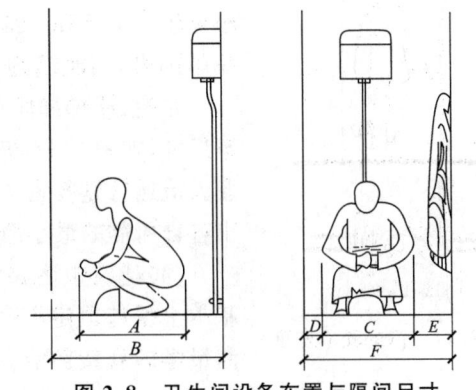

图 2.8 卫生间设备布置与隔间尺寸

表 2.6 公厕的蹲位隔间

标号	名称	尺寸范围(mm)	说明
A	蹲姿前后距离	800	应以身材高大的男子作为考虑的依据
B	隔间的进深	1200～1300	A 加上人前和人后的余裕量。这里取前后余裕量之和为 400～500mm，其中包括安全的需要和消除压抑感的心理需要
C	蹲姿左右宽度	650	以高个男子为分析依据
D	一侧的余裕量	100 左右	参考数据，一般情况
E	另一侧的余裕量	300～350	这一侧应留有挂包、挂外衣的空间
F	隔间的宽度	1050～1100	C+D+E

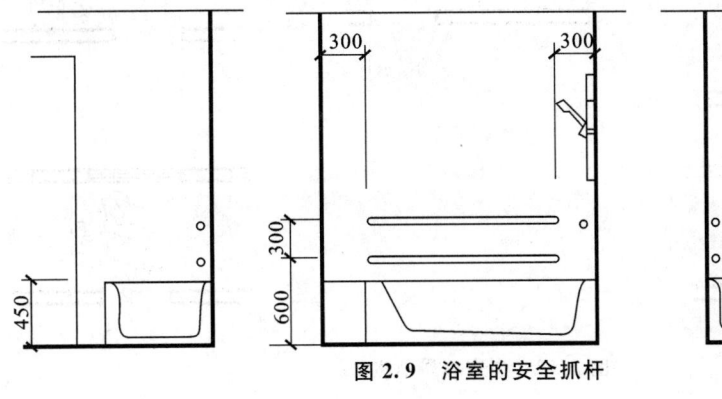

图 2.9 浴室的安全抓杆

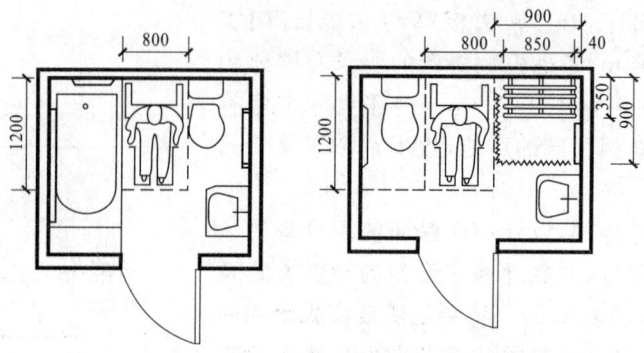

图 2.10　残疾人专用卫生间

(3)对门和走道等交通联系空间最小宽度确定的影响

门的最小宽度受人体动态尺寸的制约和影响,一般单股人流最小宽度为 0.55m,加上人行走时身体的摆幅 0~0.15m,以及携带物品等因素,因此门的最小宽度不小于 0.7m。如图 2.11 所示。

走道、楼梯梯段和休息平台最小宽度的确定同样离不开人体的动态尺寸,如图 2.12 和图 2.13 所示。单股人流宽度为 0.55~0.7m,双股人流通行宽度为 1.1~1.4m,根据可能产生的人流股数,便可推算出各自所需的最小净宽,而且还应符合单项建筑规范的规定。

(4)建筑中诸如栏杆、扶手、踏步等一些要素,为适应功能要求,基本上保持恒定不变的大小和高度,这些常数的确定往往也受人体测量学的直接影响。

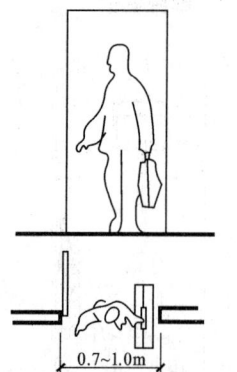

图 2.11　门的最小宽度

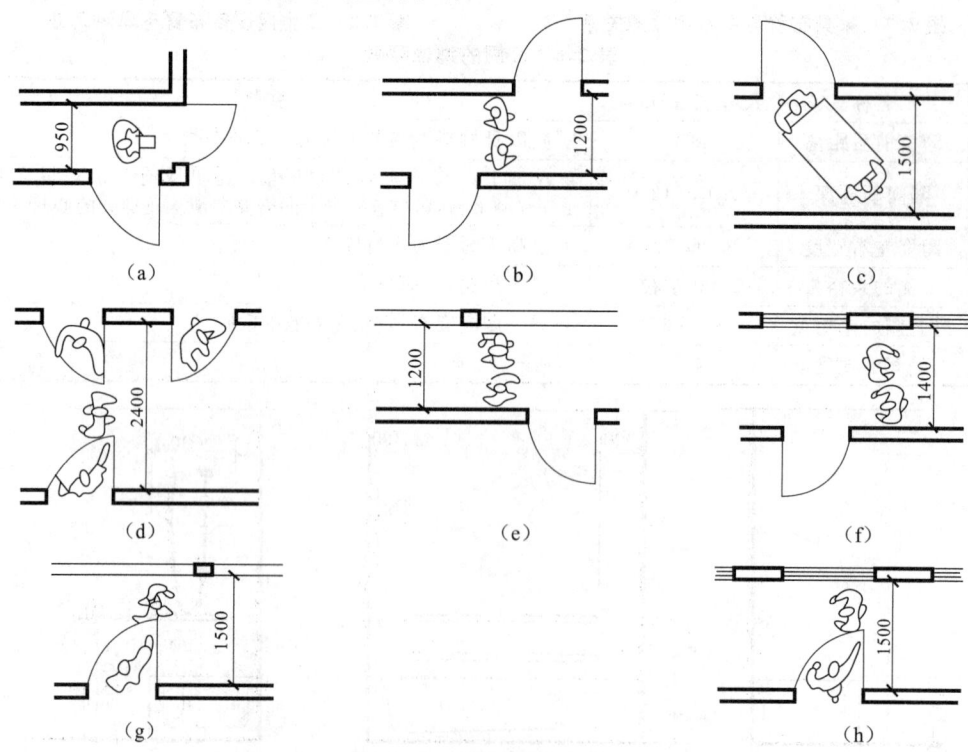

图 2.12　走道的最小宽度

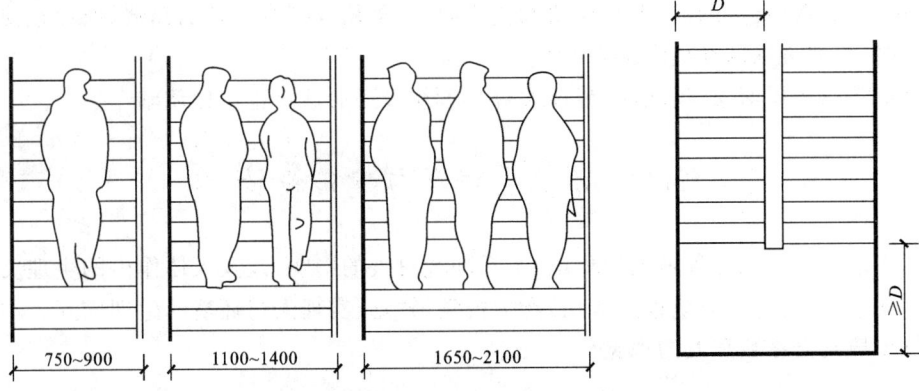

图 2.13 楼梯梯段和休息平台的最小宽度

建筑艺术要求真、善、美统一。著名建筑师柯布西耶研究了人体的各部分尺度，认为它符合黄金分割比例等数学规律，从人体绝对尺度出发制定了两列级数，从而建立了他的模数制，并应用于建筑设计中，进一步把比例与尺度、技术与美学统一起来考虑。这一部分内容将在建筑形式美的规律中详述，在此不再赘述。

在运用人体基本尺度时，除了要考虑地域、年龄等差别（表2.7、表2.8）外，还应注意以下几点：

表 2.7 六个自然区域成年男性身高和体重的均值及标准差

测量项目	东北华北区		中西部区		长江中游区		长江下游区		两广福建区		云贵川区	
	均值	标准差	均值	标准差	均值	标准差	均值	标准差	均值	标准差	均值	标准差
身高(mm)	1702	67.3	1686	64.8	1673	65.8	1694	67.4	1684	72.2	1663	68.5
体重(kg)	71	11.9	69	11.3	67	10.4	68	11.0	67	10.9	65	10.5
胸围(mm)	949	80.0	930	80.3	920	74.8	929	75.5	915	74.1	913	73.7

表 2.8 六个自然区域成年女性身高和体重的均值及标准差

测量项目	东北华北区		中西部区		长江中游区		长江下游区		两广福建区		云贵川区	
	均值	标准差	均值	标准差	均值	标准差	均值	标准差	均值	标准差	均值	标准差
身高(mm)	1584	61.9	1577	58.7	1564	54.7	1582	59.7	1564	60.6	1548	58.6
体重(kg)	60	9.8	60	9.6	56	7.9	57	8.5	55	8.4	56	8.5
胸围(mm)	908	86.0	915	81.0	892	73.6	896	76.7	882	72.9	908	77.2

①设计中采用的身高并非都取平均数，应视具体情况在一定幅度内取值，并注意尺寸修正量（图2.14）。

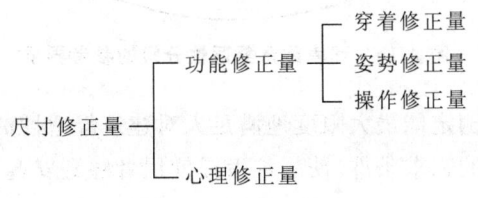

图 2.14 尺寸修正量的构成

注：功能修正量主要考虑人穿衣着鞋及操作姿势等引起的人体尺寸变化；心理修正量主要考虑为了消除空间压抑感、恐惧感，或为了美观等心理因素而引起的尺寸变化。

②近年来对我国部分城市青少年的调查表明,其平均身高有增长的趋势,所以在使用原有资料数据时,应与现状调查结合起来。

③针对特殊使用对象(运动员、残疾人等),人体尺度的选择也应作调整。

2.2 环境生理学与建筑设计

环境生理学主要研究各种工作环境、生活环境对人的影响,以及人体作出的生理反应。人通过其感觉系统,与建筑环境直接作用,产生视觉、触觉,实现人与环境的生理交互。本节重点介绍建筑环境要素参数和人的视觉。

2.2.1 建筑环境要素参数

环境条件与人的安全、健康、舒适感有着密切的关系,也在很大程度上影响了工效的高低。按照劳动条件中的生理要求,通常把环境因素的适宜性划分为四个等级,即不能忍受的、不舒适的、舒适的和最舒适的。环境因素舒适性分级的参考界限见图 2.15。

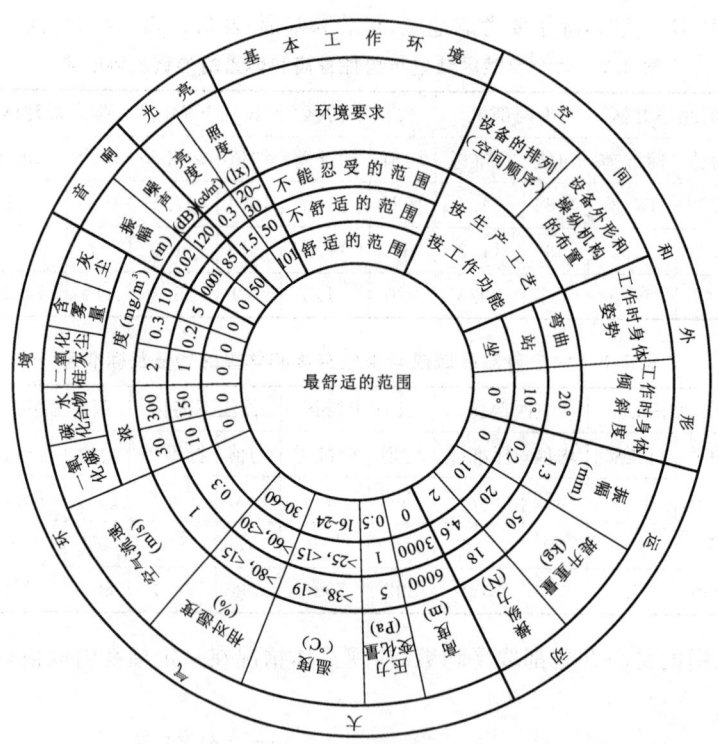

图 2.15 环境因素舒适性分级的参考界限

建筑环境要素参数的测定能最大限度地满足人对建筑舒适性的要求。即建筑环境达到物理、生理、心理、社会、经济的需求条件,使居住者或使用者感到安逸、合适、满意甚至幸福。

2.2.2 视觉机能与环境

建筑以"形""光""色"具体地反映着建筑的质感、色感、形象和空间感,表现出建筑的尺度比例、明暗轮廓、差异对比、统一和谐、韵律结构、层次与流通、肌理与质地、积聚与分割、俯视与仰视、环境与空间、情调与意蕴、智巧与美感等。视觉正常的人主要依靠视觉体验建筑和自然环境。

人的视觉特性包括视野、视区、视力、目光巡视特性及明暗适应等方面。

(1) 视角、视距与视野、视区

视角是人眼能够区别开来的两个最近的刺激物与人眼形成的夹角。具体设计可参考 6′视角进行设计。视距是眼睛到被视对象之间的距离。实际上，两眼相距约 60mm，可看清物体时最佳距离在 34.4m 以内，这是歌剧院的最大视距（看清演员大致表情的视距要求）。

表 2.9 是建筑设计中一些常见的视角与视距关系。垂直视角与心理感受如表 2.10 所列。在绝对视距的范围内人们对建筑物不同的观察内容和心理感受如表 2.11 所列。

表 2.9 建筑设计中一些常见的视角与视距关系

物象尺度(cm)	所观察对象	视距(m)	在建筑应用中的状况	视角(′)
1	细小尺度	5.73	展览品、美术品欣赏	6
2	粉笔间距	11.5	阶梯教室最佳视距	6
3	不化妆的眼神	17.2	话剧院最佳视距	6
4	化妆后的眼神	23.0	话剧院理想视距	6
5	嘴形低限	28.7	话剧院最大视距	6
6	嘴形	34.4	剧院最大视距/电影院理想视距	6
8	眼神（约为话剧眼神的 2 倍）	45.8	电影院最大视距	6
10	手的动作	57.3	演奏、杂技表演技巧运动	6
10	手的动作	86.0	体育表演、看手势	6
15	头部（形态）	85.0	舞蹈、音乐演出	6
15	手势	129.0	体育表演	4
22	足球直径	126.0	观看足球比赛最远清晰视距	6
22	足球直径	189.0	运动场上观看足球比赛最大视距	4
170	人高	146.0	看人的动态极限视距	4

表 2.10 垂直视角与心理感受

建筑高度(H)/视距(D)	垂直视角	观察内容	心理感受
2	63.4°	仰视建筑与天空	压迫感
1	45.0°	观察建筑细部和局部	亲近感
1/2	26.6°	观察建筑主体	平等感
1/3	18.4°	观察建筑全局	开放感
1/4	14.0°	观察建筑轮廓	对比感
1/5	11.3°	观察建筑环境	疏远感
1/10	5.7°	观察城市天际线	空旷感

表 2.11 绝对视距与建筑物观感

绝对视距(m)	观察内容	心理感受	绝对视距(m)	观察内容	心理感受
1~20	建筑物质感	探求感	300~600	建筑物轮廓	全局感
20~30	建筑物细部	庇护感	600~1200	建筑物环境	模糊感
30~100	建筑物主体	对等感	>1200	建筑物天际线	距离感
100~300	建筑物总体	总体感			

视野是指头部和眼睛固定时,人眼所能察觉的空间范围。正常人的视野范围见图 2.16。单眼视野竖直方向约 130°,水平方向约 150°。双眼视野在水平方向重合 120°,其中 60°时较为清晰,中心点 1.5°左右时最为清晰。由于不同颜色对人眼的刺激有所不同,所以视野也不同。正常人的色视野如图 2.17 所示。

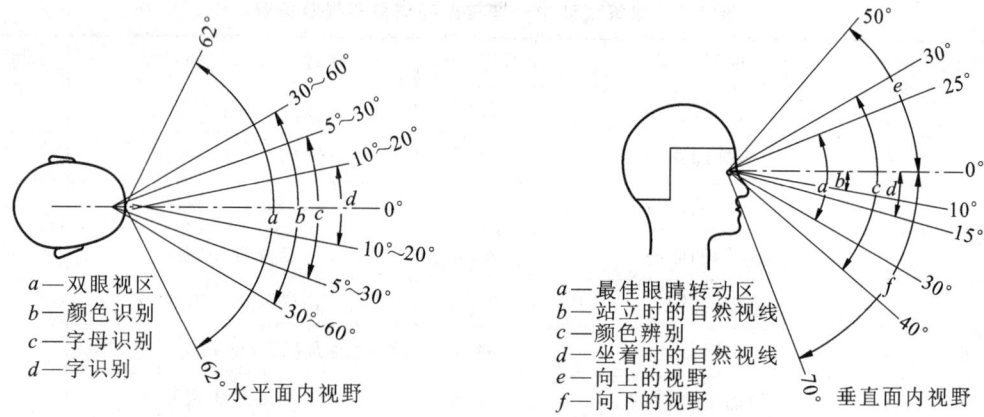

图 2.16 正常人的视野范围

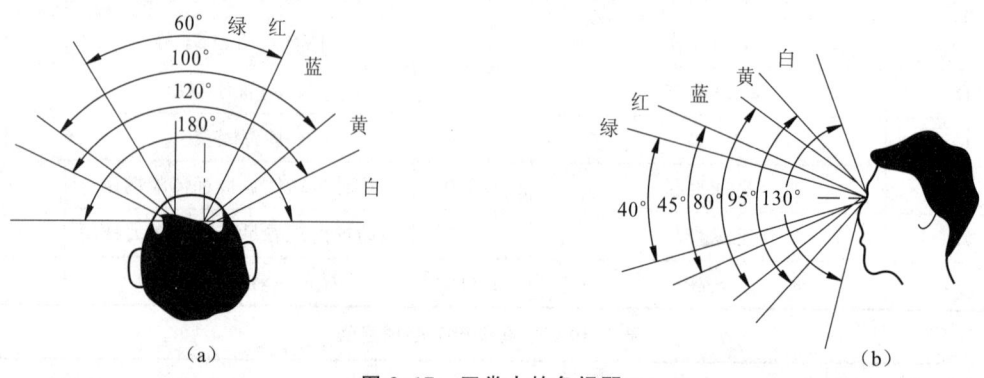

图 2.17 正常人的色视野

由于直接视野是指"可察觉到"的空间范围,视野范围内的大部分只是人眼的"余光"所及,仅能看清楚物体的存在,不能看仔细。通常按对物体的辨认效果,即辨认的清晰程度和辨认速度,分为以下四个视区:中心视区、最佳视区、有效视区和最大视区,见表 2.12。

表 2.12 不同视区的空间范围及辨认效果

视区	范围		辨 认 效 果
	铅垂方向	水平方向	
中心视区	1.5°~3°	1.5°~3°	辨认形体最清楚
最佳视区	视水平线下 15°	20°	在短时间内能辨认清楚形体

续表 2.12

视区	范围		辨认效果
	铅垂方向	水平方向	
有效视区	上10°,下30°	30°	需集中精力才能辨认清楚形体
最大视区	上50°,下70°	120°	可感觉到形体存在,但轮廓不清楚

(2)目光巡视特性(视觉运动特性)

由于人眼在瞬时能看清的范围很小,人们观察事物多依赖目光的巡视,因此设计中必须考虑目光的巡视特性:

①目光巡视的习惯方向:在水平方向上从左到右;在铅垂方向上从上到下;旋转巡视时习惯按顺时针方向。

②视线水平方向的运动快于铅垂方向,且不易感到疲劳;对水平方向上尺寸与比例的估测比对铅垂方向上的准确。

③目光巡视运动是点到点的跳跃,而非连续运动的。

④两眼总是协调地同时注视一处,很难分别看两处,所以设计中常取双眼视野为依据。

(3)明暗适应

眼睛向亮处的适应叫明适应、光适应,向暗处的适应叫暗适应。当人们从暗处进入亮处,适应时间约1分钟就可完成,而从亮处突然进入暗处,适应时间长达10多分钟。

(4)眩光

眼睛遇到过强的光,整个视野会感到刺激,使眼睛不能完全发挥机能,这种现象称为眩光。发光体角度与眩光的关系见图2.18。不恰当的阳光采光口、不合理的光亮度和不恰当的强光方向均会在室内形成眩光现象。

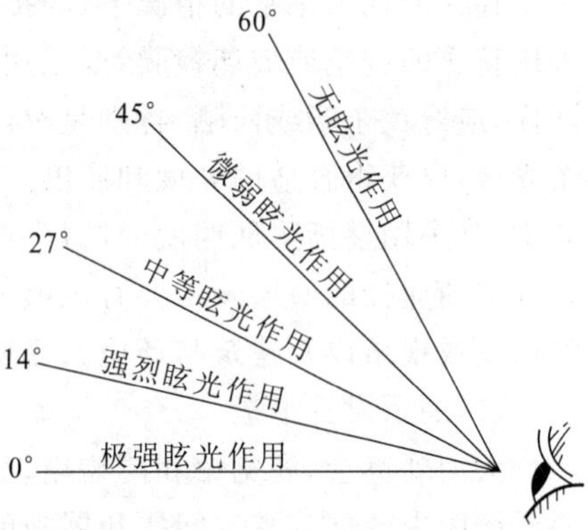

图 2.18 发光体角度与眩光的关系

2.2.3 视觉机能与建筑设计

(1)光环境舒适性设计举措

合适的光环境是保持人们正常稳定的生理、心理和精神状态,提高工作效率,减少差错和事故的必要条件。

①天然采光

a. 开窗面积

不开窗是不行的,"黑房子"历来是建筑设计中必须避免的"败笔"。人工照明无论怎样配置,也很难达到天然光那种柔和自然、朝晖夕阴的妙景。但是,不是窗户面积越大越好,因为它还涉及保温、隔热、节能、通风、排湿、遭爆等多种功能,也就有了多种限制。

b. 天然采光的调控

由于天然光是按照天体运行、阴晴雨雪的自然规律而变化的,并不能处处随心所欲,因此,许多时候都需要对天然采光进行适当的调控。例如,采用有色吸热玻璃、反射玻璃、半透明玻璃、定向透射玻璃对进光量进行调控;采用在玻璃上涂漆、镀铬、贴膜等方式控制东晒或西晒的影响;采用固定或活动的遮阳板、遮光格栅来避免夏季太阳强烈的直射和眩光效应;采用活动的百叶窗或各种窗帘对采光进行主动的调节;采用光的反射原理、光导纤维或输光管道将采光传送到需要照明的空间等。

②人工照明

人工照明的目的是按照人们生理、心理和社会的需求,创造一个人为的光环境。人工照明主要可分为工作照明(或功能性照明)和装饰照明(或艺术性照明),其相应的灯具也分别称为功能灯具和装饰灯具。前者主要着眼于满足人们生理、生活和工作上的实际需要,具有实用性的目的;后者主要着眼于满足人们心理、精神和社会的观赏需要,具有艺术性的目的。

在建筑空间内,可以用灯光来强调聚谈中心和就餐中心,也可以用阴影来掩盖不愿被人注意的地方,还可以采用较强的局部照明形成个人的"领域"。可以用荧光灯的分散照明使建筑空间显得宽敞些,也可以采用白炽灯的集中照明使空间显得紧凑些。如果顶棚较低,就不宜采用过大的吊灯,而应选用扁平的吸顶灯,这样可以使空间显得稍大些。

建筑的艺术照明则有美观大方的多种形式,如吊灯、暗灯、壁灯、吸顶灯、发光顶棚、各种光带、格片格栅等形式,为建筑师的艺术构思和灵感的发挥提供了驰骋的天地。

③光环境的舒适性

在人的视觉正常的情况下,为提高光环境的舒适性,在建筑设计中应减少大面积开窗,或采用特殊的玻璃或玻璃镀膜,或采用多层窗帘,注意灯具的保护角,以减弱或消除眩光的危害。同样,应避免东晒或西晒,特别是夕阳直射室内的情况。另外,还应注意限制光源亮度,合理分布光源,以获得合适的亮度和照度。由于人们对明暗适应的时间相差很大,因此,在电影院设计中,常采用逐渐降低照度的熄灯方法,以便观众能很好地适应明暗变化。在大型商场的进出口处或商业楼的底层一定要有足够的采光和照明设计,以便于顾客购买商品。应注意建筑物的尺度或视角以及建筑与环境的亮度对比,使建筑与环境和谐统一,取得好的视觉效果。

(2)展示设计举措

大型展览会、展览馆和博物馆设计中涉及的人机学内容很多,这里只讨论小型展室设置、展示照明中的部分基本问题和展板的布置。

①展室设置

一个有主题的完整展览,其内容通常形成"序言—第一部分—第二部分—……—结语"这样一个序列,设计中应该按这样的内容顺序来布置展室和参观者行进路线,设置行进方向路牌,引导观展人流的行进流向,让参观者在轻松、不经意的行进中能看到展览的全貌,这是布展的基本要求。

②展示照明

专门的、永久性的展览馆、展室建造中,自然采光是建筑设计的重点之一。对于多数非永久性的展室或展览大厅,主要靠人工照明。展室照明设计需掌握以下要点:

a. 一般照明、局部照明与混合照明相结合。

b. 展板、展品上混合照明的照度与一般照明照度之比大于或等于3:1。

c. 根据展览性质的不同,需要营造不同的展室光环境氛围。展室光环境氛围营造的一般手段,一是选择光色与照度,二是利用光照构造虚拟空间。

③展板的布置

a. 展板布置的高度

重要的展板应布置在高度为1000~1600mm的范围内;如果需要,则向上下延伸布置,在高度为700~2000mm的范围之内还基本适宜于布展,见图2.19。

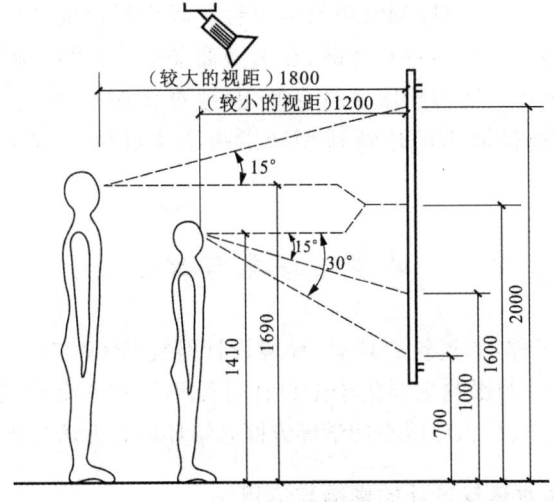

图2.19 展板布置的适宜高度

b. 展板的方位布置

图2.20(a)所示是在三个互成直角的立面上布满了展板,这种布展方式在观展者观看两侧面内拐角处的展板时视线对展板倾斜的角度很大,因此会影响展示的效果;图2.20(b)、图2.20(c)所示把内拐角处改进为45°设置的板面,观看起来比较方便,同时增加了观展者对这个展位的亲切感,增强了展示的效果。

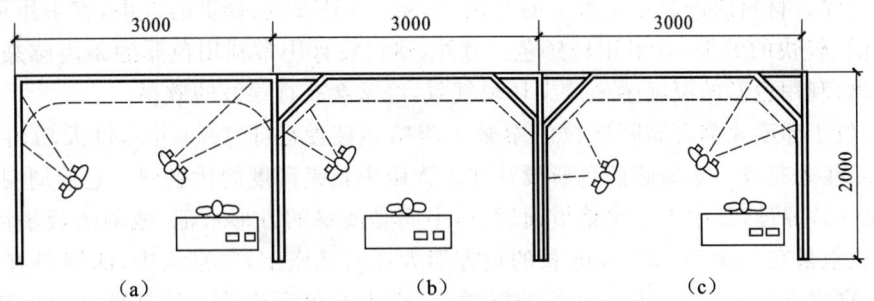

图2.20 展位中的尺寸与布置

2.2.4 听觉机能与建筑设计

噪声不仅会对语言信息的传播和工作产生影响,而且还会对人体产生危害,因此,在进行建筑声学设计时,首先要控制噪声,然后再进一步考虑室内音质。建筑设计时要求闹、静分区,需要安静环境的功能用房还要求远离室外噪声源。

声源的方向性使听觉空间的设计受到一定的限制。如果观众厅的座位面积过大,则靠近墙边一侧的听众将得不到足够的声级,至少对高频率情况是这样。尤其是前几排,对声源所张的角度大,对边座的影响更大。因此,大的观众厅一般都不采用正方形排座。

设计时可利用双耳听闻效应的特性,将舞台上的扩声器放在台口上方而不是舞台平面的左右两角;对于电影,扩声器放在屏幕上方的1/3处,以便使观众的视听方位感一致。由于传声器的录音与单耳听闻效应相似,但传声器的录音没有耳廓效应和搜索声源的能力,因此,录音室、电话会议室、播音室等空间的声学设计要格外严格才能达到预期的目的。

人耳的掩蔽效应进一步说明控制噪声的重要性。减少噪声的措施是多方面的,在建筑声学设计时,要避免有用信号声音的相互掩蔽;在大型商场里,可用音响系统的声音来掩蔽场内顾客的喧闹声;或将临街建筑转售给服务行业使用;通过合理规划、合理绿化,尤其是乔木、灌木和花草的合理配置,选择恰当的建筑造型和沿街墙体材料等,采用综合处理的方法加以解决。

2.3 环境心理学与建筑设计

环境心理学有多种名称,如建筑心理学、环境设计研究、环境与行为、人与环境研究等。目前,环境心理学对建筑设计的影响主要集中于设计过程和一般环境-行为的问题,本节简要从视觉心理学、人际空间心理学、行为环境心理学等方面介绍环境心理学对建筑设计的影响和应用。

2.3.1 视觉心理学对建筑设计的影响与应用

2.3.1.1 色彩视觉心理对建筑设计的影响与应用

视觉心理学是研究人的视觉规律和解释艺术原理的学科。由于感情效果和对客观事物的联想,色彩对视觉的刺激会产生一系列色彩视觉心理效应。与建筑设计有关的色彩视觉心理效应主要有温度感、距离感、重量感、疲劳感、注目感、空间感、面积感、混合感、明暗感和性格感等。

色彩视觉心理在建筑设计中的应用,一是要表现建筑的性格,二是要注意与环境的配合,三是要注意建筑材料的色彩在光影中的变化。为了达到安定、稳重的效果,宜采用重感色;为了达到灵活、轻快的效果,宜采用轻感色。另外,建筑设计中常利用色彩的距离感来调整空间的尺度距离,利用色彩的温度感来渲染环境气氛,经常会获得很好的效果。

例如,位于印度北部古城阿格拉的泰姬·玛哈尔陵始建于 1631 年,每天动用 2 万名工匠,历时 22 年才完成。泰姬陵的色彩设计在世人眼中就是印度的代名词。它的周围环绕着红墙,里边是一片绿茵,正中十字水渠贯通四方,中间是浅绿的方形水池,池两侧栽墨绿色树木。该陵墓建筑坐落在一座 7m 高、95m 长的正方形大理石基座上,寝宫居中,四周各有一座 40m 高的圆塔,寝宫高 74m,上部为一高耸的穹顶,下部为八角形陵壁。凡是见过泰姬陵的人,都被它那洁白晶莹、玲珑剔透的外形所倾倒。这是一座全部用白色大理石建成的宫殿式陵园,是一件集伊斯兰风格和印度建筑艺术于一体的古代经典作品(详见彩图)。

2.3.1.2 形态视觉心理学对建筑设计的影响与应用

形态视觉心理学与建筑设计有着千丝万缕的联系,建筑师在创作过程中将独有的建筑形态视觉心理组织转化为建筑艺术品,而且从赋予建筑生命的那一刻起,审美者通过视觉心理实现与建筑师内心意识的建筑形态同步,又不断引发审美者的形态视觉心理反应。形态视觉心理成为沟通建筑师和审美者之间情感关系的纽带,其作用方式有视觉心理组织、视觉心理错觉和视觉心理联想。

(1)建筑形态视觉心理组织

建筑形态由点、线、面、体、群等基本元素所构成,又通过空间、体量、色彩、光影、质感和肌理等形态表现出来。当多种建筑元素投射到人眼视网膜时,大脑以一种特殊的方式组织图形以划分主次、虚实、类别或者图底关系等,以达到对建筑整体把握的目的。

①建筑形态的点元素组织　一幢建筑,不论规模大小,立面上必然有许多窗洞。这就是建筑上的一种"点"构件。窗洞处理最关键的问题就是要把窗洞和其他各种要素组织起来,使之有条理、有秩序、有变化,特别是具有各种形式的韵律感,从而形成一个统一和谐的整体,如图2.21、图2.22所示。

图2.21　南京长江大桥桥头堡

图2.22　北京车站立面片段

②建筑形态的线元素组织　柱、遮阳板、雨篷、带形窗、凹凸产生的线脚、不同色彩或不同材料对墙体的划分以及刚性饰面上的分格缝等,都可以作为建筑立面上的线条。某些建筑物的墙面处理并不强调单个窗洞的变化,而是把重点放在整个墙面的线条组织和方向感上。不同粗细、长短、曲直的线条以及它们不同的位置会使立面产生不同的艺术效果,如图2.23、图2.24所示。

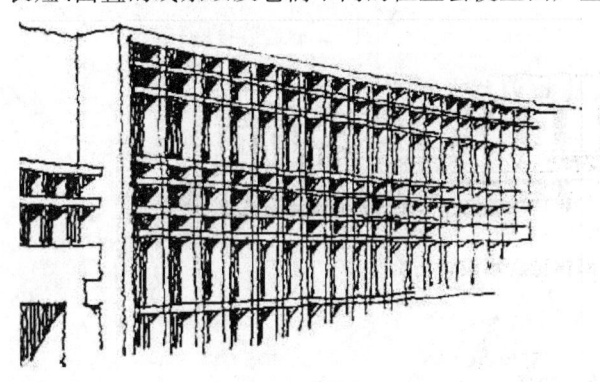
图2.23　广交会侧厅墙面处理

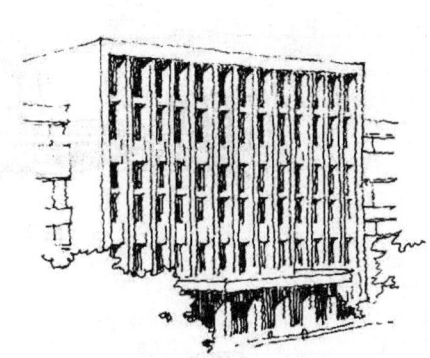
图2.24　某多层工业建筑立面

③建筑形态的面元素组织　建筑的地面、墙面、顶棚、屋面以及由此围合而成的空间,都是面的组成,其形状体现了面的视觉特征,并由它的视觉特征确定了空间的大小、形态、界面的色彩、光影、质地以及空间的开放性与封闭性。如图2.25、图2.26所示。

④建筑形态的体元素组织　体是用来描述一个物体的外貌和总体结构的基本要素,任何复杂的建筑形态都可以简化为不同几何体的组合与变换,具有不同的视觉心理效应和表现力。如图2.27、图2.28所示。

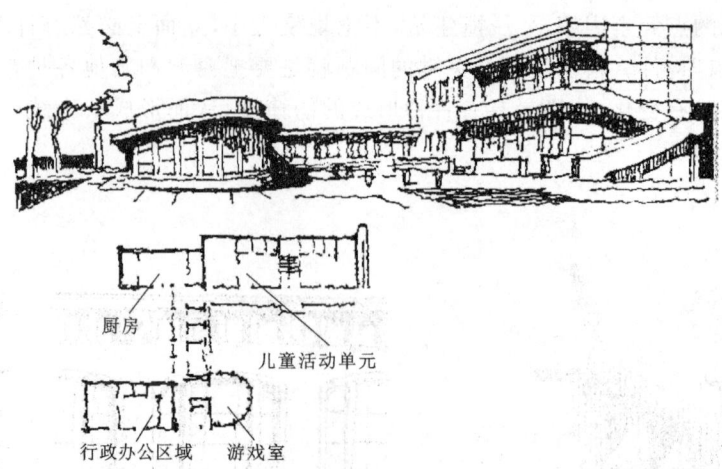

图 2.25　某幼儿园建筑

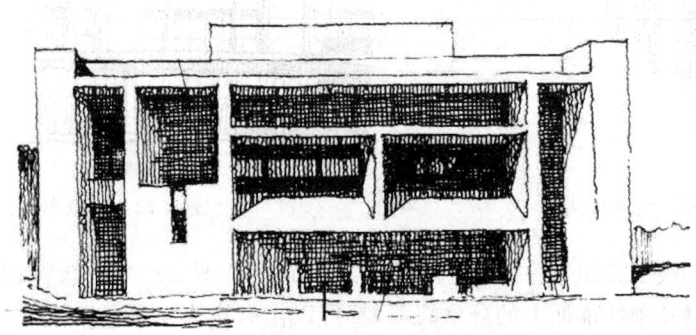

图 2.26　美国得梅因艺术中心扩建部分

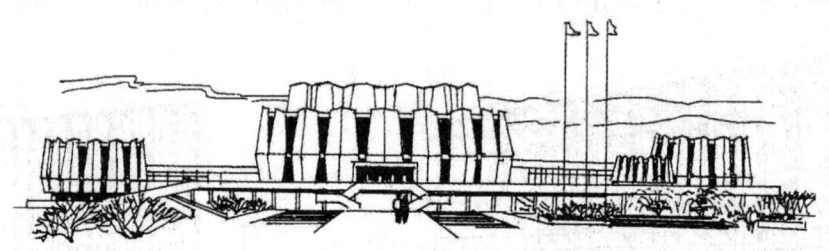

图 2.27　成都锦城剧场设计方案

图 2.28　悉尼歌剧院

建筑形态的体元素不仅具有面的视觉特征，还具有以尺寸大小、尺度关系、颜色和质感等所呈现的空间视觉心理特征。建筑师常常将材质、形体、虚实、体量、色彩、光影等反差较大的要素巧妙地组合在一起，使人感受到强烈而鲜明的视觉冲击，取得相得益彰的呼应关系，如图 2.29 和图 2.30 所示。

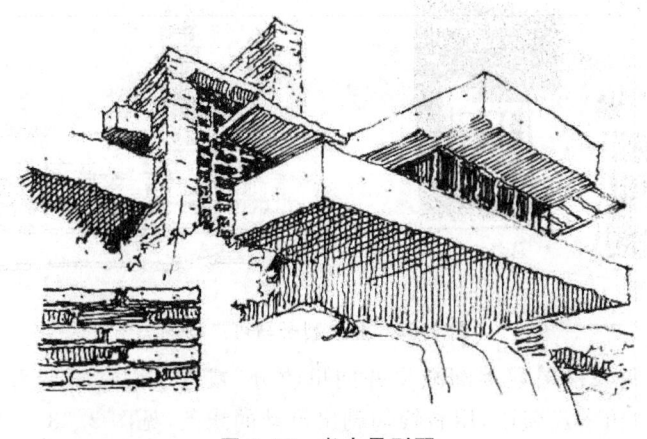

图 2.29　考夫曼别墅

图 2.30　昆明野鸭湖风景游乐度假区入口大门

（2）建筑形态视觉心理错觉

视觉心理错觉是当人或动物观察物体时，基于经验主义或不当的参照形成错误的判断和感知。建筑师在设计中采用矫正措施来协调人们的视觉心理错觉。图 2.31 所示的古希腊帕提农神庙采取加粗角柱、缩小开间、柱子后倾、额枋和台基上沿采用中央略隆起的曲线等措施来调整视觉心理的错觉。图 2.32 所示的意大利圣马可广场较宽的东端有高大建筑，较窄的西端建筑较低，人们在广场上认为它接近长方形，并没有感受到这是一个梯形广场。

图 2.31　古希腊帕提农神庙

由美国 SOM 事务所设计的上海金茂大厦以精妙融合东西方文化而闻名于世，中国塔的造型艺术通过现代建筑形式表现得淋漓尽致。对于高层建筑来说，特别是视平线上方较长的水平线会有下凹的视觉效果，垂直向上延伸的长方形，其顶端效果看起来会大一些。中国塔在檐部交角处稍微向上翘起，正是强化了这一视觉效果，使建筑看起来更加轻盈灵动。金茂大厦

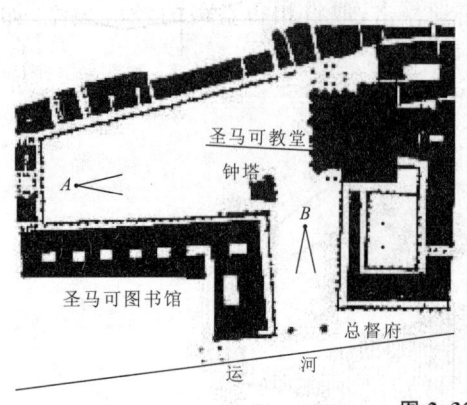 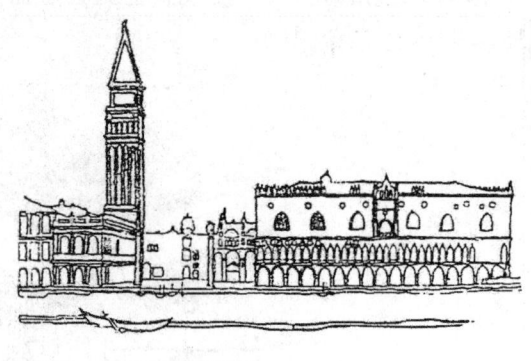

图 2.32 意大利圣马可广场

共分为十个楼层段,每段楼层数逐渐减少并向里收分,减轻了因视觉变形而产生的头重脚轻感,同时,每段收分处仿塔式翘檐,用斜线勾勒出翼动的线条,见图 2.33。

弗兰克·盖里设计的荷兰国际办公大楼运用解构主义设计手法创造出形态变异的视觉心理错觉艺术,有趣的是办公楼上尺寸相同的窗户,在流动的纹理效果下变得大小不均,窗户在垂直方向上被宽度不均等的线条划分,视觉在不均等线条的诱导下产生了一种尺度差异,见图 2.34,这正是盖里利用视觉心理错觉所达到的效果。优秀的建筑师总是善于利用视觉心理引发的错觉,创造出富有表现力和生命力的建筑艺术形式。

图 2.33 上海金茂大厦　　　　图 2.34 荷兰国际办公大楼

(3)建筑形态视觉心理联想

视觉心理联想是建立在视觉经验基础上的,将某一事物转移到另一事物的心理过程。建筑师运用象征或隐喻的手法引起人们的接近联想、相似联想、对比联想和因果联想,以实现与多数观者的心理交流和信息沟通。图 2.35 所示的甲午海战馆,将雕塑与建筑融为一体,使人联想到激烈海战中的战舰,很好地表现了建筑设计的主题。又如设计国家大剧院的建筑师安德鲁评价国家大剧院时说:"一个简单的'鸡蛋壳',里面孕育着生命。这就是我的设计灵魂:外壳、生命和开放。"去过国家大剧院的人们又将其联想为"巨蛋""珠宝盒""水上仙阁""水蒸蛋",这些视觉心理联想很好地回应了建筑师的设计理念。见图 2.36。

图 2.35　甲午海战馆

图 2.36　国家大剧院

2.3.2　人际空间心理学对建筑设计的影响与应用

2.3.2.1　人际空间距离

人际空间距离是由个体、家族、团体、社会等控制或占有的区域,是一种被人格化的、以某种方式确切标志的、独立使用并具有排他性的空间距离。人们日常活动时,在其周围形成一个心理场,对外界进行监测与交往时就好像随身携带着无形的弹性气泡,和其他人保持相当的距离。霍尔在《隐匿的尺度》一书中提出了四种人际空间距离模式,如图 2.37 所示。

(1)密切距离　近程密切距离为 0~15cm,是耳鬓厮磨的距离;远程密切距离为 15~45cm。通常这一距离涵盖了亲密朋友、爱人或者与自己感情深厚的人。工作中通常不提倡身体亲密,但是也有一些例外,例如,人们可能会在密切距离范围内低声传递某些秘密信息。

(2)个体距离　近程个体距离为 45~75cm;远程个体距离为 75~120cm。在这一区域内进行友好的谈话和讨论是非常自然的事情。当人们进行激烈的争论时,有时候会进入私人距离。

(3)社会距离　近程社会距离为 120~210cm;远程社会距离为 210~360cm。在商业或者非个人化的交流互动中,人们一般会保持这样的距离。我们通常会与陌生人之间保持这样的距离。

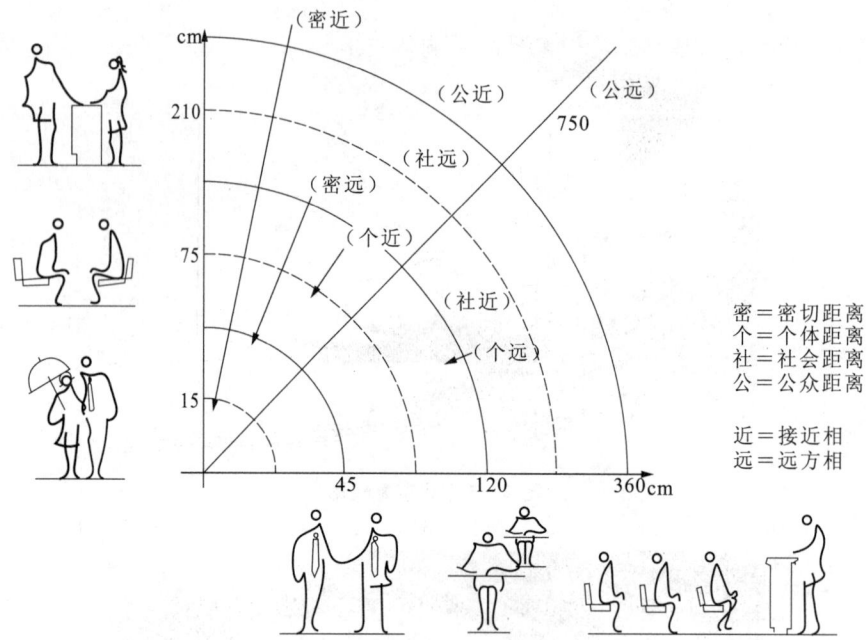

图 2.37　霍尔的人际空间距离模式图

(4) 公众距离　近程公众距离为 360~750cm；远程公众距离为 750cm 以上。在大会上或教室里面对听众讲话时会保持这样的距离。但一些感觉较为迟钝的人在房间里可能会通过大声喊叫来传递普通的信息。这种方式的好处是接收者不必走近就能听到。

以上也是心理学所说的四种人际空间距离，代表了不同关系之间的安全距离，大部分时候我们都可以通过人际空间距离来判断人与人之间的关系。对于建筑设计而言，可以运用人际空间距离调整空间的尺度，以便对建筑环境进行支配。

2.3.2.2　人际空间与建筑设计

日本建筑师芦原义信针对建筑的符合度和舒畅感进行研究。他发现，用 H 表示建筑物的高度，用 D 表示与邻幢建筑物之间的距离，当 $D/H=1$ 时，建筑物之间的高度与距离的搭配显得匀称合适；当 $D/H>1$ 时，心理感觉有远离或疏远的倾向；当 $D/H<1$ 时，心理感觉有贴近或过近的倾向；当 $D/H>4$ 时，各幢建筑物之间的影响可以忽略不计。另外，在一些新建的小别墅前后用栅栏围出一定范围的空间作为住户的花园，不仅加强了居民对户外环境的控制感和私密感，而且也美化了居住区的环境。

针对城市化人口集中产生的高密度和拥挤感问题，建筑师通常采用的设计手法如下：

(1) 适当分隔　分隔可以减少相互之间对个人空间的侵犯，使部分空间领域化。例如，大型商场按商品类型分隔成不同的专卖空间；办公室为减少相互干扰，按办公职能分隔成不同空间。

(2) 减少感觉过载　阅览室内学习案台上给予足够的照明亮度，而过道上则稍暗些，使人产生空间开阔的心理感觉；火车站的候车大厅及医院的候诊厅设置兴趣中心和注意中心，可转移人们的视线和减少视觉上的负载。

(3) 减少行为限制　公共建筑设置开敞、选择余地大的中庭或庭院，拆除建筑周围的实体围墙，开发有用的空间，减少人们的拥挤感，使人们的舒适度增加。

2.3.3 行为环境心理学对建筑设计的影响与应用

行为环境心理学是研究人的常规视力范围以内的环境与行为、心理的相互关系。建筑设计中的行为环境，其研究的目的是扩大和深化传统的功能适用要求，并外延和深入到人的心理、行为和社会文化需求，包括人怎样感知和认知建筑外观和室内环境，怎样占有和使用空间，怎样满足人的社会交往需求，以及怎样理解建筑形式表达的意义和象征等。

2.3.3.1 行为特点与建筑设计

人的行为，简单地说，就是指人们日常生活中的各种活动，或者指足以表明人们思想、品质、心理等内容的各种活动，或者说是"为了满足一定的目的或欲望而采取的逐步行动的过程"等。人类行为的特点主要有主动性、动机性、目的性、因果性、持久性和可塑性等。人们的行为状态可分为正常、异常和非常三种。相应地，人们的行为又分为正常行为、异常行为和非常行为；从心理学上分析又分为正常心理和变态心理或病态心理。

建筑师在建筑设计的过程中应当防患于未然，不仅考虑人们在正常状态下的正常行为，还需针对非常状态实施预见性设计，让人们生活得更方便、愉快、舒适及满意，并避免在意外状态下的可能伤害。例如，为残疾人和老年人进行无障碍设计；精神病医院和股票交易所的设计应考虑使用者的特殊需求，在功能上进行细化设计。

2.3.3.2 行为环境与建筑设计

(1) 行为环境的特性

人的行为必然发生在一定的环境脉络之中，并且在许多方面与外在的环境，包括自然的、人工的、心理的、物理的环境有着很好的对应关系，从而形成一定的行为模式。行为环境具有不确定性，主要是指环境被人感知的过程中表现出来的不确定的特征。它包含两方面的含义，首先是指为人所感知的环境具有不明确性、模糊性或复杂性；其次是环境各要素之间在意义上的多样性或联想的丰富性。

行为环境的不确定性一方面表现出环境的复杂性，另一方面说明了人与环境的相互依赖性。其依赖性说明环境与人的心理和行为具有一定的规律性，需要我们实事求是地去分析探讨；其复杂性又需要我们见微知著，具体分析，以便妥善地解决实际问题。

(2) 行为环境在建筑设计中的体现

建筑师观察和总结行为与环境的对应关系，深入了解、思考和确定在特定环境中所规定的行为模式，在不言不语、不知不觉之中利用个人潜意识和集体潜意识，将人们导向自己的设计意图，达到"引而不发，跃如也"的境界，以保证人们的行为得以顺利地实施，完成最出色的设计。

例如，王国梁先生在《建筑师》杂志中谈到他在合肥新客运站设计中，为了缩短旅客的进站流线，将正方形的候车大厅旋转45°，用它的两边作为进站旅客集中和排队的地方，既缩短了旅客的步行距离，也避免了人流的迂回交叉，特别是减轻了旅客在检票前后的心理负担，并简化了繁杂忙乱的行为模式。

又如，日本的某座大寺院内修建了一所建筑造型为六边形的高级幼儿园，教室处在正中央，六个面上全部采用大玻璃落地窗，家长们经常从落地窗外观察孩子们的上课情况；院子的四角分别是喷水池、游泳池、花圃、滑梯和秋千，其中南侧的喷水池还可以把阳光反射到教室里面；两边的游泳池、滑梯、秋千等使孩子们心神不安，难以集中注意力。到这里来的小朋友脾气暴躁,动辄吵架斗殴,上课也很不专心。于是,建筑师把三面落地窗加上窗帘,以调整四季的阳光,喷水池在上课期间暂时关闭,楼房四周密集种植灌木墙,使家长们无法靠近观察,孩子们也无法看到外面的情况。一个月以后孩子们的情绪、学习等情况都有明显改善。

2.3.3.3 特定环境下的行为模式

(1)分布模式

人们在特定的环境中,相互之间有一定的分布模式,即人们根据情境采取一定的空间定位,并具有保持这种空间定位的倾向性。某些特定环境中人群的分布特点与人群的行为特征之间的关系如表2.13所示。

表2.13 特定环境中人群分布特点与行为特征的关系

分布特点	行为特征	分布特点	行为特征
聚类分布	聚会、儿童游玩、接送旅客	均匀分布	开会、上课、欢迎仪式
随机分布	散步、郊游、休闲	规则分布	排队、电影散场、动物园参观

人们在比较狭窄的空间里通常呈现出线性分布的特点,例如在建筑的走廊、过道、楼梯等交通空间里。而在比较宽阔的环境里则呈现出面状分布的特点,例如在机场的候机楼里、在火车站的广场上和在公共建筑的中庭里。

人们还发现这样的情况:四通八达的空间往往只能作为交通要道或过渡空间,人们不可能在其中滞留,因为他们的个人空间总是被人们以视线、声线或路线进行干扰。而公共场合的端头、角落或凹形空间却可以在公共空间里暂时保持一定的私密性,使人们乐于停留,感到安全与自在。

(2)流动模式

人们在环境中的移动就形成人群的流动。人群的流动具有一定的规律性和倾向性。

①人群流动的特点

人群的流动一般具有这样一些特点,如靠右行、识途性、走捷径以及人流的暂时停滞等。

②人群流动的量化指标

人们处于某一点的移动潜势,可以采用空间移动的概率图来表示。例如,处于客厅里的人们走出客厅100次,其中有10次走向门厅,10次走进厕所,25次回卧室休息,55次去厨房做饭,则客厅里人群移动方向的概率可以采用图2.38表示。这样,就能很方便地总结观察和记录到的情况,为建筑设计提供理论上的依据。

③人们的觅路行为

觅路是指人们在环境中寻找重要地点的具体行为。人们首先要探究其所在位置,确定要去的方向,了解所在地与目的地之间的关系,并确定到达目的地的手段和行动。否则,就可能迷向和迷路。

(3)特殊环境中的非常行为

①集群行为

集群行为是指在特殊的环境中,人们在激烈的互感互动中自发产生的无指导、无约束、无明确目的、不受正常社会规范限制的众多人的狂热和骚乱行为。

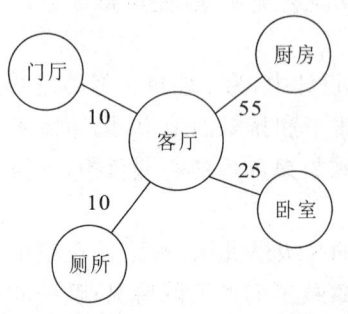

图2.38 人群移动方向的概率

②避险行为

在非常时刻(火灾、水灾、地震、沉船等自然灾害和突发的意外事件)的特殊环境中,人们首先采取的还是习以为常、自然而然和近乎机械的反应与行为。例如,抄近路、走熟路、向左拐等,还表现出求生本能、躲避本能、趋光本能和追随本能等特点。

③人群灾害

人群灾害是指人群在异常警觉的环境中,因特殊或偶然的事件,引起群体的恐慌、骚乱和危机而造成的人身伤亡事故。

(4)行为模式在建筑设计中的体现

在建筑设计中,要求针对分布模式、流动模式、特殊环境中的非常行为等不同的行为模式作出相应的考虑和设计,满足建筑功能和精神感受的需求。

①在大型公共建筑室内交通空间较大的情况下,人们的行为模式包含着大量的转折点,要求人们在找路和寻址时不断对空间定向做出选择,因此,把"建筑便于使用者在其中找路和寻址的容易程度",即"建筑的易识别性",作为判断建筑设计优劣的依据之一。

②在学校的食堂建筑设计中,要考虑到拥挤和混乱问题,通过增加售卖饭菜的柜台和窗口、合理布置食堂大厅、灵活布置座椅饭桌等多种设计方法,综合解决学生行为模式的问题。

③在安全疏散楼梯设计时要考虑到人们已经形成了靠右行、左回转的习惯,因此,安全疏散楼梯的下行方向最好也设计成靠右行、左回转的形式,使人们在紧急避难时感到方便、舒畅、快捷与安全。诸如美术馆、博物馆的参观路线的安排都采取靠右行、左回转的形式。

④针对特殊环境中的非常行为,在建筑设计中重视防火分区、防烟楼梯、防火门、疏散通道和报警、灭火设备、指示设备等的设置。

2.4 实训课题——盥洗室内人体尺度测量问题的改造设计

(一)项目概况

某学校学生公寓盥洗室如图2.39所示。要求学生针对盥洗室存在的人体尺度测量问题,运用人体测量学知识,提出改造方案,并完成平面布置及立面设计。

(二)实训目的

通过实训,使学生将课堂所学知识与工程实践紧密结合,培养学生的工程实践能力。

(三)实训内容及要求

某学校学生公寓盥洗室(图2.39)存在以下问题:其一,在使用盥洗室比较集中的时间,盥洗室内常出现拥挤现象。其二,在盥洗室里盥洗的时候,漱口杯、肥皂盒、牙膏以及配戴眼镜的同学的眼镜等物品都没有专门放置的地方。不得已只能把这些物品放在水池的台沿上,但水池台沿的宽度很窄,只有60mm,又是在人体腹部这个高度上,以致常常发生这些物品掉进水池或掉落在地下的情况。另外,泡衣服的脸盆只能放在盥洗室水池下的地面上,于是脸盆的外沿常被公寓保洁员清扫时用的拖把弄得污迹斑斑。其三,在盥洗室水池上方安有一面宽400mm的长镜子,它的上沿高度为1720mm,经过实际的测量可知,身高超过1780mm的学生梳头时就不能看到自己的头发,此时高个子学生不得不微微屈膝和向前探头,很别扭。

要解决这些问题,就会涉及盥洗室在楼层里的位置安排以及盥洗室的长、宽等建筑方面的因素。本次实训要求学生运用本解析所学知识,针对盥洗室现存的部分人体测量学问题,在盥

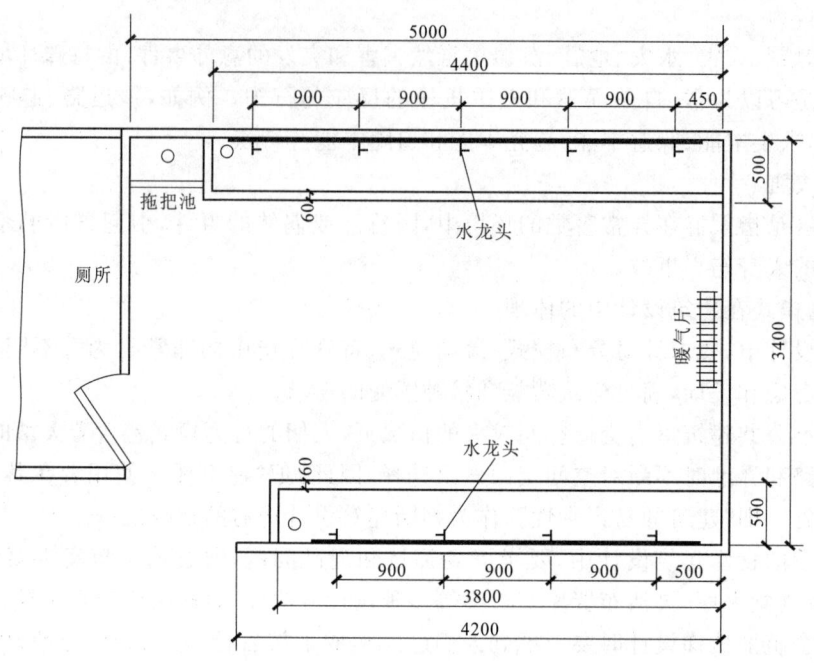

图 2.39 盥洗室平面简图(现状)

洗室位置、整体尺寸不变动的条件下,提出相关的改进设计方案,主要从改变水池尺寸及水龙头的分布间距、增加洗漱用品托架和脸盆托板、提升镜子的高度和增添局部照明几方面进行设计。

(四)实训主要步骤

(1)根据实训任务要求,选择学校某学生公寓盥洗空间进行现场调研。

(2)针对盥洗室现存的部分人体测量学问题,收集资料数据,分析、归纳出可行的改进措施,形成各自的改进方案。

(3)任课教师组织小组进行交流汇报,针对改进方案的内容进行讨论。

(五)实训成果要求

1. 成果规格

全部绘制于 A3 绘图纸上,比例 1∶100。

2. 成果内容

完成盥洗室的平面及立面设计,包括内部设施的布置、形状的选择及尺寸的确定。

(六)实训成果评价

(1)改进方案的完成情况。

(2)改进方案的创新点与不足之处。

(3)课堂知识的综合运用能力。

(4)交流汇报中对所提问题的回答和语言表达水平。

成绩评定分为五级(优、良、中、及格、差),过程考核占总成绩的 40%,成果考核占总成绩的 40%,交流汇报占总成绩的 20%。

模块二　建筑设计初探

> **课程思政融合点思维导读**
>
> 1. 习近平总书记指出"必须牢固树立和践行绿水青山就是金山银山的理念,站在人与自然和谐共生的高度谋划发展"。**课程融合点**:"建筑基地的自然条件、环境条件"。
>
> 2. 党的二十大报告指出"我们坚持可持续发展,坚持节约优先、保护优先、自然恢复为主的方针,像保护眼睛一样保护自然和生态环境,坚定不移走生产发展、生活富裕、生态良好的文明发展道路,实现中华民族永续发展"。**课程融合点**:"建筑基地与城市规划、总平面布局"。
>
> 3. 党的二十大报告强调"弘扬革命文化,传承中华优秀传统文化,满足人民日益增长的精神文化需求"。**课程融合点**:"建筑体型与立面设计、民俗博物馆实训课题"。

解析3　总平面设计

总平面设计是在城市规划管理局或城、镇规划管理局批准的用地范围内,根据上级批准的设计任务书,结合地形、地貌、气象、水文等自然因素,把建筑物、构筑物、交通运输、各种场地、绿化设施等在平面上进行合理、协调的规划、设计和布置,使一个工程的各个项目成为一个有机整体。

党的二十大报告指出,尊重自然、顺应自然、保护自然,是全面建设社会主义现代化国家的内在要求。习近平总书记强调,必须牢固树立和践行绿水青山就是金山银山的理念,站在人与自然和谐共生的高度谋划发展。要提升环境基础设施建设水平,推进城乡人居环境整治。

我们建筑设计人员要具有朴素的"人与自然和谐发展"的思想,总平面设计要以大自然为依托,因地制宜,因势利导,顺应自然,师法自然,取乎自然,与自然相通相依,协调一致,和谐共处,构筑一个可持续发展的生态环境,取得建筑与环境共生的效果。

3.1　建筑基地

建筑基地是指根据用地性质和使用权属确定的建筑工程项目的使用场地。

3.1.1　地形条件

(1)地形图(图 3.1)　区域性地形图常用 1∶10000～1∶5000 地形图,总图常用 1∶1000～1∶500 地形图。为取得地形地貌的真实资料,现场勘测必不可少。

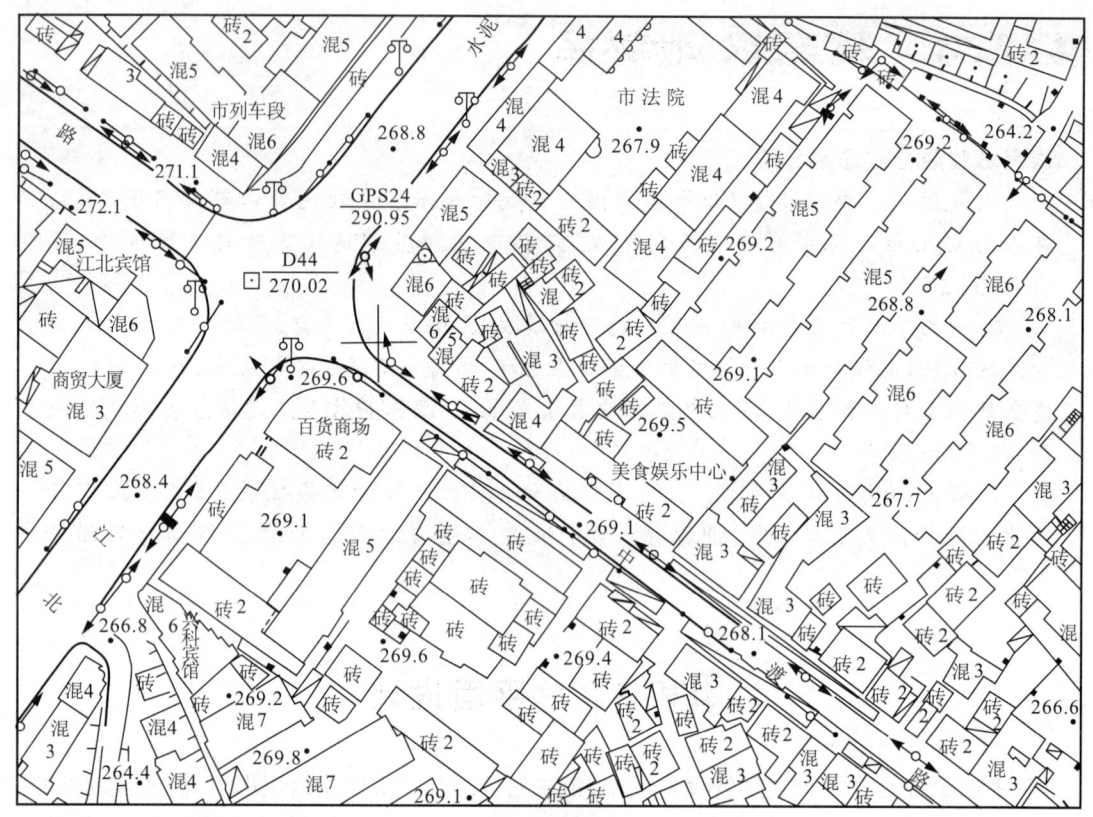

图 3.1 地形图

(2)地形图方向与坐标(图 3.2) 以上北下南、左西右东定方位。纵向 X 轴表示南北坐标,横向 Y 轴表示东西坐标。世界各国均以地球经纬度绘制地图,而城市地域一般用方格独立坐标网绘制地图。场地地图多用城市地域坐标网绘制,也可用相对独立坐标网绘制地形图。

(3)地形图高程与等高线 各国的地形图选用特定零点高程算起,称绝对高程或海拔。工程地图可假定水准点高程,称相对高程。

我国地图等高线是以青岛平均海平面作为零点高程,以"米"为计量单位,将等高相同点连线标注的绝对高程绘于地图上。等高线应是一条封闭曲线,如图 3.3 所示。

3.1.2 自然条件

(1)气象条件

气象条件包括建设地区的温度、湿度、日照、降水量、风向、风速等。建筑设计应根据建筑自身的要求和不同的气象条件,解决好保温、隔热、通风、防风沙、日照、遮阳、排水、防水、防潮、防冰冻等问题。

①气温 历年逐月最高、最低及平均气温,极端气温,最大、最小相对湿度和绝对湿度;严寒日天数,冻土深度,采暖与不采暖的确定;气温日差、年差,最热月份 13:00 平均温度和相对湿度。

②降水量 历年逐月、逐日的平均、最大以及最小降雨量;一次暴雨持续时间及最大雨量;初、终雪日期,积雪日期、深度、密度。

解析3 总平面设计

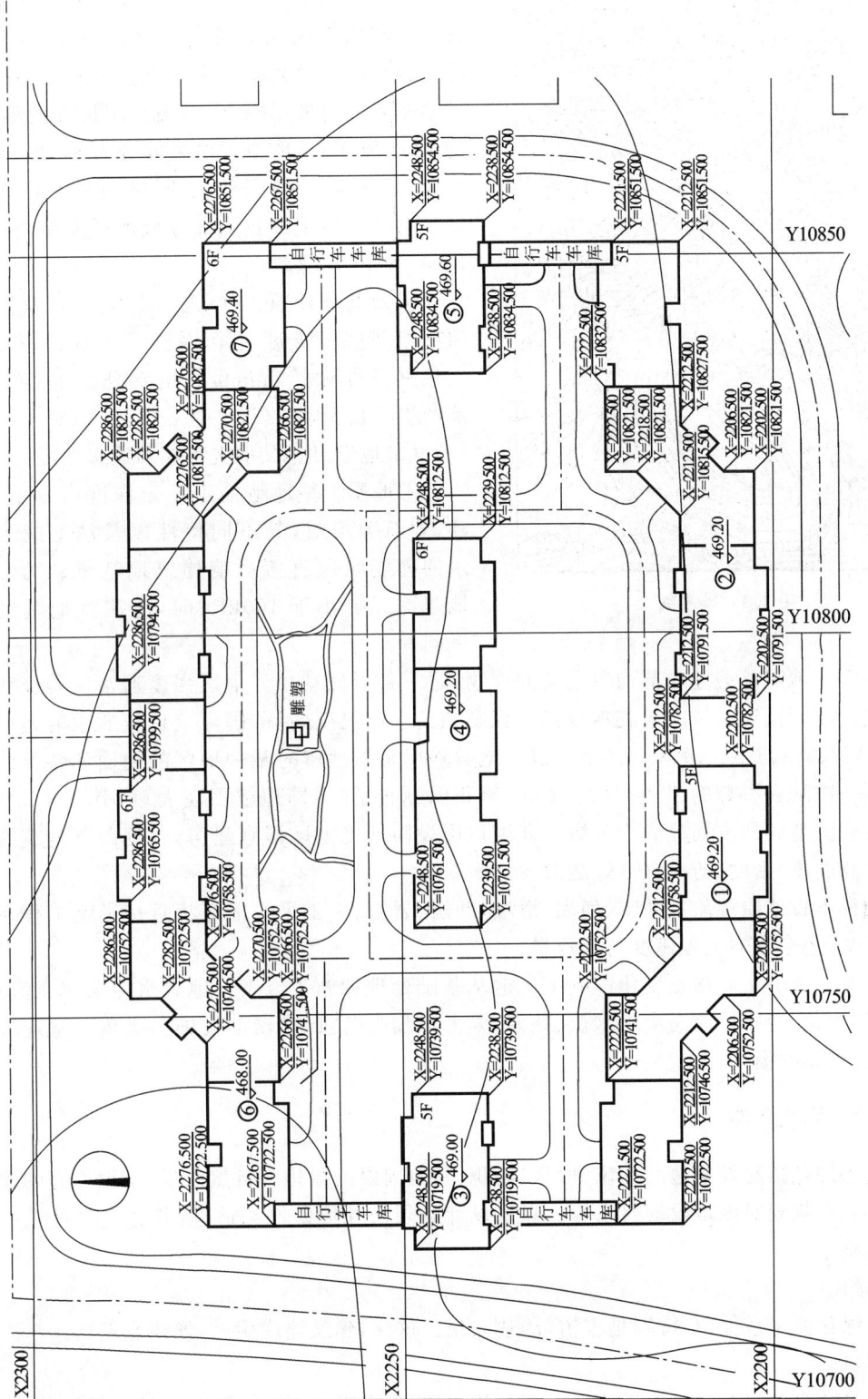

图3.2 地形图方向与坐标

图 3.3 等高线

③风向 某月、季、年及数年某一方向来风次数占同期观测风向发生总次数的百分比，即称该方位的风向频率。将各方位风向频率按比例绘制在方向坐标图上，形成封闭折线图形，即为风向(频率)玫瑰图。以风向分为 8、16、32 个方位，又有夏、冬和全年不同风向频率图形表示。图 3.4 所示是我国部分城市夏季和全年的风向(频率)玫瑰图。

④云雾及日照 年、月、日均数，可决定日照标准、间距、朝向、遮阳及热工工程计算。与气象有关的风沙、雷击资料也要搜集，以免对基地产生不良影响。

(2)地形、地质、水文条件和地震烈度

①地质 基地地面下一定深度内是由土、沙、岩石等组成，其不同特性以及地上或地下水的高度状况直接影响建筑地基承载力。当地基承载力小于 100kPa 时，应注意地基的变形问题。

②地震 地震是地球内部构造运动的产物，是一种自然现象。地震强度通常用震级和烈度等反映。震级是表示一次地震本身强弱程度和大小的尺度，目前国际上比较通用的是里氏震级，有 1、2、3、4、5、6、7、8、8.5 九个震级。地震烈度是指地震时某一地区的地面和各类建筑物遭受到一次地震影响的强弱程度。2008 年我国颁布了《中国地震烈度表》(GB/T 17742—2008)，其中将地震烈度划分为十二级。九度抗震设防烈度地区不宜建房；八度以下地震区建房时要注意高度、密度、防火、防爆、疏散等。

③几种不良地质现象 冲沟、崩塌、滑坡、断层、岩溶、人工采空区等将直接影响工程建设质量与安全，还会影响工程速度与投资量。

④水文 地下水质深度变化影响工程地基基础处理和施工方案。地表水体要注意流量、流速、水位变化，特别是最高洪水水位、频率，要考虑加强防洪、排涝的设施与措施。基地排水径流、坡度也要顺畅。

3.1.3 环境条件

环境条件包括建设基地的方位、形状、面积，基地周围的绿化与自然风景，基地原有的建筑状况以及城市规划对该地段的要求等。建筑设计必须与环境条件相适应，并通过设计进一步改善环境质量。

(1)绿化

好的绿化要尽量保留，特别是古树，严禁砍伐。这样，建筑建成伊始，便树影婆娑。

(2)地形

基地平整自然好布置。如果地形上下起伏，只要处理得当，依山就势，建筑高低错落，也会别有情趣(图 3.5)。

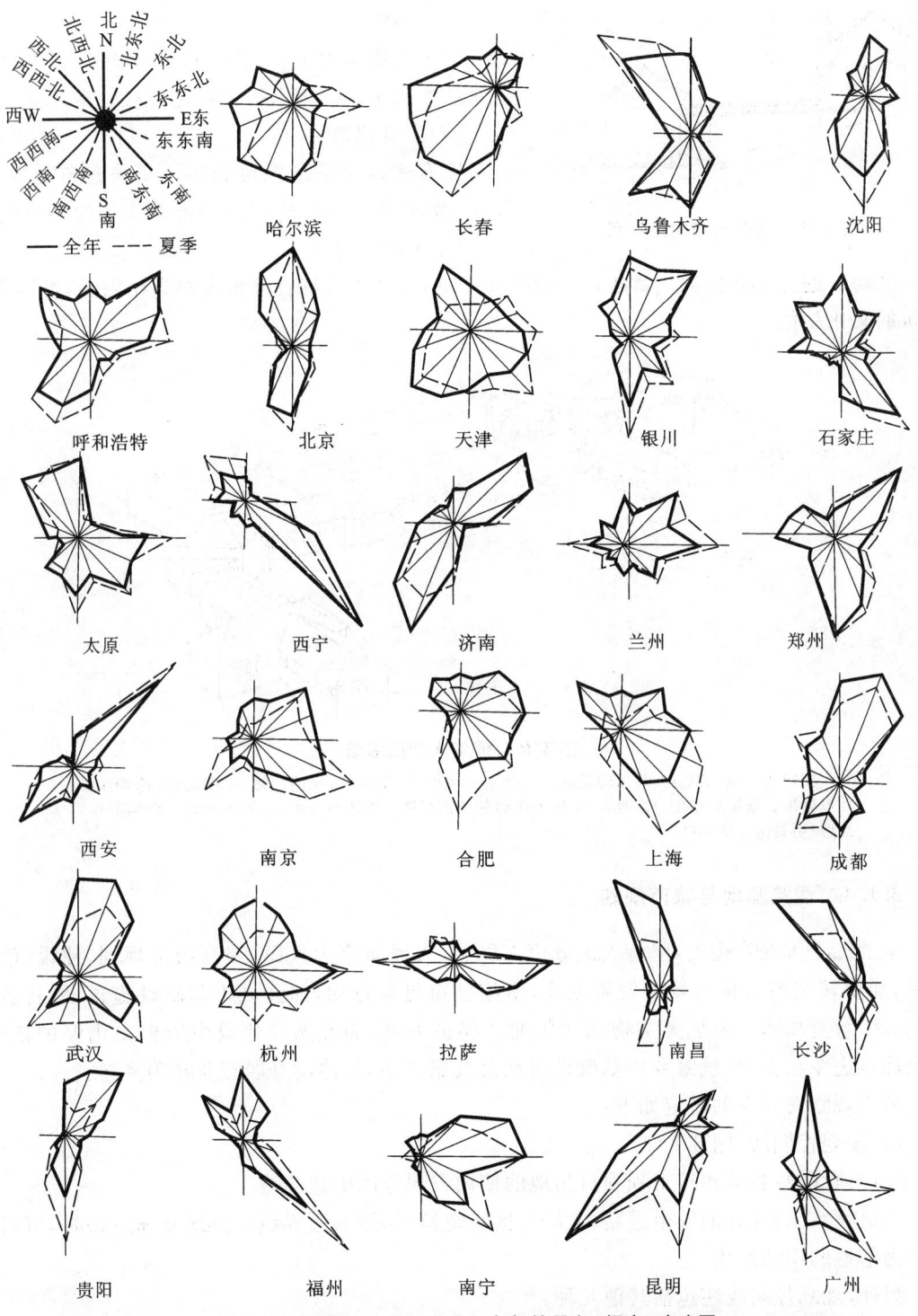

图 3.4 我国部分城市夏季和全年的风向（频率）玫瑰图

风向频率是指该地区各个方位上风的次数与所有方位风的总次数之比（％）。风向频率按一定比例画在方位坐标上就形成了风向（频率）玫瑰图。风向资料可以从当地气象部门收集。玫瑰图中，实线一般表示全年风向频率，虚线一般表示夏季（或最热的三个月）风向频率。风向玫瑰图可以表示地形图的方位和该地区各方位刮风次数的分布情况，并确定出主导风向。例如，长沙市全年主导风向为西北风，夏季主导风向为南风。

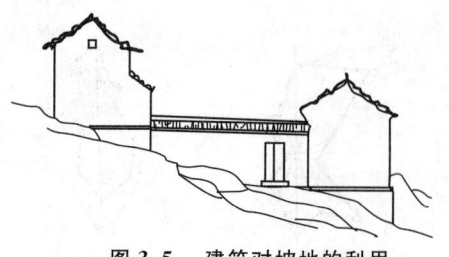

图 3.5 建筑对坡地的利用

(3)水体

只要不影响卫生,对总体布置并无大碍,便不要把水体填为平地。因水得佳景是常有的事。

(4)原有建筑

原有建筑应尽量保留利用。新旧建筑共存(图3.6),或强调文脉的延续性,或强调文化的多样性。

(5)文物古迹

文物古迹要重点保护。新建筑不能喧宾夺主,借助于文物古迹丰富的文化内涵,可以提高建筑的文化品位。

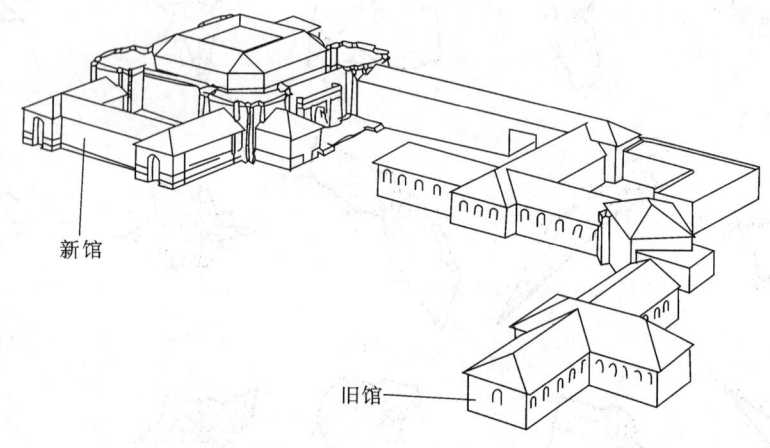

图 3.6 清华大学图书馆

旧馆建于20世纪初,采用的是欧洲古典主义风格,构图完整,比例匀称,尺度亲切,色调淡雅,环境静谧。新馆扩建在旧馆西翼,采用了相似的比例尺度与形体组合手法,但更新颖。两部分水乳交融,更显出旺盛生机。

3.1.4 建筑基地与城市规划

党的二十大报告指出,坚持人民城市人民建、人民城市为人民,提高城市规划、建设、治理水平,加快转变超大特大城市发展方式,实施城市更新行动,加强城市基础设施建设,打造宜居、韧性、智慧城市。要加大文物和文化遗产保护力度,加强城乡建设中历史文化保护传承。要全面推进乡村振兴,统筹乡村基础设施和公共服务布局,建设宜居宜业和美乡村。

城市规划对建筑的限定如下:

(1)规划控制线(图3.7)

①用地红线:各类建筑工程项目用地的使用权属范围的边界线。

②道路红线:规划的城市道路(含居住区级道路)用地的边界线。基地紧邻道路时,道路红线即为基地的用地红线。

另外,规划控制线还包括其他几种:

③规划绿线:指城市各类绿地范围的控制线。按建设部2002年出台的《城市绿线管理办法》规定,绿线内的土地只允许用于绿化建设,除国家重点建设等特殊用地外,不得改为他用。

④规划蓝线:一般称为河道蓝线,是指水域保护区,即城市各级河、渠道用地规划控制线,包括河道水体的宽度、两侧绿化带以及清淤路。根据河道性质的不同,城市河道的蓝线控制也

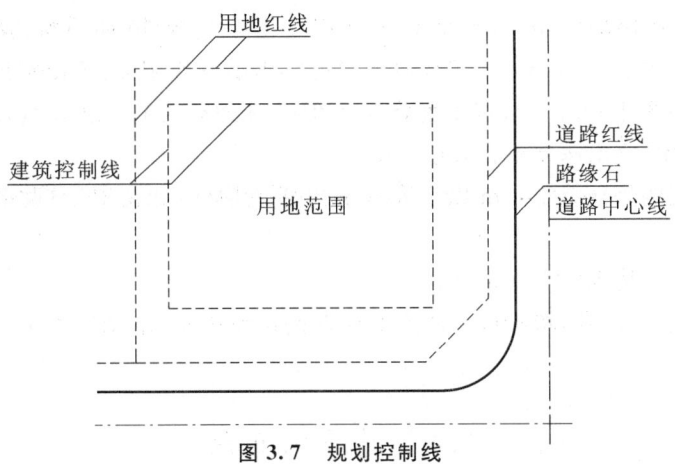

图 3.7 规划控制线

不一样。

⑤规划紫线:指核定为文物保护单位或建筑保护单位用地及其周围进行规划保护的规划控制线。

⑥建筑控制线:有关法规或详细规划确定的建筑物、构筑物的基底位置不得超出的界线。

(2)建筑物及附属设施的有关规定

建筑物及附属设施不得突出道路红线和用地红线建造,不得突出的建筑突出物有:

①地下建筑物及附属设施,包括结构挡土桩、挡土墙、地下室、地下室底板及其基础、化粪池等。

②地上建筑物及附属设施,包括门、连廊、阳台、室外楼梯、台阶、坡道、花池、围墙、平台、散水明沟、地下室进排风口、地下室出入口、集水井和采光井等。

③除基地内连接城市的管线、隧道和大桥等市政公共设施外的其他设施。

(3)建筑突出物的有关规定

①允许突出道路红线的建筑突出物应符合下列规定,具体规定如图 3.8 所示。

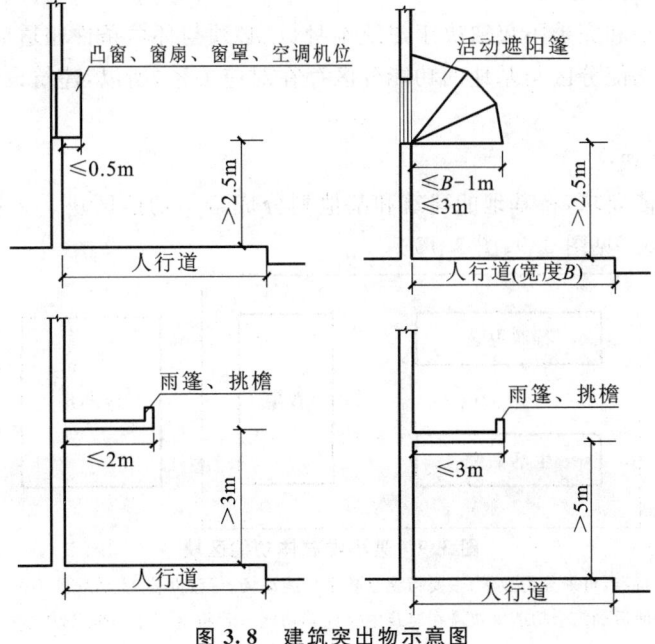

图 3.8 建筑突出物示意图

a.在有人行道的路面上空:2.50m以上允许突出建筑构件(如凸窗、窗扇、窗罩、空调机位),突出深度应不大于0.50m。2.50m以上允许突出活动遮阳篷,突出宽度应不大于人行道宽度减1m,并应不大于3m。3m以上允许突出雨篷、挑檐,突出深度应不大于2m。5m以上允许突出雨篷、挑檐,突出深度不宜大于3m。

　　b.在无人行道的路面上空:4m以上允许突出建筑构件(如窗罩、空调机位),突出深度应不大于0.50m。

　　②建筑突出物与建筑应牢固结合。

　　③建筑物和建筑突出物均不得向道路上空直接排泄雨水、空调冷凝水及其他设施排出的废水。

3.2　总平面布局

3.2.1　总平面布局原则

(1)满足总体布局要求的情况下合理划分功能分区,包括主次、动静、内外、先后、洁污等空间的功能分区。

(2)选择建筑与设施的最佳位置,即根据建筑朝向、采光、通风、景观及建筑规模等确定建筑物的位置。

(3)合理选择出入口位置,分清主要出入口及次要出入口和道路的关系。

(4)布置顺畅便捷的道路系统,包括主、次道路及消防道路等,以及停车场的布置。

(5)规划广场空间及外部景观环境,可以结合保留树木、水系等自然条件综合考虑。

3.2.2　基地总平面布局

3.2.2.1　基地功能分区

建筑功能的完整和完善不仅取决于建筑本身,还必须与环境条件相适应,与基地的功能分区相一致。建筑的功能分区与基地的功能分区存在对应关系,所以,建筑设计首先应安排好建筑基地的功能分区。

(1)划分功能区块

按照不同的功能要求,将基地的建筑和基地划分成若干功能区块。区块的划分可以先粗一些,以后逐步深入。见图3.9、图3.10。

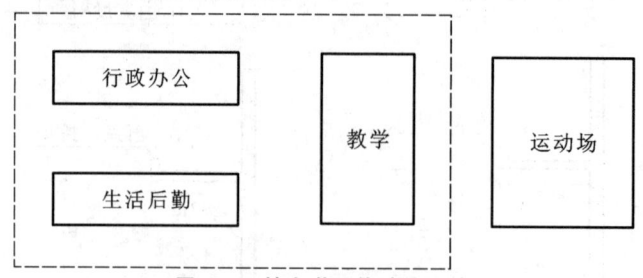

图3.9　某小学总体功能区块

　　根据学校使用特点,可划分为教学(主要指课堂教学)、运动场、行政办公、生活后勤等四个功能区块。其中教学、行政办公、生活后勤三个功能区块需在建筑中完成其功能。若将这三个功能区块置于一幢建筑中,建筑将包括三种功能。

(2) 明确各功能区块之间的联系

用不同线宽、线型的线条加上箭头表示出各功能区块之间联系的紧密程度和主要联系方向。另外，还可以用某种图例标明隔离要求，见图 3.11。

(3) 选择基地出入口大体位置与数量

根据功能分区、防火疏散要求、周围道路以及城市规划的其他要求，选择出入口位置与数量，这种选择与基地出入口的安排是紧密相关的，见图 3.12。

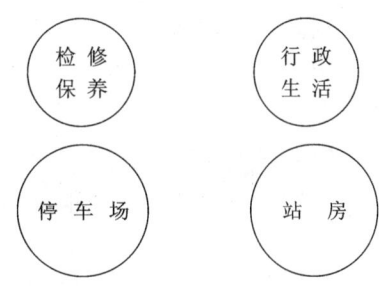

图 3.10 某小型汽车站总体功能区块

基地上需划分为站房、停车场、检修保养、行政生活四个功能区块。其中站房、行政生活、检修保养需在建筑中完成其功能。

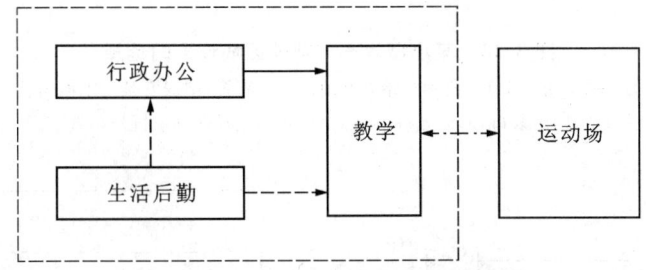

图 3.11 某小学总体功能区块的联系

生活后勤既要为教学服务，也要为行政办公服务。运动场主要为教学服务。由于运动场噪声大，所以应与其他三个功能区块有适当距离。

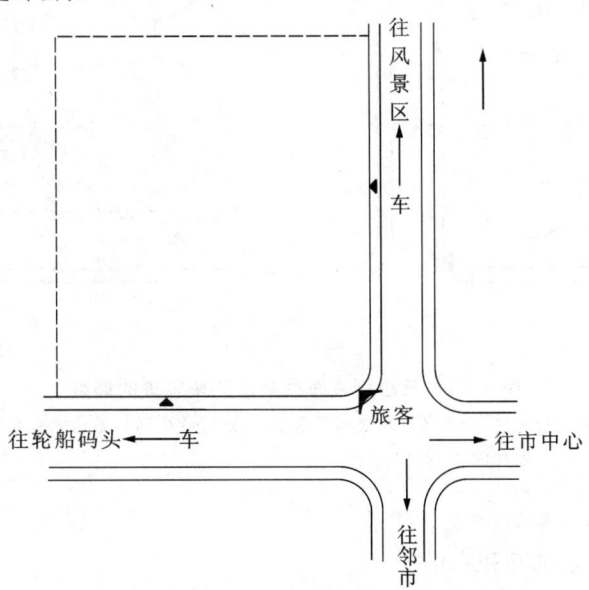

图 3.12 某小型汽车站基地出入口的选择

考虑车辆进出方便与安全，设置了两个出入口。为了保证交叉口的行车视距，车辆出入口不宜太靠近交叉口。旅客进口在东南角为宜。

(4) 选择各功能区块在基地上的位置

根据各功能区块自身的使用要求，结合基地条件（形状、地形、地貌等）和出入口位置，可以先大体确定各功能区块的位置，见图 3.13、图 3.14。

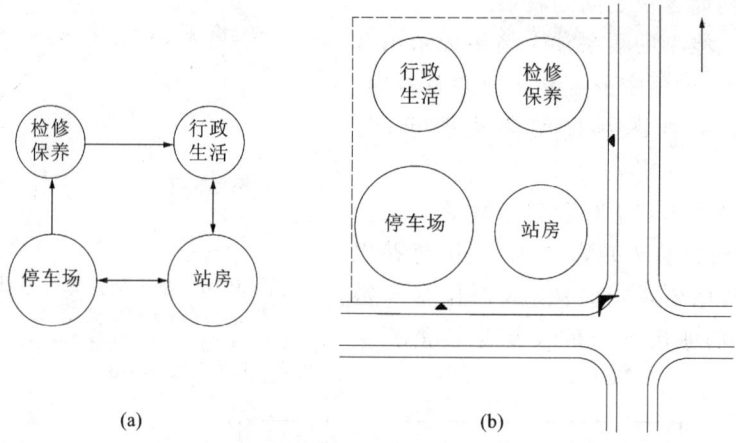

图 3.13　某小型汽车站功能区块位置的选择

各功能区块的联系如图 3.13(a)所示。结合基地出入口布置,站房安排在东南角较合理。考虑到停车场、检修保养宜接近车辆出入口,所以先按图 3.13(b)所示安排各功能区块位置。

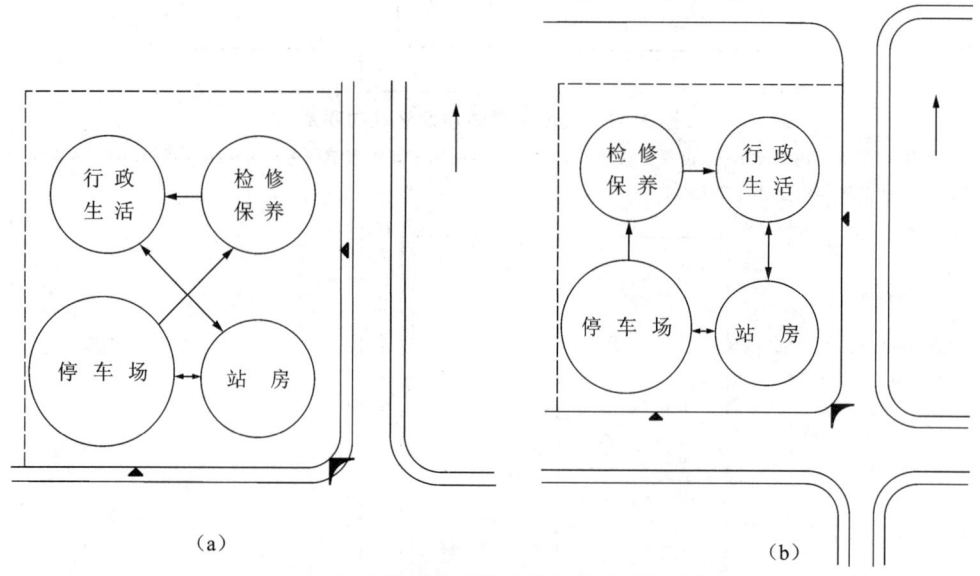

图 3.14　某小型汽车站功能区块位置的调整

检查图 3.13 所示的功能分区,分析各区块之间的联系,发现行政生活与站房的联系受车辆流线干扰大[图 3.14(a)],现调整功能区块位置如图 3.14(b)所示。

3.2.2.2　基地总体布局

(1)估算各功能区块的面积

各功能区块都应根据设计任务书的要求和自身的使用要求,采取套面积定额或在地形图上试排的方法,估算出占地面积的大小,并确定其位置与形状。为避免返工过大,一般要先安排好占地面积大、对用地条件要求严格(如朝向、坡度、地质等)的功能区块。

(2)安排基地内的道路系统

道路系统包括车行道(含消防车)、人行道和回车场、人流集散场地等。道路系统的布置既要与基地周围道路系统妥善衔接,又要满足基地人流、车流组织和道路自身的技术要求。

(3)明确基地总体布局对单体建筑空间组合的基本要求

针对建筑基地的大小(长、宽)、形状,建筑的层数、高度、朝向以及建筑出入口等,单体建筑空间组合设计应明确要求,寻求最佳的组合方案(图3.15)。当然,在深入进行单体建筑空间组合的过程中,也可回过头来对基地的总体布局做适当修改。

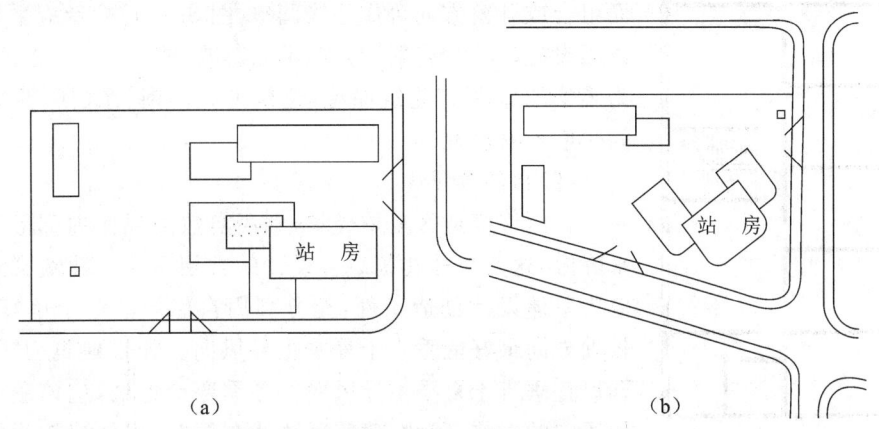

图 3.15 基地形状对建筑空间组合的影响

图3.15(a)和图3.15(b)均为小型汽车站的总平面布置。它们面积相同,但由于基地形状不相同,站房采取了不同的组合形式。

3.2.3 建筑布局

建筑布局就是在总平面中根据建筑物的性质、功能分区和交通流线,对建筑物进行合理的安排,使其相互之间建立有机的内部联系,协调运作,发挥综合功能效应,同时创建外部空间环境。

3.2.3.1 建筑布局的要求

(1)建筑间距应符合防火规范要求;

(2)建筑间距应满足建筑用房天然采光的要求,并应防止视线被干扰;

(3)有日照要求的建筑应符合建筑日照标准的要求,并应执行当地城市规划行政主管部门相应的建筑间距规定;

(4)对有地震等自然灾害的地区,建筑布局应符合有关安全标准的规定;

(5)建筑布局应使建筑基地内的人流、车流与物流合理分流,防止干扰,并有利于消防、停车和人员集散;

(6)建筑布局应根据地域气候特征,防止和抵御寒冷、暑热、疾风、暴雨、积雪和沙尘等极端气候侵袭,并应利用自然气流组织好通风,防止不良小气候产生;

(7)根据噪声源的位置、方向和强度,应在建筑功能分区、道路布置、建筑朝向、距离以及地形、绿化和建筑物的屏障作用等方面采取综合措施,以防止或减少环境噪声;

(8)建筑物与各种污染源的卫生距离应符合有关卫生标准的规定。

3.2.3.2 建筑朝向

建筑群总体布局要为达到室内冬暖夏凉的环境创造条件。良好的建筑朝向,阳光和自然风可以起到调节室内气温的作用。因此,确定建筑朝向时,太阳的辐射强度、日照时间以及常年主导风向等都是影响建筑朝向的因素。除此之外,良好的景观、道路等也是影响建筑朝向的重要原因。

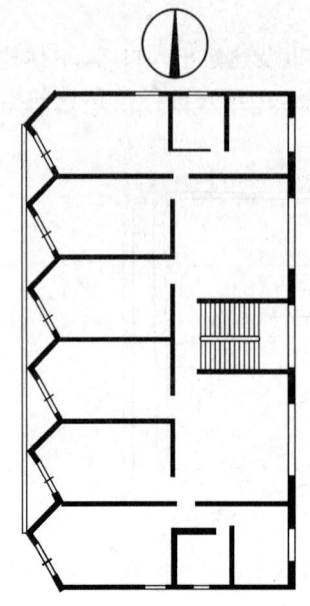

图 3.16 锯齿形的建筑平面

若建筑朝西,为避免西晒,将平面作锯齿形处理,窗朝西南开,阳台也能起到遮阳的作用。

(1)建筑日照

按照地理位置,我国大多数地区为了获得良好的日照,建筑的朝向以南偏东、偏西 15°之内为宜。南方地区要避免夏季西晒,所以建筑不宜朝西。如条件限制必须朝西时,建筑的平面组合或开窗方向可作适当调整(图 3.16),或者应采用绿化及遮阳设施以减少直射阳光的不利影响(图 3.17)。在严寒地区,为了争取日照和建筑保温,建筑可朝向南、东、西,主要使用空间一般不宜朝北。

(2)自然通风

我国许多地区夏季炎热,利用自然通风使内部形成穿堂风来降温,这是单体建筑组合设计的常用手法。建筑群总体布置应为单体设计创造条件,充分利用自然风。对于单幢建筑,其长轴方向最好能垂直于夏季主导风向。如果建筑为"冂"形,则开口宜垂直于夏季主导风向。冬季寒冷地区,应该避免冬季主导风向的影响,因此,建筑群总体布置时,应使建筑物的长轴平行于冬季主导风向。见图 3.18。

(3)景观朝向

建筑物如处在优美风景区,或处在具有观赏价值的景点时,一般都要考虑景观因素。首先要使建筑尽可能朝向景观方向,如果景观因素与其他因素发生矛盾,这类建筑在确定方位时多半照顾景观朝向的需要。

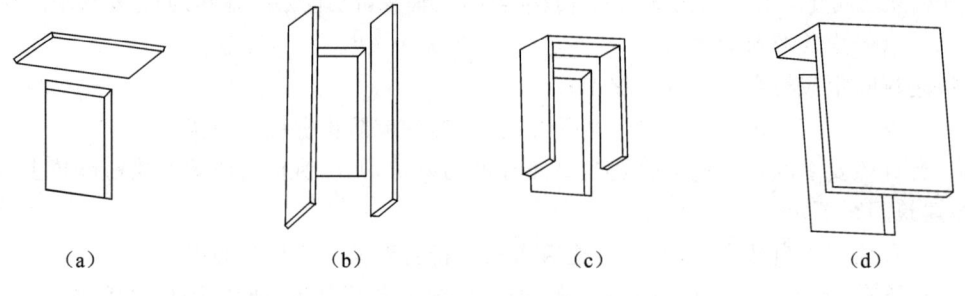

(a)　　　　　　　　(b)　　　　　　　　(c)　　　　　　　　(d)

图 3.17 遮阳设施

(a)水平式遮阳,适用于南北向;(b)竖直式遮阳,适用于东西向;
(c)综合式遮阳,适用于东南向和西南向;(d)挡板式遮阳,适用于东西向

遮阳有固定式、活动式两种。固定式多采用钢筋混凝土制作;活动式可用布、竹、木及轻金属等制作。遮阳的形式和尺寸应根据地区、朝向、建筑功能确定,并同时考虑隔热、挡雨、通风、采光和立面处理等要求。

(4)道路因素

沿街建筑物为保持街面美观,建筑往往与道路走向呼应,或平行,或垂直,或成阶梯状等方式布置(图 3.19)。

3.2.3.3　建筑间距

(1)日照间距

日照间距主要满足后排房屋(北向)不受前排房屋(南向)的遮挡,并保证后排房屋底层南向房间有一定的日照时间。

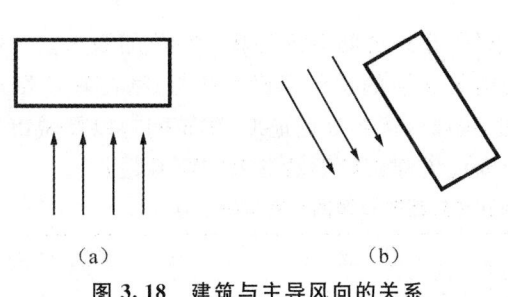
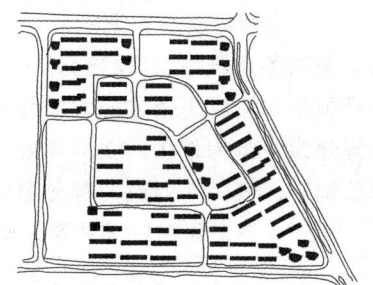

图 3.18 建筑与主导风向的关系　　　　图 3.19 道路影响建筑朝向

(a)垂直于夏季主导风向;(b)平行于冬季主导风向

①日照标准

日照标准是为保证室内的环境卫生条件,根据建筑物所处的气候区、城市大小和建筑物的使用性质确定的,在规定的日照标准日(冬至日或大寒日)的有效时间范围内,建筑外窗获得的满窗日照的时间。

a. 每套住宅至少应有一个居住空间获得日照,该日照标准应符合:居住建筑不应低于冬至日日照 2h 的标准;在原设计建筑外增加任何设施不应使相邻住宅原有日照标准降低;旧区改建项目内的新建住宅日照标准可酌情降低,但不应低于大寒日日照 1h 的标准。

b. 宿舍半数以上的居室应能获得同住宅居住空间相同的日照标准。

c. 托儿所、幼儿园的主要生活用房应能获得冬至日不小于 3h 的日照标准。

d. 老年人、残疾人住宅的卧室和起居室,医院、疗养院半数以上的病房和疗养室,中小学半数以上的教室,应能获得冬至日不小于 2h 的日照标准。

②日照间距(图 3.20)

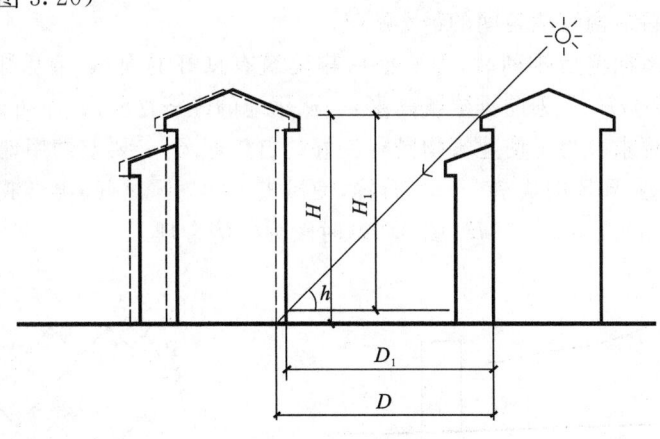

图 3.20 日照间距

a. 日照间距系数 D/H

$$D_1 = \frac{H_1}{\tan h}; \quad D = \frac{H}{\tan h}$$

式中　H ——前排建筑檐口至地坪的高度(m);

　　　H_1 ——前排建筑檐口至后排建筑底层窗台之间的高度(m);

　　　D ——太阳照到后排建筑墙脚时的日照间距(m);

　　　D_1 ——太阳照到后排建筑底层窗台时的日照间距(m);

h ——当地冬至日太阳的高度角(°)。

为了争取冬季日照,以改善房间的卫生条件,建筑之间应满足日照间距的要求。一般计算以冬至日中午 12:00 正南方向太阳能照射到建筑底层的窗台高度为依据;寒冷地区则以太阳能照射到建筑墙脚为依据。在具体确定日照间距时,还要根据地形、建筑朝向以及城市规划要求等加以调整。表 3.1 为我国部分地区正南向住宅建筑日照的参考间距系数。

表 3.1　我国部分地区正南向住宅建筑日照的参考间距系数

地　点	理论计算值(D/H)	地　点	理论计算值(D/H)
北　京	2.01	福　州	1.18
济　南	1.76	南　昌	1.29
南　京	1.47	哈尔滨	2.66
上　海	1.42	太　原	1.84
杭　州	1.37		

b. 不同方位的日照间距见表 3.2。

表 3.2　不同方位的日照间距

方　位	0°～15°	15°～30°	30°～45°	45°～60°	>60°
日照间距	1.0L	0.9L	0.8L	0.9L	0.95L

注:①表中方位为正南向(0°)偏东、偏西方位角。
　　②L 为当地正南向住宅建筑的标准日照间距(m)。

(2)通风间距

通风间距是指为了获得较好的自然通风,不应使后幢建筑位于前幢建筑由于风压所形成的负压区内所需保持的两幢建筑间的最小距离。

当建筑垂直于风向前后排列时,为了使后排建筑有良好的通风,前后排建筑之间的距离(图 3.21)应为(4～5)H(H 为前排建筑高度)。从用地的经济性考虑,不可能选择这样的标准来满足通风的间距要求。为了使建筑物具有良好的自然通风,又要节约用地,避免建筑物正面迎风,将建筑与夏季主导风向成 30°～60°布置,使风进入两房屋之间,再形成房屋的穿堂风,这样,当建筑间距缩小到(1.3～1.5)H(图 3.22)时较为经济合理。

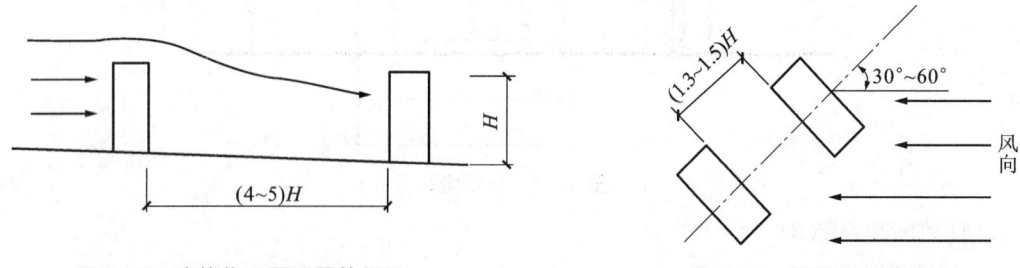

图 3.21　建筑物正面迎风的间距　　　　图 3.22　通风间距的确定

(3)防火间距

①防火间距的规定

为了防止火灾发生时火势蔓延,以及保证疏散、消防所必需的场地,房屋之间应留出的最小距离称为防火间距(表 3.3)。

表 3.3 民用建筑防火间距(m)

建筑类别		高层民用建筑	裙房和其他民用建筑		
		一、二级	一、二级	三级	四级
高层民用建筑	一、二级	13	9	11	14
裙房和其他民用建筑	一、二级	9	6	7	9
	三级	11	7	8	10
	四级	14	9	10	12

注:1.相邻两座单、多层建筑,当相邻外墙为不燃性墙体且无外露的可燃性屋檐,每面外墙上无防火保护的门、窗、洞口不正对开设且该门、窗、洞口的面积之和不大于外墙面积的5%时,其防火间距可按本表的规定减少25%。
  2.相邻两座建筑中较高一面外墙为防火墙或高出相邻较低一座一、二级耐火等级建筑的屋面15m及以下范围内的外墙为防火墙,其防火间距不限。
  3.相邻两座高度相同的一、二级耐火等级建筑中相邻任一侧外墙为防火墙,屋面板的耐火极限不低于1.00h时,其防火间距不限。
  4.相邻两座建筑中较低一座建筑的耐火等级不低于二级,相邻较低一面外墙为防火墙且屋顶无天窗,屋面板的耐火极限不低于100h时,其防火间距不应小于3.5m。
  5.相邻两座建筑中较低一座建筑的耐火等级不低于二级且屋顶无天窗,相邻较高一面外墙高出较低一座建筑的屋面15m及以下范围内的开口部位设置甲级防火门窗,或按照《建筑防火通用规范》(GB 55037—2022)第6.4.8条规定设置防火卷帘。
  6.相邻建筑通过连廊、天桥或底部建筑物等连接时,其间距不应小于本表的规定。
  7.耐火等级低于四级的既有建筑,其耐火等级可按四级确定。

②防火间距的作用

a.防火间距提供消防车扑救火灾的空间。在建筑物起火时,需要使用消防水罐车、曲臂车、云梯登高消防车等扑救火灾。这就要求建筑周围有一定空间,以保证达到比较合理的喷水角度,而且足够的空间也可保证消防车出入火灾现场时不被堵塞。建筑物着火部位越高,尤其在高层建筑,需要云梯登高高度更高,同时云梯水平方向的宽度要求会更大。

b.建筑物着火时火势蔓延,主要有飞火、热辐射、热对流等几个因素,较大的防火间距有利于防止火势的蔓延。

3.2.4 技术经济指标

3.2.4.1 容量控制

为保证适度的土地利用效率和城市公用设施的正常运转,基地设计必须进行容量的相应控制。

(1)建筑密度

建筑密度又称建筑覆盖率,是指在一定范围内,建筑物的基底面积总和与总用地面积的比例(%)。它表达了基地内所有建筑的基地总面积与规划建设用地面积之比。

(2)容积率

容积率是指在一定范围内,建筑面积总和与用地面积的比值。容积率为一无量纲常数,没有单位。容积率与其他指标相配合,往往控制了基地的建筑形态。一般容积率为1~2时为多层,4~10时为高层。

(3)建筑系数

建筑系数是指基地内被建筑物、构筑物占用的土地面积占总用地面积的百分比(%)。

(4)人口密度

人口密度是指单位面积的用地上平均居住的人数。人口密度通常又分为人口毛密度和人口净密度两项指标。

①人口毛密度是指单位面积的居住区用地上容纳的居住人口数量(人/公顷)。

②人口净密度是指单位面积的住宅用地上容纳的居住人口数量(人/公顷)。

3.2.4.2 高度控制

(1)平均层数

平均层数是指居住区建筑基地内,总建筑面积与总建筑基底面积的比值(层)。一般常用于居住区规划,此时又称为住宅平均层数。

(2)极限高度

极限高度即建筑物的最大高度,单位为米。为控制建筑物对空间高度的占用,并保护空中航线的安全及城市天际线控制等,极限高度应遵照城市规划部门的具体规定。有时也采用限定建筑的最高层数来控制其高度。

3.2.4.3 绿化控制

(1)绿化覆盖率

绿化覆盖率指基地内所有乔(灌)木及多年生草本植物覆盖土地面积(重叠部分不重复计)的总和占总用地面积的百分比(%),一般不包括屋顶绿化。

(2)绿化用地面积

绿化用地面积是指建筑基地内专门用作绿化的各类绿地面积之和(m^2)。各类绿地包括公共绿地、专用绿地、宅旁绿地、防护绿地和道路绿地等,但不包括屋顶、晒台的人工绿地。

3.3 总平面内交通组织

3.3.1 交通组织原则

总平面内的交通组织包括车行系统和人行系统。交通流线要安全、方便,在进行总平面图功能分区的同时,应注意经济合理的交通组织设计。

(1)交通流量的安排。将出入口设在交通流量大、靠近外部主要交通道路口附近,使线路短捷。大量人、车、货流运行的线路,应不影响其他区段的正常活动。入口应避免设于高差大的地形路段,也应避免垂直交通。

(2)车行系统。避免过境或外部车进入;注意不要与人行系统交叉重叠;在集中人流活动地,禁止车流行驶;非机动车宜有专线。要考虑不同运输方式的车流衔接,不同的交通运输工具应有不同的交通线路,并应按其不同的交通流量规律进行交通组织安排。

(3)大量人流集散的地段和建筑。通过步行道或广场组织人流交通,如火车站、展览馆的人流活动有一定规律,可将入口和出口分开,人流按一定方向疏导。在商场、影剧院、文体场馆人流的集中时间长短不一,应考虑最大人流的出入口宽度、广场和停车场面积。

(4)基地出入口。在安排基地的车、货、人流的入口和出口时,定位要准确、清晰、安全,上下有序、洁污分道,以保证总平面布局的整体交通环节不受阻。

3.3.2 基地出入口位置

不同类型的建筑出入口设置有所不同。一般情况下基地要设置两个出入口,即机动车出入口和人行出入口,实现人车分流。另外,还要考虑外来人员和内部使用人员出入口的分隔,货运出入口和人行出入口的分隔等。对于功能要求复杂的建筑物,比如医院,需要设置很多出入口,不仅要满足机动车及行人需要,还要针对不同建筑满足不同使用者的需要。

(1)出入口位置的选择依据。首先是对外部人流的分析,确定其位置范围。一般来说,基地主要出入口应迎合主要人流方向。

图 3.23 所示为某高校幼儿园的重建设计,其基地处在与校区大门隔街相望的学生宿舍区边缘地段,而教工宿舍区却在校区东西两侧的城市环境中,这就决定了入托幼儿的人流主要来自基地北边道路的东西两个方向。但基地除南边界无道路,不可能设置出入口外,东西两侧均有次要道路,都有作为出入口的可能性。此时,只要对人流进行分析就可得出正确判断。东边界因紧邻学生进出校区的主要通道,为避免人流混杂,可以排除设主要出入口的选择。西边界因与城市居住小区毗邻,不是入托的主要通道,故也不予以考虑。现在只剩下北边界,它是唯一可以考虑设置主要出入口的范围。但具体设在哪一点上,则要从其他因素进一步考虑。例如东边界因与学生人流太接近,易产生互相干扰,故最好远离此区。这样,主要出入口的范围越来越受到限定,这就为总平面设计奠定了格局。

(2)出入口位置的选择还受城市规划要求的限定。处在城市交叉干道旁的基地,其出入口实际上也是人流、车流的交汇点,人流往往对城市交通起着干扰作用,而城市交通对人流也会造成事故隐患。因此,城市规划对这种基地的出入口有严格规定,即应尽量远离交叉路口,以规避这种矛盾。

图 3.24 所示为某区级俱乐部基地,尽管西边界面临城市主要干道,但处在丁字路口,车辆来往频繁,而且与该俱乐部毗邻的小学主要出入口在西边界附近,因此,俱乐部的主要出入口应回避城市交通要道地段和小学人流汇集地区,设在面向次要道路的南边界上,且以稍离丁字路口为宜,这样可以缓冲俱乐部集散人流对城市交通的干扰,也为自身创造了一个少受外界影响的人流集散区。

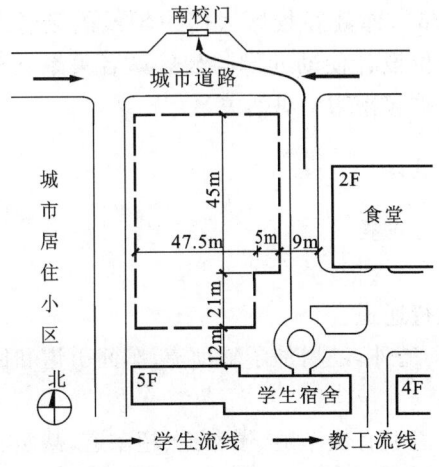
图 3.23 某高校幼儿园基地环境

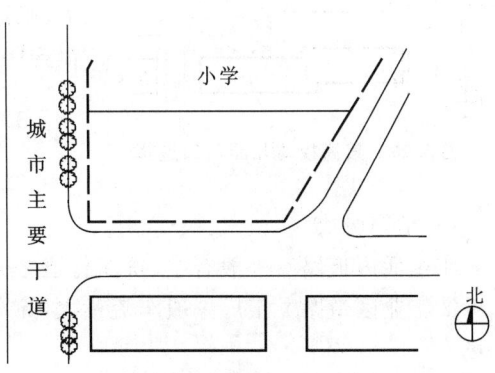
图 3.24 某区级俱乐部基地环境

(3)出入口位置还受内部功能的制约。基地出入口的选择不但要从外部环境条件进行分析,同时也应顾及内部功能的合理要求。只有内外条件同时得到满足,基地出入口的位置才能被认可。

例如,某小区内一座幼儿园的设计(图3.25),通过主要人流分析,认为基地出入口设在南边界为宜。但是,若把出入口确定在中间,则可能给幼儿活动场地的设计带来不利影响,因为从出入口到建筑物之间必然会形成一条动线,这条动线就会把基地分割成两部分,从而破坏了活动场地的完整性。从基地功能设计考虑,可将出入口设在东端或西端,这样就为活动场地的完整性创造了有利条件。

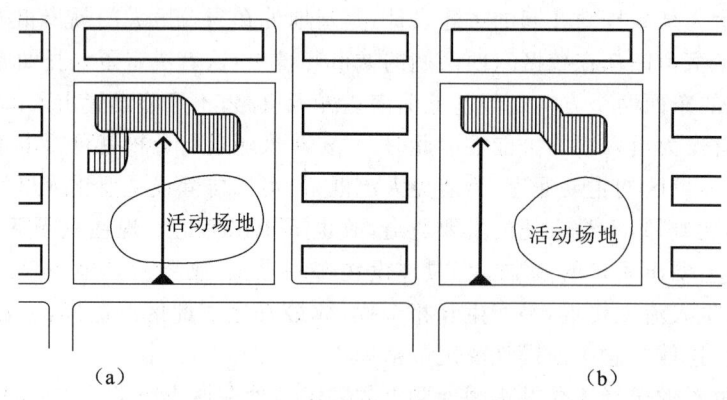

图3.25 某小区幼儿园基地环境
(a)入口选择使人流动线穿越活动场地;(b)入口选择使人流动线不干扰活动场地

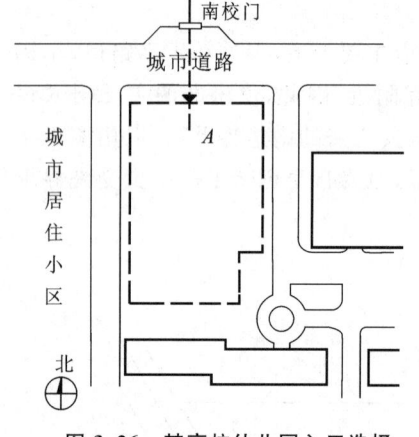

图3.26 某高校幼儿园入口选择

(4)通过与周围环境产生某种有机联系来确定出入口位置。任何一幢建筑物都要与周围环境建立某种对话关系,以构成和谐的有机整体。

在图3.23中,通过分析可以基本确定幼儿园的出入口设置在基地北边界较为合适,但究竟在哪一点上最合适呢?不妨从幼儿园与校区的关系上进行考虑,若选择在 A 点上(图3.26),即处在校区大门中轴线的延长线上,则这种入口对位设计使幼儿园与校区两者关系立刻得到明确,从而建立起密切的对话关系。

3.3.3 道路设计

3.3.3.1 道路布置

(1)道路分类

①生活区道路 一般有主、次车行道之分和宅旁人行通道。

②工业区道路 工厂一般车流量大,除车行主、次干道外,还增加了辅助道、车间引道和回车场。

③城市型道路 这类道路路面宽,有上、下道,每条道上有快车道、慢车道、超车道,甚至有城市公交车道。另外还有自行车道、人行道以及城市间高速公路等。

(2)道路布置的原则

①基地内应设道路与城市道路相连接,其连接处的车行路面应设限速设施,道路应能通达建筑物的安全出口;
②沿街建筑应设连通街道和内院的人行通道(可利用楼梯间),其间距不宜大于80m;
③道路改变方向时,路边绿化及建筑物不应影响行车有效视距;
④基地内设地下停车场时,车辆出入口应设有效显示标志,标志设置高度不应影响人、车通行;
⑤基地内车流量较大时应设人行通道。

3.3.3.2 道路平面

(1)道路转弯半径

依车型内边缘最小转弯半径而定,见表3.4和图3.27。

表 3.4 机动车内边缘最小转弯半径

行驶车辆类别	最小转弯半径(m)
小客车	6
4～8t 载重货车	9
10～15t 载重货车	12
15～20t 载重货车	15
40～60t 载重货车	18
公共汽车	12

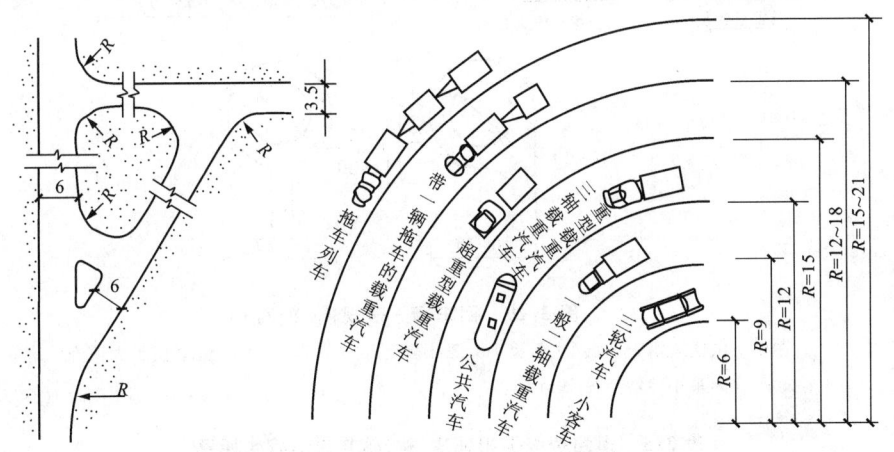

图 3.27 机动车最小转弯半径(单位:m)

(2)道路宽度

即行车部分的宽度,按行车通过量及种类确定,单车道为3.5m,双车道为6～7m。考虑机动车与自行车共用,单车道为4m,双车道为7m。

(3)道路交叉口的视距

一般不小于21m,如图3.28所示。

(4)回车场

尽端道路不应小于12m×12m,详见图3.29。道路边缘至相邻建(构)筑物最小安全距离见表3.5。

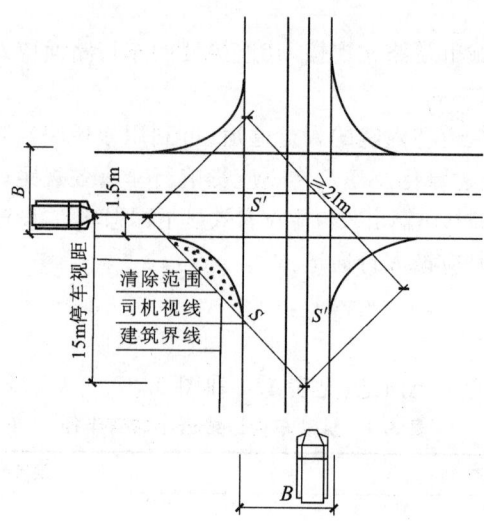

图 3.28 道路交叉口的视距

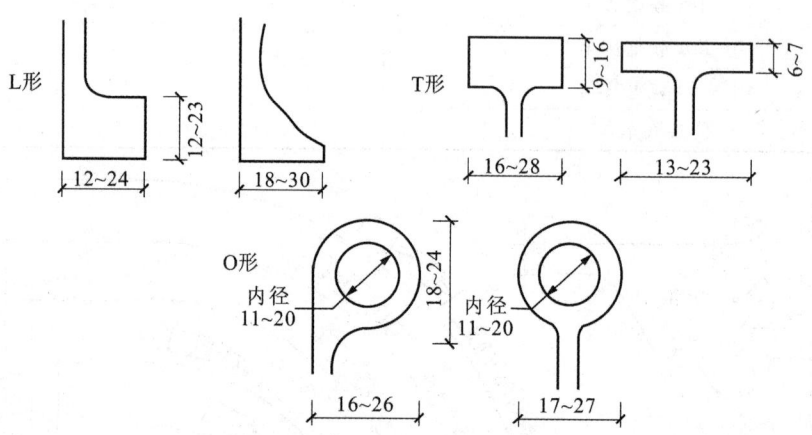

图 3.29 回车场一般规模(单位:m)

图中下限值适用于小汽车(车长 5m,最小转弯半径 5.5m),上限值适用于大汽车(车长 8～9m,最小转弯半径 10m)。

表 3.5 道路边缘至相邻建(构)筑物最小安全距离

相邻建(构)筑物	最小距离(m)
(1)建筑物外墙面	
a.当建筑物面向道路一侧无出入口时	2.0～5.0
b.当建筑物面向道路一侧有出入口,但出入口不通行汽车时	2.5～5.0
c.当建筑物面向道路有汽车出入时	6.0～8.0
(2)各类管道支架	1.0
(3)围墙	1.0

3.3.4 停车场(库)设计

3.3.4.1 停车场(库)出入口

影响停车场出入口设置的主要因素包括与停车场出入口连接道路的等级、停车场停车数量、高峰小时驶出率以及停车场出入口处动态交通流量的组织情况等。

(1)出入口与周围环境的关系

①停车场出入口应设于城市次干道，不应直接与主干道连接，不得设在人行横道处。

②停车场出入口距离道路交叉口必须不小于80m。

③停车场出入口距离人行过街天桥、地下通道和桥梁或隧道引道必须不小于50m。

④停车场出入口的缘石转弯曲线切点距铁路道口的最外侧钢轨外缘应不小于30m。

因为停车场是专门且集中存放汽车的场所，出入口使用频率高，所以比一般基地机动车出入口的要求要严格。

(2)停车场出入口数量及宽度

①停车场车位指标在条件困难或停车容量不超过50辆时，可设1个出入口。此时，应按照汽车双向行驶状态考虑出入口宽度，其进出通道的宽度宜采用9~10m(应不小于7m)。

②停车场车位指标大于50辆时，出入口应不少于2个。

③停车场车位指标大于500辆时，出入口应不少于3个。

④出入口之间的净距应不小于10m，出入口宽度应不小于7m。

⑤地下停车库100辆以上设2个出入口，多层停车库小于100辆可设一双车道出入口。

(3)出入口的通视要求

①安全距离。停车场出入口距城市道路的规划红线应不小于7.5m。因为停车场出入口处车辆容易堵塞，所以必须退出城市道路规划红线，留出大于1.5个车位长度(即7.5m以上)的安全距离，以免影响城市交通。

②通视要求。停车场的出入口应有良好的视野，使驾驶员能够对停车场出入口外道路上的交通情况有所判断，避免因驾驶员的视觉盲点造成交通上的不便。

汽车库库址的车辆出入口，距离城市道路的规划红线不应小于7.5m，并在距出入口边线内2m处作视点的120°范围内至边线外7.5m以上不应有遮挡视线的障碍物(图3.30)。

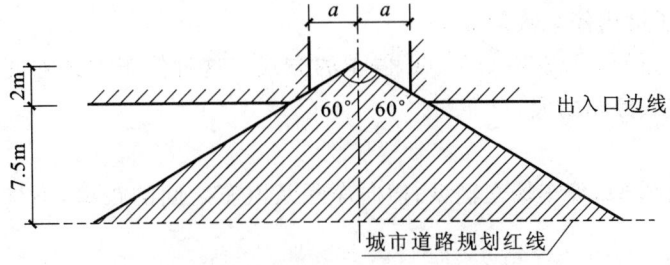

图3.30 汽车库的库址出入口通视要求

a—视点至出入口两侧的距离

3.3.4.2 停车位布置

(1)停车方式(图3.31、表3.6)

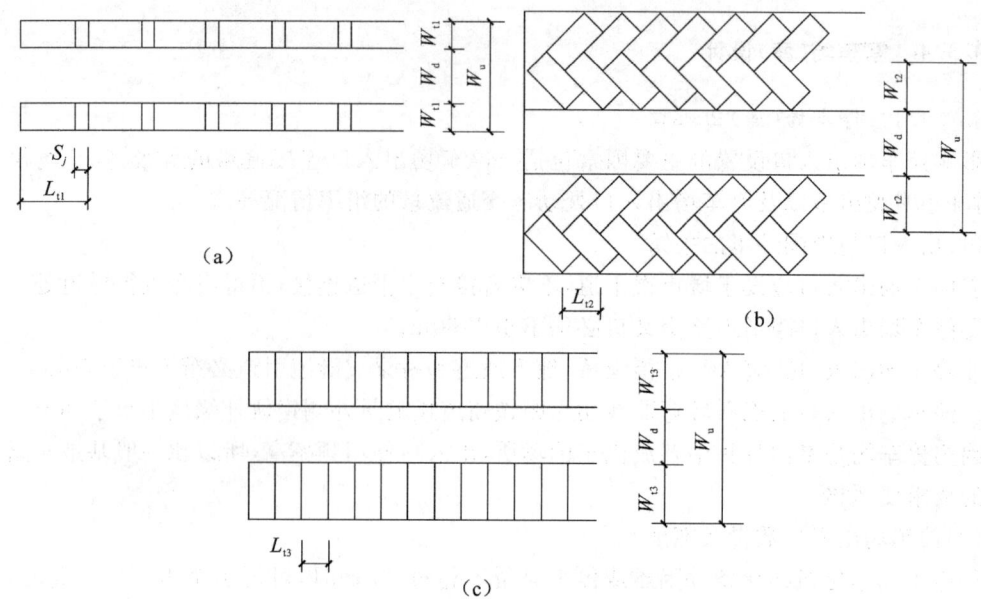

图 3.31 车辆停放方式

(a)平行式停车；(b)斜列式停车；(c)垂直式停车

表 3.6 小型汽车停车场设计参数

项 目 \ 停车方式	平行式	斜列式				垂直式	
		30°	45°	60°	60°		
	前进停车	前进停车	前进停车	前进停车	后退停车	前进停车	后退停车
垂直通道方向停车带宽(m)	2.8	4.2	5.2	5.9	5.9	6.0	6.0
平行通道方向停车带宽(m)	7.0	5.6	4.0	3.2	3.2	2.8	2.8
通道宽(m)	4.0	4.0	4.0	5.0	4.5	9.5	6.0
单位停车面积(m²)	33.6	34.7	28.8	26.9	26.1	30.1	25.2

垂直式：汽车与行车道成90°(垂直)停车的方式。这种停车方式在单位长度内停放的数量最多，用地比较紧凑，但停车带较宽，可双面停车，中间合用一条通道。

平行式：汽车与行车道成0°(平行)停车的方式。这种停车方式所需的停车带较窄，但占地长度最大，单位长度内停车数量最少。

斜列式：汽车与行车道成30°、45°、60°停车的方式。这种停车方式方便车辆出入和停放，但占地面积较垂直式停车的大。

(2)停车尺寸

停车尺寸见图3.32，停车场车辆纵、横向净距及汽车之间的距离，车与墙、柱之间的距离见表3.7和表3.8。

表 3.7 停车场车辆纵、横向净距(m)

项 目	车辆类型	
	微型车和小型车	大、中型车和铰接车
车间纵向净距	2.00	4.00
车背对停车时尾距	1.00	1.00

续表 3.7

项 目		车辆类型	
		微型车和小型车	大、中型车和铰接车
车间横向净距		1.00	1.00
车辆与围墙、护栏及其他构筑物间距	纵	0.50	0.50
	横	1.00	1.00

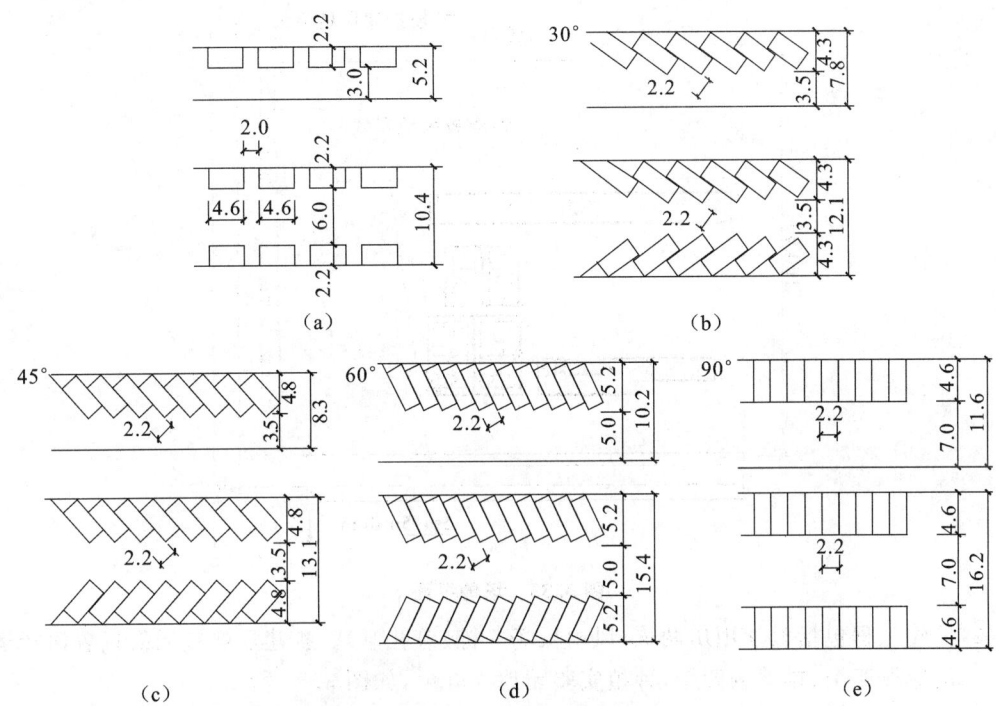

图 3.32 小型汽车停车场单双排停车参考尺寸(单位:m)
(a)平行;(b)30°;(c)45°;(d)60°;(e)90°

表 3.8 汽车与汽车、墙、柱之间的距离(m)

项 目	汽车尺寸			
	车长<6 或车宽<1.8	车长 6~8 或车宽<2.2	车长 8.1~12.0 或车宽<2.5	车长>12.0 或车宽>2.5
汽车与汽车	0.5	0.7	0.8	0.9
汽车与墙	0.5	0.5	0.5	0.5
汽车与柱	0.3	0.3	0.4	0.4

(3)停车场通道最小曲率半径(表 3.9)

表 3.9 停车场通道最小曲率半径

车辆类型	最小曲率半径(m)	车辆类型	最小曲率半径(m)
微型汽车	7.0	大型汽车	13.0
小型汽车	7.0	铰接车	13.0
中型汽车	10.5		

3.4 实例分析——某中学扩建总平面图设计解析

3.4.1 设计条件

(1)某中学扩建,场地平面如图3.33所示。

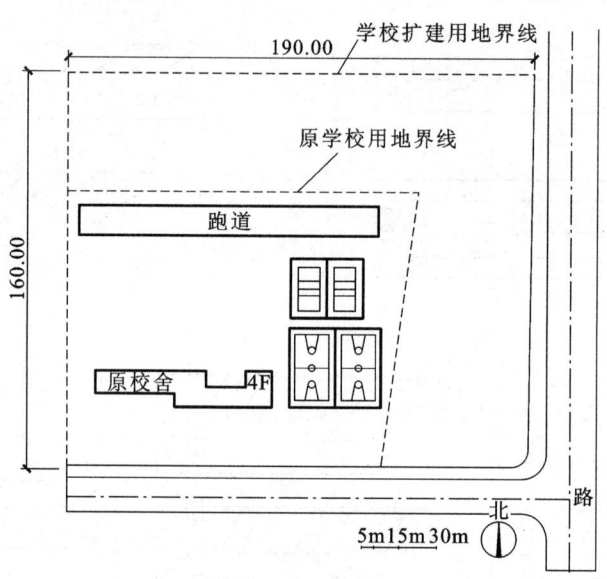

图 3.33 场地平面

(2)扩建工程包括教学用房两栋、风雨操场一栋(兼礼堂)。扩建后的校园需设置田径运动场一个、篮球场四个、排球场四个,种植实验园地 $900m^2$,如图3.34所示。

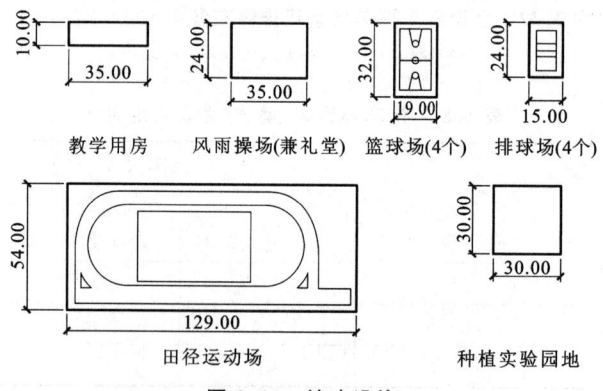

图 3.34 扩建设施

(3)原校舍需要保留,原运动场可根据设计需要拆除或者保留。
(4)在进行场地布置时,可按需要设置连廊。

3.4.2 任务要求

(1)根据上述条件和《中小学校设计规范》(GB 50099—2011)的有关规定进行场地布置,画出道路、广场、绿化、运动场地平面图。

(2)建筑及运动场地的平面形状及尺寸不得变动,但可以旋转。种植实验园地的形状可以改变,但面积不能减少,注意标明建筑物及场地的用途。

3.4.3 设计要点

3.4.3.1 总平面功能关系

(1)风雨操场应该离开教学区,靠近室外运动场地布置。

(2)无论是何等规模、性质的学校规划,最重要的三个功能区域——教学实验区、体育活动区和生活服务区三者的关系都是不变的。

(3)校内种植实验园地会存有肥料,此处不应有邻近建筑物。

3.4.3.2 校园出入口设置

(1)学校出入口应考虑设在靠近交通方便、上下学安全、车流较少的道路或街道内。学校的校门不宜开向主要干道或机动车流量大的道路。如必须将主出入口设于主要干道时,校门前应预留出适当的缓行带。确定学校出入口时也应该结合校内总平面布局,要求学生入校以后能够直接到达教学楼,不应横跨运动区、生活区等。

(2)学校次出入口应设在生活服务区、体育活动区附近。除了方便后勤人员外,还应考虑城市使用学校服务设施的外来人员出入,如学校体育馆、食堂等。

(3)主要出入口处应集中布置停车场和自行车棚。

3.4.3.3 道路系统设置

(1)校内车行道路不能在各个功能区域内部穿越,尤其是教学区。

(2)校园规划的车行系统可以利用学校周围的城市交通道路,并沿教学区域及体育场周围设置环路,与校门相通。车行系统以不干扰教学区、生活区为原则进行组织,同时要注意合理设计消防通道。

(3)各功能区内部道路应以步行为主,步行系统应该规划设计成主要道路宽7m、次要道路宽4m。

3.4.3.4 田径运动场地位置确定

田径运动场占地多、有噪声,必须呈南北朝向布置,以利于体育运动。而且尽量选取基地内相对平坦的地面(以减少土方量),适宜布置在景观要求相对不高和抗噪声干扰较强的位置。其他运动场地,例如篮球、排球以及网球场地也必须呈南北朝向布置。

3.4.4 设计方案

3.4.4.1 总平面布局

校园总平面布局主要是处理好三个功能区域教学实验区、体育活动区和生活服务区的关系。本实例因为是扩建项目,因此涉及的新建建筑数量不多,只有两栋教学楼,其他主要是运动场地。首先要合理分配教学区域和运动场地,厘清它们之间的平面关系。

(1)教学楼布置。由于原校舍在基地西南角,因此应该使教学楼与其邻近,呈南北向布置在其北侧,平行排列,方便教学活动之间的联系。

(2)运动场地的布置。原跑道东西向布局不太合理,而且影响新教学楼的布置,因此,应将其拆除。田径运动场噪声大,应该远离教学区,因此将其设置在基地最东面,呈南北向布置。篮球场、排球场每四个一组呈南北朝向布置在田径运动场地周围。风雨操场比室外运动场地对周边建筑的噪声影响小,它应该和教学楼有方便的联系,将其布置在田径场地西侧靠近原教学楼的位置。

(3)种植园区的布置。种植实验园地会存有肥料,应将其布置在校园西北角离建筑物比较远的位置。

3.4.4.2 标注

注明各部分建筑和场地名称,标注尺寸,完成总平面布置,如图3.35所示。

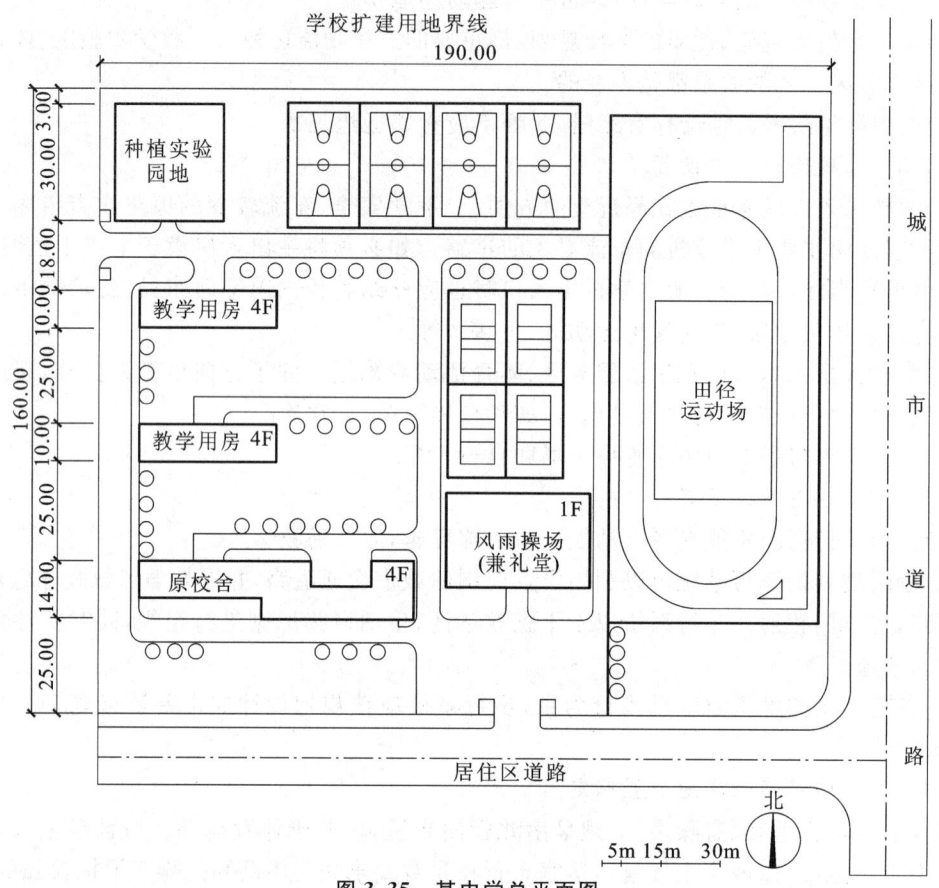

图3.35 某中学总平面图

3.5 建筑设计信息动画二维码学习资源

3.5.1 某大学校区建设项目

设计:山西省建筑设计研究院有限公司。

某大学校区建设项目位于该大学校区内,包括大学生活动中心、后勤物流配送中心、学生公寓、工程实训中心。根据地形条件及周围环境,建筑布局以南北朝向为主,大学生活动中心位于用地的西南角,后勤物流配送中心位于用地的东南角,工程实训中心位于用地的西北角,学生公寓位于用地的东北角。

建筑群体以米黄色仿石材涂料作为主要立面材质,大学生活动中心局部以红色陶土板为点缀,工程实训中心主立面以玻璃幕墙作为点缀,学生公寓以凸出的阳台作为点缀,后勤物流配送中心以丰富的体型变化来突出建筑形象,使四个功能各异的建筑既协调统一,又特色鲜明。

四个建筑在建设用地上分别作出合理退让,巧妙利用地形高差创造出层叠、有秩序的绿地系统,不但丰富了绿化手法,而且创造了一个既能交流休闲又可作为景观缓冲的空间,以整个景观系统作为媒介,将四个建筑整合为有机和谐的建筑群体。学生活动中心与工程实训中心犹如环抱的身体,为基地西侧的足球场勾勒出优雅的天际线,人物剪影墙在建筑与运动场之间形成巧妙的过渡,不但将两者结合为一个有机的整体,而且塑造了一个富有活力的趣味空间。

扫码演示

(项目信息动画资源学习请扫二维码。)

3.5.2 某农谷黑五类生物科技有限公司科技园区建设项目

设计:中外建工程设计与顾问有限公司山西分公司。

某农谷黑五类生物科技有限公司科技园区建设项目总用地面积109919.30m², 总建筑面积72882.08m²。本项目共分为南、北两个地块,北侧地块从北到南依次为倒班楼、主管宿舍楼、综合楼、总部大厦、科研孵化大楼及部分设备用房[变(配)电室、消防控制室]等。其中总部大厦坐落于农谷大道以西、中环路以北,共12层,被打造成一座标志性的建筑,以增强企业形象。南侧地块主要以厂房为主,依次配备设备用房、锅炉房、变(配)电室、污水处理厂等。

设计理念:"一",一个园区,中部的文化长廊将整个园区贯通起来,象征着山西文化与企业园区有机地结合在一起。"三",三个分区,以文化长廊为基准,将整个园区以立体结构分为上、中、下三部分。"五",黑五类,在文化长廊中依次分布着黑五类不同的元素,形成参观流线,打造企业形象。"七",七子,以《七子之歌》为媒介,寓意海峡两岸和平友好共处的美景,彰显企业文化。

建筑反映企业形象,人们通过建筑可以直观地了解企业,通过建筑反映一种文化。立面设计采用谷类梯田的设计概念,将黑五类元素融入进去,立面上形成有序的"谷类梯田"。

扫码演示

(项目信息动画资源学习请扫二维码。)

3.5.3 某市广播电视无线发射台站建设项目

设计:中外建工程设计与顾问有限公司山西分公司。

某市广播电视无线发射台站建设项目位于某市北山公园内,总用地面积620.11m², 形状较规整,东西宽约21.28m,南北宽约29.80m。其地势较高,北高南低,高程集中在632.63~627.6m之间,最大高差为5.00m;场地内无保留建筑及古树名木。

本工程总建筑面积590.63m², 地上两层,一层主要功能为工具间、机房、厨房、餐厅等,二层主要功能为库房、休息间、办公室。建筑造型及色彩与北山的地形、绿地、设施以及城市景观等周围环境相协调。室内外高差为0.3m,建筑层高为4.5m,建筑总高度(室外地坪至女儿墙顶)为9.9m。

扫码演示

(项目信息动画资源学习请扫二维码。)

3.5.4 某农谷青创基地建设项目

设计:中外建工程设计与顾问有限公司山西分公司。

某农谷青创基地建设项目总用地面积153324.34m², 约230亩,地形略呈三角形。项目总建筑面积 593774.71m², 共建设配套住宅、青创办公中心、青创文化服务中心、青创孵化商业一条街等。项目形式以 23~26 层的高层住宅与配套公建结合, 在高层住宅楼之间建设地下停车场。

结合用地范围与周边道路和环境现有条件, 从主入口起, 创造了一条丰富的景观轴线。台地花园、景墙、流水、廊亭、园路、大面积草地的巧妙结合, 使空间更为丰富、细腻。清爽简洁的地面铺装给人明快现代的感觉, 阳光休息座的设置使人有更强的参与性, 植物与建筑统一融合在一起, 形成一个完整的环境系统, 使绿意在空间里荡漾, 宛如四季流动的风景。以水景结合艺术小品, 创造多种亲水空间, 营造和谐的滨水人居环境。

扫码演示

(项目信息动画资源学习请扫二维码。)

3.6 实训课题——体育馆总平面图设计

(一)实训项目概况

(1)某市体育场总平面图如图 3.36 所示, 其西侧为公园, 南侧、东侧、北侧均为城市道路, 且东侧已有出入口和内部道路通至已建办公楼(高 18m)。

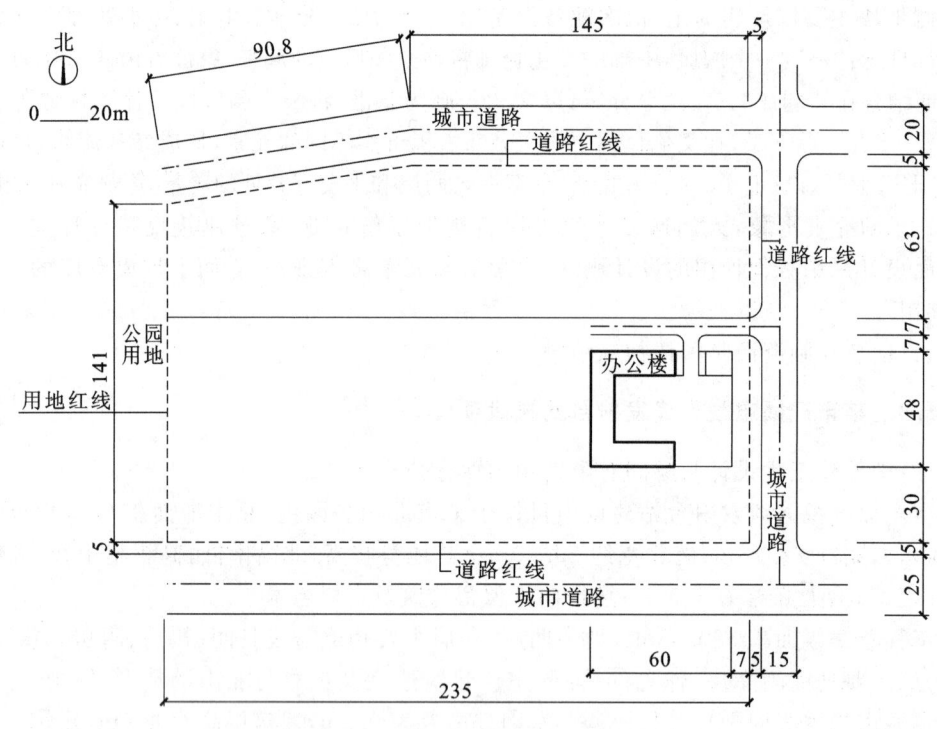

图 3.36　某市体育场总平面图

(2)城市规划要求建筑物退后道路红线 5m。当地日照间距系数为 1.2。

(3)欲在用地内新建体育馆、训练馆、餐厅各一栋,以及运动员公寓两栋(高 20m)。各建筑平面形状及尺寸如图 3.37 所示。

(二)实训目的

(1)通过该实训课题的练习, 使学生在掌握已有总平面知识的基础上, 进一步加强对建筑

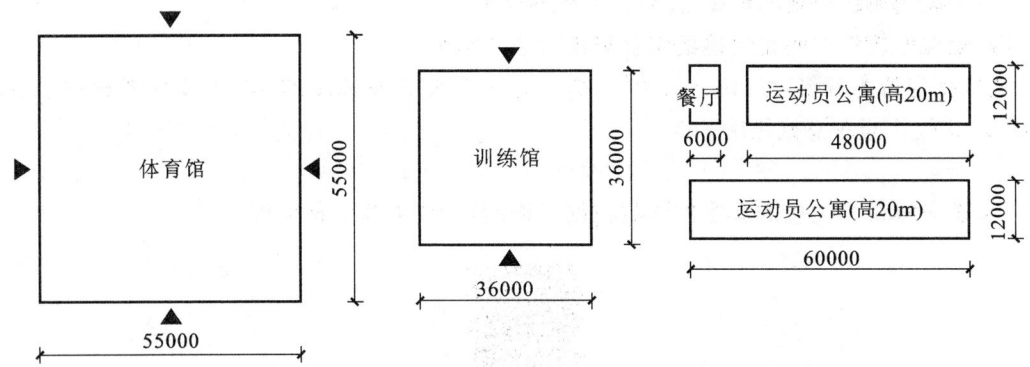

图 3.37　各建筑平面形状及尺寸

总平面场地设计要求的了解,能合理划分功能区域,独立完成建筑、道路、绿化等总平面布局的设计,并熟练绘制总平面图。

(2)通过小组合作,互为甲方,审核与纠正各阶段设计图纸成果,培养团队合作的意识。

(3)将课堂所学知识与工程实践紧密结合,培养学生的工程实践能力。

(三)实训内容及要求

(1)体育馆主入口朝南,其前面的广场面积不得小于 $4800m^2$。体育馆四周 18m 范围内不得布置其他建筑物和停车场。

(2)训练馆与公寓和体育馆均应有便利的联系。

(3)小汽车停车场面积不小于 $4000m^2$,车位尺寸 3m×6m,行车道及出入口宽 7m,画出停车带和出入口。另外再布置电视转播车及运动员专车停车位(4m×12m)10 个,以及贵宾停车位(3m×6m)12 个。

(4)自行车停车场面积不小于 $1200m^2$。

(5)布置新建建筑、广场、汽车及自行车停车场、绿地、道路及出入口,标注相关尺寸和不同使用性质的出入口(对内、对外、人流、车流)。

(四)实训主要步骤

(1)根据实训任务要求查阅相应的规范,获取设计数据。

(2)完成总平面图草图设计。

(3)以小组为单位,进行草图交流,讨论并纠正图中存在的问题。

(4)完成多功能厅平面正图与剖面正图设计。

(5)任课教师组织进行成果展示与评价。

(五)实训成果要求

(1)成果规格与深度

采用 A3 图纸完成图纸绘制,要求标注相关尺寸和场地出入口,并符合国家制图规范。

(2)成果内容

总平面图(比例 1∶500)。

(六)实训成果评价

(1)设计原理知识应用的正确性。

(2)设计的创新点与不足之处。

(3)图面构图的美观与均衡、图纸表达的规范性。

(4)交流汇报中对所提问题的回答和语言表达水平。

成绩评定分为五级(优、良、中、及格、差),过程考核占总成绩的40%,成果考核占总成绩的40%,交流汇报占总成绩的20%。

(与总平面设计对应的规范内容请扫描二维码,上线查找信息资源。)

扫码演示

解析 4 建筑平面设计

民用建筑常以一个单体或一组空间组合而成,因而在建筑设计构思时,应是三度空间的设计工作。但是在具体的设计过程中,为了便于剖析问题和表达设计意图,常将建筑分解成平面、剖面和立面图式,但是切忌将一个完整的建筑空间概念简单地理解成彼此割裂、截然划分的片段。本解析将从平面角度来研究建筑各类房间的组成情况,各类房间在平面设计中应考虑哪些要素,又如何将各类房间按照一定的规律和组合方式结合成一个有机整体。

4.1 主要使用空间设计

任何一幢建筑都包含了若干数量的空间单元,每一空间单元都有具体的功能。按照不同空间在建筑中的作用和地位,可以将它们划分为主要使用空间、辅助使用空间和交通联系空间三种类型。以图 4.1 所示的某中学教学楼平面为例,从中可以看出这三种空间类型的特征及其在建筑中的作用表现。

(1)主要使用空间 图 4.1 所示的教室和教工休息室,是反映教学楼功能特征的房间,在建筑中所占面积比例最大,是构成教学楼的主体要素。

(2)辅助使用空间 图 4.1 所示的卫生间和储藏间,在教学楼中属于非主要使用功能的房间,但在教学楼的良性运转中不可或缺,是构成教学楼的辅助要素。

(3)交通联系空间 图 4.1 所示的内走廊和楼梯,是将主要使用空间和辅助使用空间联系成整体的纽带。各使用空间通过交通联系空间才能够到达,各使用空间的人流疏散也需要通过交通联系空间才能有效解决。交通联系空间是教学楼安全、正常运转的关键要素。

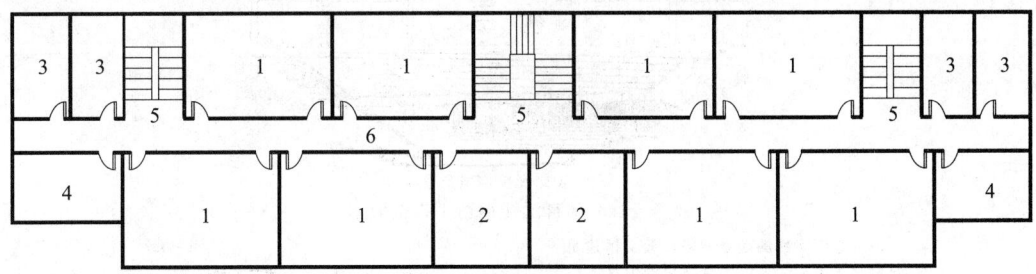

图 4.1 某中学教学楼平面

1—教室;2—教工休息室;3—男女厕所;4—储藏间;5—楼梯;6—内走廊

4.1.1 主要使用空间设计时考虑的因素

主要使用空间设计时应考虑以下几个因素:

(1)使用功能要求

①功能对空间大小和容量的规定

使用功能不同,空间的面积和所容纳的人数就不相同,保证单人或夫妇两人使用的卧室需要 15~20m² 的建筑面积;一个容纳 50 人左右的中学教室,需要 60~70m² 的建筑面积;一个拥有 1000 座的观众厅需要大约 750m² 的建筑面积;而一个容纳万人的体育比赛场馆,其面积则可达上万平方米。详见图 4.2。

②功能对空间形状的规定

我们周围大多数房间采用的是矩形房间,但矩形房间并不是万能房间,如:体育比赛场馆由于使用和视听要求,除了采用矩形平面外,还可以采用圆形、椭圆形等平面,而天象厅由于要模拟天穹,则采用半球状空间形状较好。同样,为了适应手术时不同角度的照明需要,手术室宜采用卵形的空间形状。详见图4.3。

③功能对空间的质的规定

对于一般的空间而言,空间的质就是指一定的采光、通风、日照条件;少数特殊房间(如影剧院)有声学、光学要求,电脑机房有防尘、恒温等要求。为了获得空间的质,就要注意房间的朝向、开窗面积、建筑设备设施以及室内的装饰装修等因素。

(2)人体尺度与家具布置

人体尺度、人体活动所需空间、家具设备尺度及其在室内的布置是确定室内空间尺度的重要依据,如一个旅馆客房的开间和进深就受到床位数的影响,单床间一般面积为$14m^2$,双床间一般面积为$20m^2$,这是由床、电视柜、休息桌椅等室内家具尺度及其使用功能所决定的。详见图4.4。

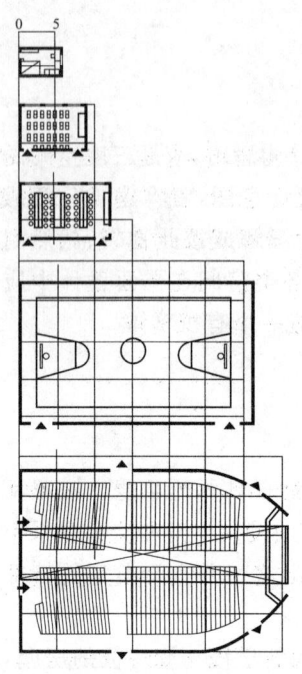

图4.2 功能与空间大小及容量

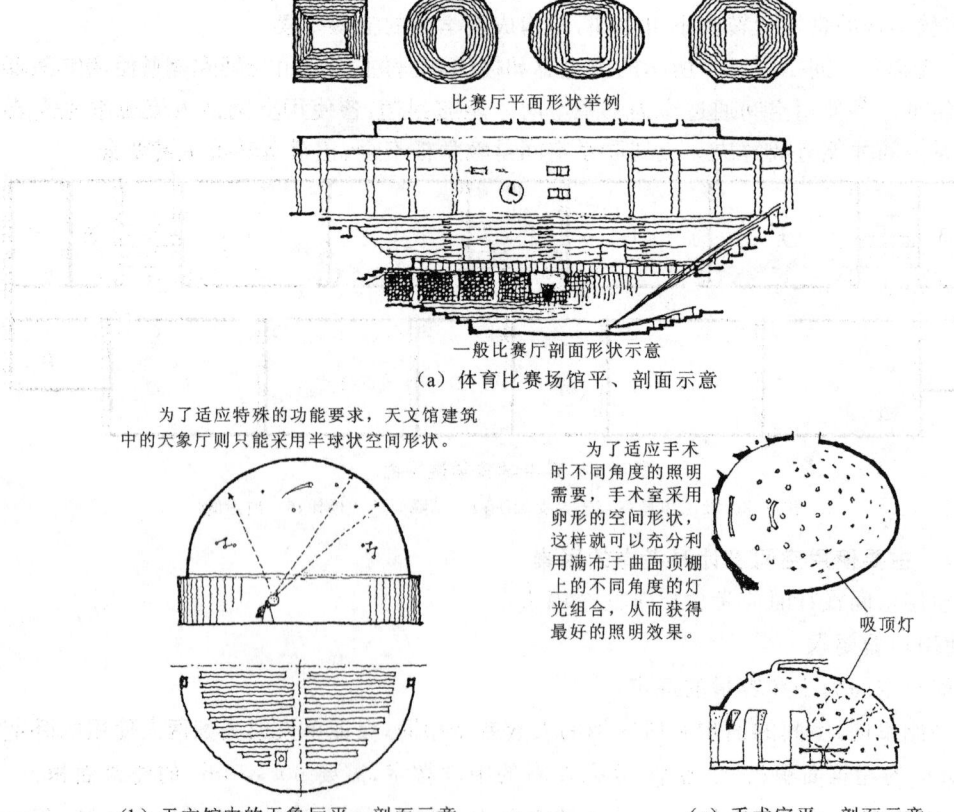

(a) 体育比赛场馆平、剖面示意

(b) 天文馆中的天象厅平、剖面示意

(c) 手术室平、剖面示意

图4.3 功能与房间的形状

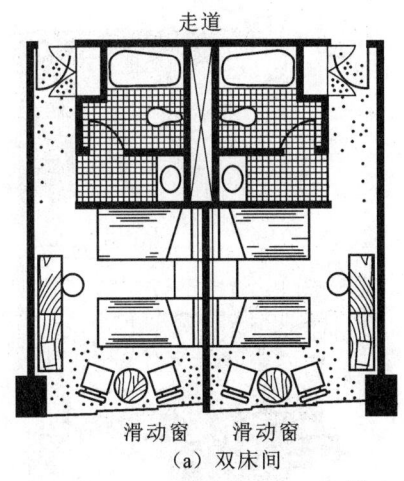
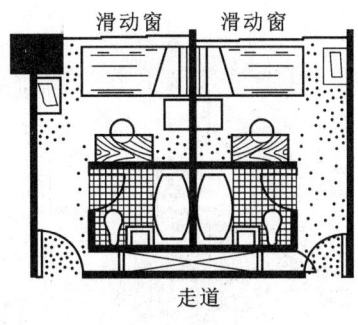

(a) 双床间　　　　　　　　　　　　　　(b) 单床间

图 4.4　旅馆客房家具布置

(3) 人流路线与安全疏散

房间出入口的开设和室内楼梯的位置往往会对空间的使用造成影响，在室内人流路线设计中除了应注意流线明确、短捷，不发生交错穿插，另外还要注意营造尽端空间，以满足人对领域性与尽端趋向的要求。图4.5所示的餐厅空间设计，图4.5(a)中顾客流线与服务流线互不交叉干扰，楼梯位置设置有利于形成尽端空间，使就餐者不受各种因素打扰；图4.5(b)中顾客流线与服务流线在入口处发生了交叉，另外由于楼梯位置欠佳，人流在餐厅中形成穿越，不利于尽端空间的形成，使就餐者不断受过往人流干扰。

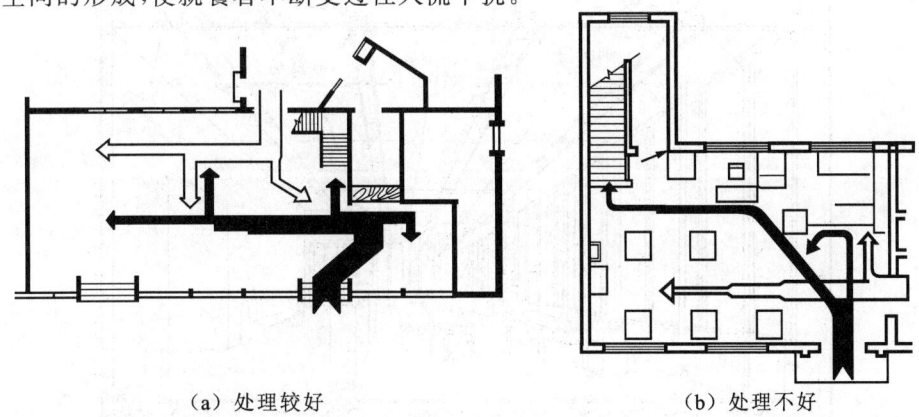

(a) 处理较好　　　　　　　　　　　　(b) 处理不好

图 4.5　某餐厅人流路线分析

(4) 自然采光与通风

从卫生和节能的角度考虑，房间的设计最好采用自然采光和自然通风，因此门、窗及其他在界面上的开口的面积、位置、形式必须考虑在内，此外，界面的开口还影响着室内的空间尺度感、环境氛围以及室内外空间的联系程度。详见图4.6。

(5) 室内环境系统

室内环境系统是室内环境质量(如温度、湿度、照度等)的保证，包括采暖与空调系统、给水与排水系统、电气与照明系统、声学与噪声控制系统、自动喷淋系统等。各种设备系统的安装与检修都需要占用一定的空间，在进行单一空间设计时，对各种明敷或暗敷的设备管线所占用的空间要予以考虑。详见图4.7。

(a)采光与室内空间尺度　　　　　　　　　　(b)采光与室内空间氛围
(大面积的采光,使室内空间显得宽敞)　　　(光影效果使室内的空间层次感增加)

图 4.6　采光与室内空间

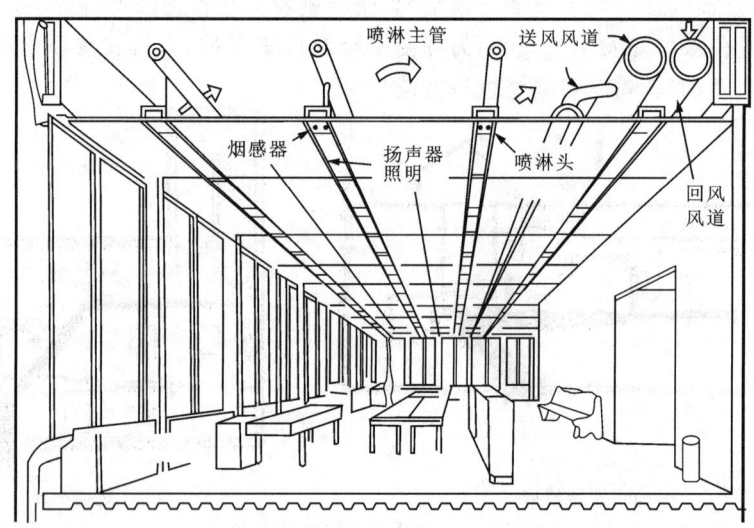

图 4.7　室内环境系统对空间的占用

(6)建筑结构系统

在建筑空间中,结构空间是必不可少的一个组成部分,不同的结构体系对空间的占用不同,在设计中绝对不能忽略。详见图 4.8。

(7)建筑空间艺术要求

单一空间除满足人们的物质功能要求之外,还需要赋予空间美的形式,以满足人们的审美要求。空间的体量、形状、比例尺度、光照、色彩及界面材质的选择都是使室内空间具有美感的重要因素。不同使用要求的房间应采用不同的艺术处理手法,以获得给人以美感的室内空间形态。

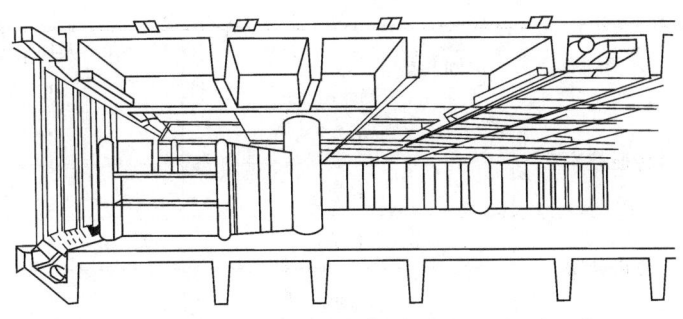

图 4.8 肋梁结构对空间的占用

4.1.2 主要使用空间设计

主要使用空间的设计主要包括房间的面积、形状、平面尺寸和门窗的开设四个方面。

4.1.2.1 房间面积的控制

房间面积的大小主要取决于功能,常用的确定房间面积的方法有以下几种:

(1)根据使用特点、人数和家具设备的布置确定房间的面积。如图 4.9 所示,设计普通教室时,先确定教室的容纳人数,根据人数和教学要求安排座椅及通道,从而推算出所需的基本面积,再根据视距、视角等要求进行调整。

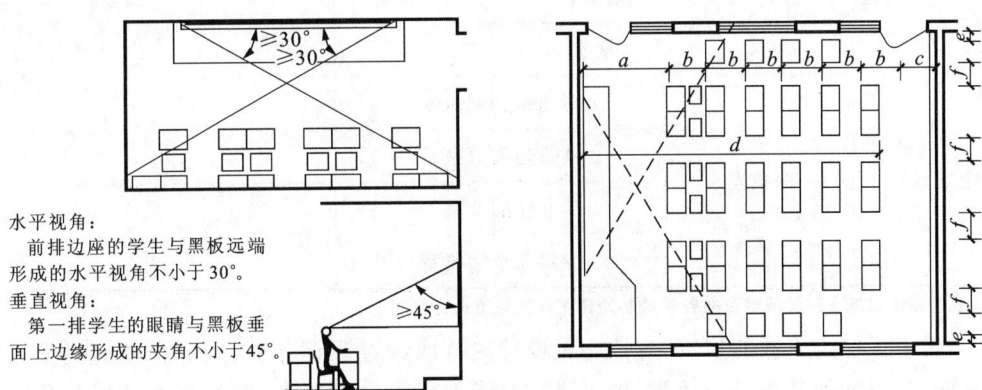

图 4.9 普通教室的面积的确定

(2)对于有标定人数的建筑,可根据国家颁发的"人均最小使用面积指标"确定房间的面积。详见表 4.1。

表 4.1 部分民用建筑人均最小使用面积的规定

建筑类型	房间功能	人均最小使用面积 (m^2/人或 m^2/座)
办公楼	普通办公室	4.0
	设计绘图室	6.0
	研究工作室	5.0
	单间办公室	10.0

续表 4.1

建筑类型	房间功能		人均最小使用面积 （m^2/人或 m^2/座）
中小学校	普通教室	小学	1.36
		中学	1.39
	合班教室	小学	0.89
		中学	0.9
	教师办公室		5.0
剧场	观众厅	甲等	0.8
		乙等	0.7
电影院	观众厅	特、甲、乙等	1.0
		丙等	0.6
餐饮建筑	餐馆		1.3
	快餐店		1.0
	饮品店		1.5
	食堂		1.0
图书馆	阅览室	普通报刊阅览室	1.8～2.3
		普通阅览室	1.8～2.3
		专业阅览室	3.5
		少年儿童阅览室	1.8

注：此表根据住房城乡建设部颁布的各类最新的建筑设计规范进行整理。

（3）对于无标定人数的建筑，应按有关设计规范或经过调查分析，确定合理的使用人数或人员密度，并以此为基数进行计算；也可通过对同类建筑进行调查，经过技术分析后予以确定（参照同类建筑经验取值）。

（4）当房间采用一些特殊形状，如三角形、六边形、圆形时，由于这些平面形状对家具布置不是很有利（会产生空间浪费），所以要适当加大房间的建筑面积，以保证使用要求。

4.1.2.2 房间形状的选择

房间形状的选择主要考虑以下两个因素：

（1）使用性质

房间的使用性质对房间的形状起着决定性的作用，在空间中活动的人的分布模式、集聚形态决定了室内家具的排列和组合形式，进而决定了房间界面围合的范围和形态。另外，某种功能要求特别突出的房间，平面形状就要受这种功能要求的制约。例如，剧院建筑的观众厅出于声学功能要求，常采用图 4.10 所示的几种平面形式；中小学建筑中的合班教室出于水平视线与声学功能要求，常采用图 4.11 所示的几种平面形式。

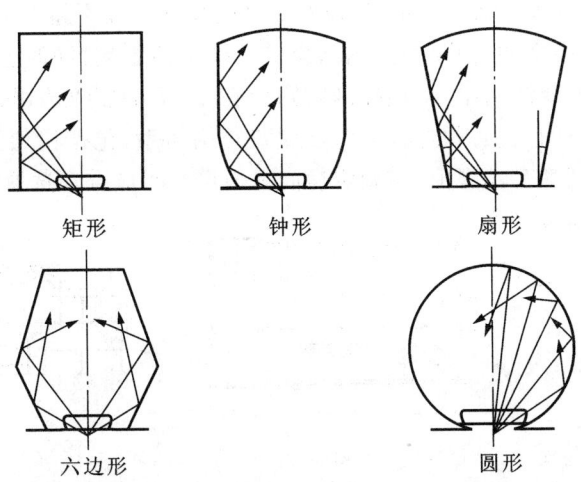

图 4.10 剧院观众厅的几种平面形式

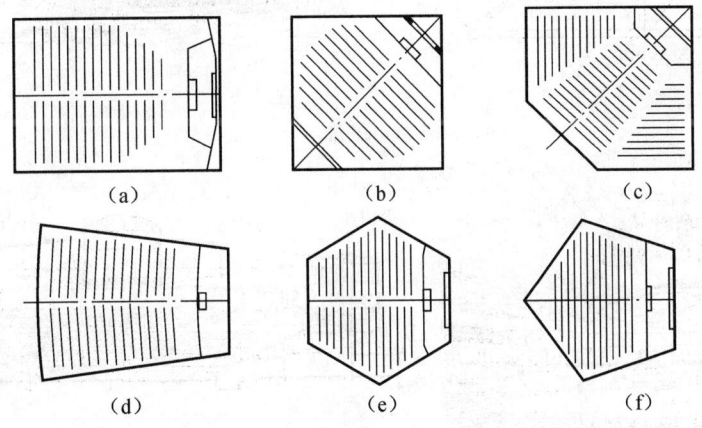

图 4.11 合班教室的几种平面形式

(2)建筑空间艺术处理

对于一些强调人的精神功能的建筑,如博物馆、纪念馆、教堂等,其空间艺术感染力往往通过特殊的空间形状来赋予,在设计中就要充分考虑不同形式带给人们不同的心理感受和心理提示。如图 4.12 所示,勒·柯布西耶设计的朗香教堂,通过钟形的教堂平面来隐喻"上帝耳朵",从而通过这种与众不同的平面形式给人们以特殊的心理感受。

4.1.2.3 房间平面尺寸的确定

房间平面尺寸的确定应综合考虑建筑结构选型、室内家具布置、房间的比例以及房间采光等因素的影响。

(1)建筑结构选型

结构选型对房间平面尺寸有很大的制约性。例如,选用砖混结构时,房间的开间和进深都不能做得很大,因而不能

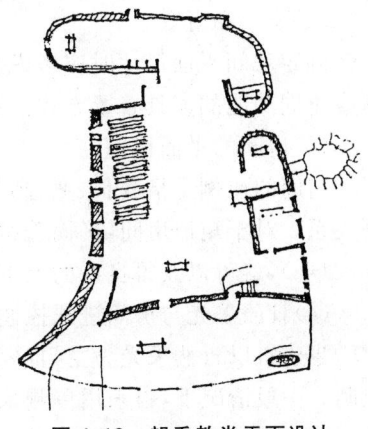

图 4.12 朗香教堂平面设计
(勒·柯布西耶,法国)

获得大空间,当采用砖墙横墙承重方案时,建筑的开间尺寸一般不超过 4.5m;当采用框架结构时,可以获得较大的室内空间,但是空间内部会受到柱子的影响,同时受到梁高对空间高度的影响。在钢筋混凝土框架结构中,合理柱网间距应在 5~8m 之间选用,最好不要超过 9m;要想获得没有内柱的大空间,就必须选择大跨度屋盖结构体系,包括桁架、网架、拱壳、悬索等结构体系。每种结构选型都有其限值,在确定房间平面尺寸时应合理选取。详见图 4.13。

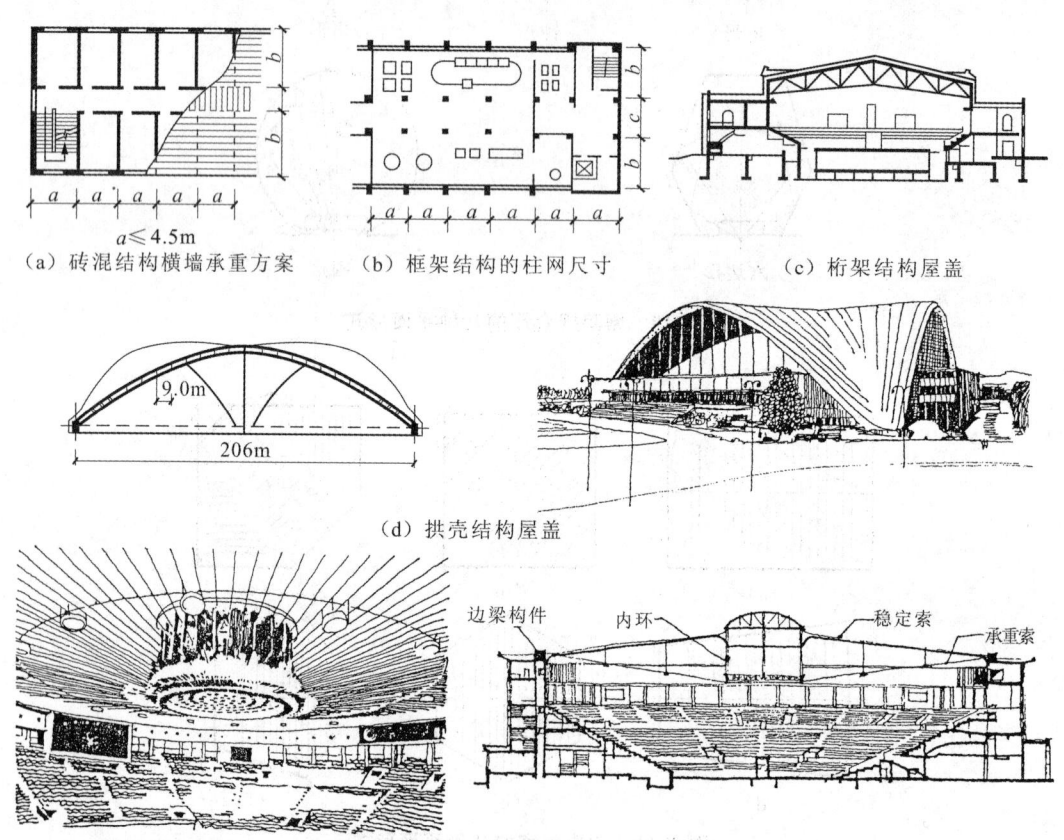

(a) 砖混结构横墙承重方案　　(b) 框架结构的柱网尺寸　　(c) 桁架结构屋盖

(d) 拱壳结构屋盖

(e) 悬索结构屋盖(北京工人体育馆)

图 4.13　不同建筑结构的空间尺度

(2)家具布置

确定房间平面尺寸时应考虑到后期室内家具的布置,尤其在多功能厅设计中,还要考虑到适应不同功能的家具布置方式。详见图 4.14。

(3)房间的平面比例

房间的比例是指其长、宽、高三者之间的关系,出于审美角度,这三者之间应保持良好的比例关系。对于矩形房间,平面若符合"黄金比例"(0.618∶1)或"黄金比例系列"(1∶1∶2∶3∶5∶8∶13∶21…),就可以获得良好的尺度感。详见图 4.15。

(4)日照采光与房间进深控制

当建筑以自然采光为主,且要考虑冬季阳光有足够的日照深度时,就要对房间的进深进行控制。一般情况下,当采用单侧采光时,房间进深尺寸不应大于采光窗口上口高度的两倍;当采用双侧采光时,房间进深尺寸不应大于采光窗口上口高度的四倍。当采用双侧采光加高侧窗采光时,房间进深可不受限制。日照采光与房间进深的关系详见图 4.16。

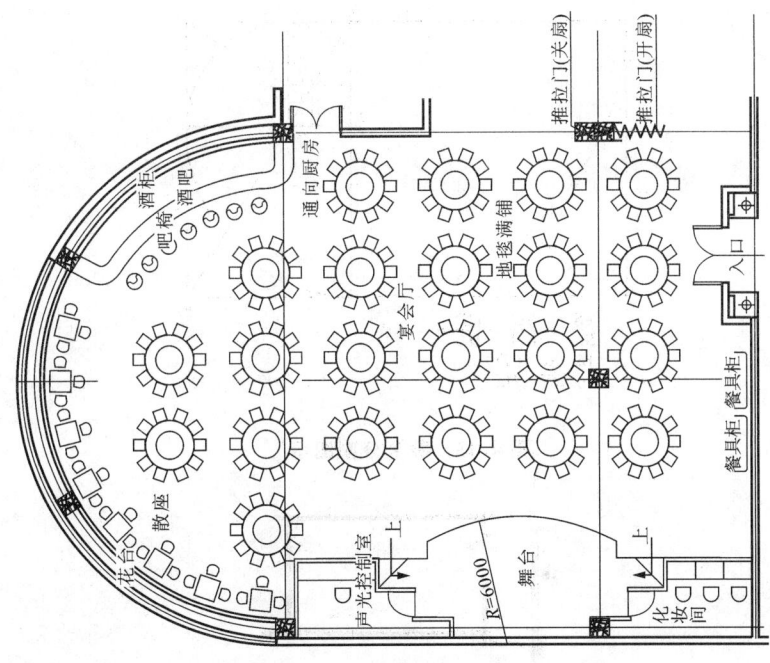
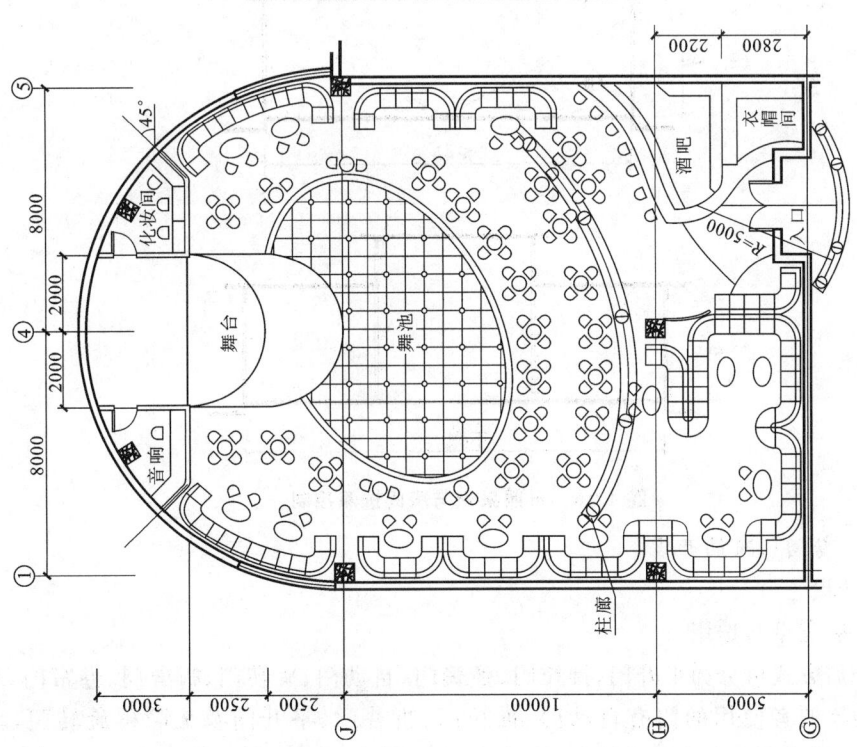

图 4.14 某多功能厅平面不同布置

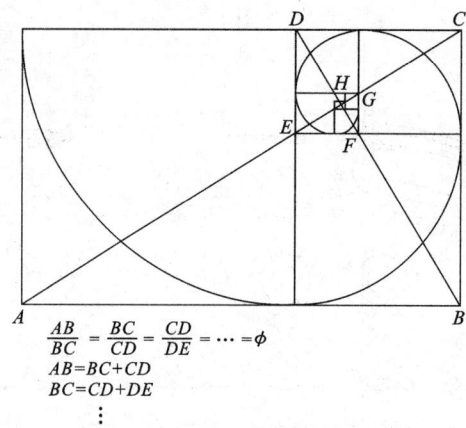

图 4.15 黄金分割图示

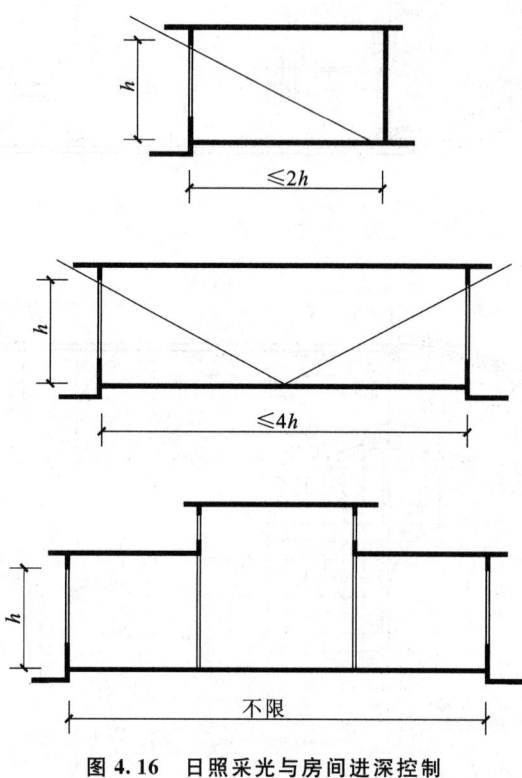

图 4.16 日照采光与房间进深控制

4.1.2.4 房间门窗的开设

(1)门的开设

①门的开启类型与选用

门按照开启方式可分为平开门、推拉门、弹簧门、自动门、旋转门、折叠门、卷帘门,详见图 4.17。供行动不便者使用的门有自动门、推拉门、折叠门、平开门及无障碍旋转门,详见图 4.18(a)。在公共建筑入口常用平开门、弹簧门、自动推拉门及旋转门等。使用自动推拉门、旋转门、卷帘门等大型门时,两侧应另设平开的疏散门,以满足安全疏散及残疾人通行的要求,详见图 4.18(b)。在建筑内部,各房间通向疏散走道的门称为疏散门,主要为平开门。民用建筑和厂房的疏散门,应采用向疏散方向开启的平开门,不应采用推拉门、卷帘门、吊门、旋转门和折叠门。其他不开向疏散走道的门为内门,可使用平开门、推拉门、折叠门等。

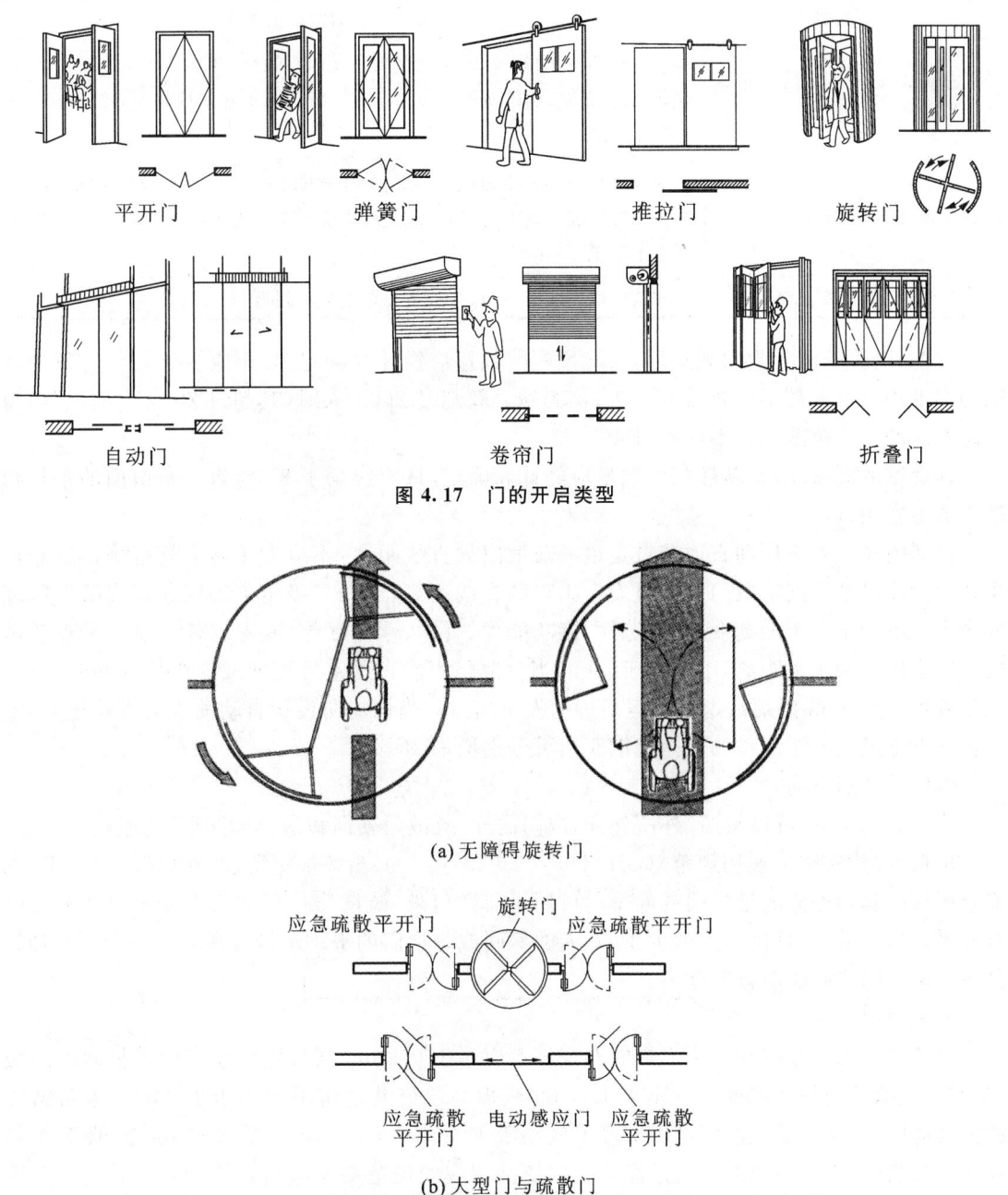

图 4.17　门的开启类型

(a) 无障碍旋转门

(b) 大型门与疏散门

图 4.18　公共建筑入口门的设置

注:无障碍旋转门空间大、速度慢,有无障碍感应器和控制按钮。

②房间疏散门的开设数量

公共建筑中各房间疏散门的数量应经计算确定,且不应少于2个,单个房间相邻2个疏散门最近边缘之间的水平距离不应小于5m。除托儿所、幼儿园、老年人照料设施、医疗建筑、教学建筑内位于走道尽端的房间外,符合表 4.2 所列条件之一的房间可设置 1 个疏散门。

表 4.2 允许设置一个疏散门的房间条件

房间类别	允许设置一个疏散门的条件
位于两个安全出口之间或袋形走道两侧的房间	对于托儿所、幼儿园、老年人照料设施,建筑面积不大于 50m²;对于医疗建筑、教学建筑,建筑面积不大于 75m²;对于其他建筑或场所,建筑面积不大于 120m²
位于走道尽端的房间	建筑面积不大于 50m² 且疏散门的净宽度不小于 0.90m,或由房间内任一点到疏散门的直线距离不大于 15m,建筑面积不大于 200m² 且疏散门的净宽度不小于 1.4m
歌舞娱乐、放映、游艺场所内	建筑面积不大于 50m² 且经常停留人数不超过 15 人的厅、室

剧院、电影院和礼堂的观众厅,其疏散门的数量应经计算确定,且不应少于 2 个。每个疏散门的平均疏散人数不应超过 250 人;当容纳人数超过 2000 人时,其超过 2000 人的部分,每个疏散门的平均疏散人数不应超过 400 人。

体育馆的观众厅,其疏散门的数量应经计算确定,且不应少于 2 个,每个疏散门的平均疏散人数不宜超过 700 人。

房间内任一点至房间直通疏散走道的疏散门的直线距离,不应大于防火规范规定的袋形走道两侧或尽端房间疏散门至最近安全出口的直线距离。一、二级耐火等级建筑内疏散门或安全出口不少于 2 个的观众厅、展览厅、多功能厅、餐厅、营业厅等,其室内任一点至最近疏散门或安全出口的直线距离,不应大于 30m;当疏散门不能直通室外地面或疏散楼梯间时,应采用长度不大于 10m 的疏散走道通至最近的安全出口。当该场所设置自动喷水灭火系统时,室内任一点至最近安全出口的安全疏散距离可分别增加 25%。

③门的开启方向

a.一般情况下,可以按照"外门外开,内门内开,疏散门朝向疏散方向开启"的原则。

b.根据《建筑防火通用规范》(GB 55037—2022)第 7.1.6 条规定要求,除设置在丙、丁、戊类仓库首层靠墙外侧的推拉门或卷帘门可用于疏散门外,疏散出口门应为平开门或在火灾时具有平开功能的门,且使用人数大于 60 人的房间或每樘门的平均疏散人数大于 30 人的房间,其疏散出口门应向疏散方向开启。

④疏散门的宽度

公共建筑内疏散门和安全出口的净宽度不应小于 0.90m,高层医疗建筑内楼梯间的疏散门、首层疏散外门的净宽度不应小于 1.30m,其他高层公共建筑不应小于 1.20m。人员密集的公共场所、观众厅的疏散门的净宽度不应小于 1.40m。另外,剧场、影剧院、礼堂、体育馆等场所的疏散门、安全出口的各自总净宽度应依据相应的规范要求进行计算确定。其他公共建筑房间疏散门、安全出口的各自总净宽度主要依据每百人按宽度指标计算,具体应符合表 4.16 的规定,详见本章"4.3 交通联系空间设计"部分。

(2)窗的开设

①窗户的开启类型及选用

按照窗的开启方式,窗户可分为固定窗、平开窗(分内开与外开)、上悬窗、中悬窗、内开下悬窗、立转窗、推拉窗(分为水平推拉窗和垂直推拉窗),见图 4.19。多层建筑(低于或等于六层)常采用外开窗或推拉窗;高层建筑应采用内开窗或推拉窗;在中、小学建筑中由于要考虑儿童擦窗时的安全,所以外窗应采用内开下悬窗或内开窗;卫生间宜用上悬窗或下悬窗;外走廊内侧墙上的间接采光窗,应使窗扇开启时碰不到人的头部;在住宅建筑中,若首层窗外设护栅,应采用推拉窗或内开窗。

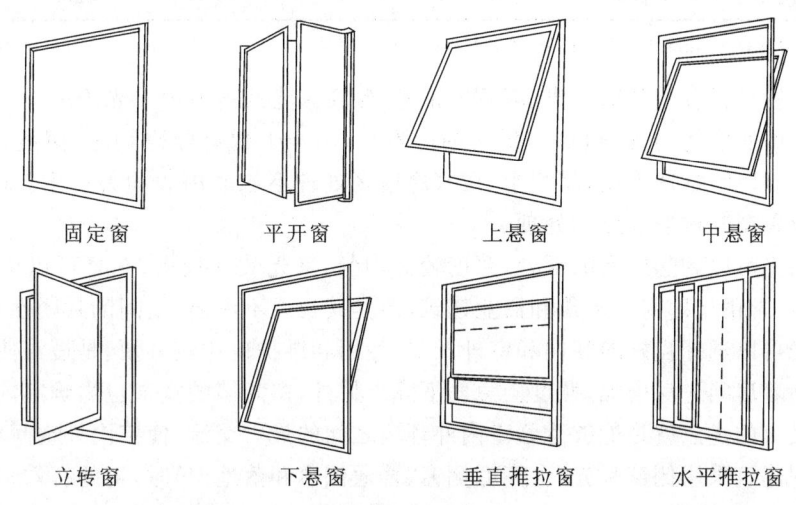

图 4.19 窗户的开启类型

②采光与窗户设计

窗户的重要功能有采光、通风、眺望等。利用自然采光是最为常见的采光方式,不仅可以节约能源,而且在视觉上更为习惯和舒适,在心理上能和自然接近、协调。

建筑室内的采光效果主要取决于窗户的面积大小和布置形式。我国工业与民用建筑采光标准被划分为五个等级,建筑中主要功能房间的采光计算应符合现行国家标准《建筑采光设计标准》(GB 50033—2013)的规定。在建筑方案设计时,对Ⅲ类光气候区的采光,窗地面积比和采光有效进深可按表 4.3 进行估算,其他光气候区的窗地面积比应乘以相应的光气候系数 K,详见表 4.4。

表 4.3 窗地面积比和采光有效进深

采光等级	侧面采光		顶部采光
	窗地面积比 (A_c/A_d)	采光有效进深 (b/h_s)	窗地面积比 (A_c/A_d)
Ⅰ	1/3	1.8	1/6
Ⅱ	1/4	2.0	1/8
Ⅲ	1/5	2.5	1/10
Ⅳ	1/6	3.0	1/13
Ⅴ	1/10	4.0	1/23

注:1. 窗地面积比:窗洞口面积与地面净面积之比。对于侧面采光,应为参考平面以上的窗洞口面积。工业建筑参考平面取距地面 1m,民用建筑取距地面 0.75m,公用场所取地面。

2. 采光有效进深:侧面采光时,可满足采光要求的房间进深。表中采用房间进深与参考平面至窗上沿高度的比值来表示。

3. 顶部采光指平天窗采光,锯齿形天窗和矩形天窗可分别按平天窗的 1.5 倍和 2 倍窗地面积比进行估算。

表 4.4　光气候系数 K 值

光气候区	I	II	III	IV	V
K 值	0.85	0.90	1.00	1.10	1.20
室外天然光设计照度值 E_s(lx)	18000	16500	15000	13500	12000

注:中国光气候分区详见《建筑采光设计标准》(GB 50033—2013)附录 A。

窗户的布置形式分为顶窗采光、高侧窗采光、侧窗采光及落地窗采光等形式。

顶窗采光的照度均匀,影响室内照度的因素少,但当上部有障碍物时,照度会急剧下降。此外,顶部采光管理、维修不便,易积尘,在寒冷地区处理不当时内表面易产生冷凝水,在使用顶窗采光时应重视其构造节点的处理。

高侧窗采光可以到达房间的深处,照度较为均匀,采光效率较高,并且可以留出较大的墙面悬挂物品,经常用于博物馆建筑和商业建筑,但是其视线不流通,空间的封闭性较强。

侧窗采光可以选择良好的朝向和室外景观,使用和维护也比较方便,是最常使用的一种采光方式。但随着房间进深增加,照度会急剧下降。另外,窗间墙的宽窄也影响室内采光效果。

落地窗最大的优点就是能够达到室内外环境之间的最大交流,使室内外空间相互渗透,相互延伸。民用建筑采用侧窗采光(含高低侧窗、普通侧窗和落地窗)时,窗的有效采光面积计算应注意:采光口离地面高度 0.75m 以下的部分不应计入有效采光面积,侧窗采光口上部的挑檐、装饰板、防火通道及阳台等外部遮挡物的有效宽度超过 1m 以上时,其有效采光面积可按采光口面积的 70%计算。

③通风与窗户设计

良好的室内空气质量取决于室内通风设计,在窗户设计中应考虑足够的通风开口面积(或专设通风口)来保证室内的通风换气,详见表 4.5。在建筑设计中如不能利用自然通风,则要采取室内设置通风道或采用机械通风,以达到通风换气的目的。

表 4.5　部分建筑自然通风要求

建筑类型	房间名称		通风开口面积/房间地面面积
住宅建筑	卧室、起居室、卫生间		≥1/20
	厨房		≥1/10(开口最小面积 0.6m²)
宿舍建筑	居室		≥1/20
中、小学校建筑	教室、实验室	严寒及寒冷地区	≥1/60(进风口)
			≥1/30(排风口设于内走道时)
餐饮建筑	用餐区域自然通风时		≥1/16
	厨房自然通风时		≥1/10
	食品库房自然通风时		≥1/10
办公建筑	办公室		≥1/20
商店建筑	营业厅		≥1/20
	公共厕所		≥1/8

注:此表摘自 17J911《建筑专业设计常用数据》。

当建筑采用开窗通风时,还应考虑窗户与门的相对位置,二者最好能够形成穿堂风,尽量避免产生涡流区。见图 4.20。

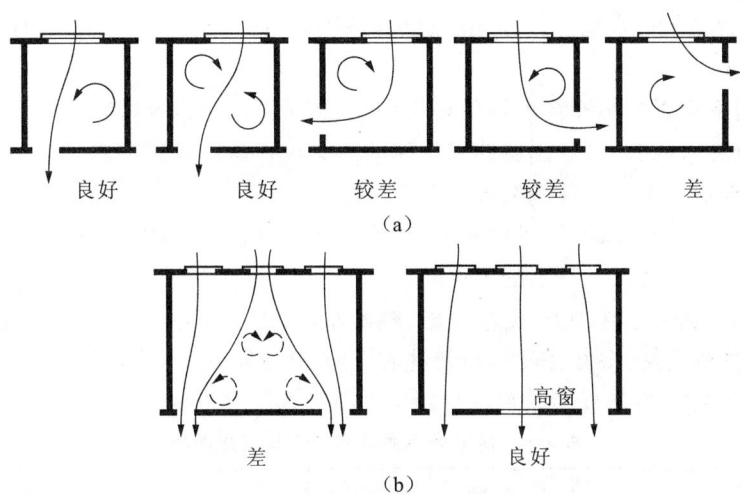

图 4.20　门窗位置与室内通风

4.2　辅助使用空间设计

民用建筑中的辅助使用空间主要包括卫生间、储藏间、开水间、设备用房[消防控制室、变(配)电室、锅炉房、水泵房、空调机房]等。本节重点介绍卫生间的设计。

为了满足人的生理需要,卫生间的设置必不可少。根据不同的服务对象,卫生间可分为普通卫生间和无障碍卫生间。根据所属建筑性质,普通卫生间又分为住宅卫生间和公共卫生间。

4.2.1　卫生间设计的一般规定

(1)位置选择

建筑设计中应特别注意合理安排卫生间的位置,首先应尽可能将不同楼层的卫生间安排在同一位置,使竖向管道集中、紧凑,以便于平面及空间的充分利用;其次,还应注意使用方便、位置隐蔽,并注意气味、潮气、噪声等对其他房间的影响和干扰;最后,卫生间不应布置在有严格卫生要求(如餐厅、厨房等)或防水、防潮要求用房[如食品储藏、变(配)电室等]的上层,以免对这些房间的使用造成影响。

(2)通风采光要求

卫生用房应注意保持良好的通风换气和采光。在建筑设计中卫生间位置以毗邻外墙为宜,这样能够获得自然通风和天然采光条件。卫生间若无直接的自然通风或处在严寒及寒冷地区,宜设竖向排气道或采取有效的机械通风措施。

(3)构造技术要求

卫生间应有良好的防水、防潮、排水、防滑及隔声构造措施。如:卫生间地面及墙面或墙裙面层应采用不吸水、不吸污、耐腐蚀、易清洗的材料;地面应采用防滑面砖或马赛克砖;地面标高宜略低于相邻房间或走道标高(15～20mm),并应有坡度坡向地漏等。

4.2.2　住宅卫生间设计

住宅卫生间根据使用对象和生产制作方式可分为普通卫生间、无障碍卫生间和整体卫生间。无障碍卫生间是指住宅中供乘轮椅的残疾人、老年人使用的无障碍设施齐全的卫生间。整体卫生间是指在有限的空间内实现洗面、淋浴、如厕等多种功能的独立卫生单元,也称整体卫浴。

(1)基本要求

住宅卫生间不应直接布置在下层住户的卧室、起居室(厅)、厨房、餐厅的上层,卫生间地面和局部墙面应有防水构造,布置便器的卫生间的门不应直接开在厨房内。

(2)卫生间数量与卫生设备的配置

每套住宅应设一个及以上的卫生间,第四类住宅(指住宅套型中居住空间个数为4个及以上的类型)宜设置两个或两个以上的卫生间。

卫生间内的设施主要有四类,便溺设施(蹲便器、坐便器、小便器)、盥洗设施(洗面器、洗手盆、镜箱搁板)、洗浴设施(浴盆、淋浴器)及洗衣设施(洗衣机)。不同洁具组合的卫生间使用面积详见表4.6。不同卫生洁具的布置详见图4.21。

表4.6 住宅中不同洁具组合与使用面积

洁具组合	件数(件)	使用面积(m²)	备注
便器、淋浴器、洗面器	3	3.0	
便器、淋浴器	2	2.5	
便器、洗面器	2	2	
单设便器	1	1.1(1.35)	括号内为厕间门内开时的使用面积
单设淋浴器	1	1.2	
单设洗衣机	1	1.1	

注:表中数据来自《住宅卫生间功能及尺寸系列》(GB/T 11977—2008)中的相关规定。

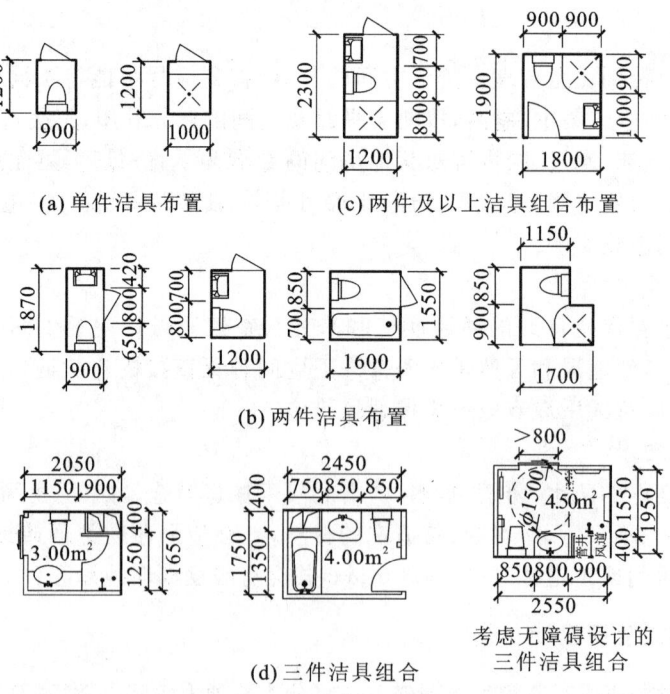

图4.21 住宅卫生间洁具布置

(3)采光与通风要求

卫生间宜有直接采光和自然通风。每套住宅有 2 个以上卫生间时,至少宜有 1 间有直接采光与自然通风。有直接采光、自然通风的卫生间,采光洞口面积不应小于 1/10 地面面积,通风开口面积不应小于 1/20 地面面积。无直接采光、自然通风或严寒、寒冷地区的卫生间,应设竖向排气道或机械通风装置。

4.2.3 公共卫生间设计

公共卫生间应分为附属式、独立式和活动式三种类型。依附于其他建筑物,并作为其功能组成部分的是附属式公共卫生间。独立建设,周边不与其他建筑物在结构上相连的是独立式公共卫生间。由板材快速装配,能够移动使用的短期或临时卫生间是活动式公共卫生间。

(1)附属式公共卫生间

附属式公共卫生间按场所和建筑设计要求分为一类和二类。一类卫生间主要应用于大型商场、宾馆、饭店、展览馆、机场、车站、影剧院、大型体育场馆、综合性商业大楼和二、三级医院等公共建筑;二类卫生间主要应用于一般商场(含超市)、专业性服务机关单位、体育场和一级医院等公共建筑。

①位置要求

a.卫生间、盥洗室和浴室应根据功能合理布置,位置选择应方便使用、相对隐蔽,并应避免所产生的气味、潮气、噪声等影响或干扰其他房间。

b.附属式公共卫生间的服务半径应满足不同类型建筑的使用要求,不宜超过 50.0m。

c.在食品加工与贮存、医药及其原材料生产与贮存、生活供水、电气、档案、文物等有严格卫生、安全要求房间的直接上层,不应布置卫生间、盥洗室、浴室等有水房间;在餐厅、医疗用房等有较高卫生要求用房的直接上层,应避免布置卫生间、盥洗室、浴室等有水房间,否则应采取同层排水和严格的防水措施。

②平面布置

附属式公共卫生间一般由厕所、盥洗间和浴室三部分组成(在北方地区一般只有厕所和盥洗间两部分)。在高标准的公共卫生间设计中,男女厕所应分别设置盥洗间,男厕小便间与大便间应分设;在大便间应设置无障碍设计厕位或者独立设置无障碍卫生间。

除上述要求之外,厕所、盥洗间和浴室的平面布置还应符合下列规定:

a.厕所、盥洗间和浴室的平面设计应合理布置卫生洁具及其使用空间,管道布置应相对集中、隐蔽。有无障碍要求的卫生间应满足国家现行有关无障碍设计标准的规定。

b.公共厕所、公共浴室应防止视线干扰,宜分设前室。

c.公共厕所宜设置独立的清洁间。

d.公共活动场所宜设置独立的无性别厕所,且同时设置成人和儿童使用的卫生洁具。无性别厕所可兼作无障碍厕所。

③卫生间设备器具数量的确定

公共卫生间内卫生器具配置的数量应符合国家现行相关建筑设计标准的规定。男女厕位的比例应根据使用特点、使用人数确定。在男女使用人数基本均衡时,男厕厕位(含大、小便器)与女厕厕位数量的比例宜为 1∶1～1∶1.5;在商场、体育场馆、学校、观演建筑、交通建筑、公园等场所,男女厕位数量比不宜小于 1∶1.5～1∶2。详见表 4.7。

表 4.7 部分民用建筑厕位数参考指标

建筑类型		男厕位(个)	女厕位(个)	洗手盆或水龙头
商场、超市和商业街	≤500m²	1	2	洗手盆应按厕位数设置,男女厕所应分别计算。厕位数在 4 个及其以下,设置 1 个洗手盆;厕位数在 5~8 个之间,设置 2 个洗手盆;厕位数在 9~21 个之间,每增加 4 个厕位,增设一个洗手盆;厕位数在 22 个以上,每增加 5 个厕位,增设一个洗手盆。当女厕所洗手盆的数量 $n \geqslant 5$ 个时,实际设置数 N 应按下式计算:$N = 0.8n$
	501~1000m²	2	4	
	1001~2000m²	3	6	
	2001~4000m²	5	10	
	>4000m²	每增加 2000m²,男厕位增加 2 个,女厕位增加 4 个		
饭馆、咖啡店等餐饮场所	≤50 座	1	2	
	51~100 座	2	3	
	>100 座	每增加 100 座增设 1 个	每增加 65 座增设 1 个	
体育场馆、展览馆等公共文体娱乐场所		1. 座位和蹲位 250 座以下设 1 个,每增加 1~500 座增设 1 个; 2. 站位 100 座以下设 1 个,每增加 1~80 座增设 1 个	不超过 40 座设 1 个; 41~70 座设 3 个; 71~100 座设 4 个; 每增加 1~40 座增设 1 个	
机场、火车站、长途汽车客运站、综合性服务楼和服务性单位(人数/h)		100 人以下设 2 个,每增加 60 人增设 1 个	100 人以下设 4 个,每增加 30 人增设 1 个	

④厕所和浴室隔间的平面尺寸

厕所和浴室隔间的平面尺寸应根据使用特点合理确定,并不应小于表 4.8 的规定。

表 4.8 厕所、浴室隔间平面尺寸

类别	平面尺寸[宽度(m)×深度(m)]
外开门的厕所隔间	0.9×1.2(蹲便器) 0.9×1.3(坐便器)
内开门的厕所隔间	0.9×1.4(蹲便器) 0.9×1.5(坐便器)
医院患者专用厕所隔间 (外开门)	1.1×1.5 (门闩应能里外开启)
无障碍厕所隔间	1.5×2.0 (不应小于 1.0×1.8)
幼儿用厕所隔间	0.7×0.8
外开门淋浴隔间	1.0×1.2 或 1.1×1.1
内设更衣凳的淋浴隔间	1.0×(1.0+0.6)

⑤卫生设备间距

a.洗手盆或盥洗槽水嘴中心与侧墙面净距不应小于 0.55m;住宅建筑洗手盆水嘴中心与侧墙面净距不应小于 0.35m。

b.并列洗手盆或盥洗槽水嘴中心间距不应小于 0.7m。

c. 单侧并列洗手盆或盥洗槽外沿至对面墙面的净距不应小于 1.25m;住宅建筑洗手盆外沿至对面墙的净距不应小于 0.6m。

d. 双侧并列洗手盆或盥洗槽外沿之间的净距不应小于 1.8m。

e. 并列小便器的中心距离不应小于 0.7m,小便器之间宜加隔板,小便器中心距侧墙或隔板的距离不应小于 0.35m,小便器上方宜设置搁物台。

f. 单侧厕所隔间至对面洗手盆或盥洗槽的距离,当采用内开门时,不应小于 1.3m;当采用外开门时,不应小于 1.5m。

g. 单侧厕所隔间至对面墙面的净距,当采用内开门时不应小于 1.1m,当采用外开门时不应小于 1.3m;双侧厕所隔间之间的净距,当采用内开门时不应小于 1.1m,当采用外开门时不应小于 1.3m。

h. 单侧厕所隔间至对面小便器或小便槽外沿的净距,当采用内开门时不应小于 1.1m,当采用外开门时不应小于 1.3m;小便器或小便槽双侧布置时,外沿之间的净距不应小于 1.3m(小便器的进深最小尺寸为 350mm)。

i. 浴盆长边至对面墙面的净距不应小于 0.65m;无障碍浴盆间短边净宽度不应小于 2.0m,并应在浴盆一端设置方便进入和使用的坐台,其深度不应小于 0.4m。

各种卫生间设备的间距详见图 4.22。

⑥其他设计要求

a. 公共卫生间应设置前室,外门应保持经常关闭状态,如设置弹簧门、闭门器等。对人流量较大的交通建筑,卫生间可不设门,但应避免视线干扰。

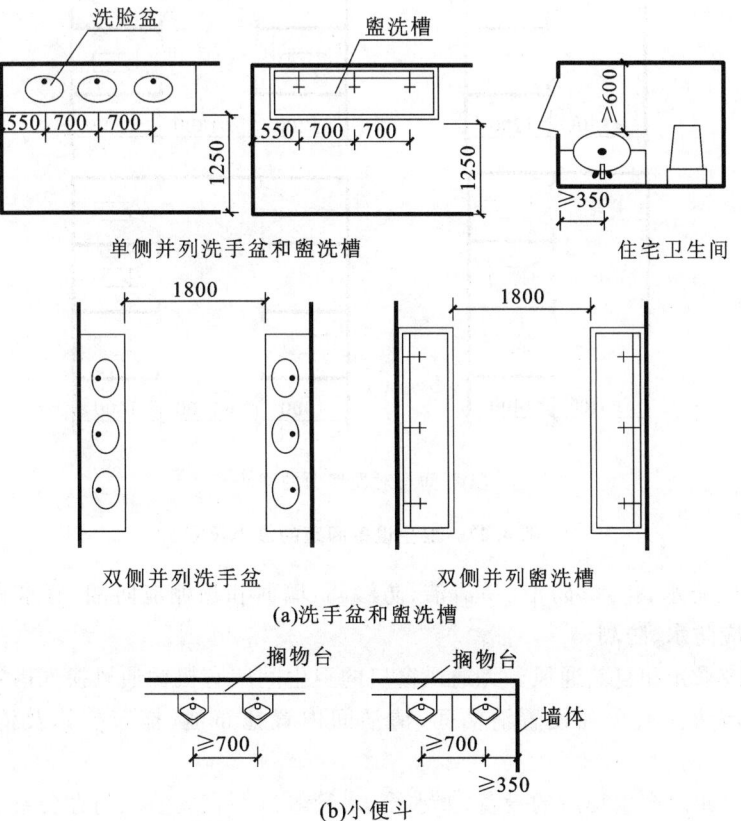

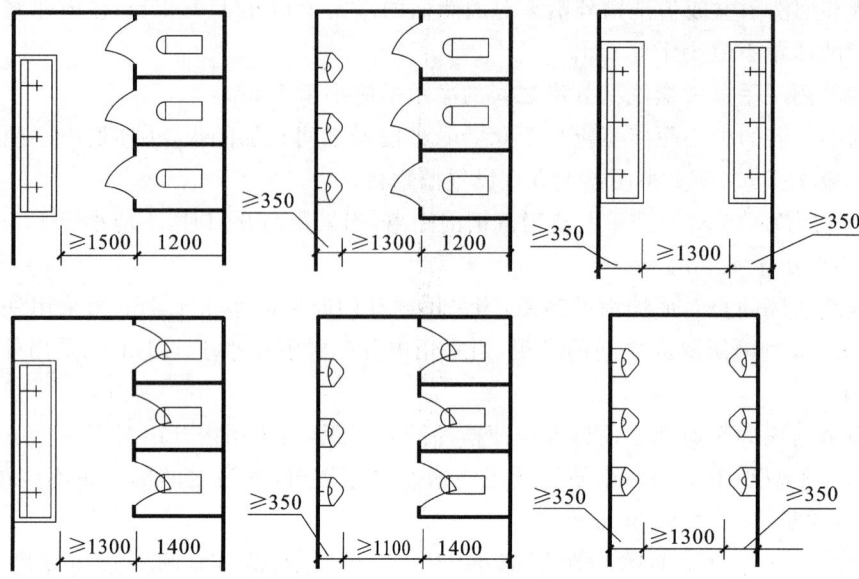

(c)侧间与小便斗(盥洗槽)间距、小便斗与小便斗间距、盥洗槽与盥洗槽间距

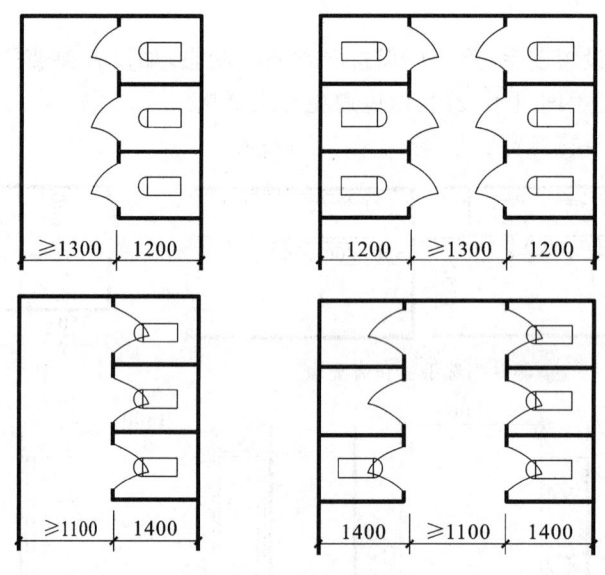

(d)厕间与对面墙面的间距

图 4.22 卫生设备间距的最小尺寸

b. 楼地面应防水、排水、防滑、易清洁、防渗漏,墙面和顶棚应防潮,有水直接冲刷的墙面和浴室内墙面应防水、防潮。

c. 宜有直接采光和自然通风。无通风窗口的卫生间应有机械通风换气措施。

d. 应设置清洁池或单独设置清洁间,清洁间内置拖布池、拖布挂钩及清洁用具存放的柜架。

e. 公共卫生间内产生噪声的设备(如水箱、水管等),不宜安装在与办公室、宿舍、病房相邻的墙上,否则应有隔噪声措施。

(2)独立式公共卫生间

独立式公共卫生间又称独立式公厕(后面内容中采用此名称),是独立的小型建筑物,常出现在广场、街道、车站、码头、公园、体育场外及滨水活动场所。独立式公共卫生间的建设应符合《城市环境卫生设施规划标准》(GB/T 50337—2018)和《城市公共厕所设计标准》(CJJ 14—2016)的规定。详见表4.9、表4.10。

表4.9 各类城市用地公共厕所设置标准

城市用地类型	设置密度（座/km²）	建筑面积（m²/座）	独立式公共厕所用地面积（m²/座）
居住用地(R)	3～5	30～80	60～120
公共管理与公共服务设施用地(A)	4～11	50～120	80～170
商业服务设施用地(B)			
道路与交通设施用地(S)			
绿地与广场用地(G)	5～6	50～120	80～170
工业用地(M)	1～2	30～60	60～100
物流仓储用地(W)			
公用设施用地(U)			

注:1.公共厕所用地面积,建筑面积应根据现场用地情况、人流量和区域重要性确定。特殊区域或具有特殊功能的公共厕所可突破本标准面积上限。
2.独立式公共厕所平均每厕位建筑面积指标(以下简称厕位面积指标)应为一类,5～7m²;二类,3～4.9m²;三类,2～2.9m²。

表4.10 沿道路设置的公共厕所间距指标

设置位置	设置间距(m)
商业区周边道路	<400
生活区周边道路	400～600
其他区周边道路	600～1200

①独立式公厕的类别

根据所在地区的重要程度和客流量大小,独立式公厕可以分为三个类别:在商业区、重要公共设施、重要交通客运设施、公共绿地及其他对环境要求较高的区域设置一类公共厕所,在主、次干道及人流交通量较大的道路沿线设置二类公共厕所,在其他街道及区域设置三类公共厕所。不同类别的厕所在建筑形式、室外绿化、平面布置、房间设计、卫生设备设施及设备间距设计等方面有不同的要求。

②独立式公厕功能组成

独立式公厕由主要功能区和辅助功能区组成。主要功能区包括盥洗区、小便区、大便区三部分;辅助功能区包括管理间、工具间和其他辅助房间(如寄存间、小卖部)等。

③独立式公厕卫生设施数量的确定

独立式公厕卫生设施数量的确定取决于服务人数,厕位服务人数应符合表4.11的规定。

表 4.11 公共场所公共厕所厕位服务人数

公共场所	服务人数[人/(厕位·天)]	
	男	女
广场、街道	500	350
车站、码头	150	100
公园	200	130
体育场外	150	100
海滨活动场所	60	40

④厕间尺寸与主要卫生设备的规定,详见表 4.12。

表 4.12 独立式公厕厕间尺寸与主要卫生设备

类别项目	一类	二类	三类
平面布置	大便间、小便间与洗手间应分区设置	大便间、小便间与洗手间宜分区设置,洗手间男女可共用	大便间、小便间宜分区设置,洗手间男女可共用
厕位面积指标(m²/位)	5~7	3~4.9	2~2.9
管理间(m²)	>6	4~6	<4,视条件需要设置
第三卫生间	有	视条件定	无
工具间(m²)	2	1~2	1~2,视条件需要设置
大便厕位尺寸(m)	宽度:1.0~1.2 深度:外开门为1.3; 内开门为1.5	宽度:0.9~1.0 深度:外开门为1.2; 内开门为1.4	宽度:0.85~0.9 深度:外开门为1.2; 内开门为1.4
厕位隔断高度(m)	防潮、防画、防划、防烫材料,高度不小于1.8	防潮、防画、防划、防烫材料,高度不小于1.8	防潮、防画、防划、防烫材料,高度不小于1.5
大便器	坐式、蹲式大便器(按2:8比例配置)	坐式、蹲式大便器(按1:9比例配置)	蹲式大便器
小便站位间距(m)	0.8	0.7	0.7
小便站位隔板[宽(m)×高(m)]	0.4×0.8	0.4×0.8	视需要定
小便器	半挂式便器	半挂式便器	不锈钢或瓷砖小便槽
室内净高(m)	不宜小于3.5		

注:1. 独立式公厕内单排厕位外开门走道宽度宜为1.30m,不应小于1.00m;双排厕位外开门走道宽度宜为1.50~2.10m。
2. 独立式公厕应按照无障碍设计要求设计残疾人厕位或残疾人卫生间,详见第4.2.4节中"公共卫生间无障碍设计"部分。

(3)活动式公共卫生间

活动式公共卫生间根据其建造特性分为单体厕所、组装厕所、拖动厕所、汽车厕所和无障碍厕所五种类型。单体厕所是包含一套卫生器具的活动式公厕;组装厕所是由多个单体厕所组合在一起的活动式公厕;拖动厕所是可以由其他车辆拖动至使用场所的活动式公厕;汽车厕所是能自行行驶至使用场所的活动式公厕;无障碍厕所是供老年人、残疾人和行动不方便的人使用的,常用于残运会、大型社会活动等无障碍活动场所的箱形厕所。活动式厕所多为厂家设计的产品,设计时可以选用。

4.2.4 卫生间无障碍设计

建筑设计应体现对老年人、残疾人和行动不方便者的人文关怀,在公共卫生间中应按照无障碍设计要求设置无障碍厕位、无障碍洗手盆、无障碍小便器和无障碍专用卫生间。

(1)公共卫生间无障碍设计

公共卫生间无障碍设施与设计要求详见表 4.13。

表 4.13 公共卫生间无障碍设施与设计要求

设施类别	设计要求
无障碍设施要求	男厕所的无障碍设施包括至少 1 个无障碍厕位、1 个无障碍小便器和 1 个无障碍洗手盆;女厕所的无障碍设施包括至少 1 个无障碍厕位和 1 个无障碍洗手盆
入口和通道	厕所的入口和通道应方便乘轮椅者进入和进行回转,回转直径不小于 1.5m。 门应开启方便,通行净宽度不应小于 800mm
无障碍洗手盆	1. 水龙头中心距侧墙面大于 550mm,其底部应留出宽 750mm、高 650mm、深 450mm 供乘轮椅者膝部和足尖部移动的空间; 2. 在洗手盆上方安装镜子; 3. 出水龙头宜采用杠杆式水龙头或感应式自动出水方式
无障碍小便器	1. 小便器下口距地面不应大于 400mm; 2. 小便器两侧在离墙面 250mm 处,设置高 1.20m 的垂直安全抓杆;并在离墙面 550mm 处,设高度为 900mm 水平安全抓杆,与垂直安全抓杆连接
无障碍厕位	1. 无障碍厕位应方便乘轮椅者到达和进出,尺寸宜为 2.00m×1.50m,不应小于 1.80m×1.00m; 2. 无障碍厕位的门宜向外开启,门净宽不应小于 0.8m,如门向内开启,需在开启后厕位内留有直径不小于 1.50m 的轮椅回转空间;平开门外侧应设高 900mm 的横扶把手,门内侧设关门拉手,并应采用门外可紧急开启的插销; 3. 厕位内应设坐便器,厕位两侧距地面 700mm 处应设长度不小于 700mm 的水平安全抓杆,另一侧应设高 1.40m 的垂直安全抓杆; 4. 取纸器应设在坐便器的侧前方,高度为 400~500mm
安全抓杆	1. 安全抓杆直径应为 30~40mm; 2. 安全抓杆内侧距墙面不应小于 40mm
图示	普通无障碍厕位　　　　最小无障碍厕位

(2)无障碍专用卫生间

县级及县级以上的政府机关,设有公共厕所的大型商业服务建筑、大型文化建筑与纪念性建筑、大型观演建筑与体育建筑、交通建筑与医疗建筑、大型园林建筑等必须设置无障碍专用卫生间。

无障碍专用卫生间设计要求详见表4.14。

表4.14 无障碍专用卫生间设计要求

设施类别	设计要求
位置	宜靠近公共厕所,应方便乘轮椅者进入和进行回转,回转直径不小于1.50m
面积	不宜小于2.0 m×2.0 m
设备设施	内部应设坐便器、洗手盆、多功能台、挂衣钩和呼叫按钮
门	当采用平开门时,门扇宜向外开启,如向内开启,需在开启后留有直径不小于1.50m的轮椅回转空间,门的通行净宽度不应小于800mm,平开门应设高900mm的横扶把手,在门扇里侧应采用门外可紧急开启的门锁
坐便器	应设坐便器,厕位两侧距地面700mm处应设长度不小于700mm的水平安全抓杆,另一侧应设高1.40m的垂直安全抓杆
洗手盆	水嘴中心距侧墙应大于550mm,其底部应留出宽750mm、高650mm、深450mm供乘轮椅者膝部和足尖部移动的空间,并在洗手盆上方安装镜子,出水龙头宜采用杠杆式水龙头或感应式自动出水方式
多功能台	长度不宜小于700mm,宽度不宜小于400mm,高度宜为600mm
挂衣钩	距地面高度不应大于1.20m
呼叫按钮	坐便器旁边高0.40～0.50m处设求助呼叫按钮
安全抓杆	1.安全抓杆直径应为30～40mm; 2.安全抓杆内侧应距墙面40mm; 3.安全抓杆应安装牢固
图示	

4.2.5 第三卫生间

第三卫生间是用于协助老、幼及行动不便者使用的,方便如母子、父女、夫妻等异性服侍行动不便者如厕时获得照顾而使用的厕所间。第三卫生间除具有无障碍专用厕所的卫生设施外,还增加了婴儿及儿童等卫生设施。为了与男、女厕所间区别,将该厕所间冠以"第三卫生间"的称谓。

(1)适用范围

公共厕所第三卫生间应在下列各类厕所中设置:

①一类固定式公共厕所;

②二级及以上医院的公共厕所;

③商业区、重要公共设施及重要交通客运设施区域的活动式公共厕所。

(2)设计要求

①位置宜靠近公共厕所入口,应方便行动不便者进入,轮椅回转直径不应小于1.50m;

②内部设施宜包括成人坐便器、成人洗手盆、多功能台、安全抓杆、挂衣钩和呼叫按钮、儿童坐便器、儿童洗手盆、儿童安全座椅;

③使用面积不应小于$6.5m^2$;

④地面应防滑、不积水;

⑤成人坐便器、洗手盆、多功能台、安全抓杆、挂衣钩、呼叫按钮的设置应符合现行国家标准《无障碍设计规范》(GB 50763—2012)的有关规定;

⑥多功能台和儿童安全座椅应可折叠并设有安全带,儿童安全座椅长度宜为280mm,宽度宜为260mm,高度宜为500mm,离地面高度宜为400mm。

第三卫生间平面布置详见图4.23。

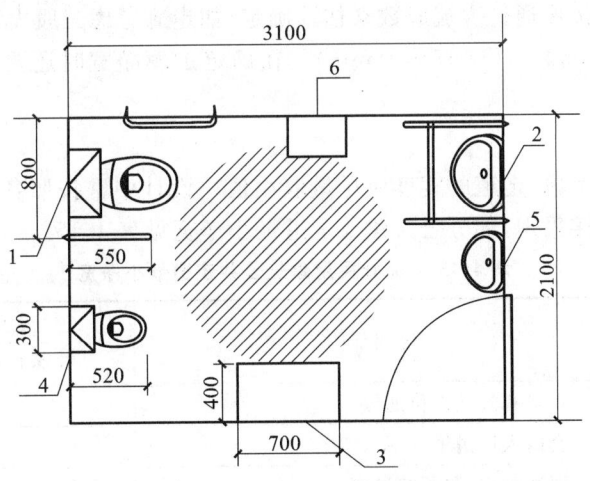

图4.23 第三卫生间平面布置

1—成人坐便器;2—成人洗手盆;3—可折叠的多功能台;
4—儿童坐便器;5—儿童洗手盆;6—可折叠的儿童安全座椅

4.3 交通联系空间设计

交通联系空间是将主要使用空间与辅助使用空间联系在一起的纽带,是建筑的"动脉",是建筑各部分功能得以发挥作用的保证。概括起来,交通联系空间一般可以分为水平交通空间、垂直交通空间、枢纽交通空间三种基本空间形式。在交通联系空间设计时应遵守以下原则:

(1)交通流线组织符合建筑功能特点,有利于形成良好的空间组合形式;

(2)交通流线简洁明确,具有导向性;

(3)满足采光、通风及照明要求;
(4)适当的空间尺度,完美的空间形象;
(5)节约交通面积,提高面积利用率;
(6)严格遵守防火规范要求,能保证紧急疏散时人员的安全。

4.3.1 水平交通空间设计

水平交通空间俗称走廊、走道,主要有内走廊、单外廊和连廊三种形式。其设计主要是解决宽度、长度及采光与通风问题。

4.3.1.1 走廊宽度设计

走廊宽度设计时应考虑以下几个因素:

(1)功能性质

走廊的功能取决于建筑的性质,主要有通行、停留、休息、无障碍设计等内容。如中小学教学楼的走廊以人流集散为主,一般主要考虑通行功能;医院门诊部的走廊,除了考虑通行外,有时还要考虑病人候诊之用;某些展览馆的走廊,除了通行外还有展示功能,还需要考虑行人驻留欣赏展品的空间。

(2)通行能力

走廊的净宽可以按照通行人流股数来估算确定,如走廊考虑三股人流并排通行,则走廊的净宽度不宜小于 $3\times[550+(0\sim150)]$(mm)。在确定走廊净宽时还要注意房间门开启的影响。详见图 2.12。

(3)建筑经济

出于经济因素的考虑,走道的宽度应尽量取小值。设计中常按照各类建筑设计规范中规定的走道最小净宽直接采用,部分公共建筑走道最小净宽见表 4.15。

表 4.15 部分民用建筑公共走道最小净宽

建筑类型	房间部位	走道最小净宽(m)	
		双面布房	单面布房
住宅建筑	走廊和公共部位通道	1.20	
	套内入口过道	1.20	
	通往卧室、起居室过道	1.00	
托幼建筑	生活用房	2.40	1.80
	服务供应用房	1.50	1.30
中小学建筑	教学用房	2.40	1.80
	教师办公用房	1.50	
办公建筑	走道长≤40m	1.50	1.30
	走道长>40m	1.80	1.50
旅馆建筑	客房部分走道	1.40	1.30
	客房内走道	1.10	
宿舍建筑	通廊式宿舍走道	2.20	1.60
	单元式宿舍公共走道	1.40	

(4) 安全疏散

①走廊的宽度从安全疏散角度考虑时,按照《建筑防火通用规范》(GB 55037—2022)第7.1.4条规定,疏散走道、首层疏散外门、公共建筑中的室内疏散楼梯的净宽度均不应小于1.1m。

②按照《建筑防火通用规范》(GB 55037—2022)第7.4.7条规定,除剧场、电影院、礼堂、体育馆外的其他公共建筑,疏散出口、疏散走道和疏散楼梯各自的总净宽度,应根据疏散人数和每100人所需最小疏散净宽度计算确定(表4.16)。

表4.16 疏散出口、疏散走道和疏散楼梯每100人所需最小疏散净宽度(单位:m/百人)

建筑层数或埋深		耐火等级		
		一、二级	三级	四级
地上楼层	1~2层	0.65	0.75	1.00
	3层	0.75	1.00	—
	不小于4层	1.00	1.25	—
地下楼层	埋深不大于10m	0.75	—	—
	埋深大于10m	1.00	—	—
	歌舞娱乐、放映、游艺场所及其他人员密集的房间	1.00	—	—

注:1.地下或半地下人员密集的厅、室和歌舞娱乐、放映、游艺场所,其疏散走道、安全出口、疏散楼梯及房间疏散门的总宽度应按照1.00m/百人计算确定。
2.此表摘自《建筑设计防火规范》(GB 50016—2014)。

(5) 无障碍设计

供残疾人使用的走道宽度,仅考虑一辆轮椅通行时,最小宽度为0.9m。在实际设计中,大型公共建筑走道宽度不应小于1.8m,中型公共建筑走道宽度不应小于1.5m,小型公共建筑走道宽度不应小于1.2 m。详见图4.24。

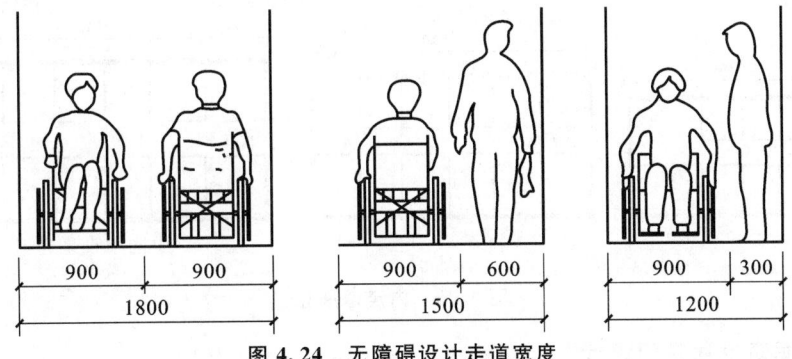

图4.24 无障碍设计走道宽度

4.3.1.2 走廊长度设计

公共建筑过道的长度,应根据建筑性质、耐火等级、防火规范以及视觉艺术等方面的要求确定。其中主要是防火规范的要求,一般要将最远房间的门中线到安全出口的距离控制在安全疏散限度之内。具体限值见表4.17。

表4.17 直通疏散走道的房间疏散门至最近安全出口的直线距离(m)

名称	位于两个安全出口之间的疏散门			位于袋形走道两侧或尽端的疏散门		
	一、二级	三级	四级	一、二级	三级	四级
托儿所、幼儿园、老年人照料设施	25	20	15	20	15	10

续表 4.17

名称		位于两个安全出口之间的疏散门			位于袋形走道两侧或尽端的疏散门		
		一、二级	三级	四级	一、二级	三级	四级
歌舞娱乐、放映、游艺场所		25	20	15	9	—	—
医疗建筑	单、多层	35	30	25	20	15	10
	高层 病房部分	24	—	—	12	—	—
	高层 其他部分	30	—	—	15	—	—
教学建筑	单、多层	35	30	25	22	20	10
	高层	30	—	—	15	—	—
高层旅馆、展览建筑		30	—	—	15	—	—
其他建筑	单、多层	40	35	25	22	20	15
	高层	40	—	—	20	—	—

注:1. 建筑内开向敞开式外廊的房间疏散门至最近安全出口的直线距离可按本表的规定增加 5m;
　　2. 直通疏散走道的房间疏散门至最近敞开楼梯间的直线距离,当房间位于两个楼梯间时,应按本表的规定减少 5m;当房间位于袋形走道两侧或尽端时,应按本表的规定减少 2m;
　　3. 建筑物内全部设置自动喷水灭火系统时,其安全疏散距离可按本表的规定增加 25%。

4.3.1.3 走廊采光设计

走道的采光,除了某些大型公共建筑可采用人工照明外,一般应考虑自然采光,在单面布房的通道设计中,自然采光是没有问题的,但双面布房的通道容易出现采光问题。解决的办法一般是依靠走道尽端开窗,或借助于门厅过厅、楼梯间的光线采光,有时也可以利用走道两侧开敞的空间来改善过道的采光。内走道采光方式详见图 4.25。

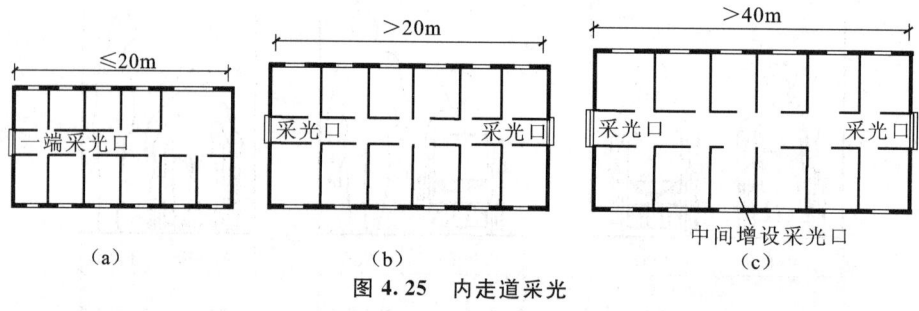

图 4.25　内走道采光

4.3.2 垂直交通空间设计

在民用建筑中,垂直交通设施主要有两类,一类为构造类的"梯",如楼梯、坡道、台阶等,是建筑固定组成部分之一,其使用特点为"梯不动,人动";另一类为设备类的"梯",如电梯、自动扶梯、自动人行道等,为厂家提供的设备产品,在建筑预留的空间内进行安装,其使用特点为"人不动,梯动"。本节重点介绍楼梯、电梯设计。

4.3.2.1 楼梯设计

楼梯除作日常垂直交通联系之外,还是紧急情况下的主要疏散通道,即使是在设有电梯和自动扶梯的建筑中,楼梯依然是必不可少的垂直交通设施。另外,楼梯还在一些公共建筑的大堂、门厅起着装饰、美化空间、渲染空间气氛的作用。所以,合理地选择楼梯的平面形式、结构及细部处理方案是建筑设计的一个重要内容。

（1）楼梯的类型

①按楼梯在建筑中的作用划分

a.主要楼梯　联系建筑的主要使用空间,供主要人流交通疏散使用的楼梯,常常设在出入口附近或直接放在门厅内。

b.辅助楼梯　考虑次要使用空间的联系或按疏散要求设置的楼梯,常常设在建筑次要入口或建筑转角处。

c.消防楼梯　为紧急疏散设置的楼梯,一般设在建筑的端部,常常采用开敞式处理。

②按楼梯的平面形式划分（详见图4.26）

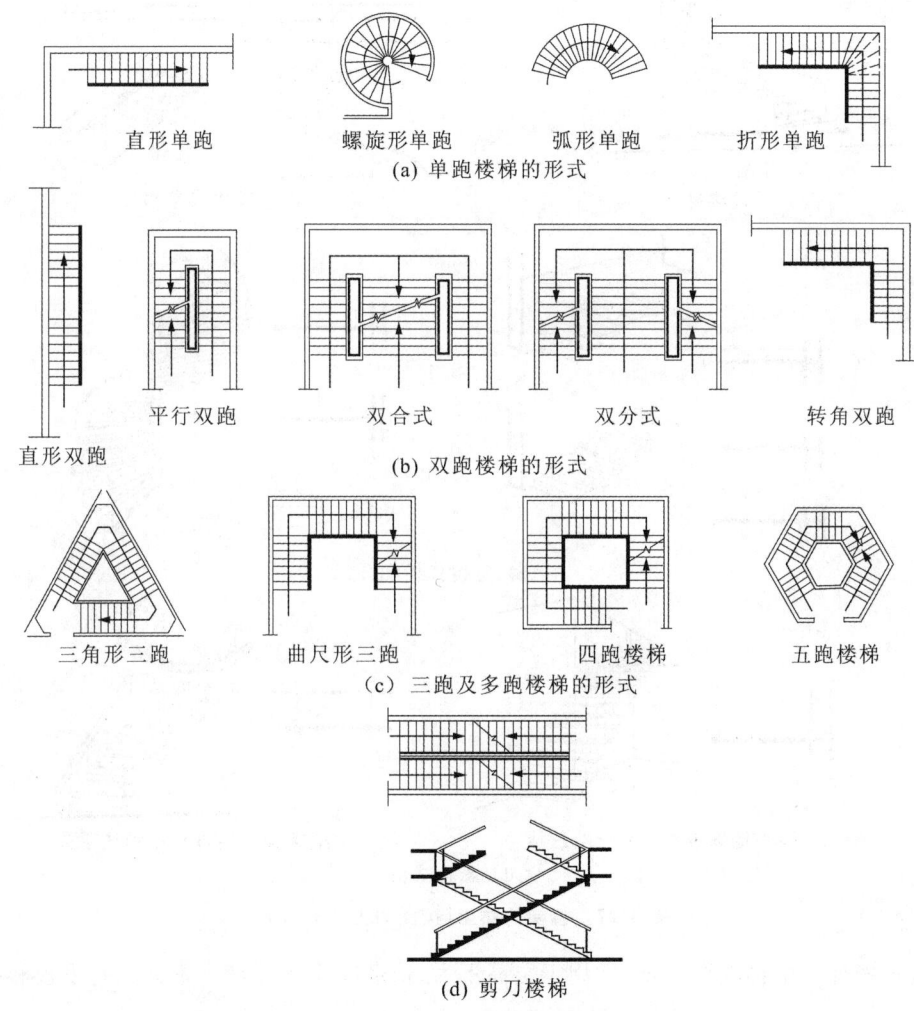

图4.26　楼梯的类型（按平面形式划分）

a.单跑楼梯　指整部楼梯为一个连续的梯段,其形式有直形单跑、弧形单跑、折形单跑、螺旋形单跑等。

b.双跑楼梯　指整部楼梯被中间平台划分为两个不同标高的连续梯段,其形式有直形双跑、平行双跑、转角双跑、双分式、双合式等。

c. 三跑和多跑楼梯　指整部楼梯被中间平台划分为三个及三个以上不同标高的连续梯段,可分为曲尺形三跑、三角形三跑、转角三跑及折形多跑等形式。

其他形式的楼梯,主要有剪刀楼梯(相当于两部直跑楼梯的组合)。

③按楼梯的受力方式划分(详见图4.27)

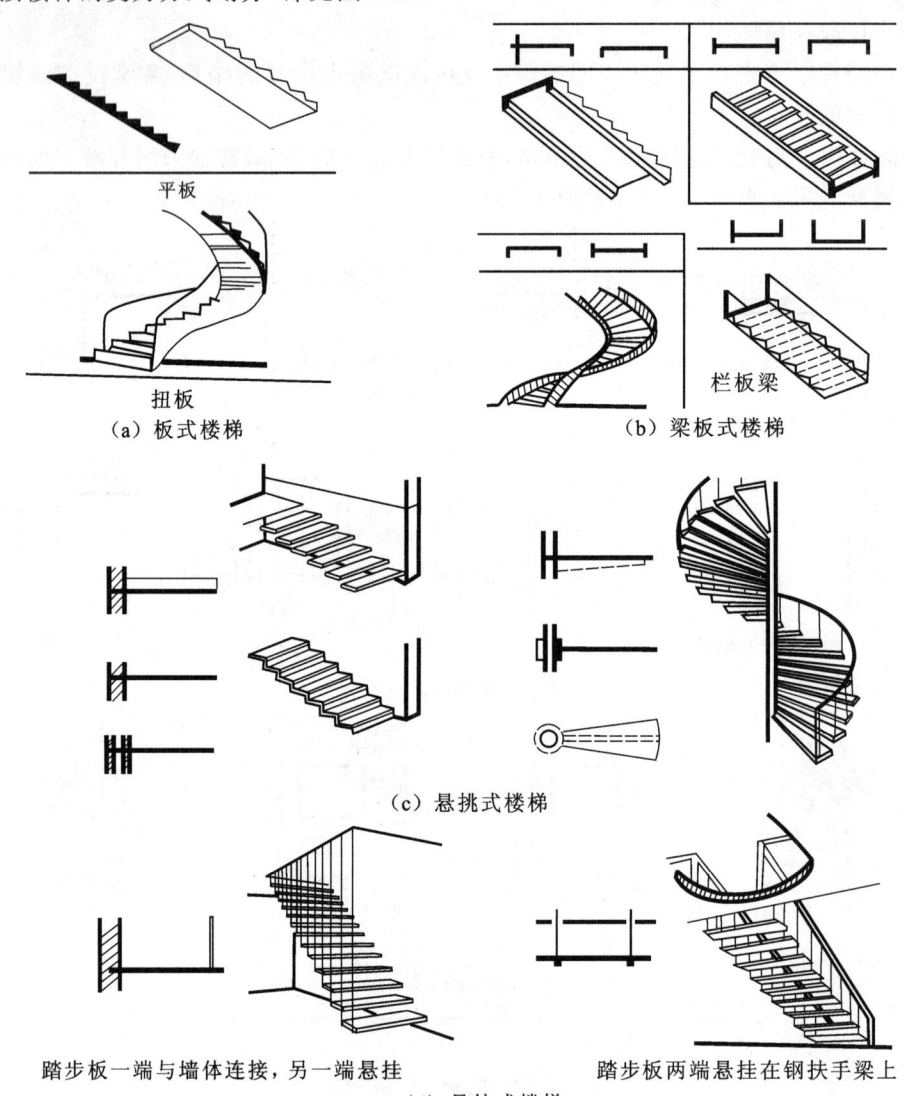

图 4.27　楼梯的类型(按受力方式划分)

a. 板式楼梯　由梯段板承重,常用于层高不大、荷载较小的楼梯。常见的有平板和扭板两种形式。

b. 梁板式楼梯　由梯段板和梯段梁共同承重,荷载经过踏步板传给梯段梁,再传给墙体或梁柱,最后传给基础。梁板式楼梯适用于层高和荷载较大的楼梯。按照梯段边梁和楼梯踏步的位置关系,又有明步梯段和暗步梯段两种形式。

c. 悬挑式楼梯　由踏步板悬挑承重,有墙身悬挑和柱身悬挑两种形式,其所占用的室内空间较少,适用于住宅建筑或辅助楼梯。

d.悬挂式楼梯 悬挂式楼梯的踏步板用金属拉杆悬挂在上部结构上,形式轻盈美观,但金属连接件较多,对安装要求较高。

(2)楼梯间形式的选择

在建筑内部设置的没有用墙体、隔断或其他构配件分隔的楼梯叫开敞楼梯,这种楼梯在火灾发生时,既不能阻止烟、火的蔓延,也不可以作为垂直疏散通道,不计入疏散总宽度,只能作为楼层间的垂直交通联系。除了开敞楼梯外,其他楼梯均安放在楼梯间内,常见的楼梯间有敞开楼梯间、封闭楼梯间、防烟楼梯间三种。

① 敞开楼梯间

楼梯四周有一面敞开,其余三面为具有相应燃烧性能和耐火极限的实体墙。火灾发生时,它不能阻止烟、火进入楼梯间。在符合规定层数和其他条件下,可以作为垂直疏散通道,并计入疏散总宽度。

② 封闭楼梯间

楼梯四周用具有相应燃烧性能和耐火极限的建筑构配件分隔。火灾发生时,它能阻止烟、火进入楼梯间。

③ 防烟楼梯间

在封闭楼梯间的入口处设有防烟前室或专供排烟用的阳台凹廊等,以排除烟雾,从而确保楼梯间的防火安全。通向前室和楼梯间的门均为乙级防火门。

除了敞开楼梯间外,其他楼梯间的形式详见图4.28,楼梯间的适用范围详见表4.18。

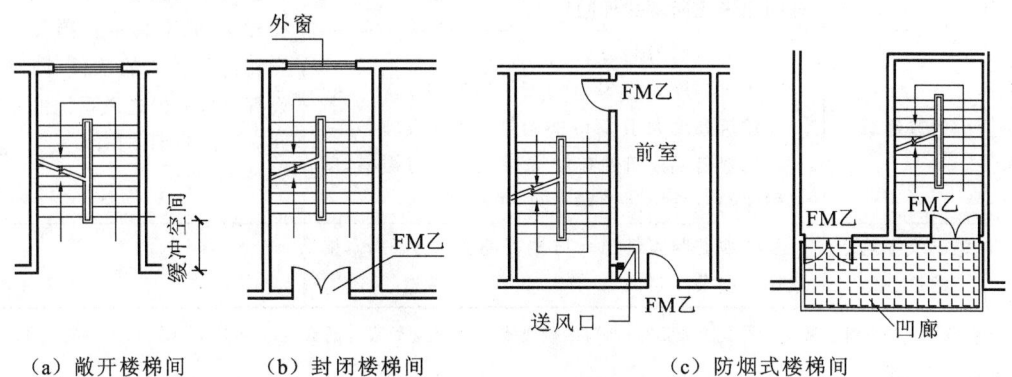

图 4.28 楼梯间的形式

表 4.18 各类型楼梯间的适用范围

类型		适用范围	备注
敞开楼梯间	住宅建筑	建筑高度不大于21m	
	公共建筑	5层及5层以下的公共建筑,但不包括下列建筑: 1.医疗建筑、旅馆及类似使用功能的建筑; 2.设置歌舞娱乐、放映、游艺场所的建筑; 3.商店、图书馆、展览建筑、会议中心及类似使用功能的建筑	

表 4.18

类型		适用范围	备注
封闭楼梯间	住宅建筑	1.建筑高度不大于21m,与电梯井相邻布置的疏散楼梯; 2.建筑高度大于21m、不大于33m	与电梯井相邻布置的疏散楼梯应采用封闭楼梯间,当户门采用乙级防火门时,可采用敞开楼梯间
	多层公共建筑	1.医疗建筑、旅馆、老年人照料设施及类似使用功能的建筑; 2.设置歌舞娱乐、放映、游艺场所的建筑; 3.商店、图书馆、展览建筑、会议中心及类似使用功能的建筑; 4.6层及6层以上的其他建筑; 5.高层公共建筑的裙房	不与敞开式外廊直接相连的楼梯间
	高层公共建筑	建筑高度不大于32m的二类高层公共建筑	
	地下或半地下建筑(室)	室内地面与室外出入口地坪高差不大于10m,层数小于3层	
防烟楼梯间	住宅建筑	1.建筑高度大于33m的住宅建筑; 2.住宅单元的疏散楼梯采用剪刀楼梯,剪刀楼梯间应采用防烟楼梯间	多层和高层建筑中应设封闭楼梯间,但不具备直接天然采光和自然通风的条件,同时未设置机械加压送风系统的楼梯间应采用防烟楼梯间
	公共建筑	1.一类高层公共建筑; 2.建筑高度大于32m的二类高层建筑; 3.建筑高度大于24m的老年人照料设施; 4.高层公共建筑的疏散楼梯采用剪刀楼梯,剪刀楼梯间应采用防烟楼梯间	
	地下或半地下建筑(室)	室内地面与室外出入口地坪高差大于10m,层数在3层及3层以上	

注:当裙房与高层建筑主体之间设置防火墙时,裙房的疏散楼梯可按《建筑设计防火规范》(GB 50016—2014)有关单、多层建筑的要求确定。

(3)楼梯细部设计

楼梯一般由梯段、平台、栏杆(栏板)扶手三大部分组成。

①梯段与踏步

梯段由连续的踏步组成。一个梯段的踏步数量应在3~18步之间。

a.梯段

楼梯的梯段有一侧临空、两侧临空和两侧墙体三种形式。梯段的宽度应考虑楼梯的通行能力和安全疏散要求。按照通行能力考虑时,每股人流宽度为 0.55m+(0~0.15)m,(0~0.15)m 为人流在行进中人体的摆幅,公共建筑人流量大的场所应取上限值。公共建筑楼梯最少应考虑两股人流(公共建筑的疏散楼梯的净宽度不应小于 1.10m。建筑高度不大于 18m 的住宅中一边设置栏杆的疏散楼梯,其净宽度不应小于 1.0m)。按照安全疏散要求考虑时,每部楼梯必须保证符合规范规定的每100人所需的最小疏散净宽度的要求。详见表 4.16。

(注:当一侧有扶手时,梯段净宽度应为墙体装饰面至扶手中心线的水平距离;当双侧有扶手时,梯段净宽度应为两侧扶手中心线之间的水平距离。当有凸出物时,梯段净宽度应从凸出物表面起算。)

b. 踏步

踏步是人们上下楼梯时脚踏的地方。踏步的水平面叫作踏面,垂直面叫作踢面,踏步的尺寸需根据人行走的舒适度、安全度和楼梯间的尺度等因素进行综合权衡。人流量大、安全性要求高的楼梯坡度应该平缓一些;反之则可陡一些,以节约楼梯间面积。在设计中常采用下面的经验公式进行踏步宽高的计算。也可以按照表 4.19 来控制楼梯踏步的尺寸。

经验公式:
$$2h+b=600\sim620mm(幼儿园楼梯可不按此公式)$$

其中,h 为踏步高;b 为踏步宽;600~620mm 为女子平均跨步长度。

梯段内每个踏步高度、宽度应一致,相邻梯段的踏步高度、宽度宜一致。

表 4.19 楼梯踏步最小宽度和最大高度(m)

楼梯类别		最小宽度	最大高度
住宅楼梯	住宅公共楼梯	0.260	0.175
	住宅套内楼梯	0.220	0.200
宿舍楼梯	小学宿舍楼梯	0.260	0.150
	其他宿舍楼梯	0.270	0.165
老年人建筑楼梯	住宅建筑楼梯	0.300	0.150
	公共建筑楼梯	0.320	0.130
托儿所、幼儿园楼梯		0.260	0.130
小学教学楼楼梯		0.260	0.150
人员密集且竖向交通繁忙的建筑和大、中学教学楼楼梯		0.280	0.165
其他建筑楼梯		0.260	0.175
超高层建筑核心筒内楼梯		0.250	0.180
检修及内部服务楼梯		0.220	0.200

注:螺旋楼梯和扇形踏步离内侧扶手中心线 0.250m 处的踏步宽度不应小于 0.220m。

②平台

楼梯平台有中间平台和楼层平台之分。二者的作用略有不同,中间平台具有通行、休息、方向转换的作用,楼层平台除了具有中间平台的功能外,还具有分配和缓冲人流的作用。直跑楼梯中间休息平台宽度不应小于 0.9m,梯段改变方向时,中间休息平台最小宽度不应小于梯段宽度,并不得小于 1.20m,当有搬运大型物件需要时应适量加宽。楼层平台宽度设置要考虑人流通行和安全因素,当楼梯间的疏散门垂直于梯段开启时,应留出不小于梯段宽度的通行宽度;当疏散门平行于梯段开启时,从门洞边缘或墙体转角至踏步边缘应留出不小于 400mm 的安全距离。敞开式楼梯的起始踏步与楼层走道应设有满足各类建筑规范要求的缓冲区。详见图 4.29。

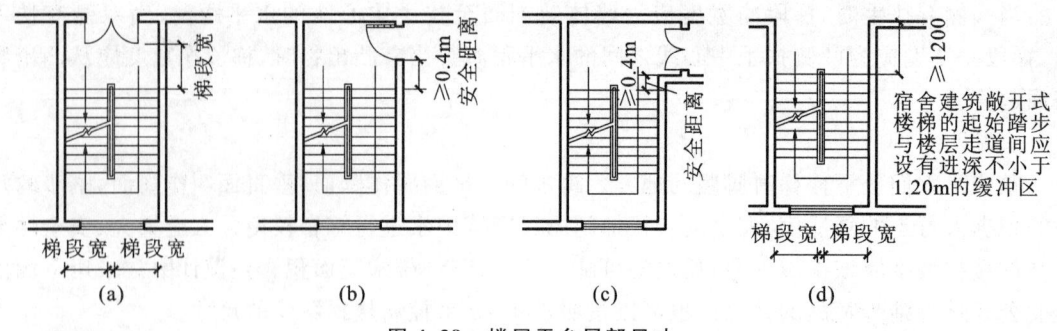

图 4.29 楼层平台局部尺寸

③梯井

梯井是指两个楼梯梯段之间的空隙。出于消防要求,多层公共建筑中梯井的宽度不宜小于150mm;出于安全要求,在托儿所、幼儿园、中小学教学用房的楼梯两梯段间楼梯井净宽不得大于0.11m。大于0.11m时,应采取有效的安全防护措施。两梯段扶手间的水平净距宜为0.10~0.20m。中小学教学用房的楼梯栏杆不得采用易于攀登的构造和花饰;杆件或花饰的镂空处净距不得大于0.11m;供幼儿使用的楼梯,当楼梯井净宽大于0.11m时,必须采取防止幼儿攀滑的措施。

④栏杆、扶手

楼梯应至少于一侧设扶手,梯段净宽达三股人流时应在两侧设扶手,达四股人流时宜加设中间扶手。室内楼梯扶手高度自踏步前缘线量起不宜小于900mm。当水平栏杆长度大于500mm时,水平部分高度不低于1050mm,供儿童使用的楼梯应在500~600mm的高度增设扶手。室外楼梯等临空处应设置防护栏杆,当临空高度在24.0m以下时,栏杆高度不应低于1.05m;当临空高度在24.0m及以上时,栏杆高度不应低于1.1m。托儿所、幼儿园的室外楼梯的防护栏杆,高度应从可踏部位顶面起算,且净高不应小于1.30m。防护栏杆必须采用防止幼儿攀登和穿过的构造,当采用垂直杆件作栏杆时,其杆件净距离不应大于0.09m。

⑤楼梯的净空高度

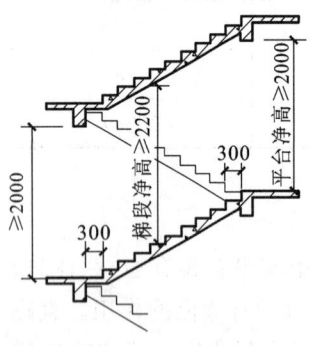

图 4.30 楼梯的净空高度

楼梯的净空高度是指楼梯平台下或梯段下通行人时或人搬运物品时应具有的最低高度要求,它分为梯段净高和平台净高。其中梯段净高为自踏步前缘(包括每个梯段最低和最高一级踏步前缘线以外0.3m范围内)量至上方凸出物下缘间的垂直高度。如图4.30所示,梯段净高应不低于2200mm,平台净高不低于2000mm。

(4)建筑内部疏散楼梯数量的确定

①公共建筑

按照《建筑防火通用规范》(GB 55037—2022)第7.4.1条规定:公共建筑内每个防火分区或一个防火分区的每个楼层的安全出口不应少于2个。仅设置1个安全出口或1部疏散楼梯的公共建筑应符合下列条件之一:

a.除托儿所、幼儿园外,建筑面积不大于200m²且人数不大于50人的单层公共建筑或多层公共建筑的首层;

b.除医疗建筑、老年人照料设施、儿童活动场所、歌舞娱乐、放映、游艺场所外,符合表

4.20 规定的公共建筑。

表 4.20　仅设置 1 个安全出口或 1 部疏散楼梯的公共建筑

建筑的耐火等级或类型	最多层数	每层最大建筑面积（m²）	人数
一、二级	3 层	200	第二、三层的人数之和不大于 50 人
三级、木结构建筑	3 层	200	第二、三层的人数之和不大于 25 人
四级	2 层	200	第二层人数不大于 15 人

②住宅建筑

按照《建筑防火通用规范》(GB 55037—2022) 第 7.3.2 条规定，住宅建筑的室内疏散楼梯应符合下列规定：

a. 建筑高度不大于 21m 的住宅建筑，当户门的耐火完整性低于 1.00h 时，与电梯井相邻布置的疏散楼梯应为封闭楼梯间；

b. 建筑高度大于 21m、不大于 33m 的住宅建筑，当户门的耐火完整性低于 1.00h 时，疏散楼梯应为封闭楼梯间；

c. 建筑高度大于 33m 的住宅建筑，疏散楼梯应为防烟楼梯间，开向防烟楼梯间前室或合用前室的户门应为耐火性能不低于乙级的防火门；

d. 建筑高度大于 27m、不大于 54m 且每层仅设置 1 部疏散楼梯的住宅单元，户门的耐火完整性不应低于 1.00h，疏散楼梯应通至屋面；

e. 多个单元的住宅建筑中通至屋面的疏散楼梯应能通过屋面连通。

4.3.2.2　电梯设计

(1) 电梯设置的条件

①七层及七层以上住宅或住户入口层(含底层为商店或架空层、顶层为跃层)楼面距室外设计地面的高度超过 16m 时；对于有特殊要求的住宅，其最高住户入口层楼面距主楼层(±0.000 地面)的高度超过 8m 时，也允许设置电梯。

②高层公共建筑应设置电梯。

③五层及五层以上办公建筑应设置电梯。

④在医院建筑中，二层医疗用房宜设电梯；三层及三层以上的医疗用房应设电梯。

⑤疗养院建筑中，供疗养员使用的建筑超过两层时应设置电梯。

⑥老年人照料设施建筑中，二层及以上楼层、地下室、半地下室设置老年人用房时应设电梯。

⑦六层及六层以上宿舍或居室最高入口层楼面距室外设计地面的高度大于 15m 时，宜设置电梯，高度大于 18m 时，应设置电梯。

⑧一级、二级、三级旅馆建筑三层宜设乘客电梯，四层及四层以上应设乘客电梯；四级、五级旅馆建筑两层宜设乘客电梯，三层及三层以上应设乘客电梯。(注：新规范旅馆建筑等级按由低到高的顺序可划分为一级、二级、三级、四级和五级。)

⑨位于二层及二层以上的餐馆、饮品店和位于三层及三层以上的快餐店宜设置乘客电梯。

⑩大型和中型商店的营业区宜设乘客电梯；多层商店宜设置货梯或提升机。

(2)电梯的类型

根据《电梯主参数及轿厢、井道、机房的型式与尺寸 第1部分：Ⅰ、Ⅱ、Ⅲ、Ⅳ类电梯》(GB/T 7025.1—2023)，按照电梯的使用功能和服务对象可划分如下：

Ⅰ类电梯：为运送乘客而设计的电梯。

Ⅱ类电梯：主要为运送乘客，同时也可运送货物而设计的电梯。

Ⅲ类电梯：为运送病床（包括病人）和医疗设备而设计的电梯。

Ⅳ类电梯：为运输通常由人伴随的货物而设计的电梯。

Ⅴ类电梯：为运送图书、资料、文件、杂物、食品等的提升装置，由于结构型式和尺寸关系，轿厢内不能进人。

Ⅵ类电梯：为适应大交通流量和频繁使用而特别设计的电梯，主要用于高层建筑（通常为15层以上的建筑），电梯的定额速度至少为2.5m/s。

(3)电梯的数量、容量、速度的选择与确定

在方案设计阶段，各类建筑可按表4.21来初步确定电梯的数量、容量和速度。

表 4.21 电梯的数量、容量、速度表

建筑类别		数量				额定载重量(kg)和乘客人数(人)					额定速度(m/s)
		经济级	常用级	舒适级	豪华级						
住宅		90～100户/台	60～90户/台	30～60户/台	<30户/台	400		630		1000	0.63,1.00,1.60,2.50
						5		8		13	
旅馆		120～140客房/台	100～120客房/台	70～100客房/台	<70客房/台	630	800	1000	1250	1600	
办公	按建筑面积	6000 m²/台	5000 m²/台	4000 m²/台	<2000 m²/台	8	10	13	16	21	0.63,1.00,1.60,2.50
	按办公有效使用面积	3000 m²/台	2500 m²/台	2000 m²/台	<1000 m²/台						
	按人数	350人/台	300人/台	250人/台	<250人/台						
医院住院部		200床/台	150床/台	100床/台	<100床/台	1600		2000		2500	0.63,1.00,1.60,2.50
						21		26		33	

注：1. 本表选自《全国民用建筑工程设计技术措施》(2009年版)。

2. 本表的电梯台数不包括消防电梯和服务电梯。

3. 以电梯为主要垂直交通的高层公共建筑和12层及12层以上的高层住宅，每栋楼设置电梯的台数不应少于2台。

4. 旅馆建筑的服务电梯台数等于0.3～0.4倍的客梯数，住宅的消防电梯与乘客电梯可合用。

5. 办公建筑的办公有效使用面积一般占总建筑面积的67%，一般按照70%取值。

6. 办公建筑的使用人数可按照4～10m²/人的使用面积估算。

(4)常用电梯的主要技术参数与规格

我国电梯生产厂家较多，加之国外的技术产品，电梯的主要参数及其规格尺寸并不统一，因此在设计中电梯井道的预留尺寸应参照所选定的产品样本。或者参考《电梯主参数及轿厢、井道、机房的型式与尺寸 第1部分：Ⅰ、Ⅱ、Ⅲ、Ⅳ类电梯》(GB/T 7025.1—2023)。部分常用电梯主要参数与井道尺寸详见图4.31。

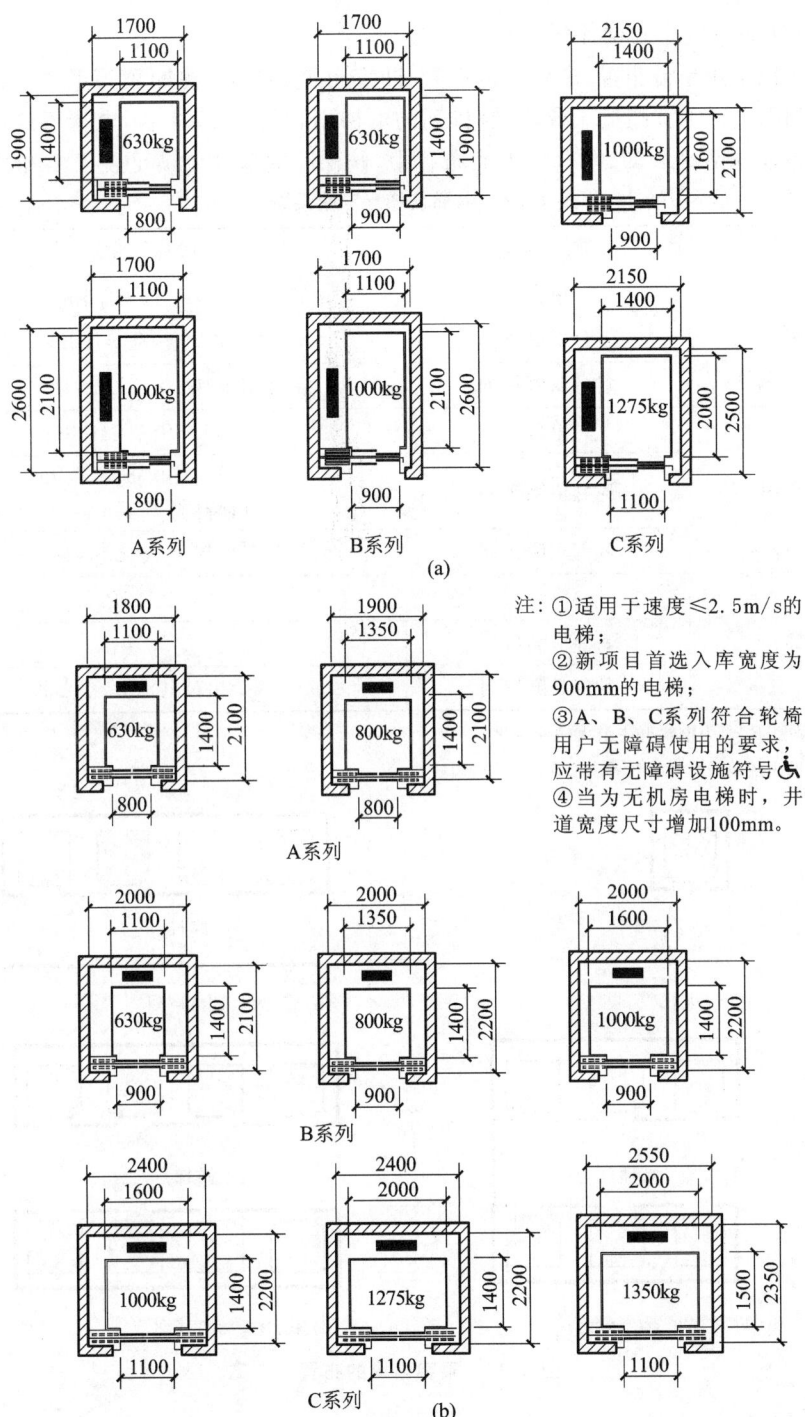

图 4.31 部分常用电梯的主要参数与井道尺寸
(a)住宅——一般用途电梯(对重侧置);(b)Ⅰ类——一般用途电梯(对重后置)

(5)乘客电梯的布置与候梯厅的设计

乘客电梯可以采用单台布置、多台单侧布置、凹室布置、多台双侧布置等形式。建筑物每个服务区单侧排列的电梯不宜超过4台,双侧排列的电梯不宜超过2×4台,电梯不应在转角处贴邻布置。电梯布置详见图4.32,在电梯平面布置中,候梯厅的深度应满足表4.22的要求。

表4.22 电梯候梯厅深度要求

电梯类别	布置方式	候梯厅深度
住宅电梯	单台	$\geqslant B$,且$\geqslant 1.5$m
	多台单侧排列	$\geqslant B_{max}$,且$\geqslant 1.8$m
	多台双侧排列	$\geqslant$相对电梯B_{max}之和,且<3.5m
公共建筑电梯	单台	$\geqslant 1.5B$,且$\geqslant 1.8$m
	多台单侧排列	$\geqslant 1.5B_{max}$,且$\geqslant 2.0$m 当电梯群为4台时应$\geqslant 2.4$m
	多台双侧排列	$\geqslant$相对电梯B_{max}之和,且<4.5m
病床电梯	单台	$\geqslant 1.5B$
	多台单侧排列	$\geqslant 1.5B_{max}$
	多台双侧排列	$\geqslant$相对电梯B_{max}之和

注:1. B为轿厢深度,B_{max}为电梯群中最大轿厢深度。
2. 本表摘自《民用建筑设计统一标准》(GB 50352—2019)。

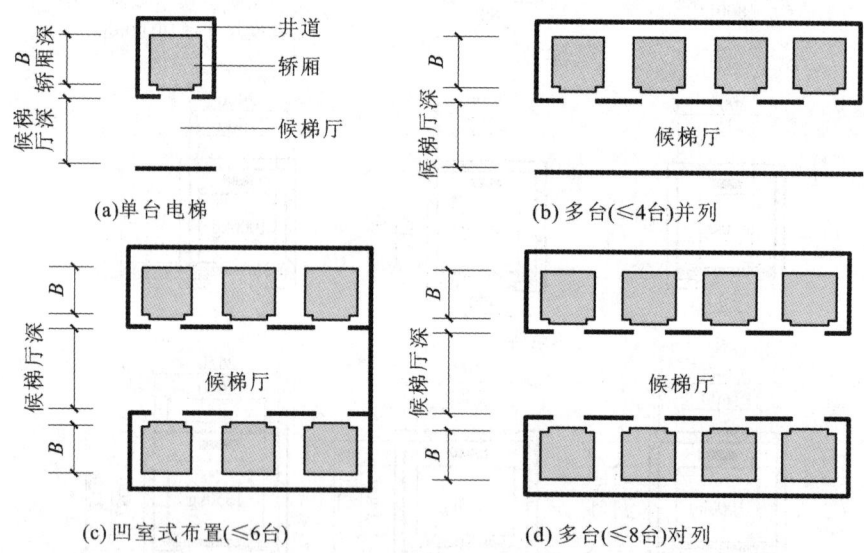

图4.32 乘客电梯的布置

(6)消防电梯设计

①消防电梯适用范围

a. 建筑高度大于33m的住宅建筑;

b. 一类高层公共建筑和建筑高度大于32m的二类高层公共建筑,五层及五层以上且总建筑面积大于3000m²(包括设置在其他建筑内五层及五层以上楼层)的老年人照料设施;

c. 设置消防电梯的建筑的地下或半地下室,埋深大于10m且总建筑面积大于3000m²的其他地下或半地下建筑(室)。

②消防电梯设计要求

a.数量要求

消防电梯应分别设置在不同防火分区内,且每个防火分区不应少于1台。(符合消防电梯要求的客梯或货梯可兼作消防电梯。)

b.消防电梯前室设计要求

消防电梯应设置前室,并应符合下列规定:

ⓐ消防电梯前室宜靠外墙设置,并应在首层直通室外或经过长度不大于30m的通道通向室外。

ⓑ消防电梯前室的使用面积不应小于6.0m²,前室的短边不应小于2.4m;消防电梯间与防烟楼梯间合用前室时,公共建筑中不应小于10.0m²,住宅建筑中不应小于6.0m²。剪刀楼梯间的共用前室与消防电梯的前室合用时,合用前室的使用面积不应小于12.0m²,且短边不应小于2.4m。详见图4.33。

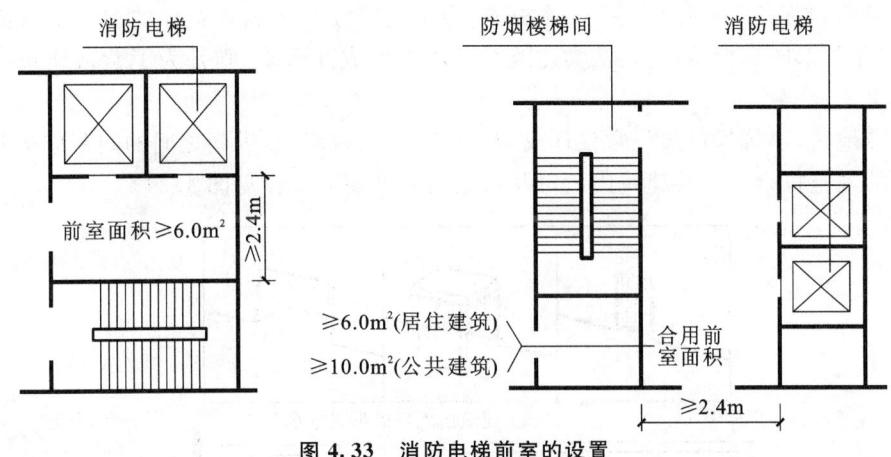

图4.33 消防电梯前室的设置

ⓒ除前室的出入口、前室内设置的正压送风口和符合防火规定的户门外,前室内不应开设其他门、窗、洞口;

ⓓ前室或合用前室的门应采用乙级防火门,不应设置卷帘。

c.消防电梯井、机房与相邻电梯井、机房之间应设置耐火极限不低于2.00h的防火隔墙,隔墙上的门应采用甲级防火门。

d.消防电梯的井底应设置排水设施,排水井的容量不应小于2m³,排水泵的排水量不应小于10L/s。消防电梯间前室的门口宜设置挡水设施。

e.其他要求

ⓐ应能每层停靠;

ⓑ电梯的载重量不应小于800kg;

ⓒ电梯从首层至顶层的运行时间不宜大于60s;

ⓓ电梯的动力与控制电缆、电线、控制面板应采取防水措施;

ⓔ在首层的消防电梯入口处应设置供消防队员专用的操作按钮;

ⓕ电梯轿厢的内部装修应采用不燃材料;

ⓖ电梯轿厢内部应设置专用消防对讲电话。

4.3.3 交通枢纽空间设计

交通枢纽空间主要有门厅大堂、过厅、中庭等,在建筑中的主要作用是供人流的集散、方向的转换、空间的过渡以及与其他交通空间的衔接。在现代建筑中,交通枢纽空间的功能在不断地增加,如旅馆的门厅大堂就常设接待、休息、邮电、预订车票等服务空间;医院的门厅常设接待病人、办理挂号、等候治疗、收费取药等空间;火车站的进厅常设有问讯、售票、邮电、小卖等活动空间;演出建筑的门厅中,常设有售票、存衣、小卖、休息等内容的空间。因此,一般公共建筑的交通枢纽空间还应该根据建筑的性质设置一定的辅助空间,以满足人们的各类需求。

4.3.3.1 建筑出入口

建筑出入口是门厅与建筑室内外空间联系的一个过渡部位,其在平面形式上有凹入口、平入口和凸入口三种。入口空间通常与雨篷、外廊、台阶、坡道、垂带、挡墙、绿化小品等结合起来考虑,具体处理时与建筑使用性质密切相关,例如医院、宾馆等建筑的门廊常设置坡道,以利于汽车驶入门前,与门厅空间紧密相连;影剧院、会堂建筑往往因为观众厅的视线要求而升起坡度,造成门厅外部的高台阶;而司法类建筑在入口处形成高台阶,则是为了营造建筑的庄严感和宏伟感。

在寒冷地区,建筑入口部位常设计成防风门斗或双道门,双道门之间的间距应按照各专项建筑设计的规范执行。公共建筑出入口及双道门的平面形式详见图 4.34。

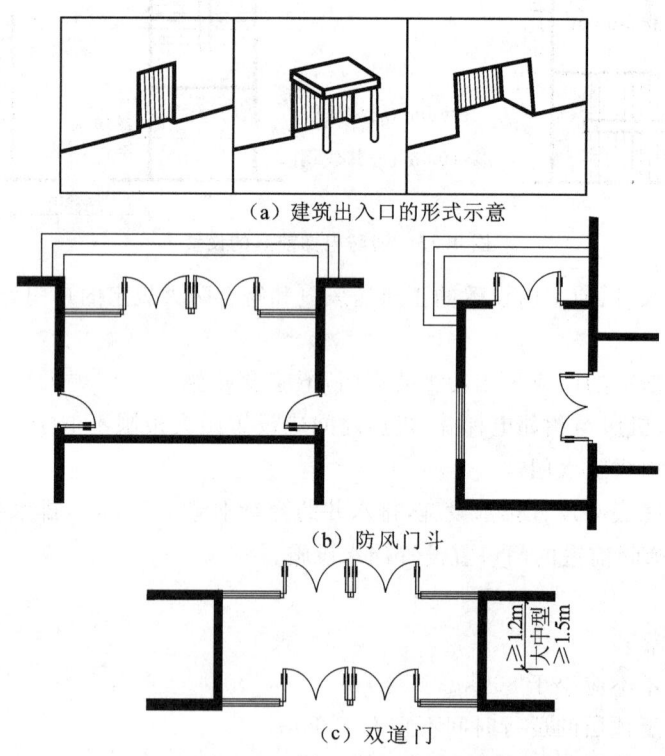

图 4.34 公共建筑出入口及双道门的平面形式

有无障碍设计要求的建筑出入口有三种形式:平坡出入口;同时设置台阶和轮椅坡道的出入口;同时设置台阶和升降平台的出入口。

平坡出入口为地面坡度不大于1∶20且不设扶手的出入口,是人们在通行中最为便捷的无障碍出入口,该出入口不仅方便了各种行动不便的人群,同时也给其他人群带来了便利,应该在工程中,特别是大型公共建筑中优先选用。详见图4.35。

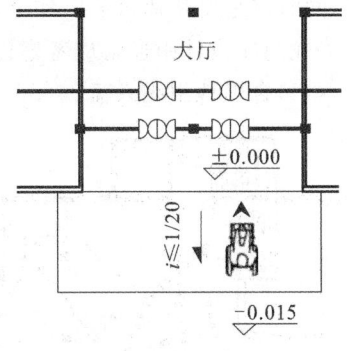

同时设置台阶和轮椅坡道的出入口应满足以下规定:台阶在三级及其以上时在两侧应设扶手;少于三级台阶时,两侧应设挡台。坡道可以设计成直线形、L形、折返形。坡道的坡度考虑轮椅通行时不宜大于1∶12,坡道的净宽不应小于1.2m。轮椅坡道的高度超过300mm且坡度大于1∶20时,应在两侧设置扶手,坡道与休息平台的扶手应保持连贯。采用1∶12坡度时,坡道每段水平长度不超过9m,最大高度不超过750mm。轮椅坡道起点、终点和中间休息平台的水平长

图4.35 平坡出入口

度均不应小于1.50m。无障碍双层扶手的上层扶手高度应为850～900mm,下层扶手高度应为650～700mm。扶手应保持连贯,靠墙面的扶手的起点和终点处应水平延伸不小于300mm的长度。扶手末端应向内拐到墙面或向下延伸不小于100mm的长度,栏杆式扶手应向下成弧形或延伸到地面上固定。除上述规定之外,轮椅坡道的坡面应平整、防滑、无反光,临空侧应设置安全阻挡,同时应设置无障碍标志。详见图4.36。

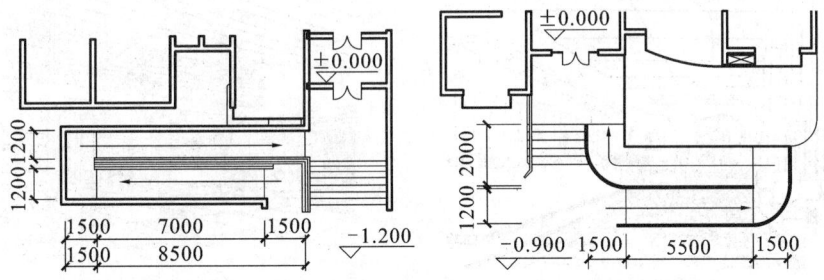

图4.36 兼设台阶和轮椅坡道的出入口

同时设置台阶和升降平台的出入口,主要适用于建筑出入口进行无障碍改造,因为场地条件有限而无法修建坡道,可以采用占地面积小的升降平台取代轮椅坡道。一般的新建建筑不提倡此种做法。垂直升降平台的深度不应小于1.20m,宽度不应小于900mm,应设扶手、挡板及呼叫控制按钮;斜向升降平台的深度不应小于1.00m,宽度不应小于900mm,应设扶手和挡板。详见图4.37。

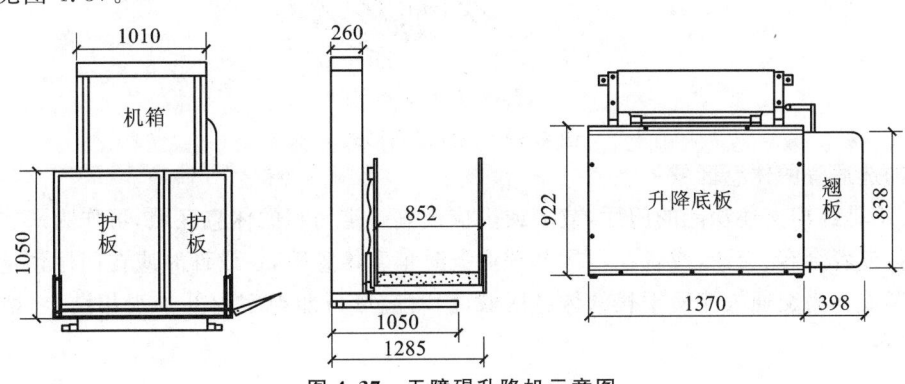

图4.37 无障碍升降机示意图

4.3.3.2 门厅

门厅是步入公共建筑的第一个空间,除了起到人流的集散、方向的转换、空间的过渡等作用外,同时也是反映建筑艺术和个性的第一印象空间,在整个建筑设计中起着举足轻重的作用。

在门厅设计中通常应考虑以下几个问题:

(1)合理地组织人流

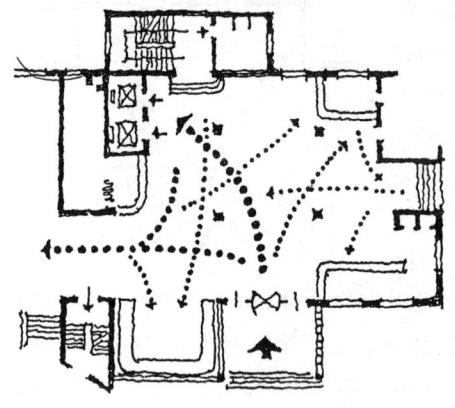

图 4.38 某旅馆建筑门厅人流路线组织

流线简洁、导向明确是门厅设计的重要原则。流线简洁意味着节约时间、提高效率、疏散快、容易识别和节省建筑面积等。导向明确就要求避免因流线的交叉干扰而产生紊乱,能够有效地组织、引导人流,使之井然有序。门厅人流路线组织详见图4.38。

(2)建立良好的空间尺度感

公共建筑的门厅可以是单层空间,也可以跨越两层、三层形成回廊空间或共享空间。选择什么样的门厅空间不仅取决于功能的要求,还要考虑建筑精神方面的要求,如体现雄壮高大的雄伟感或曲折小巧的亲切感等。门厅空间形式见图4.39。

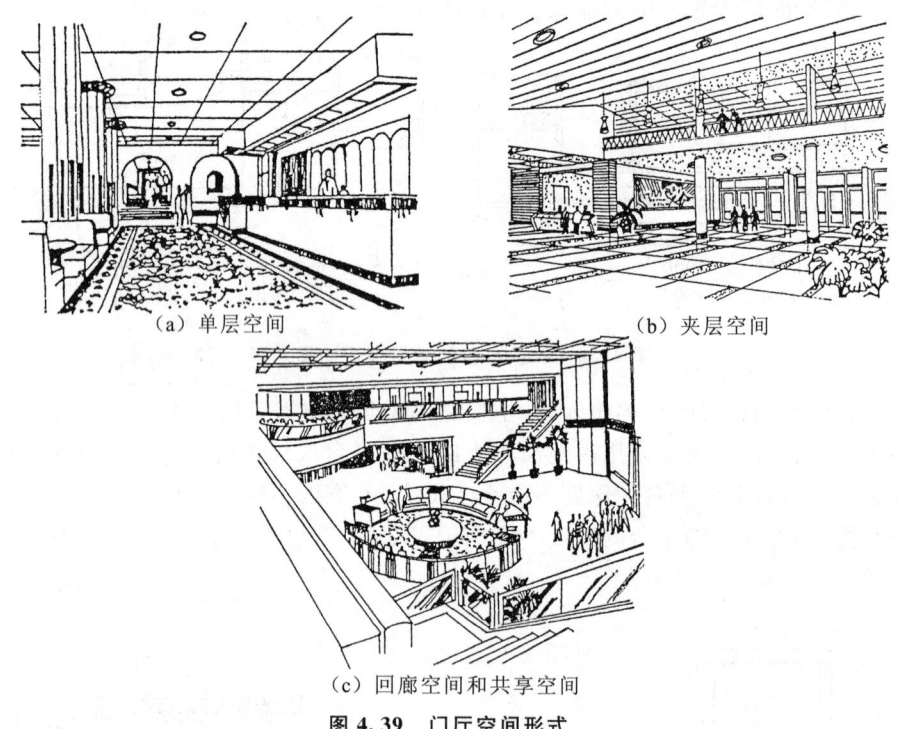

(a)单层空间　　(b)夹层空间

(c)回廊空间和共享空间

图 4.39 门厅空间形式

(3)创造适宜的休息区域

只要不是纯粹交通功能的门厅,或多或少应设置一定面积的休息区域,可作为来往人流的暂时停留,或者会客、交谈,或者在门厅办理业务时稍事休息等,在设计时应在门厅创造一些尽端空间,形成不为交通人流所干扰的休息区域,同时应尽可能与室内外景观相结合,增加休息空间的情趣。

4.3.3.3 过厅

过厅是人流分配的缓冲空间,起到空间转换与空间过渡的作用,有时也兼有其他用途,如作为休息场所等。过厅常用于以下几种情况:

(1)位于房屋转角、走道转向处,过厅空间局部扩大,起到再次疏散人流的作用。
(2)位于大空间与走道、楼梯交汇处,以利于疏散大空间人流。
(3)位于两类使用空间之间的联系空间,兼有终止符、休息等功能。

过厅的设计要求与门厅相似,但是质量标准稍低。详见图 4.40。

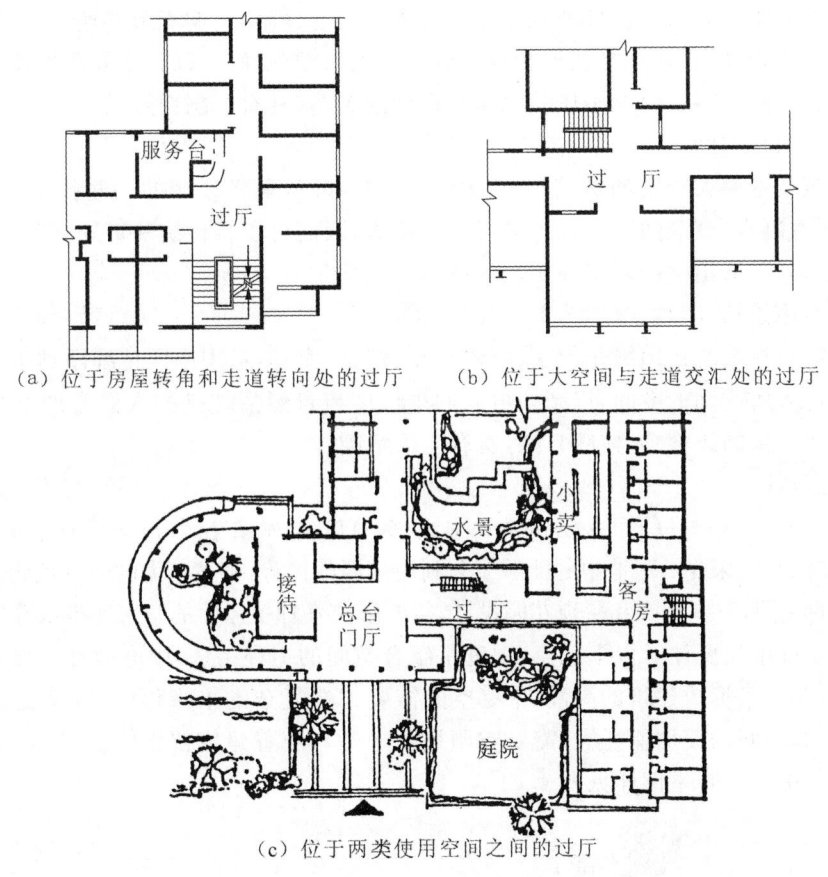

(a)位于房屋转角和走道转向处的过厅　(b)位于大空间与走道交汇处的过厅

(c)位于两类使用空间之间的过厅

图 4.40　过厅

4.3.3.4 中庭

中庭空间是一个供人们休息、观赏、交往的多功能共享大厅,这种空间由美国建筑大师约翰·波特曼(John Portman)首创,他在旅馆建筑中将室外空间引入室内,并通过一个玻璃顶盖采光,保证室内获得四季如春的景观。

(1)中庭空间的特点

①多功能综合体、共享空间

中庭往往位于公共建筑的中心,在其内部设有咖啡座、小商店、休息座,在其周围常设各种商店、小卖部等服务设施,在一些大型商场的中庭还经常搭设舞台进行模特表演。所以,中庭往往是一个建筑内部公共活动的中心,是建筑室内空间的高潮。而这个赋予多种功能的空间一般贯通室内多层,周围各层人们的视线都能达到中庭,所以又形成一个多层共享的公共活动场所。

②大中见小,小中见大

中庭中包含着供人休息、餐饮、购物、娱乐等各种小空间,在每个小空间均能看到中庭大空间。中庭空间向其周围的小空间延伸,从而又能引出各类小空间,将人流引向小空间。人们位于中庭一隅,既可感受中庭的巨大和壮观,又可观察、体验中庭内外诸多活动。与此同时,人们也成为其中的风景,面对上下、内外各方面投来的目光。这种多角度、多方位的交流与分隔创造出别有情趣的"共享"效果。

③动静结合

在很多中庭中设有自动扶梯和观光电梯等垂直交通设施,它们有节奏地上下运动,不仅让中庭中的人以静观动,也让乘坐扶梯和观光电梯的人以动观静,可以从不同角度欣赏中庭空间的变化,在动与静的交错、对比中体验空间与运动的关系,具有戏剧性效果。

④室外室内化空间

现代建筑技术使大跨度的玻璃顶棚的实现成为可能,采光顶棚的一些技术难题,如防渗漏、防内表面冷凝水、玻璃的安全性等都得到了解决,因而可以将传统的室外庭院移入室内,包括植物、山水等,创造出一个与室外相似的室内自然庭院。

⑤综合运用建筑、园林、雕塑艺术

建筑中庭往往精心运用绿化山水、雕塑小品、灯具、家具,借用中国传统园林中一些造园的处理手法限定人所活动的空间,以亲切可人的小尺度与自然情趣拂去人们心理上可能因空间的巨大尺度而产生的压抑感,体味自然,富有生活情趣。

(2)中庭设计

中庭按照在建筑中的位置可划分为落地中庭、空中花园、屋顶花园,根据其采光方式可分为顶部采光、侧采光、综合采光。落地中庭能够充分利用地面的优势,种植高大的热带植物,蓄积水面,营造园林般的氛围;空中花园和屋顶花园设计,需要解决好种植屋面的防水和排水等构造问题。

在中庭设计中还要注意以下几点:中庭是组合空间的一种手法;中庭能够实现大体量建筑的中部采光,并易于形成建筑的高潮;中庭空间需要构造复杂的采光顶棚,以满足室内植物的采光要求;中庭空间的使用能耗大(需要空调系统支持);随着建筑技术的发展,其发展形式越来越多样化。中庭空间举例详见图4.41。

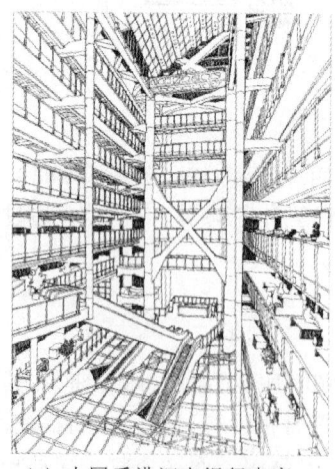 

(a)中国香港汇丰银行中庭　　(b)美国旧金山海雅特酒店中庭

图 4.41　中庭空间举例

4.4 建筑平面组合设计

建筑平面组合是在熟悉房间使用要求的基础上,进一步分析各使用空间之间以及使用空间与交通联系空间之间的相互关系,并考虑技术、经济和建筑艺术等方面的要求,结合整体规划、基地环境等具体条件,将各使用空间和交通联系空间在水平方向上相互联系结合,组成一个有机整体。

建筑平面组合设计的基本要求:

(1)功能分区合理 根据建筑的功能要求合理分区,妥善解决平面各组成部分之间的相互关系,安排各使用空间的相对位置。

(2)流线组织清晰 选择合适的交通联系方式,组织好建筑内部及内外之间的交通联系。交通流线要便捷明确,避免流线相互交叉干扰。

(3)平面布局恰当 按照建筑物的性质、规模和基地环境,确定建筑平面形式,要做到布局紧凑、用地节约,并为体型塑造、立面设计创造条件。

(4)结构体系明确,施工工艺合理 考虑到结构布置、建筑构造处理、施工方法和所用材料的合理性,掌握建筑标准,注意美观要求,注意经济效益和社会效益。

建筑平面组合设计一般先从分析使用空间之间的功能关系着手,这种方法通常称为功能分析。

4.4.1 功能分析

功能分析是在熟悉建筑内部各种使用空间的使用特点的基础上,按照使用空间的性质要求、使用顺序及相互联系的密切程度,对使用空间之间的主与次、内与外、闹与静、联系与分隔等方面加以分析研究。

功能分析一般采用气泡图或框线图来表达,详见图 4.42。

4.4.1.1 平面功能分析

常见的平面功能分析的方法如下:

(1)单元分析法

在一些建筑中,单元是组成建筑物的基本单位,一幢建筑可以由若干个相同或不同的单元组成,各个单元之间没有任何功能联系,如:住宅建筑、幼儿园中的幼儿生活区等。这一类建筑在进行功能分析时应侧重单元内各使用空间的分析研究,然后可以直接拼接或累加。

(2)流线分析法

展览建筑、交通建筑、生产性建筑对人流流线和生产流线的要求较高。使用空间应按一定顺序排列,人流、货流、车流要分清,避免交叉,做到短捷通畅,所以功能分析应侧重流线安排。例如,在汽车客运站设计中,应将旅客流线、车辆流线、行包流线分开,旅客流线中又应将进站流线和出站流线分开。

(3)重点分析法

影剧院、体育场馆之类的建筑,主要使用空间很明显,空间组合时也以此为中心,所以功能分析应侧重于主要部分、主要使用空间的分析研究,从主要部分着手,使得平面设计从整体到局部都比较合理。

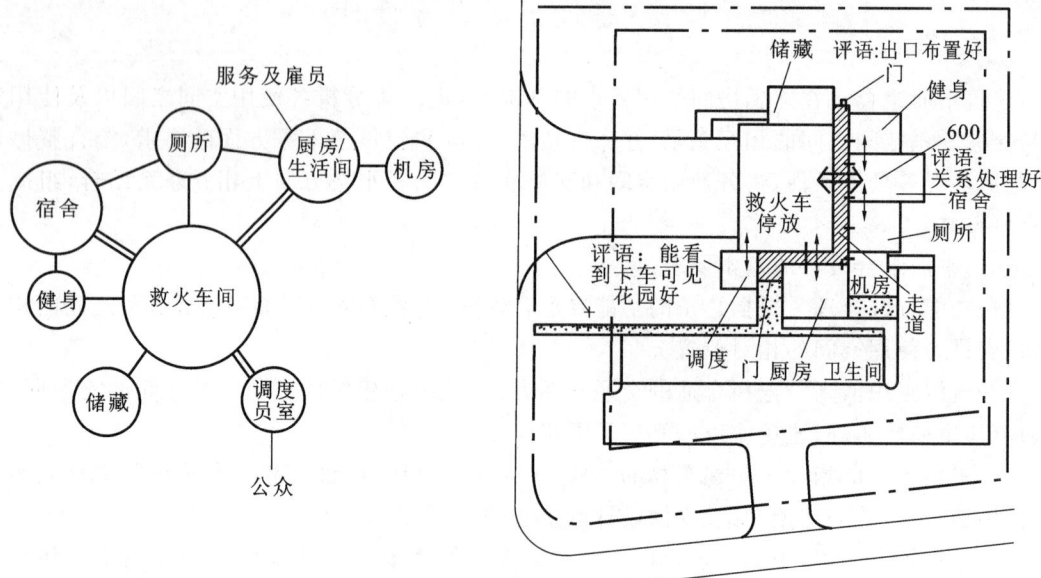

(a) 气泡图与平面功能分析

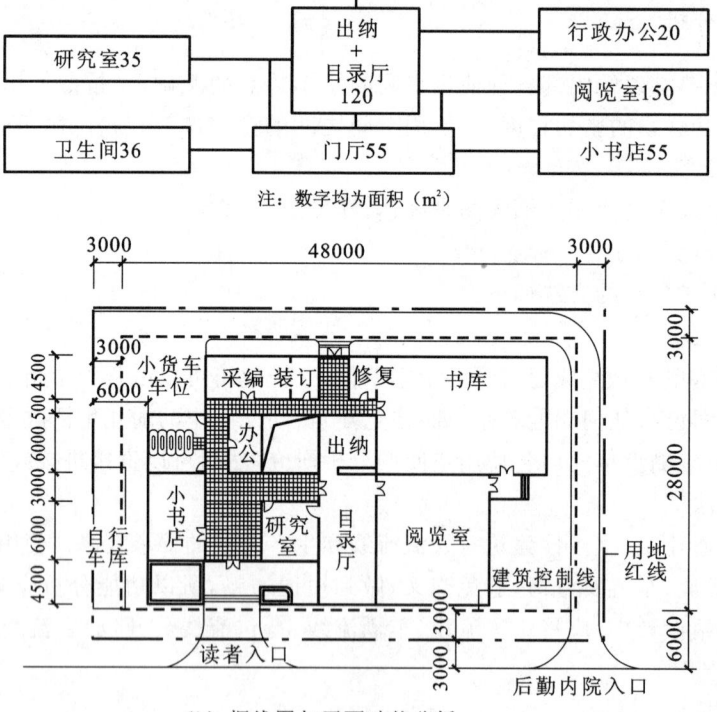

注：数字均为面积（m²）

(b) 框线图与平面功能分析

图 4.42 功能分析的表达

(4) 组、类分析法

医院一类建筑,其使用空间较明显地分为几组或几类,每一组(类)内部又由若干功能关系密切的使用空间组成。这类建筑可将整体建筑先划分为几个大的功能组团,分析这几个功能组团之间的关系,在此基础上对功能组团内部的房间再进行分类整理研究,这种分析方法称为组、类分析法。详见图4.43。

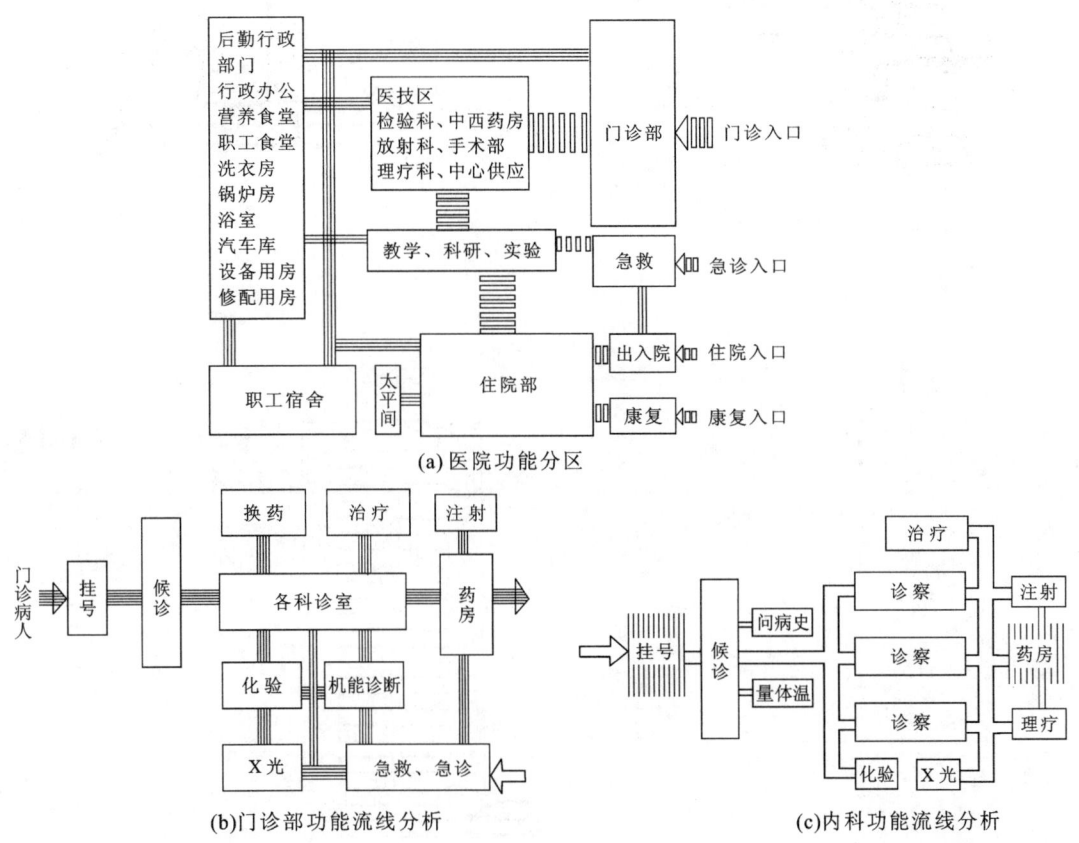

图 4.43　医院功能分析(组、类分析法)

4.4.1.2　竖向功能分析

大多数建筑物不是按一层建造的,因此许多建筑在进行平面功能分析之前,应当先着手进行竖向功能分析,即按各层要求进行合理的分区。例如在图书馆建筑设计中,先要思考哪些读者空间应放在一层,哪些读者空间应放在二层或三层,书库是否要在每层设置等,即确定层级关系中的楼层优先权。只有先把众多的项目内容合理分成几个平面层次,才能进一步对各层面进行各自的平面功能分析。

竖向功能分析在一些商业综合体中经常应用,由于这类建筑容纳了若干不同功能的使用项目,且相互之间具有独立性,又由于综合楼一般为多层建筑或高层建筑,因此,这种类型的建筑功能分析往往采用竖向功能分析(更具有优先权),即按各使用项目的要求,在竖向上先进行合理的分层布局。通常把对公众开放的项目(如商场、饮食、娱乐等)放置在下面几层,而把写字间、住宅部分布置在上面几层,这样在功能使用上可以各得其所,互不干扰。如图4.44所示。

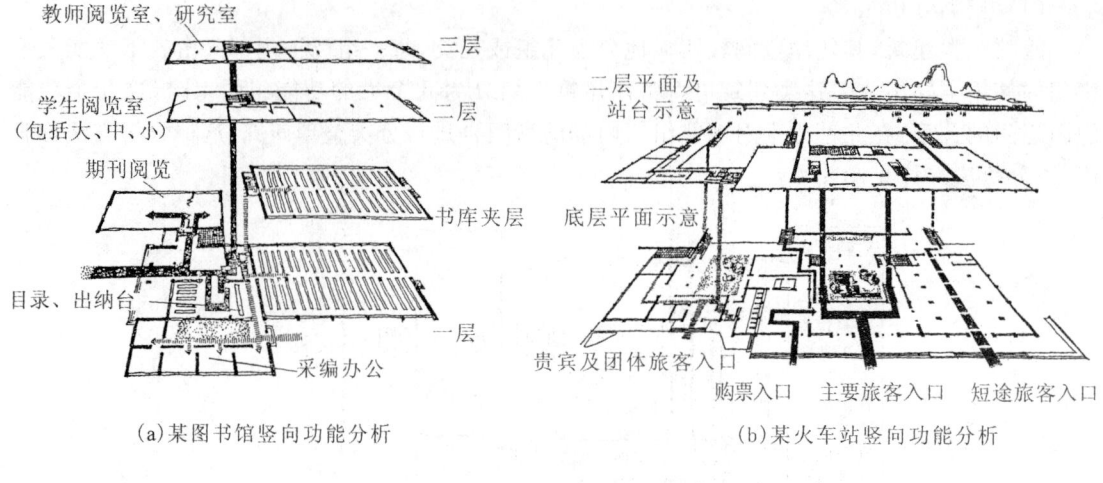

(a) 某图书馆竖向功能分析　　(b) 某火车站竖向功能分析

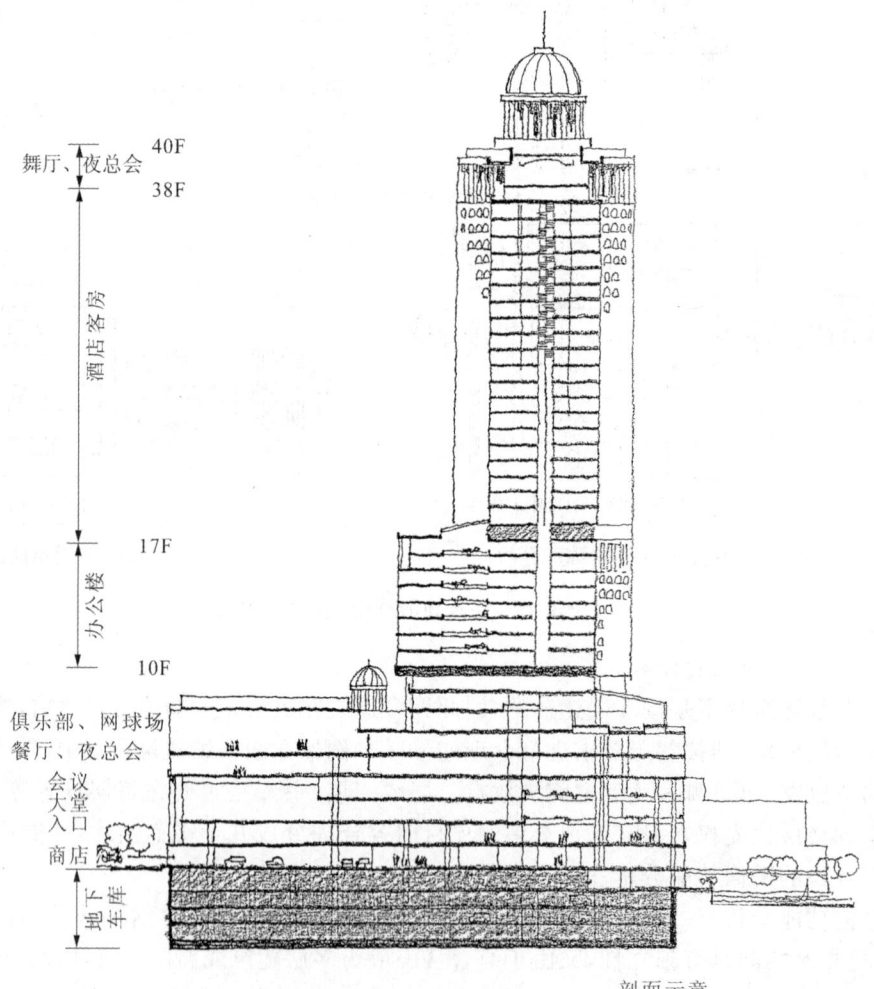

(c) 某高层综合体竖向功能分区

图 4.44　竖向功能分析举例

4.4.2 建筑空间平面组合设计

4.4.2.1 建筑空间平面组合方式

建筑空间平面组合方式的实质是解决采用何种交通联系手段将建筑内部各使用空间联系成一个整体的问题。

(1) 走道式组合

走道式组合主要是通过"水平交通空间——走道"来联系各个房间。其最大的特点是使用空间与交通联系空间明确分开，这样就可以保证各使用房间的安静和不受干扰。当一幢建筑包含的使用空间具有数量多、房间相似和重复的特点时，就可以采用这种组合方式，如宿舍、办公楼、学校教学楼、医院等建筑。

走道式组合可分为内廊式、外廊式(包括单外廊式和双外廊式)、连廊式组合三种。

内廊式是沿走道两边均安排使用房间。这种组合方式的优点是走道使用率高、交通面积省，保温节能好，比较经济；其缺点是部分房间的朝向差，通风、采光条件相对也较差。内廊式组合比较适合用于北方建筑。

单外廊式是沿走道一侧安排使用房间。这种组合方式的优点是大部分房间可以取得好的朝向，房间的采光通风条件也较好。其缺点是走廊使用率低、交通面积所占比例大、建筑热稳定性差，不利于保温节能，经济性差。在北方地区，外廊常布置在建筑北向，以留出南向采光；在南方低纬度地区，外廊常出现在南向，以利于遮阳与通风；若单外廊出现在东西向建筑中，则外廊常布置在西向，主要是为了避免西晒。

双外廊式是沿房间两侧均设置外走廊，这种方式常出现在南方低纬度地区，在这些地区通风、隔热、遮阳，是建筑设计主要考虑的因素之一。

连廊式是利用连廊将几个分散的建筑体块连接起来，形成一个整体的建筑。

走道式组合见图 4.45。

(2) 单元式组合

单元式组合是以"垂直交通空间——楼梯"来组织联系各个使用房间，形成基本单元，再由相同或相似的基本单元拼接或累加形成一幢建筑，各个单元之间既可以联系，也可以完全隔离。这种组合方式的最大特点是空间集中、紧凑，易于保持安静和不受干扰，因而最适用于住宅建筑，在幼儿园、公寓式办公建筑中也经常使用。单元式组合见图 4.46。

(3) 广厅式组合

广厅式组合是通过"交通枢纽空间——广厅"形成空间的核心来联系各个房间。这种组合方式的特点是广厅成为大量人流的集散中心，通过它既可以把人流分散到各主要使用空间，又可以把各主要使用空间的人流汇集到这个中心，从而使广厅成为整个建筑的交通联系中枢。一幢建筑视其规模大小可以有一个或几个中枢。这种组合方式适用于有大量人流集散的公共建筑，如博物馆、火车站、图书馆、航空站等。广厅式组合见图 4.47。

(4) 穿套式组合

在建筑中需要先穿过一个使用空间才能进入另一个使用空间的现象称为穿套。穿套式组合把各个使用空间直接衔接在一起而形成整体，从而省略掉专供联系用的交通空间。

穿套式组合可以分为以下三种形式：

① 串联式组合

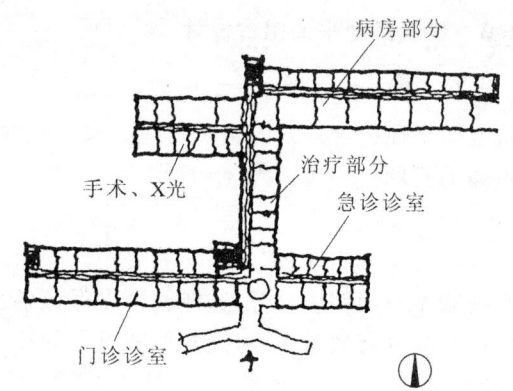

图示为某医院建筑，部分房间沿走道两侧布置；部分房间沿走道一侧布置。就整个建筑来讲，综合地运用内廊和外廊两种布局形式，就可以使房间避免西晒。

（a）走道式组合分析简图　　　　（b）某医院建筑平面组合

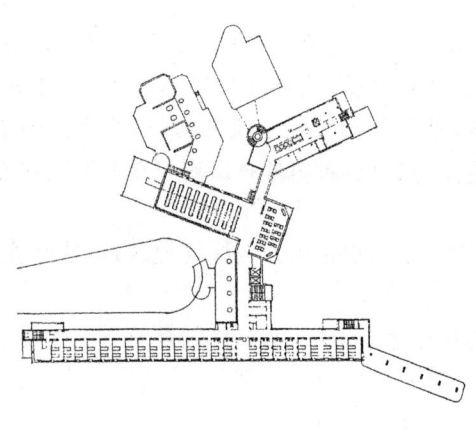

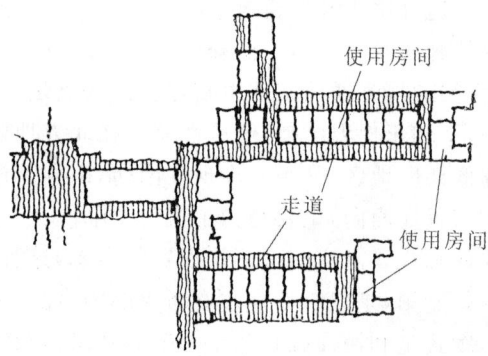

图示为某亚热带地区建筑，沿使用房间两侧设走道，既可以有方便的联系，又可借走道以防止辐射影响室内气温变化。

（c）帕米欧疗养院　　　　（d）某亚热带地区建筑平面组合

图 4.45　走道式组合

各使用空间按一定的顺序一个接着一个互相串通，首尾相连，从而连接成整体（在一般情况下构成一个循环）。这种空间组合形式的各个使用空间直接相通，不仅关系紧密，并且具有明确的先后继承性和连续性，较适用于陈列馆一类的建筑。但是这种空间组合也存在一定的缺陷，如：活动路线不够灵活，当参观人数过多时易发生拥挤，无法解决人流行进中中断参观休息的问题。为此采用了将广厅与串联各厅相结合的组合方式，又称为串联放射式，这样使得参观人员在参观完一个展厅后，既可以连续参观，也可以返回广厅休息，增加了参观的灵活性。串联式组合见图 4.48。

②自由式组合

不同空间由许多不完全界面分隔开来，由于界面不完整，各种空间互相穿插、贯通，相互渗透，因而也失去了各自的独立性。这种空间形式是西方近现代建筑的产物，以密斯·凡德罗所设计的巴塞罗那展览馆最为著名，这种空间组合方式适用于近代博览会建筑、庭院建筑等。自由式组合见图 4.49。

解析 4　建筑平面设计

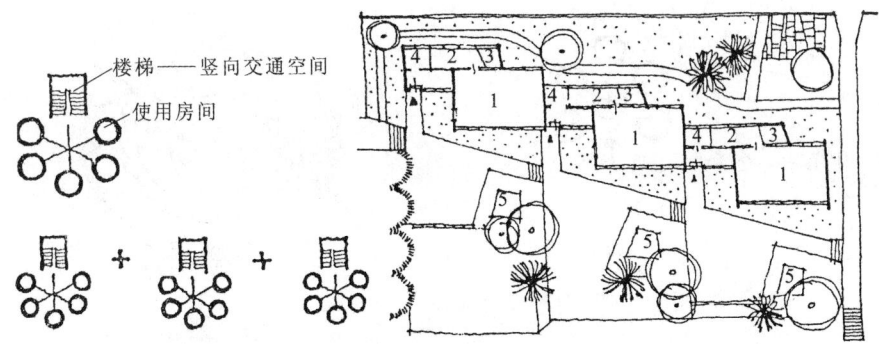

(a) 单元式组合分析简图　　(b) 瑞士巴塞乐幼儿园平面组合

1—活动室；2—收容室；3—浴厕；4—储藏间；5—活动园地

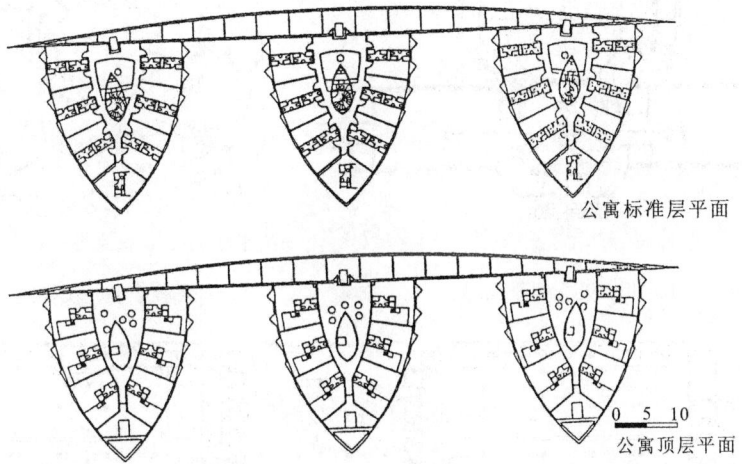

公寓标准层平面

公寓顶层平面

(c) 巴黎某大学公寓平面组合（阿尔瓦·阿尔托）

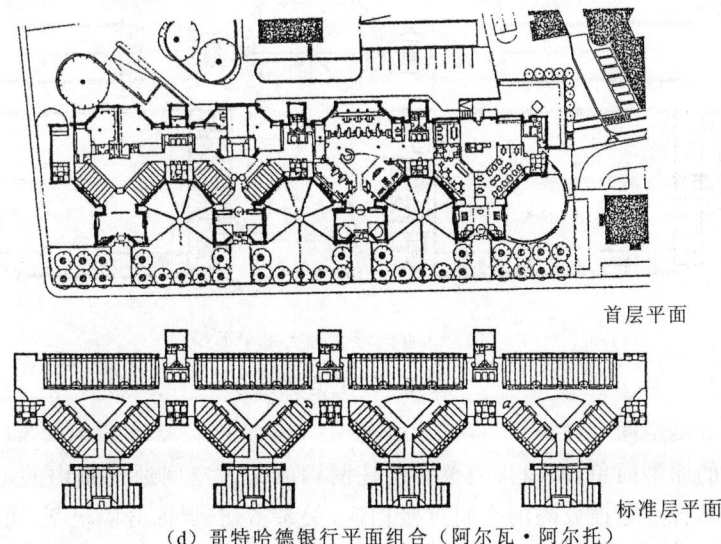

首层平面

标准层平面

(d) 哥特哈德银行平面组合（阿尔瓦·阿尔托）

图 4.46　单元式组合

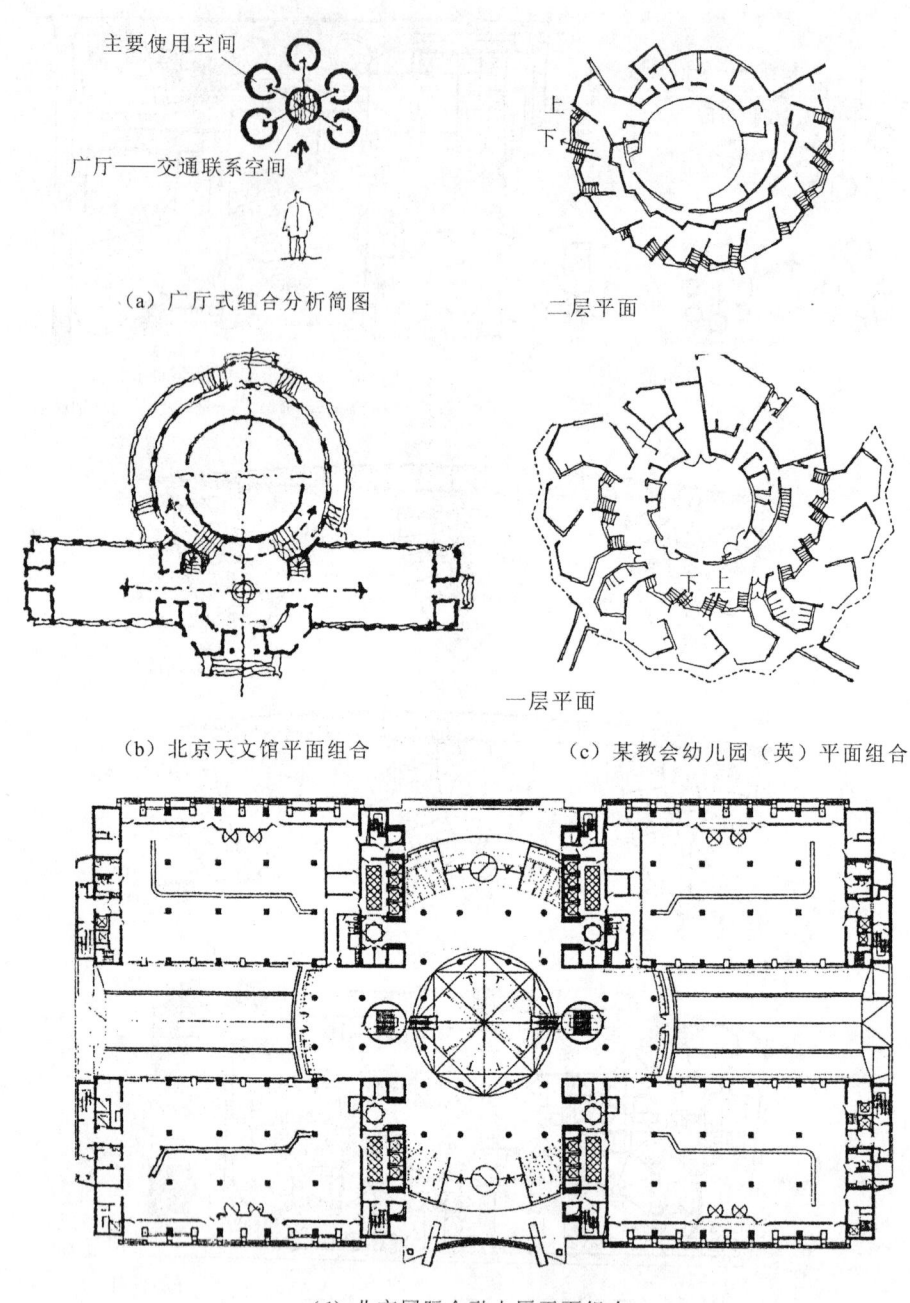

图 4.47 广厅式组合

③沿柱网分割空间

这种空间的原型简单,即由排列整齐的柱网构成的大空间通过室内的二次分隔限定后形成若干部分。其特点是被分隔的空间直接相连,关系密切、界面分隔灵活,可以是墙体,也可以是家具,有利于组织交通。这种空间组合方式适用于商场、超市、西式厨房、工业车间等建筑。沿柱网分割空间见图 4.50。

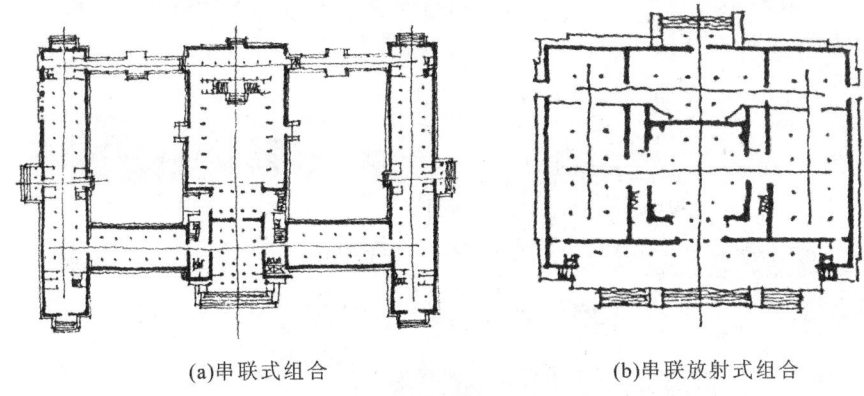

(a)串联式组合　　　　　　　　(b)串联放射式组合

图 4.48　串联式组合

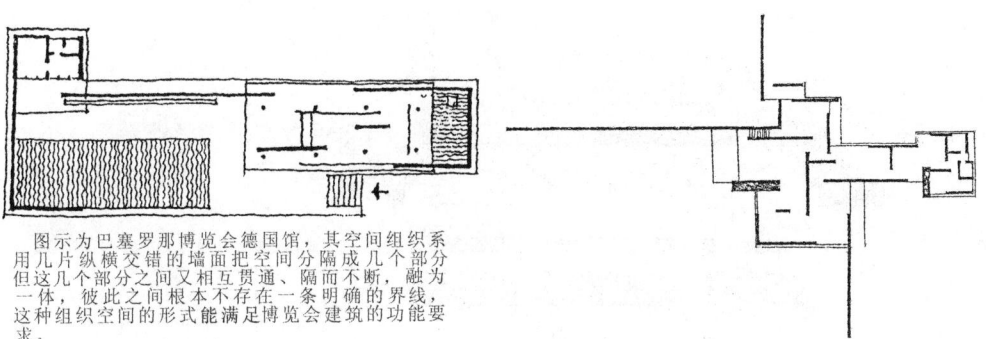

(a)巴塞罗那展览馆平面　　　　(b)布里克的乡村住宅方案(密斯·凡德罗,1923年)

图 4.49　自由式组合

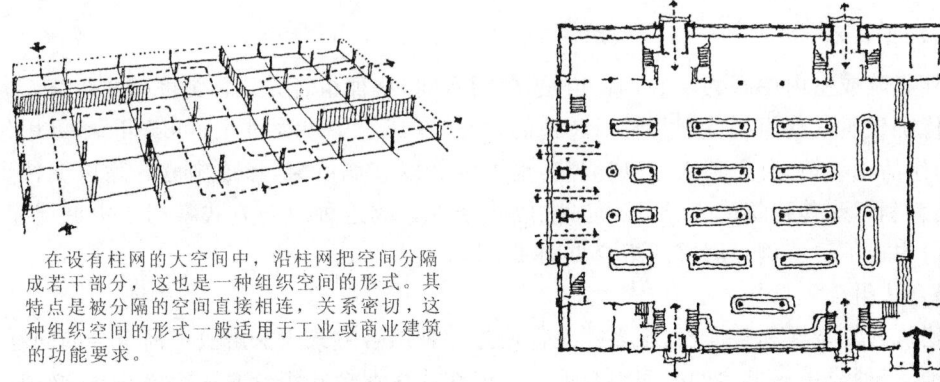

(a)沿柱网分割空间示意　　　　(b)某商场平面组织

图 4.50　沿柱网分割空间

(5)主体环绕式组合

影剧院和各类体育场馆建筑虽然由很多个空间组成,但其中有一个空间——观众厅或比赛厅不仅是建筑物的主要功能所在,而且体量十分庞大,从而形成建筑物的主体与核心,其他各部分空间都环绕着这个中心来布置,这就形成了主体环绕式组合形式。其特点是主体空间十分突出,主从关系非常明确,另外,由于辅助空间直接依附于主体空间,因而与主体空间的关系极为紧密。一般影剧院建筑、体育馆建筑、宗教建筑宜采用这种空间组合方式,火车站、航空站、大型菜市场等也可以使用。主体环绕式组合见图4.51。

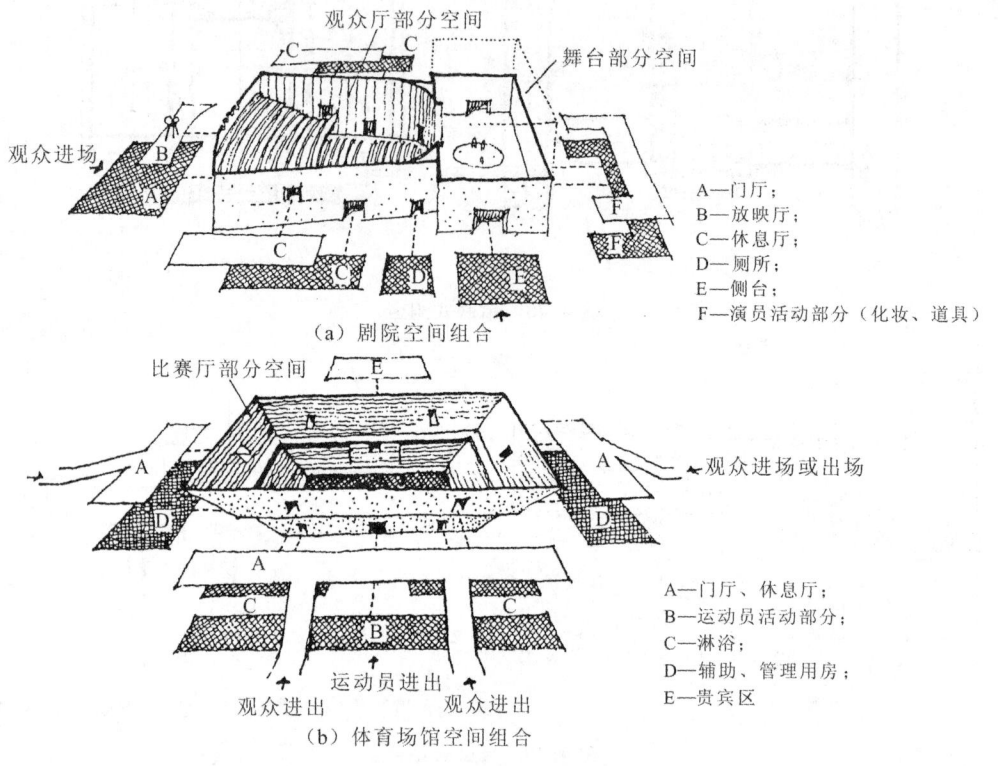

图 4.51 主体环绕式组合

(6)庭院式组合

以室外庭院或室内中庭为中心,周边布置使用空间,这种组合方式称为庭院式组合。它吸收了中国传统建筑庭院组织空间与轴线转换的特点,在建筑中可大可小;可多可少;可用作绿化,也可用作活动场地;可无顶盖,形成庭院,也可以装以玻璃网架,形成中庭。除以上特点之外,庭院还有利于改善建筑采光、通风、防寒、隔热条件。故这种组合方式常用于中低层建筑,在高层建筑中也不乏特例。庭院式组合见图4.52。

(7)混合式组合

由于建筑的复杂性和多样性,很多建筑仅通过一种组合方式无法解决平面组合的问题,因而采用两种、三种或更多类型的空间组合形式。但在使用混合式组合时一定要注意,必须突出某一种空间组合类型,以防止空间组合混杂,不分主次,影响建筑的空间艺术性。混合式组合见图4.53。

4.4.2.2 建筑空间平面组合的形式

建筑空间平面组合实质上是不同空间的排列和组合,每种排列和组合最终都表现为一具体的构图形式。我们就从构图形式的角度出发,将建筑空间平面组合归纳为以下几种基本形式。

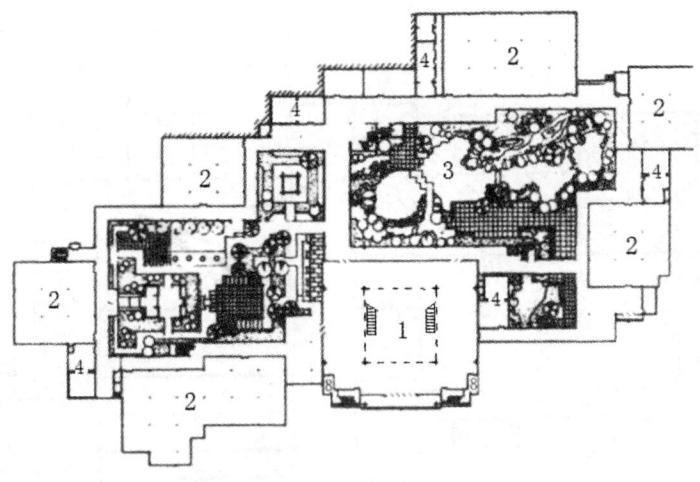

(a)昆明世界园艺博览会中国馆
1—主展厅；2—展厅；3—庭院；4—库房

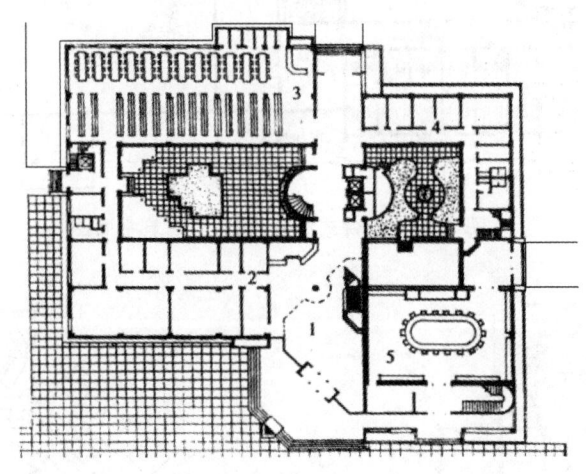

(b)某图书馆首层平面图
1—门厅；2—办公室；3—阅览室；4—研究室；5—会议厅

图 4.52　庭院式组合

(1)集中式组合

集中式组合是一种稳定的向心构图，它由一定数量的次要空间围绕一个大的占主导地位的中心空间构成。中心空间一般是规则的形式，在尺寸上要大到足以将次要空间集结在周围。周边的次要空间的功能和尺寸可以完全相同，形成规则的、两轴或多轴对称的总体造型，也可以互不相同，以适应各自的功能要求。次要空间的差异使集中式组合可根据场地的不同条件调整它的形状。由于集中式组合本身没有方向性，因此应将引道和入口的位置按场地特点设于次要空间，并予以明确表达。这种组合方式在西方古典教堂建筑中经常采用，适用于现代体育馆、影剧院、大型仓库等建筑。集中式组合见图 4.54。

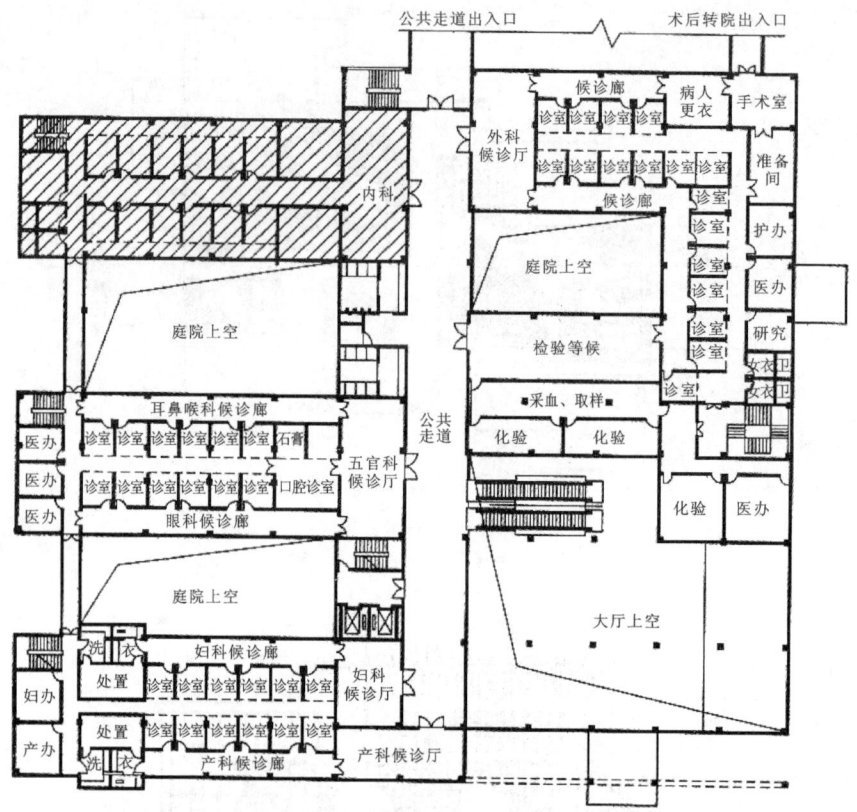

图 4.53 混合式组合(某医院建筑平面图)

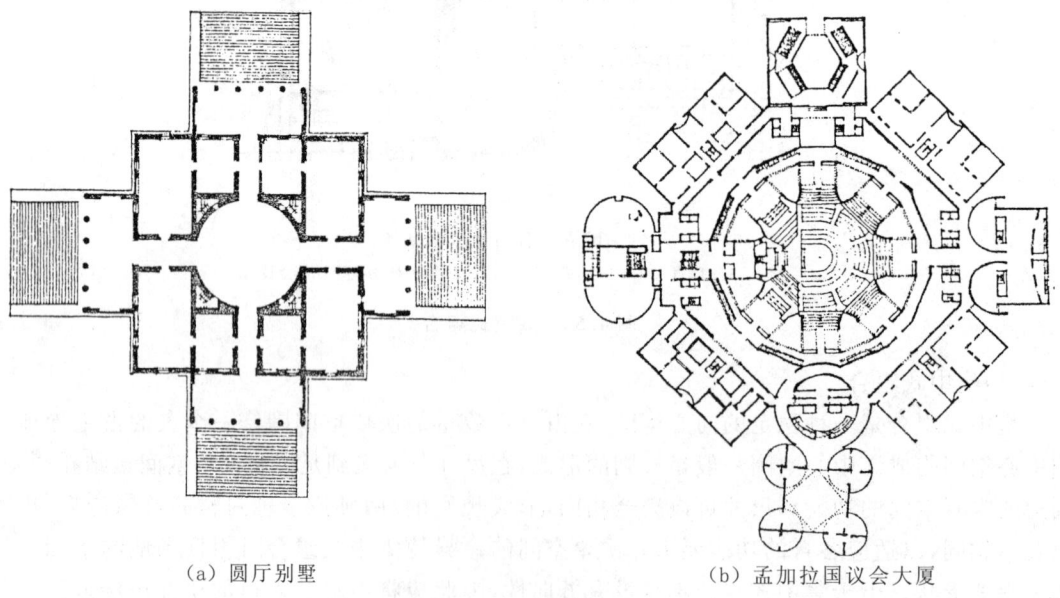

(a) 圆厅别墅　　　　　　　　(b) 孟加拉国议会大厦

图 4.54 集中式组合实例

(2) 线式组合

线式空间组合通常由尺寸、形式和功能都相同的小空间沿长度方向重复出现而构成,也可将一连串形式、尺寸或功能不同的空间由一个线式空间沿轴向组合起来。

线式空间组合的特征如下:

①"长" 它表达了一种方向性,具有运动、延伸、增长的意味。为使延伸感得到限制,线式组合可终止于一个主导的空间或形式,或者终止于一个特别设计的清楚标明的入口,也可与其他的建筑形式或者场地、地形融为一体。

②具有可变性 它既能采用直线式、折线式,也能采用弧线式,更容易适应场地的各种条件;可根据地形的变化而调整,或环绕一片水域、一丛树林,或改变其空间朝向以获得阳光和视野;可水平横穿场地,也可沿斜坡而上,还可如塔一般垂直矗立。线式组合见图 4.55。

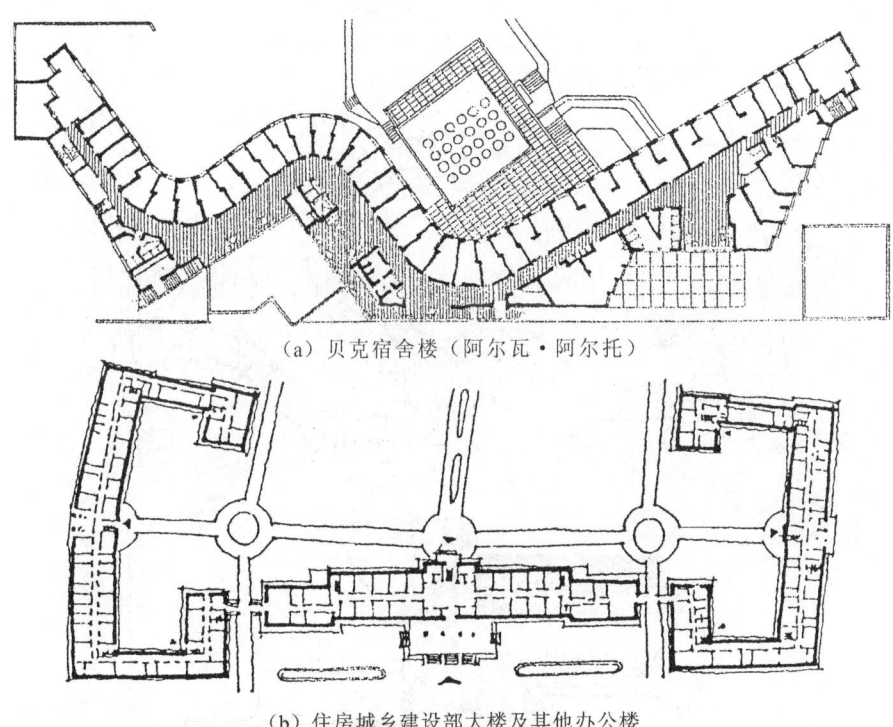

(a) 贝克宿舍楼(阿尔瓦·阿尔托)

(b) 住房城乡建设部大楼及其他办公楼

图 4.55 线式组合实例

(3) 辐射式组合

辐射式组合由一个主导的中央空间和一些向外辐射扩展的线式组合空间所构成。在辐射式空间组合中,集中式组合和线式组合的要素兼而有之。集中式组合是一个内向的图案,趋向于向中心空间聚焦,而辐射式组合则是一个外向的图案,它向组合的周围扩展。通过线式臂膀,辐射式组合向外伸展,并且与场地的特征要素或场地特点交织起来。

辐射式组合的中心空间一般是规则形式,向外辐射的线式臂膀可以在形式、长度方面相同,也可以互不相同,以适应功能和环境的需要。这种空间组合方式常用于大型监狱、大型办公群体、山地旅馆等建筑。

风车式图案是辐射式组合的一个特殊变体,它的线式臂膀沿着正方形或规则的中央空间的各边向外延伸,形成一个富有动势的图案,在视觉上产生一种围绕中央空间旋转运动的联想。辐射式组合见图 4.56。

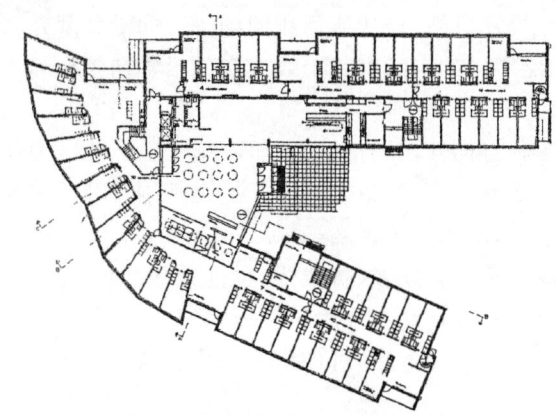

(a) 奥坦尼米学生旅馆（阿尔瓦·阿尔托）

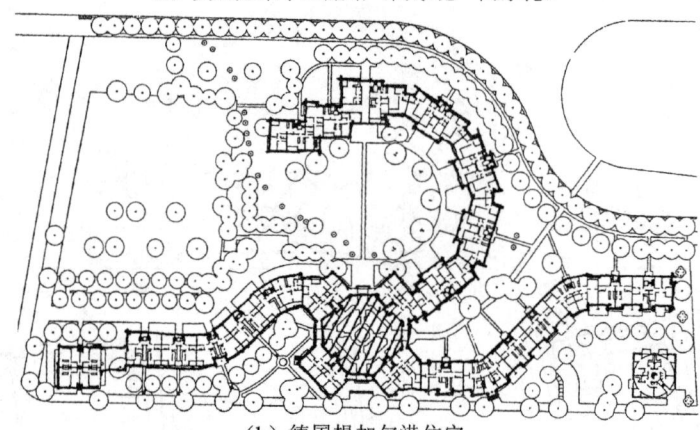

(b) 德国提加尔港住宅

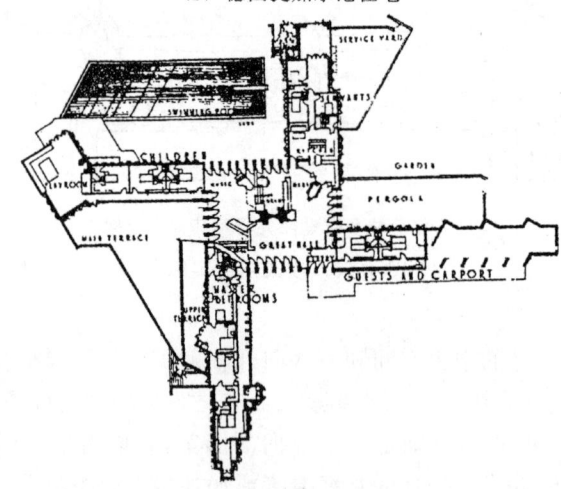

(c) 国外某别墅平面

图 4.56 辐射式组合实例

(4)组团式组合

组团式组合通常由形式相近或具有共同视觉特征的几何空间重复出现而积聚形成。集中式组合有一个很有力的几何基础，可以把它的形式有秩序地组合起来，而组团式组合则根据尺寸、形状或相似性等功能方面的要求去聚集它的形式,因而缺乏集中式的内向性和几何规则性,它的组合灵活可变,可以适应多种形状、尺寸和方位的形体的结合,因而在实际设计中应用得十分广泛。组团式组合形式主要有以下几种:

①它们可以像附属体一样依附于一个大的母体或空间。

②它们可以只利用相似性互相联系,使它们的体积表现出各自个性的实体。

③它们的体积可以彼此贯穿,并且组合成一个单独的、具有多种面貌的形式。

④它们还可以由尺寸、形状和功能大致相等的形式组合而成。

组团式组合见图4.57。

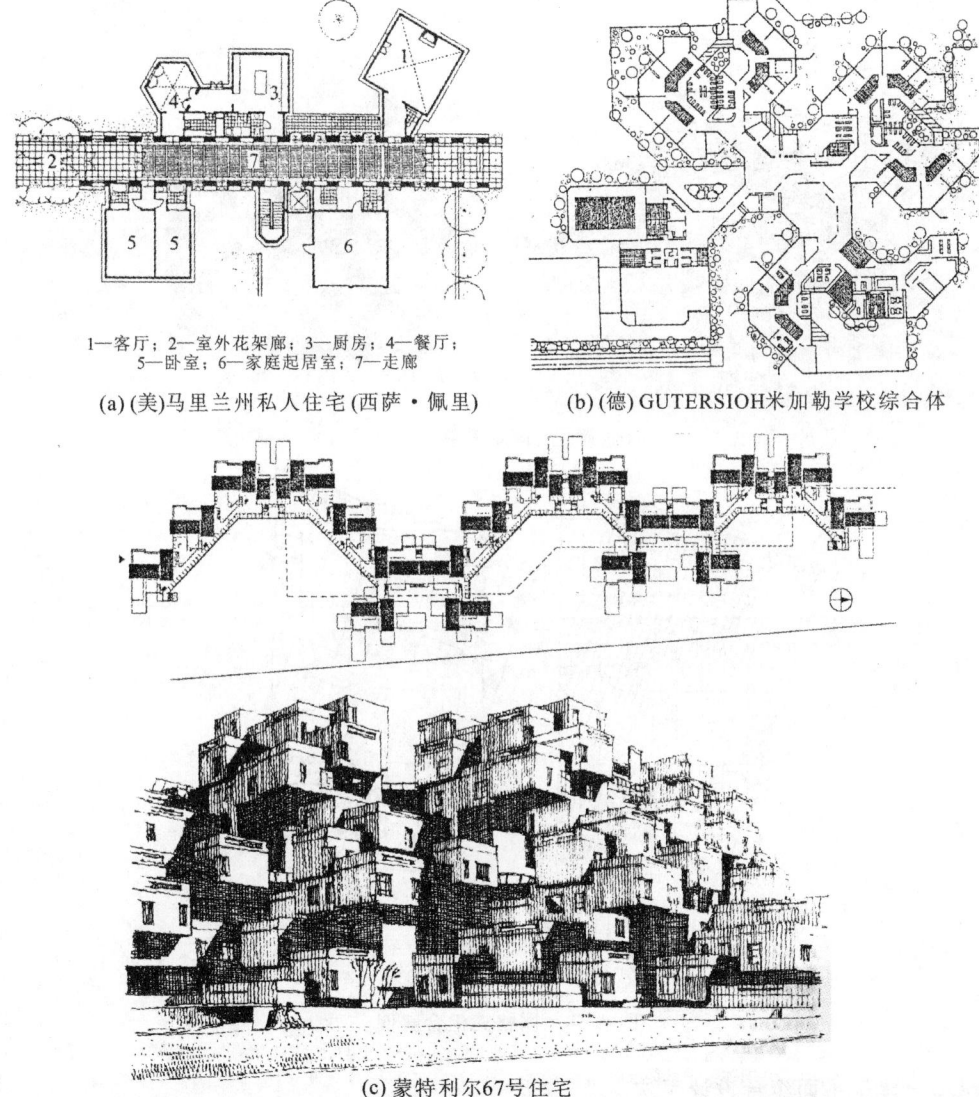

1—客厅;2—室外花架廊;3—厨房;4—餐厅;
5—卧室;6—家庭起居室;7—走廊

(a)(美)马里兰州私人住宅(西萨·佩里)　　(b)(德)GUTERSIOH米加勒学校综合体

(c)蒙特利尔67号住宅

图4.57　组团式组合实例

(5)网格式组合

将一个三维的空间网格作为空间的模数单元来进行空间组合的方式称为网格式组合。网格式组合中各个空间的位置和相互关系受网格的规范和制约,进而形成其本身的规则性。

①网格的形成　一般情况下两组平行线垂直相交,就建立起一个规则的网格图案,网格在平面上升起一定高度,转化为一系列重复的空间模数单元。

②网格式组合的特点　网格形成模数和基本几何单元,可使建筑取得统一的协调感和秩序感,重复的模数空间单元可以进行削减、增加或层叠而依然保持网格的同一性,具有组合空间的灵活性,使其适应场地的环境特征。网格还可以进行其他变形,如网格中局部的中断、位移、扭转、突变都会使场地中的建筑视觉形象发生变化,只要主从关系明确,都不会影响建筑的整体性和统一性。

网格式组合见图 4.58。

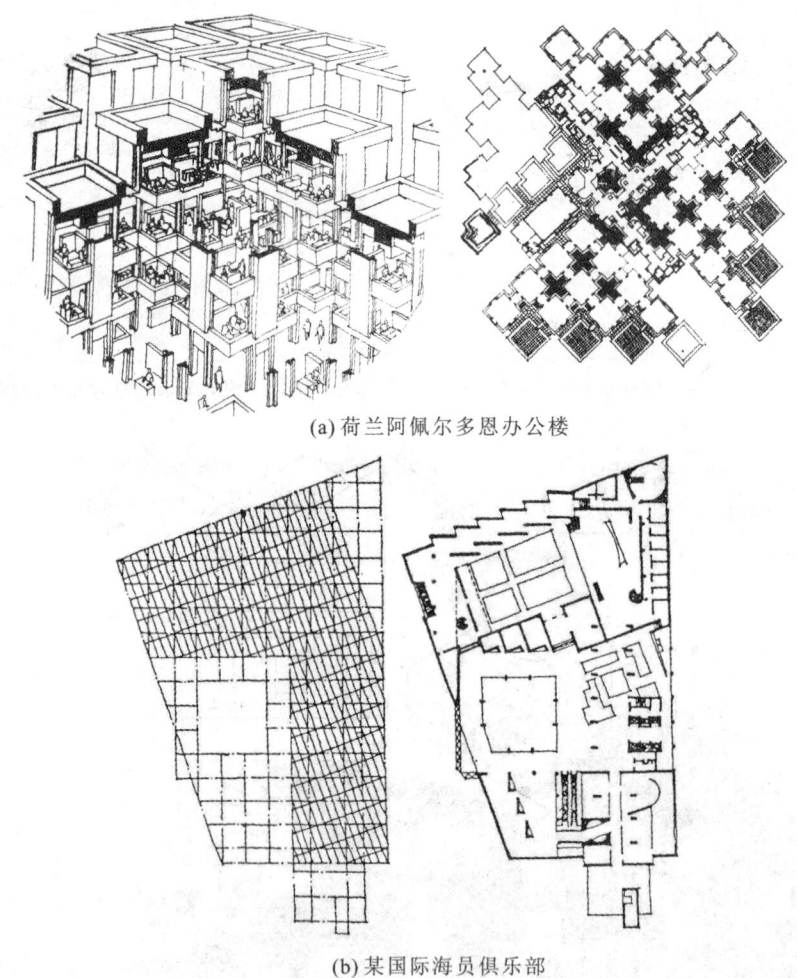

(a) 荷兰阿佩尔多恩办公楼

(b) 某国际海员俱乐部

图 4.58　网格式组合实例

4.4.3　建筑平面组合设计手法

建筑平面组合设计是一项综合性的工作,在空间处理上不能拘泥于个别房间的完整性,应侧重空间整体的和谐统一。在实际工程设计中应在以下几个方面采用一定的建筑设计手法以处理好空间之间的关系。

4.4.3.1 空间的衔接与过渡

从空间的位置关系上看,空间之间的关系主要有四种,分别为邻接连接、过渡连接、相互穿插和大小包含,详见图4.59。在各种关系处理中,过渡空间的处理尤为重要。

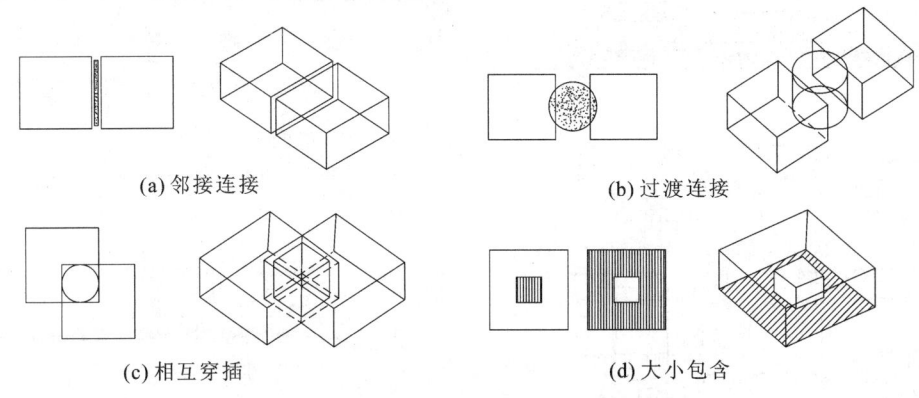

(a) 邻接连接　　　　　　　　　　(b) 过渡连接

(c) 相互穿插　　　　　　　　　　(d) 大小包含

图 4.59　空间之间的关系

过渡空间是指在两个空间之间加入第三个空间来联系和连接的方法,常常出现在建筑室内外交界处,或两个大型空间之间以及建筑形体转折处。

首先,建筑室内外空间之间存在着一个衔接与过渡的处理问题。当人们从外界进入建筑物的内部空间时,为了不致产生突兀的感觉,有必要在内、外空间之间插进一个过渡性的空间——门廊,从而通过它很自然地把人由室外引入室内。国外某些建筑,采取底层透空的处理手法,犹如把敞开的底层空间当作门廊来使用,也可以起到内、外空间过渡的作用。其次,在两个大空间之间可以插进一个过渡性的空间,无论是从空间感受上还是从结构方面,在两个大空间之间适当地保留一定的间隙,给出适当的转换和交接的空间是十分恰当的。从空间感受上讲,空间高低起伏,富有变化;从结构方面讲,结构体系段落分明,经济安全。另外,某些建筑由于地形条件的限制,必须有一个斜向的转折,若处理不当,其内部空间的衔接可能会显得生硬和不自然。这时,如果能够巧妙地插进一个过渡性的小空间,可以避免生硬,并顺畅地把人流由一个空间方向引导至另一个空间方向。

空间的衔接与过渡见图4.60。

4.4.3.2 空间的对比与变化

两个毗邻的空间,如果在某一方面呈现出明显的差异,凭借这种差异性的对比作用可以反衬出各自的特点,从而使人们从这一空间进入另一空间时产生情绪上的突变和快感。空间的差异性和对比作用通常表现在以下五个方面:

(1) 尺度的对比

毗邻的两个空间,若空间体量悬殊,当从小而矮进入大而高的空间时,由于前后两者之间明显的体量对比,会使人的精神为之一振。我国古典园林建筑所采用的"欲扬先抑"手法,实际上就是借助空间大小的强烈对比作用从而获得小中见大的效果。其实,这种手法并不限于我国古典园林建筑,古今中外各种类型的建筑,每每都以借空间大小的对比作用来突出主体空间。其中,最常见的形式是在通往主体大空间的前部,有意识地安排一个极小或极低的空间,通过这种空间时,人们的视野被极度地压缩,一旦走进高大的主体空间,视野突然开阔,从而引起心理上的突变和情绪上的激动和振奋。

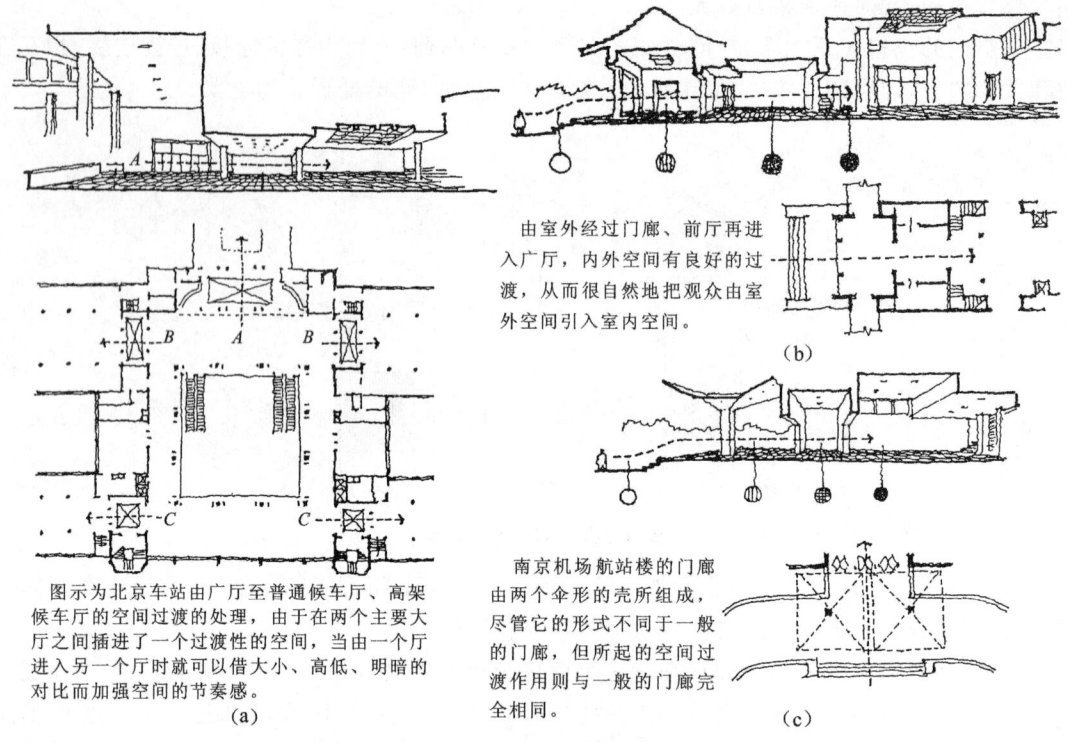

图 4.60 空间的衔接与过渡

(2)开敞与封闭的对比

对空间而言,开敞与封闭指的就是空间界面的虚实关系。封闭空间是指界面以实为主,开小窗或不开窗户的空间;开敞空间是指界面以虚为主,以大面积玻璃围合的空间。前一种空间室内光线较暗淡,与外界较隔绝;后一种空间较明朗,与外界较密切。很明显,当人们从前一种空间走进后一种空间时,必然会因为强烈的对比而顿时感到豁然开朗。

(3)形状的对比

不同形状的空间之间也会形成对比作用,当人们从一个方形空间进入一个圆形空间后,不同形状之间的对比会使人感到建筑平面灵活多变、富有生气。不过较前两种形式的对比,形状的对比对人们心理上的影响要小一些,但通过这种对比至少可以达到求得变化和破除单调的目的。但是,空间的形状往往与功能有密切的联系,为此,必须利用功能的特点,并在功能允许的条件下适当地变换空间的形状,从而借相互之间的对比作用以求得变化。

(4)方向的对比

一些建筑空间出于功能和结构因素的制约,多呈矩形平面的长方体,若把这些长方体空间纵、横交替地组合在一起,常可借其方向的改变而产生对比作用,利用这种对比作用也有助于破除单调而求得变化。

(5)色彩的对比

色彩的对比包括色相、明度、彩度以及色彩冷暖的对比。与前几种手法相比较,色彩对比是最经济的方法。两个空间之间,强烈的色彩对比可以使人快速感受到空间的个性和差异,易于产生活泼欢快的效果,色彩间微弱的对比可以使人感到空间的和谐统一,有利于产生柔和的效果。

空间的对比与变化见图 4.61。

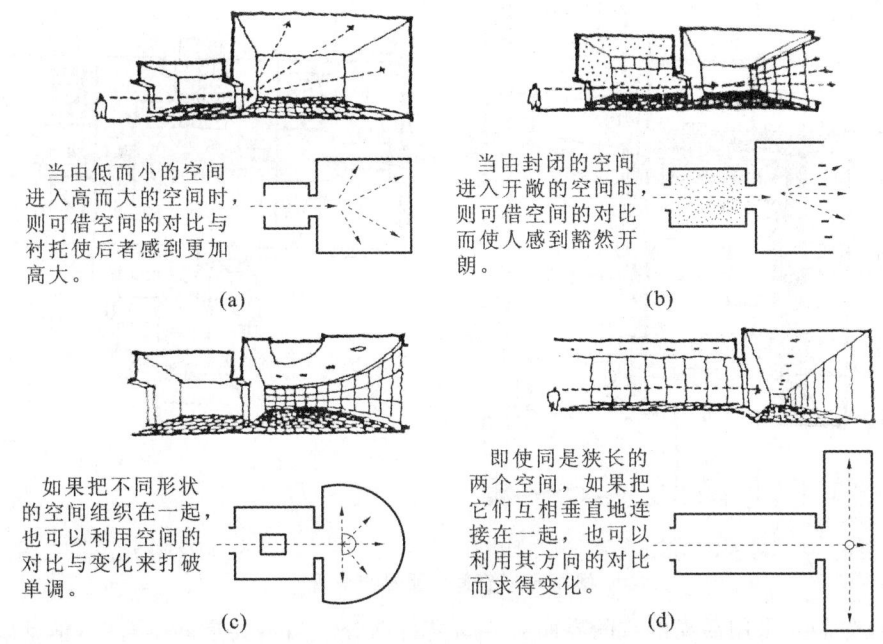

图 4.61 空间的对比与变化
(a)尺度的对比；(b)开敞与封闭的对比；(c)形状的对比；(d)方向的对比

4.4.3.3 空间的重复与再现

在有机统一的整体中，对比固然可以打破单调以求得变化，作为它的对立面，重复与再现则可形成协调而求得统一，因而这两者都是不可缺少的因素。在建筑空间组合中，只有把对比与重复这两种手法结合在一起并使之相辅相成，才能获得好的效果。

就重复与再现而言，二者的意义是不尽相同的。所谓重复，是指同一种空间连续出现，在建筑中有同位重复、错位重复等形式。所谓空间的再现，是指相同的空间有规律地出现在同一建筑的不同部位，人们只有在连续行进的过程中通过回忆才能感受到某一空间形式的重复出现。空间的重复与再现见图 4.62。

4.4.3.4 空间的分隔与渗透

(1)空间的分隔

空间由界面围合形成，从另一个角度而言，空间又被界面分隔开来，两个空间之间的分隔方式主要有以下四种：

①绝对分隔　指用一个完整的、不透明的实体界面将两个空间分隔开来。这种分隔中两个空间之间不存在任何交流，更谈不上空间的渗透，但是这种分隔方式易于形成私密性较好的空间。

②局部分隔　指用不完全界面将两个空间分隔开来。这里讲的不完全界面，既可以是不到顶的隔断、屏风，也可以是高大的家具。界面的高低对人的视线形成不同程度的遮挡，也使空间之间产生不同程度的渗透。

③象征性分隔　指采用不完整的、透明的(可以穿透视线的)界面对空间进行分隔，或者空间之间通过界面的抬高或下沉等方式，依靠人的视觉完形功能完成对空间的心理界定。这种空间的划分隔而不断，流动性强、意境深邃，空间之间渗透性较强，空间层次丰富。

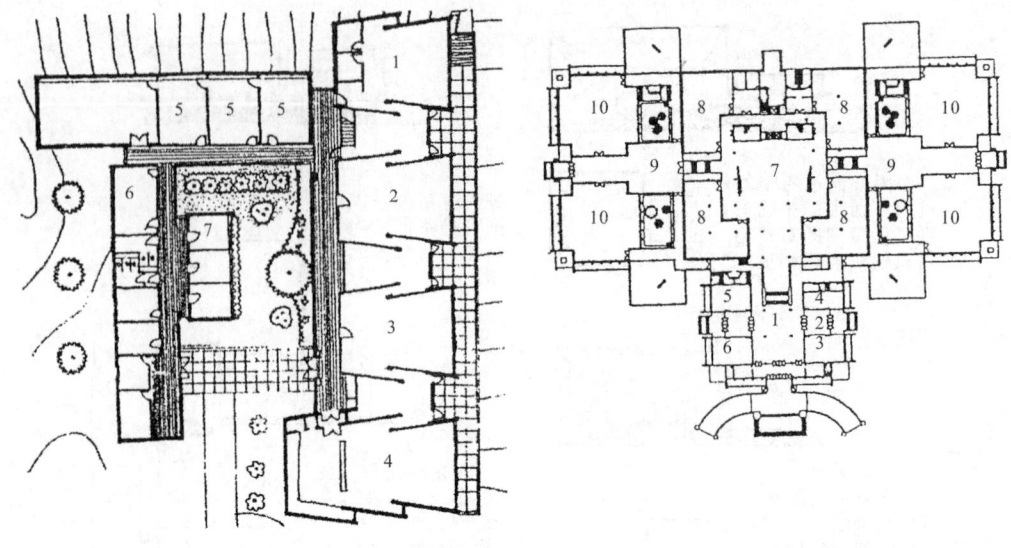

(a) 美国某勃兰得大学天然采光源画室　　　(b) 河南博物院

图 4.62　空间的重复与再现

④弹性分隔　采用活动的空间界面对空间进行划分。当需要空间融合时,活动隔断可以移开;当需要空间分开时,活动隔断可以启用,使空间相互隔离。

空间的分隔见图 4.63。

(2)空间的渗透

空间的渗透可以分为平面渗透和竖向渗透。局部分隔和象征性分隔容易形成空间的平面渗透;如果在竖向采用了夹层空间或者共享空间,则易于形成竖向渗透。

近年来国外一些公共建筑,在空间的组织和处理方面愈来愈灵活多样且富有变化,它不仅考虑到同一层内若干空间的互相渗透,同时还通过楼梯、夹层的设置和处理,使上、下层乃至许多层空间互相穿插渗透。

在我国当前的一些建筑实践中,也很重视利用空间的渗透来增强层次感。如广州新建的一些旅馆建筑,主要是通过玻璃隔断、门窗、旋转楼梯以及夹层的设置处理等使空间在水平和垂直两个方向都能互相渗透,从而获得丰富的层次变化。

空间的渗透见图 4.64。

4.4.3.5　空间的引导与暗示

在建筑设计中,出于功能的需要,重要的空间不一定处在人们刚进入门厅就能够看到的部位,在设计过程中,也可能有意识地把某些"趣味中心"置于比较隐蔽的地方,从而避免"一览无余"。不论属于哪一种情况,都需要采取措施对人流加以引导和暗示,从而使人们可以循着一定的途径到达预定的位置。但是这种引导和暗示不是路标,而是属于空间处理的范畴,要处理得自然、巧妙、含蓄,能够使人于不经意之中沿着一定的方向或路线从一个空间依次走向另一个空间。空间的引导与暗示作为一种处理手法,依具体条件的不同而千变万化,但归纳起来不外乎有以下几种途径:

(1)利用建筑构图控制线导向(图 4.65)

在建筑空间组合时,为了使组合有序化,使建筑成为有机的整体,常采用若干条控制线来控制全局。这些控制线有很强的方向性,所以可以起导向作用。

(a) 绝对分隔

(b) 象征性分隔　　　　　　(c) 弹性分隔

(d) 局部分隔

图 4.63　空间的分隔

(2) 利用建筑构(部)件导向(图 4.66)

常见的利用建筑构(部)件导向的方式有以下几种：

①设置全部外露或部分外露的台阶、坡道、楼梯。台阶、坡道很容易使人联想到上部空间的存在，所以具有导向性。特别是露明的直跑楼梯、螺旋楼梯、自动扶梯、弧形楼梯，更具向上的诱惑力。

②设置弯曲的墙面。曲面在视觉上具有动感，以弯曲的墙面把人流引向某个确定的方向，并暗示另一空间的存在，这种处理手法是以人的心理特点和人流自然地趋向于曲线形式为依据的。通常所说的"流线型"，就是指某种曲线或曲面的形式，它的特点是阻力小且富有运动

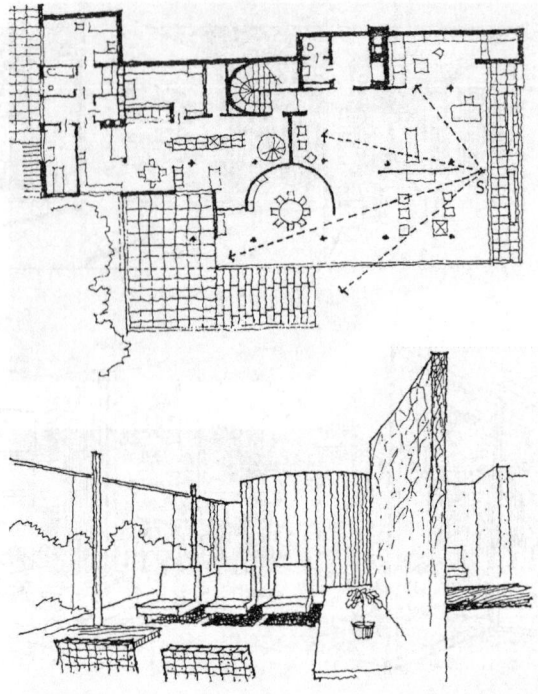

(a) 平面渗透

(b) 竖向渗透

图 4.64 空间的渗透

解析 4　建筑平面设计

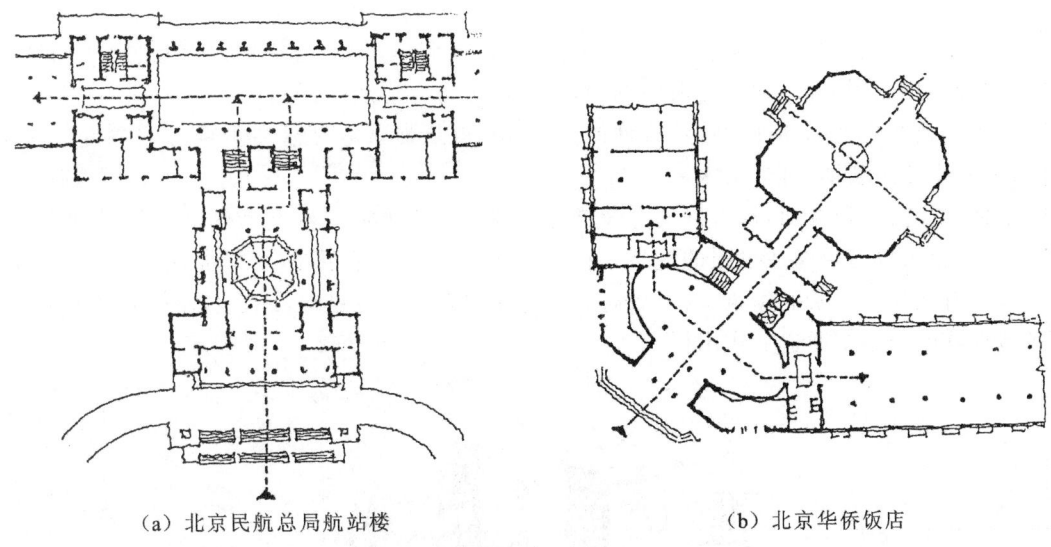

（a）北京民航总局航站楼　　　　　　　（b）北京华侨饭店

图 4.65　利用建筑构图控制线导向

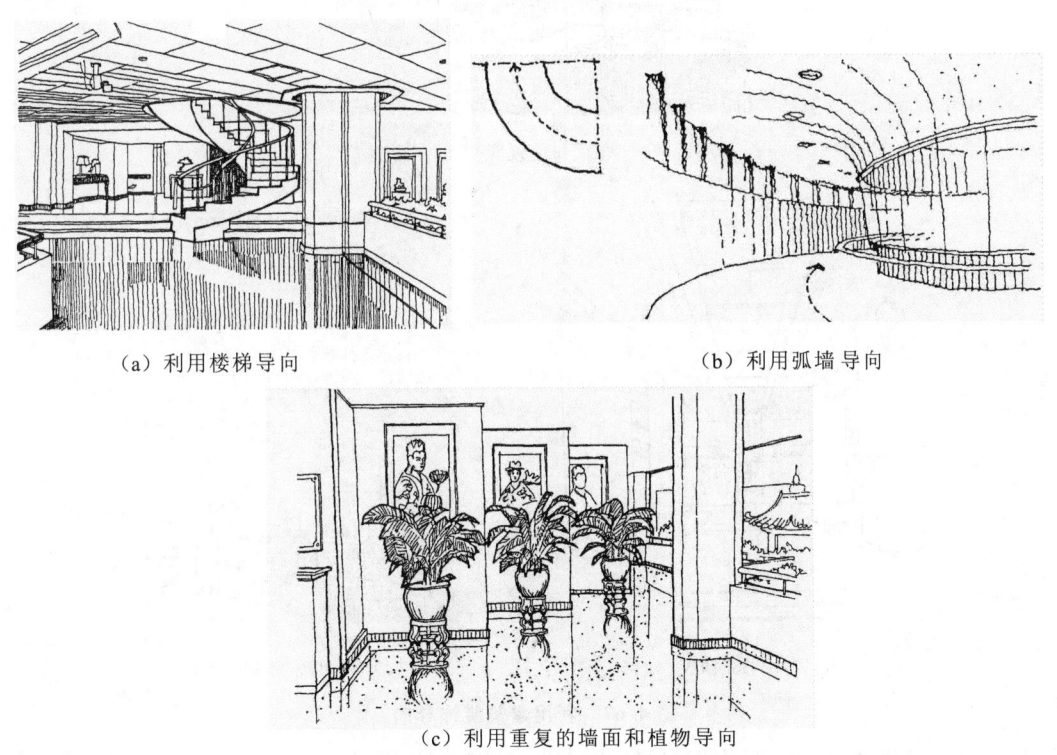

（a）利用楼梯导向　　　　　　　　　（b）利用弧墙导向

（c）利用重复的墙面和植物导向

图 4.66　利用建筑构（部）件导向

感。面对着一条弯曲的墙面，将不由自主地产生一种期待感——希望沿着弯曲的方向而有所发现，将不自觉地顺着弯曲的方向进行探索，于是便被引导至某个确定的目标。

③设置灵活隔断。利用空间的灵活分隔，暗示出另外一些空间的存在，只要不使人感到"山穷水尽"，人们便会抱有某种期望，而在期望的驱使下将可能作出进一步的探求。利用这种心理状态，有意识地使处于这一空间的人预感到另一空间的存在，则可以把人由此空间引导至

彼空间。

④设置门窗或开洞。在两空间的界面上设门窗或洞口,使人直接可以看到另一空间的存在,其引导作用是明显的,即使是关闭的门,也暗示了另一空间的存在。

⑤设置连续排列的物件。连续排列的柱、柱墩,既加强了透视感,也增强了导向性。

(3)利用建筑装饰导向(图 4.67)

墙面、楼地面、顶棚面,都可以通过装饰手法强调行进方向。这些装饰既可以是韵律感很强的图案,也可以是导向性很强的线条。在流线转折、交叉、停顿处,会形成视觉中心,更应重点装饰。有些流线复杂的建筑,为了更有效地将使用者导向各自的目的地,还可分别采用不同颜色或形状的线条在通道上作出标志。

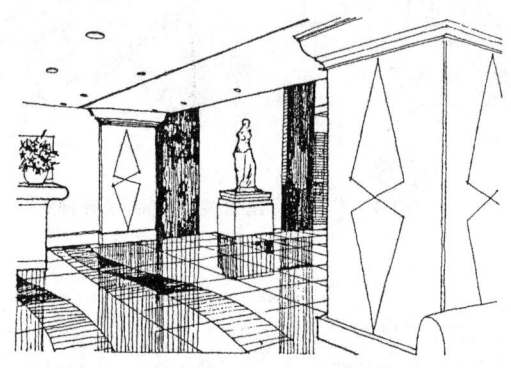

(a)利用视觉中心导向

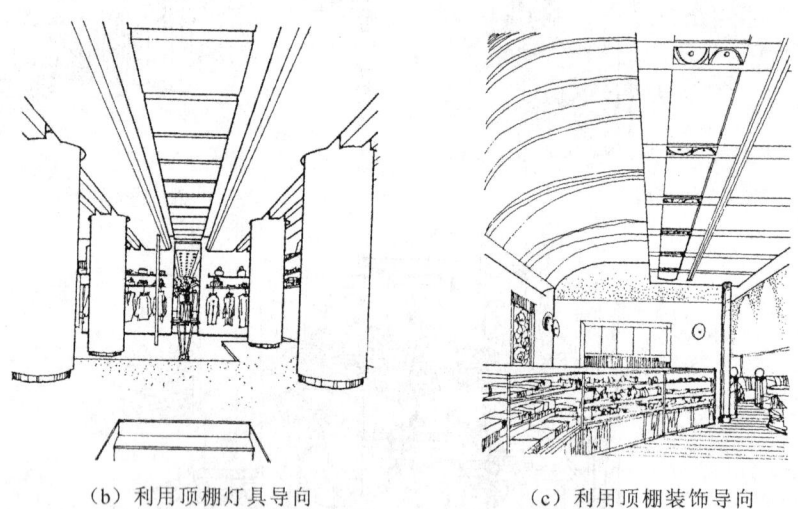

(b)利用顶棚灯具导向　　　　　　(c)利用顶棚装饰导向

图 4.67　利用建筑装饰导向

(4)利用光线或光线的变化作引导

由于在一般情况下人都有避暗趋明的心理,采用天然光线或人工照明来调整空间各部分的照度,也会产生引导的作用。

4.4.3.6　空间序列

空间序列是一种综合性的建筑设计手法,它是以人们从事某种活动的"行为模式"(包括秩序模式、流动模式、分布模式、状态模式)为空间设计的依据,并综合运用空间的衔接与过渡、对比与变化、重复与再现、引导与暗示等一系列空间处理手法,把各个空间组织在一起,成为一个有序而又富于变化的多样统一的空间集合。这种手法常用于纪念性建筑、博览建筑、宗教建筑等建筑中。

(1)空间序列的组成

作为一个空间序列,虽然因使用的性质不同而有所不同,但就其过程而言,一般都具有下面几个阶段:

①起始阶段　这个阶段为序列的开端,它预示着将要展开的内容,与主体部分的心理推测有着习惯性的联系,因此在任何艺术创造中无不予以充分重视。一般来讲,具有足够的吸引力是序幕阶段考虑的核心要素。

②展开阶段　它是前后的承接阶段,既是序列中的过渡部分,又是出现高潮阶段的前奏。在序列中,这一阶段起到承前启后、引人入胜的作用,是序列中重要的环节。特别是在长序列中,过渡阶段可以表现出若干不同层次和细微的变化,由于它紧接着高潮阶段,因此对最终高潮出现前所具有的引导、启示、酝酿、期待作用,应该是该阶段考虑的主要因素。

③高潮阶段　从某种意义上说,其他各个阶段都是为高潮阶段的出现服务的,高潮阶段是全序列的中心。该阶段使人情绪高涨,在环境中产生种种最佳感受,因此序列中的高潮常是精华和目的所在,也是序列艺术的最高体现。充分考虑期待后的心理满足和激发情绪达到顶峰,是高潮阶段的设计核心。

④尾声阶段　由高潮回复到平静,以恢复正常状态,是这一阶段的主要任务。虽然它没有高潮阶段那么重要,但也是必不可少的组成部分,没有它就会显得虎头蛇尾,良好的结尾又似余音萦绕,有利于对高潮的遐思与回味。

如毛主席纪念堂(图 4.68)的空间序列设计,前来瞻仰的群众由东部场地入口排队进入,绕过东北部,到达北部花岗岩台阶。空间序列沿台阶拾级展开,宽阔庄严的柱廊和较小的门厅

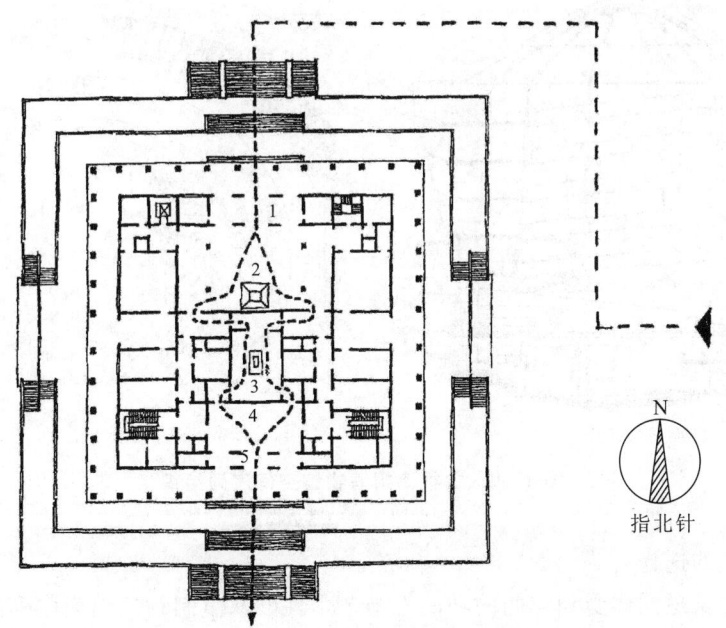

图 4.68　毛主席纪念堂空间序列组织

1—北门厅;2—北大厅;3—瞻仰大厅;4—南大厅;5—南门厅

形成序列的开端,当群众到达宽 34.6m、深 19.3m、高 8.5m 的北大厅,厅正中设置了主席的坐像,空间显得庄严肃穆,形成序列的第一个高潮,在北大厅和瞻仰大厅之间设置了一个较低矮的过厅和走道,这样通过空间的对比处理,使瞻仰的群众在进入瞻仰厅之后,感觉走到一个比北大厅更为雅静肃穆的场所。瞻仰厅长 11.3m、深 16.3m、高 5.6m,空间完全封闭,高度适宜,类似一间日常生活卧室的布置,既显得肃穆又具有亲切感,形成整个空间的高潮。群众在告别毛主席遗容之后,又经过过渡空间进入宽 21.4m、深 9.8m、高 7.0m 的南大厅,厅中正对出口的墙面上镌刻着毛泽东亲笔书写的《满江红》诗词,以激励我们继续前进,形成空间的第三高潮。最后群众从南侧小厅和门廊走出,形成空间的尾声。整个空间序列包含了开始——高潮一——过渡——高潮二——过渡——高潮三——结束,三个空间高潮强度不同,跌宕起伏,形成一个完整、有机的整体。

(2)空间序列的选择

一般来说,空间序列的选择要注意以下几个方面:

①序列类型的选择

序列的类型可以分为规则式、自由式,还可分为对称式和不对称式等,空间序列线路也有直线型、曲线型、迂回型、循环型以及立体交叉型等。究竟采取何种序列形式,取决于建筑的使用性质、功能特点、规模大小、基地情况等因素,一般政治性、纪念性的建筑采取规则和对称形式的空间序列居多,而一些娱乐性、观赏性以及住宅建筑等大多采用自由的非对称式空间序列。现代建筑的空间序列的类型更加繁复,常以循环往复式和立体交叉式的序列线路居多,空间层次异常丰富,不仅方便了功能联系,而且创造了丰富的建筑空间景观效果。图 4.69 所示是赖特设计的古根海姆博物馆,以盘旋式的空间序列产生独特的内外空间而闻名于世。

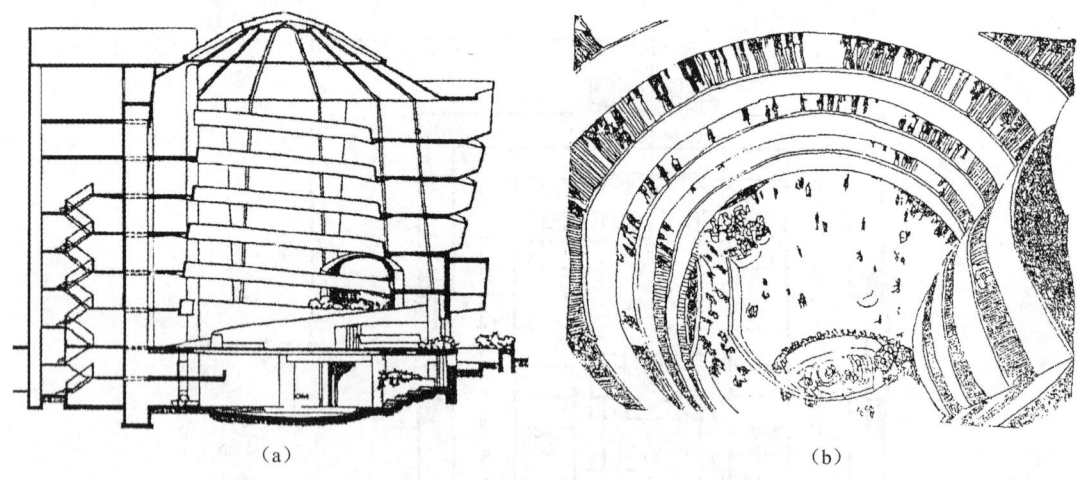

图 4.69 古根海姆博物馆空间序列组织
(a)剖面图;(b)中庭透视图

②序列长短的选择

空间序列的长短同样受到空间的功能性与艺术性的双重制约。因为序列的长短直接涉及空间高潮的出现时机,高潮一经出现,接下来便是尾声了,因此,一般来说,高潮不应过早出现,想让高潮出现得晚,空间的层次就必须增多,正所谓"千呼万唤始出来",其空间效果对人心理的影响也必然更加深刻。在一些需要强调高潮部分重要性的建筑空间中往往运用长的空间序列,而且可能一再设置高潮,不断加强人们的空间感受,如北京故宫总体布置,详见图 4.70。对于观赏游览性的建筑空间,为满足人们尽兴而归的心理愿望,将空间序列适当拉长也是恰当的。而对于某些类型的建筑来说,采取长序列手法可能并不合适,例如以快捷、方便为前提的各种交通枢纽建筑,它们的空间布局应该十分简洁、一目了然,层次愈少愈好,通过的时间愈短愈好,如果在这里不恰当地追求空间序列的全过程,使旅客很难即刻找到自己的目的空间,将对其心理造成很大影响,这样的建筑空间设计也是不成功的。

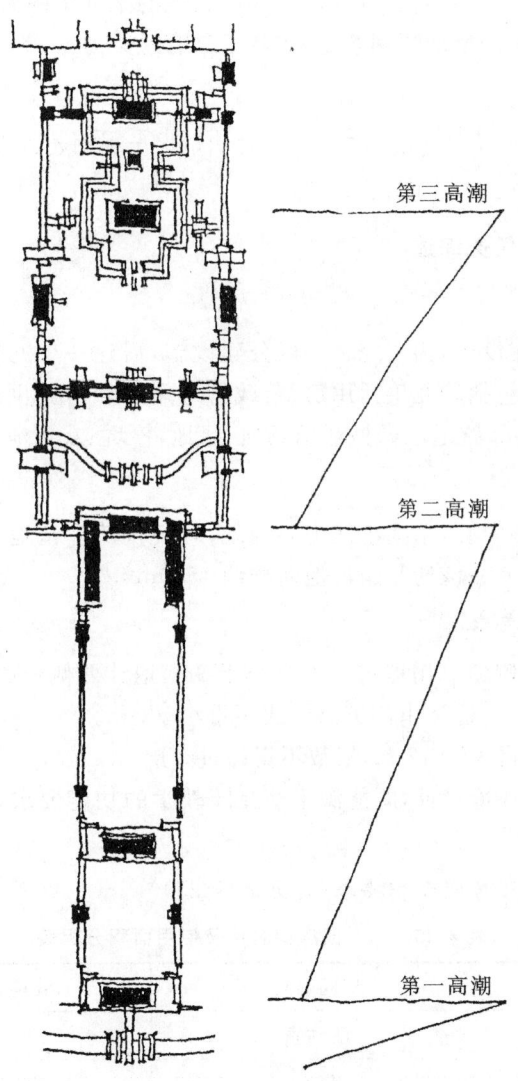

图 4.70　北京故宫总体布置

③序列高潮的设置

序列的高潮往往是整个建筑的中心。由于建筑的性质和规模不同,高潮部分的位置和出现的次数也有所不同。一般来说,正常的空间序列高潮部分的位置总是在中部偏后,前面做一些铺垫,使人产生一种期待感,然后来到高潮部分才会有更深的感受。一些综合性、多功能、较大规模的建筑,还存在多个空间序列组合在一起的可能性,往往具有多中心、多高潮。即使如此,这些高潮也会有主从之分,虽然高潮迭起,也总有最强的部分。当然,建筑的高潮部分并不总是设在中部偏后位置,一些建筑采用短的空间序列,高潮很快出现,没有或很少有预示性的过渡阶段,反而使人没有思想准备,会产生出其不意的新奇感和惊叹感。例如商业类建筑,主要以吸引和招揽顾客、旅客为目的,空间高潮显然不宜设置得过于隐蔽,相反应该以精华部分作为该建筑的规模、标准和舒适程度的体现,因此,空间高潮常常位于建筑入口附近或建筑的中心位置。由此可见,无论采取何种空间序列的类型,总是要综合考虑使用功能和艺术效果等多方面因素,即使是同样的主题,也会因人、事或所具备的条件不同而采用不同的空间序列,只有建立在客观需要基础上的空间序列艺术,才真正具有感染力。

4.5 实例分析——幼儿园平面设计解析

4.5.1 幼儿园设计任务综述

4.5.1.1 项目概况

南方某市在住宅区建设中,为了完善小区公建设施,需建一个九班制幼儿园(日托),建筑面积为2700m^2。该项目包括幼儿生活用房、行政管理用房和后勤供应用房。此外,室外场地包括集体游戏场地(含30m跑道)、器械活动场地、绿地、沙坑、戏水池、后勤内院等。

4.5.1.2 用地条件

该项目位于住宅小区中心,东临小区中心绿地,环境优美。基地呈直角梯形,南、北、西均为小区道路,其外围为住宅。该幼儿园占地面积约4500m^2。

4.5.1.3 规划设计要求

(1)规划建筑退让东侧建筑用地边界不得小于3m,退让西侧道路红线不得小于3m,退让北侧道路红线不得小于5m,退让南侧道路红线不得小于8m。

(2)规划建筑高度不得大于12 m,层数不得超过3层。

(3)做好室外场地的环境设计,既能满足幼儿园教学的功能要求,又与小区中心绿地融为一体。

4.5.1.4 建筑组成及房间面积要求(详见表4.23)

表4.23 幼儿园房间名称及使用面积分配表

房间类别		房间名称	数量	每间面积(m^2)
生活用房	幼儿活动单元	活动室	9	70
		寝室	9	60
		卫生间	9	20
		衣帽储藏室	9	9
	公共活动用房	音体室	1	150
合计			1581	

续表 4.23

房间类别	房间名称	数量	每间面积(m²)
办公服务用房	晨检室	1	15
	保健室、观察室	1	15
	园长室	1	15
	教师办公室	3	30
	会计室	1	15
	资料兼会议室	1	30
	教具制作室	1	30
	储藏室	3	30
	传达值班室	1	15
	警卫室	1	10
	男、女厕所	1	15
合计		340	
后勤供应用房	厨房 主、副食加工间	1	90
	配餐间	1	15
	主、副食库	1	15
	更衣休息	1	15
	办公	1	15
	开水消毒间	1	15
	洗衣房	1	15
合计		180	
其他	包括各层的水平交通、垂直交通等面积	659	
总建筑面积		2760	

注：1.当活动室与寝室合用时，其房间最小使用面积不应小于 105m²，则表中每个幼儿活动单元面积减少 25m²。
2.建筑面积允许误差增减 276m²(±10%)。

4.5.1.5 图纸要求

(1)总平面图(1：500)

①画出幼儿园建筑屋顶平面图，并标注层数。
②画出基地范围内场地各设施的平面布局。
③画出基地与城市道路、人行道连接方式。

(2)各层平面图(1：200)

①画出各层平面图，注明各房间名称，并标出各层面积及总建筑面积。
②画出承重结构体系的两道轴线尺寸。
③画出建筑一层平面所有对外出入口的室内外高差处理方式。

(3)所有图纸一律用墨线绘制,若有不易表达清楚之处,均可有简明扼要的文字说明。

4.5.1.6 幼儿园地形图(详见图4.71)

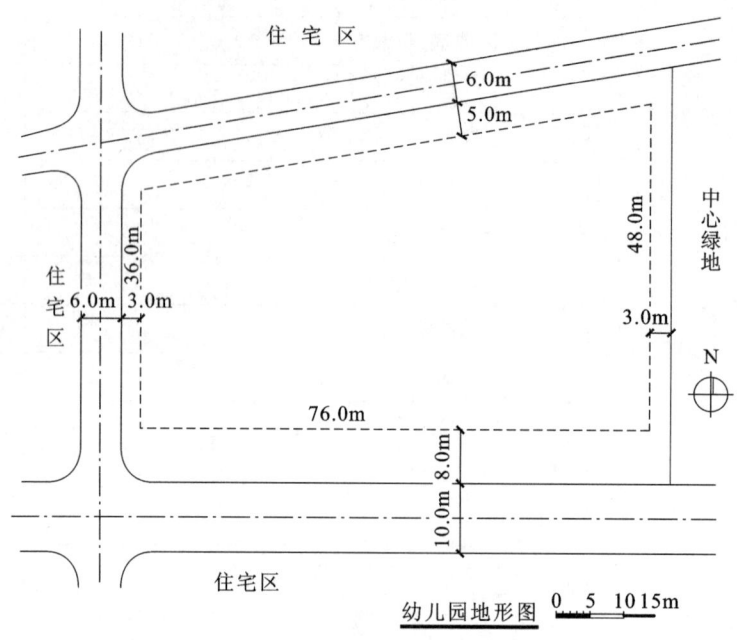

图4.71 幼儿园地形图

4.5.2 幼儿园平面设计过程解析

4.5.2.1 功能分析

(1)总平面分析

根据任务书所提供的地形图,总平面分析中应解决以下几个问题:

①每日幼儿入托主要来自基地哪个方向?从哪条道路过来?这将决定幼儿园主要出入口的位置。

②东侧毗邻小区中心绿地,这一有利的环境条件将如何利用?

③幼儿园三大功能区块(幼儿生活用房,办公服务用房及后勤供应用房)及幼儿室外活动场地,在场地中应该如何布局?

④如何处理与基地北侧倾斜道路的关系?

通过问题的提出,结合基地平面图进行具体分析。首先,进行人流来向分析。从总平面道路布置来看,北、西、南面都会有幼儿接送的人流,但是相比较而言,南面道路最宽,所带来的人流最大,因此可以考虑将幼儿园基地主入口开设在南面道路上,再从兼顾西向与北向人流的角度考虑,基地主入口最好选择在南向偏西。其次,进行幼儿园的三大功能区块和室外活动场地的定位分析。因为场地的东部毗邻小区中心绿地,若将基地的东南部作为幼儿室外活动场地,容易与小区中心绿地在空间景观上连成一体。再从功能上分析,幼儿室内活动用房与室外活动场地应紧密结合,并要求有较好的朝向,则可选择在活动场地的北侧,这样办公服务用房和后勤供应用房则只能选择场地的西部进行布置。再次,进一步对办公服务用房和后勤供应用房的位置进行分析。从功能要求上,办公服务用房中设置有幼儿晨检、医疗等房间,是幼儿每日入托时的必经之处,所以该位置应该靠近入口,后勤供应用房则应该靠后,设置在西北部。从整个基地条件来看,将后勤供应区设置在西北位置是比较合理的,既不占用基地内的好朝向,也能满足对外开设出入口的要求。这样,幼儿园建筑的三大组成与室外活动场地的位置基本上可以确定。至于北侧倾斜道路,在将来建筑设计中,可以考虑采用阶梯形处理与之适应。

总平面功能布局分析详见图4.72。

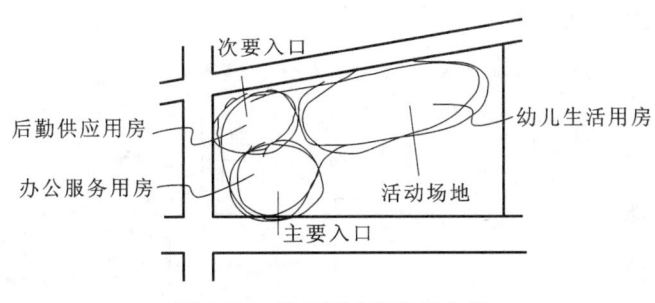

图4.72 总平面功能布局分析

(2)建筑功能分析

本案例中,建筑由幼儿生活用房、办公服务用房和后勤供应用房组成。三大区块的位置在总平面分析中已基本确定,下面只需要分析各自的功能要求即可。

①幼儿生活用房由9个班级活动单元和1个音体活动室组成,将所有活动单元摊在一层布置肯定不行,不但占地面积太大,而且会占用必要的室外活动场地。按照幼儿园建园模式,这一定是三轨制(即大、中、小班各3个班),因此可以很快分析出9个班级活动单元应分成3层进行组织。由于幼儿生活用房对建筑朝向、采光有较高的要求,所以3个班级在平面上最好呈一字排开,采用单廊连接。幼儿班级活动单元由活动室、寝室、卫生间和衣帽间组成,衣帽间应位于活动单元的入口位置,活动室与寝室可以单独设置房间,也可以合二为一,通过家具隔开。在本案例中,任务书要求按照合二为一的方式处理,那么紧接着就要考虑活动室与寝室的位置关系。按照使用特点,活动室需要较好的采光,而寝室需要环境相对安静一些,所以应将活动室布置在南部。卫生间应与活动室、寝室均有良好的联系,可以考虑安排在活动室和寝室的一侧。

音体室的功能特点是满足在室内开展幼儿大型活动需要而设置的,在平面功能关系上,既要与各班级活动单元联系方便,又能接近室外游戏场地,以便于在教学活动中进行室内外活动互换。

②办公服务用房由两类房间组成,一类是卫生保健单元,包括晨检室、医务保健室和隔离室,其中晨检室要求设置在建筑出入口,目的是检查进园儿童的健康情况,避免传染,对于患有感冒等轻微症状的儿童,则要安排到医务保健室与隔离室,这些房间都应设置在建筑首层,利于幼儿方便到达。另一类为行政办公用房,可以在办公区域的一层局部和二层展开。

(3)后勤供应用房是为幼儿及职工提供饭食、用水及洗衣等的配套设施,应将厨房与洗衣房及开水间分开布置。厨房部分应单设对外出入口,按照主、副食加工的工艺流程(材料入库—主、副食加工—配餐—送餐)合理安排房间位置。洗衣房与开水间应开向幼儿生活用房方向,以方便使用。

幼儿园平面功能关系详见图 4.73,幼儿活动单元组织模式及幼儿园厨房组织模式详见图 4.74 和图 4.75。

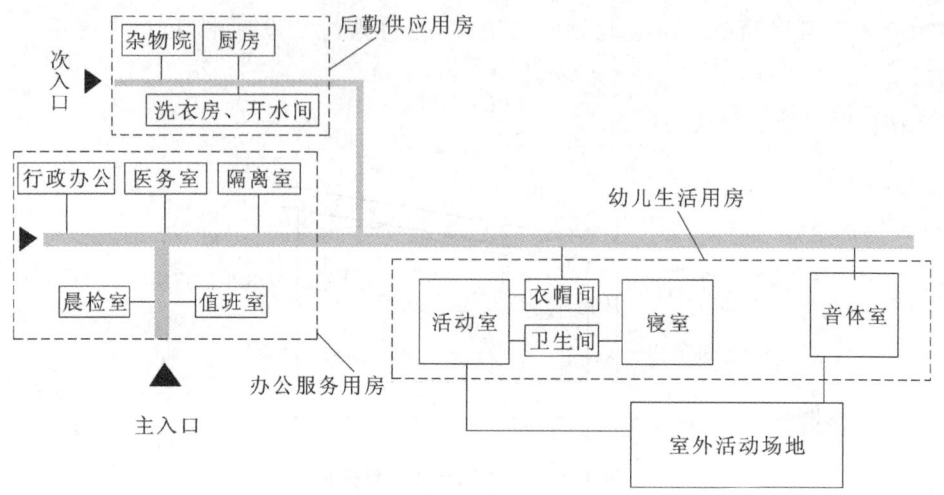

图 4.73 幼儿园平面功能关系图

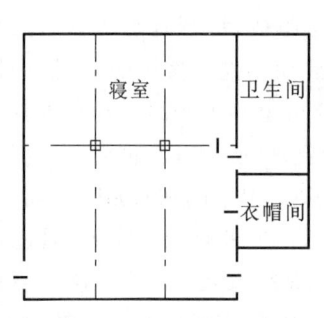

图 4.74 幼儿活动单元组织模式

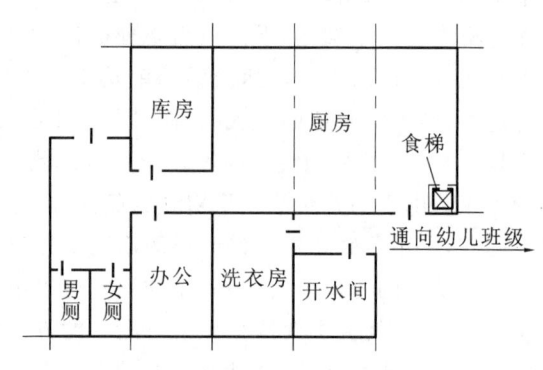

图 4.75 幼儿园厨房组织模式

4.5.2.2 方案的生成与建构

(1)房间的分层整理

①办公服务部分 从节约用地的角度考虑分成两层,首层设置门厅、晨检、医务隔离与普通办公室,二层设置教师办公室、园长室及资料兼会议室,应设置一部楼梯上下联系。

②幼儿活动用房 按照三层设置,每层 3 个班级。从交通疏散角度考虑,应设置一部或两部楼梯上下联系。音体室因为占地面积较大,宜单独设置在一层,其屋顶可考虑作为二层的幼儿班级的室外活动场地。

③后勤供应用房 宜设置成单层,这样其屋顶就可以作为二层幼儿班级的室外活动场地。

(2)建立结构网格

从任务书中我们发现大多数房间面积为 $15m^2$,或者为它的倍数关系,那么 $15m^2$ 的房间可以 3m 为开间模数,幼儿活动单元宜以 3.3m 为开间模数,则活动室与寝室有 3 个开间,定为

3.3m×3=9.9m,进深则调节为 6.3m 与 4.5m,此处活动室与寝室合用,其房间使用面积为 107m²,符合规范规定"当活动室与寝室合用时,其房间最小使用面积不应小于 105m²"的要求。音体室面积为 150m²,则可以采用 15m×9.9m 的布局,详见图 4.76。

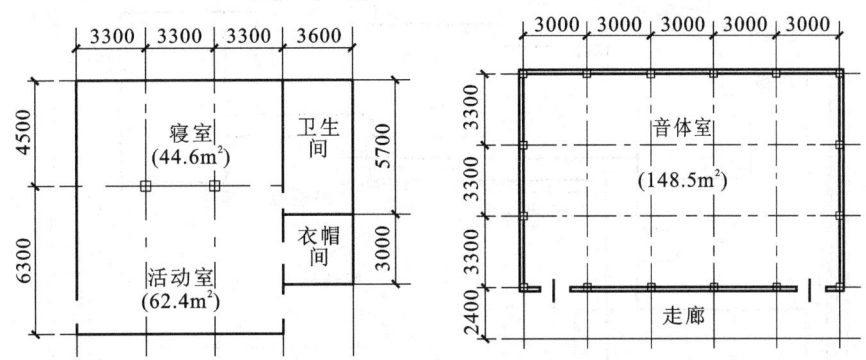

图 4.76 幼儿活动单元与音体室的尺寸确定

(3)平面组合设计

根据幼儿园设计原理,幼儿生活区的水平交通形式宜采用单廊式空间组合。本案例设定的地区为南方地区,单廊式以南向走廊为佳,南廊既可以起到遮阳的作用,又能够缩短走廊的长度,并对室外活动区形成半围合空间。办公服务区宜采用内廊式组合,这样能够提高走廊的利用率,节省交通面积。不同分区之间最后考虑以连廊连接。

另外要考虑的是楼梯的位置。办公服务区单设一部楼梯;幼儿生活区宜设置两部楼梯,分别位于其单外廊的两端,这样能够方便二层、三层幼儿班级的疏散及与首层音体室的联系。

(4)幼儿活动用房区的处理手法

由于基地北侧的道路为一倾斜道路,若活动用房采用一字形展开,则与基地的边界结合不佳,所以可以按照班级活动单元进行阶梯形错位来加以协调,这样通过有规律的重复,形成有韵律感的平面形式,也会为将来的立面造型处理增加变化。

4.5.2.3 平面深化设计

(1)音体室的设置可以重复幼儿班级活动单元的规律向北推出,也可向庭院推进,形成一定的围合感,并且按照防火规范设计要求开设两个疏散口。

(2)在厨房区设置食梯,位置应靠近交通走廊,在二层和三层食梯到达位置处设置备餐间,备餐间要能直接开向走廊。

(3)各个班级活动单元的主入口可适当后退,形成幼儿进出活动室的缓冲空间。按照防火疏散要求,每个活动单元应增设一个疏散门。

(4)音体室的层高较高,因此利用音体室屋顶时,需增设踏步。

(5)完善无障碍设计,在建筑出入口位置与幼儿进入室外场地部位设置 1∶12 的坡道。

4.5.2.4 设计成果表达

设计成果均在 A2 规格的绘图纸上绘制,内容与表达深度应符合任务书要求。详见图 4.77 至图 4.80。

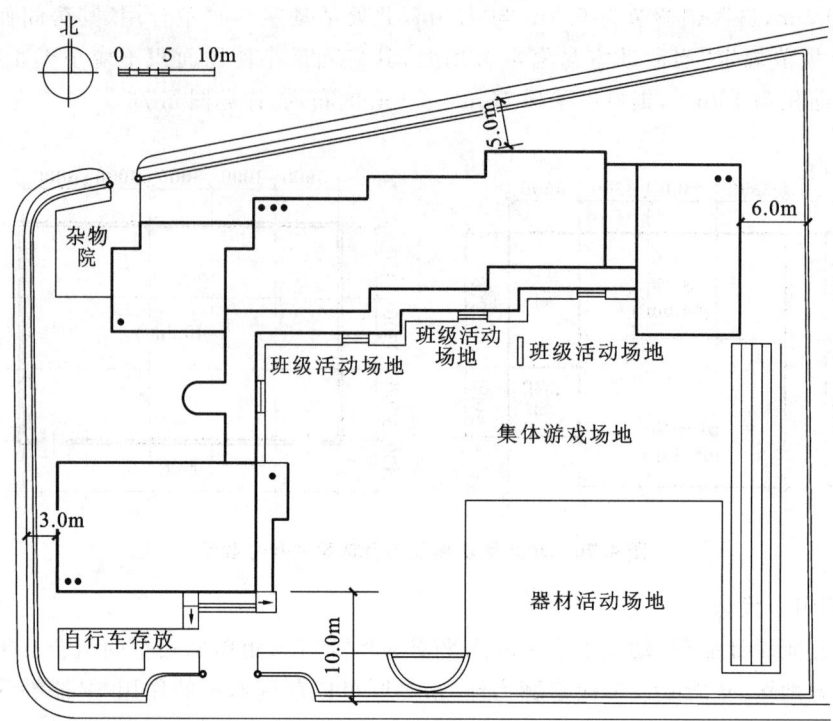

图 4.77 幼儿园总平面图

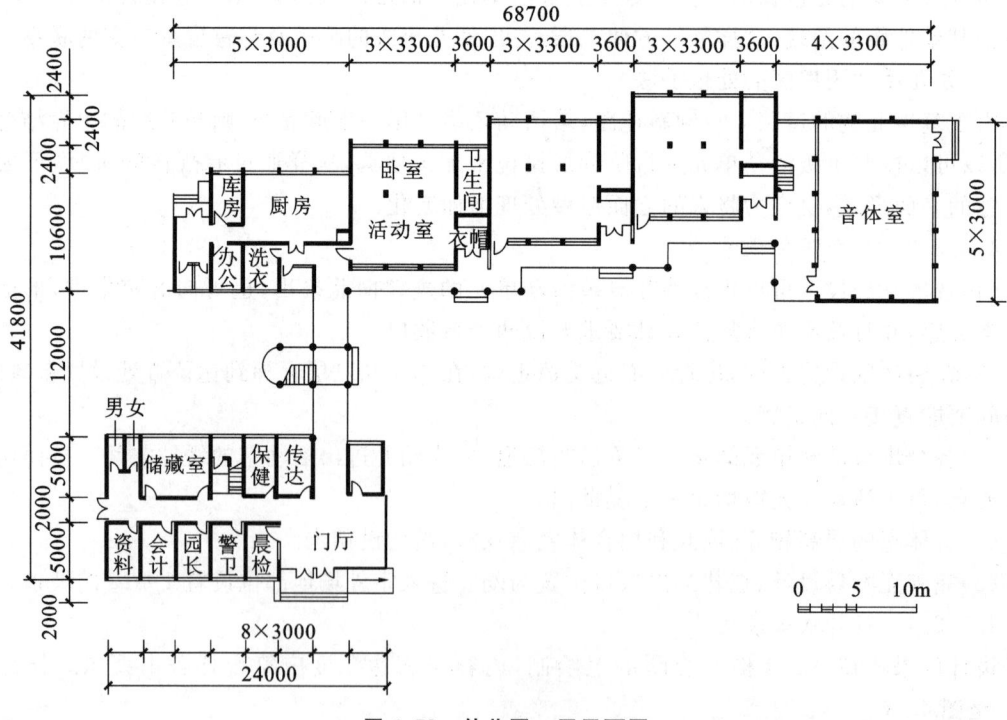

图 4.78 幼儿园一层平面图

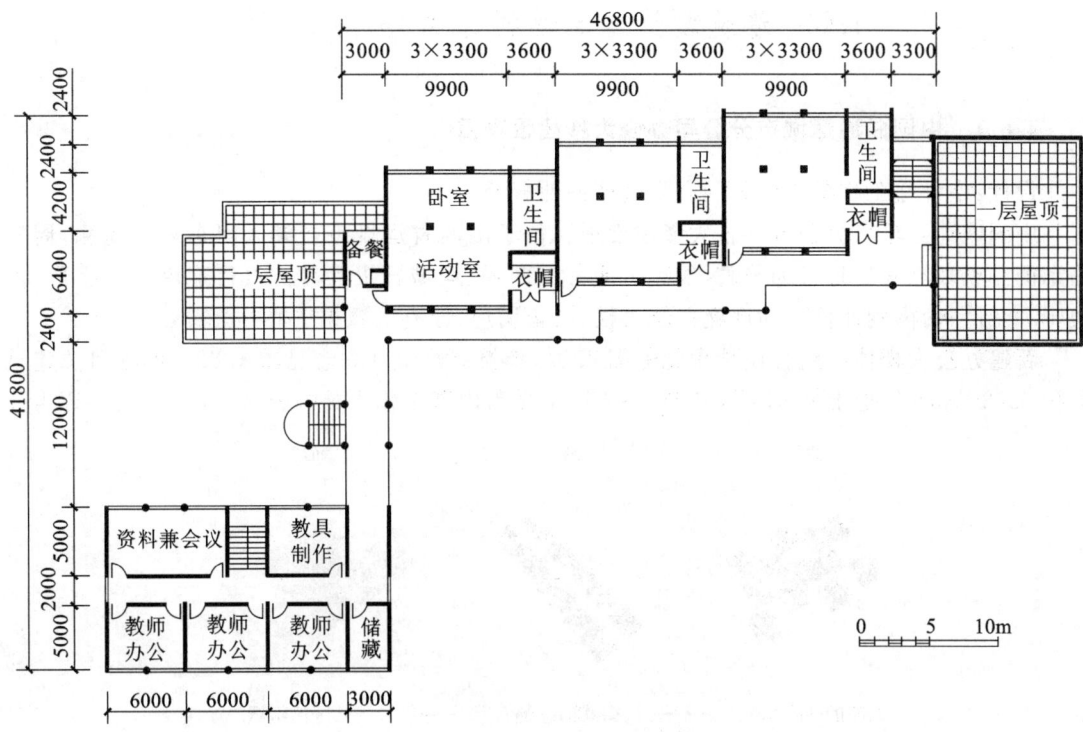

图 4.79 幼儿园二层平面图

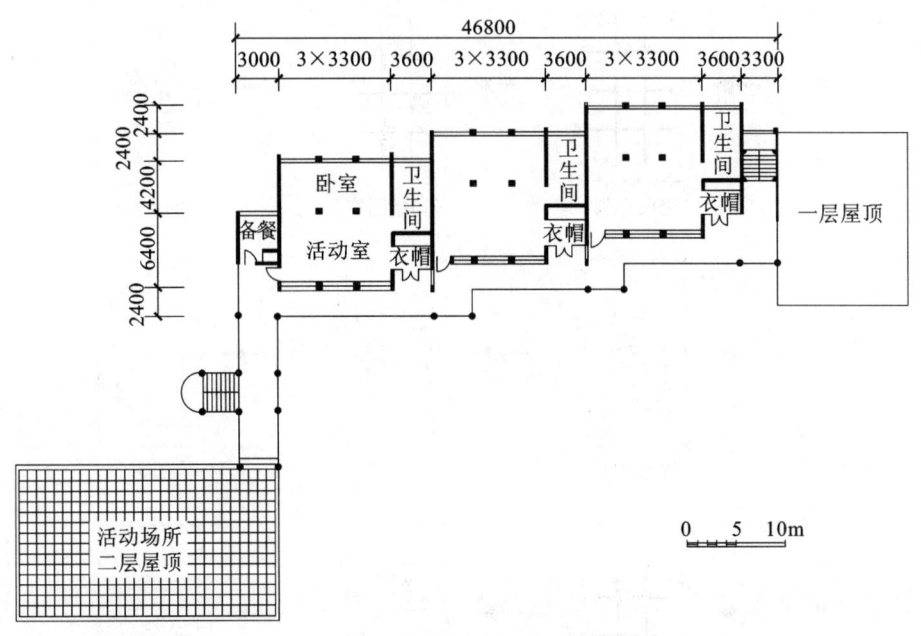

图 4.80 幼儿园三层平面图

4.6 建筑设计信息动画二维码学习资源

4.6.1 中国联通运城市分公司办公大楼建设项目

设计:中外建工程设计与顾问有限公司山西分公司

中国联通运城市分公司办公大楼建设项目位于山西省运城市盐湖区河东东街北侧,周西路东侧。项目周围场地较为平整,靠近运城市工商局、运城日报社等。项目地块呈一字形,占地 $14000m^2$,由南到北依次为新建办公大楼、设备用房、原有云数据中心办公楼。

新建办公大楼体块组合设计理念见图 4.81,建筑立面设计理念见图 4.82。本项目总建筑面积 $68427.92m^2$,地上共 31 层,其中 1~4 层主要为内部工作人员办公区,5~31 层主要为公

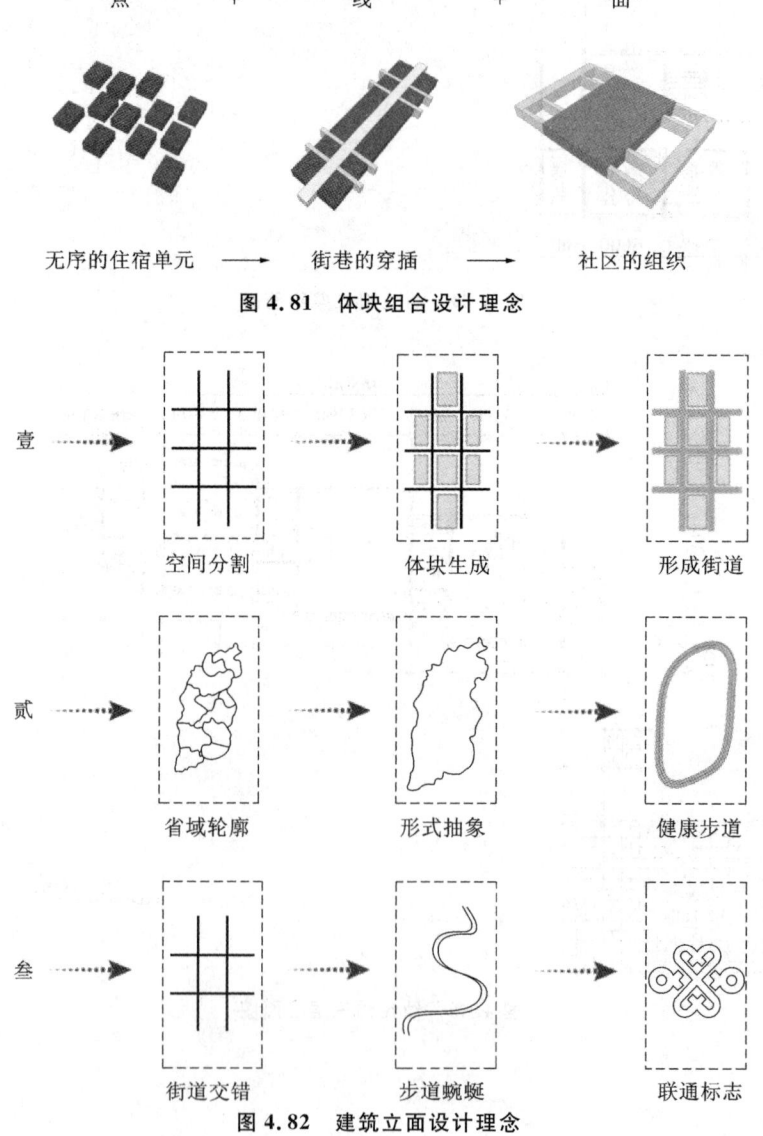

图 4.81 体块组合设计理念

图 4.82 建筑立面设计理念

寓。10～11层中间区域为连接两个部分的配套服务空间,主要包含小型超市、ATM、物管、药店、托儿所等;20～22层中间区域为连接两个部分的景观休闲空间,主要包含健身、运动广场;31层为精神文化空间,包含阅览、企业文化建设、天文、展览、宗教等功能空间。

(项目信息动画资源学习请扫二维码。)

扫码演示

4.6.2 某市妇幼保健院建设项目

设计:中外建工程设计与顾问有限公司山西分公司。

某市妇幼保健院建设项目位于某市霍东大道与上霍线交界区域,北侧为纬三路,南侧为霍东大道,交通便利,自然环境良好,公用设施齐全,总用地面积8000.02m^2,总建筑面积6862.87m^2。本项目共分为两期建设:一期总建筑面积5279.77m^2,其中保健门诊建筑面积704.35m^2,急诊用房建筑面积252.18m^2,门诊用房建筑面积604.35m^2,住院用房建筑面积2228.67m^2,医技用房建筑面积856.53m^2,行政管理用房建筑面积302.18m^2,后勤保障用房建筑面积331.51m^2。床位数量:60床。二期建筑面积1583.1m^2,保健门诊建筑面积791.55m^2,医技用房建筑面积791.55m^2。

根据设计师不同的设计理念,该项目有两个设计方案。方案一:体现孕育、生长的设计理念,见图4.83,通过连廊把这些不同功能区块联系起来,立面色彩丰富,统一中求得变化,取得了独特的建筑艺术效果。方案二:采用庭院式空间组合方式,使建筑与外部空间设计同时推进,利用形状、高低、大小均不相同的庭院,创造出层次丰富、亲切宁静的就医环境,获得与众不同的空间布局。

扫码演示

(项目信息动画资源学习请扫二维码。)

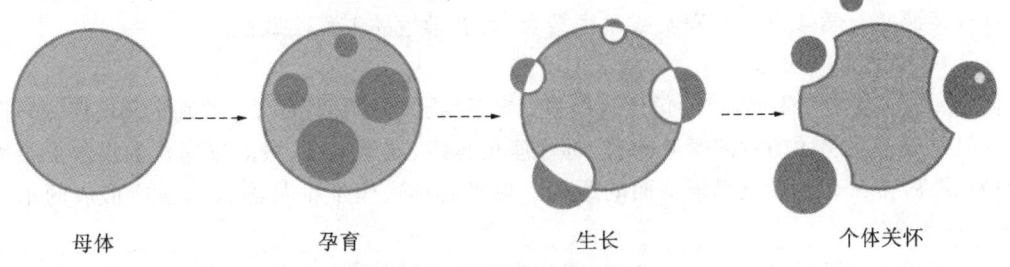

图4.83 平面组合设计理念

4.6.3 1929年巴塞罗那国际博览会德国馆

设计:路德维希·密斯·凡德罗。

动画制作:山西凯的建筑设计规划有限公司。

西班牙巴塞罗那国际博览会中的德国馆,建于1929年,是由著名建筑师路德维希·密斯·凡德罗设计的。这一设计对20世纪建筑艺术风格产生了广泛影响,也使密斯·凡德罗成为当时世界上最受注目的现代建筑师。

德国馆建立在一个基座之上,占地长约50m、宽约25m,面积约1250m^2,由一个主厅、两间附属用房、两片水池、一个少女雕像和几道围墙组成。主厅平面呈矩形,由8根金属柱子支撑一片薄薄的屋顶。厅内设有玻璃和大理石隔断,纵横交错,隔而不断,有的大理石延伸出去成为围墙,形成既分隔又联系、既简单又复杂、半封闭半开敞的空间序列,使室内各部分之间、室内外之间的空间相互贯穿,形成奇妙的流动空间。建筑形体简单,没有附加的雕刻、装饰,利用钢、玻璃和大理石的本色、纹理和质感,彰显简洁高雅、生动鲜亮的气质。

扫码演示

1929年巴塞罗那国际博览会结束后,该馆也随之拆除,其存在时间不足半年,但其所产生的重大影响一直持续着。半个世纪以后,在密斯·凡德罗诞生100周年之际,西班牙政府于1983年重建这座对建筑界有深刻影响的展览馆,人们又可以身临其境,体验它的魅力。

(项目信息动画资源学习请扫二维码。)

4.7 实训课题

实训课题一 多功能厅设计

(一)实训项目概况

某中学教学楼建筑平面见图4.83,在建筑入口附近需设计一多功能厅,能够满足一个年级(三个班级)集中教学使用需求,同时又能满足全校教职工开会使用需求,有时也兼作视听教室和集会。

多功能厅为单层建筑,建筑净高为3.6m,室内设计成平地面,原始室内外高差为300mm。设计中注意多功能厅在平面中与门厅的联系及安全疏散问题。

(二)实训目的

(1)掌握主要使用空间设计原理,能够依据原理进行房间面积的控制、形状的选择、平面尺寸的确定和门窗的开设。

(2)通过小组合作,互为甲方,审核与纠正各阶段设计图纸成果,培养团队合作的意识。

(3)将课堂所学知识与工程实践紧密结合,培养学生的工程实践能力。

(三)实训内容及要求

(1)完成多功能厅平面设计,包括面积的确定、形状的选择、平面尺寸的确定和门窗的开设。

(2)完成多功能厅的室内家具布置,标注座位排距、通道宽度、最前排座位前沿至黑板墙面的距离、最后排课桌后沿至黑板墙面的距离。教室前排边座学生与黑板远端所形成的水平视角应不小于30°。

(3)完成多功能厅的剖面设计。(这部分为扩展内容,授课教师可自行把握)

(四)实训主要步骤

(1)根据实训任务要求,查阅相应的规范,获取设计数据。

(2)完成多功能厅平面草图与剖面草图设计。

(3)以小组为单位,进行草图交流,讨论并纠正图中存在的问题。

(4)完成多功能厅平面正图与剖面正图设计。

(5)任课教师组织进行成果展示与评价。

(五)实训成果要求

(1)成果规格与深度

采用A3图纸完成图纸绘制,要求达到施工图平面详图设计深度,并符合国家制图规范。

(2)成果内容

①多功能厅平面布置图(比例1∶50);

②多功能厅剖面图(比例1:50)。
③设计说明。
(六)实训成果评价
(1)设计原理知识应用的正确性。
(2)设计的创新点与不足之处。
(3)图面构图的美观与均衡,图纸表达的规范性。
(4)交流汇报中对所提问题的回答和语言表达水平。

成绩评定分为五级(优、良、中、及格、差),过程考核占总成绩的40%,成果考核占总成绩的40%,交流汇报占总成绩的20%。

(七)附图(图4.84)

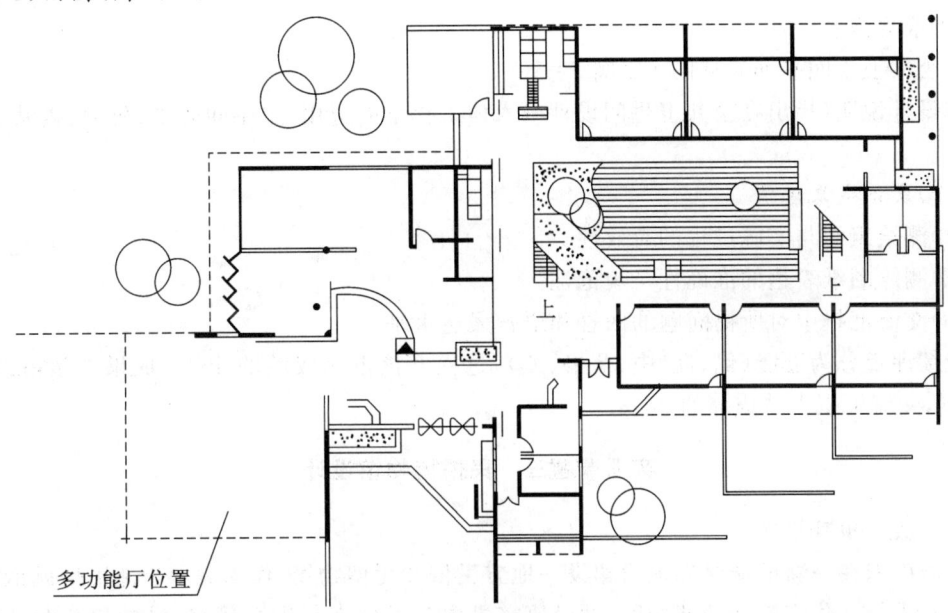

图4.84 某中学建筑平面

实训课题二 卫生间测绘

(一)实训项目概况

3~4名学生组成实训小组(按男女分成男生组与女生组),两个实训小组结成实训大组。选择一附属式公共卫生间或独立式公共卫生间进行实地测绘,要求测绘对象包含无障碍设计。

(二)实训目的

通过现场测绘,掌握公共卫生间设计的原理,并能够将课堂所学知识与工程实践紧密结合,培养学生的工程实践能力。

(三)实训内容

(1)公共卫生间平面布置简图的绘制。
(2)盥洗室卫生设备数量与间距。
(3)小便间与大便间卫生设备数量与间距。
(4)无障碍隔间厕位或无障碍专用卫生间设备配置及间距。

(四)实训主要步骤
(1)根据实训任务要求,首先联系并确定测绘对象。
(2)以小组为单位,进行任务分工,准备测绘工具。
(3)以小组为单位,现场测绘。
(4)以小组为单位,绘制测绘草图,检查测绘中的漏项,返回测绘现场进行补测。
(5)男女小组将最后完成的测绘草图进行交流、对换,完成完整的公共卫生间平面图绘制。
(6)任课教师组织进行成果展示与评价。
(五)实训成果要求
(1)成果规格与深度
采用A3图纸完成图纸绘制,要求达到施工图平面详图设计深度,并符合国家制图规范。
(2)成果内容
①公共卫生间平面布置图(比例1∶50);
②设计说明(指出在公共卫生间设计中人体工程学的应用,卫生间防水、防滑、通风等构造措施)。
(六)实训成果评价
(1)测绘组织与实施过程的有效性。
(2)测绘图纸表达的准确性与规范性。
(3)交流汇报中对所提问题的回答和语言表达水平。
成绩评定分为五级(优、良、中、及格、差),过程考核占总成绩的40%,成果考核占总成绩的40%,交流汇报占总成绩的20%。

实训课题三　民俗博物馆设计

(一)实训项目概况
某城市拟在一新旧城交界地段建设一地方民俗文化博物馆,作为展示当地民俗风情、社会风貌以及进行文化交流活动的场所,并设研究机构对民俗文化进行研究、保护和开发,以推动当地社会文化和经济的发展。
场地平面如图4.84所示,场地的东部为旧城区,南部为保留民居和城市公园,北部为新城区。北侧后退道路红线5m,东侧后退步行街道路边线15m,建筑基地面积$6825m^2$。
建筑层数不超过2层,建筑限高为9m,局部塔楼等伸出屋面的标志部分不受限制。
(二)实训目的
(1)通过调查、分析,了解某一地区的民俗文化特点、地域自然条件,确定民俗文化中心设计的主题,将主题与用地环境条件和建筑设计结合起来,探索建筑设计的内涵与思想,辩证地把握建筑文化、建筑功能、建筑环境及建筑技术的关系。
(2)通过小组合作,互为甲方,分阶段交流设计并指正各阶段设计图纸中的缺陷与不足,培养团队合作的意识。
(3)综合运用建筑平面设计原理,将理论知识与工程实践紧密结合,培养学生的工程实践能力。
(三)设计内容与要求
(1)建筑规模
$2800\sim3000m^2$(允许有10%的上下浮动),不包括室外场地设施,如:大门门卫,停车场,室外亭、廊、枋、榭等。

(2)房间组成与面积要求

①展览与陈列区

售票处 $20m^2$（可设在大门处）；

接待室 $30m^2$；

临时展览厅 $200m^2$；

地方历史陈列厅 $200m^2$；

民间艺术陈列厅 $600m^2$（可以分解成小的主题展厅）；

休息厅 $100m^2$（附设咖啡、冷热饮、外卖等）；

报告厅兼多功能厅 $200m^2$（包含放映、设备等小房间）；

讲解员休息室 $20m^2 \times 2$；

展具储藏室 $60m^2$；

门厅、进厅、楼梯、走廊、卫生间等面积自定。

②技术用房及库房区

警卫室 $20m^2$；

监控室 $20m^2$；

技术用房 $20m^2 \times 5$（用于文物鉴定、修复、展品制作等）；

藏品库 $40m^2 \times 3$；

文物科技保护中心 $40m^2$；

楼梯、走廊、卫生间等面积自定。

③办公及研究用房区

办公室 $20m^2 \times 2$；

馆长室 $50m^2$；

会议室 $50m^2$；

资料室 $20m^2$；

财务室 $20m^2$；

研究工作室 $20m^2 \times 4$；

图书资料中心 $50m^2$；

计算机信息中心 $50m^2$；

楼梯、走廊、卫生间、库房等面积自定。

④其他设计要求

考虑6辆小汽车室外停车位，2辆室内货车停车位，100辆自行车停车位；

注意室外展场设计，用于室外展示和活动；

考虑无障碍设计。

(四)实训主要步骤

(1)根据实训任务要求，收集相关的设计技术资料，参观同类型的建筑，做好设计前的准备工作。

(2)确定民俗博物馆的展示主题，确定立意构思，展开概念性草图设计。

(3)完成民俗博物馆平面草图设计，以单线表达各功能房间的位置、门的开设、平面组合方式的选择等内容。

(4)以小组为单位进行交流,及时修正草图设计中的缺陷与不足。

(5)建立结构网格,完成民俗博物馆平面结构柱网布置。

(6)完成民俗博物馆平面正图设计,按照方案设计深度进行表达。

(7)任课教师组织进行成果展示与评价。

(五)实训成果要求

一般采用2号或3号图纸,与方案设计深度要求一致,包括封面、目录、设计说明、图纸和封底,在成果展示结束后装订成册。

图纸内容:

(1)总平面图(1∶500)(要求进行环境布置);

(2)各层平面图(1∶200)(要求进行环境布置,并标出各个房间名称);

(3)各类分析图　可采用小比例尺度或非比例尺度绘制,包括构思分析、建筑功能分析、平面交通分析等。

(六)实训成果评价

(1)各阶段设计任务的完成度(包括完成率和完成质量)。

(2)设计原理知识应用的正确性。

(3)设计的创新点与不足之处。

(4)设计图纸表达的准确性与规范性、图面表现的美观性。

(5)交流汇报中对所提问题的回答和语言表达水平。

成绩评定分为五级(优、良、中、及格、差),过程考核占总成绩的40%,成果考核占总成绩的40%,交流汇报占总成绩的20%。

(七)附图(图4.85)

图4.85　民俗博物馆设计地形图

解析 5　建筑剖面设计

建筑是三维的空间实体，平面展现了空间的长度与深度（宽度）方面的内容，剖面则展现了空间的高度方面的内容。

建筑剖面设计主要包括房间的剖面形状与建筑剖面高度设计、建筑层数与剖面空间组合设计、竖向空间的利用、建筑局部高度的确定等四部分内容。另外，剖面设计最终要通过建筑剖面图来表达，这里也作简要介绍。

5.1　房间的剖面形状与建筑剖面高度设计

5.1.1　房间剖面形状的选择

房间的剖面形状是房间空间形体的直观反映。在日常生活中房间一般采用矩形空间（长方体），这是因为矩形空间有利于房间在空间上组合，并有利于结构布置、家具摆放以及人们的使用。但是，也有一些房间由于特殊的使用要求和空间艺术要求而采用其他的形体，如采用椭圆体的多功能厅、弧形大跨的体育比赛场馆、锥体的展示厅、坡顶的顶层房间等。采用特殊形体的房间一般有以下三种情形：一种为单层建筑房间，一种为附属于主体建筑但能独立布置结构的大空间（与建筑主体通过辅助空间联系），还有一种为布置于建筑顶层的房间。这些特殊形体在剖面中，侧界面墙体可以垂直于地面，也可以向内或向外倾斜于地面，顶界面则有平屋顶、坡屋顶、弧形屋顶及其他形式的屋顶等多种形态。

5.1.2　建筑剖面高度设计

建筑剖面高度设计主要包括以下四个方面：

5.1.2.1　建筑室内外高差

建筑室内外高差应合理取值，高差过小不能满足防水、排水需要，高差过大则会增加首层回填土方和墙体高度，也会造成进出不方便。在建筑设计中，室内外高差的取值主要考虑建筑排水、使用功能、建筑造型三方面的问题。

（1）从建筑排水角度考虑

室内外地面是不允许同高的。为了避免因建筑物自然沉降而致使室外雨水倒灌入室内，并防止墙身受潮，一般民用建筑的室内地坪要高于室外地面 450～600mm，并且最小不能小于 150mm。

（2）从使用功能角度考虑

对于人流量较大的公共建筑（如商场建筑、交通类建筑），由于人流进出频繁，顾客、乘客又携带重物，室内外高差不宜过大。而对于一般公共性建筑，如行政办公建筑、图书馆建筑、学校建筑、文化娱乐建筑等，可以有若干踏步的高差，但应符合人的行走习惯，一般不少于三步踏步。如果建筑有半地下室，为了使地下室获得一定量的自然采光，也常采用抬高室内地坪的做法，首层地面比室外地面则可能高出半层左右。

（3）从建筑造型角度考虑

一些纪念性建筑、博物馆、法院、银行或者重要的政府办公建筑，为了使建筑显得更加雄伟庄严,底层地面标高也可以根据实际需要提高一些。

5.1.2.2 室内净高

(1)室内净高的含义

室内净高应按楼地面完成面至吊顶、楼板或梁底面之间的垂直距离计算;当楼盖、屋盖的下悬构件或管道底面影响有效使用空间时,应按楼地面完成面至下悬构件下缘或管道底面之间的垂直距离计算。室内净高的确定见图5.1。

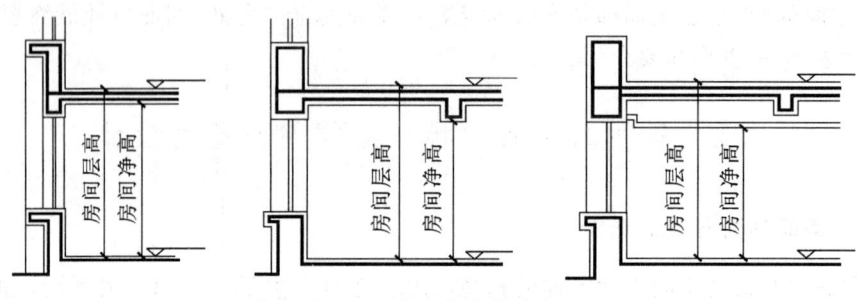

图5.1 室内净高的确定

(2)确定室内净高的主要因素

①房间的使用活动和家具设备的布置

房间的使用活动随房间用途而异。首先,房间的净高与人体活动尺度有很大关系。一般情况下,室内最小净高应以使人举手接触不到顶棚为宜,应不低于2.2m。其次,不同类型的房间由于使用人数不同,房间面积不同,其净高要求也不同。在实际设计中,公共性质的房间如门厅、会议厅应高一些,非公共性质的房间则可以低一些。再次,房间内的家具设备尺度以及人使用家具时所需要的空间也影响着房间的净高。如当我们确定学生宿舍净高时,既要考虑到上、下层床的尺度,又要考虑人使用床位时的活动尺度。医院的手术室净高设计也受到家具设施尺寸的影响,详见图5.2和图5.3。

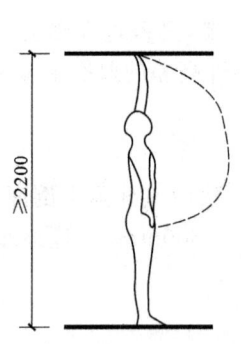

图5.2 房间的最小高度

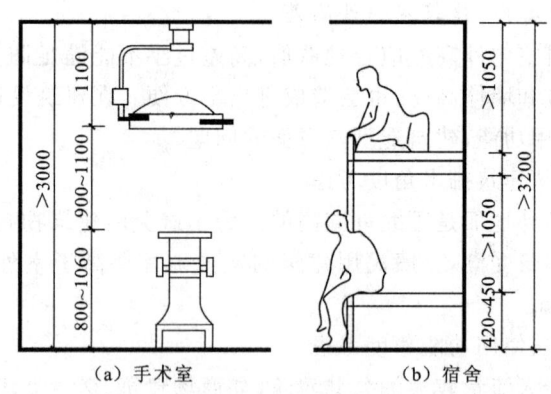

(a)手术室　(b)宿舍

图5.3 家具设备对房间净高的影响

②室内空间比例

室内空间比例对人的心理感受有很大的影响,这可以从两个方面分析,一方面是房间的绝对高度(即房间的净高),以人为尺度,过低使人感到压抑,过高使人感到不亲切;另一方面是相对高度,即房间高度和面积的比例关系,二者比值越大,顶盖与地面的引力感越小,比值越小则顶盖与地面的引力感越大。一般而言,面积大的房间应高一点,面积小的房间应低一些。一般情况下,房间的高度与宽度(跨度)的比值在 1∶3～1∶1.5 之间较合适。空间高度与人的心理感受之间关系详见图 5.4。

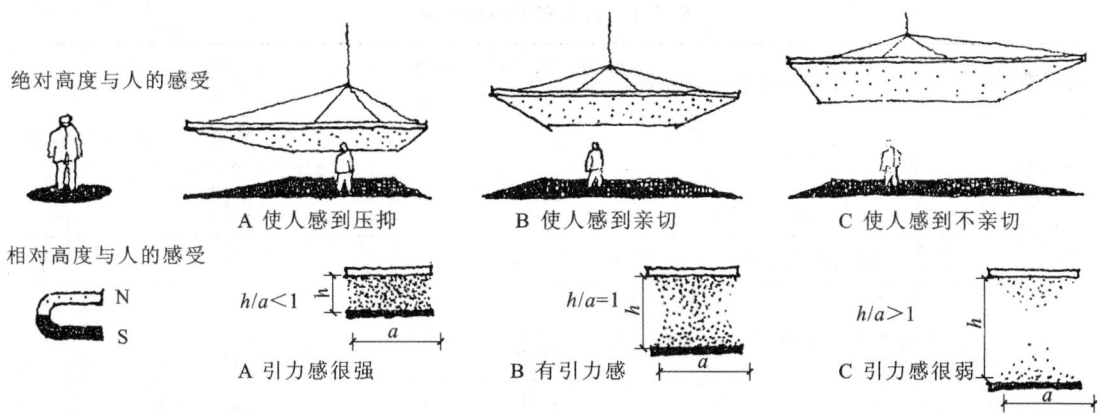

图 5.4　空间高度与人的心理感受

③房间的采光、通风要求

从采光角度而言,单面采光时,房间进深不宜超过窗户上缘距地面高度的 2 倍;双面采光时,房间进深不宜超过窗户上缘距地面高度的 4 倍。可以此为依据推算出房间合适的净高。

从通风角度而言,炎热地区房间或对通风要求较高的房间的净高应高一些。

④建筑经济要求

降低建筑的净高既可以使空间得到充分利用,又可以降低造价。在实际建筑设计中,可以按照各类建筑设计规范,为各种使用房间选取规范规定的最小净高值,以节约造价。

各类房间室内净高详见表 5.1。

5.1.2.3　建筑层高

(1)建筑层高的含义

建筑的层高是指建筑物上、下两层楼地面面层之间的垂直距离;顶层层高是指顶层楼面至屋顶的结构面层(平屋顶)或顶层楼面至坡屋顶的结构面层与外墙外皮延长线的交点处的垂直距离。详见图 5.5。

(2)层高的确定

建筑的层高与房间净高和建筑楼(屋)盖的结构形式紧密相关,当确定了建筑的净高后,在此基础上加上结构构造层次的厚度,就可以得到建筑的层高。选取不同的结构形式,建筑的层高是不一样的,这是因为结构本身具有一定的空间高度。在砖混结构中,板的高度只有 100～200mm,而在框架结构中,梁的高度则可达 600～800mm,甚至有 1m 以上,平板网架则结构空间更大。由于结构空间尺度不同,会造成建筑层高的差异,在建筑设计中要综合考虑,选取最佳的结构类型。

另外,建筑的层高与建筑内各房间是否采用通风空调设备也有一定的关系。在一些办公建筑、商业建筑、餐饮建筑中不但要考虑建筑结构所占的空间尺度,还要考虑建筑设备(通风管道、喷淋管道、照明线路等)本身及其敷设所需要的空间尺度,所以建筑的层高一般都比较高。

建筑层高采用以 100mm 为单位的基本模数作为级差。在满足使用要求的前提下,适当降低建筑的层高,对于降低建筑造价(住宅层高每降低100mm,可节约造价1%左右)、减轻建筑荷载、改善结构受力状况都有很大的益处。

表5.1 各类房间室内净高

建筑类别	房间部位		室内最小净高要求(m)		备注
托儿所、幼儿园建筑	托儿所睡眠区、活动区		2.80		改、扩建的托儿所睡眠区和活动区室内净高不应小于2.6m
	幼儿园活动室、寝室		3.00		
	多功能活动室		3.90		
中小学教学楼	普通教室,史地、美术、音乐教室		小学 3.00		
			初中 3.05		
			高中 3.10		
	科学教室、实验室、计算机房、劳动教室、技术教室、合班教室		3.10		
	舞蹈教室		4.50		
	阶梯教室		最后一排(楼地面最高处)净高不低于2.20		
宿舍建筑	宿舍(单层床)		2.80		
	宿舍(双层床)		3.40		
办公楼	办公室	一类办公建筑	2.70		
		二类办公建筑	2.60		
		三类办公建筑	2.50		
	走道		2.20		
	贮藏间		2.00		
旅馆	客房(居住部分)		设空调 2.40	不设空调 2.60	
	客房(利用坡屋顶)		应至少有8m²面积的净高不低于2.40m		
	卫生间		2.20		
	客房层间公共走道及客房内走道		2.10		
档案馆	档案库		2.60		
图书馆	书库		2.40		有梁或管线的部位,其底面净高不宜小于2.30m
	采用积层书架的书库		4.70		指结构梁或管线的底面净高
餐饮建筑	用餐区域		一般 2.60	集中空调 2.40	
	设置夹层的用餐区域		2.40		
	厨房		2.50		

续表 5.1

建筑类别	房间部位	室内最小净高要求 (m)	备注
综合医院	诊查室	2.60	
	病房	2.80	
	公共走道	2.30	
	医技科室	—	宜根据需要确定
住宅建筑	卧室、起居厅	2.40	局部净高不低于 2.10m，且局部净高的室内面积不应大于室内使用面积的 1/3
	厨房、卫生间	2.20	
	利用坡屋顶卧室	1/2 使用面积净高≥2.10	

注：建筑用房的室内净高应符合国家现行相关建筑设计标准的规定，地下室、局部夹层、走道等有人员正常活动的最低处净高不应小于 2.0m。

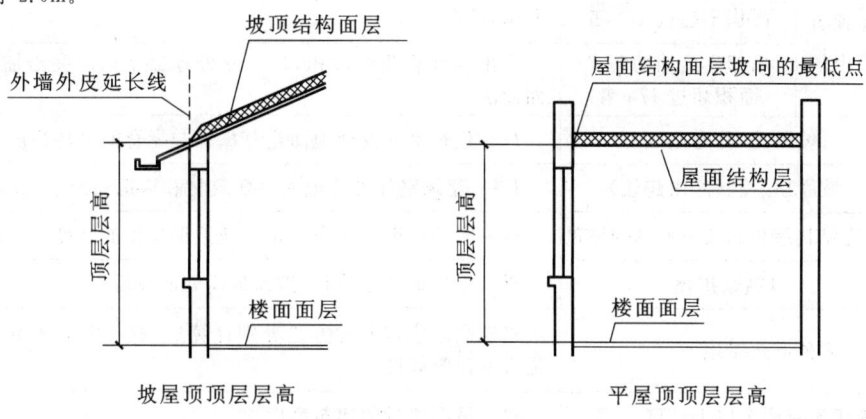

图 5.5　建筑顶层层高

不同结构选型的建筑层高的确定详见表 5.2。

表 5.2　不同结构选型的建筑层高

结构形式	房间净高 H_1	屋盖(楼盖)的结构厚度	吊顶的悬吊高度	建筑层高 H_2
砖混结构	H_1	板厚 a（a 取 100～200mm）	—	$H_2=H_1+a$
框架结构(无吊顶)	H_1	梁高 a（a 取梁跨度的 1/12～1/8）	—	$H_2=H_1+a$
框架结构(有吊顶)	H_1	梁高 a＋设备及敷设高度 b	梁高 a＋设备及敷设高度 b	$H_2=H_1+(a+b)$

5.1.2.4　建筑高度

(1)建筑高度控制

建筑高度是建筑整体在竖向维度上的高度值，它是确定建筑物的等级、防火与消防标准、建筑设备配置要求的重要依据。建筑高度不仅是建筑设计经济技术指标之一，同时也是城市规划控制的重要内容，反映了建筑设计的政策含义。具体地讲，建筑高度控制应满足有关日照、消防、旧城保护、航空净空限制等政策和法规的各项要求。

(2)建筑高度的计算

建筑高度的计算详见表5.3。

表5.3 建筑高度的计算

屋顶形式(或场地状况)			建筑高度 H
平屋顶	有挑檐(无女儿墙)		H=室外地面至屋面檐口面层(或屋面面层)的高度
	有女儿墙		女儿墙不计算高度(防火规范), H=室外设计地面至屋面面层的高度
			女儿墙计算高度(统一标准), H=室外设计地面至女儿墙顶面的高度
	有屋顶构架	构架不设围合外墙	构架不计算高度, H=室外地面至屋面面层或女儿墙顶面的高度
		构架设围合外墙	构架计算高度, H=室外地面至构架顶面的高度
	屋顶有突出物	局部突出辅助用房面积不超过1/4者	突出物不计算建筑面积, H=室外地面至屋面面层(或女儿墙顶面)的高度
		局部突出辅助用房面积超过1/4者	突出物计算建筑面积, H=室外地面至局部突出辅助用房屋面面层
坡屋顶	坡屋顶(普通地区)		H=建筑室外设计地面至其檐口与屋脊的平均高度
	坡屋顶(控制区内建筑)		H=建筑室外设计地面至建筑物和构筑物最高点的高度
特殊屋顶	薄壳结构屋顶和波浪形结构屋顶		H=室外地面至薄壳屋顶或波浪形屋顶的高度
	球状、拱顶		H=室外地面至球状、拱顶最高处的高度
多种形式屋顶			建筑高度应按上述方法分别计算后,取其中最大值。即 H=最大的建筑高度
一幢建筑有两个以上高度			H=最高体量的建筑高度

注:1. 平屋顶设"屋顶构架"的建筑高度计算参看《深圳市建筑设计技术经济指标计算规定》。
2. 控制区内的建筑是指位于机场、电台、电信、微波通信、气象台、卫星地面站、军事要塞工程等设施的技术作业控制区内及机场航线控制范围内的建筑,以及处在历史文化名城名镇名村、历史文化街区、文物保护单位、历史建筑和风景名胜区、自然保护区的各项建设。
3. 对于台阶式地坪,当位于不同高程地坪上的同一建筑之间有防火墙分隔,各自有符合规范规定的安全出口,且可沿建筑的两个长边设置贯通式或尽头式消防车道时,可分别计算各自的建筑高度。否则,应按其建筑高度最大者确定该建筑的建筑高度。
4. 对于住宅建筑,设置在底部且室内高度不大于2.20m的自行车库、储藏室、敞开空间,室内外高差或建筑的地下室或半地下室的顶板面高出室外设计地面的高度不大于1.5m的部分,可不计入建筑高度。

5.2 建筑层数的确定和剖面空间组合设计

5.2.1 建筑层数的确定

5.2.1.1 建筑层数的影响因素

选择最佳建筑层数是建筑设计的一个关键,需要分析各种因素才能确定。

(1) 建筑物的使用要求

由于建筑的使用性质和使用对象不同,对建筑层数的要求也不相同。如幼儿园、疗养院、养老院等建筑,考虑到使用者出入受限,为了方便使用者与户外联系,建筑层数不应太多,一般以 1~3 层为宜;影剧院、体育馆、车站等建筑,由于使用人数多、人流量大,考虑到人流集散的安全性与方便性,也应以单层或低层为主;学校公共食堂,为了就餐方便,单独建造时也宜建成低层;中小学教学楼,为便于学生参加户外活动,层数不宜超过 4 层。

(2) 城市规划要求

城市规划从城市景观出发,往往对各个地段的建筑高度和层数作出若干规定,这是确定建筑层数的重要依据。如在古建筑保护范围(城市紫线)内,建筑的层数和高度均有严格的限制;在风景名胜区、机场、电台、通信站、气象台、卫星地面站、军事要塞工程等周围的建筑,当其处在各种技术作业控制区范围内时,应按净空要求控制其建筑层数和高度;同样,在城市重要地段、沿街建筑,特别是交叉口附近的建筑,也应按城市规划部门的限高和层数设计。

(3) 基地条件

各种基地条件中,如日照间距的影响、建筑基地面积的大小、基地的容积率、建筑密度允许情况等都会影响到建筑的层数和高度。有些地区还受到地质条件(工程地质、水文地质)限制,只适宜建低、多层建筑,强行推行高层建筑只会带来十分复杂的设计和高额的投资。

(4) 材料、结构、设备、施工等技术条件

建筑结构和材料不同,能够建造的层数也不同。例如砖混结构,一般以 6 层及 6 层以下为宜;钢筋混凝土框架结构,不宜超过 15 层;钢框架结构,不宜超过 30 层;剪力墙结构和筒体结构则适合更高的层数。详见图 5.6。另外,建筑设备对建筑层数的影响也很大,例如,如果不设电梯,高层建筑是不可取的。建筑层数越多,施工技术越复杂,对施工机械设备要求也越高,所以建筑层数还应与施工条件相适应。

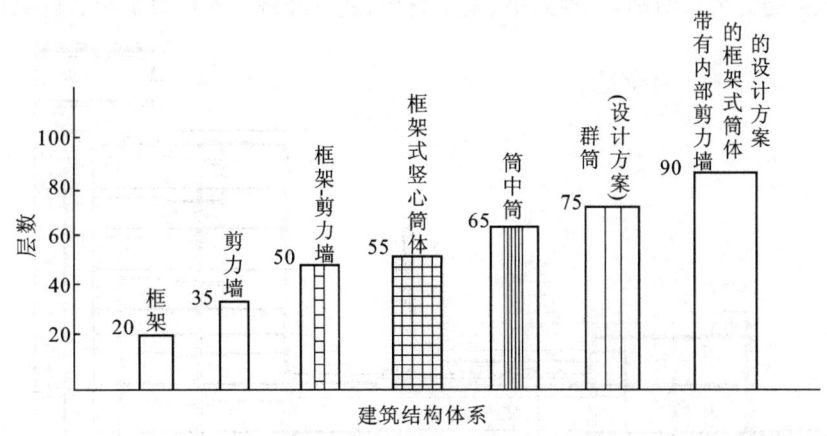

图 5.6 各种结构体系建议使用的层数

注:美国著名工程师坎恩建议的图表

(5) 防火要求

建筑的耐火等级不同,允许建造的层数也不同。当建筑物耐火等级为一、二级时,建筑层数不限;当建筑物耐火等级为三级时,最多允许建五层;当建筑物耐火等级为四级时,仅允许建两层。

(6) 经济条件

单从建筑的土建造价来看,6层砖混结构的房屋最为经济。如果将用地位置、征地、搬迁、小区建设、市政设施等综合费用考虑进去,经济的住宅层数则会增加到10～12层。

(7) 节约土地

建筑层数与节约土地的关系密切。一般来说,层数多的建筑比层数少的建筑节约用地。为了提高土地利用率,在日照间距不变的情况下,建筑顶层北侧采用退台的办法能达到增加建筑层数和建筑面积的效果,从而更节约土地。

5.2.1.2 建筑层数的计算

建筑层数应按建筑的自然层数计算,下列空间可不计入建筑层数:

(1) 室内顶板面高出室外设计地面的高度不大于1.5m的地下室或半地下室;
(2) 设置在建筑底部且室内高度不大于2.2m的自行车库、储藏室、敞开空间;
(3) 建筑屋顶上突出的局部设备用房、出屋面的楼梯间等。

5.2.2 建筑剖面空间组合设计

一幢建筑物包括许多房间,它们的用途、面积和高度各不相同,如果把高低不同的房间简单地按照使用要求组合起来,将会造成屋面或楼面高低错落、结构布置不合理、建筑体型凌乱的结果。所以,在竖向上应当考虑各种不同高度房间合理的空间组合,以取得协调统一的效果。

建筑剖面的空间组合主要有以下几种方式:

5.2.2.1 叠加组合

叠加组合实质上是相同层高的空间在竖向上叠加的情况,可分为以下两种类型:

(1) 对位叠加组合

采用上下结构柱网、墙体、楼梯、卫生间对应布置的办法垂直叠加。这种组合方式形成的建筑体型简洁,受力关系明确,结构简单、施工方便、造价经济。对位叠加组合详见图5.7。

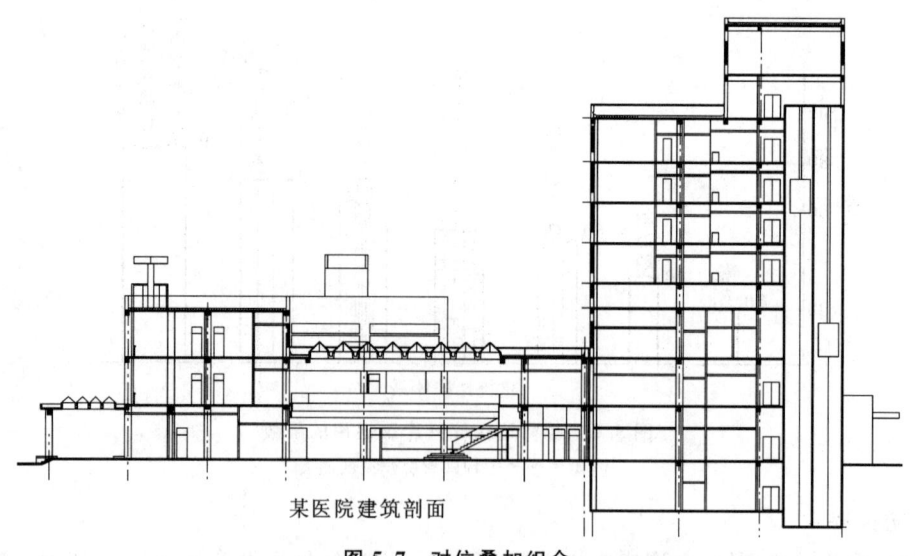

某医院建筑剖面

图5.7 对位叠加组合

(2) 错位叠加组合

在不同楼层平面中,房间在竖向有规律地沿一个方向错开一定的位置,这种组合方式就叫错位叠加。

错位叠加通常采用横向对应、纵向错位的布置,将一边逐层收回,可获得台阶形剖面;若将两边均逐层收回,则获得正 A 字形剖面;将一边逐层出挑,则获得倒阶梯形或倒锥形剖面。也可采用纵向对应、横向错位的布置,可使建筑在两端形成展翼而飞的三角形体型。详见图5.8。

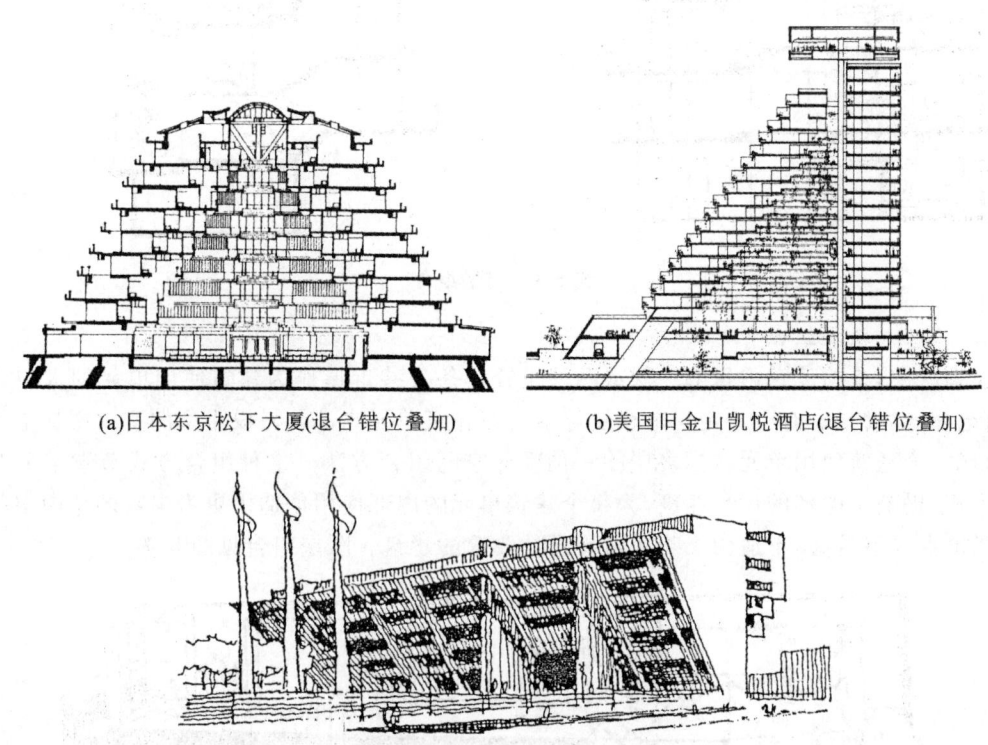

(a)日本东京松下大厦(退台错位叠加)　　(b)美国旧金山凯悦酒店(退台错位叠加)

(c)美国达拉斯市政厅(出挑错位叠加)

图 5.8　错位叠加组合

需要注意的是,上下错位叠加应保证建筑物的平衡稳定、结构合理和有利于采光、通风。为此,采用错位叠加的建筑,出于结构安全考虑,每次出挑或收进应控制在 1/2 跨度以内,而且叠加层数也不宜太多。采用 A 字形、山形、梯形等建筑体型时,当底层房间进深过大时,则会影响中间房间的自然通风和采光。

5.2.2.2　错层组合

建筑在同一层平面内有不同的层高,部分楼板需要上下错开,这种组合称为错层组合。错层组合在不同标高处楼板的衔接常采用台阶、坡道、楼梯梯段连接。详见图5.9。

错层组合主要适用于以下两种情形:

(1)建筑同一层平面中房间的层高不一致,但层高相差不大,若采用统一层高则很不经济,常采取分区分段进行层高调整,在两个不同的层高区段交界处采用台阶或坡道联系。需要注意的是,虽然层高相差不大,但是在层间会产生累计高差,随着层数的增加,高差会逐渐增大。

(2)建筑各层层高一致,但首层地面由于地形因素有较大高差,则在高差处形成错层。处理的方法是通过楼梯的各个平台分别连接不同的标高地面。

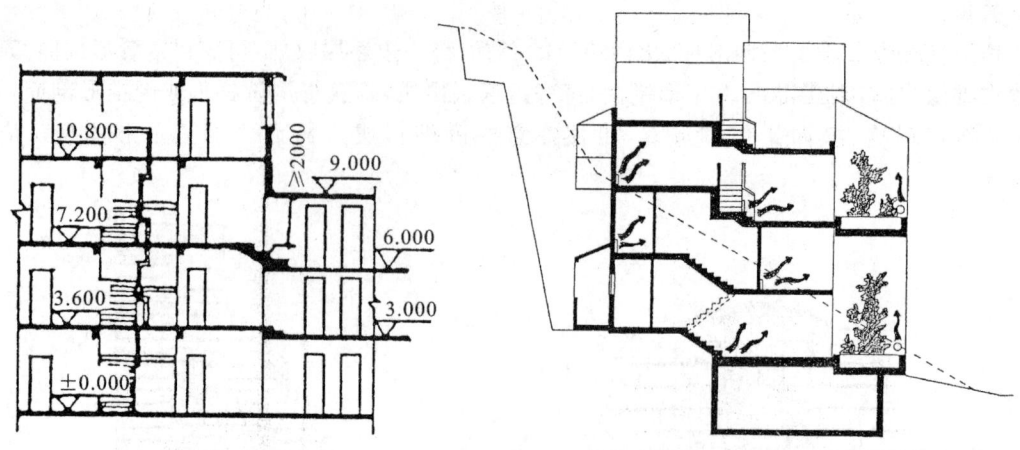

图 5.9 错层组合

5.2.2.3 跃层组合

所谓跃层,是指建筑内每隔一层或两层设置一条公共走道作为建筑使用单元的入户走道(若有电梯,电梯只在有公共走道的楼层停靠),在建筑单元内部再另设小型的室内楼梯上下联系,形成一个建筑使用单元占据多层的一种竖向空间组合方法。这种组合方式节省了公共交通的面积,提高了电梯的运行速度,为每个建筑单元的内部使用创造了更为丰富的室内空间环境。其缺点是造价高,不适用于有无障碍设计要求的建筑。跃层组合见图5.10。

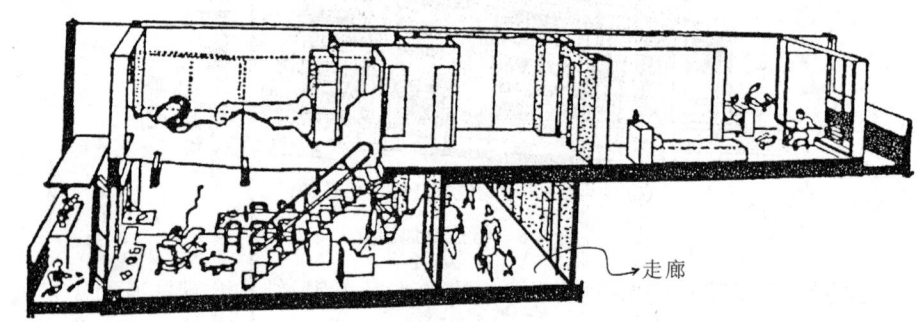

图 5.10 跃层组合

5.2.2.4 夹层组合

很多公共建筑的大厅、车站的候车室、体育馆的比赛大厅等,其主体空间高度都很大,而与此相联系的辅助用房都小得多,因此常采取在大空间周围布置夹层的方式,使得大空间的高度相当于辅助用房的两层和两层以上的高度,这种组合方式称为夹层组合。详见图5.11。在体育馆设计中,通常结合大厅看台升起的剖面特点,利用看台以下和大厅四周的空间设置夹层,布置各种不同高度的使用房间。在图书馆设计中,储藏书架所需高度不高,一般在2.2m左右,也常常在书库或阅览室开敞书架区设计成夹层空间,以减少空间的浪费。

5.2.2.5 其他组合方式

对于少数大空间,若房间层高较高,难以同其他房间进行组合,常常将单层附设于主体建筑旁边,通过走廊等交通空间与主体建筑联系。也有一些建筑将这类空间放在其顶层进行布置。应该注意的是,这类房间使用人数比较多,使用时间较为集中,当其置于顶层时,必须解决好安全疏散问题。

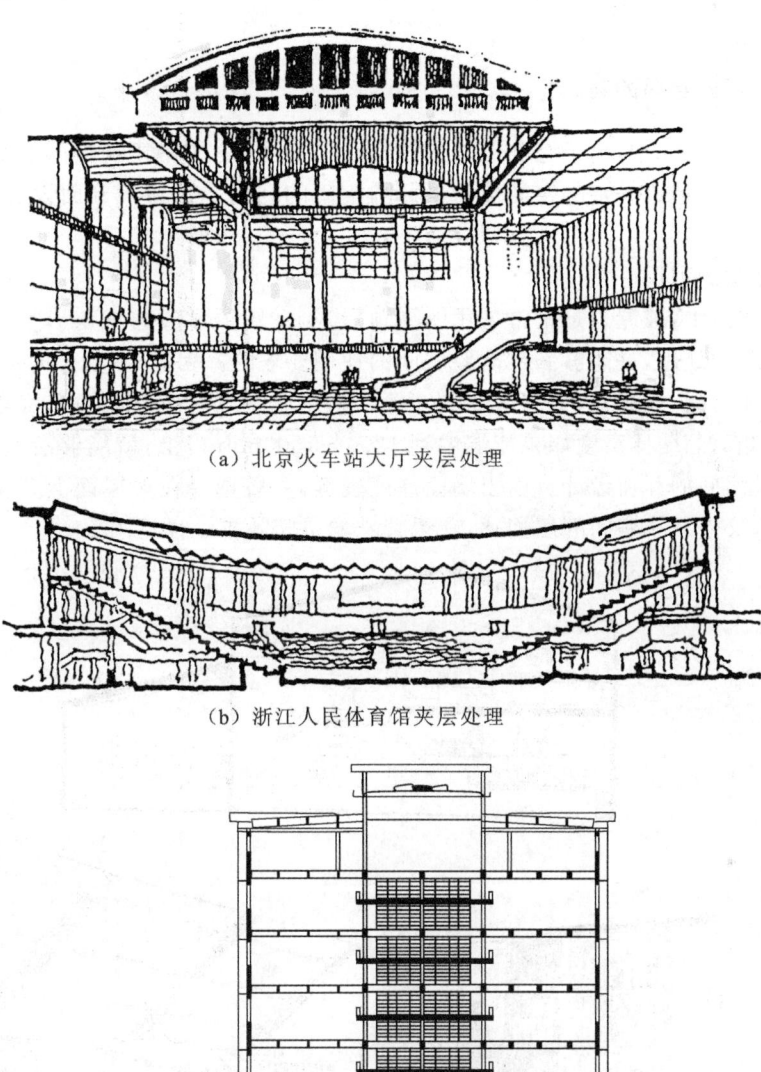

(a) 北京火车站大厅夹层处理

(b) 浙江人民体育馆夹层处理

(c) 某图书馆夹层处理

图 5.11 夹层组合

5.3 竖向空间的利用与建筑局部高度设计

5.3.1 竖向空间的利用

在建筑剖面设计中,出于空间造型和结构选型需要,往往在建筑内部形成一些无效空间,如不加以利用,便造成一定的空间浪费,因此,空间的利用也是建筑剖面设计所要考虑的一个重要内容。

(1)坡屋顶的利用

在民用建筑中,坡屋顶是常常采用的屋顶形式,在屋顶形成的三角形空间中,如果对空间高度进行合理的处理,是能够满足次要房间的使用要求的。因此,在设计时应考虑利用这部分空间作为次要房间,如卧室、书房或储藏间等。利用坡屋顶时应考虑两个因素:一个是房间侧墙的高度。侧面的墙体高度如果能够做到1200~1500mm以上,就能够沿墙布置一些家具设备;另一个是房间的开窗设计。由于墙面高度较低,一般选择在坡屋面上开设窗户,既能够解决采光问题,又能减小房间的压抑感,获得特殊的空间效果。详见图5.12。

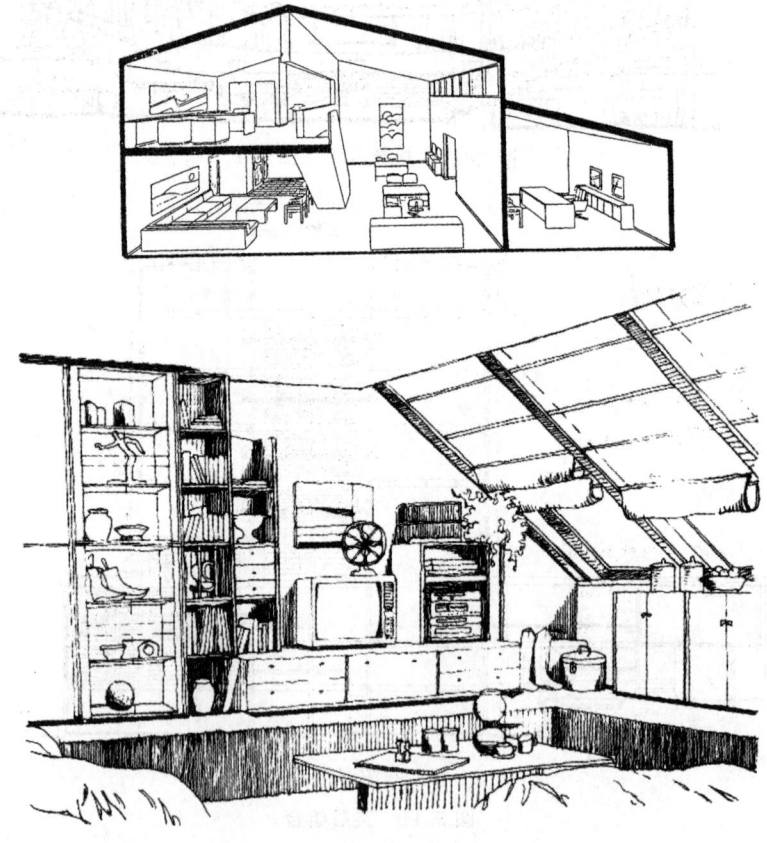

图 5.12 坡屋顶的利用

坡屋顶在建筑面积计算中有特殊的规定,房间内部净高超过2.1m的部分,应计算建筑面积;净高在1.2~2.1m的部分,应计算1/2的建筑面积;净高不足1.2m的部分,不计入建筑面积。

(2)交通空间的利用

①楼梯空间的利用

住宅楼梯底层休息平台的下部空间及顶层上部空间属于无效空间。为了充分发挥建筑空间的效能，可以在设计中适当处理，使其发挥作用。这两部分空间通常作为储藏间来处理。利用顶层上部空间时，注意梯段与储藏间的净空高度应大于 2.2m，以保证人们通过楼梯间时不会发生碰撞。楼梯空间的利用详见图 5.13。

别墅与跃层式住宅内部楼梯的下部也可以结合室内储藏类家具设计，做成靠墙的固定橱柜。在公共建筑大厅内常常设置一些景观楼梯，在楼梯的下部设置水池、假山并配以绿化，一方面可以美化大厅环境，另一方面也减弱了过高的大厅空间给人的空旷感觉。

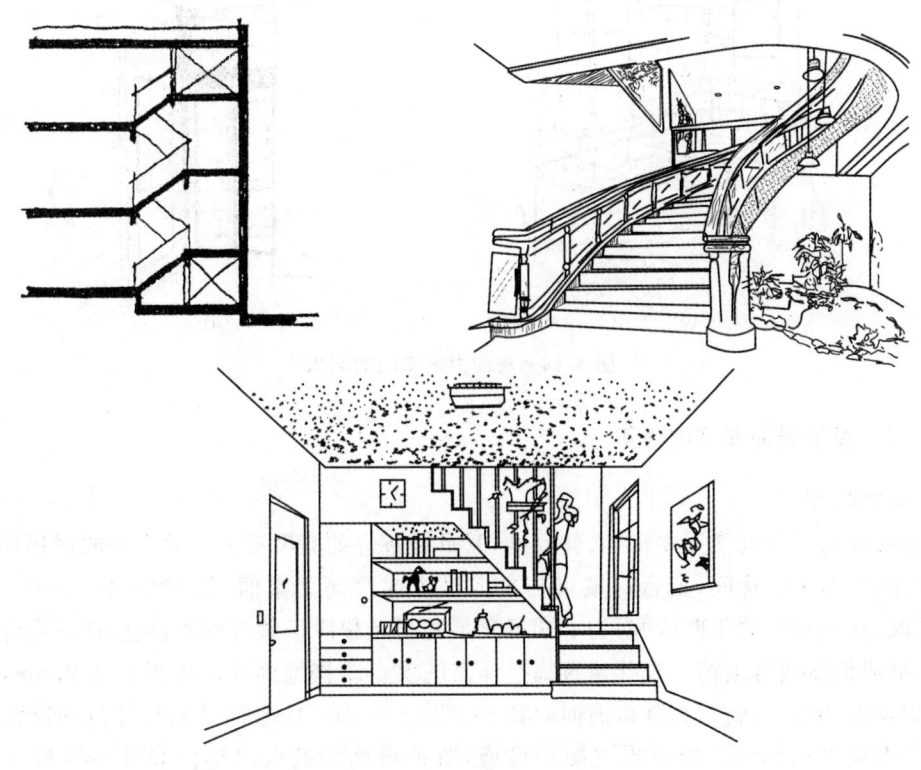

图 5.13　楼梯空间的利用

②走廊上部空间的利用

多、高层建筑的走廊高度通常与房间的高度相同。但一般走廊空间可以低一些，净高在 2.2m 左右即满足要求，因此可以充分利用走廊上部空间来设置通风、空调、照明等线路和各种管道。在住宅内部，常在走廊上部设置吊柜以储藏物品。

(3)房间内部空间的利用

房间内部可利用的空间指的是人们日常活动和家具布置等以外的空间。如在居室中设置固定式壁柜、吊柜，放置换季衣物、被褥和日杂用品；在厨房中设置吊柜、壁龛和低柜，放置杂物、燃料和炊具；在书房沿墙设置悬挑书架，搁置图书；利用飘窗的宽窗台摆放植物、花卉等。作为一名优秀的设计师，不但要善于设计空间，还应该善于利用空间，最大限度地发挥空间的作用。房间内部空间的利用详见图 5.14。

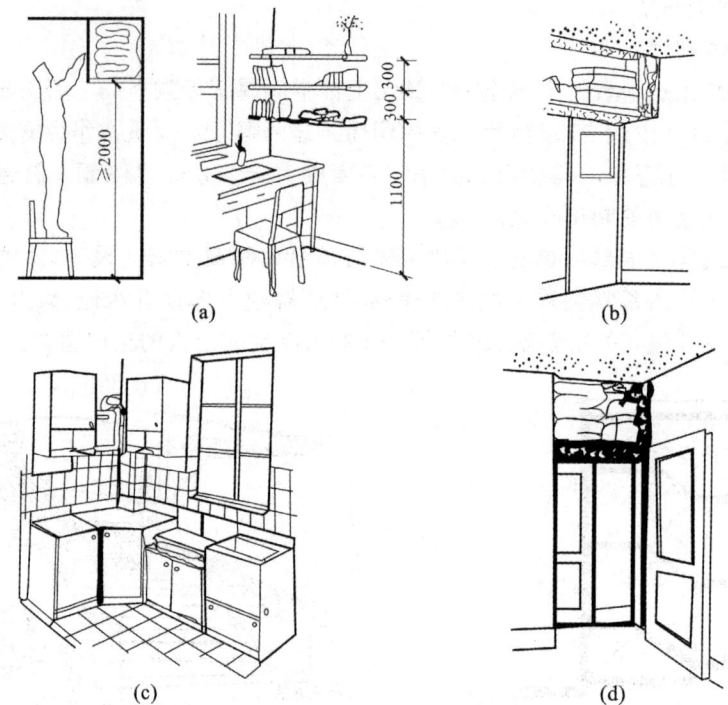

图 5.14 房间内部空间的利用

5.3.2 建筑局部高度的确定

(1)窗台高度

窗台高度与房间的使用要求、人体尺度、家具设备等的高度有关。对于一般民用建筑中的生活、工作、学习用的房间,窗台高度可与桌面平齐或稍高于桌面,为 800~900mm。对于旅馆、疗养院、高级别墅的某些房间,为了获得充足的阳光和便于欣赏室外景色,往往会降低窗台的高度,形成低窗或落地窗。公共建筑临空外窗的窗台距楼地面净高不得低于 0.8m,否则应设置防护设施,防护设施的高度由地面起算不应低于 0.8m;住宅建筑临空外窗的窗台距楼地面净高不得低于 0.9m,否则应设置防护设施,防护设施的高度由地面起算不应低于 0.9m。详见图 5.15。当凸窗窗台高度低于或等于 0.45m 时,其防护高度从窗台面起算不应低于 0.9m;当凸窗窗台高度高于 0.45m 时,其防护高度从窗台面起算不应低于 0.6m。

对于托幼建筑的儿童用房,结合儿童身体的尺度和较为矮小的家具,窗台面距地面高度不宜大于 0.60m。

为了遮蔽人流的视线,浴室、厕所的窗台高度应当高些,单层公共厕所窗台距室内地坪最小高度应为 1.80m,双层公共厕所上层窗台距楼地面最小高度应为 1.50m;公共走道的窗扇开启时不得影响人员通行,其底面距走道地面高度不应低于 2.0m;在博物馆建筑中,需要利用外墙布置展品,商店建筑外墙也需要布置货架,窗台高度也常常选定在 1800mm 以上。

(2)窗洞上缘的高度

窗洞上缘的高度对室内采光会产生影响,在砖混结构中,常将窗顶标高定在圈梁或过梁的下部;在框架结构中,常将窗顶标高定在外墙框架梁底。

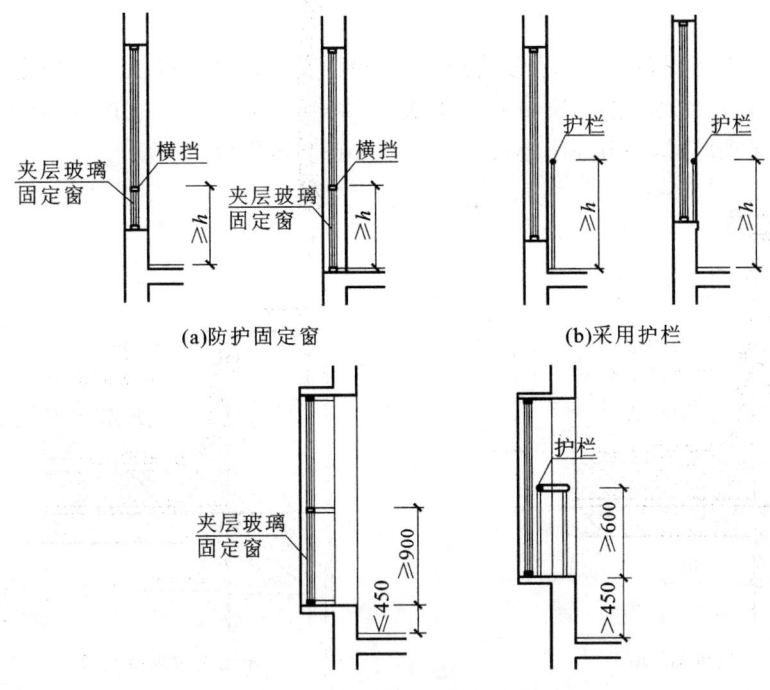

图 5.15 低窗台的安全防护

h—公共建筑不低于 800mm(住宅建筑不低于 900mm)

(3)入口雨篷高度

雨篷的高度既要考虑建筑造型,还要考虑与门的关系,过高则遮雨效果不好,过低又有压抑感。通常为了便于施工和使构造简单,可使雨篷与门洞过梁结合成整体,雨篷标高应至少高于门洞标高 200mm 左右。从造型角度来看,当建筑需要扩大入口的体量感时,常常抬高雨篷的位置,多设在首层层高处。

(4)阳台、外廊、室内回廊、上人屋面的安全围护高度

阳台、外廊、室内回廊、上人屋面等临空处应设置栏杆或栏板。栏杆(栏板)高度应超过人体重心高度,才能避免人体靠近栏杆时因重心外移而坠落。根据《民用建筑设计统一标准》(GB 50352—2019)中的规定,当临空高度在 24.0m 以下时,栏杆高度不应低于 1.05m;当临空高度在 24.0m 及以上时,栏杆高度不应低于 1.1m。上人屋面和交通、商业、旅馆、医院、学校等建筑临开敞中庭的栏杆高度不应小于 1.2m。栏杆高度应从所在楼地面或屋面至栏杆扶手顶面的垂直高度计算,当底面有宽度大于或等于 0.22m,且高度低于或等于 0.45m 的可踏部位时,应从可踏部位顶面起算。详见图 5.16。

(5)屋顶局部尺寸

一般建筑可以分为平屋顶和坡屋顶。在平屋顶设计中需要注意女儿墙的高度,坡屋顶则要选择合适的坡度,处理好出檐与排水问题。

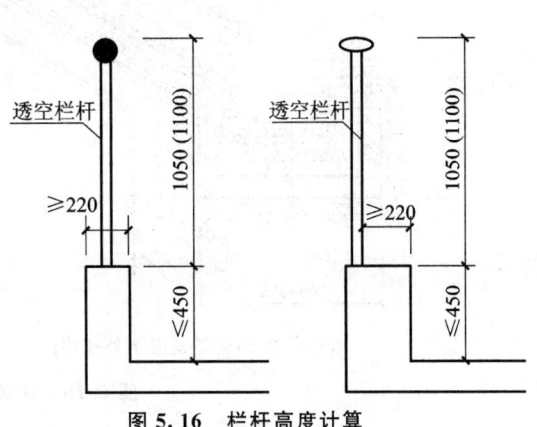

图 5.16 栏杆高度计算

①平屋顶

平屋顶有上人屋顶和不上人屋顶之分,上人屋顶女儿墙的高度从屋面量起至女儿墙顶部应不低于1100mm(在幼儿园建筑中要求不低于1200mm),不上人屋顶女儿墙的高度只需要满足排水构造要求即可,一般高出屋面400～500mm。详见图5.17。

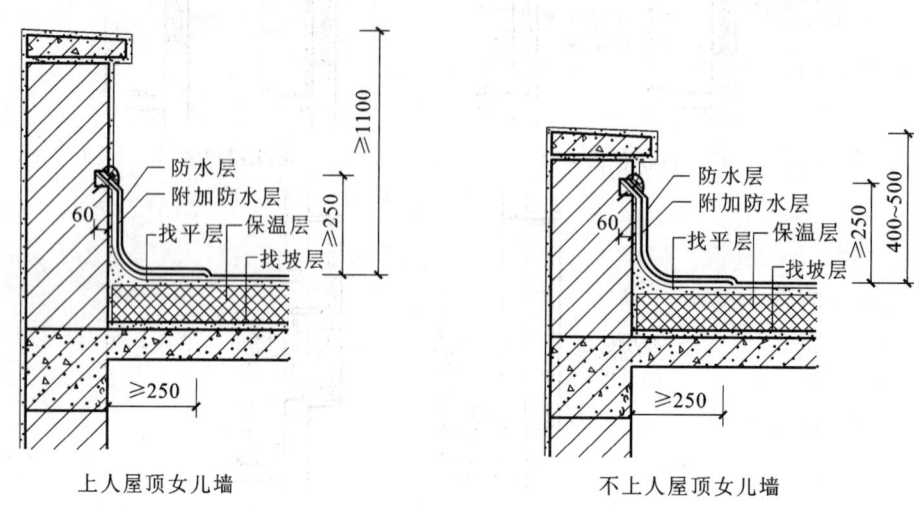

图5.17 女儿墙高度

②坡屋顶

坡屋顶在剖面设计中主要考虑屋面坡度和出檐形式。根据房屋的进深尺寸和坡度设计值可以算出屋脊的标高。出檐形式要根据坡屋顶的排水方式确定,有组织排水常采用外檐沟的形式,其向外的出挑尺寸一般为400～500mm。无组织排水只需要将檐口部位向外挑出一定长度,一般不宜小于500mm,但是这种方式只能用于低层或檐口高度不大于10m的建筑。详见图5.18。

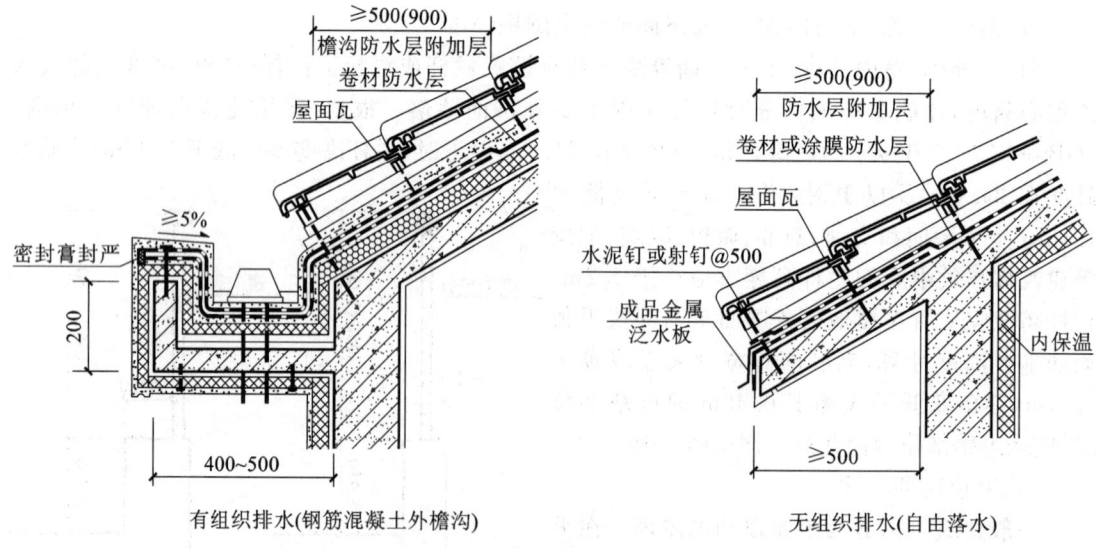

图5.18 坡屋顶檐口排水构造

5.4 建筑剖面设计与表达

建筑剖面主要用来表达空间的第三维高度的变化、形体的轮廓以及空间的结构与构造措施等内容。

5.4.1 建筑剖面图的形成与制图表达

(1)建筑剖面图的形成

用一个假想的垂直于外墙轴线的平面把建筑切开,对切面以后部分的建筑形体作正投影图,即为建筑剖面图。

(2)建筑剖面图的制图表达

为了将剖到的形体轮廓与看到的形体轮廓区别开来,用粗实线表示剖切到的实体轮廓线,如地面线、墙体、楼面板、梁、屋面板等。把看到的形体轮廓线用细实线表示,如门窗、空间中的柱子,以及与剖切线平行并且可以看到的梁等。同时,当剖面图比例足够大时,在剖到的实体轮廓线内还应采用材料图例来加强表达。

5.4.2 建筑剖面设计

(1)剖切位置的选择

剖面图的表现内容与剖切位置密切相关。一般建筑的剖面图应不少于两个,并应该从横向和纵向两个视图方向来选择。根据《建筑制图标准》(GB/T 50104—2010)的规定,"剖面图的剖切部位,应根据图纸的用途或设计深度,在平面图上选择能够反映建筑全貌、构造特征以及有代表性的部位剖切"。除了上述规定外,建筑空间局部不同处以及平面、立面表达不清楚的部位也应绘制局部剖面图。

(2)剖面图表现内容与设计深度要求

①剖面图的控制线

在剖面设计时,首先要将控制线定位准确,为下一步剖面图的绘制打下基础。剖面图的控制线主要有承重墙、柱的定位轴线和层高控制线(室外地坪线、首层地面线、层高控制线等)。详见图 5.19。

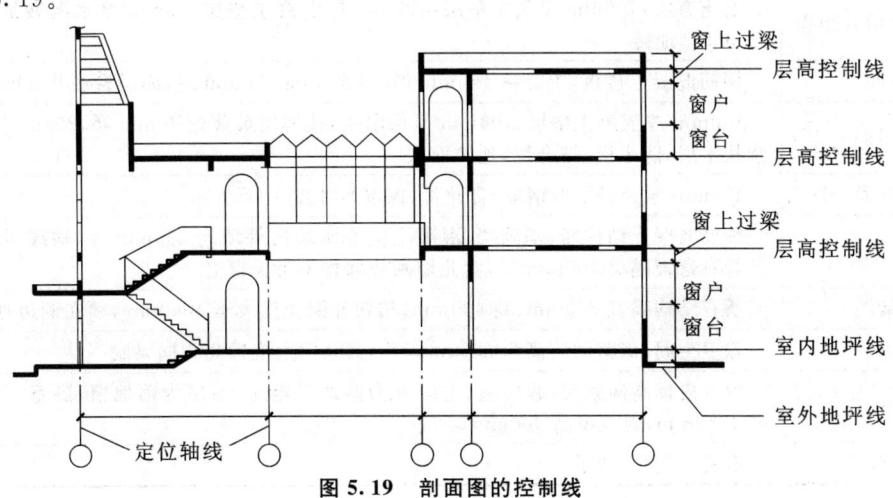

图 5.19 剖面图的控制线

②剖到部分与看到部分内容

主要包括结构和建筑构造部件。如室外地面、室内地面、各层楼板、夹层、屋架、屋面板；梁柱、外墙、屋顶檐口或女儿墙、屋面突出物；楼梯、台阶、坡道、散水、阳台、雨篷、门窗洞口及其他可见装修等内容。

③高度尺寸

包括外部尺寸与内部尺寸两部分内容。

外部尺寸：总高度、层间高度、室内外高差、屋顶檐口或女儿墙高度、屋面突出物高度、门窗洞口高度。

内部尺寸：地坑（沟）深度、隔断、内窗、洞口、平台、吊顶等。

④标高

主要结构和建筑构造部件的标高，如地面、楼面（含地下室）、平台、吊顶、屋面板、屋面檐口、女儿墙顶、高出屋面的建筑物、构筑物及其他屋面、特殊构件等的标高，室外地面标高。

⑤节点构造详图索引号。

⑥对于紧邻的原有建筑，应绘制其局部的剖面图。

⑦当有组合平面图时，应根据需要绘制组合剖面图，表达深度可适当简化。

5.5 实例分析——某山地联排住宅剖面设计解析

5.5.1 建筑剖面设计任务综述

（一）项目概况

图 5.20 所示为某山地联排住宅中间单元各层平面图及屋顶平面图，住宅为砌体结构。请按照指定的剖切位置画出剖面图。剖面图应正确反映平面图所示关系并满足构造要求。

（二）构造要求

剖面设计中应满足表 5.4 所列的构造要求。

表 5.4 构造要求

构造部位	构造要求
室内外及窗井地面	素土夯实，100mm 厚灰土垫层，120mm 厚混凝土垫层，20mm 厚水泥砂浆结合层，10mm 厚地砖
楼面	钢筋混凝土楼板，主卧室 150mm 厚，其余房间 100mm 厚，面层做法共 50mm 厚
平屋面	150mm 厚混凝土垫层，100mm 厚保温层，找坡层最薄处 30mm 厚，20mm 厚水泥砂浆找平层，防水层，结合层，地砖面层
坡屋面	150mm 厚金属压型钢板（含龙骨、保温），坡度 1∶5
墙体	钢筋混凝土结构墙、基础墙、混凝土空心砌块内外墙均 250mm 厚，轴线居中；轻钢龙骨石膏板隔墙 100mm 厚，女儿墙和外墙均不考虑保温
梁	所有结构梁宽 250mm、高 450mm；楼板开洞宽度大于 1000mm，须在洞边加梁
门	除卫生间、储藏间门高为 2000mm 外，其余门上皮标高均同梁底
窗	窗上皮标高同梁底，起居室、主卧室为落地门连窗，书房为落地窗，卧室、工作室窗高 1450mm，厨卫窗高 900mm
栏杆	钢或木栏杆、扶手

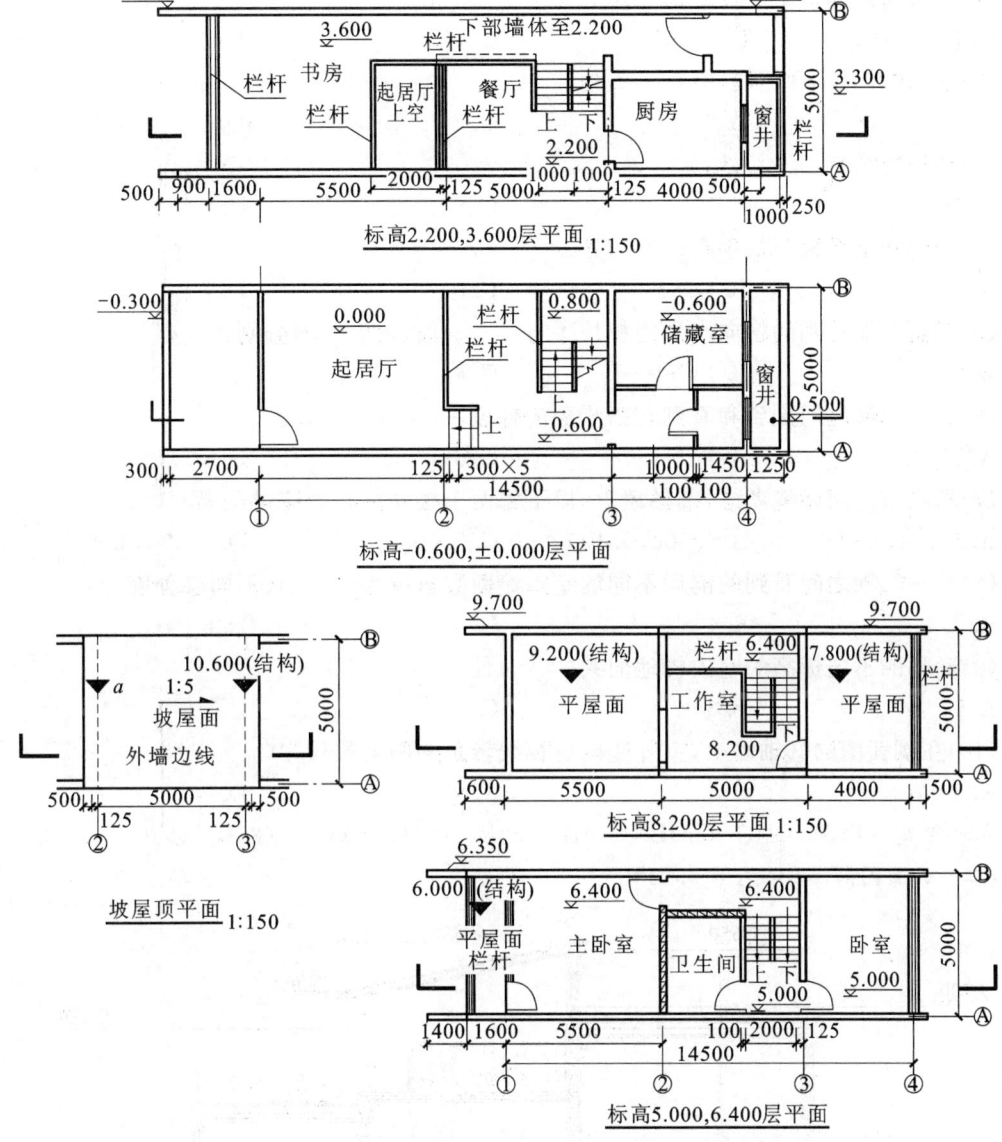

图 5.20 某山地联排住宅中间单元各层平面图及屋顶平面图

(三)任务要求

根据下面的选择题提示与平面图完成剖面设计。

(1)按照 1∶50 绘制剖面图。包括基础墙(绘出局部即可)、楼地面、屋面、结构梁、内外墙、门窗洞口等剖切到的部位,楼梯、栏杆、门窗及其他可视部分。

(2)标注标高及相关尺寸。

5.5.2 项目解析

(一)完成下列关于本剖面设计的选择题

(选择题是对剖面作图的提示,通过选择题的分析,来确定剖面图中关键部位的构件构造、标高、细部尺寸等。)

(1)坡屋面结构板最高点处的标高 a 应为( )m。
A. 11.600　　　　B. 11.650　　　　C. 11.700　　　　D. 11.750
(2)剖到的门(不含门洞)有( )处。
A. 5　　　　　　B. 6　　　　　　C. 7　　　　　　D. 8
(3)剖到的窗有( )处。
A. 4　　　　　　B. 5　　　　　　C. 6　　　　　　D. 7
(4)剖到的水平栏杆扶手有( )处。
A. 4　　　　　　B. 5　　　　　　C. 6　　　　　　D. 7
(5)剖面上能看到的横向水平栏杆扶手有( )段(前后不同分别计)。
A. 2　　　　　　B. 4　　　　　　C. 6　　　　　　D. 8
(6)②~③轴之间剖到和看到有踏步面的梯段一共有( )段。
A. 3　　　　　　B. 4　　　　　　C. 6　　　　　　D. 8
(7)从建筑空间环境考虑,②轴墙上,以下哪两个楼面标高处应设反梁?( )
A. 2.200,5.000　B. 5.000,6.400　C. 5.000,8.200　D. 6.400,8.200
(8)②~③轴之间看到的前后不同的室内墙面数量应为( )(不同层分别计)。
A. 3　　　　　　B. 4　　　　　　C. 5　　　　　　D. 6
(9)剖到的不同标高的室内楼地面共( )处。
A. 5　　　　　　B. 6　　　　　　C. 7　　　　　　D. 8
(10)在剖面图的Ⓑ轴墙上,室外竖向可视线转角的阳角数量为( )个。
A. 3　　　　　　B. 4　　　　　　C. 5　　　　　　D. 6
参考答案:(1)B　(2)C　(3)B　(4)B　(5)B　(6)B　(7)A　(8)B　(9)C　(10)C
(二) 剖面图解答(详见图 5.21)

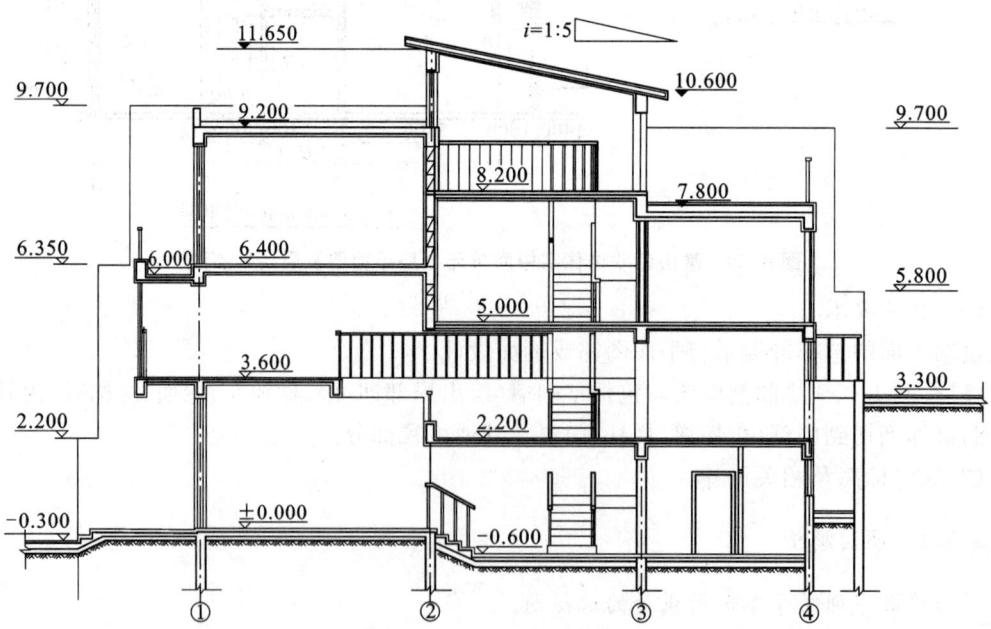

图 5.21　剖面图参考答案

5.6 实训课题——建筑剖面设计

(一)项目概况

根据所给的幼儿园平面图(图 5.22),完成幼儿园建筑剖面设计,画出 A—A 剖面图。构造要求如下:

(1)建筑结构:砖混结构,墙体为 240mm 厚页岩砖砌体,±0.000 以下为实心砖。钢筋混凝土现浇楼板与楼梯,楼板厚 120mm,梁高 500mm。

(2)建筑基础:条形砖基础,基础埋置深度为－1.80m。

(3)层高:底层层高为 3.30m,二层层高为 3.30m,楼梯间顶层层高 2.70m,通至屋顶。

(4)门窗:M-1 门高 2400mm;C-1 窗高 600mm,窗台标高 0.650m;C-2 窗高 1800mm,窗台距室内地面 600mm;C-3 窗高 600mm,窗台距室内地面 1800mm;C-4 窗高 1800mm,窗台距楼梯平台地面 1100mm;C-5 窗高 1800mm,窗台距室内地面 900mm;C-6 窗高 1400mm,窗台距室内地面 900mm。

(5)女儿墙:高度 1200mm,楼梯间女儿墙高 600mm。

(二)实训目的

(1)将构造设计实训与二级注册建筑师考试相结合,培养学生分析和解决问题的能力。

(2)综合运用建筑剖面设计原理,将理论知识与工程实践紧密结合,培养学生的工程实践能力。

(三)实训内容

(1)作出从基础到屋顶的 A—A 剖面图,厨房及医务室部分立面可不表现;

(2)标注楼梯及栏杆尺寸;

(3)标注门窗尺寸;

(4)画出地面构造;

(5)标注其他必要的尺寸及标高。

(四)实训主要步骤

(1)根据实训任务要求,识读幼儿园平面图,清楚剖切位置的房间情况。

(2)完成提示性选择题的解答。

(3)完成 A—A 剖面图草图设计。

(4)以小组为单位进行交流,及时纠正草图设计中的错误。

(5)完成 A—A 剖面图正图设计。

(6)任课教师组织进行成果展示与评价。

(五)实训成果要求

一般采用 3 号图纸,与施工图设计深度要求一致。

(1)按照 1∶50 绘制剖面图。包括基础墙(绘出局部即可)、楼地面、屋面、结构梁、内外墙、门窗洞口等剖切到的部位,楼梯、栏杆、门窗及其他可视部分。

(2)标注标高及相关尺寸。

(六)实训成果评价

(1)各阶段设计任务的完成度(包括完成率和完成质量)。

(2)剖面设计知识应用的正确性。

(3)设计图纸表达的准确性与规范性。

(4)交流汇报中对所提问题的回答和语言表达水平。

成绩评定分为五级(优、良、中、及格、差),过程考核占总成绩的40%,成果考核占总成绩的40%,交流汇报占总成绩的20%。

(七)针对幼儿园剖面设计任务书完成以下选择题:

(1)幼儿园的生活用房应布置在当地最好日照方位,并满足冬至日底层满窗日照不少于( )h的要求。

  A. 1   B. 2   C. 3   D. 4

(2)幼儿园的楼梯栏杆宜采用垂直布设,其净间距不应大于( )mm。

  A. 100   B. 110   C. 120   D. 130

(3)幼儿园楼梯踏步的高度不应大于( )mm,宽度不应小于( )mm。

  A. 140,250   B. 150,280   C. 150,260   D. 175,260

(4)幼儿扶手的高度不应大于( )m。

  A. 0.5   B. 0.6   C. 0.7   D. 0.8

(5)剖面图 A—A 中剖到的条形基础有( )处。

  A. 4   B. 5   C. 6   D. 7

(6)剖面图 A—A 中 C-1 窗所在墙上剖到的窗过梁有( )个。

  A. 1   B. 2   C. 3   D. 4

(八)附图(图 5.22)

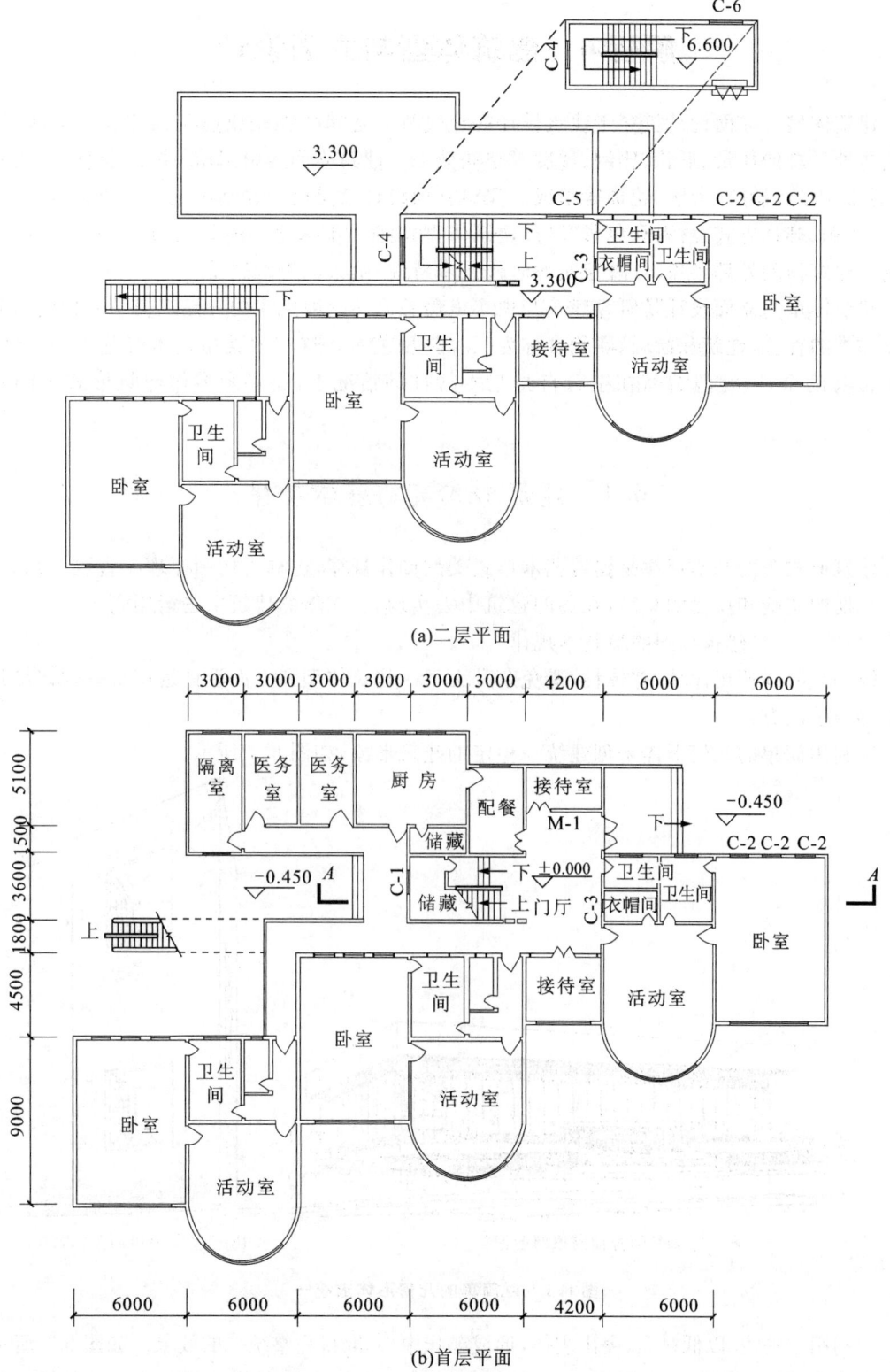

图 5.22 幼儿园建筑首层和二层平面图

解析 6　建筑体型与立面设计

建筑体型与立面设计贯穿于建筑设计的全过程。建筑体型是指建筑物的轮廓形状,反映建筑物外形总的体量、形状、比例、尺度等空间效果。建筑立面是由门窗、墙面、梁柱(外露)、阳台、雨篷、檐口、勒脚、台阶、花饰等组成。建筑立面设计就是恰当地确定这些组成部分的形状、尺度、比例、排列方式、材料和色彩等,是建筑体型的进一步深化。因此,建筑体型和立面设计构成了建筑物的外部形象,体现建筑的时代艺术特性,给人以美的感受。

建筑体型与立面设计是研究建筑与现实审美关系的一般规律的。建筑美学家把建筑列入艺术部类的首位,建筑和绘画、雕刻合称为三大类型艺术。这三大类型艺术有艺术的共性,又具有自身的个性,建筑造型在结合自身艺术特性的情况下,还必须遵循建筑形式美的基本规律。

6.1　建筑形式美的基本规律

建筑形式美的基本规律是建筑艺术形式美的创作规律,也称为构图原理。古往今来,人们经历长期的实践和反复的总结,在美的建筑中去实现它,在新的建筑中去运用它。

(1)统一——建筑构图的最基本规律

统一主要强调规律性、整体性,避免杂乱无章。建筑体型和立面设计运用统一规律增加建筑美感的手法有:

①利用简单的几何形体来创建统一稳定的建筑形象,如图6.1所示。

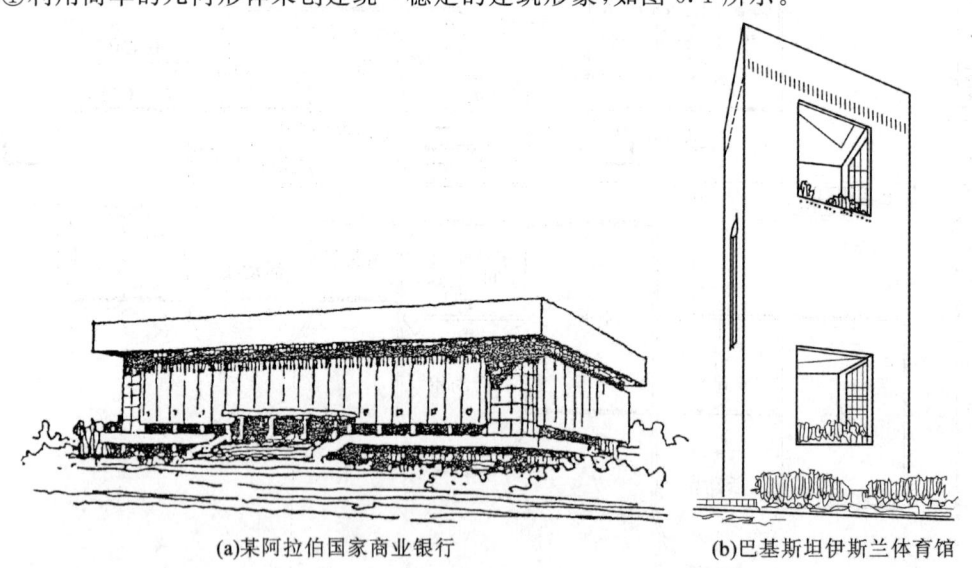

(a)某阿拉伯国家商业银行　　(b)巴基斯坦伊斯兰体育馆

图6.1　以简单的几何形体求统一

②利用中轴线,以低衬高,突出主体,形成趣味中心,取得完整统一的效果。如图6.2所示。

③采取相同或相似的处理手法,以形成相互间的呼应,从而提高建筑的统一整体感。如图6.3所示。

(a)利用中轴线求统一

(b)以低衬高求统一

图 6.2　突出主题求统一

(2)均衡——建筑物最重要的特性

均衡是指建筑综合整体的关系,主要形容建筑物前、后、左、右各部分的一种平衡关系。建筑的均衡感是由视觉形成的,主要表现在体量及其与均衡中心的距离上。根据杠杆平衡原理(图 6.4),均衡中心往往是人们视线集中的地方。根据均衡中心的位置不同以及时间和空间对人们视觉的影响,可分为静态均衡和动态均衡。静态均衡又分为对称的均衡和非对称的均衡。对称均衡易获得安全感、统一感(图 6.5)。非对称均衡是将均衡中心偏于建筑的一侧,利用不同体量、材质、色彩、虚实变化等平衡达到轻盈、活泼的效果,如图 6.6 所示。动态均衡是现代建筑理论强调空间和时间的相互作用及其对人的视觉的影响,在动态中保持均衡的一种概念,它扩充了均衡的领域,如图 6.7 所示。

图 6.3　法国巴黎圣母院

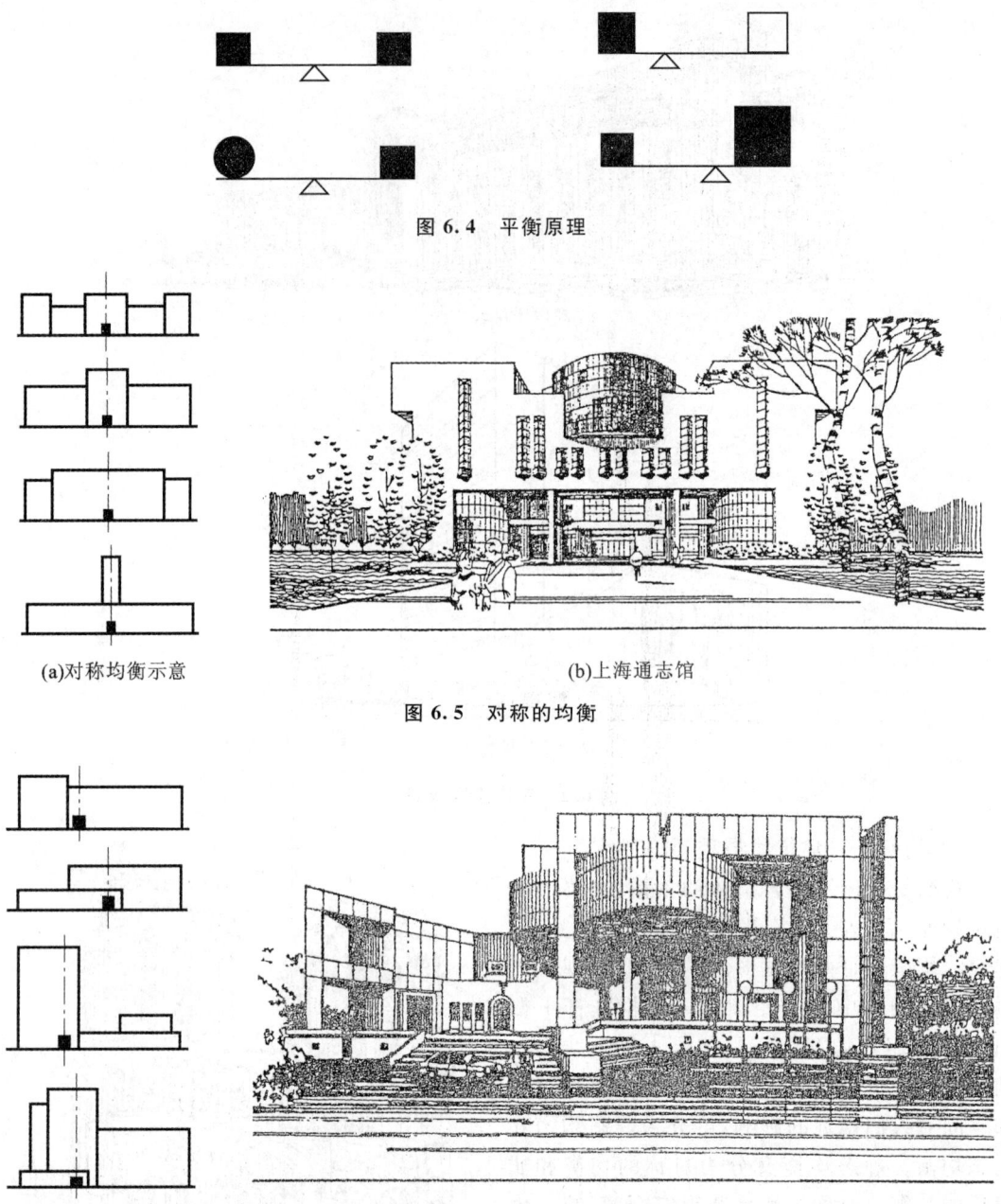

图 6.4 平衡原理

(a)对称均衡示意　　(b)上海通志馆

图 6.5　对称的均衡

(a)非对称均衡示意　　(b)飞虹影剧院

图 6.6　非对称的均衡

(3)比例——建筑物整体与局部、局部与局部之间的比例关系

建筑比例是指建筑形式与人的心理体验所形成的一种对应关系。它不像数学中两个数字的比值那样确切与机械,而是随不同地域、不同社会地位、不同人的心理体验及不同的材料与结构,产生多种不同的比例标准。

建筑比例可分为整体比例和划分比例。整体比例是指建筑整体形象的长、宽、高之间的比例关系。整体比例的确定受建筑基地环境和使用性质的制约。如图 6.8 所示,两种宾馆建筑分别

图 6.7　动态均衡

(a)挺拔体型比例关系

(b)稳重体型比例关系

图 6.8　建筑整体比例

反映出挺拔和稳重两种不同的体型比例关系。划分比例是指建筑构件在建筑整体构成中所占的尺寸比例关系。如图6.9所示,中西方古典建筑在开间的高宽比及屋顶在整个立面中所占比例等方面的差异,导致立面构件形式和尺寸的不同,其立面构图效果完全给人以不同的感受。

图6.9 建筑划分比例

建筑设计中,比例推敲极为关键。

①在三维空间的建筑上,人们认为简单的几何形状及若干几何形状之间的组合,处理得当可获得良好的比例关系。许多优秀建筑的形式美构图,常常被人们用简单的几何图形分析、图解、探索其构图的比例关系,如图6.10所示。

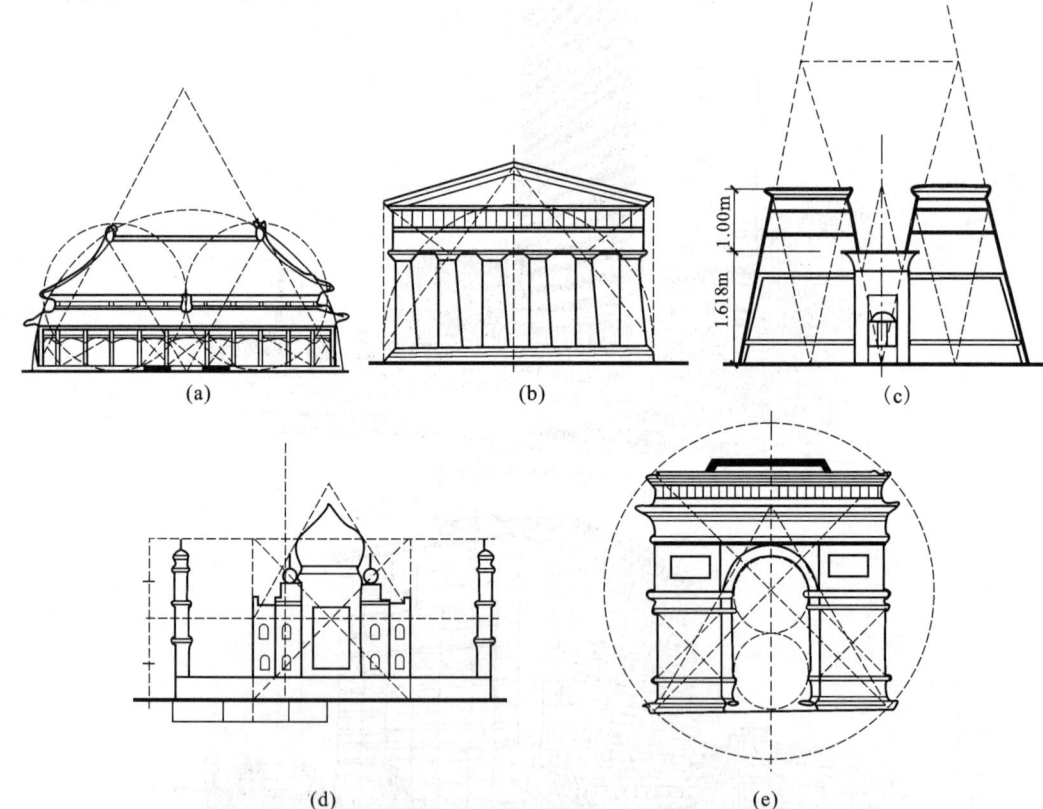

图6.10 用简单的几何图形分析、图解、探索其构图的比例关系
(a)中国故宫太和殿;(b)希腊波赛冬神庙;(c)埃及埃德夫神庙;(d)印度泰姬陵;(e)法国凯旋门

②黄金比例(亦称黄金分割)是设计中应用较多的一种比例。美国的格列普斯用五个不同比例的矩形进行民意测验,最为人们所接受的是黄金比矩形(长宽比为1∶0.618),如图6.11所示。

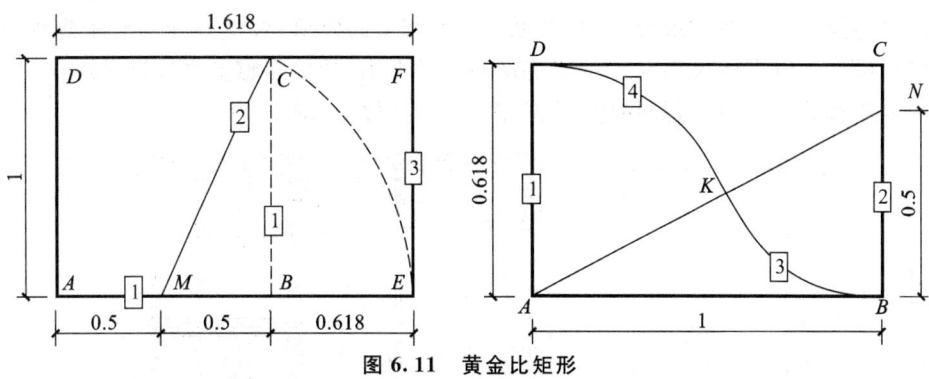

图 6.11 黄金比矩形

③大小不同的相似矩形,它们之间的对角线互相平行或垂直,具有相等"比率"的协调比例关系,因此在墙面构图中得到广泛应用。如对角线常用来确定一个窗的横挡和竖梃,如图 6.12 所示。

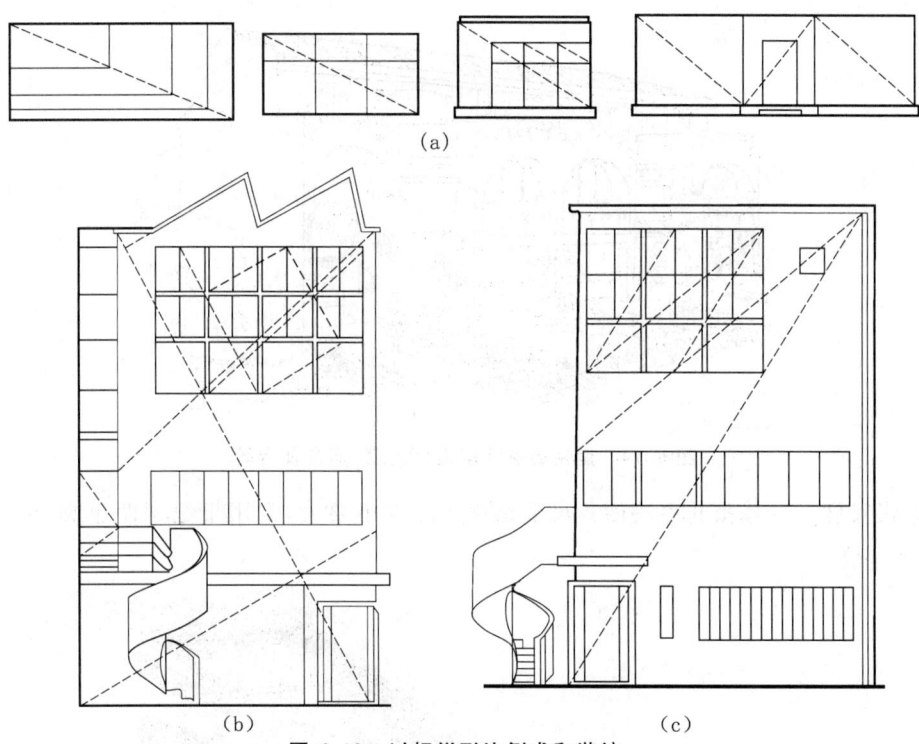

图 6.12 以相似形比例求和谐统一

(a)相似矩形图解;(b)对角线平行和垂直应用;(c)窗与墙、门与窗、窗与窗之间应用对角线的比例关系

(4)尺度——建筑给人的印象与真实大小之间的关系

在建筑学中,与比例密切相关的特性是尺度,尺度的实质是指建筑物整体与局部给人感觉上的大小与其真实大小之间的关系。建筑尺度感是通过人或与人体活动有关的构配件(如台阶、门、栏杆等),作为感觉上的比较标准而产生的(图 6.13)。按尺度与环境的关系划分,一般有室内尺度和室外尺度。室外尺度常常大一些,室内尺度常常小一些。在审美活动中,审美主体需要与审美对象保持一段"心理距离",这里的心理距离主要是指审美者的"心理"变化。对建筑物尺度评价的最佳距离是以人能看清人体尺寸或人体活动熟知的局部尺寸与建筑物的整

体尺寸对比为前提的。在建筑设计中,根据尺度所产生的效果,可将其分为三种类型。

①自然尺度　以人体大小来度量建筑物的实际大小,其尺度感基本接近实际尺寸,常用于与人日常生活有关的建筑中,如住宅、学校、医院、办公楼等(图6.14)。

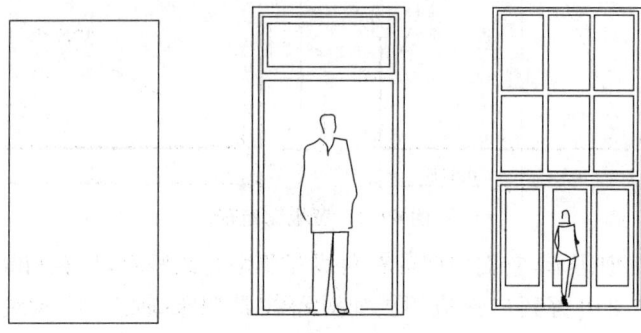

图6.13　建筑的尺度感

图6.14　运用自然尺度设计门窗、阳台及台阶

②夸张尺度　以夸张的手法使其尺度感比实际大小要大,常用于纪念性建筑与大型公共建筑(图6.15)。

图6.15　运用夸张尺度完美呈现人民大会堂雄伟壮观的庄严气氛

③亲切尺度 以较小的尺度使其尺度感比实际尺寸要小,给人以亲切、舒适的感觉,常用于园林建筑、庭院建筑(图6.16)。在确定尺度时,要注意尺度与尺寸之间的相对及必然关系的准确把握。尺寸越大,则尺度感越大;尺寸越小,则尺度感越小。但是,大与小作为概念本身来讲是相对的,究竟多大尺寸的尺度为大,多小尺寸的尺度为小,只有通过人与建筑的对象性关系才能进行把握,这就是尺度与尺寸的相对关系。

图 6.16 运用亲切尺度使人感到亲切、舒适

(5)韵律——凝固的音乐中的抑扬顿挫

韵律是有规律的抑扬变化,是运用理性、重复性、连续性等特征,结合建筑功能和结构需求,合理结合建筑的各要素,使之在建筑构图中既形成统一性,又富有变化,类似音乐的韵律感。因此,人们把建筑称为"凝固的音乐"。

建筑的韵律规律按其构成特色可分为以下三种:

①连续韵律 连续使用一种或几种建筑要素(或构件)进行有组织的排列而形成的韵律感。连续韵律能增强建筑的节奏感,避免过分统一的单调感。如图6.17所示。

②渐变韵律 通过相似形的建筑要素(或构件)有规律地渐变排列所形成的韵律感。在建筑构图中垂直方向的构图多运用渐变韵律的特色,如中国古代塔、亭、台、阁的造型及现代建筑上海金茂大厦等。如图6.18所示。

图 6.17 连续韵律

图 6.18 渐变韵律

③起伏韵律　利用建筑各组成部分有规律地高低起伏,形成波浪起伏的韵律感,如图 6.19 所示。起伏韵律以它特有的动态形式丰富了空间的环境效果。

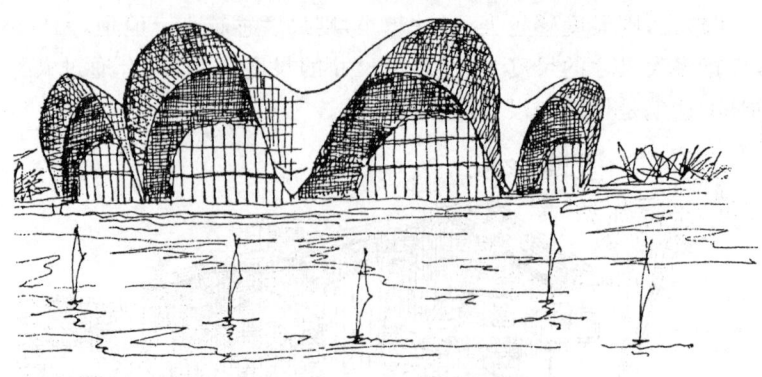

图 6.19　起伏韵律

(6)对比——相互间显著的差异求得变化,突出形象的内容

对比产生心理触动,引起人的注意。对比强调建筑构图的差异性,具体表现在体量的大小、高低、形状、方向、线条曲直、横竖、虚实、色彩、质地、光泽等方面。对比强烈则变化大,感觉明显,重点突出;对比微弱则变化小,易获得相互呼应、协调统一的效果。因此,在建筑设计中恰当地运用对比的强弱是取得统一与变化的有效手段,如图 6.20 所示。

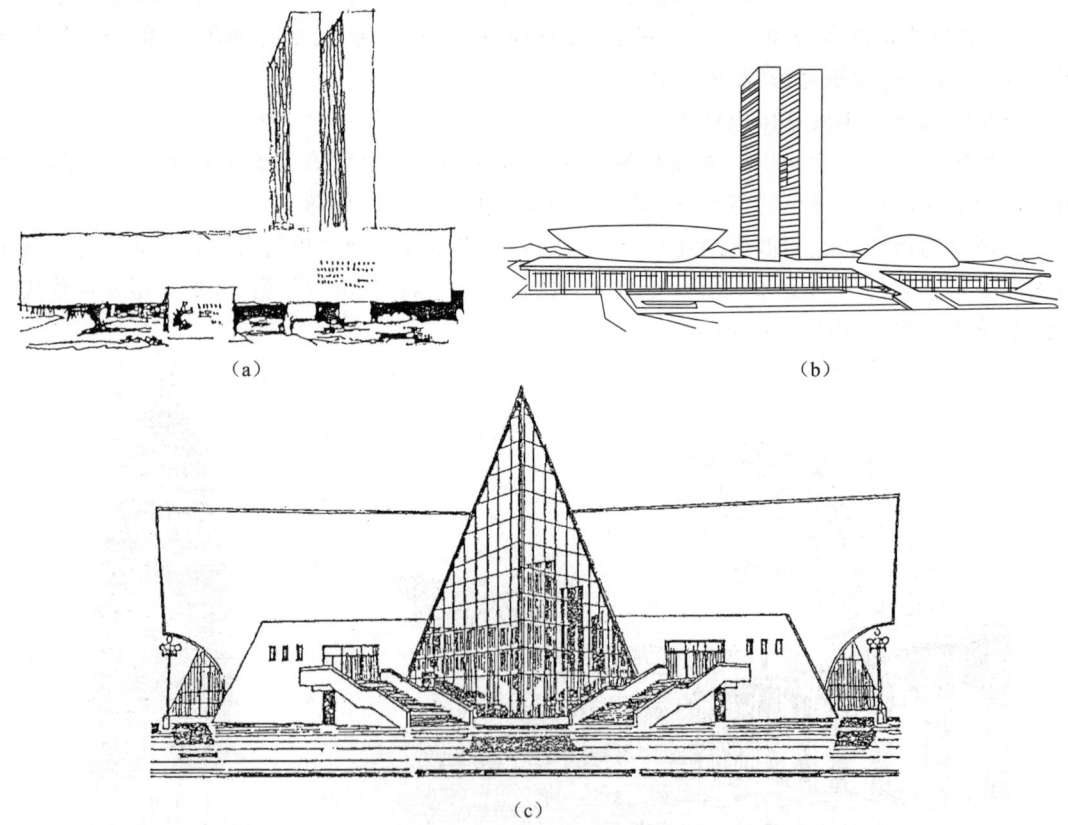

图 6.20　建筑构图的对比
(a)方向对比;(b)形状对比;(c)虚实对比

6.2 建筑体型设计

建筑体型设计是运用建筑形式美的规律,结合建筑的使用功能、材料、构造、结构、设备、施工、经济等物质技术条件,从整体到局部,反复推敲体量、形状、形体间的相互协调关系,创造出完美的建筑形象。

建筑体型是三维空间的立体物,任何复杂的建筑体型都是在最基本的几何形体的基础上进行增加、剪切、拼接、分裂、旋转、倾斜等变换与组合而成的。

6.2.1 建筑体型的类型

建筑体型的类型按空间立体造型的构成方法可分为以下几类:

(1)平面几何体型

由四个以上的平面以其边界直线互相衔接在一起所形成的封闭空间称为平面几何形体,如正三角锥体、正四棱锥体、立方体、长方体、正五棱柱体或其他以平面构成的多面立体等。采用平面几何形体构建的建筑体型统一、完整、简练、大方、庄重、稳定性强,如埃及金字塔为正四棱锥体,其造型显得稳重、高大、宏伟,我国长城的墙身造型及中间相隔的塞台、烽火台基本是立方体的造型。现代建筑师在平面几何的基础上采取变换手法,使建筑造型变得更加丰富多彩,如图 6.21 所示。

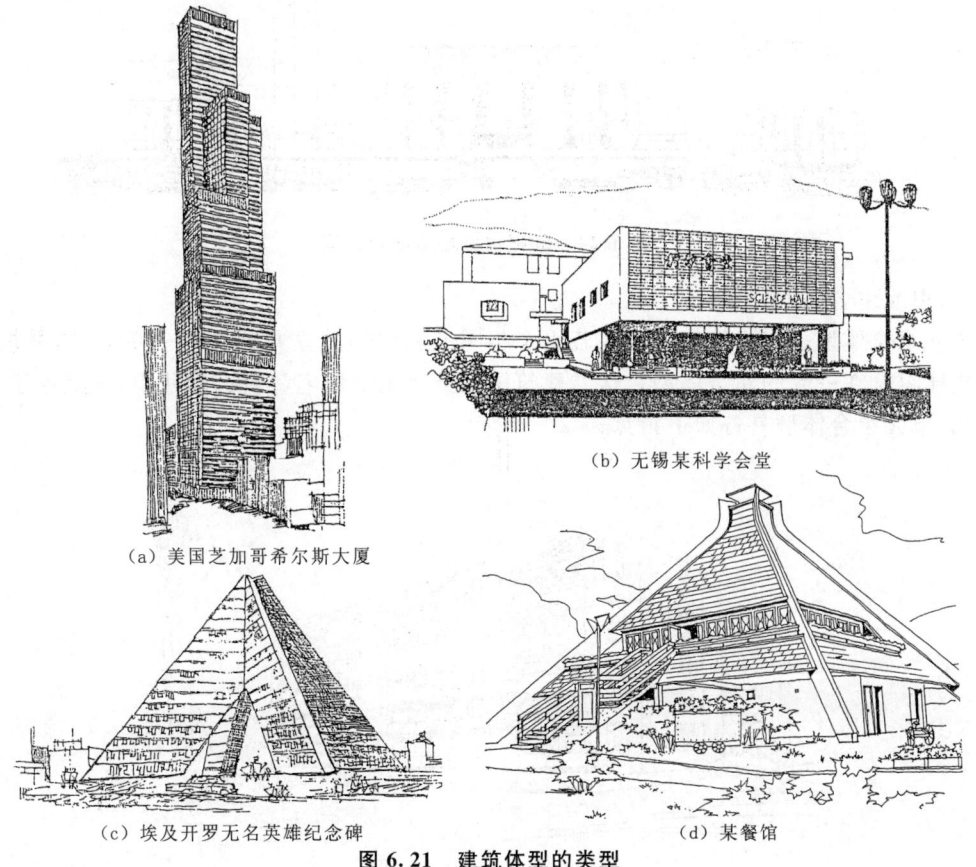

(a) 美国芝加哥希尔斯大厦
(b) 无锡某科学会堂
(c) 埃及开罗无名英雄纪念碑
(d) 某餐馆

图 6.21 建筑体型的类型

(2)几何曲面体型

几何曲面形体是由几何曲面所构成的方块体或回转体。常见的建筑体型有圆球、圆柱、圆台及带有几何曲线变化的方块体或回转体等。如古根海姆博物馆是美国著名建筑师赖特的作品,主体为上大下小的螺旋体,上部有巨大的玻璃穹顶采光,由于该体型具有旋转的动感,取得了动态的稳定(图6.22)。由法国著名建筑师柯布西耶设计的朗香教堂将基本几何形体扭转、弯曲成抽象雕塑,柯布西耶称它为"倾听上帝声音的耳朵"(图6.23)。成都锦城剧场的建筑主体采用圆柱体腰膨胀而成,经过艺术处理,如同含苞欲放的花朵(图6.24)。

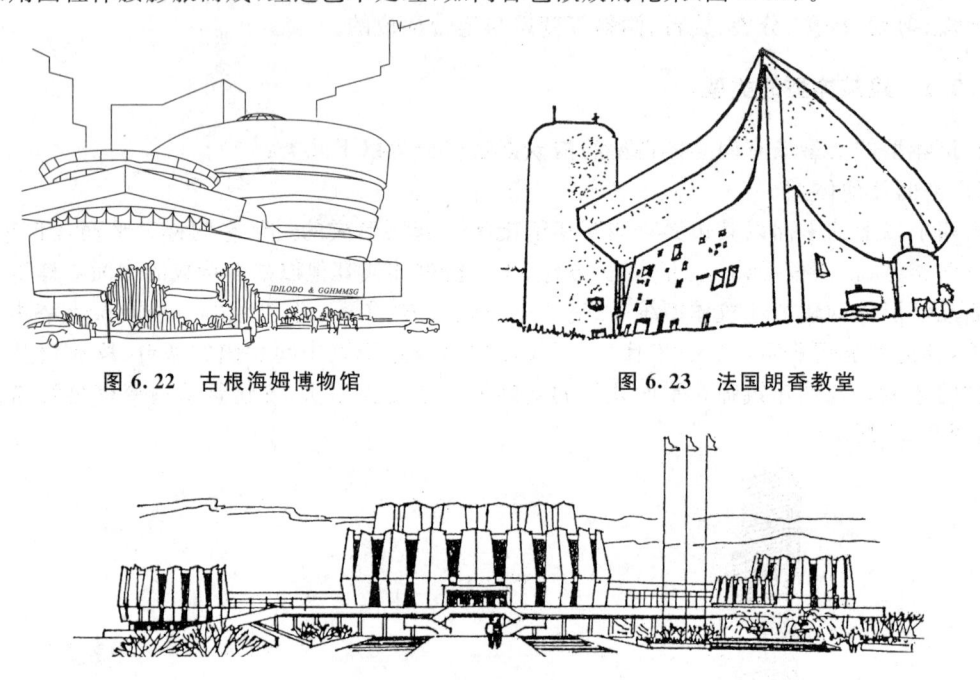

图 6.22 古根海姆博物馆　　　　图 6.23 法国朗香教堂

图 6.24 成都锦城剧场设计方案

(3)单元组合体型

单元组合体型是将建筑物分解成若干个相同或相似的独立几何体型的单元体,并按照一定的规律组合在一起的建筑体型。这类建筑体型广泛用于住宅、学校、幼儿园、医院等建筑(图6.25)。单元组合体型具备如下特点:

图 6.25 单元组合体型

①体型组合可结合基地环境的道路走向、地形现状来随意增减单元体,形成台阶式、锯齿形、一字形等体型。
②建筑体型没有明显的均衡中心及主从关系。
③单元体连续重复的组合具有强烈的韵律感。

(4)复杂体型

复杂体型由若干个不同体量、不同形状的体型组合而成。在组合时,运用建筑形式美的规律处理好体量与体量间的协调和统一问题,具体要求有以下几点:

①主次分明,交接明确。将建筑物分为主体和附体,强调主体,突出重点,并将各部分巧妙地组合成统一整体。如图 6.26 所示。

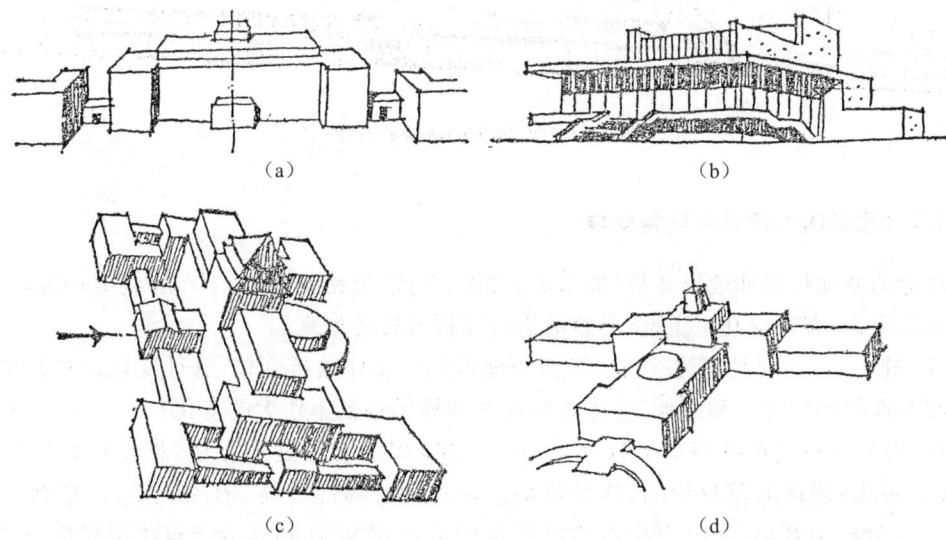

图 6.26 体型组合的主从统一关系
(a)主体位于中央,体量高大,两翼低矮,从属于主体,各部分连接自然、紧密,形成统一整体;
(b)以主体为核心,从属部分环绕四周,形成完整统一的整体;
(c)高大主体位于中央,各从属部分以不同形状与主体连接形成统一整体;
(d)以主体部分构成建筑物的躯干,从属部分隶属于主体,形成有机整体

②对比变化,造型丰富。运用体量间的大小、形状、方向、高低、曲直等对比手法,突出主体,创造出丰富、变化的造型效果。如图 6.27 所示。

图 6.27 体型组合的对比与变化

③完整均衡,比例恰当。体型组合的均衡包括对称与非对称两种方式。对称的体型组合易达到均衡和完整的效果;对于非对称式体型组合,要特别注意各部分体量的大小比例关系,在不对称中求得均衡。如图 6.28 所示。

图 6.28 非对称式体型的均衡

6.2.2 建筑体型转折与转角处理

在特定的基地位置和地形条件(如水池、大树、古迹、道路交叉口)下布置建筑物时,为了与地形和环境协调,有效地利用土地,巧妙地进行转折与转角处理。

转折(图 6.29)主要是指建筑物沿道路或地形的变化作曲折变化,这种变化是建筑整个体型在平面上作简单的变形和延伸,而建筑的高度和外形特征不作大的变化。

转角(图 6.30)是在道路交叉口处采用主、附体相结合的处理方法,把主体作为主要欣赏面,体量较大;附体起陪衬作用,体量较小。转角处可局部升高,形成塔楼,以塔楼形成道路交叉口、广场、主要出入口、繁华街道的视觉中心。图 6.31 所示为建筑体型转折与转角处理示意图。

图 6.29 建筑体型转折

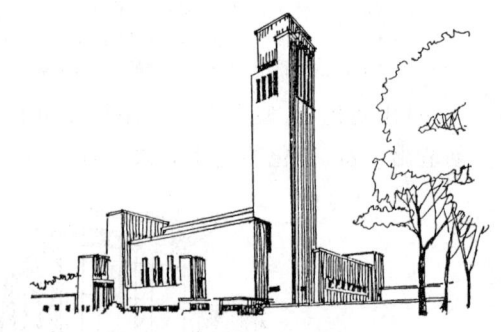

图 6.30 建筑体型转角

相邻墙面的转折与转角处理(图 6.32)包括:

(1)直角处理 两相邻墙面相互垂直,可使房间方正,便于布置家具。

(2)圆弧处理 两相邻墙面具有连续性,使转折变弱。

(3)锐角处理 两相邻墙面以锐角相交,可使建筑棱线更加挺拔,但内部空间易形成"死角",可采用切角、加构架的方式进行修正处理。

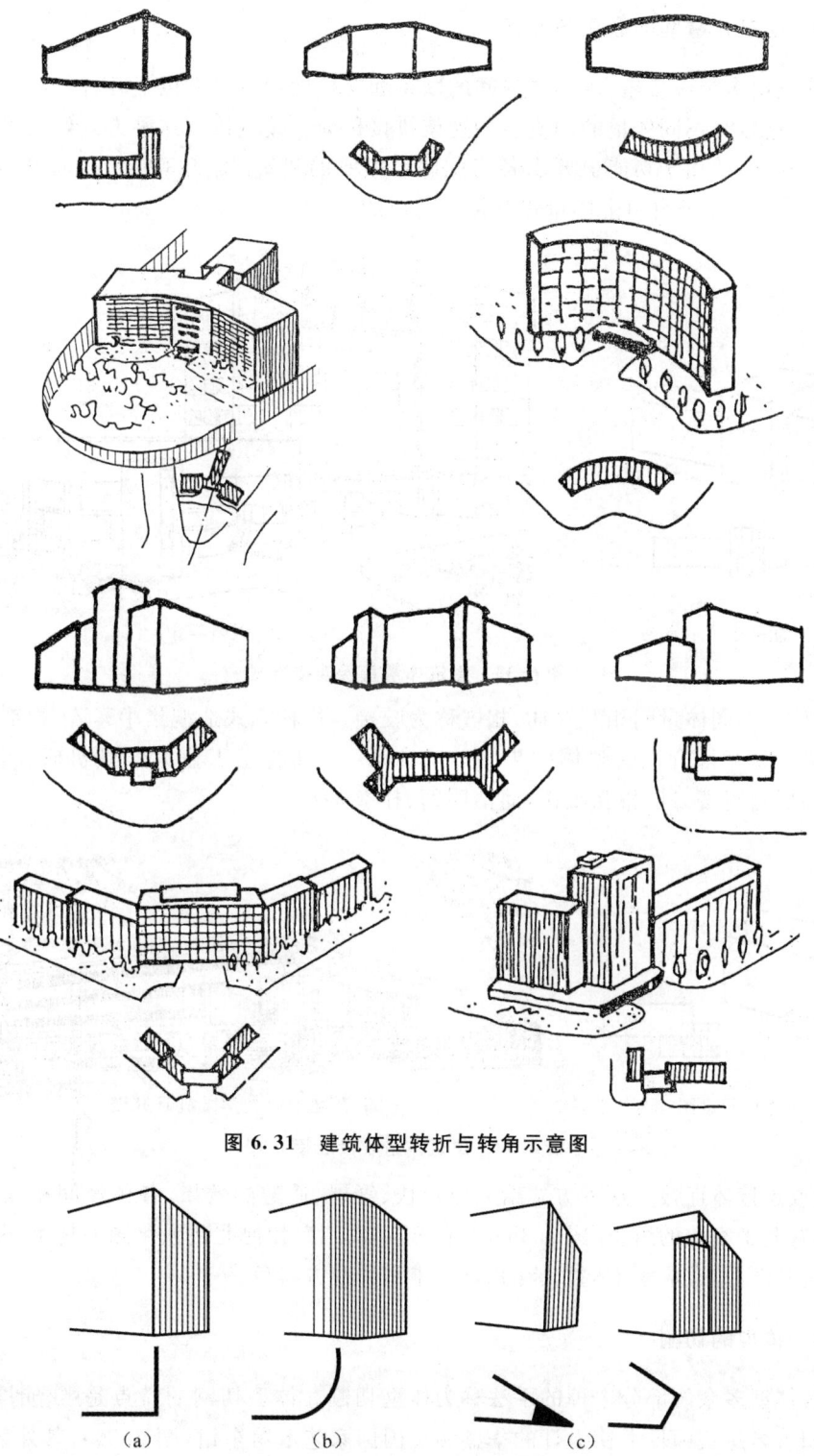

图 6.31 建筑体型转折与转角示意图

图 6.32 相邻墙面的转折和转角
(a)直角处理;(b)圆弧处理;(c)锐角处理

6.2.3 建筑体量间的联系与交接

建筑体型由多个体量组合时,体量间的联系和交接处理方式有以下几种:

(1)直接连接 不同体量的面直接相连或拼接称为直接连接。这种方式给人以联系紧密、整体性强的感觉,适用于功能上要求各房间联系紧密的建筑[图6.33(a)]。如大连银帆宾馆[图6.33(b)]的主体是由两个体量错开拼接而成的。

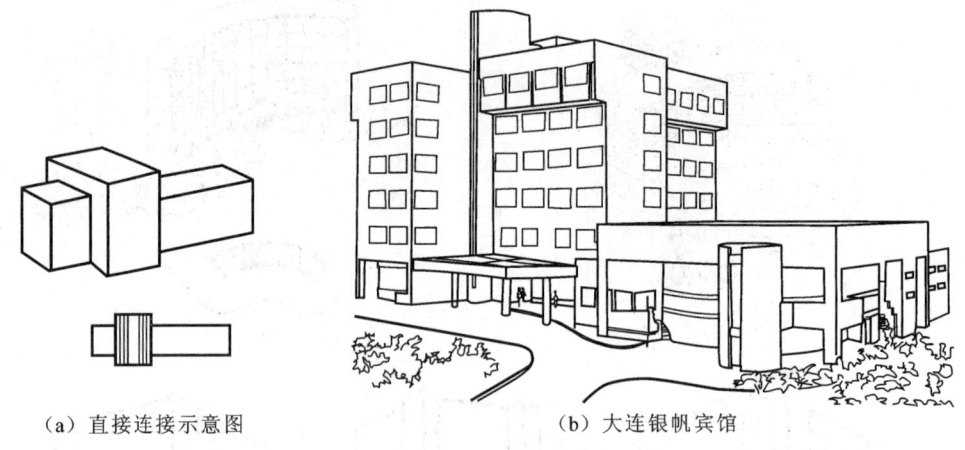

(a)直接连接示意图　　　　(b)大连银帆宾馆

图6.33　建筑体量直接连接方式

(2)咬接 不同体量间相互穿插、相嵌称为咬接。这种方式造型集中紧凑,内部交通短捷,较直接连接更易获得有机的整体效果[图6.34(a)]。如合肥工业大学微机研究楼[图6.34(b)]主楼四层与附楼二层相互咬接,简洁明朗、朴素大方。

(a)咬接连接示意图　　　　(b)合肥工业大学微机研究楼

图6.34　建筑体量咬接连接方式

(3)廊或连接体连接 这种方式给人以轻快、舒展、通透的效果,各体量间相互独立,建筑造型丰富,有利于庭院的组织[图6.35(a)、图6.35(b)]。如河北武强年画博物馆[图6.35(c)]采用廊连接各部分,适应了不同功能的需要,丰富了地方特色。

6.2.4 体型的切割

将建筑体型多余的部分去掉的手法称为体型切割。体型切割的特点是雕塑性强,形象别具一格。如著名建筑师贝聿铭设计的华盛顿美国国家艺术馆东馆(图6.36),其外部体型是在一个不等腰梯形的体量中挖去多余部分。又如波兰某剧院(图6.37)的体型是在一块大的螺旋体内挖去多余部分,使剩余部分更加完整,富有变化。

(a) 廊连接方式示意图

(b) 连接体连接方式示意图

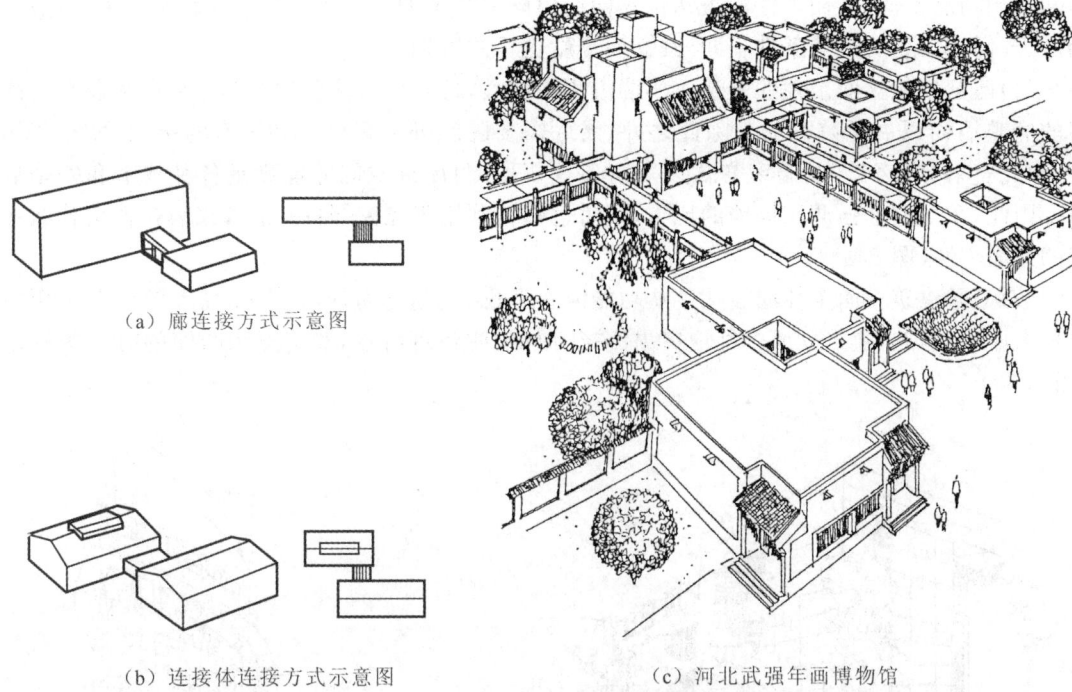

(c) 河北武强年画博物馆

图 6.35 建筑体量廊或连接体连接方式

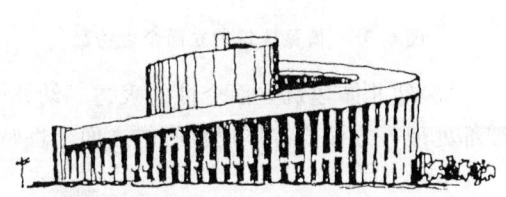

图 6.36 华盛顿美国国家艺术馆东馆　　　图 6.37 波兰某剧院

6.3 建筑立面设计

建筑立面设计的步骤：首先是根据初步确定的房屋内部空间组合的平、剖面关系，考虑建筑整体的几个立面之间的统一，相邻立面间的连接和协调；然后着重分析各个立面上墙面的处理，门窗的调整安排；最后对入口门廊、建筑装饰等进行重点及细部处理。

建筑立面设计同平、剖面设计一样，要考虑使用要求、结构构造等功能和技术方面的问题，但立面设计的造型和构图问题较平、剖面的突出，因此，本节从以下几个方面简述立面设计所面临的建筑美观问题。

6.3.1 立面个性的表达

建筑立面个性的表达是立面设计的首要问题，也是立面设计构思和立意的过程。建筑类型和使用功能不同,立面个性的表达也不同。但同一类型的公共建筑的立面表达又由于地域、场所、气候、文化、历史等条件不同,其立面个性也千差万别。

(1)博览建筑立面个性的表达　实墙占用面积大,这是因为博览建筑的陈列厅需要尽可能多的完整墙面以展示陈列品。除此之外,展厅需要隔绝外界某些不利因素的干扰,如空气污染、阳光直射、噪声影响、温度变化以及防盗等,只有封闭的空间才能满足各种技术和安全要求。因此,在立面上强调实体墙的比重,同时也强调利用采光窗等特殊装置来表达博览建筑强烈的立面个性(图 6.38)。

(2)交通建筑立面个性的表达　从功能需要考虑,交通建筑应有宽敞、高大的候车场所或候机大厅等,因此,建筑立面个性应突出流畅、便捷、明快等特点,并有显示时间的时钟等标志(图 6.39)。

图 6.38　博览建筑的立面个性特征　　　图 6.39　交通建筑的立面个性特征

(3)幼儿园建筑立面个性的表达　幼儿园建筑立面有别于成人建筑的形象,在尺度、色彩、细部处理等方面要有体现童心的立面个性特征(图 6.40)。

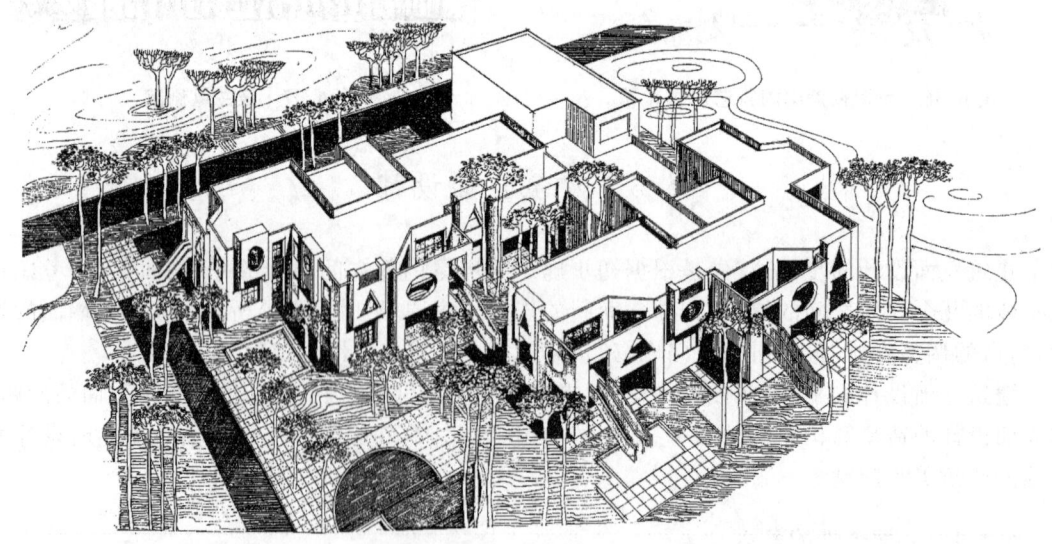

图 6.40　幼儿园建筑的立面个性特征

6.3.2 立面轮廓的推敲

立面轮廓是立面形式的外沿,是体现建筑性格、风格的重要内容。如何处理立面轮廓线应综合考虑以下因素：

(1)空间内容 不同的空间内容,其空间形态大小也不同,反映在立面轮廓上自然会有起伏变化。在不违背空间内容的条件下,立面轮廓也可反作用于空间内容,创造新的立面轮廓形象。如传统影剧院侧立面的轮廓线,按功能空间三大块所反映的立面如图 6.41(a)所示；如果把舞台与观众厅在体型上合二为一,则立面轮廓是另一种新感觉[图 6.41(b)]。

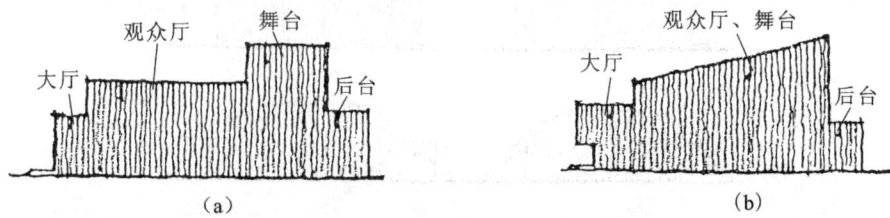

图 6.41 影剧院侧立面轮廓
(a)传统影剧院立面轮廓；(b)观众厅与舞台连成一体的立面轮廓

(2)空间组合 一幢建筑若空间组合向竖向发展,则立面轮廓呈高耸形象；若空间组合向横向发展,则立面轮廓呈舒展形象；若朝两个方向都发展,则产生对比的轮廓效果。如图 6.42 所示。

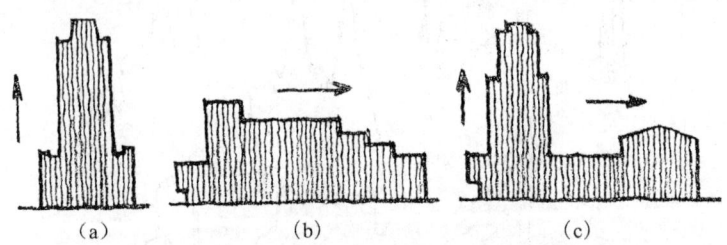

图 6.42 不同方向进行空间组合产生的立面轮廓效果
(a)竖向组合；(b)横向组合；(c)横竖两个方向组合

(3)结构形式 不同结构形式有各自的空间形态,因而也会产生特有的立面轮廓线。木结构建筑勾画出优美动人的轮廓线；折板、筒壳结构以连续构件单元的组合表达出韵律强的轮廓线；球顶以庞大突出的体块展现完美无缺的轮廓线；悬索结构则显示自然流畅的轮廓线；刚架结构以强劲力度的折线变化来表达轮廓线等。见图 6.43。值得注意的是,不能片面追求轮廓线的变化而任意将大跨度的结构用在小尺度的建筑上。例如：六开间的餐饮建筑为获得丰富变化的天际轮廓线而选用悬索结构或半球体结构,从功能、空间、形体、尺度感、技术、经济等方面来评价,都是小题大做,是不可取的。

(4)屋顶 由于以天空为背景,屋顶的外轮廓线显得格外醒目深刻。一般来讲,古代建筑屋顶常为坡顶,屋顶在立面上占有很大的比例,其轮廓线较复杂。现代建筑屋顶大多为平顶,轮廓线较为简洁。如图 6.44 所示。

(5)前后体量重叠 以空间概念审视立面轮廓的变化,特别是立面有前后体量重叠时,不能按天际轮廓线作为整个立面的轮廓线,要分清立面前后层次,用线的粗细来区分立面轮廓的前后关系(图 6.45)。

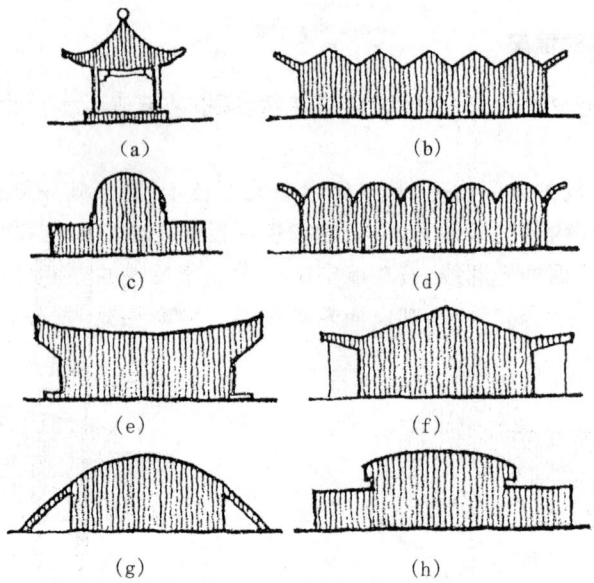

图 6.43　不同结构形式对立面轮廓的影响

(a)木结构；(b)折板结构；(c)球顶结构；(d)筒壳结构；(e)悬索结构；
(f)刚架结构；(g)拱结构；(h)双曲扁壳结构

图 6.44　不同屋顶形式对立面轮廓的影响

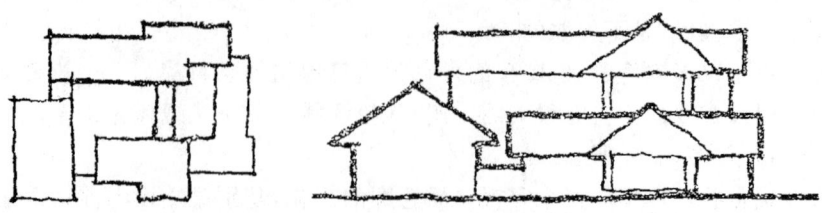

图 6.45　立面轮廓的前后层次

6.3.3 立面比例的推敲

立面比例是指立面整体和立面各构成要素自身的度量关系,以及相互间的相对度量关系。

(1)立面整体比例的把握　立面比例多数呈两种趋向:横向发展的舒展比例,即立面长度尺寸大于高度尺寸,表达建筑亲切明快的个性;竖向发展的高耸比例,即立面高度尺寸大于长度尺寸,表达建筑庄严崇高的个性。但有些建筑由于规模较大,高度又受限制,立面比例会显得过于偏长,此时,要采取缩短建筑长度调整平面或将平面转折的方法来改善建筑立面比例。若平面关系不允许改动,则可对立面整体进行分段划分,使各段成良好的比例关系,在视觉上分散对立面整体的注意力。

(2)立面各构成要素的比例推敲　包括立面各组成部分之间、各构件之间,以及构件本身的高宽等比例要求。一幢建筑物的体量、高度和出檐大小有一定的比例,梁柱的高跨、门窗的高度、柱径和柱高等也有相应的比例,这些比例上的要求首先要符合结构和构造的合理性,同时也要符合立面构图的美观要求。比例尺寸的确定是一个比较过程,在通常情况下,立面的整体比例与局部比例间的协调问题是立面比例处理的关键内容。如图6.46所示,展厅立面由梯形、三角形和长方形有机结合而成,各组成部分的恰当比例使整体建筑具有良好的统一感和均衡感。如果在此基础上改变某一体量的立面比例,则整体比例失调,影响了立面构图效果。

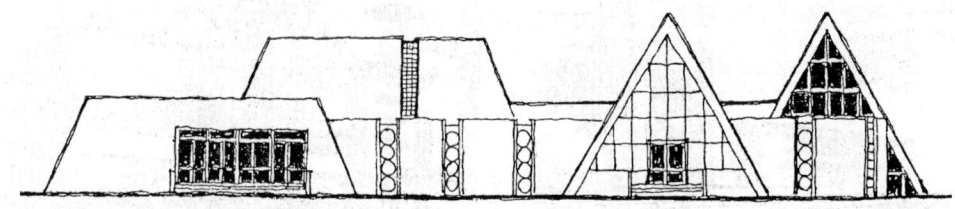

图6.46　建筑立面中各部分的比例关系

6.3.4 立面尺度的推敲

立面上与比例紧密相关的另一个特性是尺度的处理。建筑立面尺度是研究立面整体和立面各要素与人体或者与人所习惯的某些指定标准之间的绝对度量关系。

立面尺度能真实地反映建筑物的实际体量,也能以虚拟尺度从视觉上改变建筑的实际大小,它既能使建筑物看起来大一些,也能使建筑物看起来小一些。立面尺度较大给人一种力量感和稳定感,立面尺度较小给人一种亲切感和密切感。推敲立面尺度时应掌握以下原则:

(1)正确反映建筑物的真实体量

按空间的实际大小分别处理立面各要素的尺寸,正确显示建筑物各自不同的尺度感。不要把大建筑的构件按比例缩小到小建筑的立面上,看起来就像"小大人";反之,也不应把小建筑的构件按比例放大到大建筑的立面上,看起来像"大小人"。

(2)与人体尺度相协调

"人是万物的尺度。"人就像一把尺子,可以衡量建筑立面各要素的尺度是否与人体相协调。与人接触或距人体较近的部件已建立了与人相适应的合适尺度,用这些部件去度量立面会获得一种尺度感。例如,在立面中占较大比例的窗,其大小可随建筑层高而变,但窗台却已形成与人相协调的绝对尺寸,能获得正确的尺度。

(3) 立面上各要素的尺度应统一于整体尺度

立面整体与各要素是不可分割的两部分,处理尺度的整体效果应从各要素尺度的处理着手,而处理各要素的尺度应以整体尺度为前提,两者相辅相成,不可孤立处理,以免造成不同尺度在同一立面上的混杂。

6.3.5 立面虚实的推敲

立面的虚是指行为或视线可以通过或穿透的部分,如空廊、架空层、洞口、玻璃面等。立面的实是指行为或视线不能通过或穿透的部分,如墙、柱等。在立面设计中,要巧妙地处理好立面的虚实关系,以取得生动的立面效果。

(1) 虚实对比　在立面设计中,分清各个立面的虚实对比关系,就是要确定哪个面以实为主,哪个面以虚为主。"虚"多"实"少,建筑显得轻盈;"实"多"虚"少,建筑显得厚重。考虑建筑物对日照、通风、采光的需求,一般南立面基本上以虚为主,北立面及东、西立面基本上以实为主。对于有景观要求的建筑,将面向景观的立面处理成虚面,而背向景观的立面可以处理成以实为主(图 6.47)。

(a) 以实为主　　　　　　　(b) 以虚为主

图 6.47　立面虚实对比的效果

(2) 虚实穿插　在立面设计中,虚实部分相互渗透,做到虚中有实、实中有虚,称为虚实穿插。在虚立面中,利用结构柱、局部实墙面、装饰性符号等对虚面进行分割性点缀,以求虚中有实;在实立面中,可以利用窗洞以及面的凹凸所产生的阴影打破以实为主的沉闷感。如图 6.48 所示。

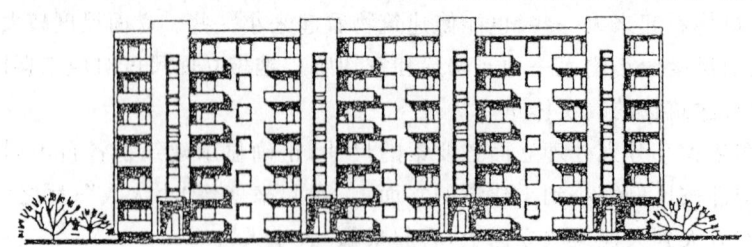

图 6.48　立面虚实穿插的效果

6.3.6 立面门窗的推敲

门窗在立面上的布置、比例大小及样式是体现建筑性格与风格的重要内容,如图 6.49、图 6.50 所示。

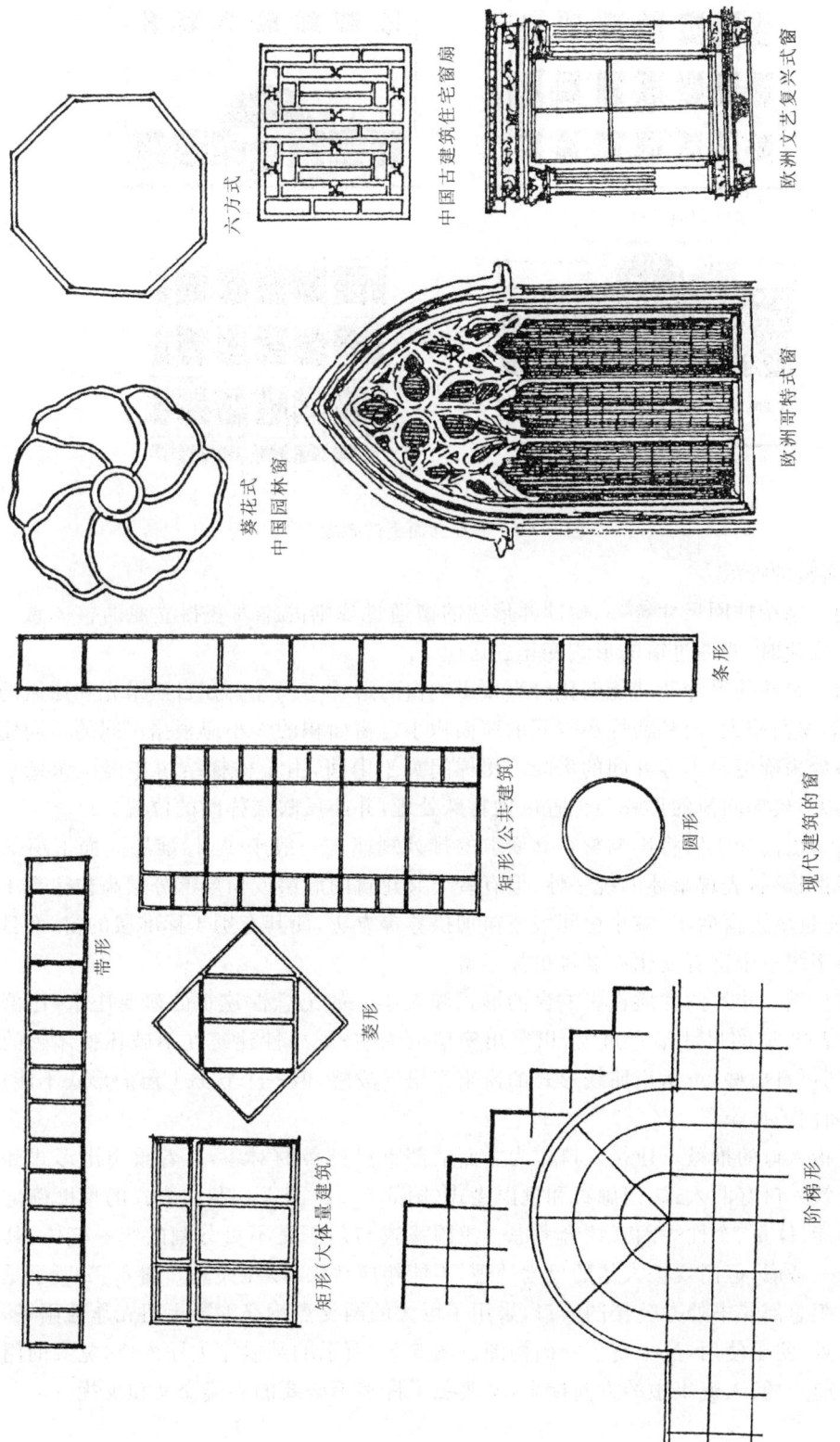

图 6.49 窗的形式

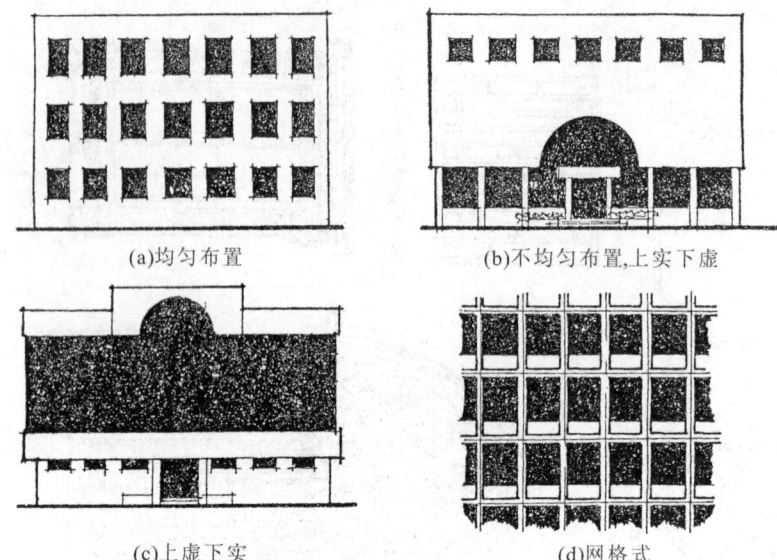

图 6.50　窗在立面上的布置

(1)立面窗的推敲

①结构　结构柱网尺寸统一,使同样形状的窗通过规则的排列获得立面的整体感。当结构尺寸发生变化时,要通过窗的形式变化去适应。

②平面　平面的尺寸及功能变化将直接影响窗的形式与尺寸。在自然采光和通风的条件下,大空间的窗面积大,而私密性小空间的窗面积小。窗面积的大小应根据房间的不同使用功能和采光系数来确定。当等开间的房间若楼梯间夹于中间,由于楼梯结构与楼梯休息平台不在同一标高处,楼梯间窗的形式与位置应做特殊处理,并能反映楼梯间的位置。

③层高　层高的不同将影响窗在立面上的排列规律。一般来讲,标准层立面上窗的竖向布局呈规律性排列,表现整体的统一性,但有些公共建筑的底层或顶层部分层高往往高于标准层,此时可通过增大窗面积、减小窗间墙或窗加拱券等方法,使其有别于标准层的窗,而且整个立面构图由于统一中富有变化而显得更加丰富。

④建筑性质　建筑的性质也影响窗的形式和大小。如纪念性建筑的窗要庄重,比例要严谨,排列要规则,窗的尺寸不宜过大,以突出实墙面为主;娱乐性建筑在不破坏整体感的前提下,窗的排列可自由些,可运用曲线形式的窗来突出活泼感,但一个立面上窗的形式不能过多。

(2)立面门的推敲

主要是指入口的推敲。建筑入口作为立面细部重点推敲的对象,要着重突出形式和尺寸的合适。建筑入口有凹入式、门廊式和挑雨篷式(图 6.51)。凹入式和门廊式的尺度确定应根据建筑的功能、体量、个性等因素综合考虑。挑雨篷式与门洞是不可分割的统一整体,其高度应与层高统一考虑,但门要按人体的尺度处理,不能相应放大,以免失真。图 6.52 所示是联合国教科文组织总部秘书处办公楼的入口,采用了巨大的两支点钢筋混凝土扭壳作为雨篷,既突出了厅的位置,便于使用,又丰富了立面构图。图 6.53 所示的某候车大厅入口,宽大的门廊雨篷既成为站前广场、人流集中的方向标志,又避免了许多不必要的人流交叉和干扰。

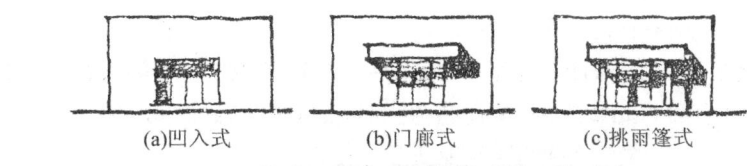

(a)凹入式　　　(b)门廊式　　　(c)挑雨篷式

图 6.51　入口形式图解

图 6.52　联合国教科文组织总部秘书处办公楼入口

图 6.53　某候车厅入口

6.3.7　立面墙面的推敲

立面上除去门窗洞口以外的便是墙面部分。墙面的推敲主要表现在墙面线条和墙面凹凸两个方面。

(1)墙面线条

立面上客观存在的柱边线、墙面线、窗框线、檐口线等可以丰富立面的形象,通过良好的线条组织,使立面的主题更加突出。不同的线条组织可产生不同的观感效果。从形式上看,粗犷宽厚、刚直有力的线条使建筑物显得庄重,光滑纤细的线条使建筑物显得轻巧、秀丽,生动活泼;从方向上看,垂直线有挺拔、庄重、高耸的气氛,水平线有舒展、平静、亲切感,垂直线与水平线的混合划分可使立面具有图画效果(图 6.54)。

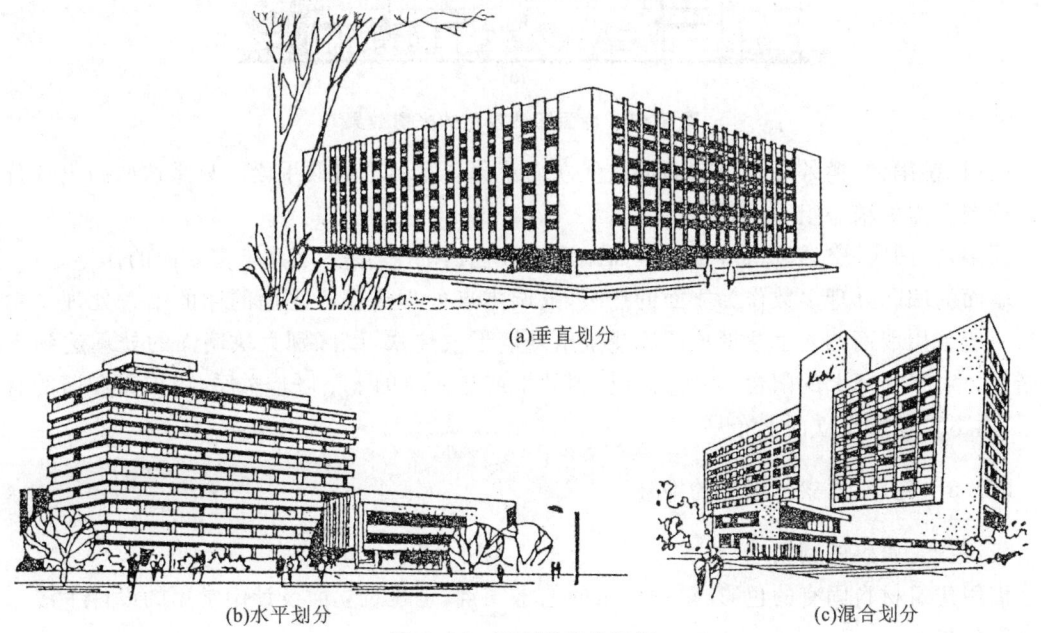

(a)垂直划分

(b)水平划分　　　(c)混合划分

图 6.54　墙面线条的组织

(2)墙面凹凸

墙面凹凸变化是利用立面的凸出部分(如阳台、雨篷、楼梯间)与凹入部分(如门洞、凹廊)有规律的变化,取得生动的光影效果,从而获得立体感和雕塑感(图6.55)。

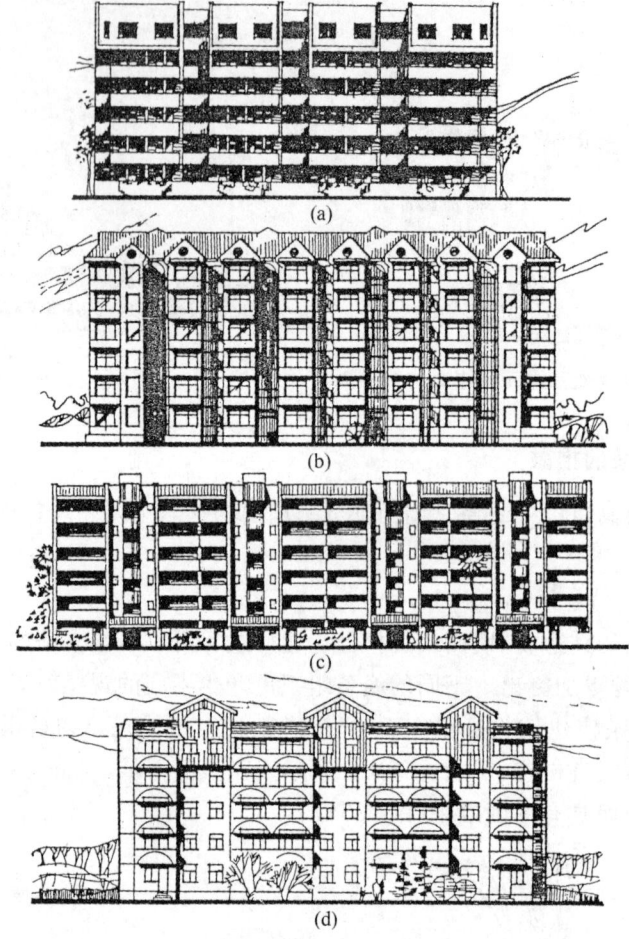

图 6.55 墙面凹凸变化的光影效果

凸窗、挑阳台、挑外廊是以墙面加法使立面获得丰富感的有效手段。只是这些凸出部分在立面构图上需要精心组织,以避免紊乱。

凹阳台、凹廊、空透洞口等是以墙面减法打破立面的平淡感,起到丰富立面的作用。

墙面的凹凸处理多数作为立面的点缀,强调重点处理或作为立面韵律的结束处理。立面檐口一般采用墙面凹入手法形成凹廊或挑出外墙形成体块,以区别大块墙面的处理达到立面的结束。对于立面上的阳台,要考虑其构图效果或与入口的上下呼应关系,以取得和谐的有机联系,而不是随意在立面上布局。

6.3.8 色彩、质感及细部的推敲

(1)色彩、质感的利用

借用建筑材料固有的色彩,烘托建筑的艺术气氛,是建筑立面设计中常用的设计手法。

①色彩

色彩是构成一个建筑物外观乃至整个建筑环境的重要因素。色彩的选择不仅应考虑到建筑的性格、体型与尺度,也应为多数人所接受,还应满足建筑艺术和规划的要求。以浅色为主的立面使人感到清新、明快;以深色为主的立面多使人感到端庄、稳重;红、橙、黄等暖色趋于热烈、兴奋,青、蓝、绿等冷色多用于表现宁静、淡雅。建筑立面色彩的利用应注意以下几点:

a. 建筑立面上所有色彩不宜过多,通常应以一个色彩为主,其他色彩处于从属地位。最忌多种色彩相间或交织使用,以免造成立面上的烦琐、俗气和杂乱。

b. 立面色彩在大面积上应用时,不要采用过纯的颜色,以避免呆板、生硬,如有的刷浆材料用单一的黄色颜料,配色效果就不太好。从实际经验看,一般采用复合色比较好,如在纯黄色中掺入少量红、蓝或绿色颜料,使黄色调含灰、偏红或偏绿就会显得比较沉稳大方。

c. 确定颜色时,不仅要着眼于当前的色彩,还要考虑到以后的效果,特别是表面粉刷材料色彩的应用,除注意特定饰面做法的耐污染性与色彩的耐久性外,还要注意在不同地点观察时的效果。

② 质感

立面上的饰面质感主要取决于所用的材料及装饰方法。同样的材料采用不同的装饰方法,可以获得不同的质感,如聚合物水泥砂浆分别采用抹光、弹涂、拉毛所获得的质感效果是不同的。不同的材料,其质感表现不同,如铝板和玻璃墙光滑细腻、新颖轻快,砖石与粗糙的混凝土墙面则显得质朴厚重,富有力度感。选择饰面质感时,不仅要看它本身的装饰效果如何,而且还要结合具体建筑的体型、体量、立面风格一并考虑。

(2)细部处理

细部处理(图 6.56)是对建筑物立面上体量小或在近处才能看清的构件与部位(如凹凸线脚、窗框、窗台、台阶、栏杆、雨篷、檐口及遮阳板等)进行细致的加工装饰和必要的点缀,使立面形象更加完美、生动。

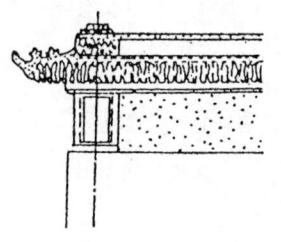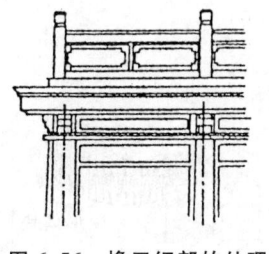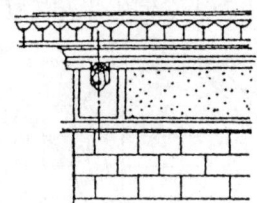

图 6.56 檐口细部的处理

6.4 实 例 分 析

6.4.1 乌尔姆展览馆

设计者: 现代主义设计大师理查德·迈耶。

地点: 位于高 161m 的德国乌尔姆蒙斯特教堂广场南角。

乌尔姆展览馆于 1993 年建成,由大型会议厅、展厅、餐厅和若干小型会议室、办公空间组成,集城市市政办公和公共活动于一体。该建筑处在一个环境位置十分敏感的地区,周边都是老建筑。迈耶分析周边环境之后,采用空间组合、打破、渗透等方法很好地处理了新老建筑的关系,并与周边环境形成对话,构成了一个丰富和谐的广场空间。

乌尔姆展览馆有四个楼层，一层是售票厅和信息咨询中心，二层是咖啡屋，三层是展览厅，四层是讲演厅，会议室穿插其中。见图 6.57 和图 6.58。

图 6.57　乌尔姆展览馆造型设计

图 6.58　乌尔姆展览馆立面设计

6.4.1.1　建筑成形分析（图 6.59）

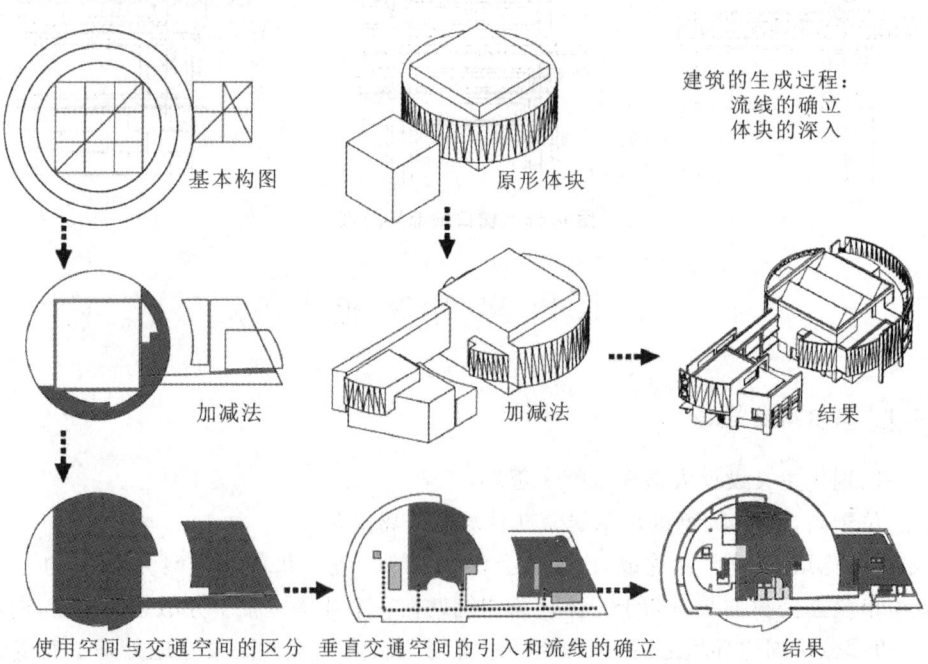

图 6.59　建筑成形分析图

6.4.1.2 建筑空间分析
(1)空间水平划分构件
底层空间的收进,形成了入口的空间;大量运用贯通共享的空间和各层多变的水平边界;立足于基本的外形,每一层的楼板都是犬牙交错的,并随着高度增加形成渐变趋势,空间的变化丰富源于此。见图6.60、图6.61。

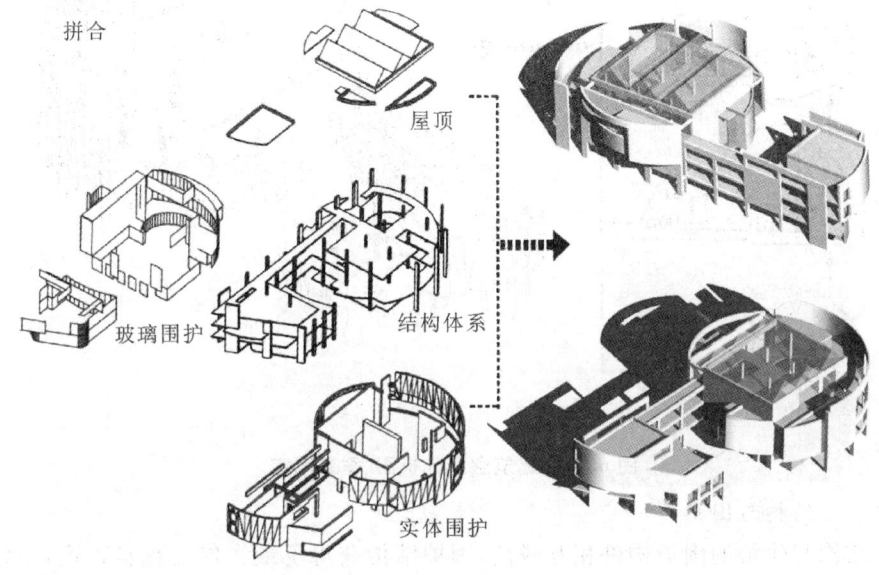

图6.60 建筑拼合示意图

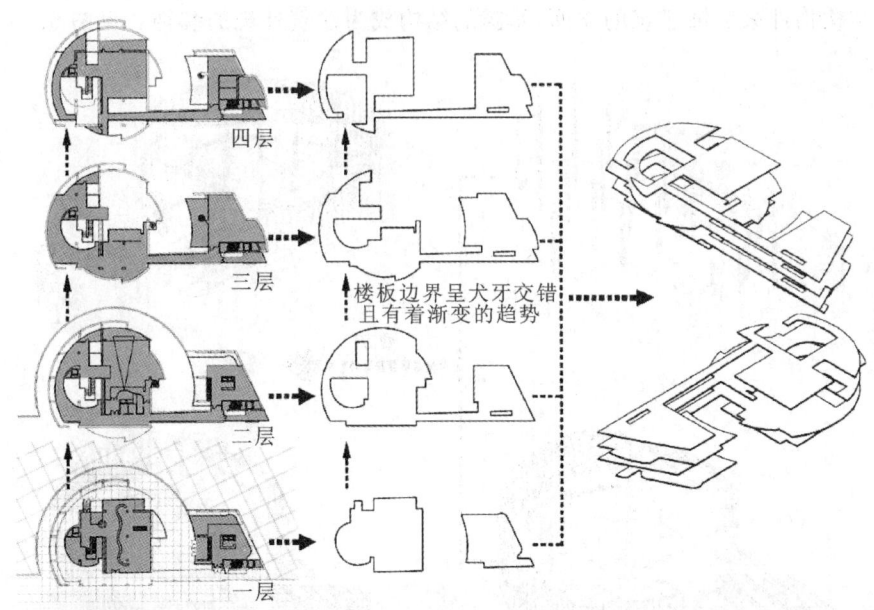

图6.61 建筑空间分析图(水平划分)

(2)空间的垂直限定
底层近乎全开敞,自下而上空间的限定程度是一个渐变过程。垂直限定构件是一个个板片,是断裂的、交错的、不连续的。板片的形状被不同程度地切割、穿通,从而形成了很多大小不一的空隙与孔洞,使得建筑内部的空间不断外延渗透。而这些变化的基础是严格的平面对位关系和在几何原形上的加减处理,所以丰富却不杂乱。见图6.62。

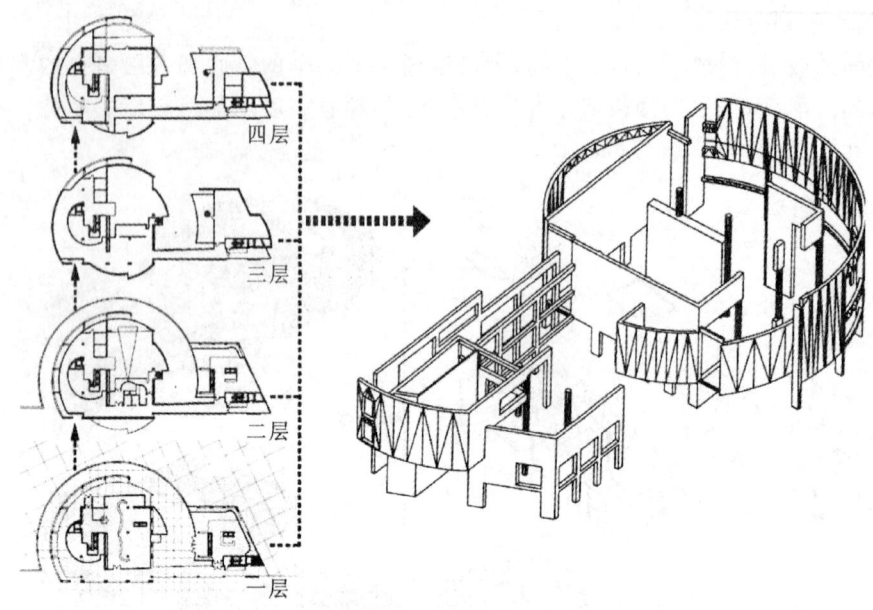

图 6.62　建筑空间分析图(垂直限定)

6.4.1.3　结构与围护

首先,结构与建筑的围护构件相互脱离,围护结构获得了最大的变化自由度,而结构保持了自身的严谨性。其次,结构得到了最大程度的暴露,尤其是外围的结构几乎是全部暴露的。同时,通过结构构件来装饰建筑的立面,暴露的结构成为建筑外观的装饰。见图6.63。

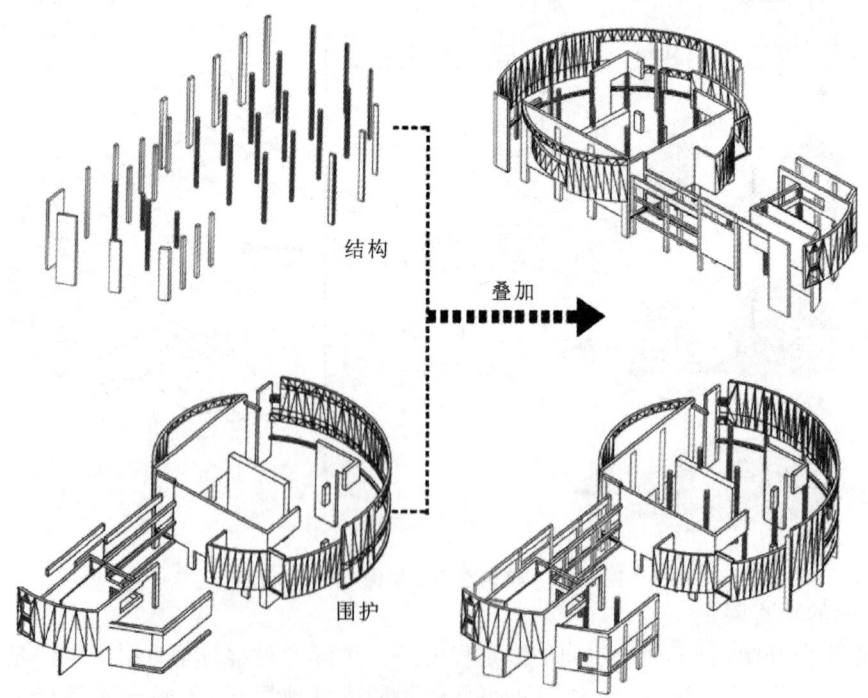

图 6.63　结构与围护叠加分析图

6.4.1.4 屋顶处理

设立多处屋顶平台，变化多端，层次感强。

三角形天窗的运用，一方面与周围住宅的坡屋顶呼应，另一方面可以通过顶窗透视室内。见图 6.64。

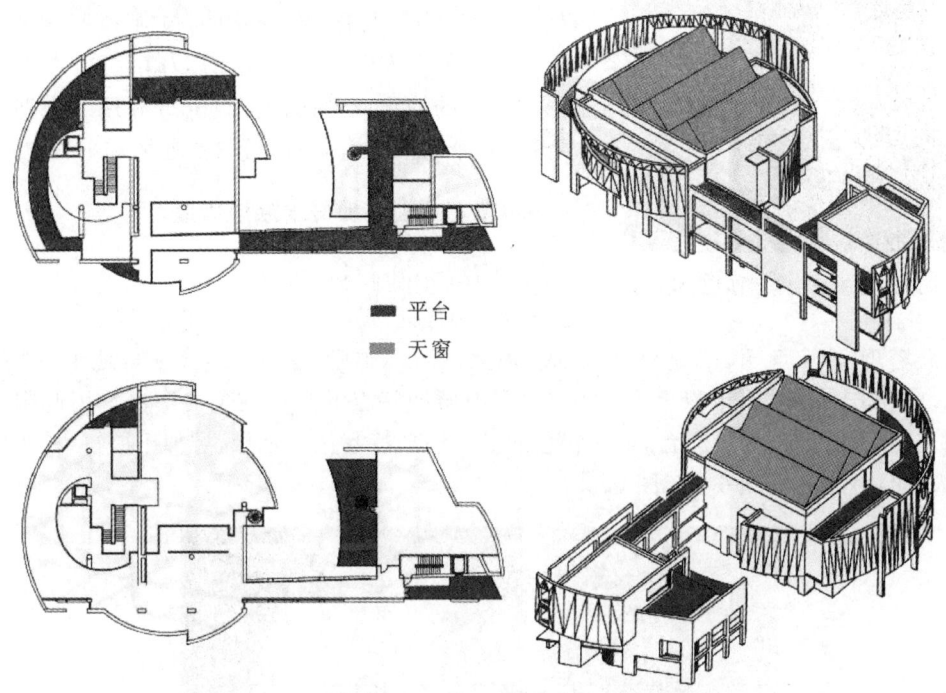

图 6.64 屋顶造型处理

为了在展示方面做得更好，将斜格、正面以及明暗差别强烈的外形等方面和谐地融合在一起。见图 6.65。

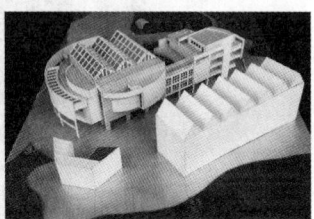

图 6.65 乌尔姆展览馆建筑模型

6.4.2 湖州喜来登温泉酒店

设计者：北京 MAD 建筑事务所世界知名建筑大师马岩松先生。

位置：中国湖州太湖南岸。

湖州喜来登温泉酒店于 2008 年 5 月开工，于 2012 年 9 月 28 日落成，总投资约 15 亿元，酒店总建筑面积 6.47 万 m²。其耳目一新的指环形外部造型可谓国际首创、中国唯一，与 150km 外的上海东方明珠广播电视塔遥相呼应，可以与同为水上酒店的迪拜帆船酒店相媲美，被誉为长三角腹地、太湖沿岸的地标性建筑。见图 6.66。

图 6.66 湖州喜来登温泉酒店造型设计

湖州喜来登温泉酒店集生态观光、休闲度假、高端会议、美食文化、经典购物、动感娱乐体验为一体,是中国第一家水上白金七星级酒店,指环形的形体如一块晶莹的玉石。该建筑高达 100m,最宽处有 116m,地上 23 层,地下 2 层,占地面积 7500m^2,共有 321 个房间,包括 40 间套房。

建筑立面上安置了一系列 LED 灯,可以在电脑控制下形成不同的静止或动态图案。充分利用了太湖这个景观资源,每个房间都有湖景,可自然通风和采光。

6.4.3 美国芝加哥水族塔大厦

设计者:Studio Gang。

地点:美国芝加哥。

水族塔于 2007 年开工,2009 年建成,地上 82 层(酒店、公寓、办公室),地下 6 层(停车场),总高度 261.74m,是世界上为数不多的具有鲜明特点的高层住宅之一。采用遮阳、清晰、低辐射玻璃,每间公寓都带露台,最有特色的是外墙独特起伏的地板,类似千层饼,外观鲜明起伏,令人耳目一新。见图 6.67、图 6.68。

图 6.67 水族塔大厦外部造型设计

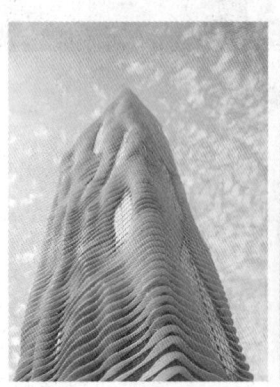 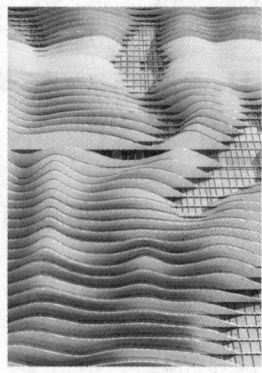 

图 6.68 水族塔大厦细部造型设计

6.4.4 吉隆坡新地标 Angkasa Raya

设计者:奥雷·舍人。

地点:马来西亚吉隆坡。

Angkasa Raya 建筑面积为 165000m², 共 65 层, 高 268m, 是一个集办公、高档酒店与商业为一体的超高层综合体。其特别之处在于塔楼实为三个部分垂直组成, 底层与中间穿插进两个水平状空中花园。见图 6.69。

Angkasa Raya 大楼由 5 个模块构成——3 个"悬浮"大厦楼体和 2 个由多层混凝土板构成的水平模块, 这些模块既是相对独立的, 又以一种奇特的方式堆积联系在一起。这些区域互相协调呼应, 形成一个多元、共生的整体。

大楼的底部模块(称为 Ground Levels)是由多层水平混凝土板构成的, 这里引入了都市生活元素:盘旋上升的楼梯可供车辆和行人通行, 这里设有零售商店、咖啡馆、餐厅和祷告室等, 还有丰富的绿植, 人们仿佛行走在街道上一样。见图 6.70。

图 6.69 吉隆坡新地标 Angkasa Raya

图 6.70 大楼的底部模块

在 3 个"悬浮"楼体交汇的位置, 是另一个由水平混凝土板构成的模块, 称为 Sky Level。这里离地面 120m, 种植了很多绿色植物, 有餐厅、宴会厅和商务会议区, 还有一个大水池, 为人们提供了很好的社交休闲场所。这个模块的上方(即大楼的 37~64 层)是高端住宅区, 共有 280 个单元房, 1~3 居室的户型都有, 还有复式结构和阁楼。豪华酒店位于相对较小的"悬浮"楼体里, 共有 200 套大小不等的房间; 办公区则位于最下面的一段"悬浮"楼体。见图 6.71。

大楼的外墙面采用了铝制遮阳板, 其几何结构经过了精心的优化调整, 以便最大限度地减少阳光直射产生的热量, 这也有助于降低大楼能耗。大楼还设有雨水收集系统, 用于灌溉楼内的植物。

图 6.71 "悬浮"楼体交汇处模块

6.5 建筑设计信息动画二维码学习资源

6.5.1 某职业技术学院新建教学楼

设计:山西省建筑设计研究院有限公司

某职业技术学院新建教学大楼建设项目位于山西省太原市新建北路西侧,柳西街南侧,在该职业技术学院校区内部。建设用地东侧与龙潭公园、万达公馆隔路相望。本次设计拟拆除现有的三栋危楼,并结合周边场地,形成新的建设用地规划,用地地势平坦,基地南北长约120m、东西宽约100m。

本次设计从规划与建筑角度对项目进行深度分析,形成契合现状、用地与相邻建筑和谐的建筑空间;同时,使用功能不仅满足学院现状使用要求,而且为未来发展预留足够的空间和提供了合理可行的规划设计方案。

新建教学楼分为南北两部分,北楼(东西向)为计算机教室、阶梯教室等;南楼(南北向)为单班与双班基础教学教室。南北两楼通过空中走廊联系,南侧教学楼东南角向南延伸,作为学院未来发展的延伸纽带。

扫码演示

建筑造型设计不仅结合校园总体规划与校园办学特色,而且与对面的龙潭公园进行对话,充分考虑沿城市道路的空间轮廓和城市形象。立面处理简洁大气,使其产生强烈的整体感;采用虚实对比、层次对比的手法,采用玻璃、陶土板等材料,以及丰富细腻的细节设计,强调建筑的现代感。整体建筑形态简洁自由,统一而不失变化,灵动而又充满气势,体现出极具特色的建筑个性和明显的标识性,给来往人流以丰富优雅的视觉享受。

(项目信息动画资源学习请扫二维码。)

6.5.2 某工人文化宫建设项目

设计:中外建工程设计与顾问有限公司山西分公司。

某工人文化宫建设项目是为工人创造一个休闲、娱乐和技能学习的场所,目标是建成一个属于黎城工人自己的"工人之家"和"工人学校"。

该项目总用地面积 16600.43m^2,总建筑面积 12289.27m^2,建筑分为三部分,中间为象征城市开放与贯通古今的文化长廊,西侧为三层的博物馆建筑,东侧为三层的剧院建筑。文化长廊采用高高的台阶贯穿南北,上面覆盖10个伞状组合式雨篷,台阶下部主要布置设备用房;博物馆建筑与剧院建筑一方一圆,建筑立面采用蓝、白两色,方形体块饰以瞬息万变的云海形象,椭圆形体块涂以高低起伏的山峦形象,使它们之间既相互对比,又相互协调,整体造型既庄重而又不失变化。

扫码演示

(项目信息动画资源学习请扫二维码。)

6.5.3 某会所建设项目

设计:中外建工程设计与顾问有限公司山西分公司。

本工程总建筑面积7569m²,地上建筑面积6474m²,地下建筑面积1095m²。由南到北依次为停车场、休闲广场、仪式广场、室外绿地。

本会所沿山体及水系走势勾勒建筑形体走向,舒展敞亮。折线形的体型很好地适应了地形的变化,最大化地使视野开阔,显现刚劲而灵动的现代建筑风格。立面设计以虚实相结合,白色墙面和透明玻璃使建筑显得轻盈明媚。建筑运用多种空间组织方式,使建筑功能布局合理,交通组织四通八达。顶部天窗满足了建筑室内天然采光、自然通风的需求,同时又成为上人屋顶的重要"观景窗口",使室内外空间相互交融,创造了有个性特色、给人深刻印象、有独特气质的建筑。

扫码演示

(项目信息动画资源学习请扫二维码。)

6.6 实 训 课 题

实训课题一 建筑造型、立面设计认识参观

(一)项目概况

任课教师选择本地区有代表性的已建民用建筑2~3例,给出参观大纲和要求。3~5名学生组成实训小组,进行实地调研。

(二)实训目的

通过实地参观,使学生正确理解和认识建筑造型、立面设计的具体内容及内涵。

(三)实训内容及要求

(1)认识建筑形式美的基本规律,如统一、均衡、比例、尺度、韵律、对比等。

(2)认识建筑体型的构成手法,体会建筑体量、形状、形体间的相互协调关系。

(3)认识建筑立面设计的处理手法,体会如何恰当地运用形式美的规律确定建筑各组成部分的形状、尺度、比例、排列方式、材料和色彩等,使之与建筑总体协调,与内容统一,与内部空间相呼应。

(四)实训主要步骤

(1)根据实训任务要求,联系当地典型建筑所在的单位,确定考察时间。

(2)以小组为单位,组织参观,注意文字记录和照相记录。

(3)以小组为单位,分析、整理所记录的文字与照片,并收集相关资料进行补充完善。

(4)在实地调研的基础上,分析、归纳并总结,写出实训报告。

(5)任课教师组织小组交流汇报,针对调研的内容进行讨论。

（五）实训成果要求

1.成果规格

采用 A4 打印纸，竖向排版，装订线在左侧。要求有封面、封底。

2.成果内容

完成 3000 字的建筑认知报告，包括题目、内容摘要、关键词、正文（图文并茂）及参考文献。

其中报告正文应包括：

(1)参观时间、地点、建筑名称；

(2)建筑简析，包括建筑的区域位置、功能类型、外部环境、内部空间、建筑层数、造型特征、建筑技术应用等；

(3)心得体会，联系到所学的知识，认识建筑的内涵，认识建筑构成三要素之间的关系，对建筑设计包含的内容进行思考。

（六）实训成果评价

(1)建筑认知报告内容的规范性及完成情况。

(2)建筑认知报告内容的创新点与不足之处。

(3)课堂知识的综合运用能力。

(4)交流汇报中对所提问题的回答和语言表达水平。

成绩评定分为五级（优、良、中、及格、差），过程考核占总成绩的 40%，成果考核占总成绩的 40%，交流汇报占总成绩的 20%。

实训课题二　建筑造型设计、建筑立面设计

（一）实训项目概况

北方某十二班幼儿园建筑平面设计方案如图 6.72 所示。本方案要采用组团式平面布局方式，生活活动单元的室内采用低矮的组合柜、轻质隔窗分隔空间，使活动、休息、储藏三部分封而不闭、围而不死，开敞、明快。

（二）实训目的

(1)通过该实训课题的练习，使学生掌握建筑造型设计的基本原理，能够应用建筑形式美的基本规律进行建筑体型的优化设计，能够通过立面轮廓、比例、尺度、虚实、门窗、墙面、色彩、质感及细部的推敲进行建筑立面的优化设计。

(2)将课堂所学知识与工程实践紧密结合，培养学生的工程实践能力。

（三）实训内容及要求

1.幼儿园建筑造型设计

要求应用建筑形式美的基本规律进行建筑体型的优化设计。

表现形式：以钢笔画的形式完成，或以马克笔快速绘制幼儿园透视效果图。

2.幼儿园建筑立面设计

要求通过立面轮廓、比例、尺度、虚实、门窗、墙面、色彩、质感及细部的推敲进行建筑立面的优化设计。

表现形式：以墨线方案图深度绘制幼儿园各个立面图。

（四）实训主要步骤

(1)根据实训任务要求，查阅相应的资料。

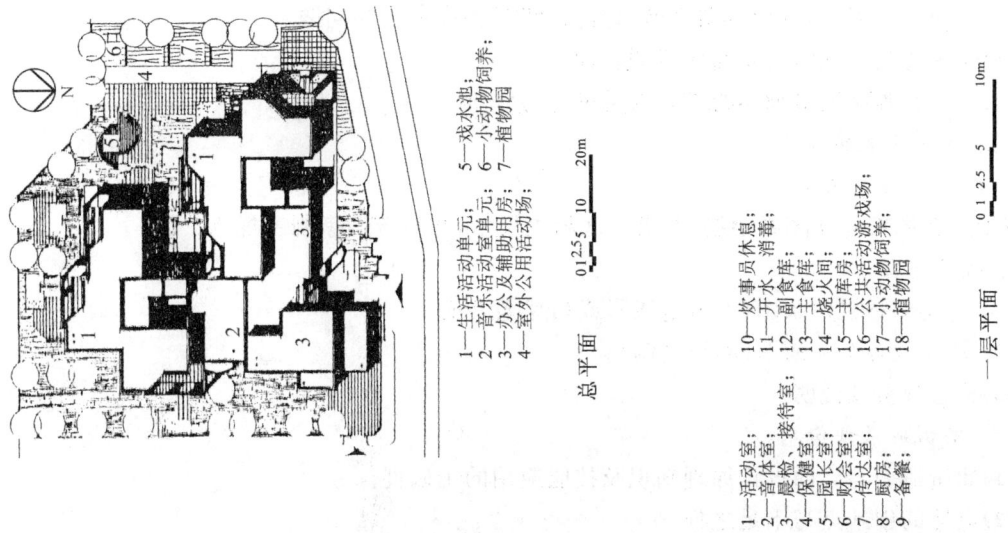

1—生活活动单元；
2—音乐活动室单元；
3—办公及辅助用房；
4—室外公用活动场；
5—戏水池；
6—小动物饲养；
7—植物园

总平面

1—活动室；
2—音体室；
3—晨检室；
4—保健会客室；
5—园长会客室；
6—财务室；
7—传达室；
8—厨房；
9—备餐；
10—炊事员休息；
11—开水、消毒；
12—主食库；
13—副食库；
14—主库房；
15—公共活动游戏场；
16—主库活动游戏场；
17—小动物饲养；
18—植物园

一层平面

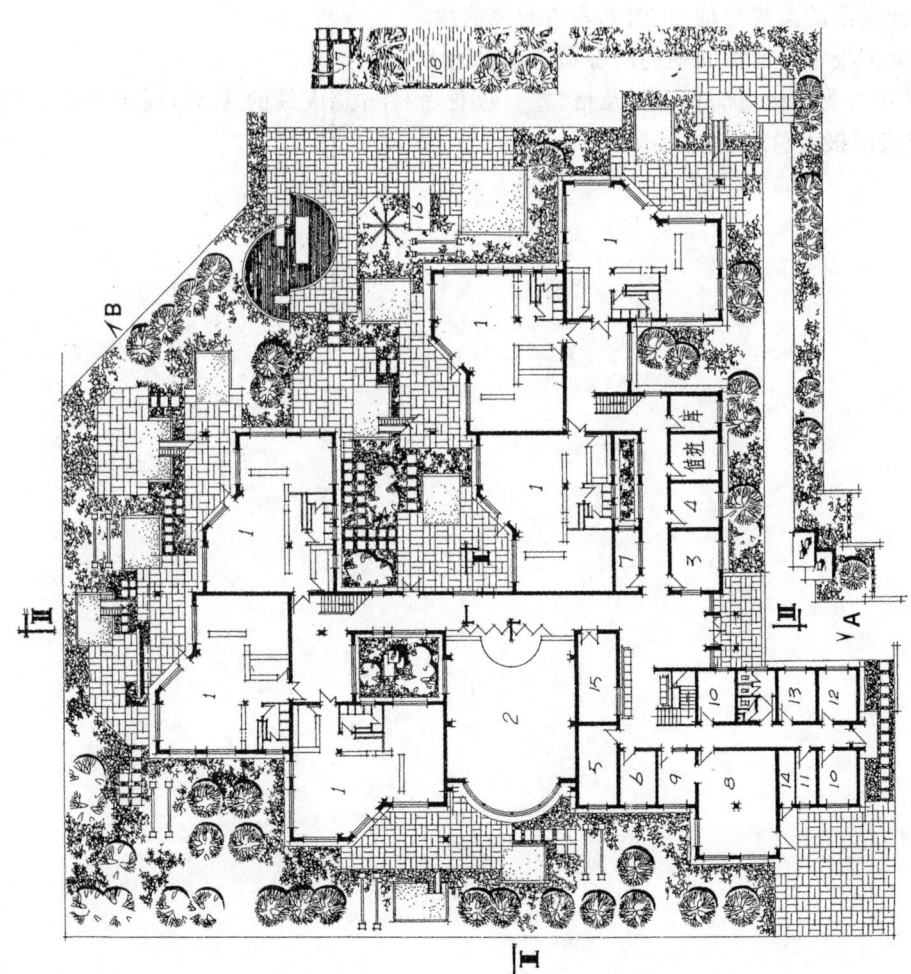

图 6.72 北方某十二班幼儿园建筑平面设计方案

(2)完成幼儿园剖面与立面的草图设计。
(3)以小组为单位,进行草图交流,讨论并纠正图中存在的问题。
(4)完成幼儿园剖面与立面的正图设计。
(5)任课教师组织实训小组进行成果展示与评价。

(五)实训成果要求

1. 成果规格与深度

采用 A2 图纸完成图纸绘制,要求标注相关尺寸,并符合国家制图规范。

2. 成果内容

(1)幼儿园透视效果图(以钢笔淡彩或马克笔表现)。
(2)幼儿园各个立面图(墨线绘制)。
(3)构思分析及说明。

(六)实训成果评价

(1)建筑造型与立面设计原理知识及技能应用的正确性。
(2)设计的创新点与不足之处。
(3)图面构图的美观与均衡、图纸表达的规范性。
(4)交流汇报中对所提问题的回答和语言表达水平。

成绩评定分为五级(优、良、中、及格、差),过程考核占总成绩的 40%,成果考核占总成绩的 40%,交流汇报占总成绩的 20%。

模块三　建筑方案设计

> **课程思政融合点思维导读**
> 　　1. 习近平总书记强调"强化学前教育、特殊教育普惠发展,坚持高中阶段学校多样化发展,完善覆盖全学段学生资助体系"。**课程融合点:**"幼儿园建筑方案设计"。
> 　　2. 党的二十大报告指出,"加大文物和文化遗产保护力度,加强城乡建设中历史文化保护传承""坚持以文塑旅、以旅彰文,推进文化和旅游深度融合发展"。**课程融合点:**"旅馆建筑方案设计"。
> 　　3. 党的二十大报告强调,"必须坚持在发展中保障和改善民生,鼓励共同奋斗创造美好生活,不断实现人民对美好生活的向往。""坚持房子是用来住的、不是用来炒的定位,加快建立多主体供给、多渠道保障、租购并举的住房制度。"**课程融合点:**"住宅建筑方案设计、汽车客运站建筑方案设计"。

一、方案设计阶段的任务与要求

主要任务是提出设计方案,即根据设计任务书的要求和收集到的必要的基础资料,结合基地环境,综合考虑技术经济条件和建筑艺术的要求,对建筑总体布置、空间组合进行可能与合理的安排,提出两个或多个方案供建设单位选择。

二、方案设计的图纸和文件

1. 设计总说明

设计指导思想及主要依据,设计意图及方案特点,建筑结构方案及构造特点,建筑材料及装修标准,主要技术经济指标以及结构、设备等系统的说明。

2. 建筑总平面图

比例 1∶500、1∶1000,应表示用地范围,建筑物的位置、大小、层数及设计标高,道路及绿化布置,技术经济指标。地形复杂时,应表示粗略的竖向设计意图。

3. 各层平面图、剖面图、立面图

比例 1∶100、1∶200,应表示建筑物各主要控制尺寸,如总尺寸、开间、进深、层高等,同时应表示标高,门窗位置,室内固定设备及有特殊要求的厅、室的具体布置,立面处理,结构方案及材料选用等。

4. 工程概算书

建筑工程投资估算,主要材料用量及单位消耗量。

5. 透视图、鸟瞰图或制作模型

三、建筑方案图设计流程（见下表）

建筑方案设计阶段	建筑设计单位工作项目、内容		
	项目	工作内容	
前期建筑方案设计准备策划阶段	设计必备文件	工程项目投标书，工程项目立项书（或可行性研究方案及批文），设计计划任务书，规划意见书，场地红线图	
	人员组织策划	工程项目负责人，经营部商务标编制人	
		建筑专业负责人，建筑设计人	
		相关专业设计人	
	技术策划	研究招标书、设计任务书，了解工程特点、规划意见书	
		了解地区主管部门、建设方意见	
		收集设计基础资料，以及该类型建筑规范、标准、规定	
		现场勘踏，编写提纲	
	制定设计进度	工程报告——明确任务、目标、进度	
		方案设计，多方案构思草图的周期	
		多方案比较、综合，确定方案的周期	
		方案编制，表述图式制作周期，发图	
中期建筑方案设计创作阶段	研究、分析、归纳、立意	对设计任务书、工程各项要求、具体条件等进行研究、分析、归纳	
		工程功能分解、组合，流程组织，体型生成，方案立意构思	
		初拟工程结构、设备方案以及经济措施等	
	创作构思多个方案，反复比较，树"理念""创意"	总平面规划（功能分区，功能分布，形体构思，时空文脉，城市景观，功能构思，交通流程，景观绿化，技术经济指标匡算）	
		建筑单体平、立、剖面图（功能分析，功能分区，流程组织，空间序列组合，形体构思，立面形体推敲，技术经济指标匡算）	
		总体—单体—总体—单体的螺旋式反复发展，多方案比较，并逐步树立建筑方案设计理念、创意	
	定案	确定方案设计理念、创意，综合方案，确定方案	
		各相关专业以确定方案做相应设计	
后期建筑方案设计的编制和表述图式	文字内容	建筑方案设计总说明，含各专业设计说明	
		主要技术经济指标，工程投标估算	
	图纸内容	总平面图	工程地域位置图，总平面图（含主要技术经济指标表），功能结构分析，交通流线，绿地景观，竖向设计，街景图
		建筑图	各平面图，主立面图，主剖面图
		效果图	鸟瞰图，街景效果图，单体透视，主要内景等
		其他专业附图	各相关专业需配的附图
	图册、展板等表述图式	图册	封面，扉页，目录，效果图，说明，附图
		展板	首页，总平面图，建筑平、立、剖面图，效果图，分析图
		其他表述图式	电子文件（包括投标设计全部文件内容），演示光盘（如讲述幻灯片、多媒体、动画），模型

解析 7　幼儿园建筑方案设计

幼儿园建筑的使用对象为 3 周岁至 6 周岁的幼儿,因而在使用功能、空间构成、建筑组合、造型及细部处理等方面均有其自身的特征及要求,应结合幼儿教养和保教工作的需要来精心设计,为幼儿创造一个健康成长的场所。

7.1　概　　述

7.1.1　幼儿园的性质与类型

(1)幼儿园的性质

幼儿园是对幼儿进行保育和教育的机构,接纳 3～6 周岁的幼儿,幼儿园教、养并重,两者共同促进幼儿在德、智、体、美等方面和谐发展。

(2)幼儿园的分类

①按受托方式分

a. 全日制幼儿园　指幼儿一天中早来晚归,幼儿白天在幼儿园生活的幼托方式。孩子在园里吃一顿午饭,有的一日三餐均在幼儿园里吃。

b. 寄宿制幼儿园　指收托的幼儿昼夜都生活在幼儿园内,每半周、一周或节假日回家与父母团聚。

②按建筑方式分

a. 独立幼儿园　独立幼儿园适用于新建幼儿园,与外界相对分隔,可以免受外界干扰,便于管理和进行功能分区,能保证一定的活动场地与绿化。

b. 附属于其他建筑的幼儿园　在其他建筑中设幼儿园适用于规模不大的全日制幼儿园,但要保证幼儿有一个不受干扰的活动场地。

c. 利用原有建筑改建的幼儿园　改建的幼儿园一般多位于各大城市的旧城区。利用旧房改建或扩建为幼儿园,可以节省投资。改建时一般将原有建筑的内部空间进行重新组合,而外部空间作相应变化,使之形成适宜幼儿园的环境。

7.1.2　幼儿园建筑的规模

幼儿园建筑规模的大小除考虑本身的卫生、保育人员的配备和经济合理等因素外,尚与幼儿园所在地区的居民居住密度、合理的服务半径有关(服务半径一般以 500m 左右为宜)。

(1)幼儿园的班级数与总人数

幼儿园的规模见表 7.1。

表 7.1　幼儿园的规模

规模	幼儿园(班)	人数(人)
小型	1～4	≤120
中型	5～9	150～270
大型	10～12(≤12)	300～360

(2)幼儿园每班人数

小班20~25人,中班26~30人,大班31~35人。

(3)幼儿园的建筑面积及用地面积

幼儿园的建筑面积9~12 m²/人,用地面积12~15 m²/人。

7.2 幼儿园建筑的房间组成及面积确定

7.2.1 幼儿园建筑的房间组成

幼儿园建筑的房间组成应根据幼儿园的性质、分类、规模、标准及地区的差异与条件,以及主办单位的要求等因素确定。一般应设置下列用房:

(1)生活用房 生活用房是幼儿园建筑的主要组成部分,幼儿园建筑宜按生活单元组合方法进行设计,生活单元由活动室、卧室、卫生间、储藏室等组成。除此之外,园内还应设多功能活动室,供全园幼儿进行文艺、体育等多功能活动。

(2)服务用房 是幼儿园的保教、管理工作用房,一般包括医务晨检室(厅)、保健观察室、办公室、资料兼会议室、教具制作兼陈列室、传达室、值班室及职工厕所等房间。

(3)供应用房 是幼儿园必不可少的辅助用房,一般由幼儿厨房、主(副)食库房、炊事员休息室、卫生间、开水及消毒室、洗衣房等组成。

随着幼儿教育事业的发展,为开发智力,进一步促进幼儿身心健康成长,幼儿园可设置电教室、计算机室、音乐教室、美工室及图书室等专用房间。

7.2.2 主要房间的面积确定

房间面积大小的确定,一般应根据房间的容纳人数及活动情况、家具及其布置、设备占用面积、交通面积等主要因素决定。此外,还与各个时期国家对教育事业发展所制定的有关政策及经济条件等因素有关。参照国家住房城乡建设部于2016年颁布的《托儿所、幼儿园建筑设计规范》(JGJ 39—2016),结合使用要求,编制幼儿园主要房间面积限值要求,见表7.2。

表7.2 幼儿园主要房间的最小使用面积(m²)

房间名称			幼儿园规模			备注
			小型	中型	大型	
幼儿生活用房	活动室		70	70	70	当活动室与寝室合用时,其房间最小使用面积不应小于105m²
	寝室		60	60	60	
	卫生间	厕所	12	12	12	
		盥洗室	8	8	8	
	衣帽储藏间		9	9	9	
	多功能活动室		90	120	150	合班共用面积

续表 7.2

房间名称		幼儿园规模			备注
		小型	中型	大型	
服务用房	保健观察室	12	12	15	
	晨检室(厅)	10	10	15	
	园长室	15	15	18	
	办公室	18	18	24	
	会议室	24	24	30	
	教具制作室	18	18	24	
	传达、值班室	10	10	10	寄宿制幼儿园应设置值班室
	警卫室	10	10	10	
	储藏室	15	18	24	
供应用房	厨房 主(副)食加工	30	36	45	
	厨房 主食库	15	10	15	小型幼儿园可合设主食库和副食库 15m²
	厨房 副食库	15	10	15	
	厨房 冷藏室	4	6	8	
	厨房 配餐室	10	15	18	
	消毒间	8	10	12	
	洗衣房	8	12	15	

7.3 主要使用房间设计

独立建设的幼儿园可分为建筑物和室外场地两部分。建筑中的使用空间可分为幼儿生活用房、服务用房和供应用房三大部分。

7.3.1 幼儿生活用房

(1)活动室

活动室是供幼儿室内游戏、进餐、上课等日常活动的用房,幼儿大部分时间都生活在这里。

①形状

活动室的平面形式应满足幼儿教学、游戏、活动等多种使用功能的要求。活动室的平面形式应活泼、多样,富有韵律感,以适应幼儿生理、心理的需求。活动室形状常用的有矩形、方形、六边形、八边形、扇形和局部曲折形等。采用矩形时,长宽之比不宜大于 2。见图 7.1。

②家具与设备(图 7.2,图 7.3)

为了开展各种活动,活动室要配置很多家具,包括桌、椅、黑板、玩具柜、书架等,它们都是根据儿童的尺寸设计的。

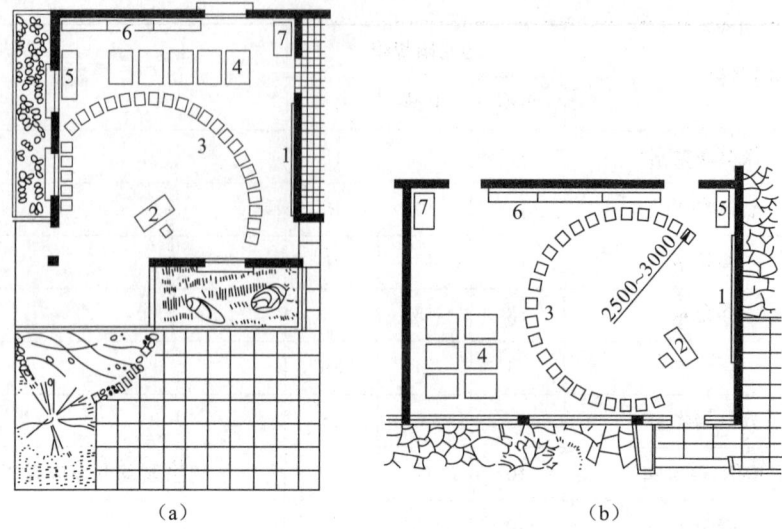

图 7.1　活动室平面布置图

1—黑板；2—风琴；3—椅子；4—桌子；5—积木；6—玩具筐；7—分菜桌

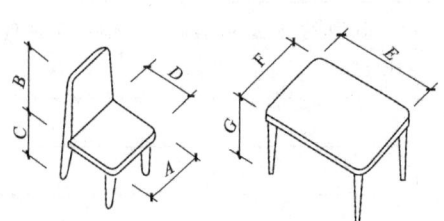

年　龄(岁)	A	B	C	D	E	F	G
3～4	260	230	220	230	1000	700	410
4～5	280	250	250	260	1000	700	470
5～6	300	270	280	290	1000	700	520
6～7	310	290	300	310	1000	700	560

图 7.2　幼儿桌椅尺寸(单位：mm)

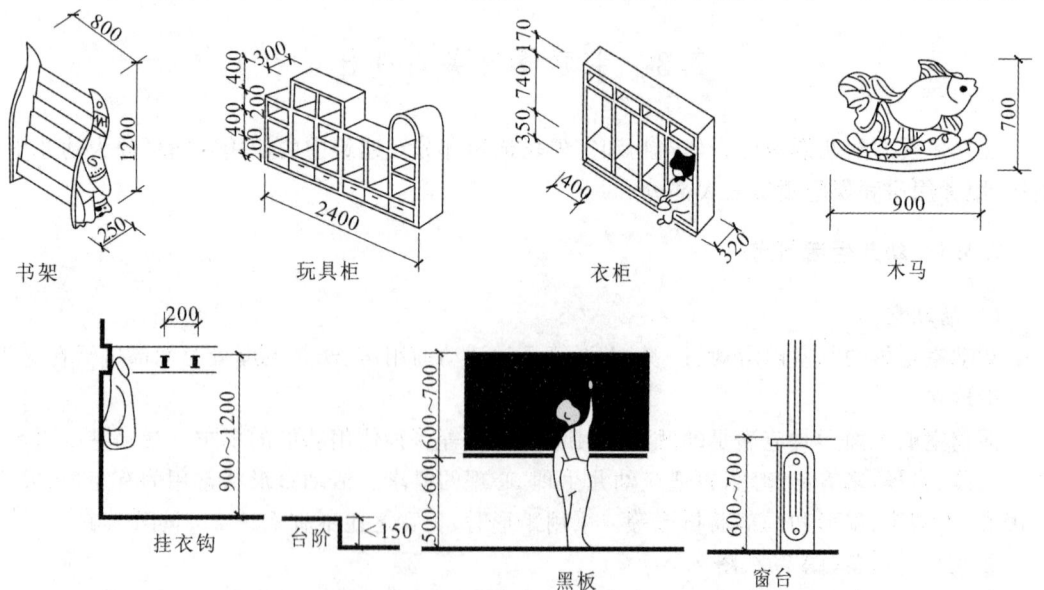

图 7.3　活动室家具与设备及其尺寸(单位：mm)

③卫生与安全

a. 良好的朝向和日照条件

活动室冬至日满窗日照时间不少于3h,夏季应尽量减少日光直射,否则应有遮阳设施。天然采光可以用侧窗和天窗(图7.4),光线应均匀柔和,要避免眩光和直射光,窗地面积比不小于1/5。单侧采光的活动室,其进深不宜超过6.0m。

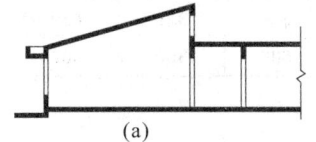
(a)
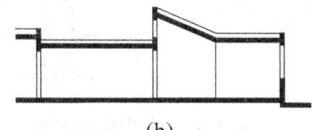
(b)
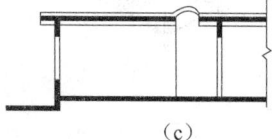
(c)

图 7.4 活动室的采光方式

(a)、(b)高侧窗与低侧窗采光;(c)侧窗与天窗采光

b. 良好的自然通风

幼儿园的幼儿用房通风口面积不应小于房间地板面积的1/20。活动室自然通风示意见图7.5。

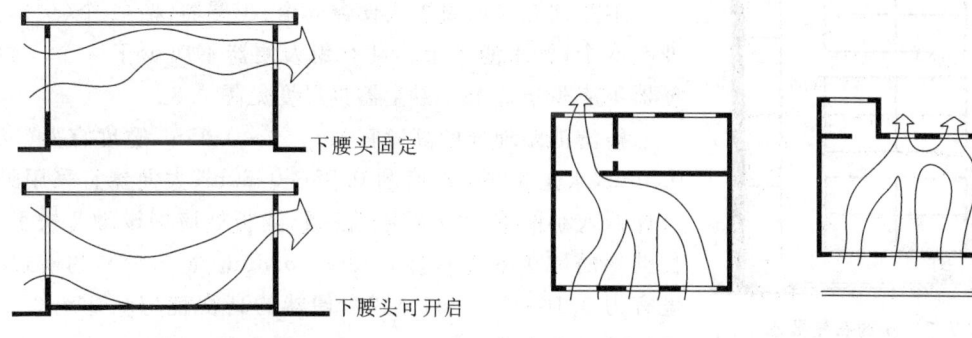

图 7.5 活动室自然通风

c. 满足防火疏散要求

活动室应设安全疏散口两个,建筑耐火等级不低于二级,房间内任一点至疏散门的直线距离不应大于20m。

d. 室内装修设计要求

活动室室内装修、家具等设计应符合幼儿使用的特点,富有童趣,保证安全并易于清洁。室内宜采用暖色、弹性地面。墙面应采用光滑易清洁的材料,墙下部最好做1.0~1.2m高的木墙裙或油漆墙裙,所有棱角处都应做成圆角。

e. 门窗设置

活动室不应设弹簧门和门槛。在距地面0.6~1.2m高度内,门不要装易碎玻璃,并在距地面0.7m处安装拉手。外窗窗台距地面高度不宜大于0.6m。楼层无室外阳台时,外窗在距地面1.3m高度范围内要加护栏。在有蚊蝇的地方,门窗应装纱扇。

(2)寝室

①家具与设备

寝室的主要家具是床,幼儿床的尺寸见图7.6。在将寝室与活动室合并设置的全日制幼儿园中,为节省面积,可以采用轻便卧具、活动翻床,也可在活动室一边布置通铺。床位侧面或端部距外墙距离不应小于0.60m。床的布置要求见图7.7。

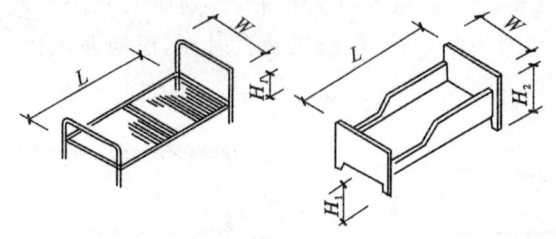

幼儿床尺寸(mm)

	L	W	H_1	H_2
大	1400	700	350	700
中	1300	650	320	650
小	1200	600	300	600

图7.6 幼儿床的尺寸

②卫生与安全

寝室的卫生和安全要求与活动室的基本相同,窗上要装窗帘。

(3)卫生间

幼儿使用的卫生间应分班设置。

①家具与设备

卫生间至少应设置大便器6个、小便器(槽)4个(位),盥洗龙头6个,污水池1个。且女厕大便器不应少于4个,男厕大便器不应少于2个。卫生器具尺度见图7.8。

盥洗池距地面的高度宜为0.50~0.55m,宽度宜为0.40~0.45m,水龙头的间距宜为0.55~0.60m;大便器宜采用蹲式,大便器或小便器(槽)均应设隔板,隔板处应加设幼儿扶手。厕位的平面尺寸不应小于0.70m×0.80m(宽×深),沟槽式的宽度宜为0.16~0.18m,坐式大便器的高度宜为0.25~0.30m。卫生间平面布置见图7.9。

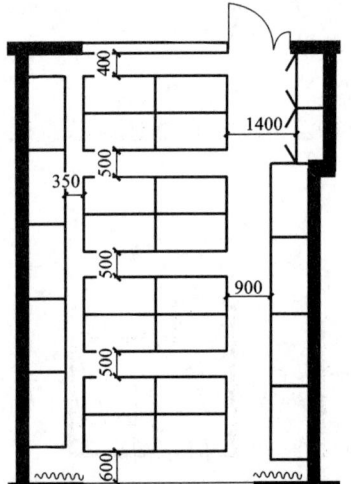

图7.7 床的布置要求

此外,还应酌情设毛巾及水杯架、更衣柜、浴盆等。各种卫生设备的大小应符合幼儿尺度。

②卫生与安全

卫生间应采用易清洗、不渗水并防滑的地面,设排水坡和地漏。墙裙一般用瓷砖,供保教人员使用的厕所不应与幼儿合用。

(4)多功能活动室

多功能活动室供同年级或全园2~3个班的幼儿共同开展各种活动用,如集会、演出、放映录像、开展室内体育活动及召开家长座谈会等。

①形状 多功能活动室的平面可以是矩形,也可以采用其他形状。多功能活动室平面形状与平面图分别见图7.10和图7.11。

②家具与设备 室内可以设小型舞台,应考虑演出和放映的有关要求。多功能活动室与活动室、寝室应有适当隔离,以防噪声干扰。

③卫生安全与空间布置 多功能活动室使用人数多,宜放在底层;如放在楼上,应靠近过厅和楼梯间。多功能活动室至少应设两个门。

多功能活动室的其他要求和活动室基本相同。

(5)储藏间

储藏间主要存放衣帽、被褥、床垫等,可设壁柜、搁板,也可放储物家具。储藏间要注意通风。

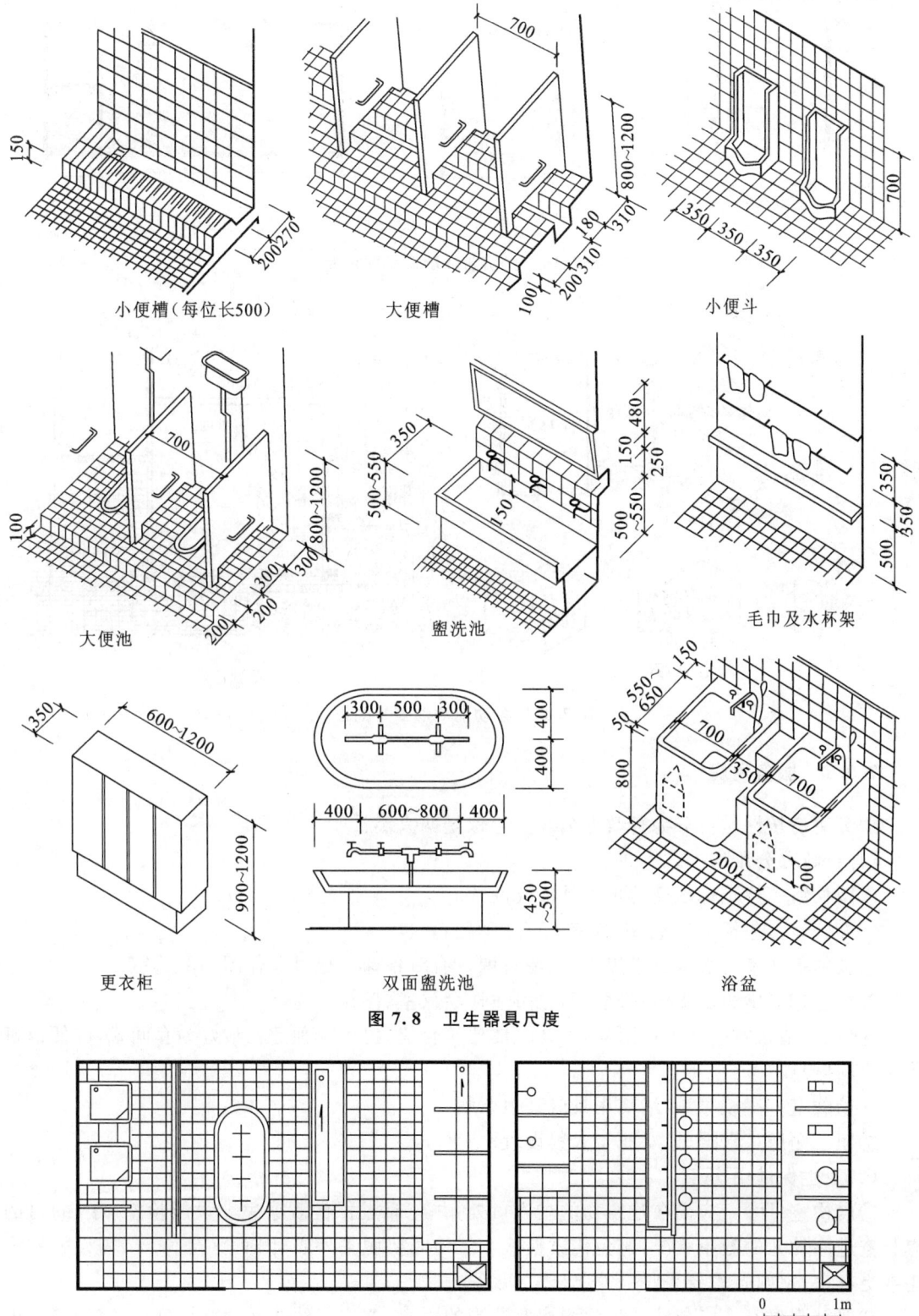

图 7.8 卫生器具尺度

图 7.9 卫生间平面布置

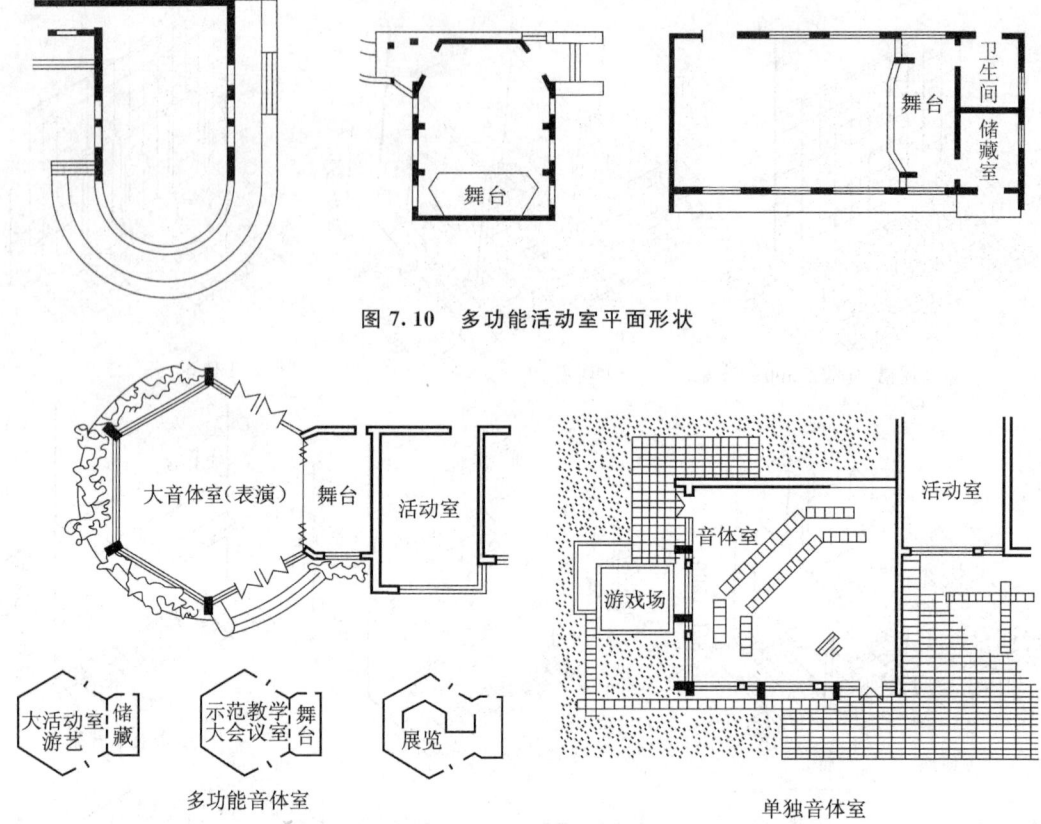

图 7.10　多功能活动室平面形状

图 7.11　多功能活动室平面图

7.3.2　服务用房

服务用房按性质可分为行政办公和卫生保健两大类。

(1)行政办公用房

①园长室　建筑标准高的可设计成套间式。

②办公室　包括会计室、出纳室、总务室等。

③教师备课室　墙上宜设黑板,以便备课。有时备课室也可兼作图书阅览室。

④休息室　供职工午休、进餐等,也可兼作会议室、储藏室。

⑤传达、值班室　在入口附近,可与主体建筑合建,也可单独建。最好为套间式,以便值班人员夜间休息。

⑥储藏室　存放家具、清洁用具或其他杂物。

⑦职工厕所　根据男、女职工人数设置。

(2)卫生保健用房

①晨检室(厅)　应设在建筑物的主入口处,并应靠近保健观察室。设晨检室(厅)的目的是检查进园幼儿的健康状况,避免传染疾病。晨检时要脱去外衣,因而晨检室(厅)需设挂衣设备或更衣室,室内冬季要采暖。

②保健观察室　应与幼儿生活用房有适当的距离,并应与幼儿活动路线分开;宜设单独出入口或院落;应设独立的厕所,厕所内应设幼儿专用蹲位和洗手盆。保健观察室应布置幼

床,以便供幼儿休息。

卫生保健用房平面布置见图 7.12。

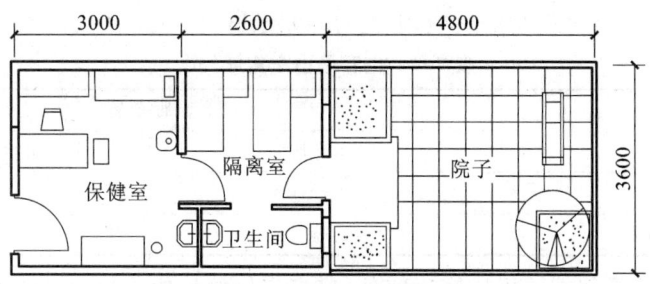

图 7.12 卫生保健用房平面布置

7.3.3 供应用房

(1)厨房

厨房地面应防滑耐冲洗,设排水坡和地漏;当幼儿园为楼房时,宜设置小型垂直提升食梯;门、窗应装纱扇;应注意通风排气,应设天窗。

(2)洗衣室、烘干室、消毒间

寄宿制幼儿园宜专设洗衣室,内设洗衣池或放置洗衣机。当有锅炉房时,可装高密度采暖管道于烘干室,对衣物进行烘干,也可在洗衣室外设晾晒场地。有条件的,可设专用的消毒间。

(3)浴室

浴室包括男、女更衣室和淋浴间,供职工使用。其要求与其他公共建筑的相同。

7.4 幼儿园建筑空间组合设计

7.4.1 幼儿园建筑空间组合的原则

(1)空间布置应功能分区明确,避免相互干扰,以方便使用与管理。幼儿园平面功能关系见图 7.13。

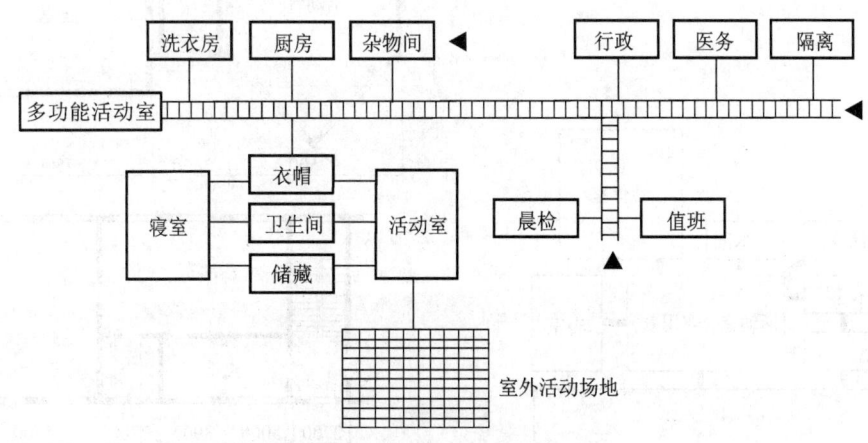

图 7.13 幼儿园平面功能关系图

(2)保证安全疏散,合理组织交通。除执行国家建筑设计防火规范外,尚应满足以下要求:

①幼儿园建筑走廊最小净宽不应小于表 7.3 的规定。在幼儿安全疏散和经常出入的通道上不应设有台阶,必要时可设防滑坡道,其坡度不应大于 1∶12。

表 7.3 走廊最小净宽度(m)

房间名称	走廊布置	
	中间走廊	单面走廊或外廊
生活用房	2.4	1.8
服务、供应用房	1.5	1.3

②幼儿使用的楼梯间在首层应直通室外,应有直接的天然采光和自然通风;楼梯不应采用扇形、螺旋形踏步,楼梯踏步高宜为 130mm,宽度宜为 260mm,踏步和台阶必须防滑;楼梯除设成人扶手外,在靠墙一侧还应设幼儿扶手,其高度宜为 600mm,栏杆垂直杆件的净距不大于 110mm,栏杆扶手要防止攀滑;梯井大于 110mm 时,必须采取安全措施。

③疏散通道不应使用旋转门、弹簧门和推拉门;活动室、寝室、多功能活动室都应设双扇平开门,宽度不应小于 1200mm。

④建筑室外出入口应设雨篷,雨篷挑出长度宜超过首级踏步 500mm 以上。出入口台阶高度超过 300mm 并侧面临空时,应设置防护设施,防护设施净高不应低于 1050mm。

(3)厨房宜在主导风向的下风向,靠近对外供应出入口,并设有杂物院。

(4)建筑的空间组合必须与总平面设计和室外场地设计配合,并为形成良好的建筑形象创造条件。

7.4.2 儿童生活单元设计

儿童生活单元是幼儿园最重要的组成部分,一般分班设置。幼儿园单元功能组成与平面举例分别见图 7.14 和图 7.15。

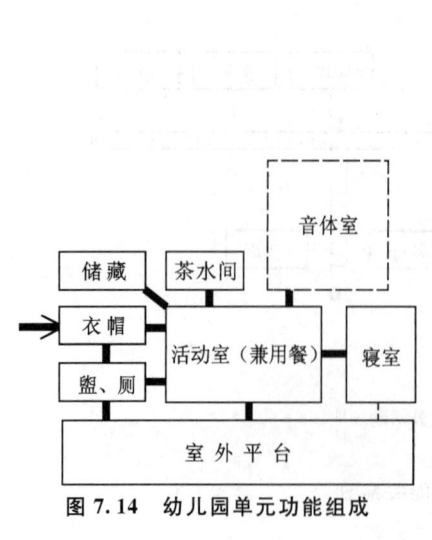

图 7.14 幼儿园单元功能组成   图 7.15 幼儿园单元平面举例

生活单元的组合应以活动室为中心布置其他房间,卧室应靠近活动室,二者联系要直接、方便;盥洗室、厕所宜靠近儿童活动单元的出入口或班级活动场地内;平面布置应尽量紧凑,减少交通面积;单元内各房间宜互相贯通,便于管理。儿童生活单元组合类型分为穿套式(图7.16)、走道式(图7.17)和分层式(图7.18)三种,其组合方式及特点见表7.4。

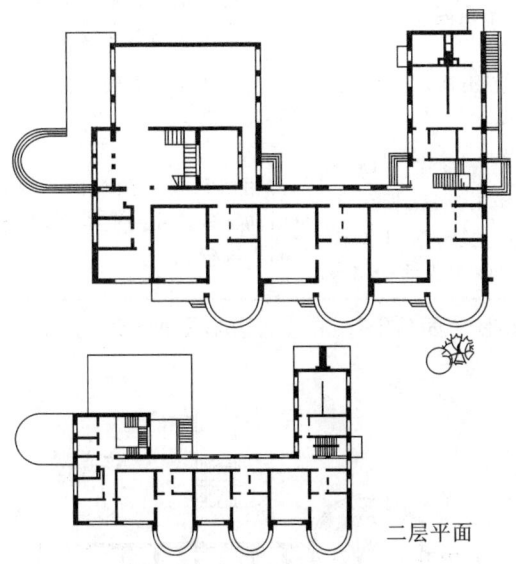

图 7.16　穿套式生活单元

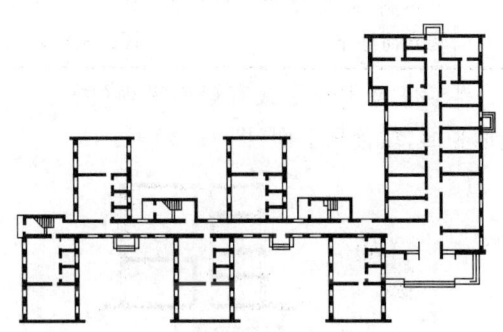

图 7.17　走道式生活单元
（乌鲁木齐石化厂幼儿园）

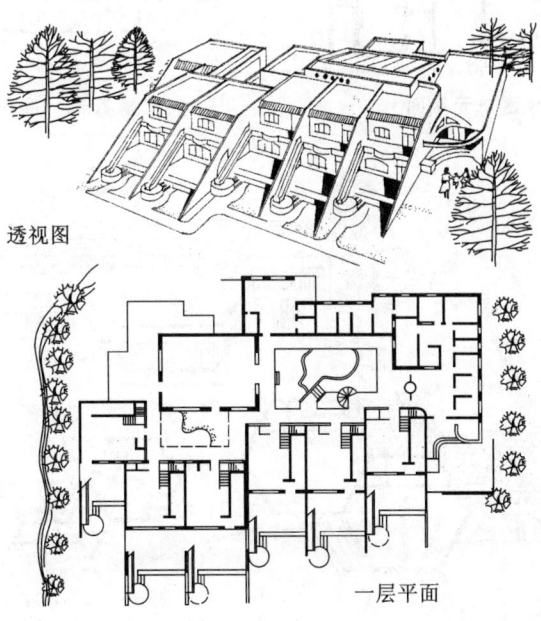

图 7.18　分层式生活单元

表 7.4　生活单元组合方式及特点

	穿套式	走道式	分层式
组合特点	活动室与盥、厕、储相套，寝室（游戏室）又与活动室套穿	活动室、寝室、盥、厕、储等幼儿基本生活空间均独立设置，并通过走廊或厅联系各个基本空间	幼儿基本生活空间均通过楼梯厅（间）联系，常用空间如活动室、盥、厕等布置在底层，使用频率低的寝室等则设在楼上
优点	面积紧凑，使用方便，便于管理，利于保温，结构简单	各室均相对独立使用，采光、通风、日照均能满足要求	各空间使用较方便，寝室设在二层较安静
缺点	盥、厕、储与活动室相套，对活动室的通风、采光、日照均不利，而且厕所的臭气易逸入活动室	进深浅、面宽长，增加了交通面积，设外廊适用于南方地区，设内廊则适用于寒冷地区，且外廊可作衣帽间及室内活动空间（雨天活动用）	占用面积较前两种大。当各班活动室并排在一起设置时，相互间影响较大

生活单元平面形式有矩形平面（图 7.19）、扇形平面（图 7.20）、六边形平面（图 7.21）、八边形平面、组合型平面（图 7.22）等。

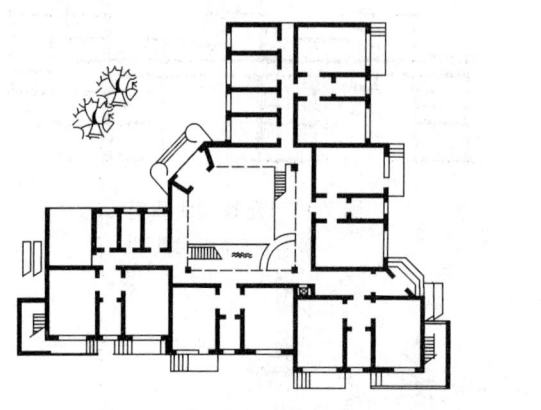

图 7.19　矩形生活单元平面

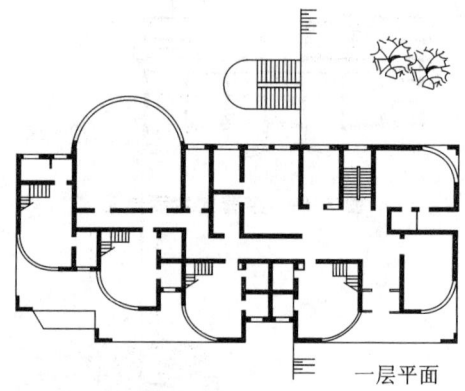

图 7.20　扇形生活单元平面

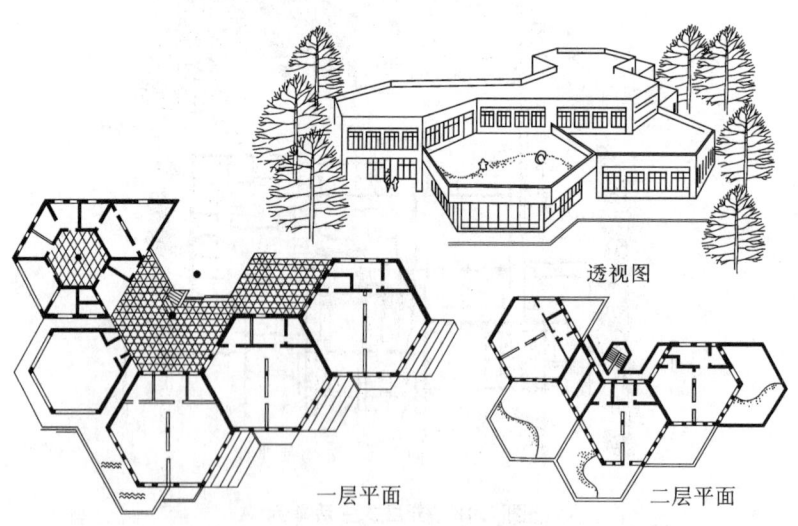

图 7.21　六边形生活单元平面

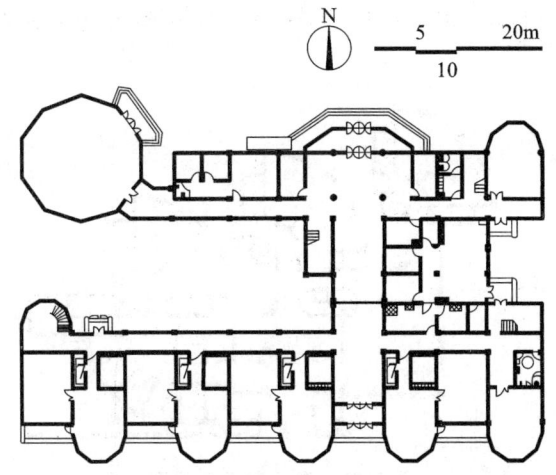

图 7.22　组合型生活单元平面（济南市商河县实验幼儿园）

7.4.3　幼儿园平面组合方式

根据生活单元与其他房间的组合关系和交通组织来看，幼儿园平面组合方式可大致分为走道式组合（图 7.23）、大厅式组合（图 7.24）、单元式组合（图 7.25）、庭院式组合（图 7.26）和

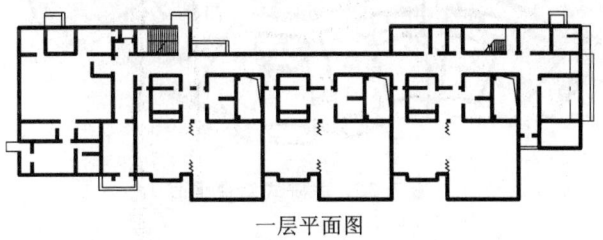

一层平面图

图 7.23　走道式组合平面（上海盛华幼儿园）

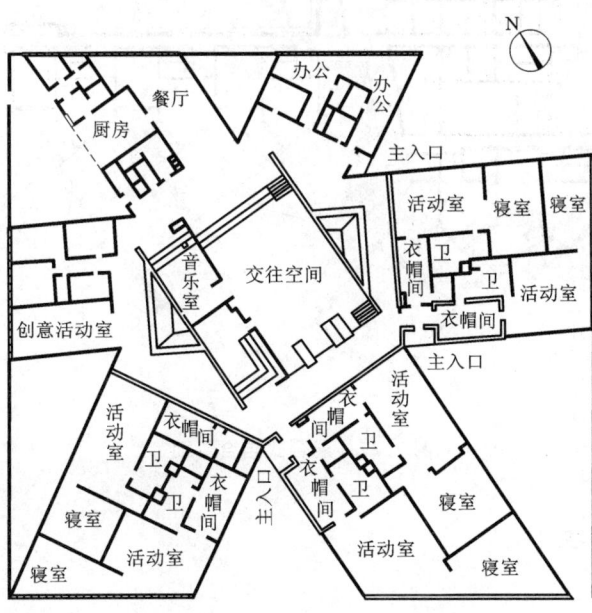

图 7.24　大厅式组合平面（爱沙尼亚塔尔图乐天幼儿园）

混合式组合(图 7.27)。根据不同的构图形式,幼儿园平面组合形式有一字形、工字形、曲尺形、风车形、圆形等。

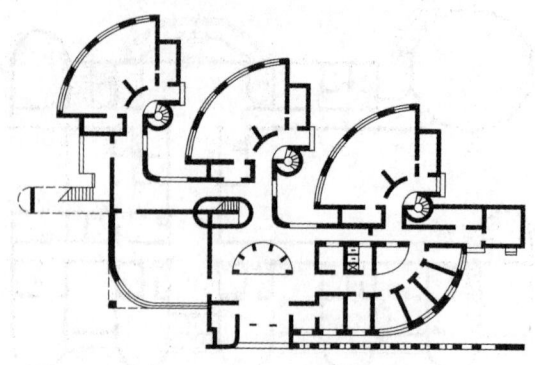

图 7.25 单元式组合平面

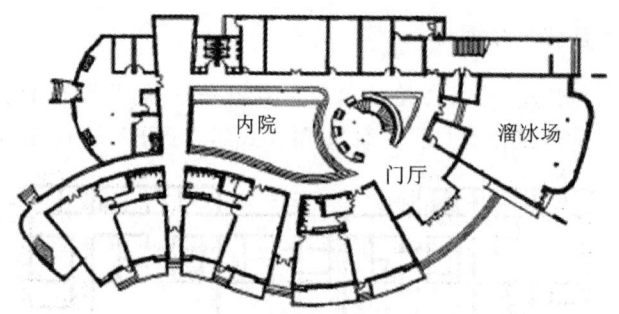

图 7.26 庭院式组合平面

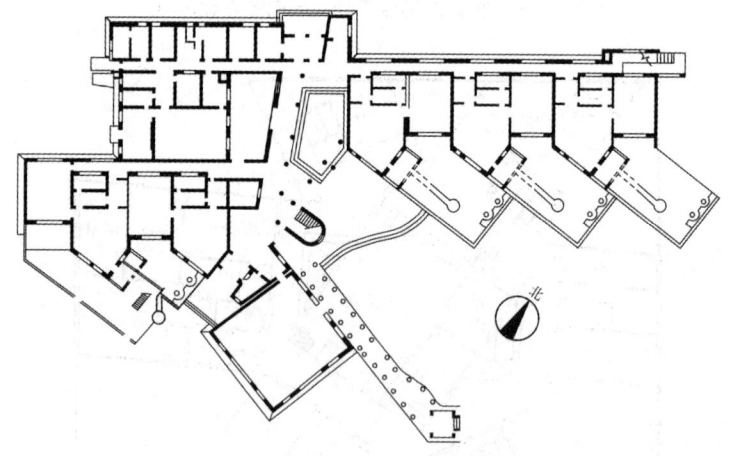

图 7.27 混合式组合平面

7.4.4 层数与层高

(1)层数

根据防火安全的要求,独立式幼儿园不应超过 3 层。设置在其他民用建筑内的幼儿园,建筑耐火等级为一、二级时,应布置在首层、二层或三层;建筑耐火等级为三级时,应布置在首层或二层;建筑耐火等级为四级时,应布置在首层;位于高层建筑内时,应设置独立的安全出口和疏散楼梯。当平屋顶作为室外游戏场地和安全避难场地时,屋顶应有防护设施。

为保证在遭遇自然灾害时幼儿能安全、迅速地脱离危险场所,幼儿活动用房不应布置在四层及以上楼层。地下室或半地下室阴暗、潮湿,采光、通风条件较差,即不利于幼儿的身心健康,也不利于人流安全、迅速疏散,故严禁将幼儿使用的房间布置在地下室或半地下室。厨房应设在底层。

(2) 各房间室内净高

幼儿生活单元是幼儿园生活的基本空间,幼儿大部分在生活单元内生活,活动室、寝室室内净高应大于 3.0m。多功能活动室是全园最大的公共活动空间,最大面积可达 300m² 以上,其房间净高过低不仅有压抑感,也不符合室内健康卫生要求,因此,多功能活动室室内净高应大于 3.9m,厨房室内净高应大于 3.0m。

7.5 幼儿园基地选择与总平面布置

7.5.1 幼儿园基地选择

由于幼儿园的保育和教育的对象为幼儿,基地选择更应给予特别关注。三个班以上的幼儿园应有独立的建筑基地,并应根据城市规划和住宅区建设规划合理安排位置。两个班及以下的幼儿园,与住宅建筑合建,但应有独立的出入口和独立的室外活动场地,并应与其他建筑部分、周围场地采取隔离措施;幼儿生活用房应设在住宅建筑的底层。幼儿园基地选择一般应遵循如下原则:

(1) 远离各种污染源;与易发生危险的建筑物、仓库、储罐、可燃物品和材料堆场等之间的距离应符合国家现行有关标准的规定;不应与大型公共娱乐场所、商场、批发市场等人流密集的场所毗邻。

(2) 方便家长接送,避免城市交通的干扰,做到功能分区合理,创造符合幼儿生理、心理特点的环境空间。

(3) 日照充足,场地干燥,排水通畅,环境优美或接近城市绿化地带。

(4) 能为建筑功能分区、出入口、室外游戏场地的布置提供必要条件。

7.5.2 幼儿园总平面布置

幼儿园应根据要求对建筑物、室外活动场地、绿化用地和杂物院等进行总体布置,做到功能分区合理、管理方便、朝向适宜、游戏场地日照充足,创造符合幼儿生理特点的环境空间。

(1) 幼儿园的出入口

大、中型幼儿园宜设两个出入口,主出入口供儿童和家长进出,次出入口通向杂物院。主出入口明显些,次出入口隐蔽些。小型幼儿园可设一个出入口,出入口的位置应根据周围道路及地形条件确定。为防止发生交通事故,出入口不能靠近城市道路交叉口,不应直接设置在城市干道一侧,其出入口应设置在供车辆和人员停留的场地,且不应影响城市道路交通,出入口宽度应至少大于 4m。出入口布置见图 7.28。

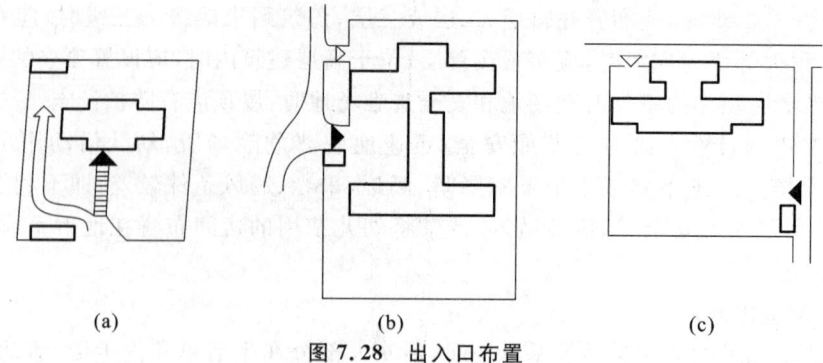

图 7.28 出入口布置

(2)建筑物的布置

建筑物的布置可分为集中式和分散式两类。集中式管理方便,但一次性建设投资大。分散式便于分期建设,但管理不方便。在进行总平面布局时,应注意以下几个原则:

①平面布置应功能分区明确,避免互相干扰,方便使用管理,有利于交通疏散。

②管理用房宜接近主出入口。

③生活用房应有安静、卫生的环境,并与室外活动场地有良好联系。活动室、寝室应有良好的采光和通风,应布置在当地最好朝向,不宜朝西向;当不可避免时,应采取遮阳措施。

④服务用房宜接近次出入口并处于主导风下风向。

(3)室外活动场地

幼儿园的室外活动场地需要有足够的活动面积,满足幼儿室外活动的需要,并满足安全方面的要求。幼儿园室外活动场地布置在周围建筑阴影之内,基本没有阳光照射。幼儿在室外活动得不到阳光,对幼儿的身体健康不利。

①分类与面积

室外场地分为各班专用室外活动场地和全园共用的活动场地两类。每班的室外活动场地面积不应小于 $60m^2$,各活动场地之间宜采取分隔措施;可设在屋顶,但必须做好防护处理。全园共用的室外活动场地,人均面积不应小于 $2m^2$。

②安全与防卫

地面应平整、防滑、无障碍、无尖锐凸出物,并宜采用软质地坪;游戏器具下面及周围应设软质铺装;室外活动场地应有 1/2 以上的面积在标准建筑日照阴影线之外。

③设施与器具

共用活动场地应设置游戏器具(滑梯、转椅、浪船、攀登架、跷跷板、秋千等),沙坑(深度大于 300mm,长、宽为 3~4.5m),30m 跑道(宽度≥3m),嬉水池(储水深度不应超过 300mm),洗手池等。

(4)杂物院

供应用房旁应设杂物院,用来存放燃料、堆放物品和晾晒衣物等。位置应较为隐蔽,最好有单独的出入口。

(5)绿化与道路

幼儿园场地内绿化包括草坪、树木等,绿化率不应小于 30%,宜设置集中绿化用地。绿地内不应种植有毒、带刺、有飞絮、病虫害多、有刺激性的植物。此外,幼儿园还可以设种植园地和小动物饲养场。

车行道应满足行车和消防的要求,宽度不小于3.5m,步行道宽1.5~2.0m。

7.6 幼儿园建筑设计发展方向

(1)幼儿园建筑生态学

主要考虑幼儿园建筑与周围生态环境之间的关系,包括四个方面:建筑与自然环境的关系;建筑与社会环境的关系;建筑对儿童生理、心理影响的关系;建筑对儿童认识生态秩序和规范形成的关系。

为此,在设计时要注意:

①建筑风格要均匀协调、活泼多样,色彩要明快清新,并保证每个幼儿有 $20m^2$ 的树木或 $10m^2$ 的草地占有面积。

②不能忽视建筑的通风、音响效果、照明。

(2)幼儿园建筑人类学

主要考虑幼儿园建筑与人类学之间的关系。

好的幼儿园建筑应具有文化承载功能,在无形中让幼儿感受人的本质,包括人的存在、人与人性的关系、人的特性和人的自我定义,了解人类的进化历程,启迪幼儿的求知欲。为此,在建筑设计过程中要注意:

①尊重人的自然禀赋。

②赋予人的本体创造性。

③激发人的本体意识:人的存在和价值意识。

(3)幼儿园建筑社会学

主要考虑幼儿园建筑与社会学的关系,设计时要为幼儿提供增进与家人、伙伴之间关系的环境。

(4)幼儿园建筑心理学

主要考虑幼儿园建筑对幼儿心理的影响,主要体现在:

①建筑对幼儿心理过程各种机能发展的影响,包括感知觉、记忆、注意、思维、想象、情绪情感、意志七个方面。

②建筑对幼儿个性心理发展的影响,包括能力、性格、气质、兴趣、需要以及动机。

总而言之,在设计时要尽量满足幼儿的独立自主性、主观能动性和探究创造性的需求。

7.7 实 例 分 析

7.7.1 大连幼儿园

设计者:Debbas建筑师事务所,加州大学伯克利分校建筑学院教授查尔斯先生。

地点:中国大连。

大连幼儿园(图7.29至图7.39)建成于2010年,占地7000多 m^2,额定容纳246名婴幼儿,设有科学、社会、音乐、美术、体育等九个专项教室,其建筑设计具有以下优点和特色:

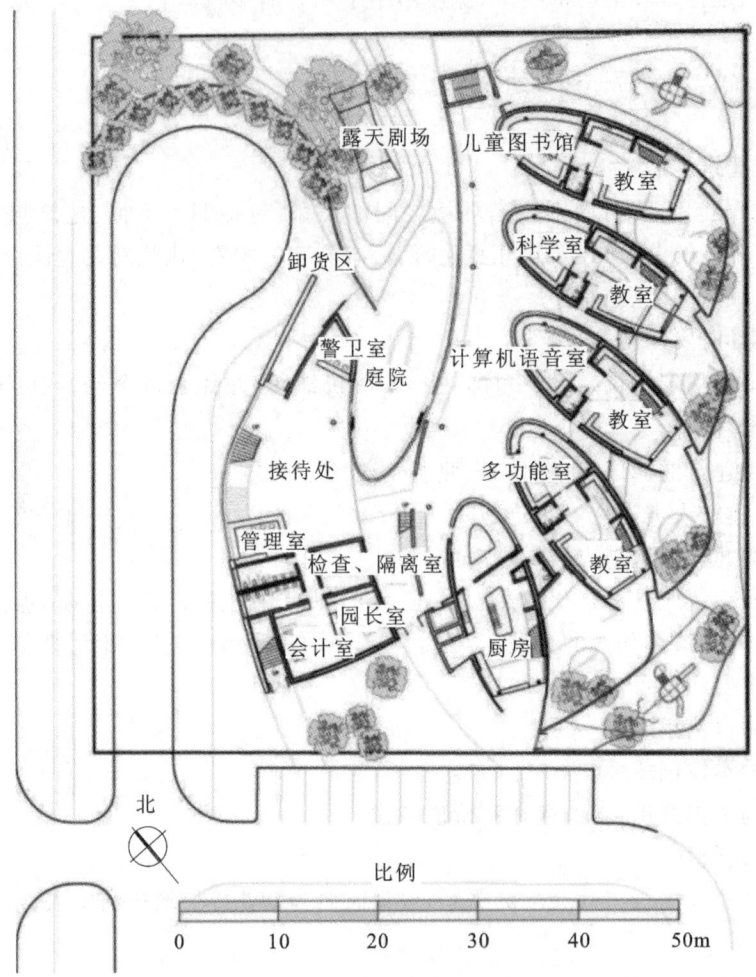

图 7.29　一层平面图（带周边环境布置）

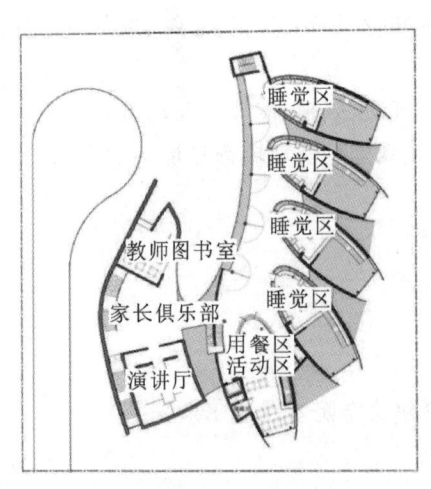

图 7.30　二层平面图

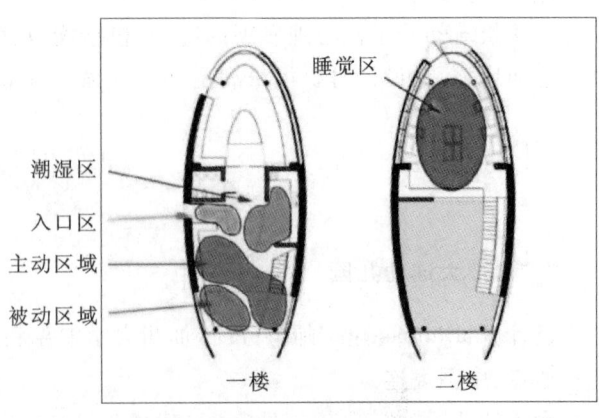

图 7.31　区域活动分析图

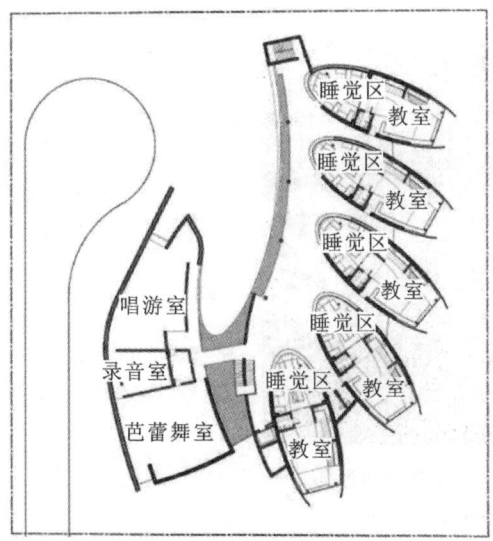

图 7.32 三层平面图

图 7.33 教室室内空间及布置

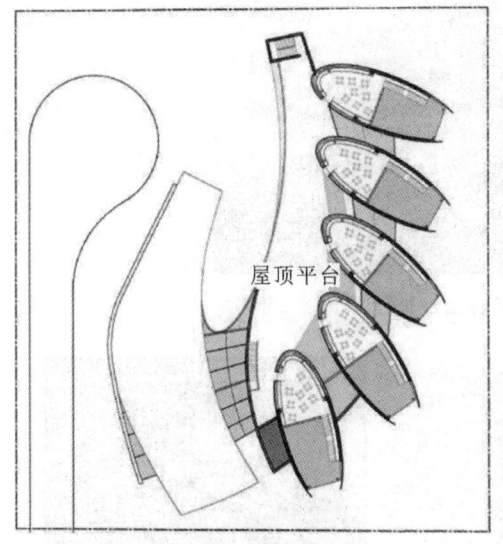

图 7.34 四层平面图

图 7.35 屋顶活动平台

图 7.36 建筑主入口

图 7.37　灰色清水混凝土和砖红仿木材质应用
（小范围构成式材质结合）

图 7.38　造型与立面设计细部处理

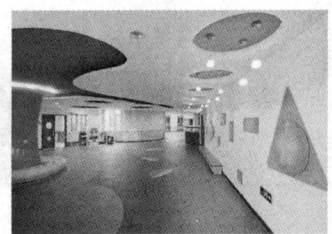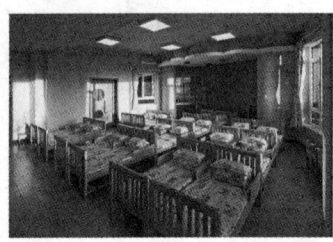

图 7.39　室内布置

(1)采用单元重复式空间的组合,5个旋转的积木设计使该幼儿园如同生长于同一根系的5枚豆荚。

(2)巧妙地应用了平面构成的手法将窗户变得更加趣味横生。

(3)主流线和支流线分离,工作人员流线和幼儿流线相分离。

(4)在建筑形态上对功能进行划分,使用功能在建筑设计中起决定作用。

(5)采用跃层并部分通高的教室和食堂设计。

(6)教室的形状和占地规模都考虑了当地的气候条件,弓形混凝土外墙有助于驱赶寒冷,东向则充分利用了天然采光的优势。

(7)全南向的教室玻璃幕墙与地面面积之比大于 1∶6,扩大了采光和儿童视野。

(8)公共走廊采用上悬(内侧)外窗,满足室内通风的同时,也避免了安全隐患。

(9)屋顶活动平台和教室相结合。

(10)设计中有意识地保持建筑的低密度,创造一种活动的、不固定的、新颖的环境,而不是一个机械的、僵硬的、乏味的幼儿园。

7.7.2 丹麦创意幼儿园

设计者:CEBRA 公司。

地点:丹麦。

该幼儿园获得了 2009 年度新锐建筑奖。该幼儿园有五个滴状结构,其中两个是员工区,另外三个是孩子集体活动区。集体活动区分散布置在花园一侧,这样孩子们可以看到风景。每个区都有固定的教育目的,在这里孩子们通过玩耍能学到颜色、形状、几何方面的知识。滴状基座采用白色色调和曲线墙壁设计,看起来像卷纸,孩子们可以用他们自己的画作和雕塑品来装饰墙面。尖尖的多彩天窗的装饰设计由涂鸦艺术家完成,是孩子们灵感的来源。

(1)概念构思

五个不规则的基座设计灵感源于调色板,有鲜明的色彩、活泼的造型和新颖的设计。见图 7.40。

(2)建筑造型设计

① 形体概述

幼儿园有五个滴状结构,按水平面分,建筑分成两部分——五个滴状基座和共同连通的屋顶。见图 7.41。

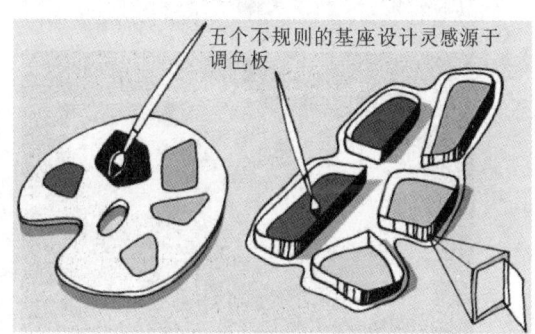

图 7.40 概念构思示意图

图 7.41 形体生成分析图

② 形体特点

功能分区明确,交通流线清晰;对外接触面大,较具开放性;外形活泼灵动、有张力;不同于传统的斜坡屋顶,该幼儿园采用尖尖的多彩天窗,看似散乱地镶嵌在屋顶之上,实则激发儿童的想象力。见图 7.42。

图 7.42　形体特点分析

(3)建筑功能分区(图 7.43、图 7.44)

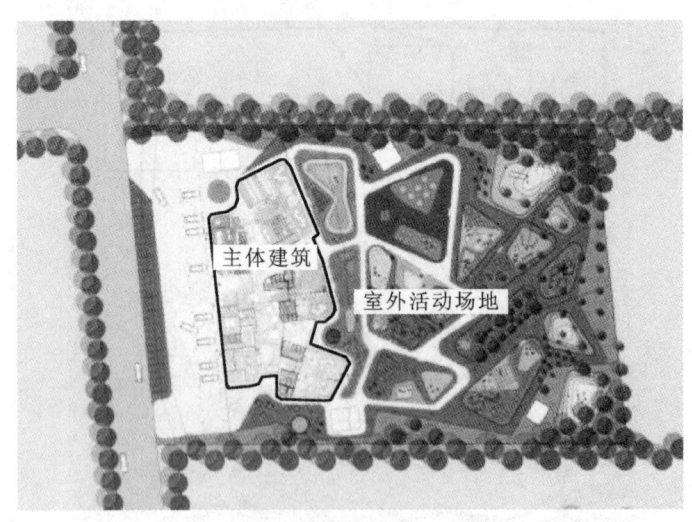

图 7.43　建筑总平面图

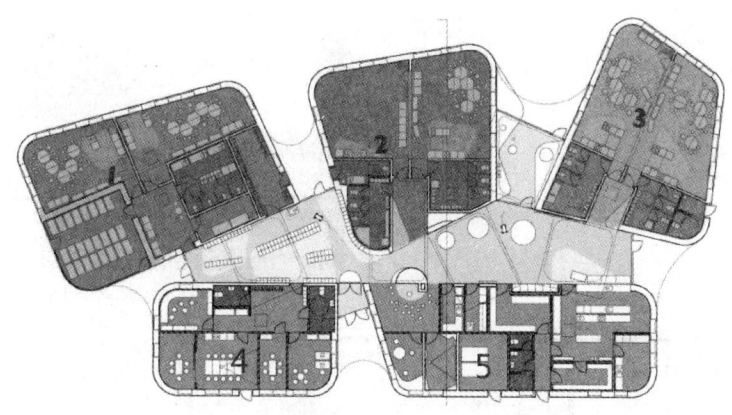

1、2、3—孩子集体活动区；4、5—员工活动区

图 7.44 平面功能分区

(4)交通流线组织(图 7.45 至图 7.47)

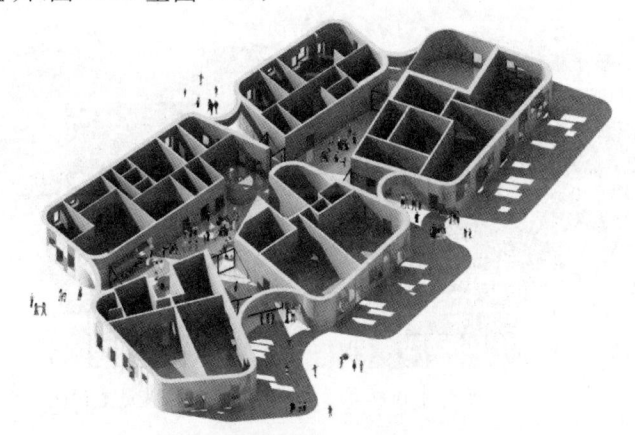

图 7.45 建筑空间组合及流线组织示意图

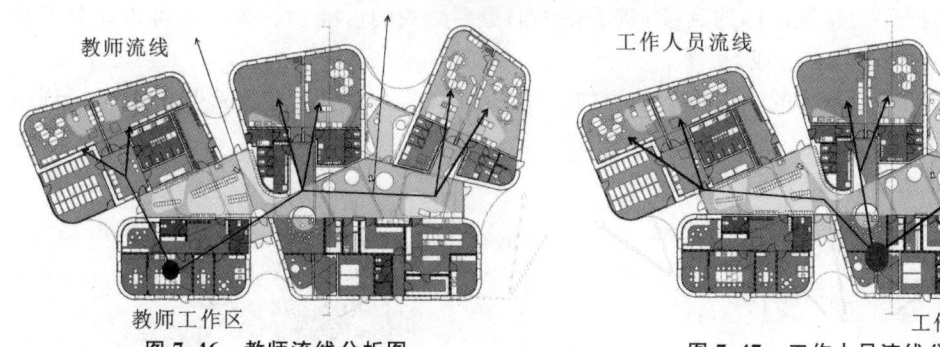

图 7.46 教师流线分析图　　**图 7.47 工作人员流线分析图**

(5)通风采光

通风采光见图 7.48。

(6)空间分析

① 按水平面分，该建筑分成两部分——5 个滴状基座和共同连通的屋顶。共同连通的屋顶部分作为建筑极为重要的联系空间而存在，不仅将 5 个滴状的空间联系成一体，还是内外空间过渡的枢纽。见图 7.49。

图 7.48　通风采光示意图

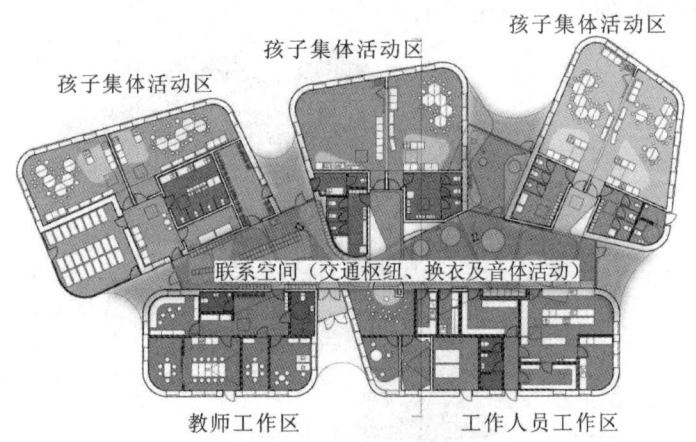

图 7.49　建筑室内空间布置

②室外空间作为建筑形体的延续,赋予孩子们更多游戏的可能性。孩子们可以充分发挥自己的创造力和想象力来游戏、玩耍。

③幼儿园还通过不同的高差设置来增加空间的趣味性,其中部分空间高度充分考虑到幼儿的尺度,丰富了幼儿在空间中的体验。见图 7.50。

(7)重复单元分析(图 7.51)

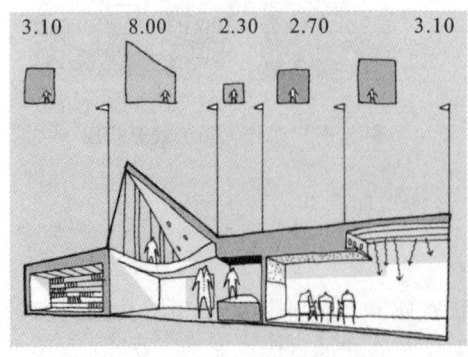

图 7.50　建筑空间尺度(单位:m)

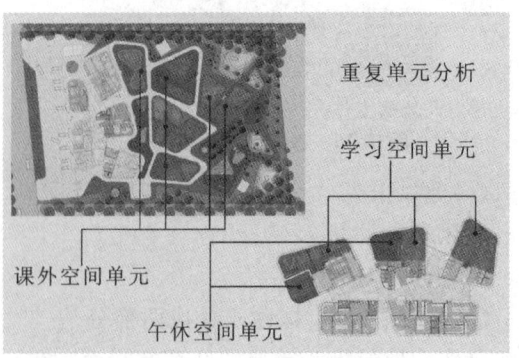

图 7.51　重复单元分析图

7.8 建筑设计信息动画二维码学习资源——某幼儿园建设项目

设计:山西省建筑设计研究院有限公司。

某幼儿园的总体规划与建筑设计概念立足于满足幼儿生理、心理及行为特征的要求,同时反映"新、奇、趣、美"的幼教建筑个性风格。

本方案主入口规划于基地南侧的道路上,入口外设有缓冲区,方便家长等候接送。建筑靠基地北侧布置,留出南边大片南向场地,作为室外活动区。

建筑外墙采用绿、白二色为基色,色彩明亮,形成视觉上的活跃的元素。建筑立面上开出大大小小的圆洞,随着阳光照射角度的变化呈现出丰富的光影效果,无论从室内还是室外都能带给人有趣的视觉体验。南向玻璃窗外设计了宽窄变化的遮阳百叶窗,避免夏季室内阳光暴晒,又使得冬季室内获得所需的光照条件。建筑采用走道式空间组合平面,幼儿生活用房全部朝南向布置,日照时数满足规范要求。教学用房与幼儿生活用房紧密联系,错落布局,形成高低起伏的平台,延续了整体建筑绵延而上的造型亮点。

(项目信息动画资源学习请扫二维码。)

扫码演示

7.9 实训课题——幼儿园建筑方案设计

(一)实训项目概况

(1)建设地点:中国某城市(南、北方地区自定)。

(2)用地概况:基地的环境如图 7.52 所示,地势平坦,南面紧邻城市次干道,北面紧邻住宅小区,东面为街心公园,环境优美,西面为某办公单位用地。幼儿园不允许将入口设在公园及城市次干道一侧。

(3)规划要求:建筑用地范围如图 7.52 所示,用地东、南侧的建筑控制线分别由建筑红线向后退 4m,不得凸出建筑控制线。建筑层数要求 1~3 层,在入口附近要求有 4 辆小汽车停车位,并考虑 30 辆自行车的停放场地。

(4)技术条件

①外围护结构热工要求:北方地区外墙墙厚应满足相当于 370mm 厚砖墙的热工条件,南方地区满足相当于 240mm 厚砖墙的热工条件。

②主导风向:夏季主导风向为东南风,冬季主导风向为西北风。

③建筑耐火等级:二级。

④抗震设防烈度:按 8 度设防考虑。

⑤日照间距:按 1∶1.5 考虑。

⑥建筑的水、暖、电由城市集中供应。

(5)地形图(图 7.52)

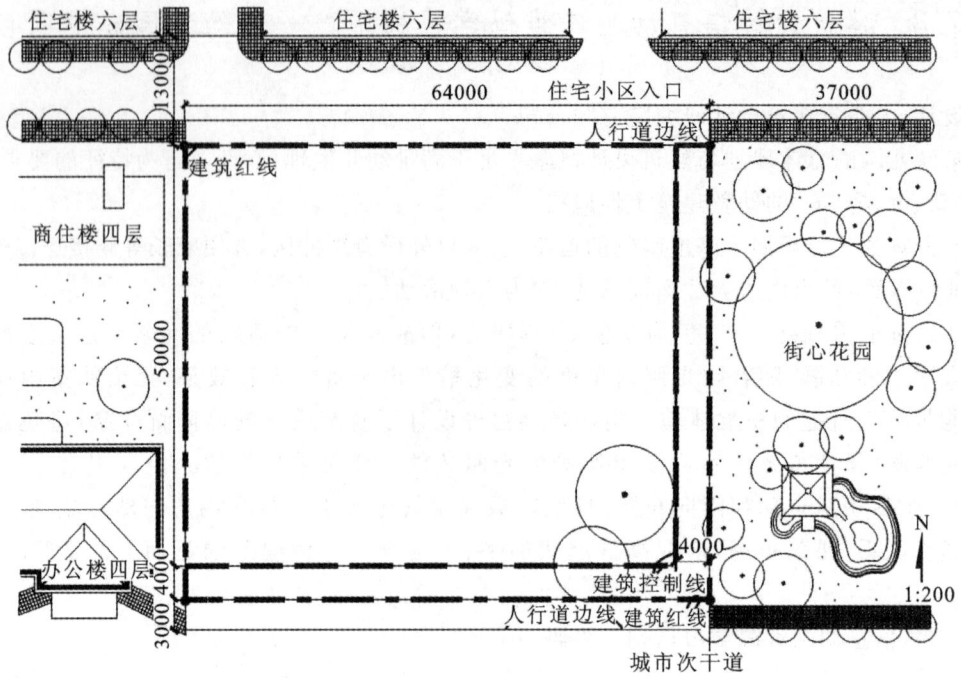

图 7.52 幼儿园设计地形图

(二)实训目的

(1)通过该实训课题的练习,使学生了解幼儿园建筑功能的一般要求和相关规范,了解幼儿园建筑设计的基本原理;学习公共建筑的设计方法和步骤,并培养综合处理建筑功能、建筑技术和建筑艺术诸多方面的矛盾统一,完成建筑设计方案的能力。

(2)通过小组合作,互为甲方,审核与纠正各阶段设计图纸成果,培养团队合作的意识。

(3)将课堂所学知识与工程实践紧密结合,培养学生的工程实践能力。

(三)实训内容及要求

(1)总建筑面积 2200m²,允许面积误差增减 220m²(即有 10% 的增减)。

(2)房间名称及使用面积分配见表 7.5。

表 7.5 房间名称及使用面积分配表

房间类别	编号		房间名称	数量	每间面积(m²)	合计面积(m²)
生活用房	幼儿活动单元	1	活动室	9	50～60	450～540
		2	寝室	9	50	450
		3	卫生间	9	15	135
		4	衣帽储藏室	9	9	81
	5		音体室	1	120～150	120～150

续表 7.5

房间类别	编号		房间名称	数量	每间面积(m^2)	合计面积(m^2)
办公服务用房	1		晨检室	1	12	12
	2		医务保健室	1	12	12
	3		隔离室	1	8	8
	4		办公室	3	15	45
	5		资料会议室	1	15	15
	6		值班传达室	1	12	12
	7		教工厕所	1	15	15
	8		储藏室	1	10	10
供应用房	厨房部分	1	主、副食加工间	1	36	36
		2	配餐间	1	15	15
		3	主食库	1	10	10
		4	副食库	1	10	10
		5	冷藏室	1	6	6
		6	消毒室	1	10	10
		7	洗衣间	1	12	12
其他			1.门厅、楼梯、走廊等交通面积由设计者自定； 2.卫生间中厕所与盥洗室应分间或隔离。每班卫生间最少设备数量：污水池1个、大便器4位、小便器4位、淋浴2位			

(3)基本活动单元由活动室、寝室及卫生间和衣帽储蓄室组成，每个班级要有相对的独立性。活动室要有南向的采光，底层活动室应有与室外活动场地相通的条件。

(4)考虑无障碍设计，在建筑入口、楼梯(坡道)设计等部位考虑幼儿的生理特性。

(5)每班设一个不小于 $60m^2$ 的室外活动场地，二层以上若有条件可用屋顶作为活动场地，全园应设一个不小于 $300m^2$ 的室外游戏场地。

(6)总平面中综合解决好功能分区、出入口、停车场位、道路、绿化、消防等问题。

(四)实训主要步骤

(1)根据实训任务要求，查阅相应的规范及资料，获取设计数据。

(2)完成幼儿园建筑方案草图设计。

(3)以小组为单位，进行草图交流，讨论并纠正图中存在的问题。

(4)完成幼儿园建筑方案正图设计。

(5)任课教师组织实训小组进行成果展示与评价。

(五)实训成果要求

1. 成果规格与深度

采用 A2 图纸完成图纸绘制，要求标注相关尺寸，并符合国家制图规范。

2. 成果内容

(1)总平面图(1∶500 或 1∶1000)

①标明道路、绿化、出入口位置。

②标明经济技术指标。

③标明指北针、建筑层数。

(2)各层平面图(1∶150,首层要求环境布置,其他各层要求标注轴线和尺寸)。

(3)正、侧立面图各一个(1∶150,注明标高,标注部分立面尺寸)。

(4)主要剖面图 2 个(1∶150,注明标高,引出详图符号)。

(5)详图:基本功能单元详图,节点详图(包括厕所地面构造层次图,女儿墙内檐沟或外挑檐、入口台阶详图等)。

(6)效果图或模型(如果选择做模型,要求拍摄模型并将照片贴于正图之上)。

(7)构思分析及说明。

(六)实训成果评价

(1)设计原理知识应用的正确性。

(2)设计的创新点与不足之处。

(3)图面构图的美观与均衡、图纸表达的规范性。

(4)交流汇报中对所提问题的回答和语言表达水平。

成绩评定分为五级(优、良、中、及格、差),过程考核占总成绩的 40%,成果考核占总成绩的 40%,交流汇报占总成绩的 20%。

(与幼儿园建筑方案设计对应的规范内容请扫描二维码,上线查找信息资源。)

扫码演示

解析 8　住宅建筑方案设计

党的二十大报告指出,要增进民生福祉,提高人民生活品质。必须坚持在发展中保障和改善民生,鼓励共同奋斗创造美好生活,不断实现人民对美好生活的向往。具体到住宅建筑设计中就是要注重提升住宅品质,体现以人为本、可持续发展和安全耐久、健康舒适、生活便利、绿色设计、环境宜居的人性化住宅设计理念,推动促进住宅建设的高品质、高质量发展。

8.1　概　　述

住宅是供家庭日常居住使用的建筑,其将不同功能的空间组织在同一居住建筑中,是人们为满足家庭生活需要,利用自己掌握的物质技术手段创造的人居环境。

8.1.1　住宅的种类

住宅建筑根据其建筑高度划分为如下两类:
(1)低、多层住宅建筑
建筑高度不大于27m,包括设置商业服务网点的住宅建筑。
(2)高层住宅建筑
①二类高层住宅建筑　建筑高度大于27m,不大于54m,包括设置商业服务网点的住宅建筑。
②一类高层住宅建筑　建筑高度大于54m,包括设置商业服务网点的住宅建筑。

8.1.2　住宅建筑设计要点

住宅设计就是设计人员根据住户的家庭结构、生活方式和当地居民地方习惯特点,通过多种多样的空间组合方式做出能够满足不同生活需求的住宅建筑产品。在设计过程中,应注意以下设计要点:
(1)套型恰当　按照国家规定的住宅标准和市场需求,恰当地安排套型,应具有组合成不同套型比的灵活性,满足居住者的实际需要。
(2)使用方便　平面功能合理,动静分区明确,并能满足各住户的日照、朝向、采光、通风、隔音、隔热、防寒等要求。
(3)交通便捷　尽可能压缩户外公共交通面积。
(4)经济合理　提高面积的使用率,充分利用空间。
(5)造型美观　能满足城市规划的要求,立面新颖美观,造型丰富多样。
(6)通用性强　要求建筑处理多样化,同时要兼顾标准化,便于住户参与和适合今后住户的发展。
(7)环境优美　要考虑邻里交往、居民游憩、儿童游戏、老人休闲、安全防卫、绿化美化以及物业管理等各种需求。

8.2 住宅套型设计

8.2.1 住宅套型设计的依据

人们对居住建筑空间环境的需求总是复杂多样的,选择条件也是因人而异的。根据住户家庭人口构成的不同而划分的住户类型称为户型。为满足不同户型住户的生活需要而设计的不同类型的成套居住空间称为套型。住宅套型设计的目的就是为不同户型的住户提供适宜的住宅套型空间。

(1)家庭人口构成

家庭人口构成通常可按以下三种方法进行归纳分类:

① 户人口规模

户人口规模指住户家庭人口的数量,如一人户、二人户乃至八人及以上户。

② 户代际数

户代际数指住户家庭常住人口的代际数,如一代户、二代户乃至三代及以上户。

③ 家庭人口结构

家庭人口结构指住户家庭成员之间的关系网络。家庭人口结构影响套型平面与空间的组合形式。由于性别、辈分、姻亲关系等的不同,家庭人口结构可分为单身户、夫妻户、核心户、主干户、联合户及其他户。

核心户——一对夫妻和其未婚子女所组成的家庭;

主干户——一对夫妻和其一对已婚子女所组成的家庭;

联合户——一对夫妻和其多对已婚子女所组成的家庭。

(2)套型与家庭生活模式

家庭生活模式是住宅内部居住空间组织的内在依据。家庭生活模式按其主要特征可分为若干群体类型:家务型、休养型、交际型、家庭职业型、文化型。其套型设计要点见表8.1。

表8.1 家庭生活模式的群体类型

群体类型	套型设计要点
家务型	在套型设计中,需有方便的家务活动空间,如厨房宜大,并设服务阳台等
休养型	在套型设计中,需要居室与卫生间联系方便,厨房通风良好且与居室隔离,并应设置方便的室内外交往空间
交际型	对套型的要求是需要较大的起居活动空间,并需考虑客人使用卫生间的问题。起居厅宜接近入口,并避免对其他家庭成员交通流线的干扰
家庭职业型	在套型设计中需设置专门的工作间。在低层住宅中,常采用前店后宅或下店上宅的套型模式
文化型	在套型设计中需要考虑设置专用的工作学习室

(3)分室原则

① 功能分室的原则

食寝分室:要求睡眠行为和就餐行为分室进行,这也是小康居住最低目标中的功能分室标准。

居寝分室:要求起居、就餐、就寝都达到分室标准,形成许多双厅的住宅,有专门的餐厅,这也是小康居住理想目标中的功能分室标准。

② 生理分室的原则

生理分室指家庭子女到一定年龄后应自己独居一室。中国城市小康住宅标准建议的理想目标是子女 6 岁后就应和父母分室，最低目标也是到 8 岁后和父母分室。

8.2.2 住宅套型各功能空间设计

一套住宅需要提供不同的功能空间，满足住户的各种使用要求，包括睡眠、起居、工作、学习、进餐、炊事、便溺、洗浴、储藏和户外活动等功能空间，而且必须是独门独户使用的成套住宅。

住宅的组成规律就是由行为单元组成室，由室组成套。住宅的功能分析要从家庭生活"行为单元"的分析入手，住宅建筑的空间具体包括居住空间、辅助空间、交通空间三部分。

(1) 居住空间设计

居住空间是住宅的主体空间，它包括睡眠、会客、休息、娱乐、团聚、就餐、学习等功能空间。一般由卧室、起居室、餐厅、书房组成，标准高的住宅还有会客室、健身房等。

① 卧室

根据使用对象在家庭中的地位和作用要求，卧室又可细分为主卧室、次卧室、儿童房、客房等。主卧室主要满足供居住者睡眠、休息、储藏的功能，次卧室主要作为子女用房，或者作为老人房或客房，除了睡眠、休息的功能，可能还有休闲、娱乐、学习及工作的功能。

a. 设计要点

卧室之间不宜相互串通，应有直接采光和自然通风。卧室的布局应综合考虑卧室面积、形状、门窗位置、床位布置及活动面积等因素。设计时应尽量考虑床位沿内墙布置的可能，以充分发挥卧室面积的使用效能。

b. 尺寸确定

双人卧室面积不宜小于 $12m^2$，开间不小于 3m。主卧室的使用面积宜控制在 $15\sim20m^2$。卧室在床的对面放置柜子的这种布置方式，造成对主卧室开间的最大制约，主卧室开间设计为 $3.3\sim3.9m$ 较为合适，进深常为 $3.8\sim5.0m$（参见图 8.1）。次卧室功能具有多样性，设计时要

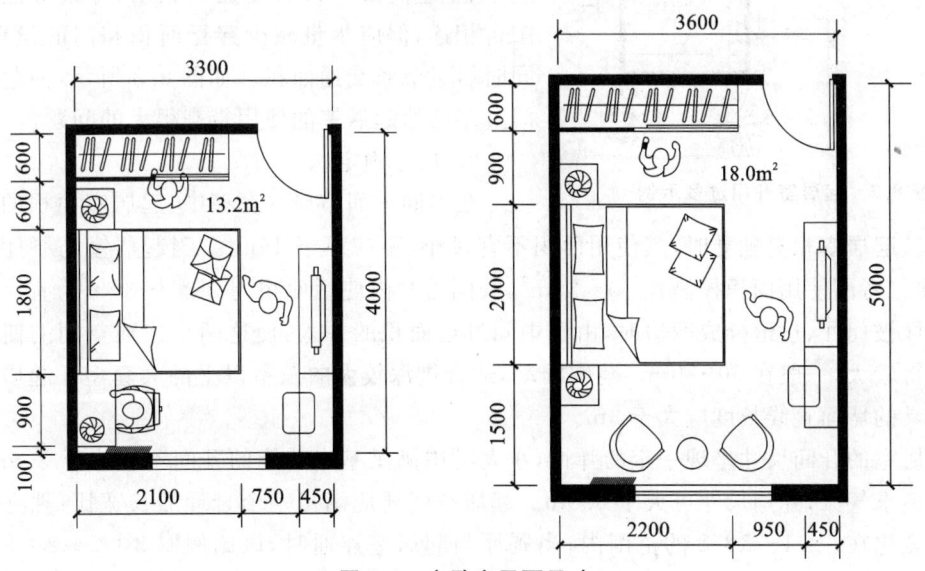

图 8.1 主卧室平面尺寸

充分考虑多种家具的组合方式和布置形式,面积不宜小于 $9m^2$,开间不小于 2.7m。当考虑到轮椅的使用情况时,卧室面宽不宜小于 3.3~3.6m。单人卧室的使用面积不应小于 $6m^2$。次卧室的尺寸确定参见图 8.2。

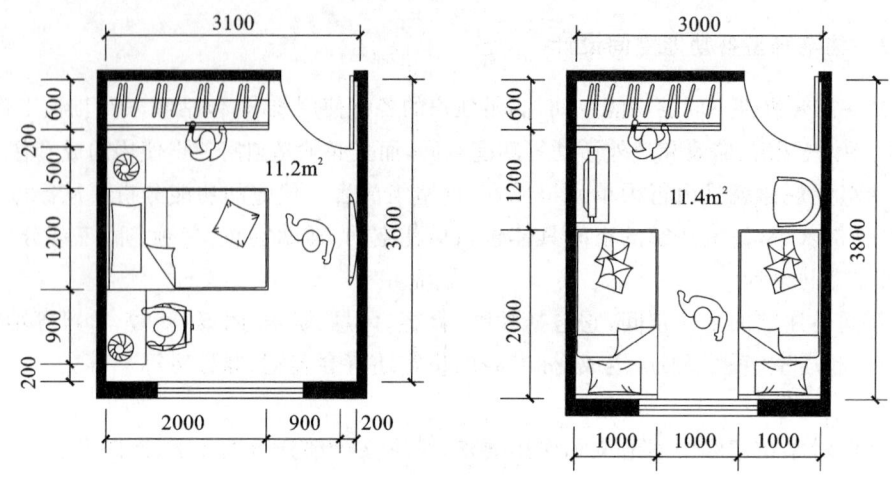

图 8.2 次卧室平面尺寸

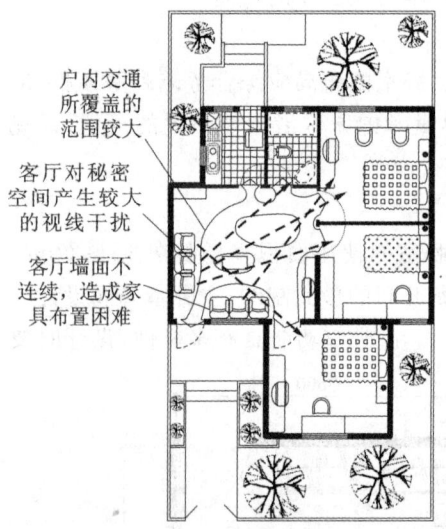

图 8.3 起居室开门过多示例

②起居室(厅)

起居室(厅)是供居住者会客、娱乐、休息和家庭团聚的空间,当住宅面积标准有限而不能独立设置餐室时,起居室则兼有就餐的功能。

a. 设计要点

起居室是家庭的活动中心,它的布局应综合考虑居室面积、形状、门窗位置、家具尺寸及使用特点等因素,并应考虑不同使用要求的功能分区。起居室应与餐室、卫生间及入口有便捷的联系,并最好能与生活阳台相连,但应尽量减少穿行面积和门的设置数量,同时尽量节省交通面积。如图 8.3 所示,向起居室开门过多会给起居室的使用带来很大的问题。

b. 尺寸确定

在不同平面布局的套型中,起居室面积的变化幅度较大。起居室相对独立时,其使用面积不宜过小,不应小于 $15m^2$。当起居室与餐厅合二为一时,将二者的使用面积控制在 20~$25m^2$,共同占套内使用面积的 25%~30%为宜。当起居室与餐厅被门厅、过道分成两边时,由于中间过道面积的并入,使这两个连通空间的使用面积相加变得较大,一般在 30~$40m^2$ 范围浮动,适合进深较大的三室以上的大套型。起居室室内布置家具的墙面直线长度应大于 3m。

起居室的开间尺寸呈现一定的弹性,小套型中满足基本功能的开间不应小于 3.6m,大套型为了追求气派,开间尺寸可大于 6.0m。起居空间还应满足一个合理的长宽比:独立的起居空间长宽比在 5∶4~3∶2 的范围内;当餐厅与起居室连通时,该比例取 3∶2~2∶1 较为合适。起居室的平面尺寸确定参见图 8.4。

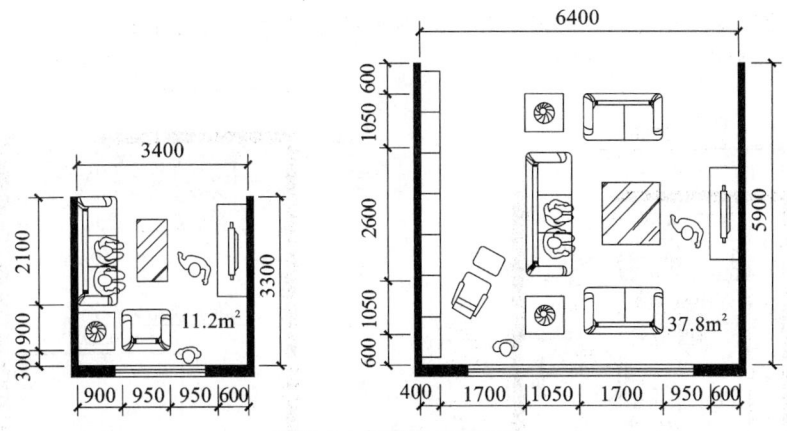

图 8.4 起居室平面尺寸

③餐室(厅)

餐室又称餐厅,是供就餐的空间。

a. 设计要点

餐室(厅)与厨房应联系方便,应考虑特殊情况下,如节假日时,就餐人数增加,空间应具有一定的灵活性与延伸性。在布置餐桌椅时,应保证正常的通行要求。

b. 尺寸确定

家庭就餐的人口数是决定餐厅尺寸的主要因素,一般情况下,不同规模的家庭应配置相应大小的餐厅。餐室(厅)最小面积不宜小于 $5m^2$。6~8 人餐厅面宽不小于 3.0m,面积不小于 $12m^2$。为了布置餐桌,餐室的长度与宽度不宜小于 2.1m。餐桌椅的空间尺寸参见图 8.5。

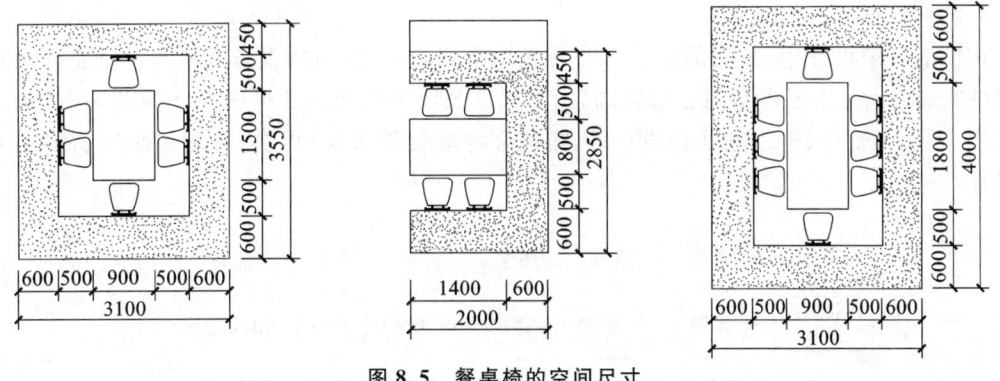

图 8.5 餐桌椅的空间尺寸

④工作学习室

当套型面积允许时,工作学习室可从卧室空间中分离出来而单独设置,以满足住户家庭成员的工作或学习的需要。

a. 设计要点

在进行书桌布置时,尽量使光线从左前方射入;当常有直射光射入时,不宜将工作台对窗布置,以免强烈变化的阳光影响读写工作;布置书桌和座椅时,应考虑能够提供面对面谈话、讨论的空间。

b. 尺寸确定

在常见的住宅中,因受套型总面积、家具布置的影响,并兼顾空间感受,书房的面宽宜大于

2.6m,进深大多在3.0~4.0m之间。常见的书房平面尺寸参见图8.6。

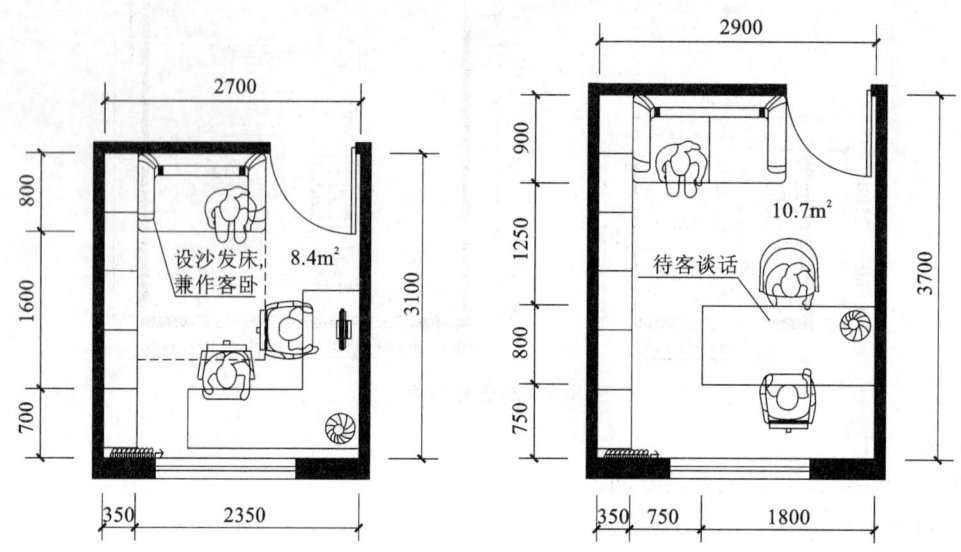

图8.6　书房平面尺寸

(2)辅助空间设计

辅助空间设计主要包括厨房、卫生间、储藏间、阳台等空间,是一个完整的套型不可或缺的功能组成。退台式住宅建筑中,还会利用退台后的下层建筑屋面形成露台;考虑家务型家庭生活模式的群体需求时,常需设置洗衣间、家务室、保姆间等。

① 厨房

a.设计要点

在住宅套型设计中,厨房的位置和布置尤为重要。首先,厨房设备及所需活动空间对炊事流程(图8.7)和人体工程学的要求较高,厨房操作及活动空间尺寸见图8.8;其次,厨房的上下水管线、天然气管线、电路电器管线众多,需综合考虑管线布局;再次,合理组织厨房的采光通风设计。

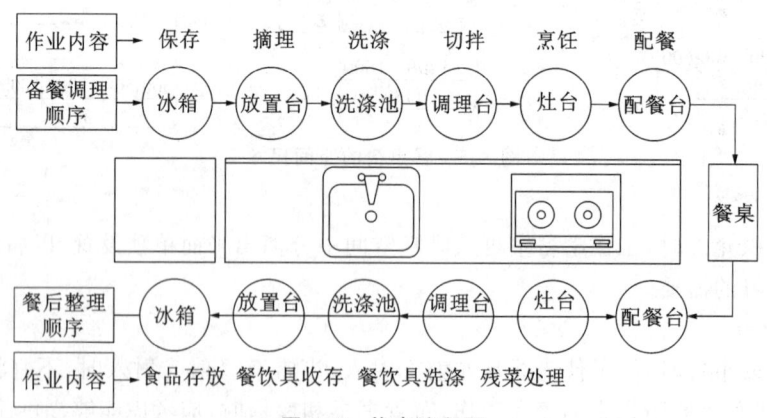

图8.7　炊事流程图

b.厨具布置方式

厨房的厨具布置方式分为单列形、双列形、L形、U形和岛式五种平面形式,见表8.2。

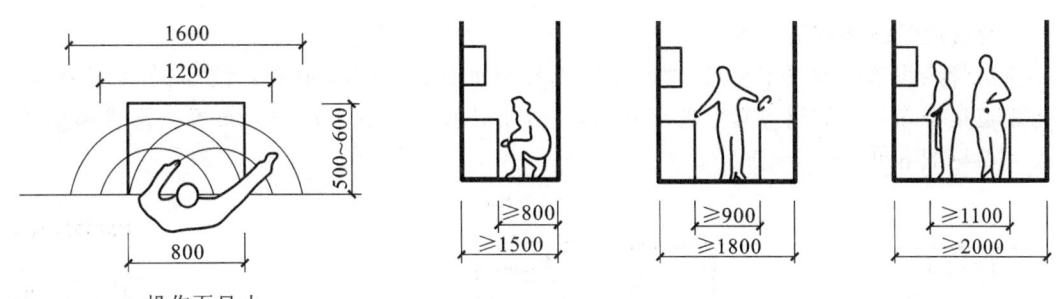

操作面尺寸　　　　　　　　　活动空间尺寸

图 8.8　厨房操作及活动空间尺寸

表 8.2　不同平面形式厨房的适用尺寸

名称	图示	适用尺寸
单列形厨房	2700 × 1500，4.05m²	面积应在 4～6m² 之间；厨房操作台总长（含水池、灶具，以下同）不小于 2.1m；厨房净宽不小于 1.5m，冰箱可入厨，也可置于厨房近旁或餐厅内
双列形厨房	3000 × 2100，6.3m²	面积应在 5～7m² 之间；净宽不小于 2.2m；厨房操作台总长不小于 2.4m；冰箱尽量入厨
L 形厨房	3200 × 1600，4.9m²	面积应在 4.5～7m² 之间；净宽不小于 1.6m；厨房操作台总长不小于 2.5m；冰箱尽量入厨
U 形厨房	3200 × 1600，4.9m²	面积应在 5～8m² 之间；净宽 1.6～2.4m；厨房操作台总长不小于 2.7m；冰箱尽量入厨
岛式厨房	3300 × 2600，8.4m²	面积应在 8～10m² 之间；净宽不小于 2.1m；厨房操作台总长不小于 2.7m；冰箱入厨，并能放下小餐桌，形成岛式厨房

c. 厨房的管线和烟道布置

厨房管线设置一般采用暗敷,埋入墙体或者地面垫层,如不能暗敷,管线应布置于墙角,或者与烟道集中布置。烟道应考虑置于墙角,且应结合煤气灶的操作空间布置。管线和烟道设计尺寸参见图 8.9。

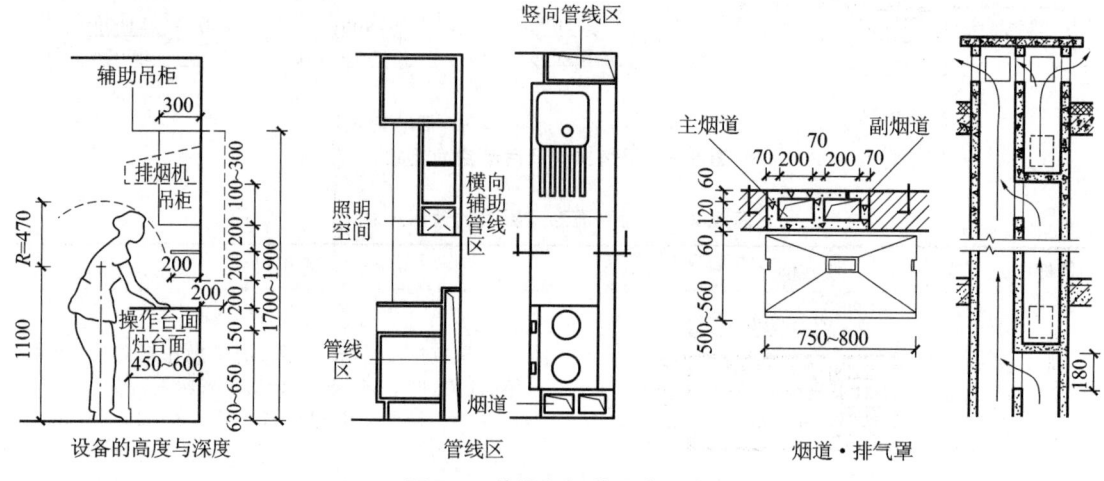

图 8.9　管线和烟道设计尺寸

② 卫生间

每套住宅均应设卫生间,为居住者提供便溺、洗浴、盥洗等活动空间,另外,有的卫生间还有储藏、洗衣、化妆等功能要求。套内卫生间一般至少配置三件卫生洁具,其使用面积不小于 $3.0m^2$。卫生洁具布置尺寸见图 8.10。卫生间应考虑洗衣机的放置位置和使用条件。

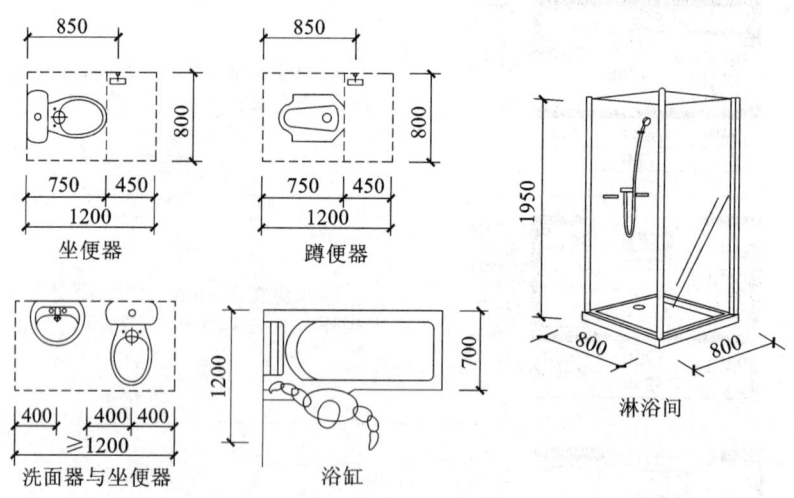

图 8.10　卫生洁具布置尺寸

a. 卫生间的平面布置形式

卫生间的平面布局有多种形式,归纳起来可以分为集中型、前室型和分设型三种,见表 8.3。

b. 卫生间管线和风道的布置

管井和风道应尽可能紧邻承重墙布置。在两卫生间紧邻的情况下,通常将管井与风道布置在两卫生间之间,既便于共用,也便于两卫生间灵活分隔。

表 8.3 卫生间的平面布置形式（单位：mm）

名称	集中型	前室型	分设型
图示	3.10m²	5.40m²	7.10m²
特点	节省空间，管线集中，较为经济；当一个人占用卫生间时，影响家庭其他成员使用	干湿分区；解决了卫生间不同功能同时使用的矛盾	干湿分区；各空间可同时使用；占用空间多，不适于中、小套型

③储藏空间

家庭中需要储藏的物品很多，可按 $1 \sim 1.5 m^2 /$ 人储藏面积计算。

a. 储藏间（图 8.11）

储藏间的设置不能影响室内的正常交通，应尽量利用房屋平面组合中的"死角"，开间不小于 1.0m。一般内设水平搁板，深度不小于 500mm，宽度为 800~2000mm，搁板上下间距净高不小于 400mm。

b. 壁柜和壁龛（图 8.12）

壁柜是常用的储物家具，包括衣柜、鞋柜、橱柜、书柜等；利用墙体厚度设置壁龛，可放置书籍、鞋、雨具、碗碟等物品。

c. 吊柜、搁板（图 8.12）

利用户内过道和过厅 2m 高度以上的空间或室内较隐蔽的部位设置吊柜，这是住宅套内上方的储藏空间，深 600mm 左右，可存放不常用的物品。此外，还可结合室内家具、案台，在适当部位布置搁板，存放小件物品。

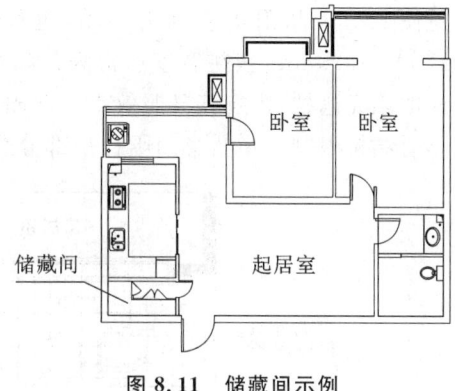

图 8.11 储藏间示例

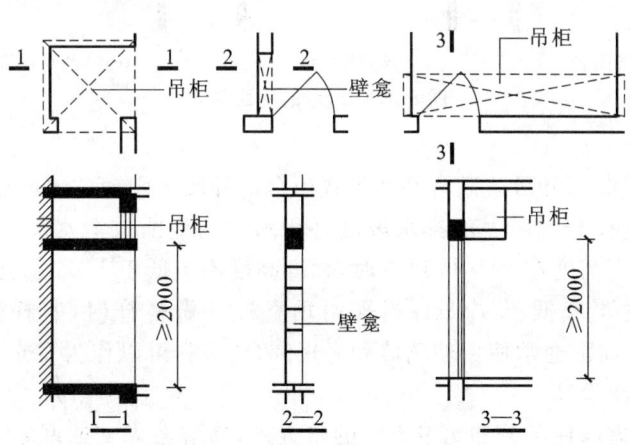

图 8.12 吊柜和壁龛的设置

图 8.13　楼梯下部设置储藏空间

d. 楼梯下部

在复式住宅套型楼梯下部设置储藏空间(图 8.13)。

④ 阳台

阳台是附设于建筑物外墙,设有栏杆或栏板,可供居住者进行室外活动、晾晒衣物等的空间。阳台除供人们从事户外活动外,还有遮阳、防雨的作用,综合考虑空调室外机的放置问题,便于空调室外机的安置和检修,并能丰富建筑立面造型。

阳台有多种不同的类别。

a. 按使用功能分

阳台按使用功能分为生活阳台和服务阳台,见图 8.14。

b. 按平面形式分

阳台按平面形式可分为凸阳台、凹阳台和半凸半凹阳台,见图 8.15。凸阳台悬挑出外墙,也称挑阳台,出挑深度一般不超过 2000mm,常用尺寸为 1200～1500mm,出挑宽度通常为开间宽度。要避免阳台因过深或形状特殊而对下层住户造成的阳光遮挡,影响其日照效果。凹阳台是指凹入外墙之内的阳台。此类阳台结构简单,深度不受结构限制。半凸半凹阳台是部分悬挑阳台。

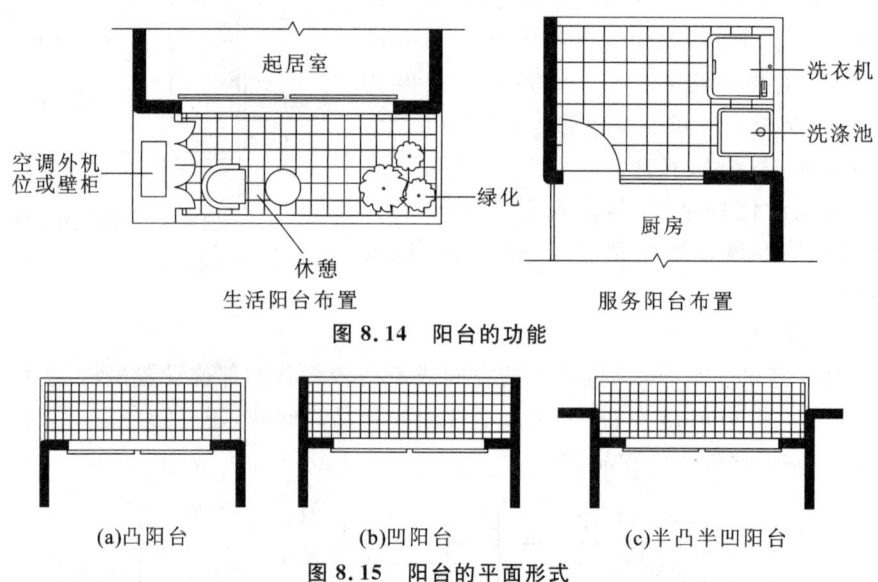

图 8.14　阳台的功能

图 8.15　阳台的平面形式

c. 按围合方式分

阳台按围合方式分为开敞式阳台和封闭式阳台。开敞式阳台的地面标高应低于室内标高的 30～150mm,并应有 1%～2% 的排水坡度将积水引向地漏或泄水管。要采取防止儿童攀爬的栏杆形式,当临空高度在 24.0m 以下时,栏杆高度不应低于 1.05m;当临空高度在 24.0m 及以上时,栏杆高度不应低于 1.1m;当采用垂直杆件做栏杆时,其杆件净间距不应大于 0.11m。封闭式阳台周围通常使用玻璃墙和栏板围合空间,可以作为日光室或者小明厅使用。

(3)套内交通空间设计

一套住宅,除考虑居住部分和厨卫空间的布置外,尚应考虑交通联系空间,主要包括门厅(前室)、走道、过厅及套内楼梯等空间。

① 门厅

入户处应设有门厅,完成由户外进入户内的过渡作用。门厅可作为交通流线分配空间。门厅的设置尺寸,其净宽不宜小于1.2m,并应注意搬运家具的需要。门厅的平面设计示例见图8.16。

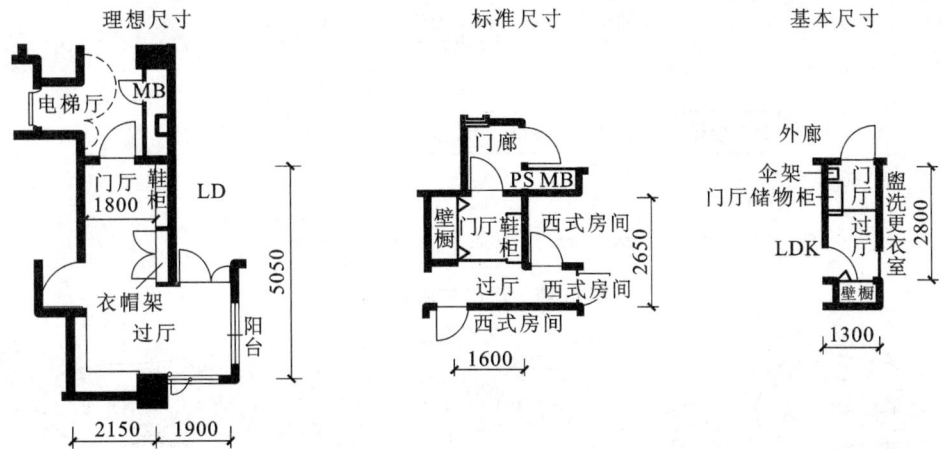

图 8.16 门厅的平面设计示例
(所有尺寸均为内侧净尺寸)

② 过道及过厅

入口过道净宽不宜小于1.2m;通往卧室、起居室的过道净宽不应小于1.0m;通往厨房、卫生间、储藏室的过道净宽不应小于0.9m。过道拐弯处的尺寸应便于搬运家具。

将走道拓宽,便形成过厅,可以临时铺床或放餐桌。面积可根据用途确定,但过厅面积不宜小于$5m^2$。过厅周围的基本尺寸见图8.17。

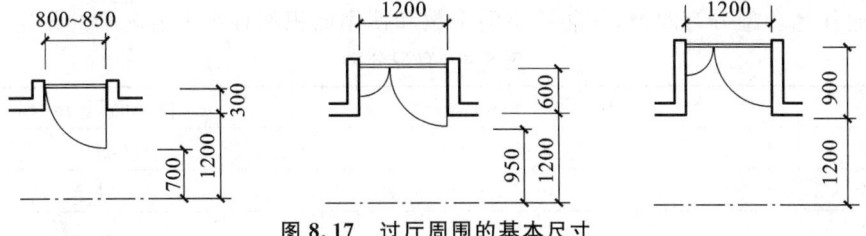

图 8.17 过厅周围的基本尺寸

③ 套内楼梯

套内楼梯的踏步宽度不应小于0.22m,高度不应大于0.20m;扇形踏步转角距扶手中心0.25m处,宽度不应小于0.22m;当一边临空时,梯段净宽不应小于0.75m;当两侧有墙时,墙面之间净宽不应小于0.90m,并应在其中一侧墙面设置扶手。为了美化室内环境,踏步也可做成特殊形状。

8.2.3 套型空间的组合设计

套型空间的组合,就是将套内不同功能的空间通过一定的方式有机地组合在一起,综合考虑套内的使用要求、功能分区、厨卫布置、朝向通风以及套型的发展趋势,从而满足不同住户使用的需要,并留有发展余地。

(1)功能分析

住宅的套内功能是住户基本生活需求的反映,套内各部分之间的功能关系见图8.18。根据套内各功能空间的使用对象、性质及使用时间等进行功能分区，使性质和使用要求相近的空间组合在一起，避免性质和使用要求不同的空间相互干扰。套型组合设计时要注意公私分区、动静分区以及洁污分区。见图8.19。

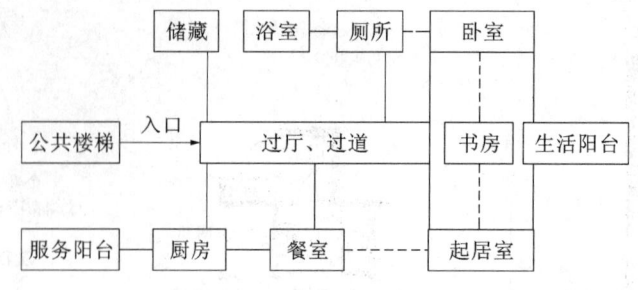

图8.18 户内功能分析图

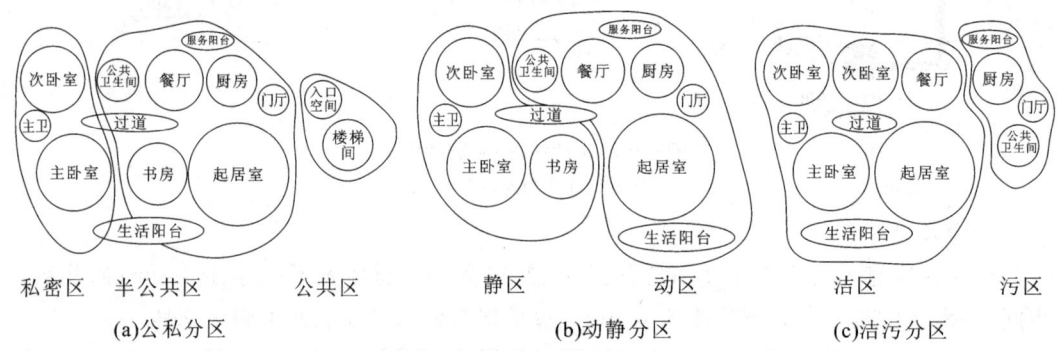

图8.19 套型空间功能分区

(2)套型空间组合的原则

①普通住宅套型分为四类，其居住空间个数和使用面积不宜小于表8.4的规定。

表8.4 套型分类

套型	居住空间个数(个)	使用面积(m^2)
一类	2	34
二类	3	45
三类	3	56
四类	4	68

②每套住宅至少应有一个居住空间能获得日照；当一套住宅的居住空间超过4个时，其中宜有2个能获得日照。

③尽量保证各个房间均有对外开窗的机会，充分满足采光要求。卧室、起居室、厨房都应有直接的天然采光。卧室、起居室、厨房的窗地比不小于1/7。

④住宅应有良好的自然通风。卧室、起居室、明卫生间的通风开口面积不应小于该房间地板面积的1/20。厨房的通风开口面积不应小于该房间地板面积的1/10，并不得小于$0.6m^2$。

⑤厨房宜靠近门厅布置，并宜设服务阳台，用于物品储藏或衣物清洗、晾晒等。

⑥餐厅空间力求临窗采光，并应靠近厨房布置，缩短动线。

⑦起居室、主卧室宜设在南向，应设置生活阳台。当主卧室设置阳台时，阳台进深不宜过大，以免影响主卧室的日照质量。

⑧尽量减少交通面积或使交通空间多功能化。

⑨电梯井道不宜邻贴卧室、起居室;电梯机房不宜布置在卧室、起居室上方或邻贴,否则应采取隔声、减震措施。

⑩卧室、卫生间应避免视线干扰。

(3)套型内各空间的相对位置关系

①门厅在套型平面中的位置

不同入户形式,如从楼梯间入户,从庭院入户,从内、外廊入户等,在一定程度上决定了门厅在套型平面中的位置,见表8.5。

表8.5 门厅在套型平面中的位置及特点

类型	中部入户	端部入户(外墙侧)
图示		
特点	入户形式为梯间式;门厅一般位于套型中部;门厅不占面宽,没有直接采光;到达各空间的动线较短	入户形式为庭院式或外廊式;门厅位于套型端部(外墙侧);门厅占面宽,有直接采光;可能造成户内空间的穿行,动线较长

②起居室与主卧室、次卧室的位置关系

在住宅套型中,经常会有多个卧室,卧室之间的相对位置关系见表8.6。

表8.6 起居室与主卧室、次卧室的位置关系及特点

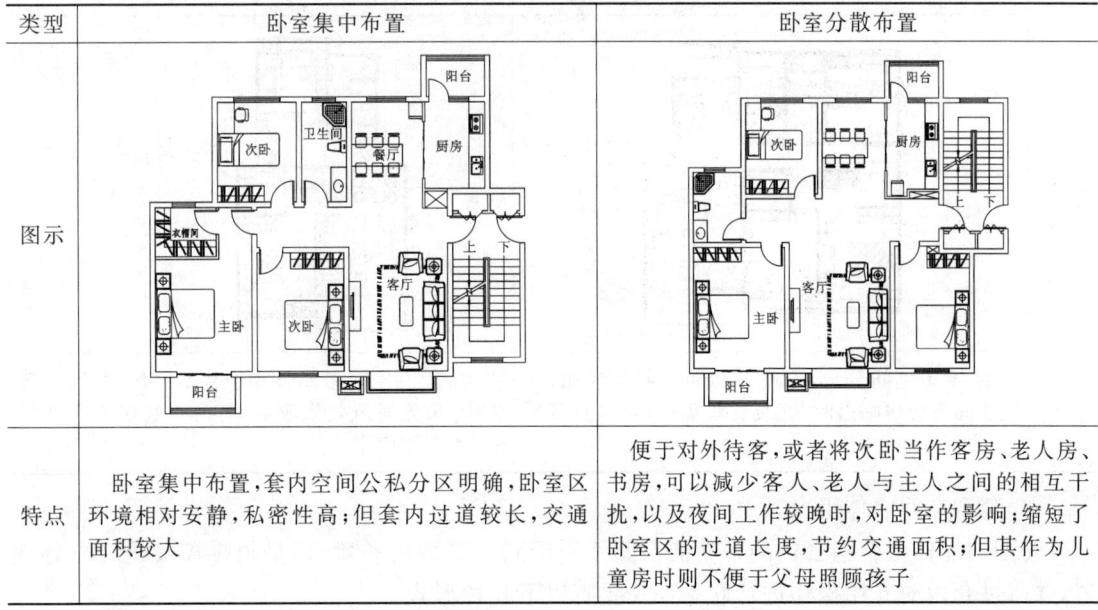

类型	卧室集中布置	卧室分散布置
图示		
特点	卧室集中布置,套内空间公私分区明确,卧室区环境相对安静,私密性高;但套内过道较长,交通面积较大	便于对外待客,或者将次卧当作客房、老人房、书房,可以减少客人、老人与主人之间的相互干扰,以及夜间工作较晚时,对卧室的影响;缩短了卧室区的过道长度,节约交通面积;但其作为儿童房时则不便于父母照顾孩子

③主卧室中卫生间与衣帽间的位置关系

主卧室中经常包括主卫生间、衣帽间,形成穿套式的组合。主卫生间与衣帽间的位置关系

大体可以归纳为穿套式、贯通式、分离式,见表8.7。

表8.7 主卫生间与衣帽间的位置关系及特点

类型	穿套式布置	贯通式布置	分离式布置
图示	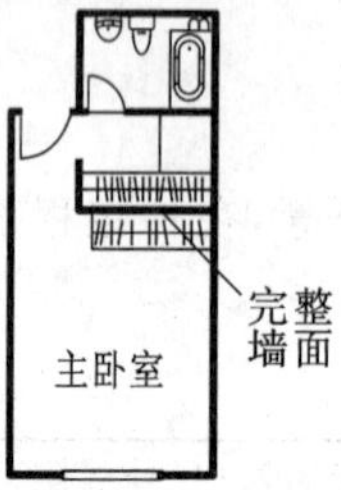	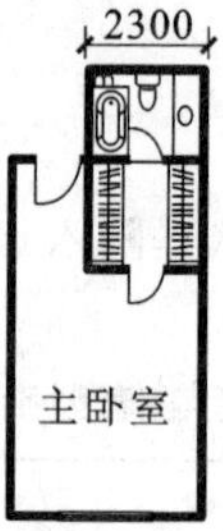	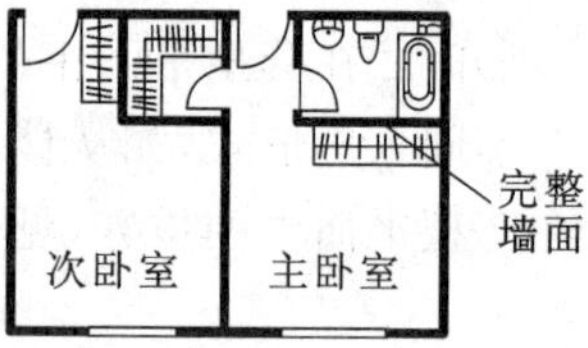
特点	给主卧室提供完整墙面,卧室内交通面积节约;由卧室进入卫生间的路线略长,湿气对衣帽间有一定的浸染	衣帽间门破坏了主卧室墙面的完整性;进入卫生间需穿行衣帽间,路线长;当卫生间为暗卫时,衣帽间通风条件差,很容易受到潮气浸染,衣物不易保存	节约交通面积,卫生间使用方便,独立衣帽间,干净卫生,不受潮气浸染,但如此布置往往会使旁边的次卧室出现狭长的过道

④卫生间在住宅平面中的位置

每套住宅应至少设一个卫生间,第四类住宅中卫生间数量不少于两个。如设置两个卫生间,常分成一个主卫生间和一个次卫生间。主、次卫生间布置,需考虑各主要空间尽量与卫生间有较为直接的联系,同时兼顾通风、采光等各种因素,有分开式布置和临近式布置两种情况,见表8.8。

表8.8 双卫生间的位置关系及特点

类型	双卫分开式布置	双卫临近式布置
图示	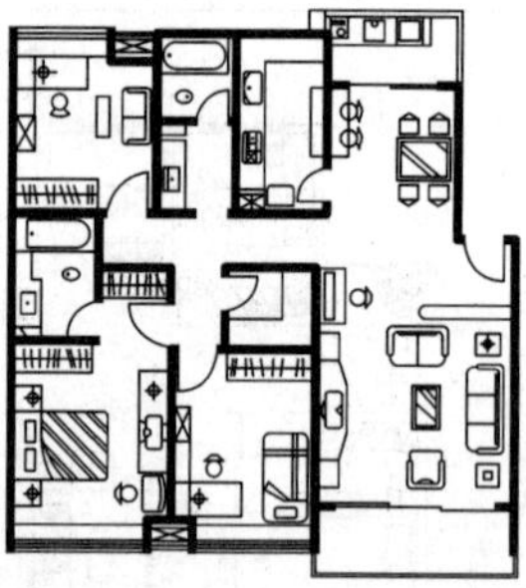	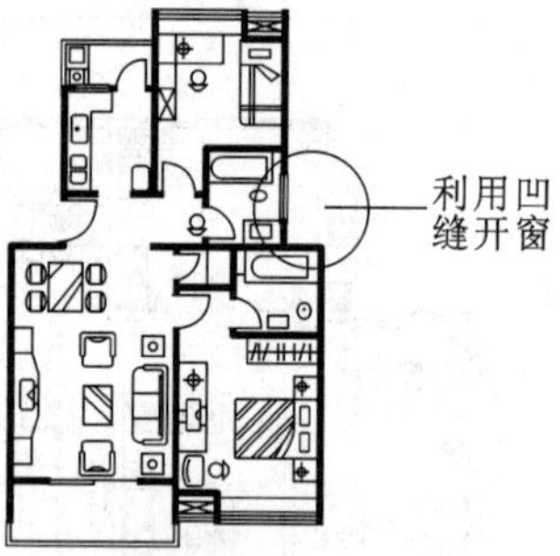
特点	主、次卫生间分设,方便各功能空间的使用;次卫生间与厨房临近时,管线比较集中,可以直接采光;主卫生间为暗主卫	主、次卫生间相邻布置于套型中部,管线布置集中;采光通风效果较好,有时与起居室距离较远,不方便使用

(4)套型空间立体组合

套型的立体组合指套内的各功能空间不限于同一平面内布置,而是根据需要进行立体布置,并通过套内的专用楼梯进行联系。主要有以下几种形式:

①跃层式

跃层式住宅是指一户人家占用两层或部分两层的空间,并通过套内楼梯联系上下层空间。

当套型面积较大、居室较多时,可以上下层动静分区,将起居室、厨房、餐室布置在下层,将卧室布置在上层,见图 8.20。这种住宅可节约部分公共交通面积,室内空间丰富。

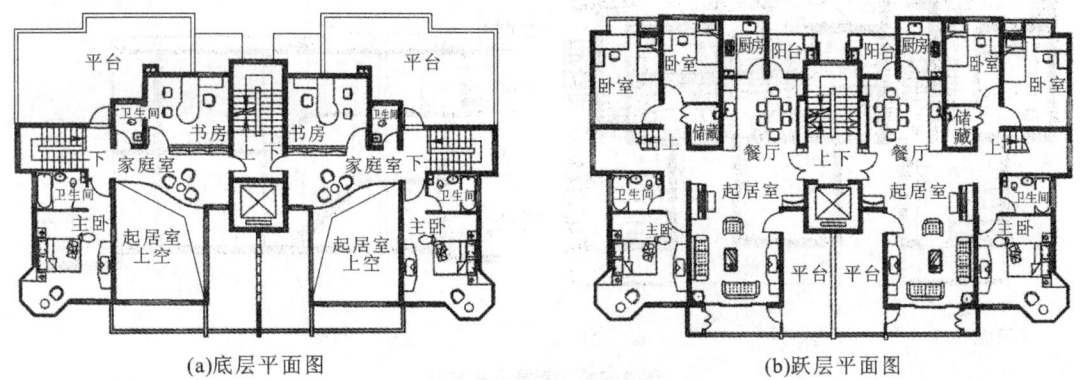

(a)底层平面图　　　　　　　　　(b)跃层平面图

图 8.20　跃层套型设计实例

② 复式

所谓复式住宅,是指在住宅层高为 3.3~5.2m 的情况下,在内部空间中巧妙地布置夹层,形成空间的重复利用,从而大大提高了空间利用率,见图 8.21。

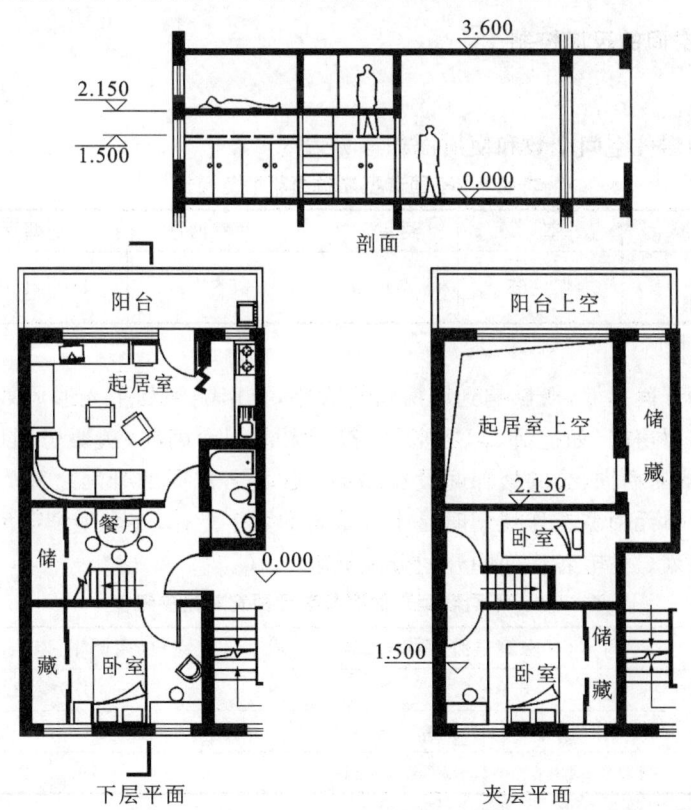

图 8.21　复式套型

③ 变层高式

在住宅空间中,房间功能不同,所需空间高度也不同。在竖向组合中,根据房间的不同层高进行搭配,既可以高效利用空间,又可以节约建筑材料和用地,这种住宅称为变层高式住宅,见图 8.22。

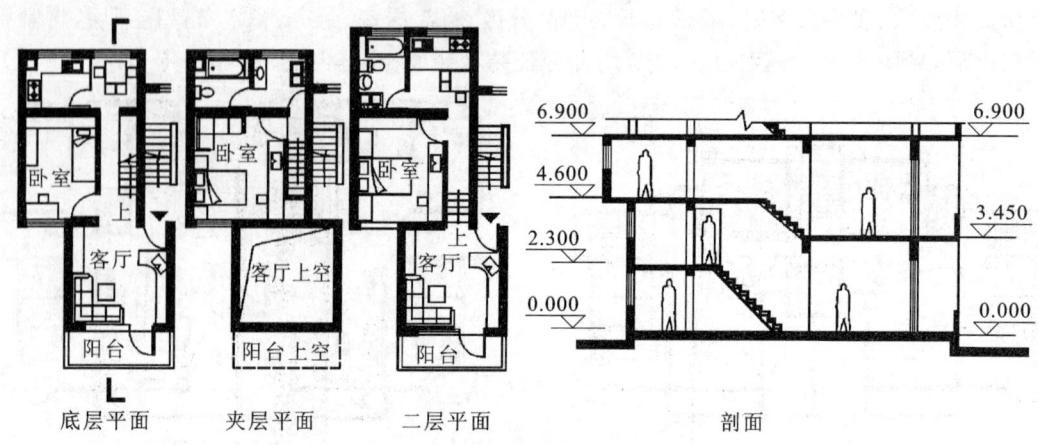

底层平面　　夹层平面　　二层平面　　　剖面

图 8.22　变层高式住宅

在变层高设计中，组合的方法很多，既可以高低交互、错位搭接，也可以高低各占一边相互搭接；既可以纵向相错，也可以横向相错；既可以局部错层，也可以多方向错层等。但应注意，在结构和构造处理上不能过于复杂，并应符合抗震和便利施工的要求。

8.2.4　套型空间的尺度控制

(1)面积

普通住宅套型居住空间个数和使用面积参见表 8.9。

表 8.9　不同套型建筑面积的范围值

套型名称	一室一厅	两室一厅	两室两厅	三室两厅	四室两厅
建筑面积(m^2)（不包括阳台面积）	40～65	70～90	85～110	110～150	135～170

(2)面宽

住宅各房间的开间尺寸，既影响到该房间的大小，也影响到其采光通风效果，而其中南向面宽最为重要。主要房间(如主卧、起居室等)都需要占用南朝向，次要房间(如厨房、卫生间等)可占用北朝向或东西向，公共楼梯间设在北部。住宅各房间的开间之和为户面宽，户面宽相加为单元面宽。单元面宽在作规划时是十分重要的数字指标，在套型细节尚未确定时，主要靠单元面宽控制规划。住宅各房间的开间分配见表 8.10。

表 8.10　不同套型户面宽与单元面宽常用参考值

套型类型	两室户(南侧主卧+起居室)		三室户(南侧主卧+起居室+书房)	
户面宽(m)	6.9～9.0		9.6～12.0	
单元面宽(m)	两室户+两室户	两室户+三室户	三室户+三室户	三室户+四室户
	13.8～18.0	16.5～21.0	19.2～24.0	

(3)净高与层高

层高的确定与住宅建造的造价以及能源消耗关系密切。适当降低层高对于量大、面广的住宅建设是很有经济意义的。层高降低可节约墙体材料用量、减少结构荷载，据资料分析，在一般混合结构的住宅中，层高每降低 100mm，造价可随之降低 1%～3%。同时，层高降低还意味着空间容积的减小，对建筑节能具有重要意义。此外，降低层高意味着降低了建筑的总高度,有利于缩小建筑间距,节约用地。

住宅层高宜为 2.80m。卧室、起居室(厅)的室内净高不应低于 2.40m,局部净高不应低于 2.10m,且局部净高的室内面积不应大于室内使用面积的 1/3。利用坡屋顶内空间作为卧室、起居室(厅)时,至少有 1/2 使用面积的室内净高不应低于 2.10m。厨房、卫生间的室内净高不应低于 2.20m。

8.3 住宅共用部分

8.3.1 窗台、栏杆和台阶

楼梯间、电梯厅等共用部分的外窗,窗外没有阳台或平台,且窗台距楼面、地面的净高不小于 0.90m 时,应设置防护设施。

外廊、内天井及上人屋面等临空处的栏杆净高,六层及六层以下不应低于 1.05m,七层及七层以上不应低于 1.10m。

公共出入口台阶高度超过 0.70m 并侧面临空时,应设置净高不应低于 1.05m 的防护设施。公共出入口台阶踏步宽度不宜小于 0.30m,踏步高度不宜大于 0.15m,且不宜小于 0.10m,踏步高度应均匀一致,并应采取防滑措施。台阶踏步数不应少于 2 级,当高差不足 2 级时,应按坡道设置;台阶宽度大于 1.80m 时,两侧宜设置栏杆扶手,高度应为 0.90m。

8.3.2 住宅消防和疏散设计

住宅建筑内的安全出口和疏散门应分散布置,且建筑内每个防火分区或一个防火分区的每个楼层、每个住宅单元每层相邻的两个安全出口以及每个房间相邻两个疏散门最近边缘之间的水平距离不应小于 5m。建筑的楼梯间宜通至屋面,通向屋面的门或窗应向外开启。

建筑高度大于 27m,但不大于 54m 的住宅建筑,每个单元设置一座疏散楼梯时,疏散楼梯应通至屋面,且单元之间的疏散楼梯应能通过屋面连通,户门应采用乙级防火门。当不能通至屋面或不能通过屋面连通时,应设置 2 个安全出口。

住宅建筑的户门、安全出口、疏散走道和疏散楼梯的各自总净宽应经计算确定,且户门和安全出口的净宽不应小于 0.90m,疏散走道、疏散楼梯和首层疏散外门的净宽不应小于 1.10m。建筑高度不大于 18m 的住宅中一边设置栏杆的疏散楼梯,其净宽不应小于 1.0m。

建筑高度大于 54m 的住宅建筑,每户应有一个房间靠外墙设置,并应设置可开启外窗;内、外墙体的耐火极限不应低于 1.00h,该房间的门宜采用乙级防火门,外窗宜采用耐火完整性不低于 1.00h 的防火窗。

(1)住宅建筑安全出口的设置要求

① 十层以下的住宅建筑(建筑高度不大于 27m),当每个单元任一层的建筑面积大于 $650m^2$,或任一户门至最近安全出口的距离大于 15m 时,每个单元每层的安全出口不应少于 2 个。

② 十层及十层以上但不超过十八层的住宅建筑(建筑高度大于 27m,不大于 54m),当每个单元任一层的建筑面积大于 $650m^2$,或任一户门至最近安全出口的距离大于 10m,每个单元每层的安全出口不应少于 2 个。

③ 十九层及十九层以上的住宅建筑(建筑高度大于 54m),每个单元每层的安全出口不应

少于2个。

(2) 住宅建筑的疏散楼梯设置要求

① 建筑高度不大于21m的住宅建筑可采用敞开楼梯间;与电梯井相邻布置的疏散楼梯应采用封闭楼梯间,当户门采用乙级防火门时,仍可采用敞开楼梯间。

② 建筑高度大于21m、不大于33m的住宅建筑应采用封闭楼梯间;当户门采用乙级防火门时,可采用敞开楼梯间。

③ 建筑高度大于33m的住宅建筑应采用防烟楼梯间。同一楼层或单元的户门不宜直接开向前室,确有困难时,开向前室的户门不应大于3樘,且应采用乙级防火门。

(3) 住宅单元疏散楼梯采用剪刀楼梯间的设置要求

住宅单元的疏散楼梯,当分散设置确有困难且任一户门至最近疏散楼梯间入口的距离不大于10m时,可采用剪刀楼梯间,但应符合下列规定:

① 应采用防烟楼梯间。

② 楼梯之间应设置耐火极限不低于1.00h的防火隔墙。

③ 楼梯间的前室不宜共用;共用时,前室的使用面积不应小于$6.0m^2$。

④ 楼梯间的前室或共用前室不宜与消防电梯的前室合用;合用时,合用前室的使用面积不应小于$12.0m^2$,且短边不应小于2.4m。

⑤ 两个楼梯间的加压送风系统不宜合用;合用时,应符合现行国家有关标准的规定。

(4) 住宅建筑的安全疏散距离要求

① 直通疏散走道的户门至最近安全出口的直线距离不应大于表8.11的规定。

表8.11 住宅建筑直通疏散走道的户门至最近安全出口的直线距离(m)

住宅建筑类别	位于两个安全出口之间的户门			位于袋形走道两侧或尽端的户门		
	一、二级	三级	四级	一、二级	三级	四级
单、多层	40	35	25	22	20	15
高层	40	—	—	20	—	—

注:1. 开向敞开式外廊的户门至最近安全出口的最大直线距离可按本表的规定增加5m。
2. 直通疏散走道的户门至最近敞开楼梯间的直线距离,当户门位于两个楼梯之间时,应按本表的规定减少5m;当户门位于袋形走道两侧或尽端时,应按本表的规定减少2m。
3. 住宅建筑内全部设置自动喷水灭火系统时,其安全疏散距离可按本表及注1的规定增加25%。
4. 跃层式住宅的户门至最近安全出口的距离应从户门算起,小楼梯的一段距离可按其水平投影长度的1.50倍计算。

② 楼梯间应在首层直通室外,或在首层采用扩大的封闭楼梯间或防烟楼梯间前室。层数不超过4层时,可将直通室外的门设置在离楼梯间不大于15m处。

③ 户内任意一点至直通疏散走道的户门的直线距离不应大于表8.11规定的袋形走道两侧或尽端的疏散门至最近安全出口的最大直线距离。跃层式住宅,户内楼梯的距离可按其梯段水平投影长度的1.50倍计算。

(5) 消防电梯的设置

消防电梯是专供消防人员携带消防器械迅速从地面到达高层火灾区的专用电梯。一般消防电梯载重800kg以上。建筑高度大于33m的住宅建筑应设置消防电梯,且每个防火分区不应少于1台。消防电梯可与客梯或工作梯兼用,但应符合消防电梯的要求。消防电梯应设前室,其面积不应小于4.5m。当与防烟楼梯间合用前室时,其面积不应小于$6m^2$。防烟楼梯间的共用前室与消防电梯的前室合用时,合用前室的使用面积不应小于$12.0m^2$,且短边不应小于2.4m。前室宜靠外墙设置,并应在首层直通室外或经过长度不大于30m的通道通向室外。消防电梯和防烟楼梯间的设置见图8.23。

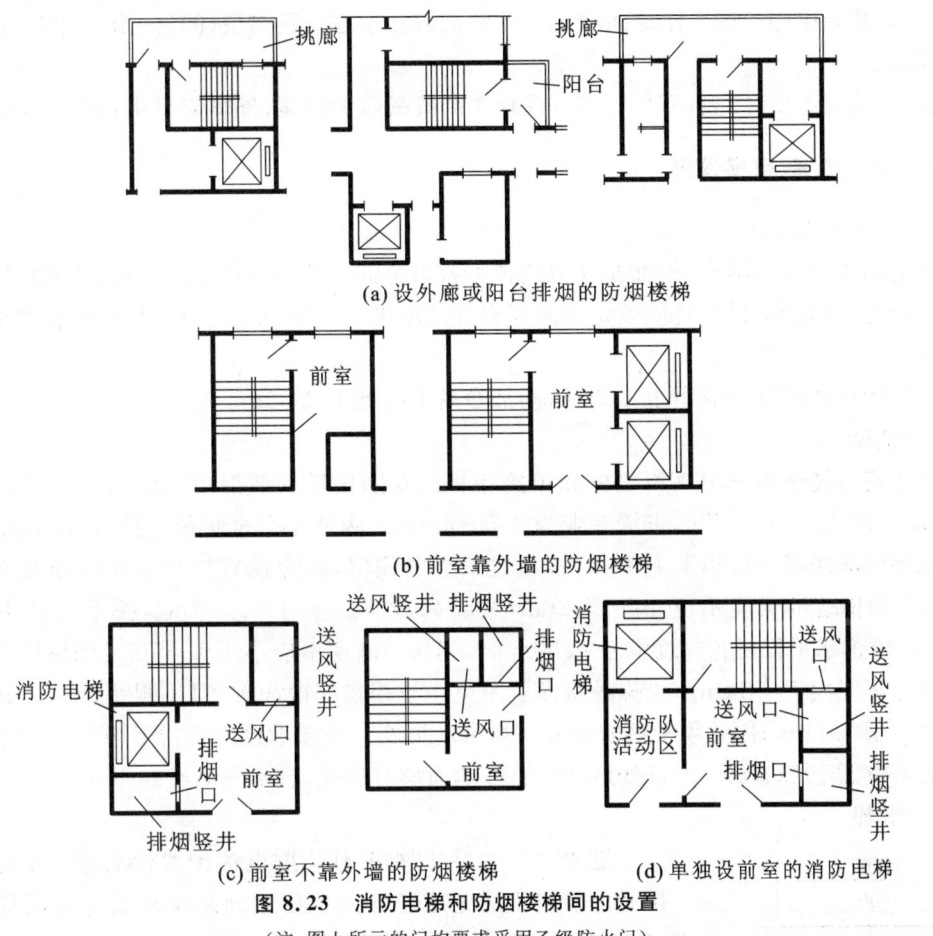

图8.23 消防电梯和防烟楼梯间的设置
(注:图上所示的门均要求采用乙级防火门)

在高层住宅中,把电梯和楼梯间布置成为独立的单元,处于敞开消烟的情况之下,即可作为安全疏散出入通道,对消防疏散十分有利。

(6)高层住宅避难层的设置要求

建筑高度大于100m的住宅建筑应设置避难层,并应符合下列要求:

① 第一个避难层(间)的楼地面至灭火救援场地地面的高度不应大于50m,两个避难层(间)之间的高度不宜大于50m。

② 通向避难层的疏散楼梯应在避难层分隔、同层错位或上下层断开。

③ 避难层(间)的净面积应能满足设计避难人数避难的要求,并宜按5.0人/m^2计算。

④ 避难层可兼作设备层。设备管理宜集中布置,其中的易燃、可燃液体或气体管道应集中布置,设备管道区应采用耐火极限不低于3.00h的防火隔墙与避难区分隔。管道井和设备间应采用耐火极限不低于2.00h的防火隔墙与避难区分隔,管道井和设备间的门不应直接开向避难区;确需直接开向避难区时,与避难区出入口的距离不应小于5m,且应采用甲级防火门。

避难间内不应设置易燃、可燃液体或气体管道,不应开设除外窗、疏散门之外的其他开口。

⑤ 避难层应设置消防电梯出口。

⑥应设置消火栓和消防软管卷盘。

⑦应设置消防专线电话和应急广播。

⑧在避难层(间)进入楼梯间的入口处和疏散楼梯通向避难层(间)的出口处,应设置明显的指示标志。

⑨应设置直接对外的可开启窗口或独立的机械防烟设施,外窗应采用乙级防火窗。

8.3.3 楼梯、电梯设置

(1)出入口及走道

住宅出入口位于阳台、外廊及开敞楼梯平台下部的公共出入口,应采取防止物体坠落伤人的安全措施,如设置雨篷,且应满足无障碍设计的要求。十层及十层以上住宅的公共出入口应设门厅。

走廊通道的净宽不应小于1.20m,局部净高不应低于2.00m。

(2)楼梯

住宅建筑楼梯多采用双跑楼梯和单跑楼梯。双跑楼梯构造简单、施工方便,节省交通面积,开间一般为2.4~2.7m,进深一般为4.5~5.1m。为节省交通面积,底层常设出入口。

楼梯梯段净宽不应小于1.10m,不超过六层的住宅,一边设有栏杆的梯段净宽不应小于1.00m。楼梯踏步宽度不应小于0.26m,踏步高度不应大于0.175m。扶手高度不应小于0.90m。楼梯水平段栏杆长度大于0.50m时,其扶手高度不应小于1.05m。楼梯栏杆垂直杆件间净空不应大于0.11m。楼梯平台净宽不应小于楼梯梯段净宽,且不得小于1.20m。楼梯井净宽大于0.11m时,必须采取防止儿童攀滑的措施。楼梯平台的结构下缘至人行通道的垂直高度不应低于2.00m。入口处地坪与室外地面应有高差,且不应小于0.10m。

(3)电梯

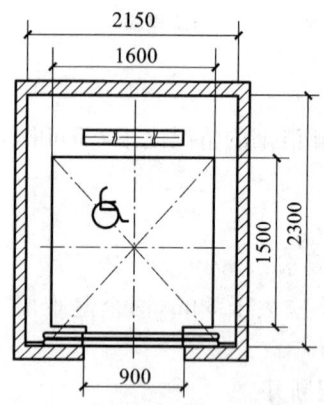

图8.24 国标1000kg电梯尺寸

随着人口老龄化加快,住宅的电梯配置标准进一步提高。七层及七层以上住宅或住户入口层楼面距室外设计地面的高度超过16m时必须设置电梯。七层及七层以上住宅电梯应在设有户门和公共走廊的每层设站。住宅电梯宜成组集中布置。

在高层住宅建筑中,应设一部急救电梯,在紧急情况下,能迅速将病人用担架运至底层。十二层及十二层以上的住宅,每栋楼设置电梯不应少于两台,其中应设置一台可容纳担架的电梯(图8.24),其轿厢短边净尺寸≥1.50m,长边净尺寸≥1.60m;电梯门净宽≥0.90m;井道净尺寸≥2.20m×2.20m;候梯厅深度≥1.80m。

电梯不应紧邻卧室布置。当受条件限制,电梯不得不紧邻兼起居室的卧室布置时,应采取隔声、减震的构造措施。

8.3.4 地下室、半地下室

住宅建筑大多设地下室或半地下室,至少有两个楼梯通向地面。

卧室、起居室(厅)、厨房不应布置在地下室;当布置在半地下室时,必须对采光、通风、日照、防潮、排水及安全防护采取措施,并不得降低各项指标要求。除卧室、起居室(厅)、厨房以外的其他功能房间可布置在地下室,当布置在地下室时,应对其采光、通风、防潮、排水及安全防护采取措施。

住宅的地下室、半地下室作为自行车库和设备用房时,其净高不应低于 2.00m。当住宅的地下室作为机动车停车位时,其净高不应低于 2.20m,至少应有两条通向地面的坡道,上下行分开,且满足行车的有关技术要求。地上住宅楼、电梯间宜与地下车库连通,并宜采取安全防盗措施。地下室、半地下室应采取防水、防潮及通风措施,采光井应采取排水措施。

8.3.5 住宅无障碍设计

随着整体居民生活质量的提高,住宅建筑无障碍设计的标准得到了提高,住宅建筑应按每 100 套住房设置不少于 2 套无障碍住房的标准进行设计。无障碍住房适用于乘轮椅的残疾人和老年人居住,应满足以下要求:

(1)无障碍住房宜建于底层。每套住房设起居室、卧室、厨房和卫生间等基本空间。各空间最小使用面积应略大于普通人的最小面积,如双人卧室不小于 $7m^2$,起居室不小于 $14m^2$。

(2)套房的入口,应设在公共走道通行便捷和光线明亮的地段,在户门外要有不小于直径 1.5m 的轮椅活动面积。

(3)在开启户门一侧,墙面的宽度要达到 0.45m(图 8.25);门内侧高 0.9m 处设关门拉手(图 8.26);户门开启后,户内的通道宽度不宜小于 1.2m,在两侧墙壁上宜安装高 0.85m 的扶手,通道转角处做成圆弧形,并在自地面向上 0.35m 处安装护墙板,以避免碰撞时对墙面造成损坏。套内应优先采用推拉门。

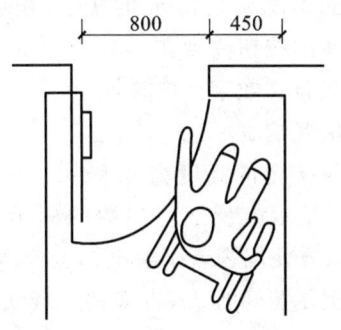 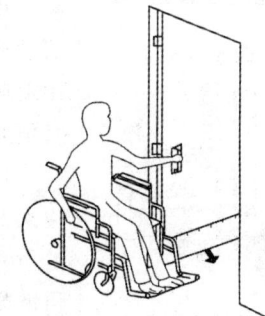

图 8.25 门把手一侧的墙面宽度　　**图 8.26 门扇关门拉手**

(4)为了进出和使用便利,厨房最好为开敞式。厨房内可布置用餐的位置,以解决运送食物和用具困难的问题。单排设备的厨房净宽不应小于 2.0m,双排设备的厨房净宽不应小于 2.5m。厨房操作台面距地面 0.75～0.80m。主操作台和洗涤池的下方空间,最小的宽度 0.7m、高度 0.6m、深度 0.75m,以便乘轮椅者使用操作台和设备。

(5)残疾人卫生间选用高 0.45m 的坐便器,在坐便器两侧需要设置 0.7m 高的水平安全抓杆。卫生间安全抓杆直径为 30～40mm,内侧距墙面 40mm,要安装坚固。洗面器的最大高度 0.85m,其下部空间距地面不小于 0.6m,以方便乘轮椅者靠近使用。选用高 0.45m 的浴盆,在浴盆上安装坐板或在坐盆一端设置宽不小于 0.4m 的固定洗浴坐台。洗浴坐台的墙面可安装高 0.9m 的水平安全抓杆和垂直的安全抓杆。

七层及七层以上的住宅应对住宅入口、入口平台、候梯厅及公共走道进行无障碍设计。

①建筑入口及入口平台

设置电梯的住宅建筑应至少设置一处无障碍出入口,通过无障碍通道直达电梯厅;未设置电梯的低层和多层住宅建筑,当设置无障碍住房时,应设置无障碍出入口。

a. 平坡出入口

平坡出入口地面坡度应不大于1∶20,防止雨水倒流,是残疾人最为便捷的入口。

b. 同时设置台阶和轮椅坡道的出入口

供轮椅通行的坡道应设计成直线形、直角形或折返形,不宜设计成弧形;坡道的宽度不应小于1.2m;当坡道所提升的高度小于300mm时,坡度不得大于1∶8,在有条件的情况下将坡道做成小于1∶12的坡度,通行将更加安全和舒适,坡道的坡度及对应的最大提升高度见表8.12;在坡道两端的水平段和坡道转向处的水平段,要设有深度不小于1.5m的轮椅停留或轮椅缓冲地段。

表8.12 坡道的坡度

高度(m)	1.00	0.75	0.60	0.35
坡度	≤1∶16	≤1∶12	≤1∶10	≤1∶8

c. 同时设置台阶和升降平台的出入口

垂直升降平台的深度不应小于1.20m,宽度不应小于0.9m,应设扶手、挡板及呼叫控制按钮;垂直升降平台的传送装置应有可靠的安全防护装置。

建筑入口的平台是人流通行的集散地带,七层及七层以上住宅建筑的入口平台宽度不应小于2.0m,四层以下住宅建筑的入口平台宽度不应小于1.5m,以方便轮椅通行和回转。

②电梯与候梯厅

电梯厢内三面需设高0.85m的扶手,扶手要易于抓握,安装坚固。电梯厢的按钮高度在0.9~1.1m之间,要带有凸出的阿拉伯数字或盲文数字。电梯厢上、下运行及到达时应有清晰显示和报层音响。

候梯厅的呼叫按钮的高度为0.9~1.1m。每层电梯口应安装楼层标志,显示电梯运行层数的标示规格不应小于50mm×50mm,以方便弱视者了解电梯运行情况。在电梯入口的地面应设置提示盲道标志,告知视觉残疾者电梯的准确位置和等候地点。见图8.27。

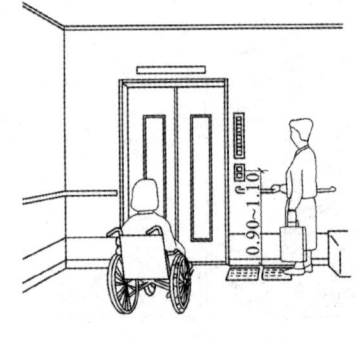

图8.27 候梯厅无障碍设计

③公共走道

供轮椅通行的走道宽度,应按照人流的通行量和轮椅的行驶宽度而定。住宅走道宽度应不小于1.2m,从墙面伸入走道的突出物距地面的高度不应小于2.0m,探出部分的宽度不应大于0.1m,高度应小于0.6m。

在户门处,门槛高度及门内外地面高差不应大于15mm,并应以斜面过渡。

8.4 低层住宅设计

低层住宅主要指层数为三层及以下的住宅建筑。低层住宅主要以别墅、农村小住宅为主。这类住宅适应性强、占地面积大,常拥有独立的院落;平面组合灵活,可因地制宜,巧妙利用地形组织室内外空间,各类房间既可灵活分隔,又可互相连通;卫生条件好,日照、通风、采光等易于得到保证。但住宅用地不经济,道路、管网以及其他市政设施投资多,不宜大规模建设。

8.4.1 低层住宅的类型

就低层住宅各户之间的水平组合关系来说,可分为以下几种形式。

(1)独立式

独立式住宅(图 8.28)是指单幢住宅,四周的外墙与其他住宅没有拼连关系,有独立庭院的低层住宅。独立式住宅的特点是设计上受限制较少,有利于平面功能组合;建筑四面临空,通风采光条件好,建筑朝向相对灵活;环境安静,私密性好;但用地较多。

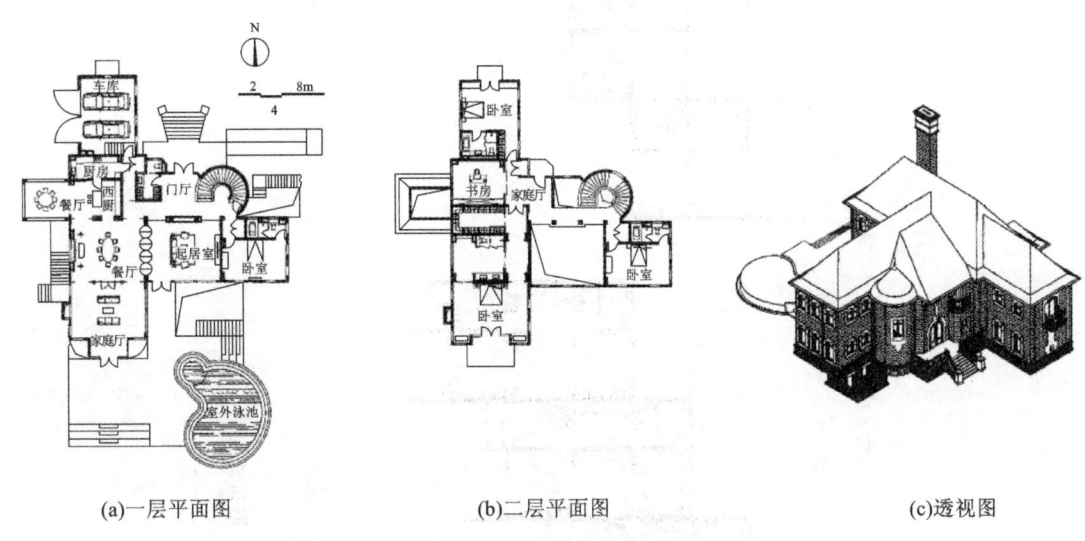

(a)一层平面图　　(b)二层平面图　　(c)透视图

图 8.28　某独立式别墅

(2)并联式住宅

即两户住宅在平面上并联组合,形成一栋建筑,每户有三个面向外。并联式住宅的特点是建筑三面临空,通风采光条件较好。与独立式住宅相比,其优点主要是节约用地、减少室外管网长度等。近年来并联式别墅建造得较多(图 8.29)。

(3)联排式住宅

即多户住宅拼联,形成一栋建筑(图 8.30)。在拼联方式上,有横向联排、纵向联排、斜向联排、综合联排等形式。联排式住宅的主要优点是更节省用地和基础服务设施,但对朝向的要求较高,其居住标准一般也低于独立式住宅和并联式住宅。联排式住宅的拼联长度一般以 30m 左右为宜。

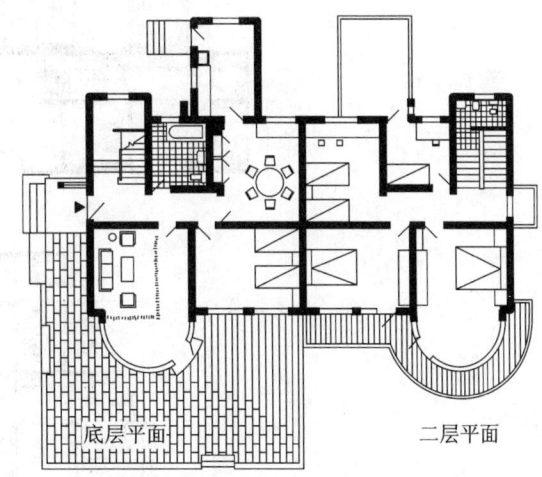

图 8.29　并联式别墅

(4)合院式住宅(又称簇集式住宅)

即多套住宅呈组团式或向心式组合,形成一栋建筑或一个有独立特征的建筑群体。图 8.31 所示是一种合院式住宅所采用的组合形式。其优点是易创造出亲切的居住气氛,有利于促进邻里交往。但应注意,如建筑之间的间距过小,会影响住宅的通风、采光和居住私密性。

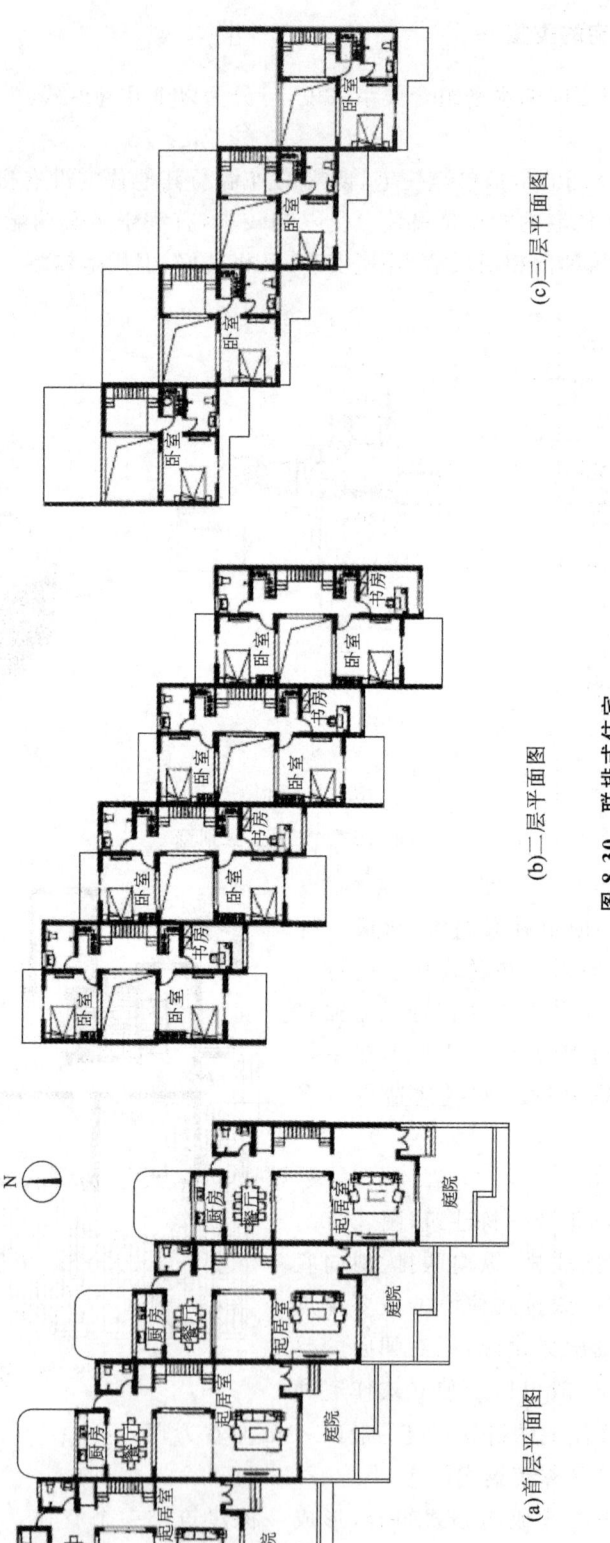

图 8.30 联排式住宅

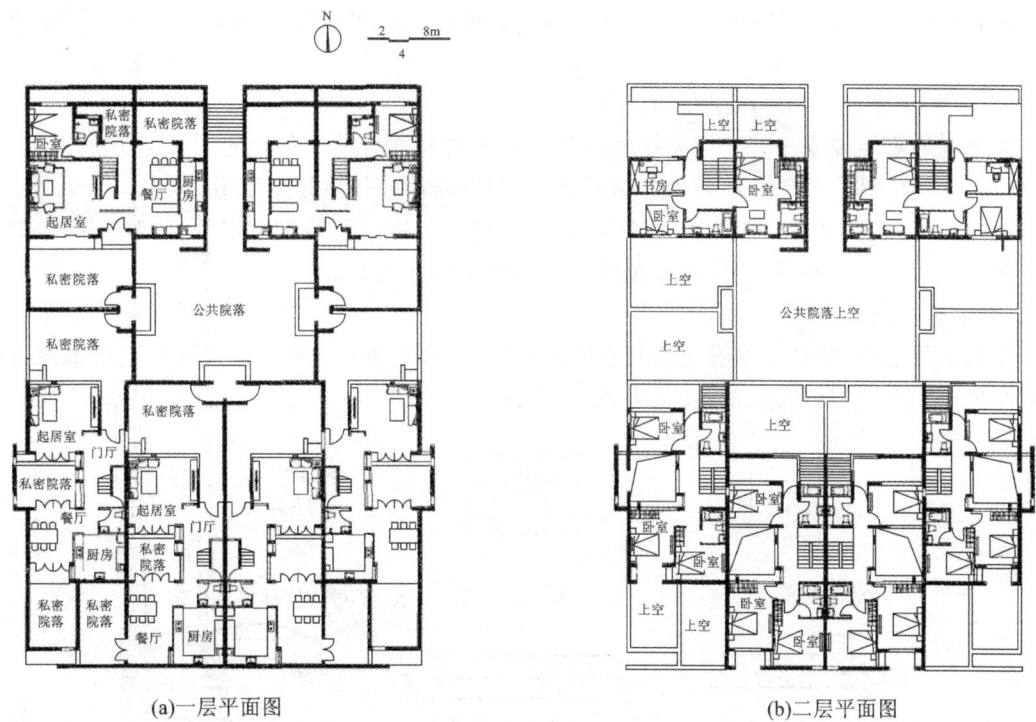

(a)一层平面图　　　　　　　　　(b)二层平面图

图 8.31　合院式住宅

8.4.2 低层住宅的套型设计

低层住宅的套型设计,首先应满足居民日常居住活动的一些基本要求,主要包括各功能空间的大小、形状等;各功能空间的朝向、通风、采光等要求;各功能空间之间的相互关系、组合方式等内容;协调室内外空间环境等。

(1)功能关系

低层住宅的套型组成除一般住宅中有的卧室、客厅、餐厅、厨房、卫生间、储藏室外,标准较高的别墅通常还设有门厅、车库、家庭活动室、书房、儿童活动室、客人房、佣人房、工作间、娱乐室、游泳池等。

在进行功能关系的处理时,首先应解决好功能分区的问题,使"内""外"功能区互不干扰。在一户占两层或两层以上的情况下,主要以分层的方式来解决分区的问题,即把"内"功能区、私密空间放在上层,而把"外"功能区、服务空间放在下层。

(2)空间组合

低层住宅的套内房间组合时,除应保证朝向、通风、采光等基本要求以外,农村小住宅还应充分考虑节约用地的因素。在功能合理的前提下,应尽量加大住宅平面的进深,减小面宽;在房间的组合方式上,应主要采用纵向组合或纵横向组合,不宜采用"一"字形的横向组合。在进行房间组合时,也可考虑小天井的利用。另外,在必要时应使住宅平面具有良好的可拼接性。

低层住宅的空间组合一般可分为以下两种情况:

① 平房式单层住宅

应注意处理好住宅入口与生活院(主院)的关系,一般情况下,应避免入户的主要路线穿过家务院和厨房、卫生间等辅助部分。当住宅的入口被限定在北面时,也可将北向的院子设成生活院。

② 户空间占 2～3 层的低层住宅

这类住宅重点要安排好户内楼梯的位置。户内楼梯在平面中的位置可靠近住宅入口,也可以位于住宅中部。位于住宅后部的情形,由于穿行路线较长而较少采用。

此外,设有卧室楼层一般均需设卫生间,卫生间的位置最好设在下层卫生间的上部,其次可设在门厅或入口前室的上部,应避免设在起居室和餐厅的上部。

(3)垂直交通

在低层住宅中,楼梯是垂直交通联系的重要方式,多设置户内楼梯。低层住宅可采用各种不同的楼梯形式,包括单跑、双跑、三跑、弧形楼梯等(图 8.32)。

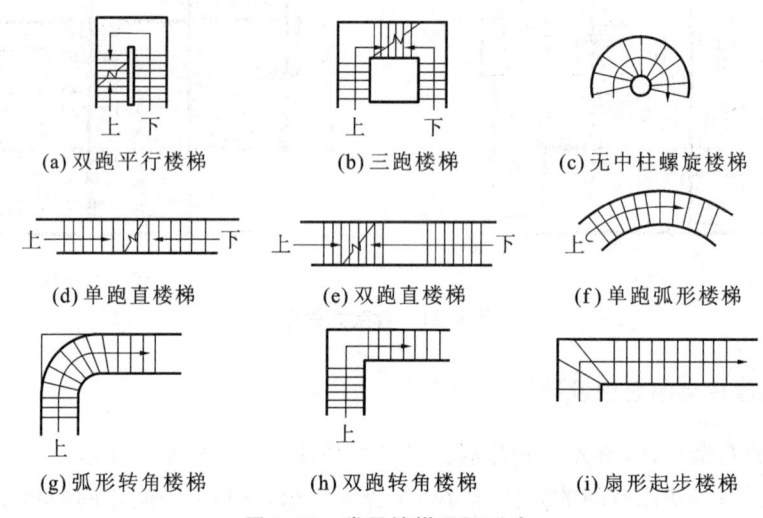

图 8.32 常见楼梯平面形式

农村小住宅的楼梯可结合地形局部或全部设计在室外,采用敞开式楼梯间,既可节省建筑面积,又可灵活处理丰富的建筑造型。

(4)院落空间

院落为居住者提供活动、休息、种植等功能,它也是套型空间的一部分。住宅院落可分为私有的独院和半私有的合院。独院式住宅的优点是私密性较好,使用方便;合院式住宅的特点是有利于邻里交往和安全防卫,有利于形成较亲切的住宅组团,较节省用地等,但也有私密性不强等方面的问题。

8.4.3 节约用地

节约用地是住宅设计中十分重要的原则。对于低层住宅来说,减小每户的面宽对节约用地有较大的作用。对于一定面积的住宅平面来说,加大住宅的进深是节约用地最有效的方式。合理加大住宅的进深,主要有以下一些方法:

(1)利用天井

利用天井来加大进深,主要是利用天井作为中部房间的采光口,使住宅平面在进深方向增加更多的功能空间(图 8.33)。

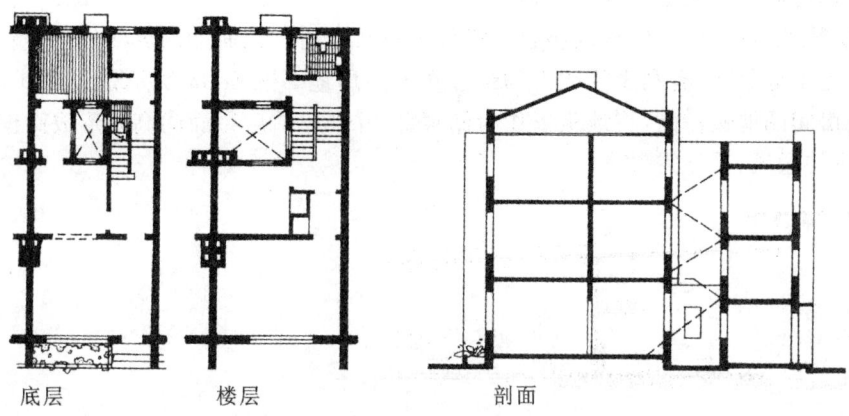

底层　　　　楼层　　　　　剖面

图 8.33　利用天井来加大进深

(2)在进深方向错位叠加(图 8.34)

主要指把一些面宽不同的房间在进深方向上进行错位叠加,使其在某一面宽的范围内可解决更多功能空间的通风、采光问题,达到加大进深的目的,但应注意这种解决方法在功能分区等方面所带来的问题。

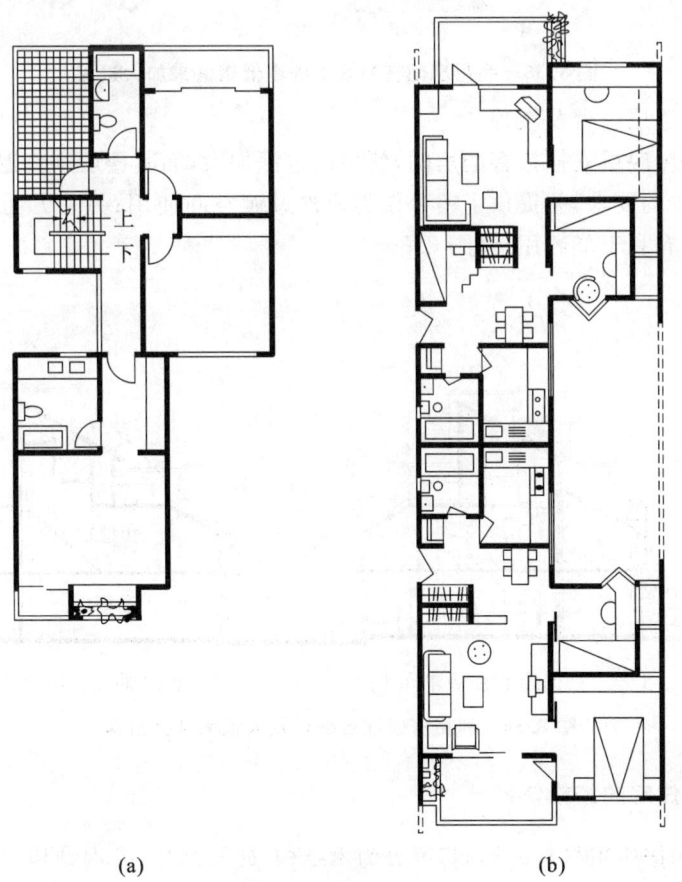

(a)　　　　　　　　　　(b)

图 8.34　利用错位叠加来加大进深

(3) 利用房间在剖面上的高低错落

由于层数低,低层住宅的纵向组合方面较为灵活。通过剖面上的灵活处理,使住宅的进深加大,平面也十分紧凑,有利于规划上的组合和节约用地。图 8.35 所示是法国叶尔库经济住宅,将后面房间的地板抬高,将地板下作为储藏室,并利用前后屋面的高差形成高窗,满足后面卧室和厨房的通风、采光需要。

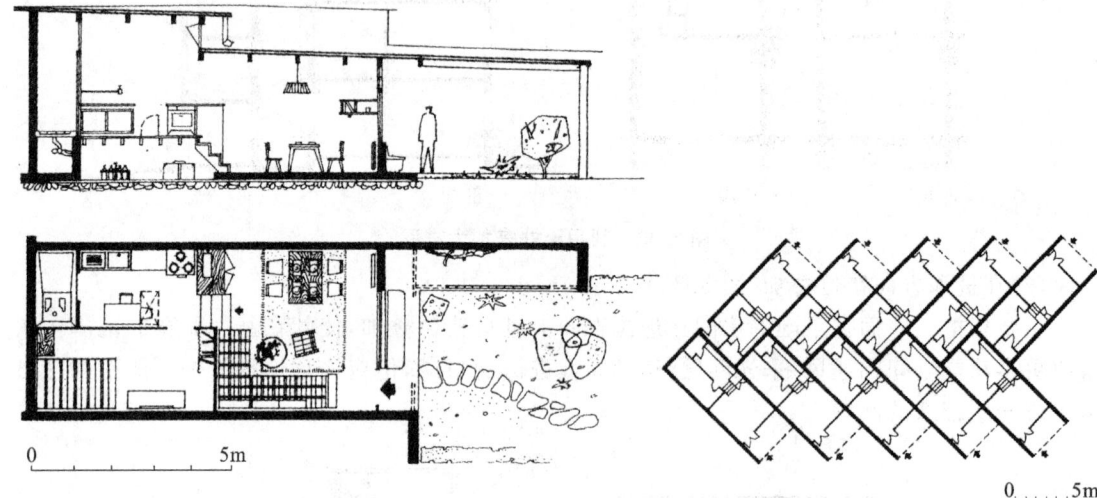

图 8.35　利用房间在剖面上的高低错落来加大进深

(4) 利用房屋逐层退台及坡顶

设计时,在房屋底层安排较多的房间,使底层进深加大,而其楼层则作退台式处理,一方面适应楼层房间较少的要求,并提供了露台作为户外过渡空间使用;另一方面,退台及坡顶可有效缩短房屋间距,有利于节约用地(图 8.36)。

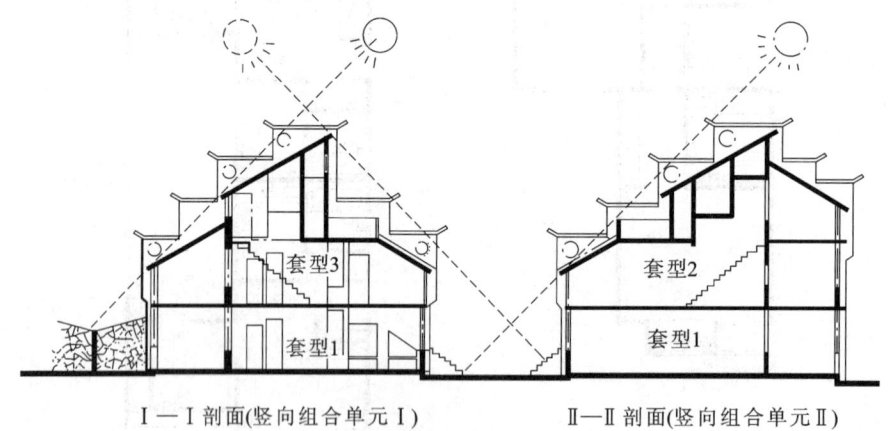

图 8.36　利用房屋逐层退台及坡顶来加大进深

8.4.4　低层住宅的结构体系

低层住宅结构按所用材料的不同,可分为木结构、砖石结构、砖混结构、钢筋混凝土结构和钢结构等,其中最常用的是砖混结构和框架结构。砖混结构造价便宜,就地取材,刚度大、强度低,不能实现底层大空间,在建筑功能布局上受限,结构自重大,所以抗震能力差、稳定性差。

框架结构是由钢筋混凝土柱、非承重填充墙、钢筋混凝土梁、钢筋混凝土楼板组成,这类结构耐久性好、抗震性好,而且具有较好的可塑性和灵活性。

8.5 多层住宅设计

多层住宅主要指层数在三层以上,建筑高度不超过27m的住宅建筑。为了简化住宅建筑设计进度,统一结构、构造,加快施工速度,适应住宅建筑大规模建设,住宅建筑常常按照单元模块拼接组合的方法形成设计方案,这种常用的设计方法称为单元设计法。一栋住宅楼可以只由一个单元形成,也可由多个相同单元组成,或者由多种单元拼接组成。

8.5.1 多层住宅单元平面分类

(1)按交通廊的组织分类

① 梯间式

围绕楼梯间组织各户入口,无需公共走廊,也称为无廊式,其平面布置套型数有限。目前我国主要有一梯二套、一梯三套、一梯四套几种。

a.一梯二套式单元(图8.37) 每套都有两个朝向,便于组织通风;套间干扰少,居住安静;单元较短,拼接灵活。但是楼梯服务户数少,使用面积系数低。

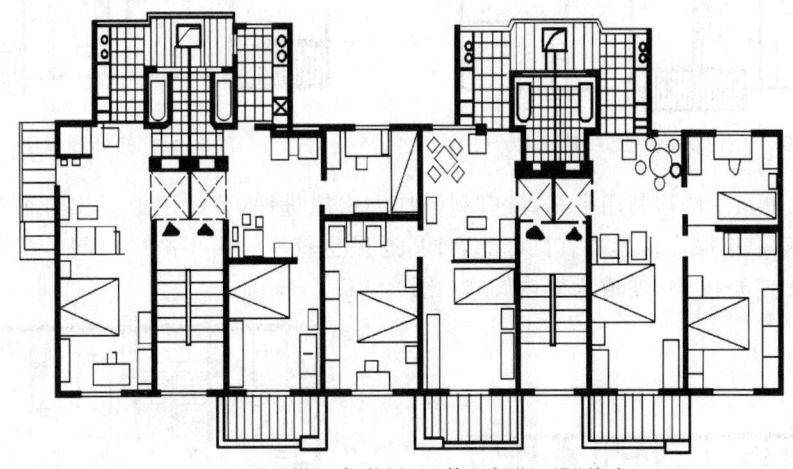

图8.37 一梯二套举例(江苏无锡"三明"住宅)

b.一梯三套式单元(图8.38) 楼梯服务套数较多,也能保证每套都有好的朝向,但缺点是中间套的自然通风较难组织。

c.一梯四套式单元(图8.39) 能提高公共走道的使用系数,但组织自然通风的难度也加大。

② 廊式

以廊组织各户入口,布置套型数较多。各户入口在走廊单面布置,形成外廊式;在走廊双面布置,形成内廊式。根据走廊的长短,又有长外廊、短外廊、长内廊和短内廊之分。

a.长外廊(图8.40) 楼梯利用率高,每套都有较好的朝向,且有一定范围的邻里交往空间,但是采光、通风条件较差;公共走廊对各套产生噪声和视线干扰,可靠廊布置辅助用房或小居室,以减少对主要居室的干扰;套内房间组合易产生穿套。此外,走道长度不能过长,应满足防火和安全疏散的要求。

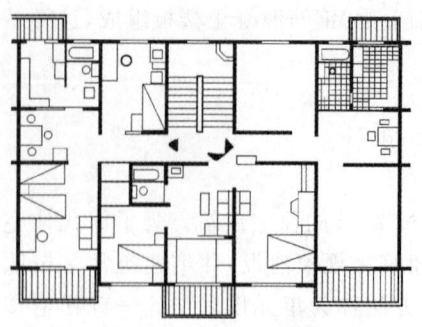

图 8.38　一梯三套举例（河北石家庄联盟路住宅）

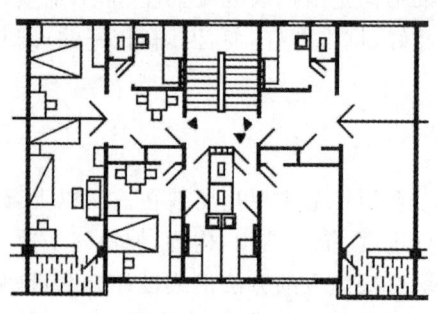

图 8.39　一梯四套举例（沈阳某住宅）

b.短外廊（图 8.41）　一梯每层服务三套至五套，以四套居多。与长外廊式相比，短外廊式比较安静，采光和通风条件得到改善。

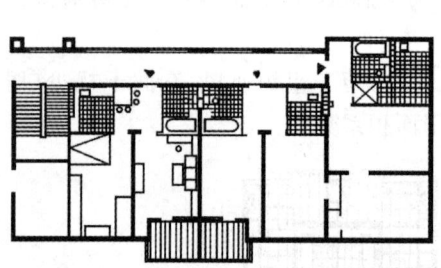

图 8.40　长外廊举例（北京某住宅）

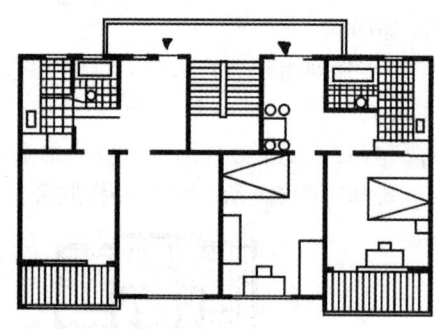

图 8.41　短外廊举例

c.内廊式单元　楼梯利用率高，且有利于加大房屋进深，节约用地。长内廊式（图 8.42）各套干扰大，且很难保证每套都有良好的朝向，通风也较差。为了减少户间干扰，将每个楼梯服务的户数减至 3～4 户，便成为短内廊式（图 8.43）。

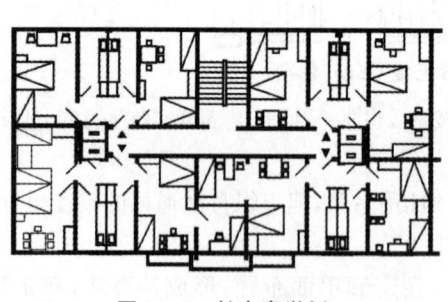

图 8.42　长内廊举例

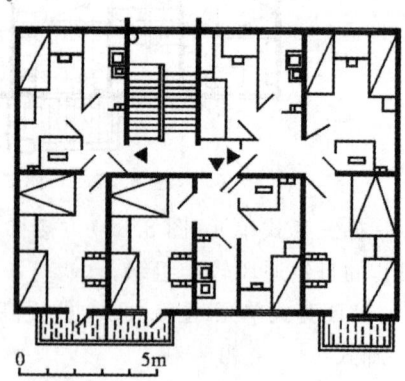

图 8.43　短内廊举例

③ 跃廊式

以梯、廊间层结合组织各套入口，隔层设通廊，由通廊进入楼层后，再由小楼梯进入另一层。该廊式适用于跃层式套型，节省交通面积，增加服务户数，且又减少干扰，每户有可能争取两个朝向。图 8.44 所示为跃廊式住宅。

解析 8　住宅建筑方案设计

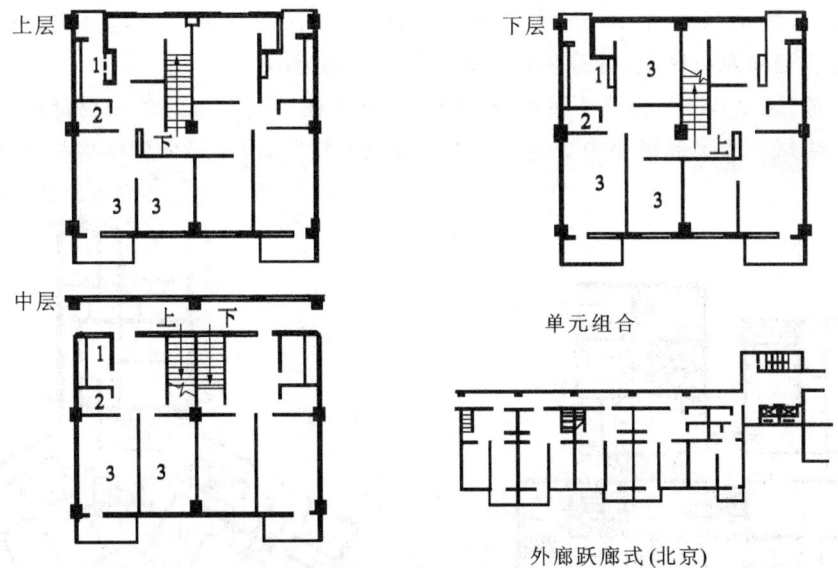

图 8.44　跃廊式住宅
1—厨房；2—卫生间；3—卧室

（2）按单元是否拼接分类

① 独立单元式

独立单元式是不与其他单元拼联，而独立修建的住宅，又称为点式住宅。它以楼梯或电梯组成的交通中心为核心组织各户。为了使用方便，电梯和楼梯是靠近布置的，一般不设公共走道，或有较短的公共走道。

一梯 4~5 户的独立单元式住宅容易组成比较紧凑的平面。一梯服务户数较多的单元要紧凑地组织交通中心，往往要辅以其他手段。如采用曲折的外墙以争取开窗墙面，围绕交通中心布置辅助用房，外圈布置生活用房。

常见的平面类型有以下几种：

a. 方形（图 8.45）　平面布局严谨，外墙面较少，有利于防寒保温。注意套型朝向，可朝南、朝西或朝东，不应使一套的居室全部朝北。

b. T 字形（图 8.46）　一梯四户时，为使每套朝南，T 字形平面较为有利。这类平面要注意避免前后相邻两套之间的视线干扰。

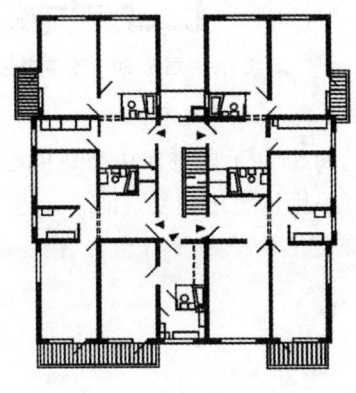

图 8.45　方形点式住宅

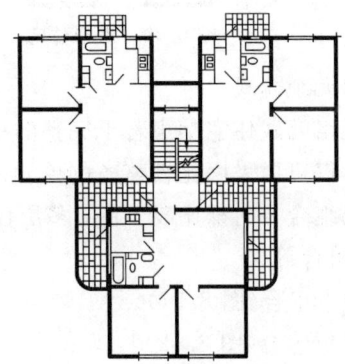

图 8.46　T 字形点式住宅

c. 风车形(图 8.47)　有利于套内的采光通风,但要注意开窗位置,避免套与套之间的视线干扰。在这类平面布局中,常有一套不能获得较好的朝向。

d. Y 字形(图 8.48)　这类平面布局取消风车形平面中朝向不好的一翼,使三套皆获得良好的朝向与通风。Y 字形平面中必定会产生不规则的房间,应尽量做到结构整齐,使不规则的结构简化。

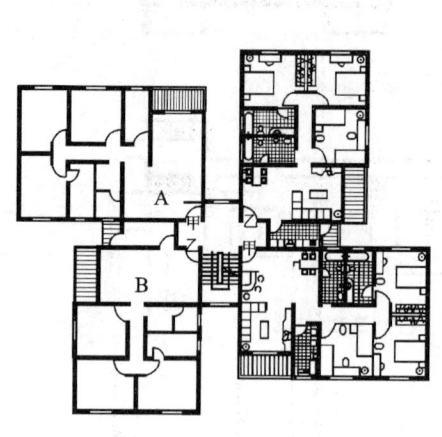

图 8.47　风车形点式住宅

图 8.48　Y 字形点式住宅

e. 蝶形(图 8.49)　体型活泼有变化,每套多数居室朝南,套内公私分区明确,厨房靠入口处布置,卫生间靠卧室布置,厨卫管道集中,并避免了套与套之间的视线干扰。

f. 工字形(图 8.50)　一梯四户的工字形平面既能作点式,亦可拼联,具有一定的灵活性。

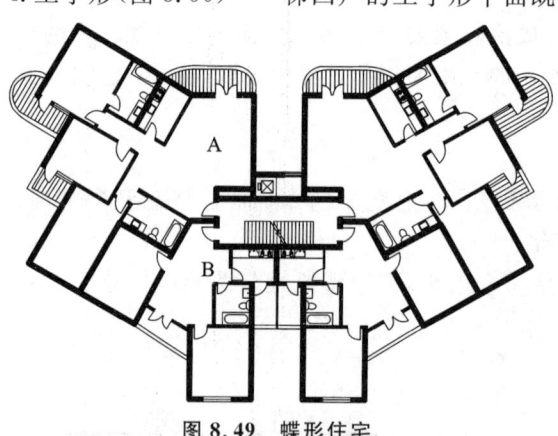

图 8.49　蝶形住宅

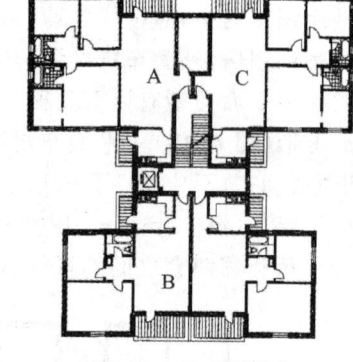

图 8.50　工字形住宅

②单元组合式

单元组合式住宅是用若干完整的单元组合成幢,每个单元自身形成交通中心。单元组合式住宅不仅可以采用比较整齐的单元进行组合,也可采用体型比较复杂的单元进行组合,其组合长度及组合方向都比较自由。多层住宅建筑常见的组合方式有平直组合、错位组合、转角组合、多向组合等。

a. 平直组合(图 8.51)。

b. 错位组合(图 8.52)。

c. 转角组合(图 8.53)　常处理成 L 形,用于转角,以拼联两个方向的单元。

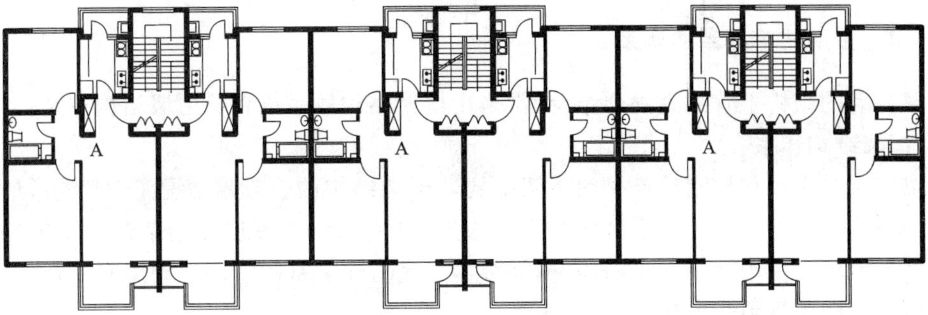

图 8.51 平直组合

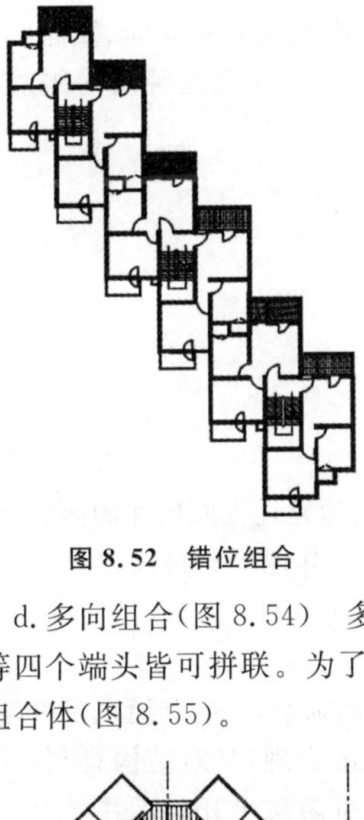

图 8.52 错位组合

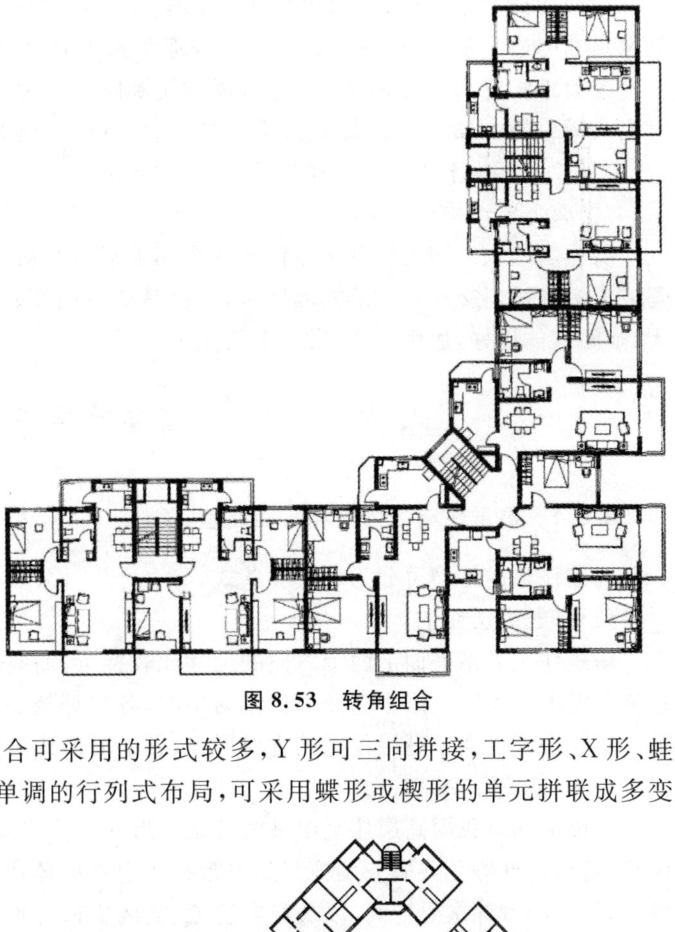

图 8.53 转角组合

d. 多向组合（图 8.54） 多向组合可采用的形式较多，Y 形可三向拼接，工字形、X 形、蛙形等四个端头皆可拼联。为了打破单调的行列式布局，可采用蝶形或楔形的单元拼联成多变的组合体（图 8.55）。

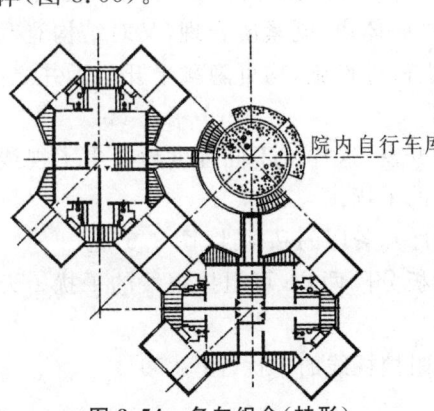

图 8.54 多向组合（蛙形）

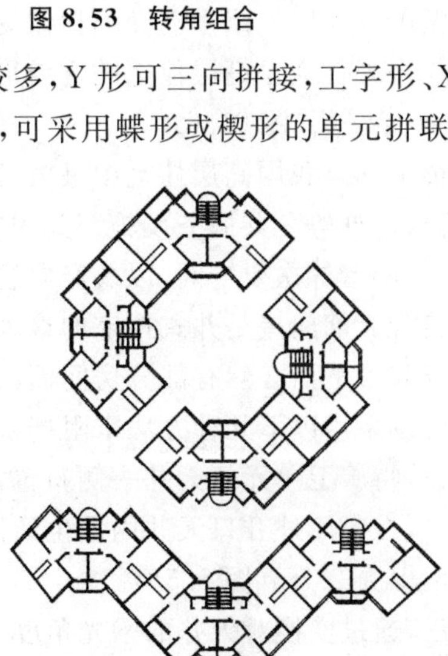

图 8.55 异形拼联（蝶形）

8.5.2 多层住宅的结构体系

多层住宅的结构不宜采用混合结构,常采用框架结构体系或者剪力墙结构体系。

(1)框架结构体系

框架结构是由梁和柱刚性连接的骨架结构。框架结构的合理层数是6~15层,最经济的是10层左右,而框架结构的一般高宽结构比约为5:7。因此,多层住宅结构体系采用框架结构是经济合理的。由于柱子突出墙体,框架结构住宅对住宅室内空间的利用有一定的影响,在实际工程中的使用受到了限制。

框架的柱网布置应力求做到简单、规则、整齐,柱网尺寸应符合经济原则并尽量符合模数。柱网尺寸的适宜范围是柱距3.3~6.0m,跨度6.0~9.0m。

框架结构的承载力和刚度与梁柱的强度和刚度有关,考虑到梁柱的强度和刚度的需要,横梁高为梁跨的1/12~1/8,梁宽为梁高的1/3~1/2。框架柱截面的长与宽为层高的1/20~1/15,且长度不小于400mm,宽度不小于300mm。

(2)剪力墙结构体系

剪力墙结构由钢筋混凝土墙体承受全部水平荷载和竖向荷载,剪力墙沿横向、纵向正交布置或沿多轴线斜交布置。结构墙体多,不容易形成面积较大的房间。由于这种结构体系刚度大、空间整体性好,适用于35层以下的住宅。

8.6 高层住宅设计

8.6.1 高层住宅的体型和平面类型

高层住宅的体型可分为塔式和条式。

(1)塔式高层住宅

塔式住宅是指平面上两个方向的尺寸比较接近,而高度又远远超过平面尺寸的高层住宅。这种类型的住宅以一组垂直交通枢纽为中心,各户环绕布置,不与其他单元拼接,独立自成一栋。塔式高层住宅是高层住宅的主要形式,其平面形式可分为以下几种:

① 井形平面(图8.56)

井形平面是我国高层住宅中最为常见的形式。住户都是三面临空,采光和通风条件较好;电梯、疏散楼梯等公共服务设施都集中布置在中央筒体内,既紧凑合理,又对结构有利;厨房、厕所、生活阳台等次要空间,以及竖向管道、空调主机等设施,均可隐藏于开口天井之内,不影响立面美观。朝向差是井式住宅的最大缺点。

由于井形平面必然有部分房间面向开口天井开窗,这样就不同程度地产生了视线干扰的问题。可以采用以下几种方法来阻挡或削弱视线的干扰:

其一,将厨卫单元靠天井一侧布置,保证起居厅和餐厅的私密性(图8.57)。

其二,在餐厅外开口天井内设生活阳台,以挡板分隔两户,可阻挡视线的干扰。天井的开口宽度至少为2.7m(图8.58)。

其三,通过变换对天井的采光角度,以削弱或阻挡视线的干扰(图8.59)。

解析 8　住宅建筑方案设计

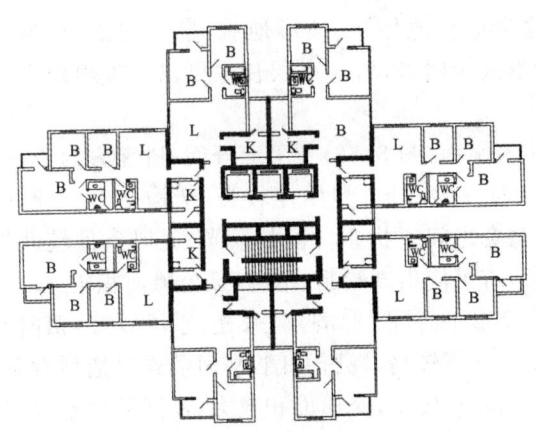

图 8.56　井形住宅平面

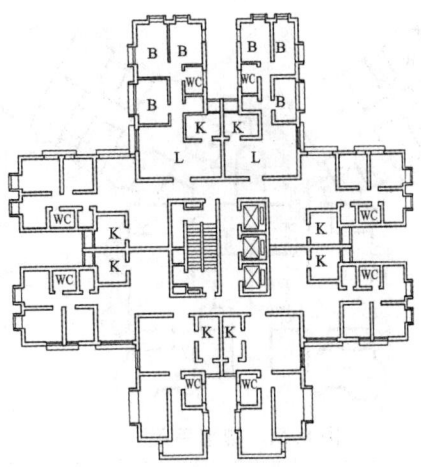

图 8.57　以厨卫单元分隔两户

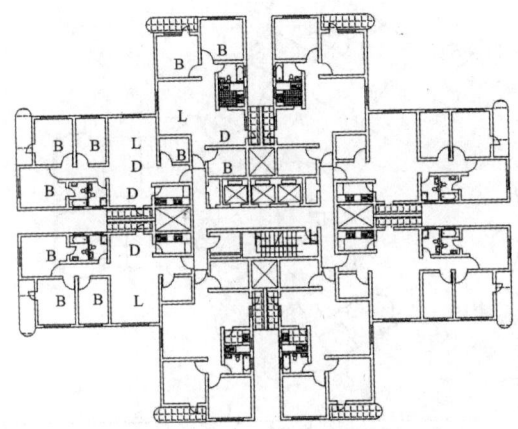

图 8.58　以生活阳台阻隔两户间干扰

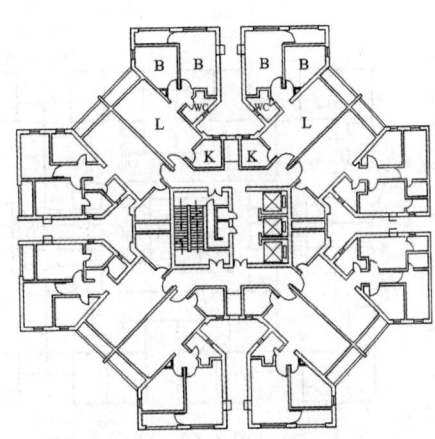

图 8.59　交换采光角度以避免干扰

② V 字形平面（图 8.60）

V 字形平面在一定程度上克服了井形平面的缺点，使每套均有良好的朝向或景观。房间布局紧凑，交通面积少。V 字形平面由于受到方位、采光的限制，其标准层套数宜控制在 5~8 户。V 字形平面也存在一定的不足之处：会出现异形房间，给使用及施工带来不便；由于受到采光、通风、进深的限制，故每套面积均较大。

③ 蝶形平面（图 8.61）

蝶形平面一般每层 6~8 套。但蝶形平面转角相折处必然会产生一些不规则形状的房间，在设计中应尽可能将这些异形空间安置为走道、厨房、浴厕、管道竖井等辅助空间，以保证客厅、卧室平面规整。

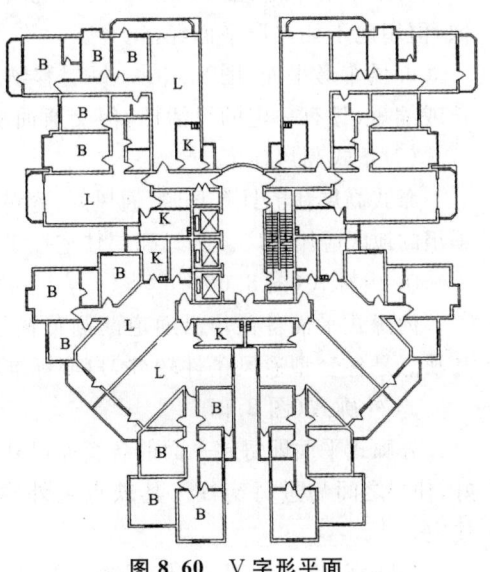

图 8.60　V 字形平面

④ 其他平面类型

综合考虑基地形状、地形地貌、景观朝向、户型要求、结构形式等因素,塔式高层住宅可以衍生出以下平面形式:

a.矩形平面(图 8.62) 平面开间、进深方向不一,适合于窄而长的基地,整体性较强,结构受力合理,刚度好,套与套之间干扰小。但其采光、通风条件较井形平面的差,有可能出现暗厨、暗厕,且公摊面积较大。

b.Y字形平面(图 8.63) 采光、通风较好,朝向好的套型所占比率较高,视野开阔,平面形式对造型有利。但每层容纳套数较少,交通面积较大,柱网不规整,作为纯高层住宅尚可,但对底层布置商场的住宅则不太适合。

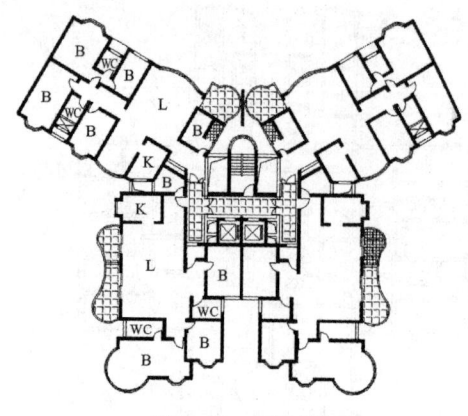

图 8.61 蝶形平面

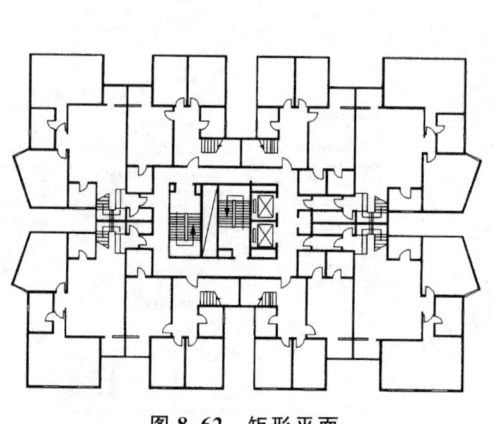

图 8.62 矩形平面

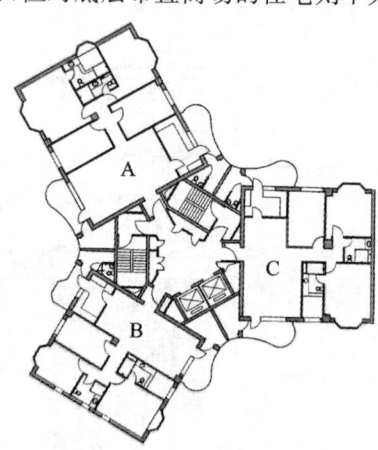

图 8.63 Y字形平面

c.十字形平面(图 8.64) 可视为井形平面同向两户拼联而成,其特点与井形平面的相似,但用地不如井形平面经济。

d.风车形平面(图 8.65) 每层容纳的套数较多,可以是 4 户、8 户、12 户不等,四翼可加长或缩短,具有一定的灵活性,但交通面积较大,走廊内套与套之间干扰较大。

(2)条式高层住宅

条式高层住宅具有日照、通风好,容量大,造价低,分摊电梯费用少,施工方便等优势,在地势平坦的地区应用较广。条式高层住宅按平面形式可分为内廊式、外廊式、单元组合式几种类型。

① 内廊式(图 8.66)

内廊式平面各住户沿通道两侧布置,这样可以提高通道的利用率,使电梯服务户数增多。其缺点是各套型通风条件较差,户型标准较低,受朝向影响,采光质量差的户数多。

② 外廊式(图 8.67)

外廊式平面即每层平面的各套通过外廊作为水平交通通道。该平面每套日照、通风条件较好,住户之间易进行交往。其缺点是外廊对住户干扰大。为解决这一问题,出现了外跃廊式住宅。

外跃廊式住宅(图 8.68)是通廊设于北向(或西向)两层之间,上半跑再下半跑到达户门,廊隔层设置,在一定程度上解决了廊对住户的干扰。

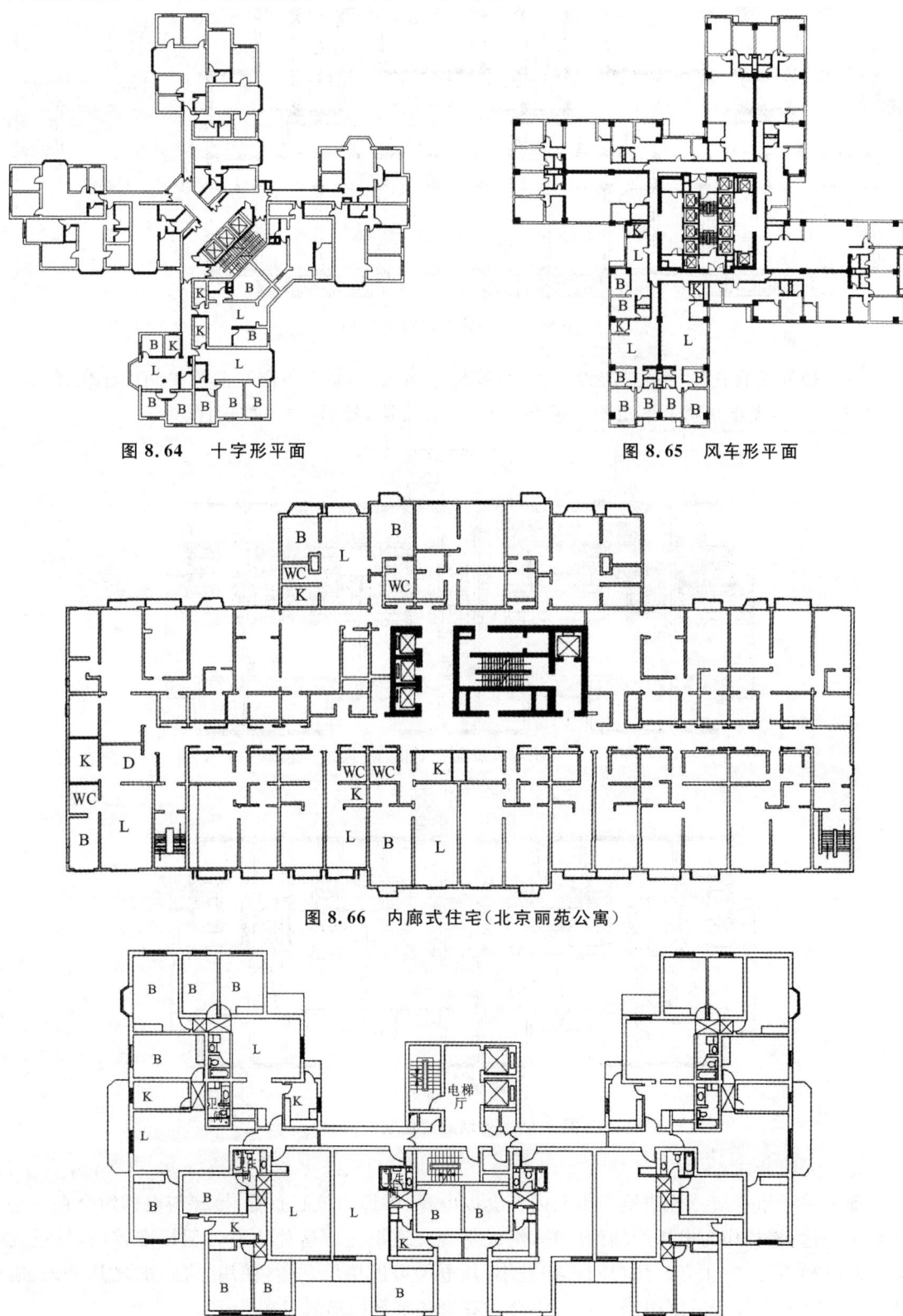

图 8.64 十字形平面　　　　图 8.65 风车形平面

图 8.66 内廊式住宅(北京丽苑公寓)

图 8.67 外廊式住宅

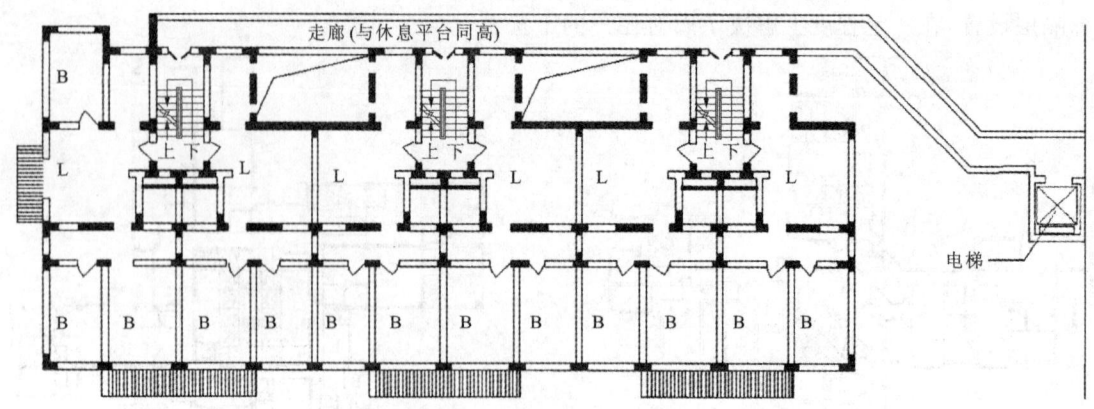

图 8.68 外跃廊式住宅(一)

另一种外跃廊式住宅是三层设一外廊,廊层平层入户,廊上下层从两户中间的小楼梯入户(图 8.69)。其优点是廊上下层不受通廊干扰,比较安静,日照、通风均较佳。

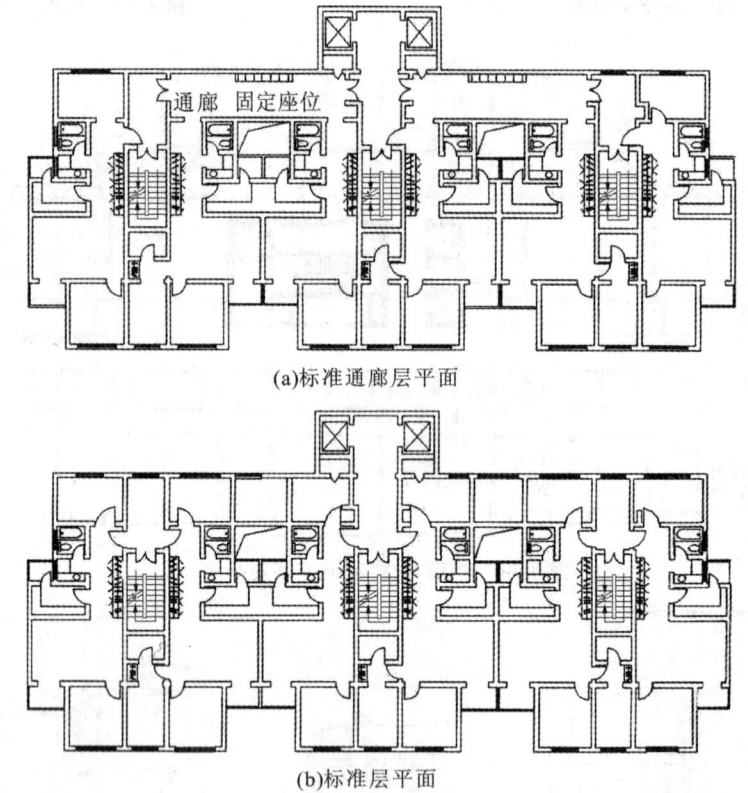

(a)标准通廊层平面

(b)标准层平面

图 8.69 外跃廊式住宅(二)

③单元组合式

即以单元组合成一栋建筑。单元内各套以电梯、楼梯为核心布置,楼梯与电梯组合在一起或相距不远,楼梯作为电梯的辅助工具,组成垂直交通枢纽。这种住宅类型标准较高,每单元设一部电梯服务 2~4 套。住户间干扰较小,且电梯可以层层到达,使用方便,加之其采光、通风、日照均佳,所以舒适度很高。单元组合式高层住宅平面形式见图 8.70。

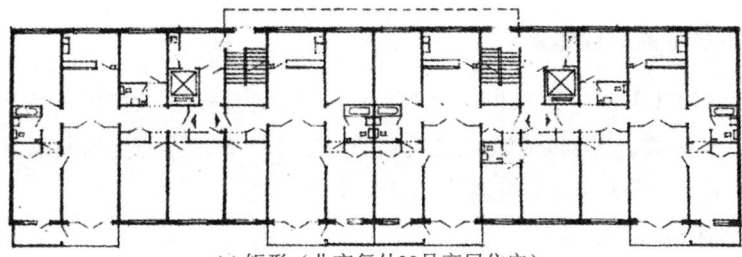
(a) 矩形（北京复外22号高层住宅）

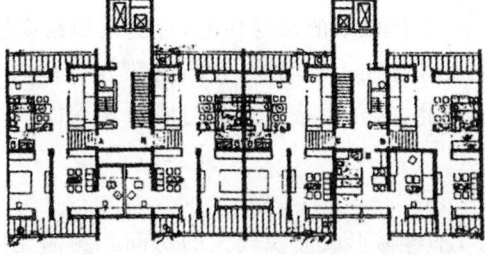
(b) T字形（贝尔格莱德斯特帕公爵大街高层住宅）

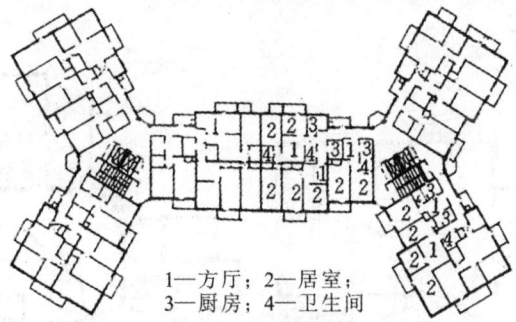

1—方厅；2—居室；
3—厨房；4—卫生间

(c) Y字形（北京方庄芳群园二区13号高层住宅）

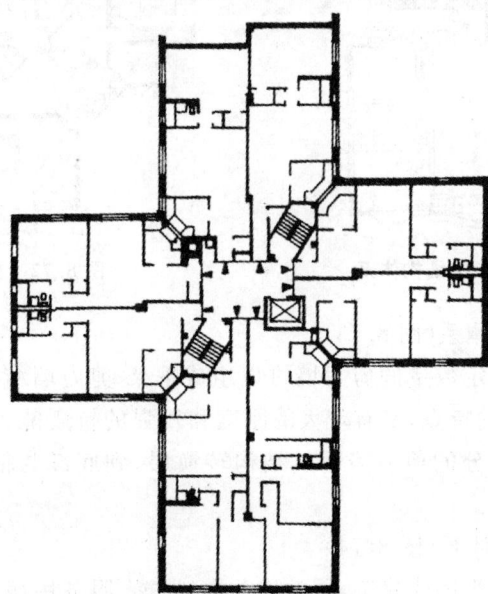
(d) 十字形（九龙美孚新村公寓住宅）

图 8.70 单元组合式高层住宅平面形式

8.6.2 高层住宅的结构体系

高层住宅的结构体系不但要承担一系列垂直荷载,而且还要承担较大的风荷载和因地震作用而产生的水平荷载。因而,应减轻建筑自重,选用轻质高强的建筑材料和合理的结构体系。根据高层住宅平面特点,其结构体系有以下几种类型:

(1)框架结构体系(图 8.71)

框架结构对高层住宅平面布局和形状构成表现出很大的灵活性。由于框架结构承受水平荷载的能力不高,常常适用于 15 层以下的高层住宅,特别是用在高层商住楼中。

由于常规框架柱的截面尺寸往往大于墙厚,其凸出部分对室内空间(特别是小房间)和家具布置造成了较大的影响。因此,常采用截面宽度与墙厚相等的 T 形、L 形异形柱,使室内空间更为完整、美观。

(2)剪力墙结构体系(图 8.72)

剪力墙结构承重墙体多,不容易形成面积较大的房间。为满足底层裙房商业用房大空间的要求,可以取消底部剪力墙而代之以框架结构,形成底部大空间。一般 35 层以下的住宅多采用这种结构形式。

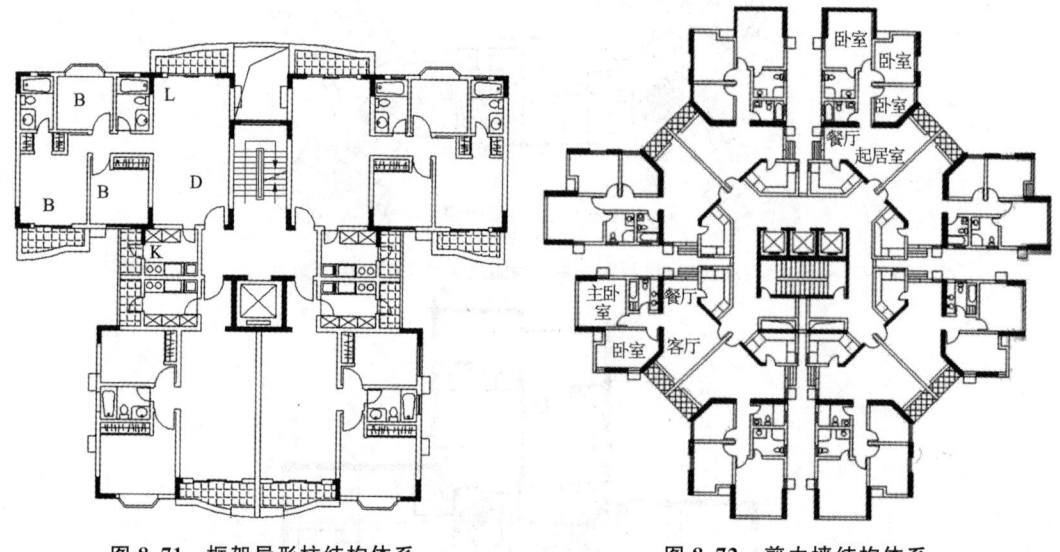

图 8.71　框架异形柱结构体系　　　图 8.72　剪力墙结构体系

(3)框架-剪力墙结构体系(图 8.73)

在框架结构中布置一定数量的剪力墙可以组成框架-剪力墙结构。这种结构既具有框架结构布置灵活、使用方便的特点,又有较大的刚度和较强的抗震能力,在国内高层商住楼中运用得最为广泛。将住宅部分的剪力墙通过结构转换层,到底部为框架结构而形成框-支剪力墙,适用层数为 15～30 层。

(4)核心筒-框架结构体系(图 8.74)

由于高层商住楼大多为塔式建筑,通常将电梯、楼梯、服务用房组成的核心筒做成钢筋混凝土结构,与框架共同工作。这样既加强了结构整体刚度,平面有效使用部分仍保证了灵活性,满足了住户装修改造的要求,一般适用于 40～50 层以下的建筑。

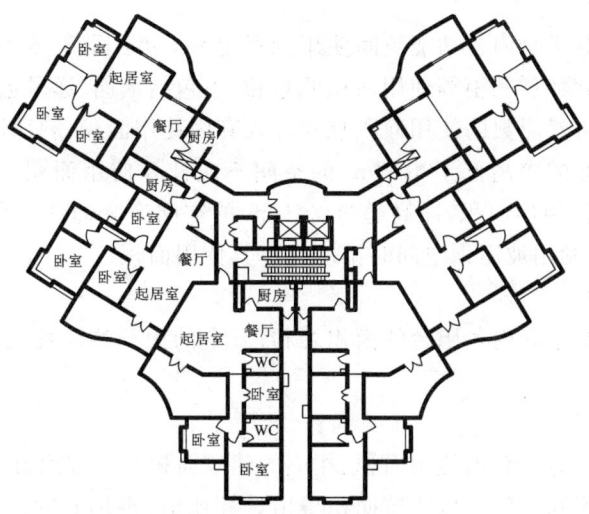

图 8.73 框架-剪力墙结构体系

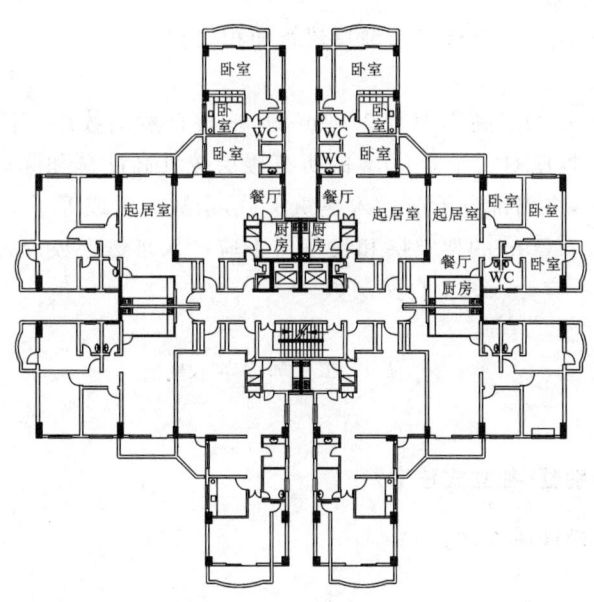

图 8.74 核心筒-框架结构体系

8.7 住宅的技术经济分析

住宅建筑量大,与人民生活息息相关,所以技术经济分析工作显得特别重要。

按照常用的经济比较方法,除单方造价外,住宅设计应计算下列技术经济指标:各功能空间使用面积、套内使用面积、套型阳台面积、套型总建筑面积、住宅楼总建筑面积。

(1)各功能空间使用面积

各功能空间使用面积应等于各功能空间墙体内表面所围合的水平投影面积。

(2)套内使用面积

套内使用面积应等于套内各功能空间使用面积之和,包括卧室、起居室(厅)、餐厅、厨房、卫生间、过厅、过道、储藏室、壁柜等使用面积的总和,不包括烟囱、通风道、管井等面积;跃层住宅中的套内楼梯应按自然层数的使用面积总和计入套内使用面积;利用坡屋顶内的空间时,屋面板下表面与楼板地面的净高低于1.20m的空间不应计算使用面积,净高在1.20~2.10m的空间应按其1/2计算使用面积,净高超过2.10m的空间应全部计入套内使用面积;坡屋顶无结构顶层楼板,不能利用坡屋顶空间时不应计算其使用面积。

(3)套型阳台面积

套型阳台面积应等于套内各阳台的面积之和;阳台的面积均应按其结构底板投影净面积的一半计算。

(4)套型总建筑面积

套型总建筑面积应等于套内使用面积、相应的建筑面积和套型阳台面积之和。计算时,应以全楼总套内使用面积除以住宅楼建筑面积得出计算比值,再用套内使用面积除以计算比值所得面积,加上套型阳台面积。

(5)住宅楼总建筑面积

住宅楼总建筑面积应等于全楼各套型总建筑面积之和。

(6)住宅楼的层数

当住宅楼的所有楼层的层高不大于3.00m时,应按自然层数计;当建筑中有一层或若干层的层高大于3.00m时,应对大于3.00m的所有楼层按其高度总和除以3.00m进行层数折算,余数小于1.50m时,多出部分不应计入建筑层数,余数大于或等于1.50m时,多出部分应按一层计算;层高小于2.20m的架空层和设备层不应计入自然层数;高出室外设计地面且小于2.20m的半地下室不应计入地上自然层数。

8.8 实 例 分 析

8.8.1 阳泉药林别墅(独立式住宅)

设计:山西省建筑设计研究院。

地点:山西阳泉。

阳泉药林别墅B2.1~B2.3是二层独栋别墅,建成于2008年,建筑面积260m^2。该别墅住宅套型功能齐全,公共与私密用房分层设置。一层设有起居室、会客厅、厨房、餐厅及客卧,二层布置带卫生间和梳妆台的主卧室及三个次卧室。南向的主卧室和次卧室可利用宽阔露台作为屋顶花园及室外活动平台,形成了既联系方便又动静分隔的布局。该设计强调完美的居住环境,平面布置紧凑合理,功能分区明确,房间尺度适宜,采光、通风良好。采用水平划分的方式,立面设计简洁中求变化,突出了住宅的个性特征,恰当地运用平台、花池、坡屋顶等以及屋面的有机变化,丰富了建筑的体型。房屋整体造型充分考虑了材质、色彩的表现力,屋顶采用西班牙红色坡屋顶,墙面喷(刷)涂料以乳白色、淡黄色为主,以深褐色点缀,整个建筑显得简洁大方。如图8.75至图8.82所示。

解析 8 住宅建筑方案设计

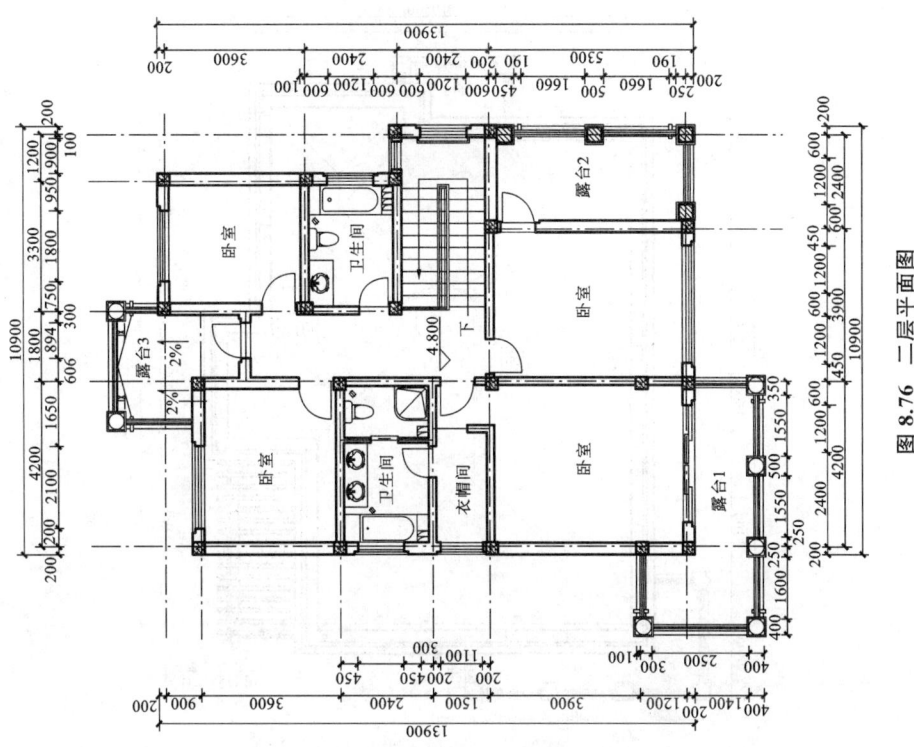

图 8.76 二层平面图

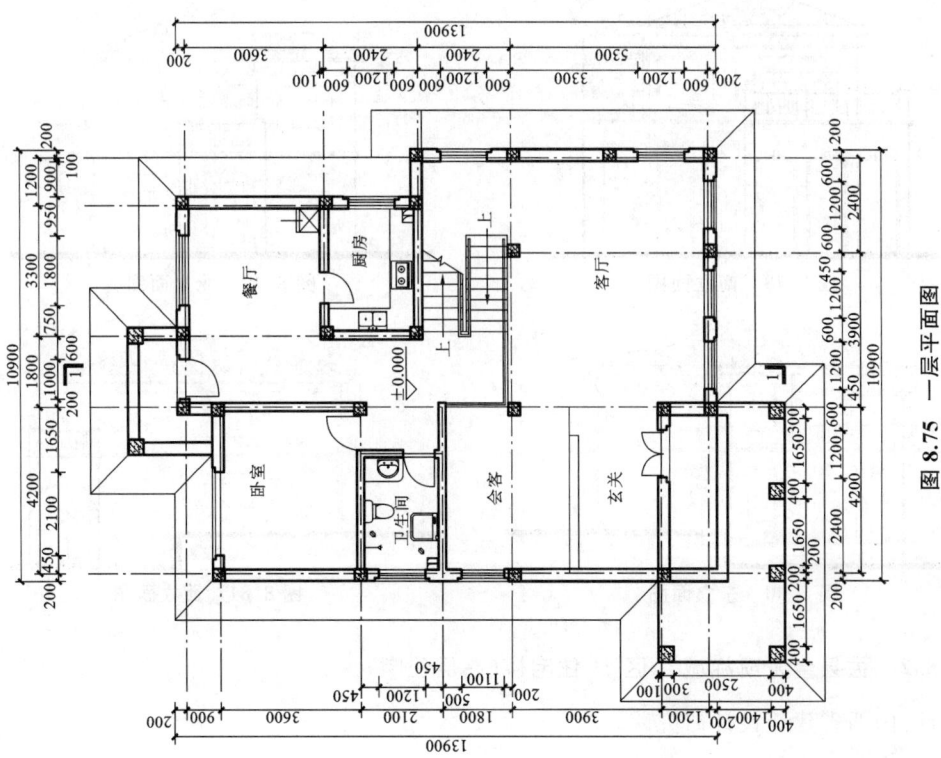

图 8.75 一层平面图

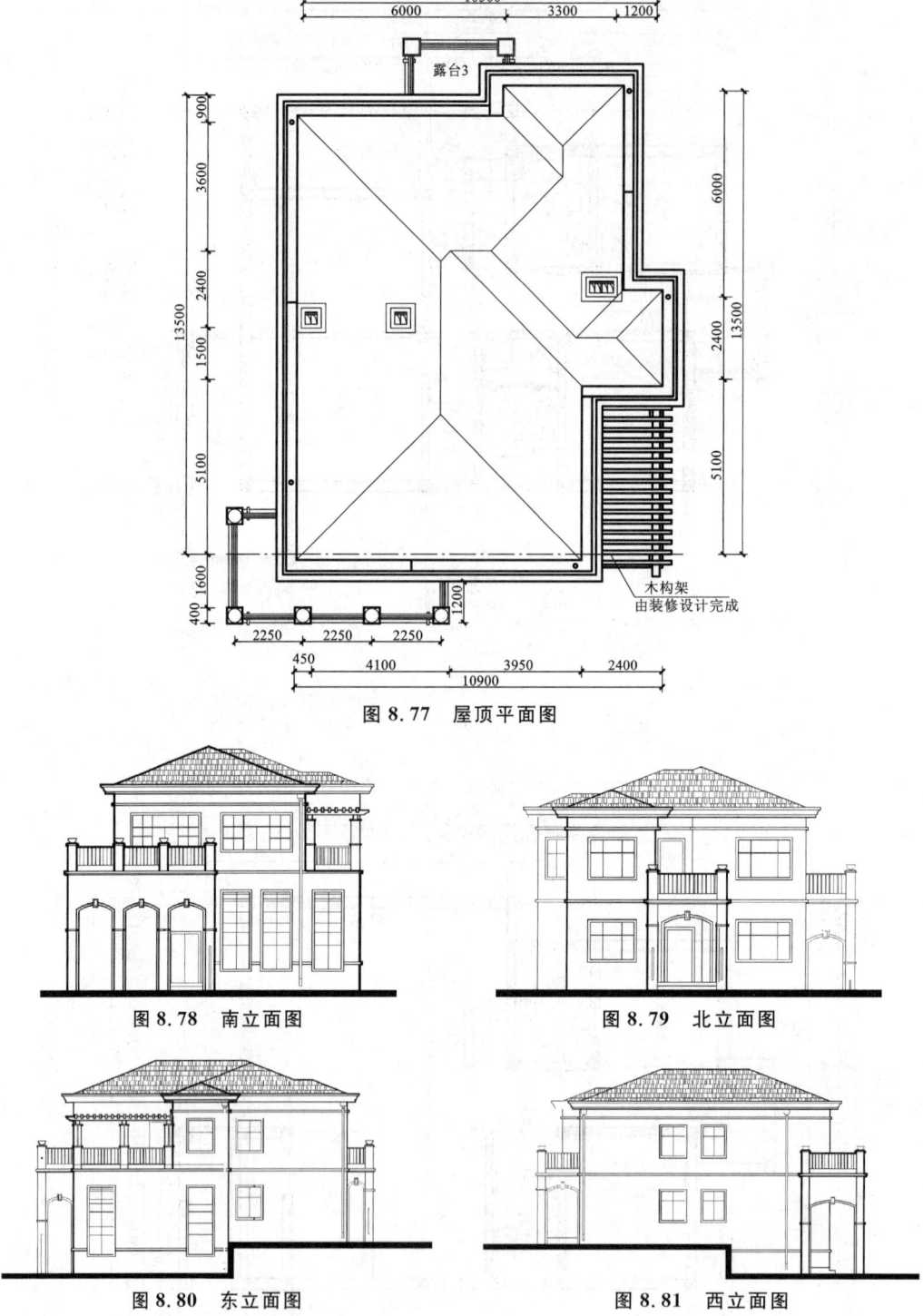

图 8.77 屋顶平面图

图 8.78 南立面图

图 8.79 北立面图

图 8.80 东立面图

图 8.81 西立面图

8.8.2 盂县金龙凯旋城 C 区 2# 住宅楼(高层住宅)

设计:山西省建筑设计研究院。

地点:盂县东园村。

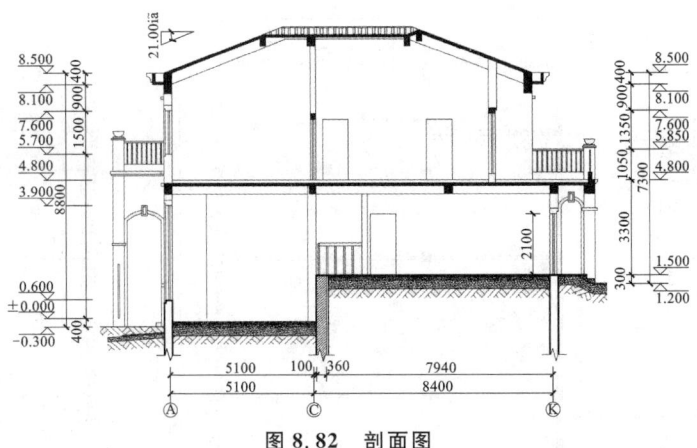

图 8.82 剖面图

本工程地下一层,地上十七层。地下室为设备管道层及设备用房;地上部分一层为商铺,二层至十七层为住宅,共两个单元128户。本工程总建筑面积13113.49m²,其中地下656.54m²,地上12456.95m²。本工程建筑总高度为52.65m,地下一层层高为3.90m,地上部分一层层高为4.20m,二层至十七层层高3.00m,电梯机房层高4.50m,楼梯出屋面层高4.50m,室内外高差为0.45m。

本住宅楼为单元式住宅,共两个单元,有住户128户,分为A、B、C三种户型。户型A住宅使用面积为59.55m²,建筑面积(不含阳台)80.93m²,阳台面积3.48m²。户型B住宅使用面积为54.63m²,建筑面积(不含阳台)74.25m²,阳台面积2.52m²。户型C住宅使用面积为74.26m²,建筑面积(不含阳台)100.93m²,阳台面积8.85m²。

该住宅楼一梯四户,均保证有向阳的卧室,标准层空间设计简洁、布局合理。

该住宅楼每个单元均设有一部消防电梯,消防电梯速度为1.6m/s,从地下一层到顶层的时间不超过1min,同时每个单元均设一部通向屋面的疏散楼梯,楼梯宽度为1100mm,满足规范要求。

立面造型采用后现代艺术风格,色调高雅,一层商铺墙面为深咖啡色石材,二层至十七层住宅墙面为浅咖啡色涂料,腰线为深咖啡色涂料,重点装饰,亲切宜人、形体挺秀。

本住宅楼沿建筑的周围设置宽度为4m的环形消防车道。消防水池与设备用房位于本场地的北侧,楼与楼之间的防火间距满足规范要求。

设计方案如图8.83至图8.90所示。

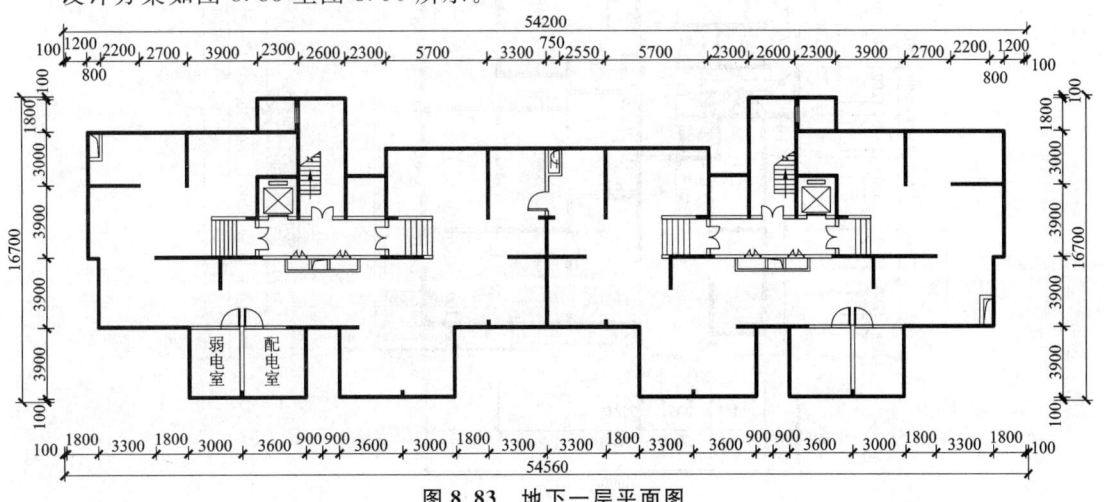

图 8.83 地下一层平面图

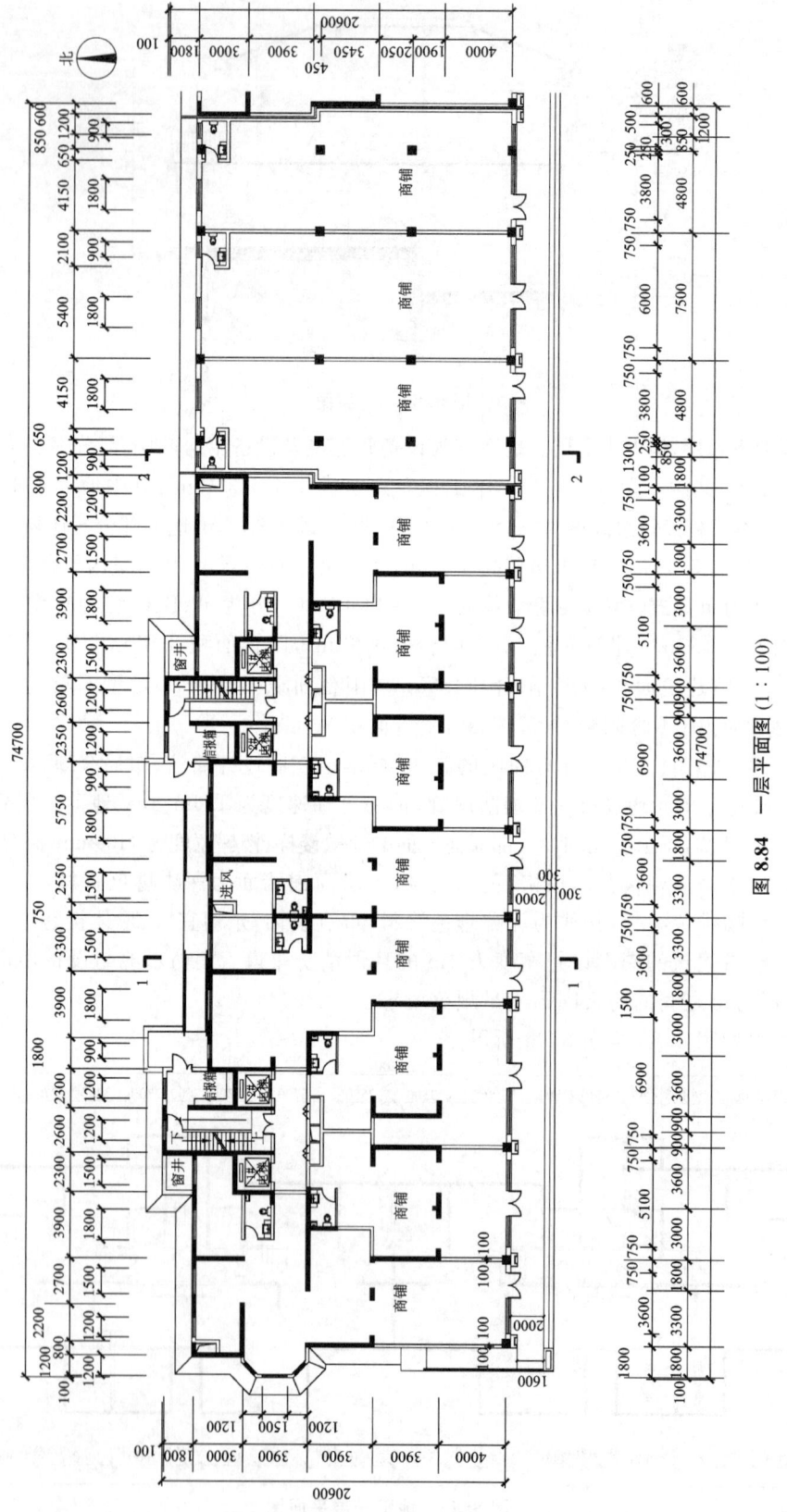

图 8.84 一层平面图 (1∶100)

解析 8 住宅建筑方案设计

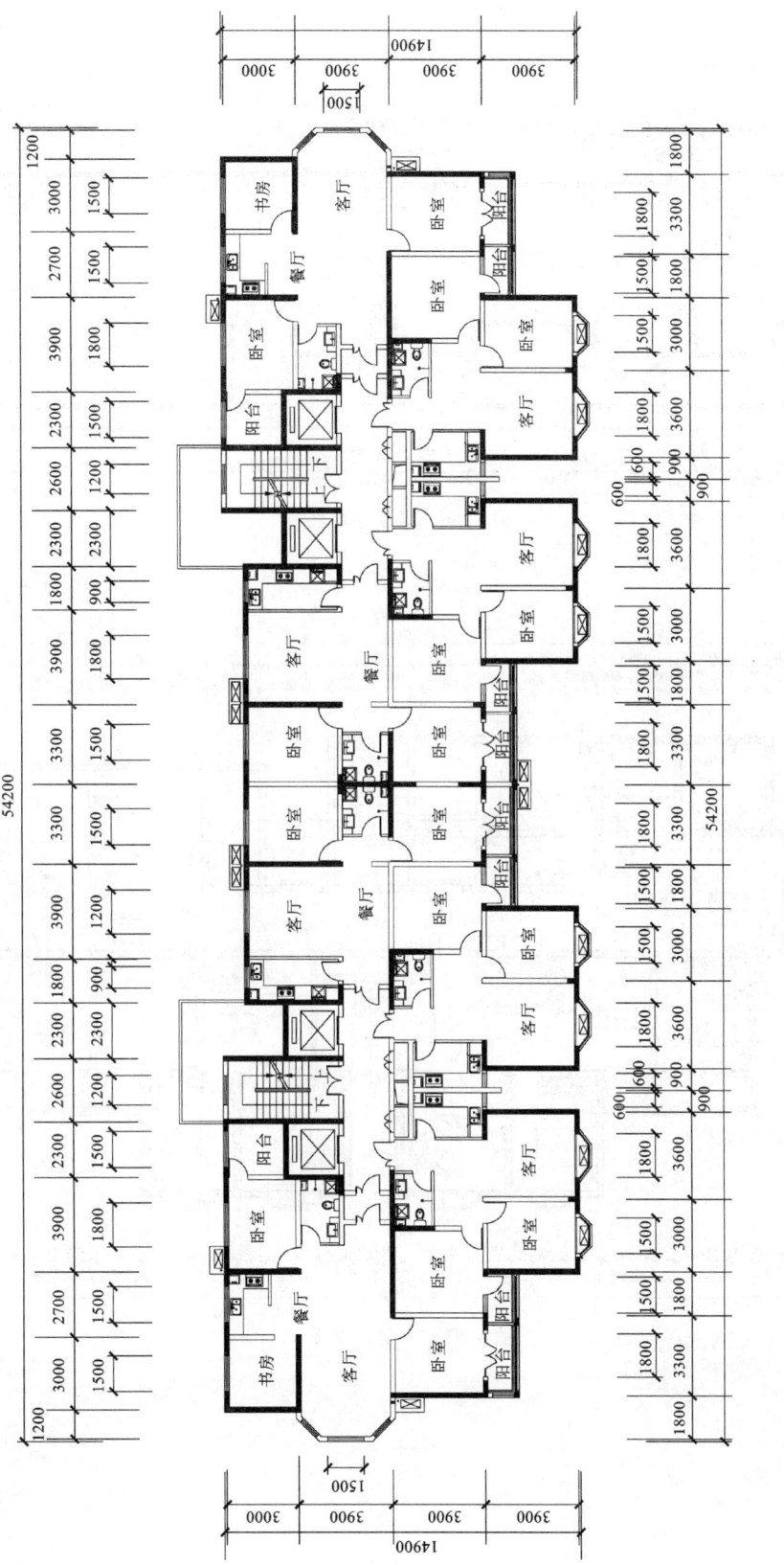

图 8.85 标准层平面图 (1:100)

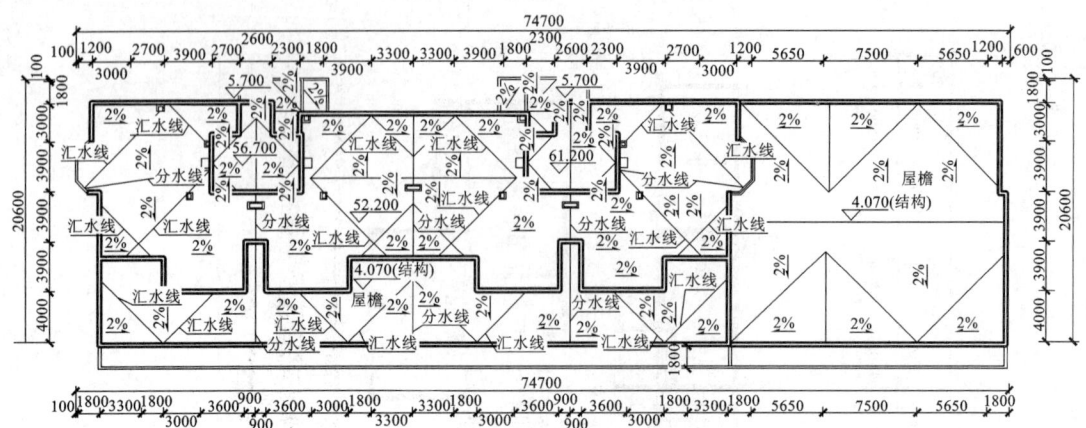

图 8.86 屋顶平面图

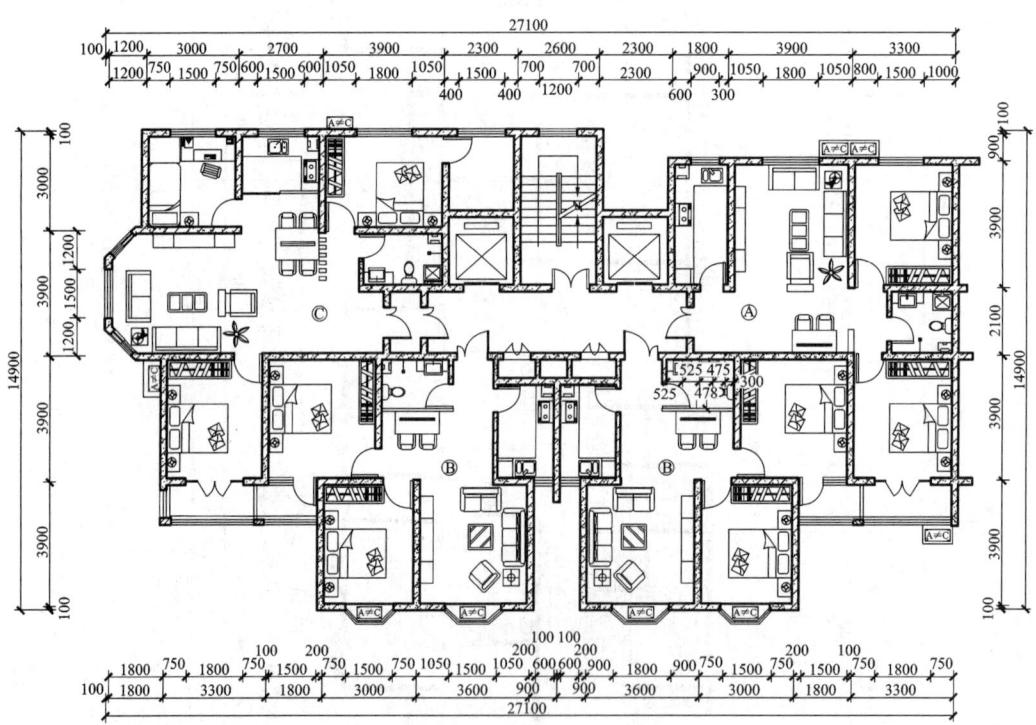

图 8.87 户型大样图

解析 8 住宅建筑方案设计

图 8.88 正立面图

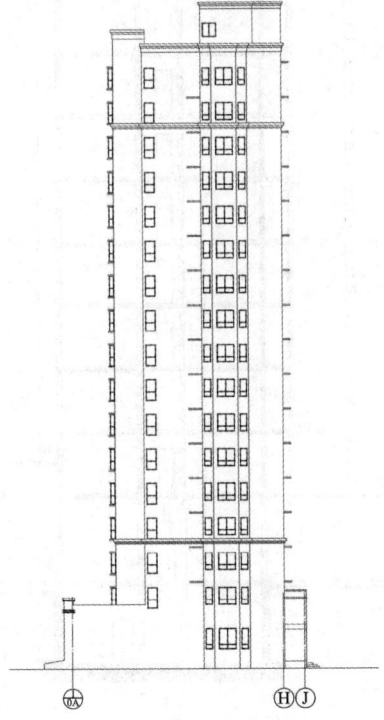

图 8.89 侧立面图

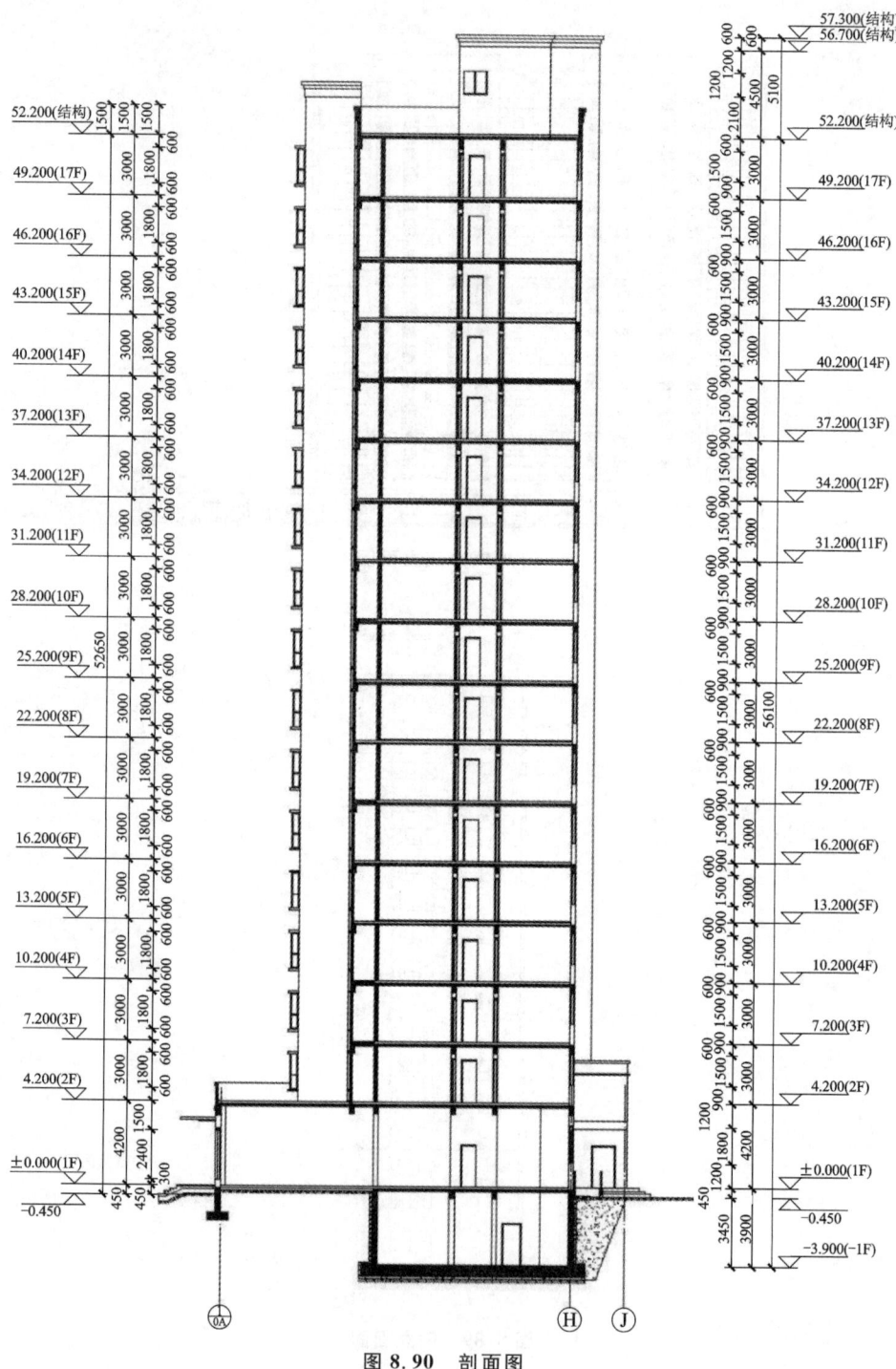

图 8.90 剖面图

8.9 建筑设计信息动画二维码学习资源

8.9.1 富力湾别墅

设计：山西凯的建筑设计规划有限公司。

富力湾别墅建筑的整体设计概念源自城市快节奏的生活方式与休闲的田园生活之间的对比，建筑外形开放而富有张力，模糊了室内与室外的界线，建筑表皮由米色石材和原木装饰板组成，周边的环境和光线投射在上面，构成一种温馨现代的视觉效果。建筑空间采用了大量的半开放设计，空间布局结构流畅、公私分明，每个卧室都为套房设计，配备独立卫浴、衣帽间、阳光露台等空间。周到的功能设置，让生活随心所欲。

别墅配备了健身房、影音室、棋牌室、酒窖等多功能空间，加之大面积的室外阳光泳池和山水景观庭院，带给主人从里到外的舒适自由感，在这个纯粹的私有领域里，尊享私属岛屿的现代生活。

（项目信息动画资源学习请扫二维码。）

扫码演示

8.9.2 颐和家园住宅

设计：中外建工程设计与顾问有限公司山西分公司。

某颐和家园建设项目位于某市北侧，光明路西侧，邻近工业路，距离霍州站 1km，南侧配套齐全。设计结合用地范围、周边道路与环境现有条件，在高层住宅楼之间建设地下停车场。采用模块式设计，从三维立体角度进行加减法，营造平整、统一，却不失丰富的现代建筑外立面，高层住宅与沿街配套服务用房带来统一的沿街外立面审美感官冲击。

项目将 13～17 层高层住宅与两层配套公建结合。总用地面积 35893.94m²，总建筑面积 68408.96m²。其中住宅建筑面积 57600.00m²，商业建筑面积 7408.96m²，幼儿园建筑面积 2600.00m²，附属用房建筑面积 800.00m²；地下建筑面积 24726.71m²，其中住宅地下建筑面积 8000.00m²，地下车库建筑面积 16726.71m²。容积率为 1.91，绿化率为 35%。

小区室外空间设计采用新中式风格，高层住宅的分布以和谐统一为原则，将中国传统的府、苑、院结合起来，由南到北依次为登门望府、琉璃盏道、福瑞照壁、曲径通幽等景观，通过一进院、二进院、三进院将各功能空间串联起来，紧凑的布局和别有洞天的惊喜，拉近了心灵和场所的联系，使之成为人们心目中的理想家园。

扫码演示

（项目信息动画资源学习请扫二维码。）

8.9.3 丽景苑高层住宅

设计：山西凯的建筑设计规划有限公司。

丽景苑建设项目在总平面设计中采用典型的围合式布局，通过完整的环路和中轴线把组团庭院与中央核心景观相结合，对比强烈、收放有致，合理利用自然地形的同时形成丰富有序的连续景观体系。结合灵活的铺装及活动场地设置，增强空间整体感，构成小区别致的景观脉络。

本项目主要以高层住宅楼为主，建筑立面风格采用现代中式风格，运用竖线条、砖石元素等硬朗的材质,给人以拔地而起、傲然屹立的非凡气势,同时以实用为原则,避免过多的造型装饰构筑物,住宅上部采用仿石涂料,整个建筑风格以暖色为基调,体现了稳重高雅、不断超越的人文精神和力量。

扫码演示

(项目信息动画资源学习请扫二维码。)

8.9.4 蓝光·雅居乐雍锦半岛住宅小区

设计:山西省建筑设计研究院有限公司。

蓝光·雅居乐雍锦半岛项目分为两个地块,南侧为一号地块,北侧为二号地块。项目融合自然优势,依托丰富的公园配套,以现代中式文化为背景,引入五大主题公园,打造集创新、美学、生态于一体的公园式社区。

一号地块,分设东侧主入口和北侧次入口,内部采用人车分流模式,机动车直接从小区出入口一侧进入地下车库,小区内部为景观式步行道,可确保安全。沿城市道路布置8栋27层的新中式风格高层住宅,南侧规划活力公园、幼儿园及邻里中心,在邻里中心附近设置少量的地面停车位,满足幼儿园及邻里中心的停车需求。景观布局采用经典十字景观轴,加上中央花园、交往公园、时尚公园、活力公园、邻里公园的空间结构,形成五大主题公园社区。

二号地块,同样分设两个出入口,南侧沿文苑东街为主入口,东侧设次入口。小区外沿设置双向车行道,小区内部为景观步行道。规划与西侧的铁道公园相结合,在小区内部打造60m×240m的超尺度中央花园,沿基地南、北两侧共6栋27层高层住宅。北侧结合铁道公园,布置三层的邻里中心,并设置一层地下车库。

扫码演示

项目依托两大地块,整合资源,引入创新式规划理念,以高品质现代中式住宅为驱动,智慧构建五大主题公园,创造了全生命周期的公园式社区。

(项目信息动画资源学习请扫二维码。)

8.10 实训课题

实训课题一 独立式住宅设计

(一)实训项目概况

该项目地处某城市郊外,共有山坡地、溪边用地、海滨用地各两处供学生自选。使用者身份、职业特点、家庭结构和生活习惯由学生自定。拟建度假别墅一幢,建筑可为1～3层,结构形式和材料选择不限。

(二)实训目的

(1)认识到建筑应与自然环境有机结合,与基地相适应,这是建筑设计的重要原则之一。别墅建筑应与优美的自然风光融为一体,从基地环境条件出发,创造出有个性特色的建筑形象与空间。

(2)初步掌握"从外到内、内外结合"这一基本的建筑设计方法。注意从总体入手,首先解决好建筑布局与自然环境和基地的关系,同时注意内外结合进行设计,创造良好的室内外空间,功能布局合理,使别墅既与自然环境有机结合,又能满足度假生活和各项使用要求。

(3)了解度假别墅这一建筑类型的特点,妥善安排别墅各项使用功能及户外活动场地。既保证居住环境的私密性与舒适性,又有优美宜人、接近自然的室内外休闲环境,同时应满足朝向、日照、通风及建筑结构等多项技术要求。

（4）建立尺度概念，了解住宅建筑中人体活动对家具尺寸及布置、室内净高、楼梯及走道等的尺寸要求。

（5）学习用形式美的构图规律进行立面设计与体型设计，创造有个性特色的建筑造型，为环境增色。

（三）实训内容及要求

拟在某城市郊外建度假别墅一幢，基地见图8.91、图8.92。要求设计方案功能布局合理，与周边环境相结合，建筑形象新颖活泼，具体设计内容和使用面积分配如表8.13所示。

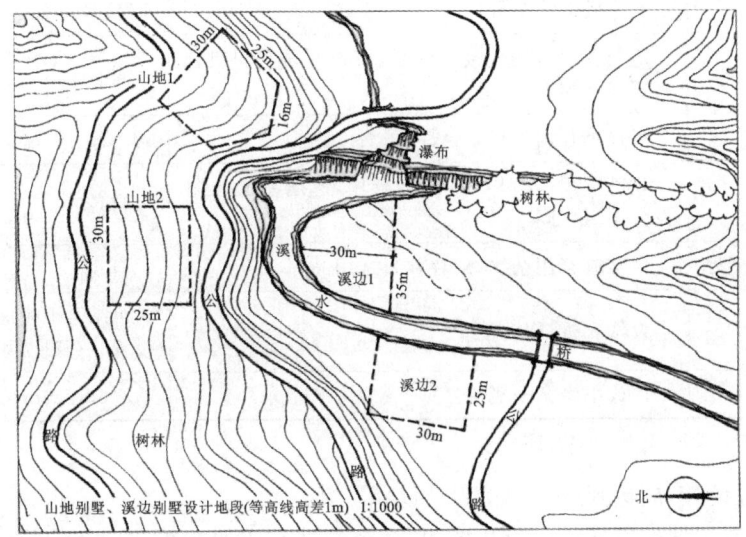

图8.91 地形图（一）

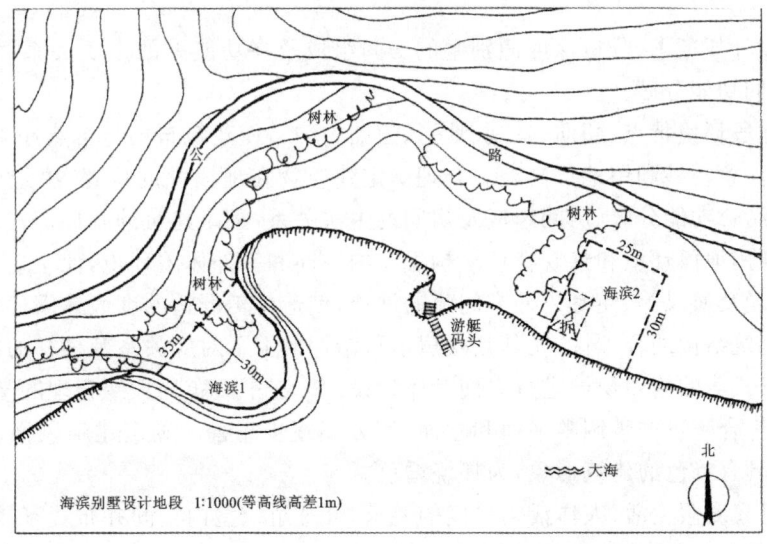

图8.92 地形图（二）

表 8.13　某别墅设计要求

空间名称	功能要求	面积
起居空间	包含会客、家庭起居和小型聚会等功能	自定
*工作空间	视使用者职业特点而定,可做琴房、画室、舞蹈室、娱乐室、健身房和书房等,可单独设置,亦可与起居室结合	自定
主卧室(1间)	要求带独立卫生间和步入式衣帽间	自定
次卧室(1~2间)	可考虑设壁柜等储藏空间	不小于 $10m^2$/间
客人卧室(1间)	与主卧适当分开	不小于 $10m^2$
餐厅	应与厨房有较直接的联系,可与起居空间组合布置,空间相互流通	自定
厨房	可设单独出入口,可设早餐台	不小于 $6m^2$
卫生间(3间以上)	主卧独用,次卧与客卧可合用,起居室必须附设公用卫生间	自定
储藏空间(1处或多处)	供堆放家用杂物,或存放日常用品等	自定
洗衣房	设洗衣机、盥洗池	可结合卫生间设置,也可分开设置。分设洗衣房不小于 $3m^2$
车库	停放小汽车一辆	3.6m×6m

备注:带*者为选择性设置,其他房间均应满足。

通过本课程设计,应达到以下目的:

(1)本设计有三种地段环境(山地、溪边、海滨),共有六块基地供学生自选。选定后,首先自行确定使用者的身份(如画家、天文学家、演员、服装设计师……)和对建筑有无特殊的功能要求。

(2)研究设计任务书,分析该度假别墅的房间组成及在功能上的主次关系,将相关房间划分为建筑的不同功能分区。

(3)分析地段环境特点(朝向、景观、地形、道路……),使建筑布局与自然环境有机结合,山地别墅尤其要注意巧妙利用地形高差。合理确定建筑物在地段中的位置,决定出入口方向和道路的关系。结合功能分区、房间组成及房间的主次关系,推敲建筑的布局形式。

(4)巧妙利用地段环境和景观特色来构思室内空间和室外休闲环境,使主要空间有良好的视野、朝向、采光及通风等,使室内外空间流通渗透,创造优美舒适的度假休闲环境。

(5)注意建筑结构的合理性,尤其是楼房承重结构的上下对应关系及楼梯的结构关系。

(6)运用形式美的构图规律进行立面及体型设计。在平面布局大致合理的基础上,通过推敲建筑的体型组合来进一步调整平面和立面,使方案逐步完善。确定建筑风格、材料与色彩,创造既得体又具有特色的建筑形象,为环境增色。

(7)了解家庭度假生活、人体活动尺度的要求,合理组织室内空间并布置家具,重点推敲起居室及餐室的室内布局,营造亲切、舒适的生活氛围。

(四)实训主要步骤

(1)根据实训任务书要求,查阅相应的规范,获取设计数据。

(2)完成度假别墅建筑方案草图设计。
(3)以小组为单位,进行草图交流,讨论并纠正草图中存在的问题。
(4)完成度假别墅建筑方案正图设计。
(5)任课教师组织实训小组进行成果展示与评价。
(五)实训成果要求
1. 成果规格与深度
采用 A1 图纸完成图纸绘制,要求标注相关尺寸,并符合国家制图规范。
2. 成果内容
(1)总平面图(1∶500 或 1∶1000)
①标明道路、绿化、出入口位置。
②标明经济技术指标。
③标明指北针、建筑层数。
(2)各层平面图(1∶150,首层要求有环境布置,客房标准层要求标注轴线)。
(3)正、侧立面图各一个(1∶150,注明标高,标注部分立面尺寸)。
(4)主要剖面图 2 个(1∶150,注明标高,引出详图符号)。
(5)详图(标准间布置详图,电梯间及楼梯间详图及其他节点详图)。
(6)效果图或模型(如果选择做模型,要求拍摄模型并将照片贴于正图之上)。
(7)构思分析及说明。
(六)实训成果评价
(1)设计原理知识应用的正确性。
(2)设计的创新点与不足之处。
(3)图面构图的美观与均衡,图纸表达的规范性。
(4)交流汇报中对所提问题的回答和语言表达水平。
成绩评定分为五级(优、良、中、及格、差),过程考核占总成绩的 40%,成果考核占总成绩的 40%,交流汇报占总成绩的 20%。

实训课题二　高层住宅设计

(一)实训项目概况
该项目基地位于中国北方某城市,地势平坦。拟建一栋单元式高层住宅,要求建筑层数为 15 层。采用剪力墙结构,墙厚 200mm。耐火等级为二级,抗震设防烈度为 7 度。日照间距按 1∶1.5 执行。地形图见图 8.93。
(二)实训目的
(1)掌握高层住宅设计的基本原理,能够结合并应用到实训课题设计之中。
(2)掌握中型建筑的功能组成和分析方法,培养设计方案的构思能力。
(3)熟悉建筑设计的步骤,了解初步设计的过程、内容、设计深度和成果形式。
(三)实训内容及要求
1. 设计内容
(1)至少选择两个单元套型平面,其套型比自定,面积指标(不包括阳台面积)如下:
①两室两厅一卫:80～90m²。

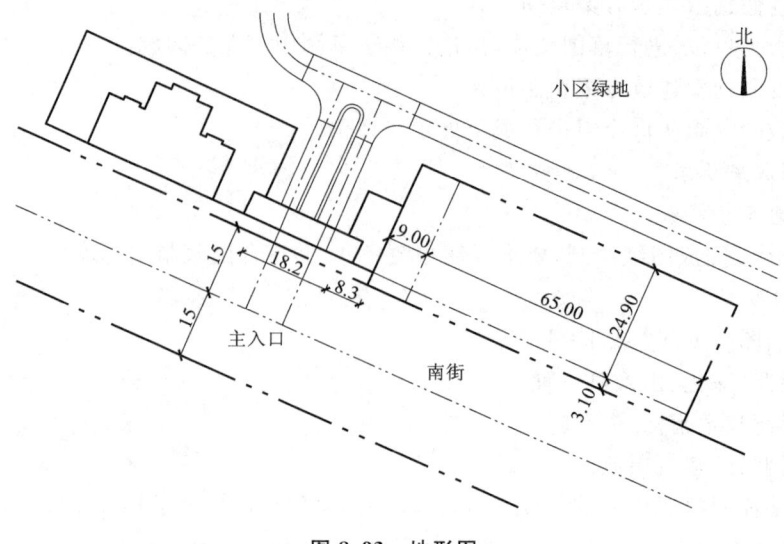

图 8.93 地形图

②三室两厅一卫或两卫:110~130m²。

③四室两厅两卫:130~150m²。

(2)每户至少设置一个生活阳台或服务阳台,两个空调机位;每户应考虑必要的储藏空间。

(3)建筑由两个单元组成,每个单元设水暖管井一个(1m²),电梯井一个(1m²),消防前室送风井(0.6m²)。

(4)建筑设一层地下室,主要为储藏及设备用房(配电室 20m²)。

2. 设计要求

认真处理好适用、经济、美观的建筑方针,因地制宜,从实际出发,注重环境,满足建筑的使用功能要求,解决好空间组合与空间形态之间的关系,创造良好的建筑造型,解决好一般的工程技术问题。

(四)实训主要步骤

(1)根据实训任务要求,查阅相应的规范,获取设计数据。

(2)完成高层住宅建筑方案草图设计。

(3)以小组为单位,进行草图交流,讨论并纠正图中存在的问题。

(4)完成高层住宅建筑方案正图设计。

(5)任课教师组织实训小组进行成果展示与评价。

(五)实训成果要求

1. 成果规格与深度

采用 A2 图纸完成图纸绘制,要求标注相关尺寸,并符合国家制图规范。

2. 成果内容

(1)总平面图(1∶500 或 1∶1000)

①标明道路、绿化、出入口位置。

②标明经济技术指标。

③标明指北针、建筑层数。

(2)各层平面图(1∶150,首层要求有环境布置,客房标准层要求标注轴线)。
(3)正、侧立面图各一个(1∶150,注明标高,标注部分立面尺寸)。
(4)主要剖面 2 个(1∶150,注明标高,引出详图符号)。
(5)详图(标准间布置详图,电梯间及楼梯间详图及其他节点详图)。
(6)效果图或模型(如果选择做模型,要求拍摄模型并将照片贴于正图之上)。
(7)构思分析及说明。

(六)实训成果评价

(1)设计原理知识应用的正确性。
(2)设计的创新点与不足之处。
(3)图面构图的美观与均衡、图纸表达的规范性。
(4)交流汇报中对所提问题的回答和语言表达水平。

成绩评定分为五级(优、良、中、及格、差),过程考核占总成绩的 40%,成果考核占总成绩的 40%,交流汇报占总成绩的 20%。

(与住宅建筑方案设计对应的规范内容请扫描二维码,上线查找信息资源。)

扫码演示

8.11 旅馆建筑方案设计

本节内容详见以下二维码拓展资源。

扫码演示

解析 9　汽车客运站建筑方案设计

9.1　概　　述

9.1.1　汽车客运站定义

汽车客运站是公益性交通基础设施,是为旅客和运输经营者提供公路运输服务的建筑和设施,是城市与城市之间、城市与乡村之间旅客公路交通联系的枢纽。

9.1.2　汽车客运站分级

依据中华人民共和国交通运输行业标准《汽车客运站级别划分和建设要求》(JT/T 200—2020),将车站等级划分为五个级别以及简易车站和招呼站。当年平均日旅客发送量超过25000人次时,宜另建汽车客运分站。汽车客运站建筑规模分级见表9.1。

表 9.1　汽车客运站建筑规模分级

分级	发车位	年度平均日旅客发送量(人/日)
一级	≥20	10000～25000
二级	13～19	5000～9999
三级	7～12	2000～4999
四级	≤6	300～1999
五级	—	<300

9.2　基地选择和总平面设计

客运站规模确定后,要进行客运站的选址工作,依据规模来确定客运站的投资、征地、面积以及功能繁简等问题。

9.2.1　基地选择

客运站基地选择应结合交通换乘模式的要求,同时需要考虑地形、地质条件和环保等因素的影响,以方便群众为出发点,以城市规模为设计基础,以城市总体规划为依据,以优化城市综合运输体系为目标,兼顾社会经济发展和客流特征需要,通过科学论证,广泛听取社会各界意见,综合评选出科学合理的具体站址。具体要求如下:

(1)符合城市规划的合理布局

客运站属城市大型公共建筑,其基地的选择必须符合城市规划的要求,与城市的发展相适应。

(2)与城市交通系统联系密切

客运站应避免在交通密集的线路上建造,基地应至少有两个以上不同方向通向城市道路。

停车场的出入口可设在次干道和支路上右转弯处,而不宜设在主干道上,避免与城市交通有过多的交叉。

(3) 方便旅客集散和换乘

设于市中心或人口聚集区的客运站,便于旅客乘车,也便于旅客的疏散,但要适当注意组织好与城市内部交通的联系,根据城市人口分布情况及市内交通情况,基地周围合理布置换乘站点,适当分流,不要过度集中,以免造成城市局部交通的过度拥挤和乘客出行的不便,妨碍市内交通。

选址位于市区边缘的客运站,对市内的交通减少了影响,但市内的乘客出行距离会加大,这种方式比较适合只有单向对外交通的尽端城市,或者是位于大城市的边缘,以发送一定方向旅客的客运站,可结合城市中心区的客运站共同建造,互补不足。

(4) 预留发展用地

选址既要有近期情况的考虑,有足够的场地;又要有长远的规划考虑,远期有发展余地。尤其是规模较大的客运站在选址时应为将来的改扩建做好准备。

(5) 有必要的水源、电源、消防、疏散及排污等条件

客运站的选址要考虑基本的生活用水系统和消防给水系统。供消防车取水的天然水源和消防水池,应设置消防车道。选址时还要考虑到交通和附属的水电网是否通畅,以及当发生险情时人员的疏散是否迅速、安全。

(6) 地理地质条件

客运站选址时地理地质条件是不容忽视的,它关系到建成后能否正常使用。站址既不应选择在低洼积水地段,也不能选择在有山洪、断层、滑坡、流沙、沼泽等的地段和泥石流扇积区。当靠近江、河、湖、海或水库时,站址最低处地坪设计标高应根据有关部门规定的最高水位计算,以满足防洪的要求。

9.2.2 总平面设计

总平面设计是关系到客运站建成后运营是否合理,管理是否方便的关键。总平面设计一般可从外部环境和内部功能两部分着手分析。外部环境复杂多变,内部功能相对而言较为简单。

(1) 总平面的功能组成

公路汽车客运站一般由站前广场、客运站站房、停车场区、附属建筑等功能区组成,如图9.1所示。

① 站前广场:站前广场是公路汽车客运站必不可少的部分,是乘客进出站和人流集散的场地。站前广场一般可以分成旅客活动区、公共停车位、服务区、疏散通道、绿化小品等几个大的区域。

② 客运站站房:它是站区内的主要建筑,是乘客完成乘车过程的主要场所,包括候车、售票、行包房、业务办公等营运用房。有些生活性辅助用房如商店、娱乐厅、司乘公寓等也设置在站房内。在一些规模较大的客运站建设中,站房也会结合旅馆等建筑建造,方便旅客的转乘和休息。客运站站房多邻近道路设置,便于旅客通过站前广场直接进入站房。

③ 停车场区:它是客运站总平面上占地面积最大的部分,是供客运站车辆接送旅客、停放调转和维修清洗的场地,其主要内容有车辆停放区、车行通道、出入口、辅助设施和绿化等部

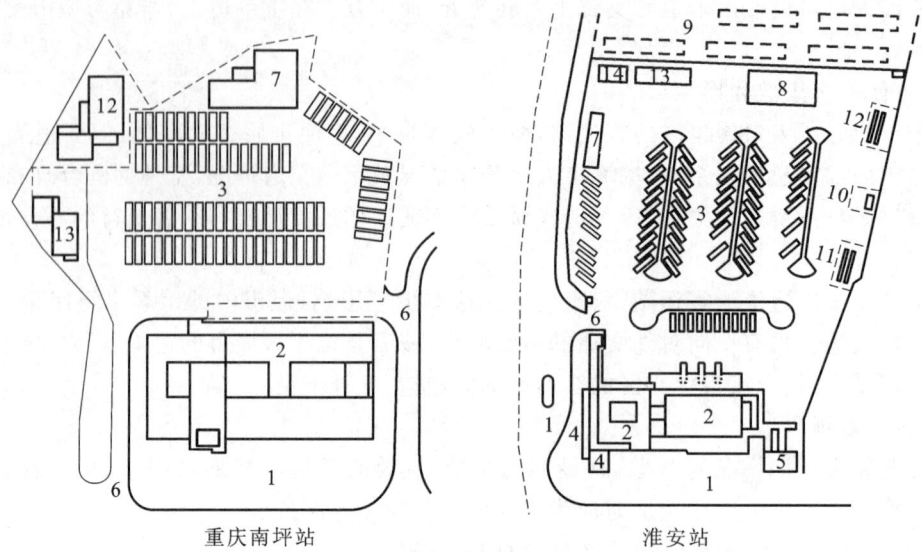

图 9.1 客运站的功能组成
1—站前广场；2—站房；3—停车场；4—短途区；5—零担区；6—进出站口；7—值班室；
8—修理车间；9—生活区；10—洗车台；11—加油站；12—修车台；13—食堂；14—浴室

分,广义地讲,也可以包括发车位。

④ 附属建筑：一般系指维修车间、洗车设施、备用发电机房、食堂、司乘公寓及浴室等,按不同的功能独立或组合设置,有的也可与站房组合在一起。

(2)总平面设计的基本要求

总平面设计一般可从外部环境和内部功能两部分着手分析,并注意以下几点要求：

① 符合城市规划和城市发展的要求

汽车客运站总平面设计中进、出车通道的设置也与城市规划直接发生关系。出于安全考虑,当基地处于城市干道转角时,应按图9.2(a)所示的要求设置进出站口,避免与城市转角处过多的机动车流在短距离内相遇。处于干道一侧时,则应按图9.2(b)所示的要求设置进出站口。一、二级汽车站进站口、出站口应分别设置,三、四级汽车站宜分别设置。汽车进站口、出站口与公园、学校、托幼、残障人使用的建筑及人员密集场所的主要出入口距离不应小于20.0m。

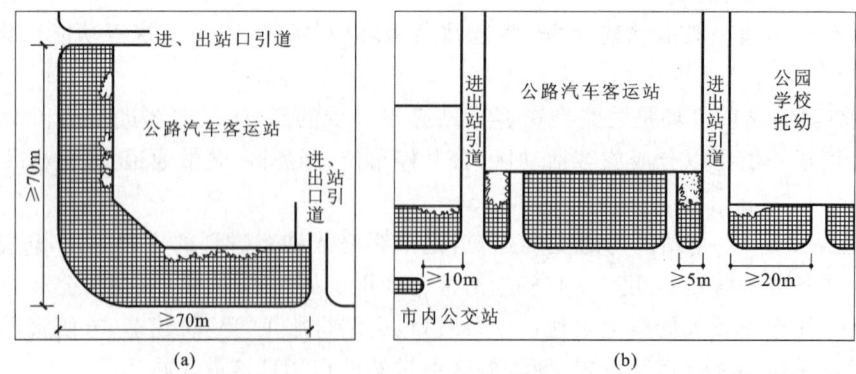

图 9.2 进出站口设置

② 充分利用地形,功能分区与布局合理

以总平面布局的经济合理为前提,妥善安排站前广场、客运站站房、停车场、附属建筑等各部分的位置,满足站务功能的要求,方便相互之间的联系。要结合当地气象条件,使建筑物具有良好的朝向、采光和自然通风条件。

③ 流线简捷,保证安全疏散要求

客运站的总平面流线设计主要解决进出站客流、附属建筑出入人流、客运站服务人流、行包流线以及车辆的进出站流线关系等,一、二、三级旅客流线关系见图9.3。应避免人流、车流和货流交叉混杂,力求做到路线短捷、顺畅,保证旅客能迅速、安全疏散,合理分流,防止交叉干扰,并有利于消防、停车和人员集散。工作人员流线应尽量与旅客流线分开,并设置单独的工作人员出入口。

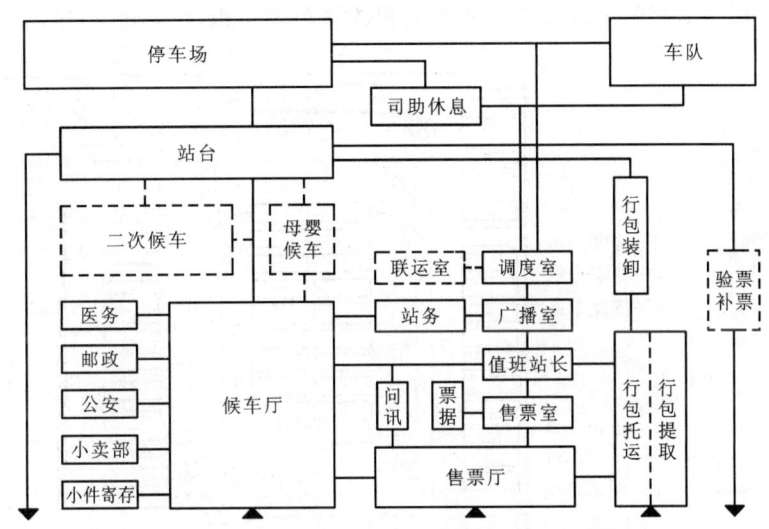

图9.3 总平面分析(一、二、三级旅客流线关系图)

(3)交通组织设计

① 基地出入口

a. 一、二级汽车站进、出站口应分别设置,并保持净距大于10m的要求,三、四级汽车站宜分别设置,停车数量不超过50辆的停车场,可设一个出入口。停车场汽车疏散口应在不同方向上设置,且应直通城市道路,以保证车辆能迅速疏散。

b. 汽车进、出站口净宽不应小于4.0m,净高不应小于4.5m。汽车进、出站口与旅客主要出入口应设不小于5.0m的安全距离,并有隔离措施。

c. 汽车进、出站口与公园、学校、托幼、残障人使用的建筑及人员密集场所的主要出入口距离不应小于20.0m。汽车进、出站口与城市干道之间宜设有车辆排队等候的缓冲空间及引道,并应满足驾驶员行车安全视距。

d. 汽车客运站进、出入口应距离城市干道红线交点70m以外,距非道路交叉口的过街人行道(包括引道、引桥和地铁出入口)最边缘线不应小于5m,距公共交通站台边缘不应小于10m。

② 车行通道

a. 站内道路应按人行道、车行道路分别设置。双车道宽度不应小于7.0m;单车道宽度不应小于4.0m;主要人行道路宽度不应小于3.0m。

b. 停车场内的行车路线尽量采用单向行驶,并应设置明显的标志。

c. 发车位和驻站客车停车区前的出车通道净宽不应小于 12m；停车场的进、出站通道,单车道净宽不应小于 4m,双车道净宽不应小于 7m。

③ 驻站客车停车场设计

a. 停车场类型

当前我国客运站停车场的类型主要有前站后场和站场分设的停车场。站房后设停车场,布局简洁,建造周期短,但停车场面积大,一般占整个站场的 70%～80%,有的甚至达到 85%～90%,平面布置见图 9.4。我国当前客运站停车场大多采用这种方式。如果城市用地紧张,没有足够的用地提供大面积的停车场,可将停车场与站房分开设置。客运站内除发车位之外,至少应设相当于该站全部发车位停车面积的停车场面积,供调度车辆用。

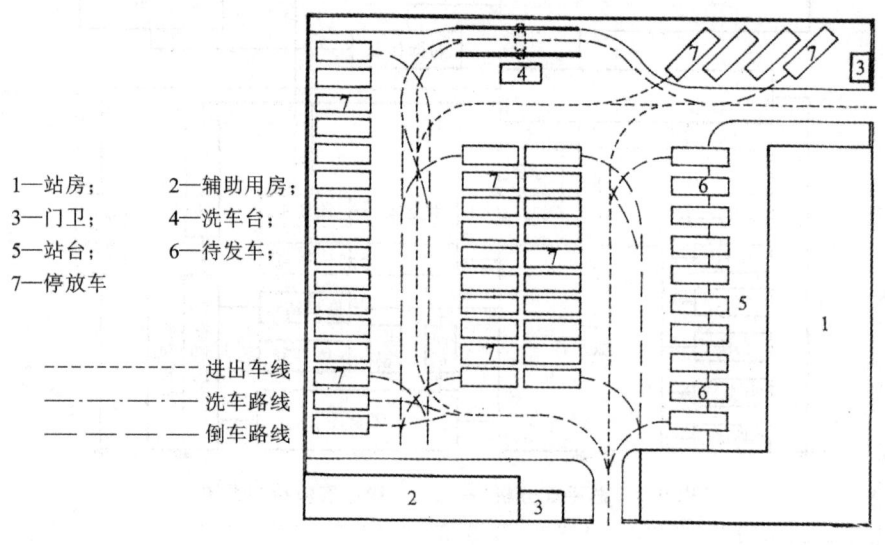

1—站房； 2—辅助用房；
3—门卫； 4—洗车台；
5—站台； 6—待发车；
7—停放车

-------- 进出车线
———— 洗车路线
— — — 倒车路线

图 9.4 停车场平面布置

b. 停车场面积

停车场的最大容量按同期发车量的 8 倍计算,单车占用面积按客车投影面积的 3.5 倍计算,即停车场面积＝28.0×发车位数×客车投影面积。

c. 停车位

停车场内车辆宜分组布置,每组不超过 50 辆,且组间应保持不小于 6m 的防火间距；汽车车型和外廓尺寸见表 9.2,停车位尺寸应根据停放车辆的车型外廓尺寸进行设计；车与车以及车与墙、柱、护栏之间的距离满足表 9.3 的要求。

表 9.2 汽车车型和外廓尺寸

车型	尺寸		
	总长(m)	总宽(m)	总高(m)
中型客车	9.0	2.5	3.2
大型客车	12.0	2.5	3.2
铰接客车	18.0	2.5	3.5

表 9.3 机动车之间以及机动车与墙、柱、护栏之间最小净距

项目		机动车类型		
		微型车、小型车	轻型车	中型车、大型车
平行式停车时机动车间纵向净距(m)		1.20	1.20	2.40
垂直式、斜列式停车时机动车间纵向净距(m)		0.50	0.70	0.80
机动车间横向净距(m)		0.60	0.80	1.00
机动车与柱间净距(m)		0.30	0.30	0.40
机动车与墙、护栏及其他构筑物间净距(m)	纵向	0.50	0.50	0.50
	横向	0.60	0.80	1.00

注：纵向指机动车长度方向，横向指机动车宽度方向；净距指最近距离，当墙、柱外有凸出物时，从其凸出部分外缘算起。

d. 旅客下客区

客运站一般在靠近停车场进口处，结合站房设置进站车辆停靠区。一、二级客运站还应设置下车站台，供到站旅客停靠下车。下车站台应与站房或发车站台相结合，设置单独的出站口通向站前广场。同时应与行包提取厅紧密联系，利于引导人流迅速出站或转车。不允许出站人流在停车场内逗留，出站人流不应与进站车流形成交叉。

④ 站前广场

a. 站前广场应设置社会停车场，并应合理划分城市公共交通、小型客车和小型货车的停车区域。出租车的等候区应独立设置于站前广场的一侧。

b. 站前广场的人行区域的地面应坚实平整，并应防滑；设置排水、照明设施。

c. 站前广场流线应尽量与旅客流线分开，并设置单独的工作人员出入口。

d. 各区域之间的车行流线和人行流线应尽量避免交叉。一般分为前车流后人流和左进站右出站两种方式。其中，左进站右出站的方式是比较常用的分流方式(图 9.5)。

图 9.5 站前广场上的流线组织(左右分流)

(4)其他附属设施

停车场应根据客运站的级别、使用要求和基地的具体条件，配置相应的保养、车辆清洗、检修台等辅助设施，并按有关规定设置水、电等市政设施。

① 汽车安全检验台(沟、室)

汽车安全检验台(沟、室)面积按每个台位 $80.0 \sim 120.0 m^2$ 计算，在进入就位前应保持一段不小于 10m 的直道。

② 车辆清洗台

车辆清洗台面积按 90.0~120.0m²/个计算。在进入就位前应保持一段不小于 10m 的直道，有利于安全，还应注意排水。

(5)环境设计

利用绿化提高客运站的环境质量，减少环境污染和噪声，并能创造良好的视觉环境。特别是位于风景区的客运站的总体布局，更应该与当地环境相协调。客运站的停车场地范围一般较大，特别是一级站可达数万平方米，因此，做好竖向设计，处理好排水就显得尤为重要了。另外，停车场的照明应满足足够的照度，防止发生危险，并应防止产生眩光。

9.3　站房主要用房设计

站房由候车厅、售票用房、行包用房、站务用房、附属用房、站台和发车位等组成，并可根据需要设置进站大厅。乌鲁木齐长途汽车站底层平面图见图 9.6。

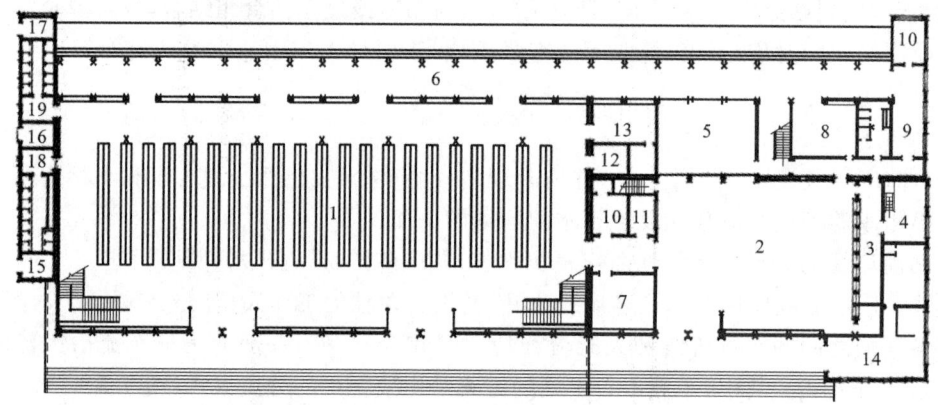

图 9.6　乌鲁木齐长途汽车站底层平面图

1—候车厅；2—售票厅；3—售票室；4—票务；5—行包托运；6—站台；7—小件寄存；
8—司助休息；9—调度；10—值班室；11—问讯；12—治安；13—医务室；
14—邮电；15—门卫；16—配电；17—检票；18—男厕；19—女厕

9.3.1　售票处

客运站售票处主要是由售票厅、售票室、票据库以及办公室四部分组成。

(1)售票厅

① 售票厅面积

一、二、三级站售票厅需要单独设置，而四、五级站因为旅客较少，可以将售票厅与候车厅合用，较为经济。

售票厅的面积是由售票窗口的数量决定的，售票窗口的数量以客源站候车最高聚集的人数为依据。一般按每 120 人设置一个售票窗口(120 人为每小时每个窗口可售票数)，不足的尾数，也可以设置一个；每个售票窗口不应小于 20.0m²；采用微机售票时应增加 20.0m² 的总控室。

② 售票厅形式

随着客运站功能的不断完善，售票厅形成以下三种常见类型：

a. 分向售票式：指一些客运站所处地理位置较明显，有两个方向的发车业务，且总图上有可能设置两个既有联系又各自独立的停车、发车场地的时候，其售票厅便可以分别设置(图 9.7)。

b. 按长、短途售票方式：将长、短途旅客人流分开，长途旅客在售票厅内购票，短途旅客可以直接进入站台部分的售票廊购票，即可上车等候开车。见图 9.8。

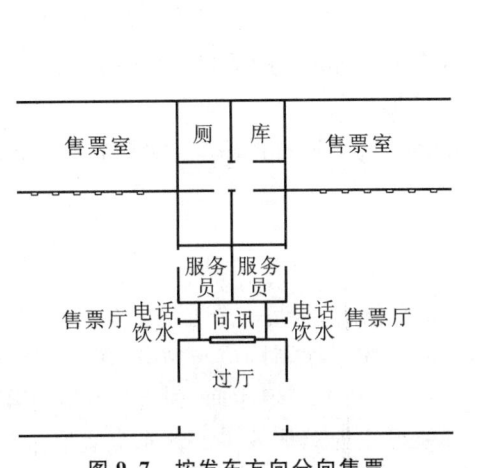

图 9.7　按发车方向分向售票

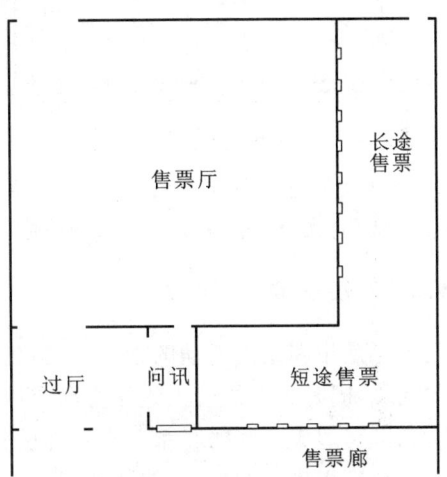

图 9.8　按长、短途分向售票

c. 双向售票式：这种方式应用很少，主要针对受基地条件限制，有两个方向主要人流的客运站，见图 9.9。

图 9.9　双向售票

③ 售票厅的空间尺度

售票厅的空间组成见图 9.10。售票厅应该包含一个长 12～13m 的袋形排队空间，以及一个提供人流穿行的 3～4m 长的通道区。有了这两部分空间，可以将售票厅的人群较好地进行组织。售票窗口的中距不应小于 1.5m，靠墙售票窗口中心距墙边不应小于 1.2m；售票窗口窗台距地面高度宜为 1.1m，窗口宽度宜为 0.5m；售票窗口前宜设导向栏杆，栏杆高度不宜低于 1.2m，宽度宜与窗口中距相同。见图 9.11。

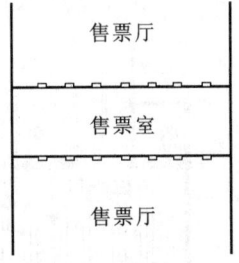

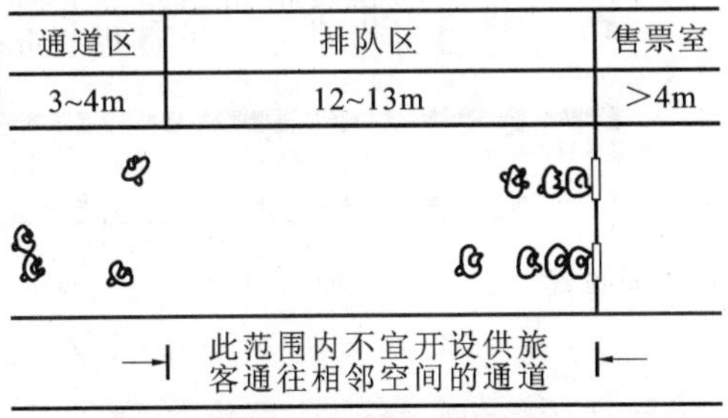

注：排队长度按每人0.45m计，队列按25人左右考虑。

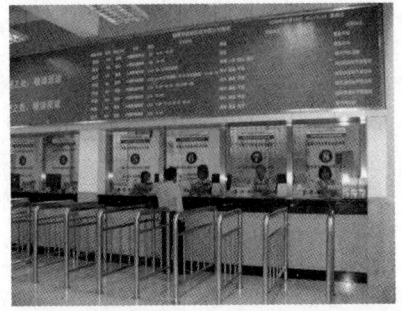

图 9.10　售票厅的空间组成

图 9.11　售票窗口

(2)售票室

售票室与售票厅之间一般通过玻璃窗分隔开。按照售票室内家具以及人体活动尺度需要，售票室使用面积可按每个售票窗口不小于 5.0m^2 计算，进深不应小于 4m，且最小使用面

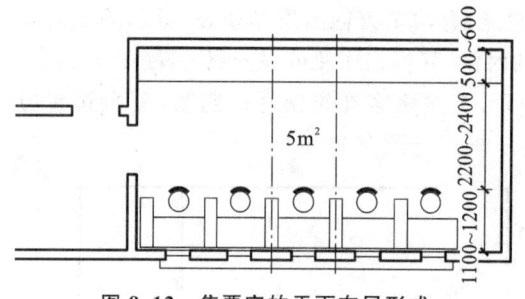

积不宜小于 $14.0m^2$。通常售票室内靠近售票厅一侧设有工作人员的工作台或桌椅,其进深长度不应小于 $1.2m$,另一侧通常设有卷柜来存放文件和私人物品,宽度以 $0.5\sim0.6m$ 为宜。售票室应有防盗设施,且保证工作人员到达其内部有单独的出入口,且出入口不应直接开向售票厅。图 9.12 表示了售票室的常规平面布局形式。

图 9.12 售票室的平面布局形式

(3)票据库

大于四级车站应附设不小于 $9m^2$ 的票据库。票据库应尽量与售票厅、售票室紧密相连,并应有通风、防火、防盗、防鼠、防水和防潮等措施。

9.3.2 候车厅

候车厅是旅客站内活动的中心,一般处于过厅与发车位之间,是一个连接旅客候车与乘车之间的区域,同时具有缓解人流压力和疏散人群的功能。候车厅周围应与站务、医务、警务等辅助功能房间形成紧密的联系。小卖部设置于过厅显著的地方。卫生间、盥洗室应设于候车厅附近旅客易于找寻的地方,但要注意不能干扰入口处视线的总体效果。饮水点宜靠近盥洗室和卫生间,以便于上下水的组织,并留有一定的旅客活动疏散场地。问讯处位置应邻近旅客主要出入口。候车厅的平面布置见图 9.13。

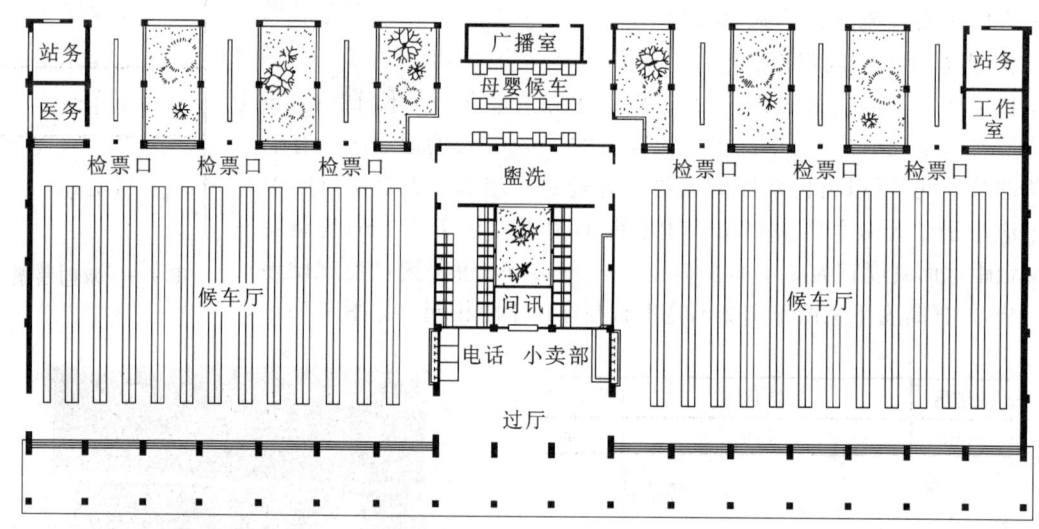

图 9.13 候车厅平面布置

(1)候车厅面积与设计尺寸

候车厅使用面积应按设计年度旅客最高聚集人数计算,且每人不应小于 $1.1m^2$。一、二级候车厅应设置重点旅客候车室,面积不应超过候车厅面积的 1/3。候车厅应设置座椅,其排列方向应有利于旅客通向检票口,每排座椅不应大于 20 座,两端应设不小于 $1.50m$ 的通道。

每三个发车位不得少于 1 个检票口,检票口的宽度以 750mm 左右为宜。

候车厅应满足采光、通风的要求,净高不宜低于 $3.60m$,天然采光窗地比不应小于 1/7 的标准。

(2) 候车的形式

由于站级不同,候车空间组织方式也就有着很多差异。候车形式具体分为以下几种:

① 四、五级站的候车形式(图9.14)

侧向候车方式用于人员极少的四级站和五级站,其优点是流线简捷,便于旅客候车、检票和上车。两侧对称候车形式的优点是平面布局呈对称式,流线清晰,有利于柱网布置,同时也便于立面造型。

② 一、二、三级站的一般候车形式(图9.15)

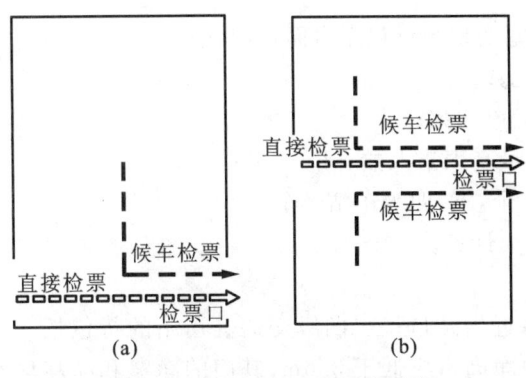
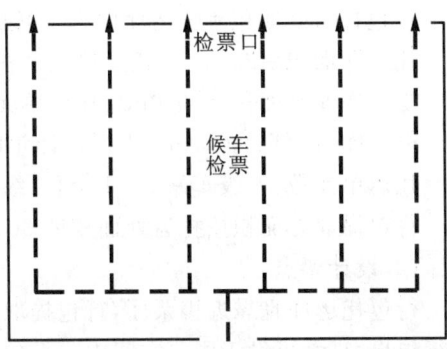

图9.14 四、五级站的候车形式
(a)侧向候车的四、五级站;(b)两侧候车的四、五级站

图9.15 一、二、三级站的一般候车形式

这种候车形式,可以多条通道同时检票,适用于多班次客车同时检票进站台的操作程序。这种形式可以形成较大面积的候车厅,不仅适应了更大的客流量,还使得候车空间宽敞明亮(图9.16),同时也便于管理,确保候车厅秩序井然。

③ 一、二、三级站的二次候车形式(图9.17)

现在客运站规模越来越大,客流量也逐渐增多,发车位也随之增多,导致站台的长度变长,但是由于候车厅的长度有限,候车形式也就逐步向综合性候车方式发展,旅客检票后再寻找自己的发车站台。这种候车方式是解决面积有限的一种方法,能使有限的候车面积满足更多的发车位,同时也便于不同驰向客车的管理。因此,客运站设计不再局限于一个候车空间。

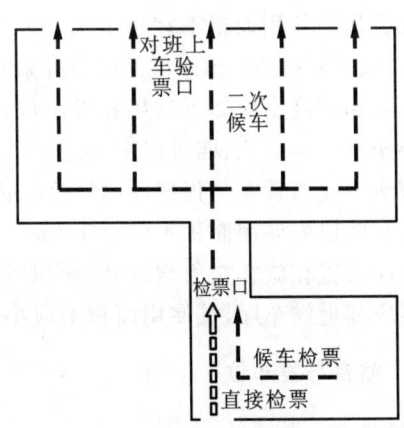

图9.16 大空间候车厅

图9.17 一、二、三级站的二次候车形式

9.3.3 行包用房

当旅客随身携带的行包超出客运站在重量、大小上的规定时,就需按客运站行包托运的要求办理行包托运业务。行包用房包括行包托运处、行包提取处、库房,作为一个完整的作业流线,不应与其他流线交叉或受干扰。旅客在购票后,进入行包托运厅办理托运手续,行包分拣至当班车的待装货位,一般这些行包是随着旅客同车运达目的地的,旅客再经行包房提取,就完成了一次行包托取。

(1)面积

行包托运处面积=托运厅面积+受理作业室面积+行包库房面积,其中:

托运厅面积=25.0m^2/托运单元×托运单元数;

受理作业室面积=20.0m^2/托运单元×托运单元数;

行包库房面积=0.1m^2/人×设计年度旅客最高聚集人数+15.0m^2;

托运单元数:一级车站2~4个,二级车站2个,三、四级车站1个。

行包提取处面积按托运面积的30%~50%计算。

(2)设计要点

行包托运厅宜靠近售票厅,行包提取厅宜靠近出站口;三、四级交通客运站的行包托运厅和行包提取厅,可设于同一空间内。行包仓库内净高不应低于3.6m,其门的净宽和净高均不应小于3.0m,行包仓库应有利于运输工具通行和行包堆放;行包托运与提取受理处的门净宽不应小于1.5m;受理柜台面高度不宜大于0.5m,台面材料应耐磕碰。

9.3.4 站务用房与服务用房

站务用房包括服务人员更衣室与值班室、广播室、补票室、调度室、客运办公用房、公安值班室、站长室、客运值班室、会议室等房间。服务用房包括问讯台(室)、小件寄存处、自助存包柜、邮政、电信、医务室、商业服务设施等空间。

值班室应邻近候车厅,其使用面积应按最大班不小于2.0m^2/人确定,且最小使用面积不应小于9.0m^2。

广播室使用面积不宜小于8.0m^2,宜设在便于观察候车厅、站场、发车位的部位,并应有隔声、防潮和防尘措施。

客运办公用房使用面积不宜小于4.0m^2/人。

一、二级汽车客运站在出站口处应设补票室,使用面积不宜小于10.0m^2,并应有防盗设施。

汽车客运站调度室应邻近站场和发车位,并应设外门。一、二级汽车客运站的调度室使用面积不宜小于20.0m^2,三、四级汽车客运站的调度室使用面积不宜小于10.0m^2。

公安值班室应布置在与售票厅、候车厅、值班站长室联系方便的位置。

服务台和问讯处使用面积不应小于6m^2,问讯处前应设不小于10m^2的旅客活动场地。

饮水点应设置在旅客交通疏散处,面积以10.0m^2左右为宜。

医务室应邻近候车厅,其使用面积不应小于10.0m^2。

9.3.5 站台与发车位

(1)站台

站台又分发车站台和到站站台。发车站台是联系候车厅和发车位的关键部分,是组织旅客上车的地点。站台设计必须有利于旅客的上车、行包的装卸和车辆的运转,保证旅客在发车区人车混流地带必要的秩序性和安全性。因此,站台应伸向每一个发车位;站台的净宽不应小于 2.5m。当检票口与站台有高差时,应设坡道,其坡度不得大于 1/12。到站站台应与出站口直接相连,并应结合行包提取厅设置,方便旅客以最短的路线疏散出站。站台平面形式与候车厅以及停车场内的调度车道有关,有以下几种:

① 一字式站台

一字式站台适用于矩形基地,站房呈细长条状,候车厅与站台处于平行状态,如图 9.18 所示。

② 锯齿式站台

锯齿式站台是一字式站台的变形,站台同样平行于候车厅布置,发车位与站台呈一定的交角布置,因此在站台上形成了一个三角形的空间,可供旅客暂时停留,以缓解旅客在站台逗留而影响交通的问题,如图 9.19 所示。

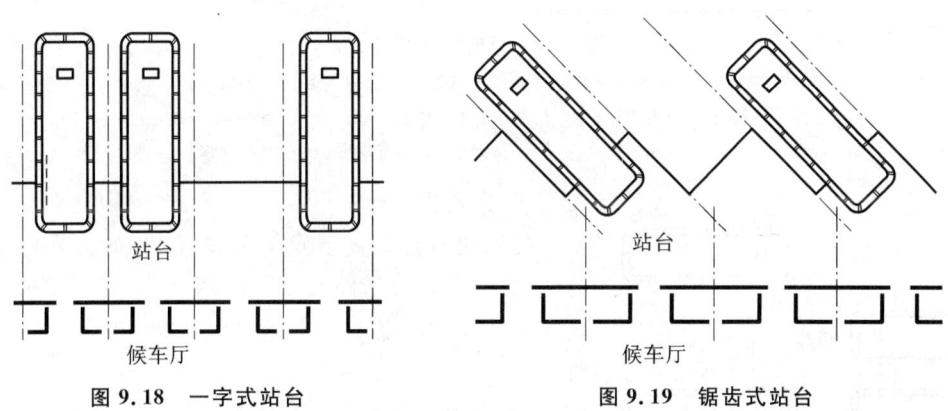

图 9.18　一字式站台　　　　图 9.19　锯齿式站台

③ 弧形或扇面式站台

弧形或扇面式站台应具有与之相适应的候车厅,发车位呈放射状布置(图 9.20)。云南昆明客运站(图 9.21)就是因为设有一个半圆形候车厅,而形成一条大夹角的扇面形站台。

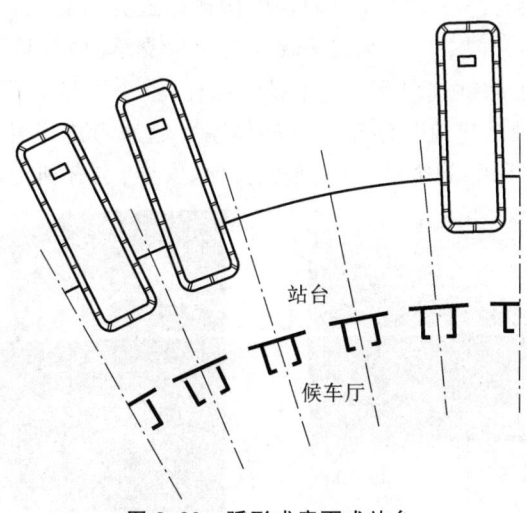

图 9.20　弧形或扇面式站台

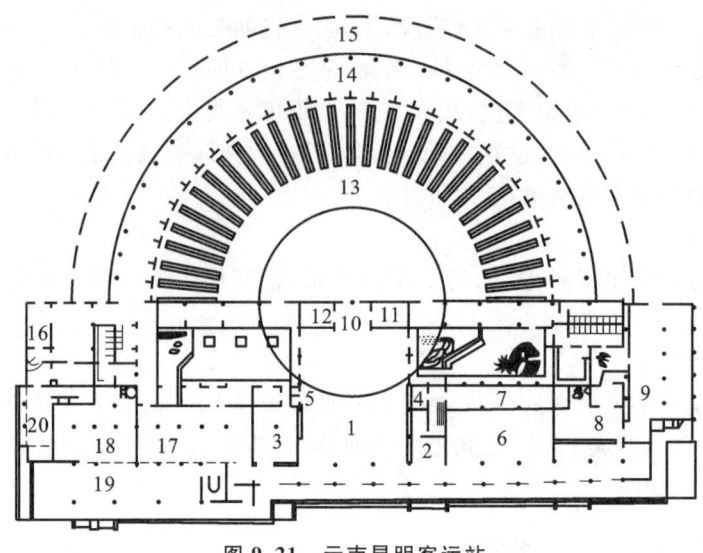

图 9.21 云南昆明客运站

1—进站;2—小卖部;3—小件寄存处;4—问讯处;5—公用电话;6—售票厅;7—票房;
8—行车托运厅;9—零担库;10—检票口;11—站务员室;12—广播室;13—候车厅;
14—站台;15—发车棚;16—调度室;17—休息厅;18—行李库;19—取行李房;20—招待所

④ 分列式站台

分列式站台垂直于候车厅设置,发车位分列于站台的两侧,可以按发送路线划分成两个发车区,要求基地的长宽大致相当,以利于站台伸入站场布置,如图 9.22 所示。

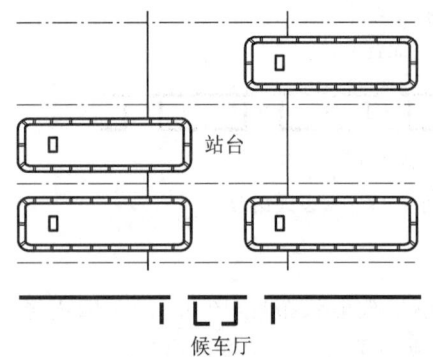

图 9.22 分列式站台

(2)站台雨篷

站台雨篷应满足功能要求,为保证旅客不受日晒雨淋,净高不应小于 5.0m,伸出建筑的长度应使车门位于雨篷的垂直投影区内。

雨篷的构造形式分为支承式雨篷和悬挑式雨篷。支承式雨篷又有单柱支承、局部悬挑式雨篷(图 9.23)和双柱支承式雨篷(图 9.24)。悬挑式雨篷就是不设支撑柱,整个雨篷的荷载全部由悬挑的结构来承受(图 9.25)。整个悬挑结构应与候车厅结构体系一起来考虑。悬挑式雨篷整个发车位区域没有柱子的干扰,较为开阔,旅客进、出发车位方便、安全,也有利于站场的调度管理。

图 9.23 单柱支承、局部悬挑式雨篷

图 9.24 双柱支承式雨篷

(3)发车位

发车位位于站台和停车场之间,发车位的设置必须满足以下三点要求:

① 发车位与候车厅检票口之间必须设置站台,用于组织旅客进站上车;

② 汽车客运站发车位的宽度不应小于 3.9m;

③ 发车位与站台的高差不应小于 0.15m。发车位的地坪应设不小于 0.5% 的坡度坡向外侧,以满足场地排水以及进车时减速、方便发车等要求。

图 9.25 悬挑雨篷

9.4 站房建筑空间组合设计

由于客运站站房独特的功能特点,它的平面设计要满足如下要求:其一,空间安排要尽量清晰、紧凑,充分利用空间,满足日益复合的空间功能要求;其二,分区宜明确、合理,流线简捷、便利,避免站内主要功能流线的混杂交叉;其三,由于客运站建筑空间构成的复杂性、开放性及部分功能分区限定的模糊性,要超越平面性思维,复合、立体地利用可挖掘的建筑空间。

9.4.1 旅客使用空间布局分析

(1)门厅或过厅

门厅或过厅一般位于候车厅入口处,用来缓解进入候车厅的人流压力。对于北方客运站来说,门厅还起到了阻挡冷空气对室内空间直接侵袭的作用。

(2)候车厅、售票厅和行包房的关系

候车厅、售票处和行包房是客运站站房建筑内部供旅客使用的主要空间。

① 候车厅、售票厅和行包房三者之间关系的处理既要功能上有所联系,又要相对独立,还要尽量避免其间的流线相互干扰。

② 候车厅是站房的主体空间,一般位于站房的中心位置。售票厅一般设在站房主要出入口附近,同时与候车厅有密切的联系,方便购票的旅客直接进入候车厅。

③ 近年来随着物流业的发展,旅客行包托运量减少,行包用房的组成可以根据实际需要设置。一、二级站行包房的托运处和提取处应按旅客进出流线分设,同时考虑相对集中布置的可能。三、四级站行包房的托运处和提取处可设于同一空间内,设置于站房一端。行包房的托运处和提取处在站房建筑中的布局见图 9.26。

④ 售票厅和行包房在平面布局上有两种关系。一种是行包房与售票厅分布于过厅两侧(图 9.27),另一种是行包房与售票厅一起分布于过厅的一侧(图 9.28)。目前,大多数的客运站都采用第一种分布方式。

(3)办公管理及其他辅助建筑空间的布局

办公室应与候车厅、售票室、行包房等房间有较直接的联系。调度和广播用房应与候车厅和发车站台有直接的视线联系。公用通信、饮水、盥洗以及总服务台、小卖部、餐厅、娱乐、银行、安保等应直接设置于候车厅内。

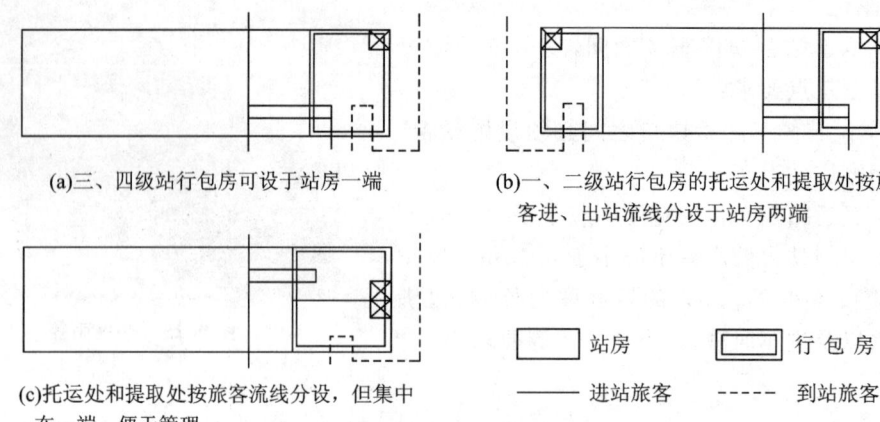

(a) 三、四级站行包房可设于站房一端

(b) 一、二级站行包房的托运处和提取处按旅客进、出站流线分设于站房两端

(c) 托运处和提取处按旅客流线分设，但集中在一端，便于管理

图 9.26　行包房在站房中的位置

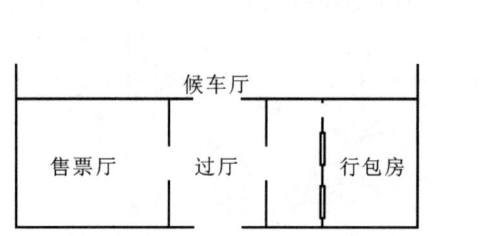

图 9.27　行包房与售票厅分布于过厅两侧

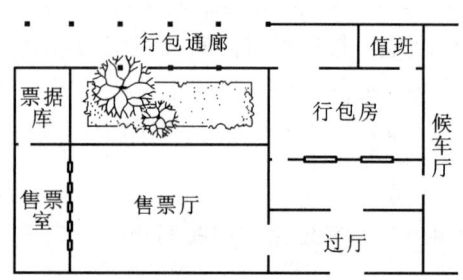

图 9.28　行包房与售票厅集中于过厅一侧

(4) 候车厅的发展

候车厅今后将向着多层次、多级化发展。公路客运站由于它的方便、快捷，逐渐被人们所接受，而土地日益紧缺，所以，要在有限的土地上建造一个能满足大客流量的客运站，就不能仅局限在平面的设计上，而是要考虑向立体空间发展。

9.4.2　流线分析与流线组织

(1) 流线分析

① 按流线方向，站房流线可分为进站流线和出站流线。其中包括人流的进出站流线、车流的进出站流线和货流的进出站流线。人流的进出站流线较为复杂，见图 9.29。

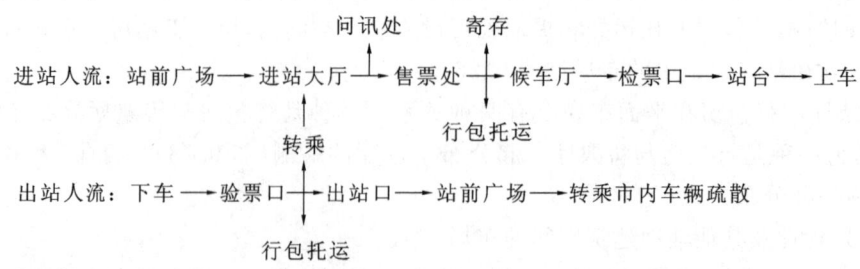

图 9.29　人流的进出站流线示意图

② 按流线的性质，站房流线又可分为旅客流线、行包流线和内部工作人员流线等。

a. 旅客流线

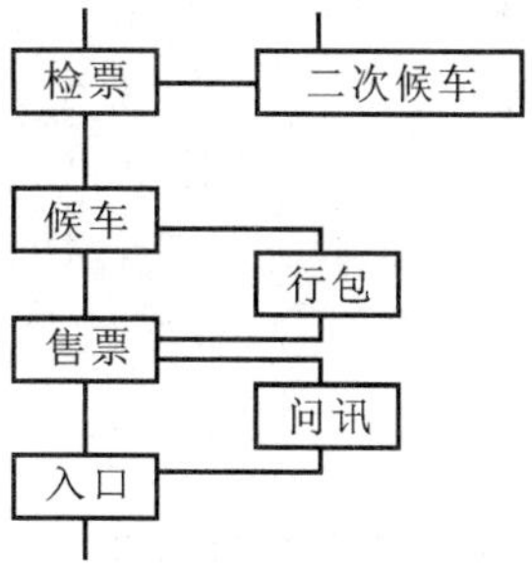

旅客流线又分普通旅客流线(图9.30)、特殊旅客流线和贵宾流线。普通旅客数量多，候车时间较长，出站时人流集中，密度大、速度快。特殊旅客数量少，行动不便，设计时须首先考虑其行动的安全性和便捷性，通常单独设置候车室，并设置专用厕所和专用检票口，优先上车。由于安全保卫工作的需要，贵宾来去有车接送，其流线应与一般旅客流线分开，也可与特殊旅客流线统一设置；为了保证贵宾候车的方便与安全，单独设置贵宾室与检票口。

图 9.30 普通旅客进站流线示意图

b. 行包流线

行包流线一般分为发送行包流线、到达行包流线和中转行包流线。行包需要各种搬运设备输送，堆放面积较大，搬移不便，因此行包流线应尽量避免与旅客流线交叉干扰，以保证人和物的安全。

c. 工作人员流线

工作人员的办公房间包括值班室、广播室、调度室、票据室等，应有其内部的交通联系空间，不宜与候车厅旅客人流混杂，宜将站务办公用房设于旅客用房和停车场之间，方便管理和观察、调度车辆。

(2) 流线组织

站房的流线组织应遵循下列原则：

① 各种人流要分开，工作人流和旅客人流分开，形成各自相对独立又有内部紧密交通联系的空间。特殊旅客、贵宾人流与普通旅客适当分开，贵宾室的候车和上车路线单独设置，防止拥挤，保证其候车环境的安静和上车路线的安全。

② 流线组织要力求符合旅客的要求，流线要简捷，指向要明确，尽量缩短旅客流程距离，并使各种流线自成系统，大型客运站站房可考虑分层组织旅客流线。

③ 对于行包量大的客运站，可考虑设置行包地道，以避免行包流线与旅客流线交叉。

9.4.3 站房部分防火疏散

在设计中除了要认真执行《建筑防火通用规范》(GB 55037—2022)外，还要执行《交通客运站建筑设计规范》(JGJ/T 60—2012)中有关防火规范的规定，以及《汽车库、修车库、停车场设计防火规范》(GB 50067—2014)等规范的规定，综合考虑其防火疏散问题。

(1) 耐火等级与防火分区

站房的耐火等级不应低于二级。一、二级耐火等级的建筑，每个防火分区最大允许建筑面积为 $2500m^2$，地下、半地下建筑每个防火分区的建筑面积不应大于 $500m^2$。当建筑内设置自动灭火系统时，以上所述的每个防火分区最大允许建筑面积可增加一倍；局部设置时，增加面积可按该局部面积一倍计算。消防车道的宽度不应小于 3.5m，道路上空遇有管架、栈桥等障碍物时，其净高不应小于 4.0m。交通客运站与其他建筑合建时应单独划分防火分区，一、二级站行包用房宜单独划分防火分区。

(2) 疏散

候车厅必须设有至少两个直通室外的安全出口，每个安全出口净宽不小于 1.40m，平均疏散人数不超过 250 人。带有导向栏杆的进站口不得作为安全出口。室外疏散通道的宽度不得小于3.0m。为防止人员疏散拥堵,应将疏散出口分散布置,相邻两个疏散口最近边缘水平距离不小于5.0m。安全出口必须设置明显标志和事故照明设施,安全出口附近的设计要排除一切影响人流活动的不利因素。安全出口外如设踏步,应在门线1.40m以外处起步;如设坡道,坡度不应大于1/12,并应有防滑措施。

当楼层设置候车厅时,应至少设置两部直接通向室外的疏散楼梯,楼梯间宜设有乘轮椅者的避难位置。地上疏散楼梯间在各层的平面位置不应改变,以保证人员疏散畅通、快捷、安全。

9.4.4 剖面设计

客运站建筑的空间构成模式正在向着复合、立体化方向发展,其建筑形式也越来越灵活多样,反映在剖面层次上,主要包括三种形式:第一种是大跨度单层覆盖形式;第二种是适应室内空间综合组织,通过交通体系紧凑联系的多层构成及分成多个单体进行设计;第三种是内部空间组织更为灵活自由的错层组织形式。剖面特性见图9.31。

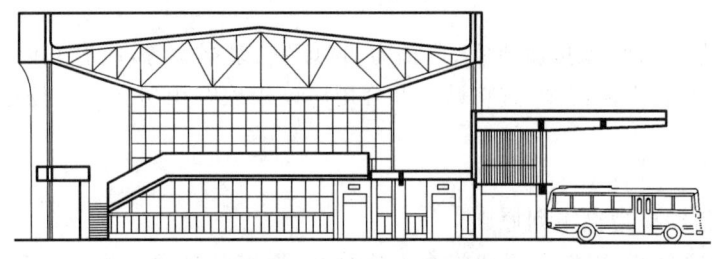

图9.31 客运站剖面特性

9.4.5 结构选型

客运站常用的结构形式有墙体承重结构、框架结构和空间结构等。

(1)墙体承重结构

由于受梁、板经济跨度制约,这种结构形式适合建造低层或多层的附属建筑、小规模的客运站站房,较少被应用到较大体量的站房建筑上。

(2)框架结构

采用梁和柱作为承重构件,分割室内外空间的围护结构和分隔墙均不作承重构件,承重和围护系统明确分工。这种结构方式空间和造型处理灵活,在客运站建筑中应用得比较广,客运站主体建筑和辅助建筑中均可应用(图9.32)。

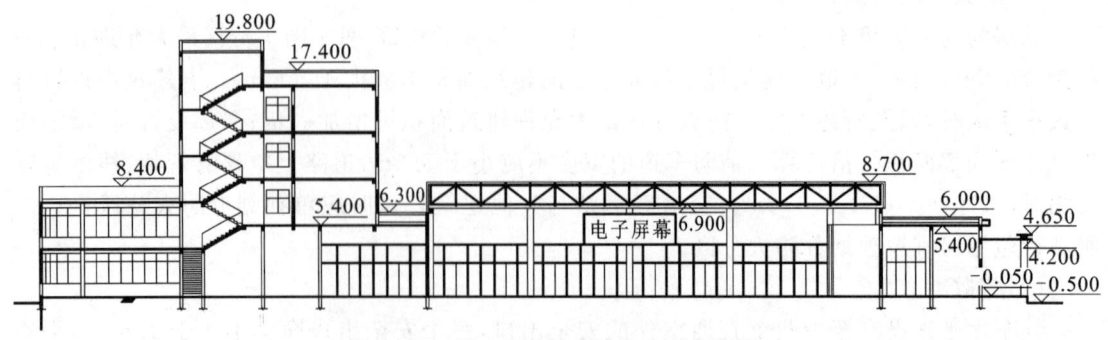

图9.32 松山湖长途汽车客运站剖面图

框架结构又分为钢筋混凝土框架和钢框架。近年来,为了创造大跨度候车空间,钢框架结构在客运站站房建筑设计中的应用逐渐增多。

(3)空间结构

常见的空间结构有悬索结构、空间薄壁结构和桁架、网架结构等。

① 悬索结构:充分发挥钢索耐拉的特性,获得大跨度的空间。常见的悬索结构有单向、双向和混合三种类型。

② 空间薄壁结构:由于钢筋混凝土具有良好的可塑性,故能用来作为良好的壳体结构材料。当选择形状合理时,可获得刚度大、厚度薄的高效能空间薄壁结构,它同时具有骨架和屋盖的双重作用。

③ 桁架、网架结构(图 9.33):多采用金属管材制造,能承受较大的纵向弯曲力,用于候车空间等大跨度空间,具有一定的经济意义,同时也能减少一定的空间作业,较为便利实用,在客运站的候车厅空间广泛使用。

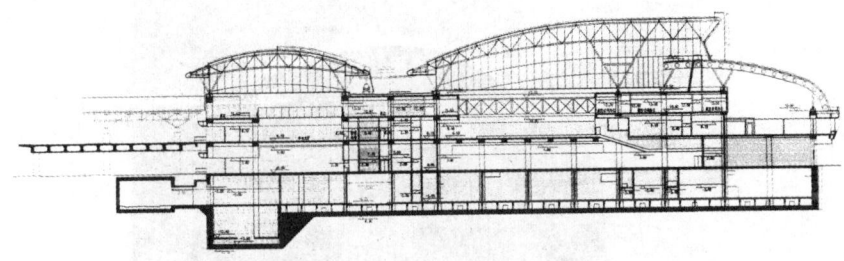

图 9.33 某交通类建筑剖面图

9.4.6 体型与立面设计

客运站作为城市交通枢纽,象征着城市的门户,常设计为具有较强标志性的造型,以展现城市的文化形象和文脉特征,同时能起到一种城市自我展示的作用。杭州新客运南站建筑设计方案见图 9.34、图 9.35。

图 9.34 杭州新客运南站设计方案一

图 9.35 杭州新客运南站设计方案二

方案一:遵循现代设计理念,体现出交通建筑的速度感和现代感。外立面主要使用钢材和玻璃,以支撑结构为主要设计元素,体现出建筑的体量与气势,成为城市天际线上的新亮点。新汽车南站恰似一艘乘风破浪的白色巨轮,将杭州由西湖时代引入跨越钱塘江时代全面发展的新篇章。

方案二:体现出新世纪汽车站应有的现代感。流线型的舱体、动感强烈的舱首、趣味十足的舱门在通透架空层的烘托下,使建筑好似漂浮在太空中的宇宙空间站。方案二中商站合一,在满足交通功能的前提下,充分利用交通人流和商业之间的互动关系,将二者巧妙地结合在一起,达到人流带动商业、商业养护站房的目的。

(1)建筑体型设计

汽车客运站站房建筑形体组织主要有三种:独立体量型、单元组合型和复合型。

① 独立体量型(图9.36):城市客运站站房的旅客服务空间,在建筑体量构成中占较大的比重。在造型设计时要平衡这一主体体量与其他较小空间体量的形式关系,强调建筑造型统一完整的秩序形式。其建筑造型具有统一、完整、简洁、大方而又轮廓鲜明的特点,往往给人以强烈的视觉印象。

图9.36　太原市汽车客运东站

② 单元组合型(图9.37):把过于庞大的体型进行单元式划分,把过小的空间加以集约整合,令空间体量均匀而平衡,形体富有统一感和韵律感。这种空间造型模式空间组织灵活自由、清晰而有条理,具有较强的环境适应性。

图9.37　深圳沙井中心客运站

③ 复合型(图9.38):当客运站的功能更为复杂,需要结合多种形式的客运功能和配套服

务设施于一体,在造型设计时往往处理成复合型建筑体量群,用以体现不同的功能分区和功能特点。此类建筑形体组织在适应功能需要以及突出主体建筑的形象同时,还要注意保持整体建筑群的统一性。

图 9.38　广州芳村汽车客运站

(2)立面设计

客运站的建筑立面设计受到建筑结构形态、功能空间和技术条件的制约,其形式创造也通常体现在对这些具体限制条件的回应和积极表现上,致力于艺术化的建筑实体结构,造型构图美观并适宜地表现建筑内容,营造美观的建筑形象。

① 注重立面适当的比例和尺度

在客运站建筑的形式构成体系中,不同功能空间在形式上表现出不同的比例及尺度。如何平衡不同空间造型相互间比例和尺度的关系,达到总体造型的整体统一,是客运站建筑造型需格外重视的问题。

② 通过统一和对比手法烘托立面和体量的重点

在建筑造型设计中突出构图中心,从属体型烘托主体造型,令造型特征突出,表现力充分。建筑形体的表现力很大程度上来自于表现形象构成的统一性及其表现力的集中。对比是指以求同存异为目的的比较,通过不同表现属性部分间的对比来达到对整体重点的烘托,是辩证的统一及形式的鲜活化。

③ 运用色彩与质感表现建筑的风格与特色

在建筑设计中色彩能起到强调建筑特征,创造建筑形式美感,突出建筑材料特性,表达建筑空间性格的作用。结合建筑材质的表现力,能更加鲜明生动地表现建筑时代、地域性、建筑技术及文化特征,并体现立面构图对比统一、丰富活泼的形式美感,决定着建筑的风格。

9.5　无障碍设计

无障碍设计是指为保证病人、儿童、老年人和残疾人等行动不便者或有视力障碍者生活及工作上的方便、安全,对建筑和环境及配套设施等进行的专项设计。在汽车客运站设计中,为确保行动不便者能方便、安稳地乘车出行和到达,应为所有有需要的人士提供从进站、通行、咨询、购票、候车、上车等全过程的无障碍设施的设置。

9.5.1 站前广场无障碍设计

(1) 缘石坡道

站前广场出入口与人行横道交界处,应设坡度不大于 1∶20 的缘石坡道,坡道下口宽度不应小于 1.50m,三面坡的坡度不应大于 1∶12,正面坡道宽度不应小于 1.20m,见图 9.39。

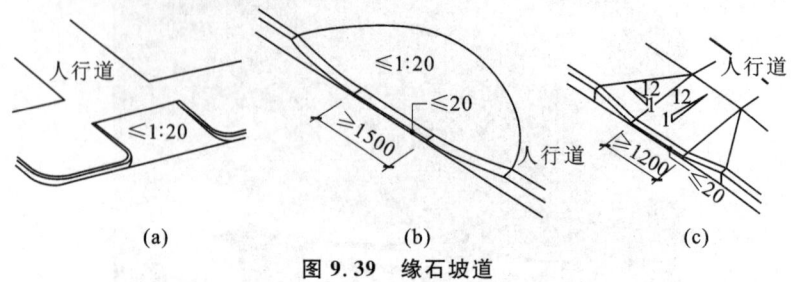

图 9.39 缘石坡道

(2) 人行通道

站前广场人行通道的地面应平整、防滑、不积水,地面坡度不应大于 1∶50;行进盲道的宽度宜为 0.30~0.60m。当广场上设有天桥、地下通道和下沉广场时,宜增设坡道式设计,或设置适合残疾人使用的升降电梯。坡道坡度不应大于 1∶12,当确有困难时,坡度不宜大于 1∶8。坡道高度每升高 1.50m 时,应设深度不小于 2m 的中间平台,在坡道和梯道两侧应设扶手。

(3) 无障碍机动车停车位(图 9.40)

站前广场停车场应设无障碍机动车停车位,广场停车数在 50 辆以下时,应设置不少于 1 个;100 辆以下时,应设置不少于 2 个;100 辆以上时,应设置不少于总停车数 2%。无障碍机动车停车位应设在距残疾人入口最近的位置,就近到达残疾人专用电梯。

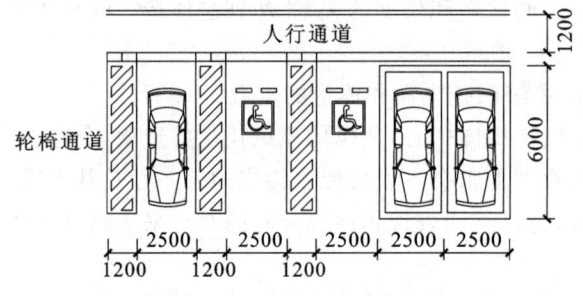

图 9.40 无障碍机动车停车位

(4) 盲道

在建筑入口、站台等无障碍设施的位置,要设置提示盲道,见图 9.41。

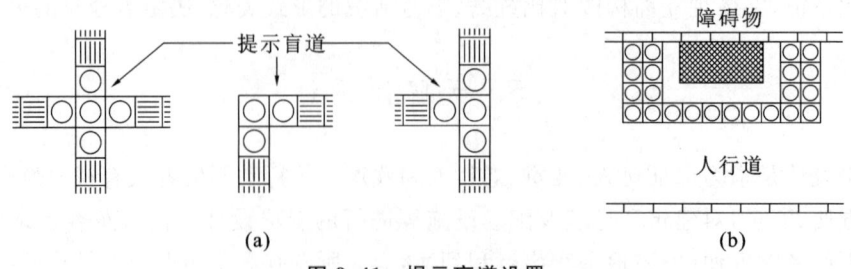

图 9.41 提示盲道设置
(a)交叉提示盲道;(b)人行道障碍物的提示盲道

9.5.2 建筑入口无障碍设计

(1)必须在建筑物的主要出入口设置残疾人入口,包括紧急出入口在内,所有出入口都应该能够让残疾人使用。供残疾人使用的出入口,应设在通行方便和安全的地段,当室内设有电梯时,应尽量靠近候梯厅。

(2)无障碍出入口宜设置为平坡出入口,地面坡度不大于1:20。室内外有高差时,无障碍入口应采取坡道连接,轮椅坡道净宽不应小于1.20m,坡道坡度小于1:12时,通行将更加安全和舒适。轮椅坡道的最大高度和水平长度应符合表9.4的规定。

表9.4 轮椅坡道的最大高度和水平长度

坡度	1:20	1:16	1:12	1:10	1:8
最大高度(m)	1.20	0.90	0.75	0.60	0.30
水平长度(m)	24.00	14.40	9.00	6.00	2.40

(3)轮椅坡道的高度超过300mm且坡度大于1:20时,应在两侧设置扶手,坡道与入口平台的扶手应保持连贯,坡道两侧应设高0.85m的扶手。

(4)轮椅通行入口平台,在门完全开启的状态下,最小净宽在小型客运站中不应小于1.50m,在大、中型客运站中不应小于2.00m。出入口设有两道门时,门扇开启后应满足小型客运站不小于1.20m的轮椅通行净距,大、中型客运站不小于1.50m的轮椅通行净距。出入口的内外应保留不小于1.50m×1.50m平坦的轮椅回转面积。

(5)入口地面有高差处,进行无障碍建设或改造;有困难时,应选用升降平台取代轮椅坡道。

(6)无障碍入口和轮椅通行平台应设雨篷。

(7)供残疾人使用的门应采用自动门、推拉门、折叠门或平开门,并应安装视线观察玻璃、横执把手和关门把手。当采用玻璃门时,应有醒目的提示标志。门开启后的通行净宽不应小于800mm;门槛高度及门内外地面高差不应大于15mm,并以斜面过渡。

9.5.3 水平与垂直交通空间无障碍设计

(1)室内的主要用房,包括售票厅、候车厅、行包托运和站台等房间内通向残疾人设施的地方,应设无障碍通道,通道宽度不应小于1.8m,检票口处的通道宽度不应小于0.9m。

(2)无障碍楼梯宜采用直线形楼梯,楼梯的踏步宽度不应小于280mm,踏步高度不应大于160mm;梯段两侧均设扶手;距踏步起点和终点250~300mm处宜设提示盲道。

(3)无障碍候车、检票口及售票口适宜安置在一层;如果设置于楼层时,必须设无障碍电梯。无障碍电梯候梯厅深度不宜小于1.80m,出入口处宜设提示盲道,门洞的净宽不宜小于900mm,轿厢门开启的净宽不应小于800mm,呼叫按钮高度为0.90~1.10m,候梯厅应设电梯运行显示装置和抵达音响。

9.5.4 公共卫生间

(1)公共卫生间的入口、通道及无障碍厕位,应符合乘轮椅者进入、回旋与使用要求,通行净宽不应小于800mm;轮椅回转直径不小于1.50m。

(2)男女厕所应设无障碍隔间,其尺寸为2.00m×1.50m,不应小于1.80m×1.00m,厕位门向外开启后,入口净宽不应小于0.80m。厕位应安装坐式大便器,厕位两侧距地面700mm处应设长度不小于700mm的水平安全抓杆,一侧应设高1.40m的垂直安全抓杆。厕位隔间应考虑行李放置空间,其进深尺寸宜加大0.20m。

(3)男女厕所应设无障碍小便器,小便器两侧应在离墙面250mm处设高度为1.20m的垂直安全抓杆,并在离墙面550mm处设高度为900mm的水平安全抓杆,与垂直安全抓杆连接。

(4)无障碍洗手盆的水嘴中心距侧墙应大于550mm,其底部应留出宽750mm、高650mm、深450mm的供乘轮椅者膝部和足尖部的移动空间,并在洗手盆上方安装镜子,出水龙头宜采用杠杆式水龙头或感应式自动出水方式。

(5)无障碍厕所面积不应小于4.00m^2;当采用平开门时,门扇宜向外开启,设高900mm的横扶把手,门净宽不应小于800mm;内部应设坐便器、洗手盆、多功能台、挂衣钩和呼叫按钮;多功能台长度不宜小于700mm,宽度不宜小于400mm,高度宜为600mm;挂衣钩距地面高度不应大于1.20m。

(6)公共厕所宜加设婴儿尿布台和儿童固定座椅。

9.5.5 家具、器具及设备

(1)咨询台、售票处窗口、电话台、行李托运提取台、寄存处、各种业务台等应设置低位窗口及设施,高度为0.70~0.80m,台面下部有供乘轮椅者腿脚前伸空间的服务台面。饮水机或开水箱的高度宜为0.70~0.90m。

(2)在交通客运站应设置母婴室,母婴室应为独立房间,且使用面积不宜低于10.0m^2;母婴室应设置洗手盆、婴儿尿布台及桌椅等必要的家具。

(3)无障碍设施应在显著位置上安装国际通用的无障碍标志牌图。除了可视的标志牌之外,在建筑物的出入口、楼电梯口、残疾人售票口、残疾人候车厅等处宜设触摸式平面图,以便视觉障碍者确定自己的位置,也可以弄清楚要去的地方。如果在触摸式平面图处安装发声装置,或在触摸式平面图中设置发声按钮,那就更理想了。

9.6 实例分析

9.6.1 上海长途汽车客运站(图9.42)

(1)项目概况

项目名称:上海长途汽车客运站。

项目地点:上海市闸北区中兴路。

项目功能:长途汽车站、商业。

规模建筑(面积):7.6万m^2。

日发车:800班次。

双层发车位:41个。

建成时间:2005年9月。

针对基地特点,提出了轴带"2+1"的构想,即两条水平带、一条立体垂直带交织出三条功能轴。综合考虑上海铁路站北广场及本项目功能布局的要求,力求结合地形及北广场道路系统,整

图 9.42　上海长途汽车客运站

理组织各类流线,体现"交通第一"的观念,在有限的用地范围内,合理平衡各部分的功能需求,实现各交通体之间最为便捷的换乘。充分开发地上地下空间,最大限度地发挥土地经济价值。

客运总站由横卧的四层客运站用房、商业裙房和拔地而起的 27 层驾驶员行车公寓楼组成。建筑设计用明晰的几何形态来赋予客运总站各部分功能的空间意象,这些空间是容易识别的,它们能及时有效地唤起人们的记忆,从而对空间产生共鸣和认同。

(2)设计理念——建筑·契合·城市

① 充分利用基地的道路条件,尽量确保长途客车流线不与城市普通车流相交叉或重叠。

② 将建筑的交通运输功能与商业功能以最简洁的方式区分开来,避免不同人群的穿越或混杂。

③ 尽管建筑中功能相互独立,但毕竟是一个开发项目,必须考虑到建筑形态的完整性和统一性,以及与城市空间的延续性。

以上设计原则具体地体现在设计中的两个"契合"上,见图 9.43。

图 9.43　鸟瞰图

(3)基地分析

新站选址在上海站北广场西侧,距离旧站不过 100m,即恒丰路以东、中兴路以南、孔家木桥路以西、交通路以北。地块呈三角形,东西最长处 362m,南北最宽处 140m,规划用地面积约 2.9 万 m^2。基地东侧是上海站北广场,交通便利,有 16 条公交线路在广场内设终点站,轻轨明珠线上海站设在北广场。另外,还可以通过上海站的地下通道穿行到南广场,搭乘地铁一号线。

基地北侧为中兴路，旧城改造后，道路将拓宽一倍，成为闸北区重要的城市干道。同时，随着城市更新，中兴路两侧的商业区将会有较大的发展。同时，邻中兴路一侧不适合作为汽车站的车流和人流集散场所。

基地以东为孔家木桥路。孔家木桥路通向上海站北广场，为了便于交通换乘，在靠孔家木桥路一侧开辟一块广场作为进出车站人流的缓冲场地。并在基地东南角设置一个出租车停靠站，便于进出站人流的疏散。

基地以南为双车道交通路，即轻轨和铁路轨道区，有围墙隔离，在基地范围内的路段上既没有其他交叉路，也没有行人经过，因此，在交通路上开设客车出入口是比较合理的选择。见图9.44。

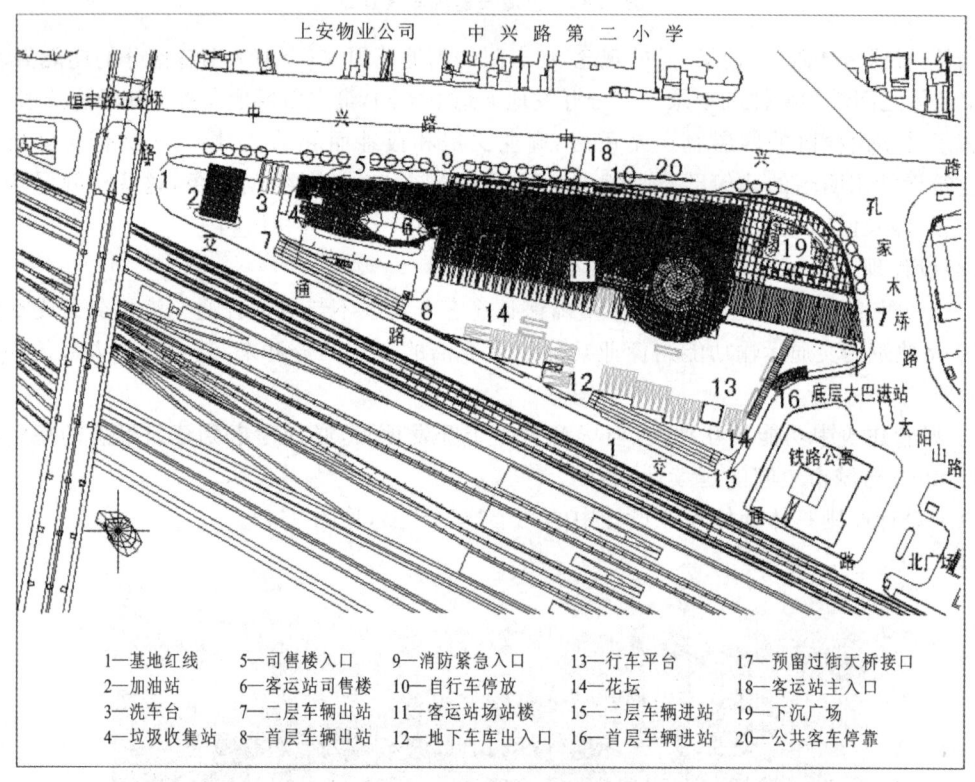

1—基地红线　　5—司售楼入口　　9—消防紧急入口　　13—行车平台　　17—预留过街天桥接口
2—加油站　　　6—客运站司售楼　10—自行车停放　　　14—花坛　　　　18—客运站主入口
3—洗车台　　　7—二层车辆出站　11—客运站场站楼　　15—二层车辆进站　19—下沉广场
4—垃圾收集站　8—首层车辆出站　12—地下车库出入口　16—首层车辆进站　20—公共客车停靠

图 9.44　总平面图

(4) 功能和体量的契合

依据相应的功能及面积要求，在三角形的基地上作出了一根东西向的轴线，轴线以南为长途客运站的站房区和发车、停车区，轴线以北为商业区，轴线的东端是大型的人流集散广场，轴线的西端以加油站收头，轴线中间还设置了一幢27层高的综合楼，入口面向中兴路。这样就把长途客运交通与商业活动完全分开，两类活动分别在各自区域内展开，所有的功能都呈直线形布置，减少迂回，让功能分区一目了然。见图9.45。

① 三角形　地形最有机的融合首先对应基地的三角形特征，把诸房沿中兴路一侧平行展开，使所有的商业活动融于三角形裙房之中。三角形的金属卷棚连续地盖过候车厅，直接成为遮挡风雨的二层候车雨篷，极大地丰富了建筑的第五立面。

② 圆形　功能转换应对主广场以圆形体量作为起点，突出入口形象。将售票、问讯、行包

图 9.45　建筑造型和体量

托运、办公等后勤服务用房沿环带布置。

圆形的售票大厅面积达 $2000m^2$，透过拱形的半径为 14m 的玻璃采光顶棚，能一眼看到蓝天。26 个售票窗口呈一字排开，问讯台、服务台一应俱全。整个大楼配备 12 部自动扶梯，旅客上下行能省去不少劳顿之苦。

③ 矩形　直接的候车线路将矩形体量的候车带插入服务圆盘，使之成为简捷、高效的客运部分。

④ 折面、高楼　百米高的综合办公楼作为垂直向的限定，成为城市中导引性的地标，折面外墙作为一种戏剧化处理手法得到了充分体现，亦是对周边环境文化性的折射和隐喻。

(5) 流线分析

由于该地区是多个交通枢纽的聚集区域，交通的发达也带来了周边商业的繁荣，各种人流混杂，人流量和车流量都非常大，随之而来的交通问题也非常严重。例如，孔家木桥路的交通负担就非常重，它既是许多线路公交车辆到达公交枢纽站的必经之路，也是市内出租车的集结带，同时又是到达火车站以及出火车站的巨大人流的承担者和长途汽车进站的必经之路。如此庞大复杂的交通状况，如果得不到有效的控制，待问题变得严重之后就更难解决了。

① 车辆入口

车辆的入口主要有两个，均位于东侧的太阳山路上，进站车辆都是从北面的中兴路向东行驶，然后折南进入孔家木桥路，再经太阳山路分别从两个入口进入车站的一层停车库和二层露天停车场，二层停车场的入口为一个大斜坡。

② 停车

总站的停车场地有 4 万多 m^2，主要分为三大块，分别为地下一层、一层停车库及二楼的露天停车场。地下一层停车库停放大中型客车。通常情况下，这里用来停放暂时休息的长途客车，夜间时分有空余停车位时，地下停车库会对社会车辆开放，实行收费停车，主要的停车对象是市区内的小型汽车。

一楼停车库和二楼的停车场面积相当，布局也差不多，各约 1 万 m^2，与候车室一样，停车区域为长条形，与候车室成东西向平行排布。进站车辆可以在这里接载从候车室过来的旅客。

③ 车辆出口

车站的出口有两个，一个是地下停车库出口，另一个是一楼停车库与二楼停车场的合用出口,两者均位于南面的交通路上。该交通路基本上供两种车辆行驶,即从车站出口出来的长途客车和从火车站载客过来的出租车辆。这样的专用车道避开了对北侧与东侧交通的影响,交通状况良好。与入口一样,二楼停车场的出口也是一个大斜坡,车流从斜坡下来之后便可与一楼停车库的车流汇合后出站。

见图 9.46 至图 9.55。

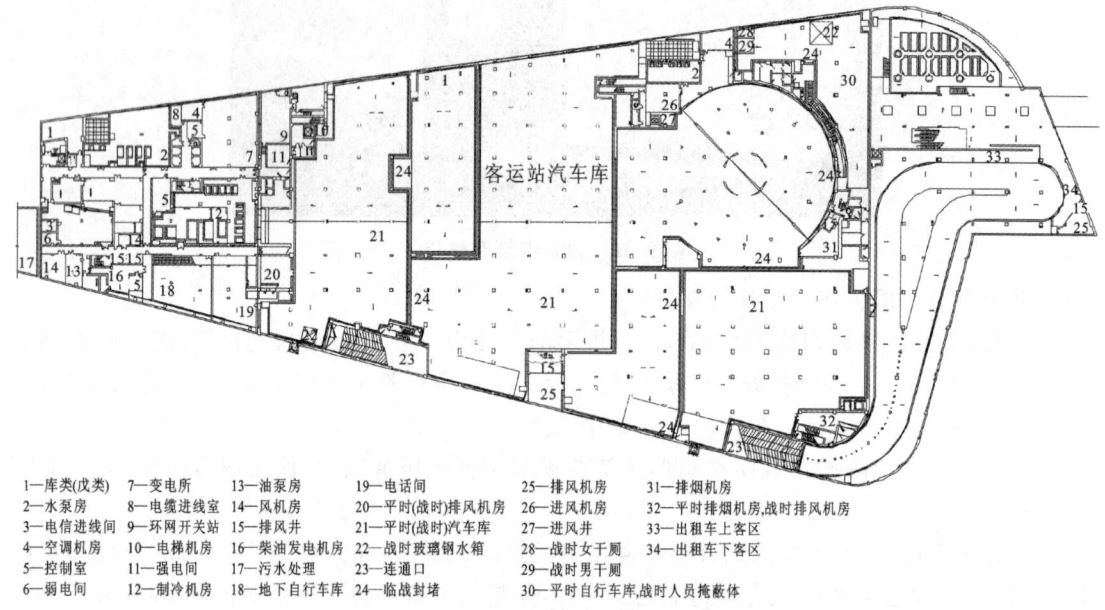

1—库类(戊类)　7—变电所　　13—油泵房　　19—电话间　　　　25—排风机房　　　　　31—排烟机房
2—水泵房　　　8—电缆进线室　14—风机房　　20—平时(战时)排风机房　26—进风机房　　　　　32—平时排烟机房,战时排风机房
3—电信进线间　9—环网开关站　15—排风井　　21—平时(战时)汽车库　　27—进风井　　　　　　33—出租车上客区
4—空调机房　　10—电梯机房　　16—柴油发电机房　22—战时玻璃钢水箱　　　28—战时女干厕　　　　34—出租车下客区
5—控制室　　　11—强电间　　　17—污水处理　　23—连通口　　　　　　　29—战时男干厕
6—弱电间　　　12—制冷机房　　18—地下自行车库　24—临战封堵　　　　　　30—平时自行车库,战时人员掩蔽体

图 9.46　地下一层平面图

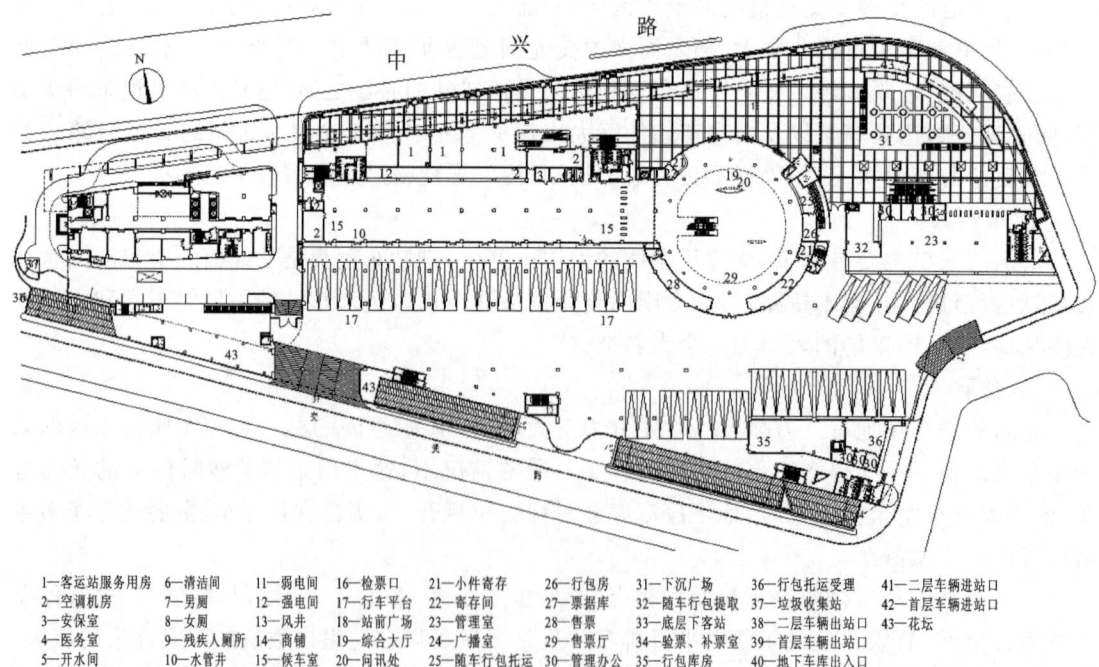

1—客运站服务用房　6—清洁间　　11—弱电间　　16—检票厅　　21—小件寄存　　　26—行包房　　　31—下沉广场　　36—行包托运受理　41—二层车辆进站口
2—空调机房　　　　7—男厕　　　12—强电间　　17—行车平台　22—票据库　　　　27—存包室　　　32—售票　　　　37—垃圾收集站　　42—首层车辆进站口
3—安保室　　　　　8—女厕　　　13—风井　　　18—站前广场　23—管理室　　　　28—售票　　　　33—底层下客站　　38—二层车辆出站口　43—花坛
4—医务室　　　　　9—残疾人厕所　14—商铺　　　19—综合大厅　24—广播室　　　　29—售票厅　　　34—验票、补票室　39—首层车辆出站口
5—开水间　　　　　10—水管井　　15—候车室　　20—问讯处　　25—随车行包托运　30—管理办公　　35—行包库房　　　40—地下车库出入口

图 9.47　一层平面图

解析9 汽车客运站建筑方案设计

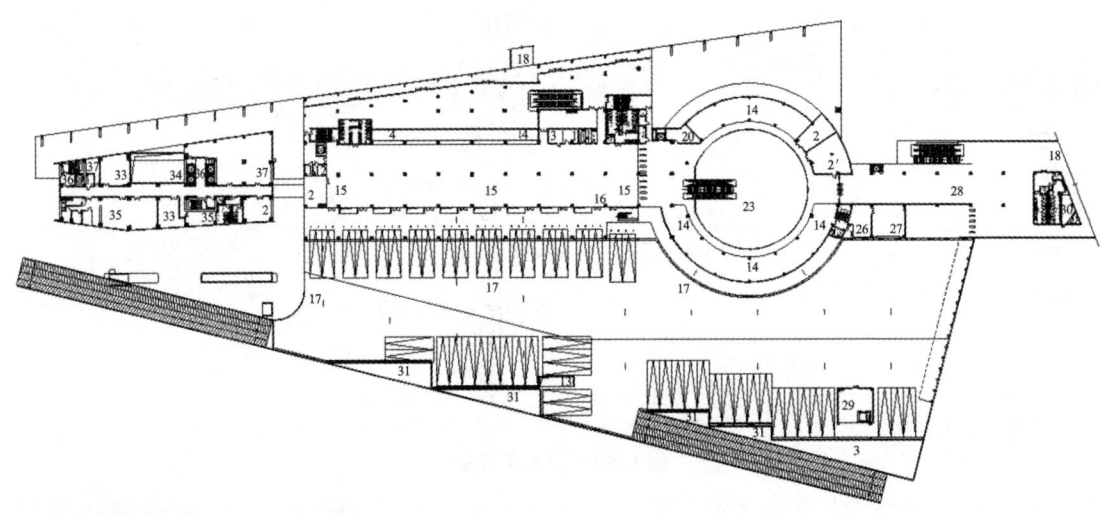

1—客运站服务用房　6—清洁间　11—弱电间　16—检票口　21—计算机房　26—行包房　31—花坛　36—电梯厅　41—二层车辆进站口
2—空调机房　7—男厕　12—强电间　17—行车平台　22—综合大厅上空　27—行包提取　32—厨师长办公室　37—中餐厅　42—首层车辆进站口
3—安保室　8—女厕　13—风井　18—预留过街天桥接口　23—行包库　28—交通廊　33—餐厅包房　38—二层车辆出站口　43—花坛
4—医务室　9—残疾人厕所　14—商铺　19—综合大厅　24—广播室　29—行包库房　34—大堂上空　39—首层车辆出站口
5—开水间　10—水管井　15—候车室　20—办公室　25—随车行包托运　30—管理办公　35—厨房　40—地下车库出入口

图9.48　二层平面图

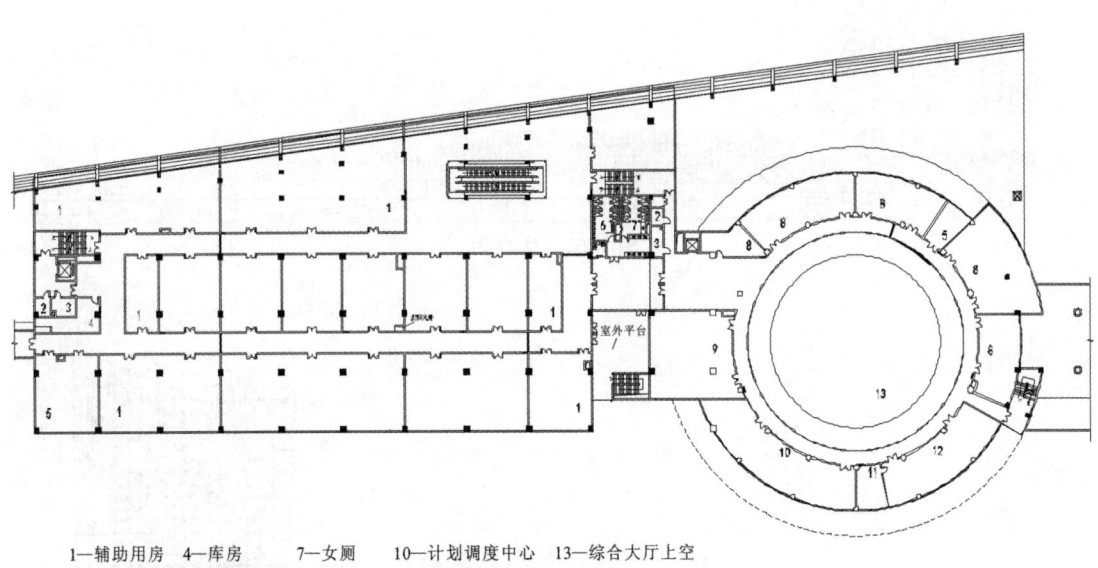

1—辅助用房　4—库房　7—女厕　10—计划调度中心　13—综合大厅上空
2—弱电间　5—空调机房　8—办公室　11—钢瓶间
3—强电间　6—男厕　9—会议室　12—客运信息中心

图9.49　三层平面图

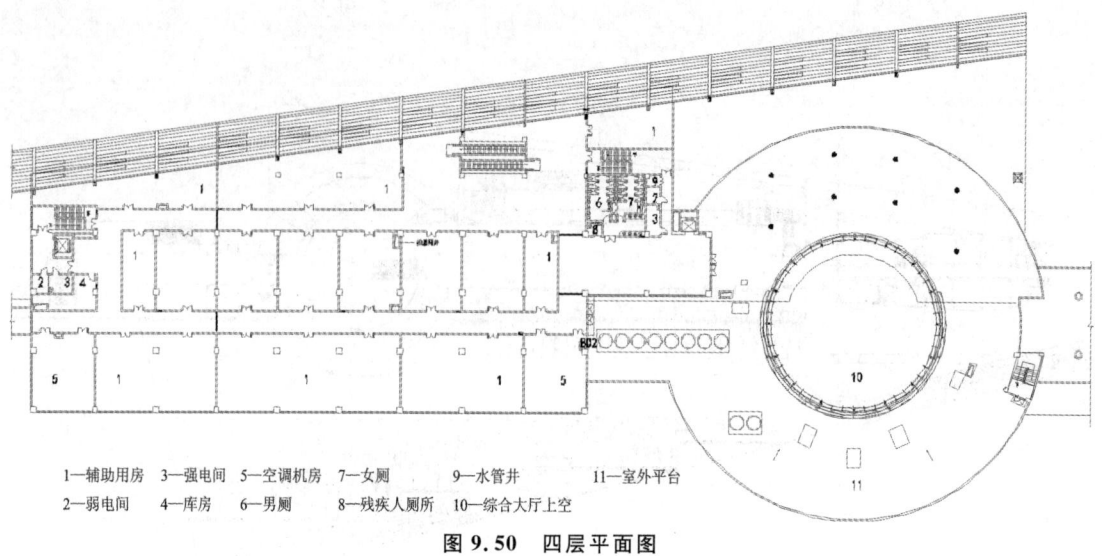

1—辅助用房　3—强电间　5—空调机房　7—女厕　　9—水管井　　11—室外平台
2—弱电间　　4—库房　　6—男厕　　8—残疾人厕所　10—综合大厅上空

图 9.50　四层平面图

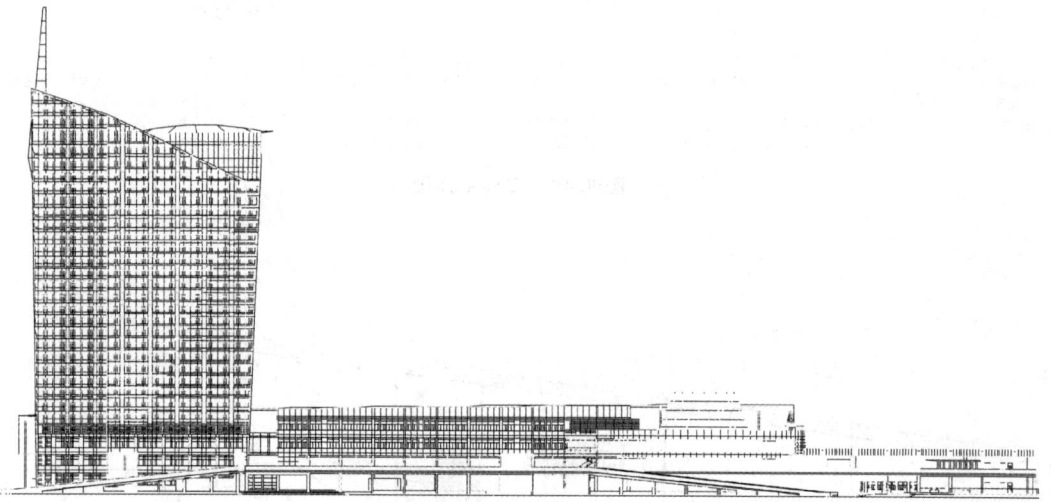

图 9.51　南立面

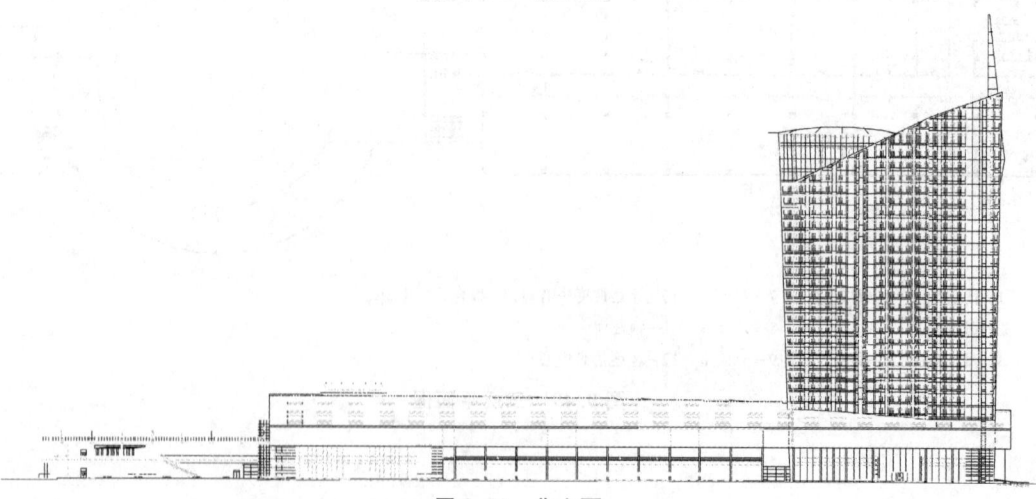

图 9.52　北立面

图 9.53 东立面

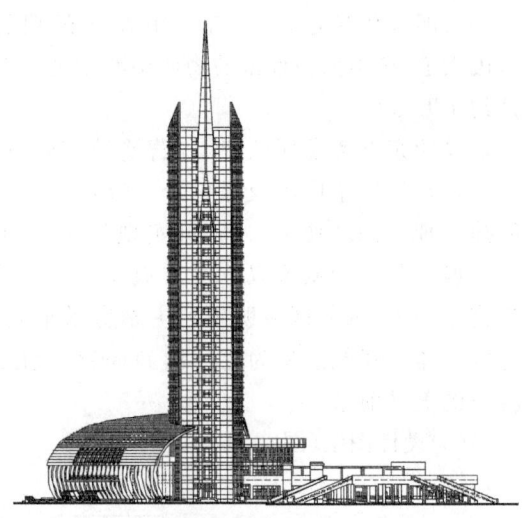
图 9.54 西立面

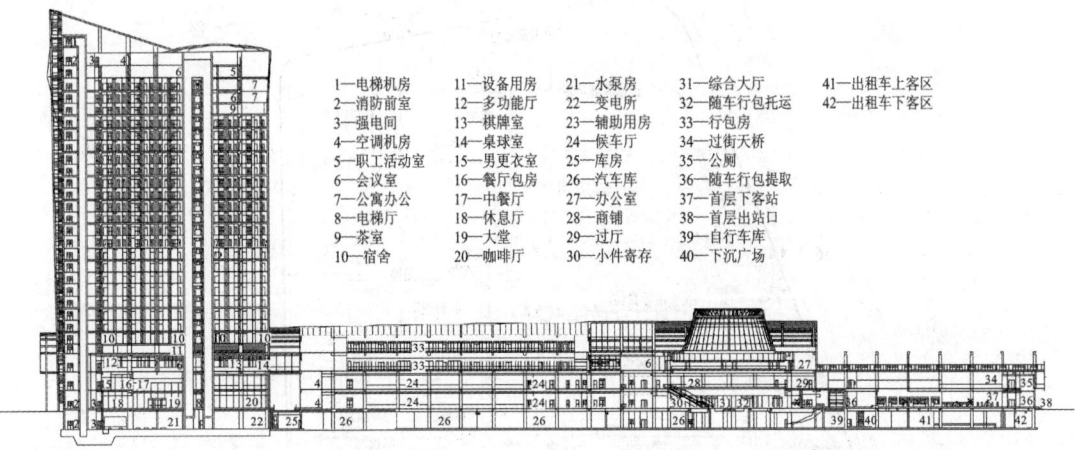

1—电梯机房　11—设备用房　21—水泵房　31—综合大厅　41—出租车上客区
2—消防前室　12—多功能厅　22—变电所　32—随车行包托运　42—出租车下客区
3—强电间　　13—棋牌室　　23—辅助用房　33—行包房
4—空调机房　14—桌球室　　24—候车厅　　34—过街天桥
5—职工活动室　15—男更衣室　25—库房　　　35—公厕
6—会议室　　16—餐厅包房　26—汽车库　　36—随车行包提取
7—公寓办公　17—中餐厅　　27—办公室　　37—首层下客站
8—电梯厅　　18—休息厅　　28—商铺　　　38—首层出站口
9—茶室　　　19—大堂　　　29—过厅　　　39—自行车库
10—宿舍　　 20—咖啡厅　　30—小件寄存　40—下沉广场

图 9.55 西立面

9.6.2 大朗汽车客运总站

(1)基本信息

项目名称:大朗汽车客运站。

设计年份:2002—2003 年。

建筑地点:广东省东莞市大朗镇。

建筑面积:14421m^2。

结构形式:钢筋混凝土框架、屋顶部分为钢结构。

外装修材料:铝板、金属瓦楞板涂料。

(2) 设计构思与作品特点

大朗汽车客运站位于东莞市大朗镇富民大道和富康路交接处,东北面是富康路,西北面是富民大道,东南面为预留的物流中心用地。客运站为一级站,包括主站房、宾馆等建筑,规模合计约 1 万 m²。

设计充分考虑环境特点,营造镇区快速路与主干道形成的重要城市景观节点,面向主干道转角设置主广场及绿化带,突出主体建筑的标志性与个性,总平面功能分区明确,流线简捷合理,设置"换乘广场"可实现长途车、短途车、出租车及社会车辆等各种方式之间"零距离换乘",带给旅客以方便与效率。长途车驻车场与客运站短途及出租车驻车场由绿化带完全隔离,内外区域明确。主站房候车大厅部分两层挑空,宽敞明亮,与夹层的人才市场连成一体。建筑造型为上侧面斜向钢柱托起挑檐动势向上腾飞,振奋人心,寓意大朗经济腾飞的美好前景。

(3) 设计图纸(图 9.56 至图 9.60)

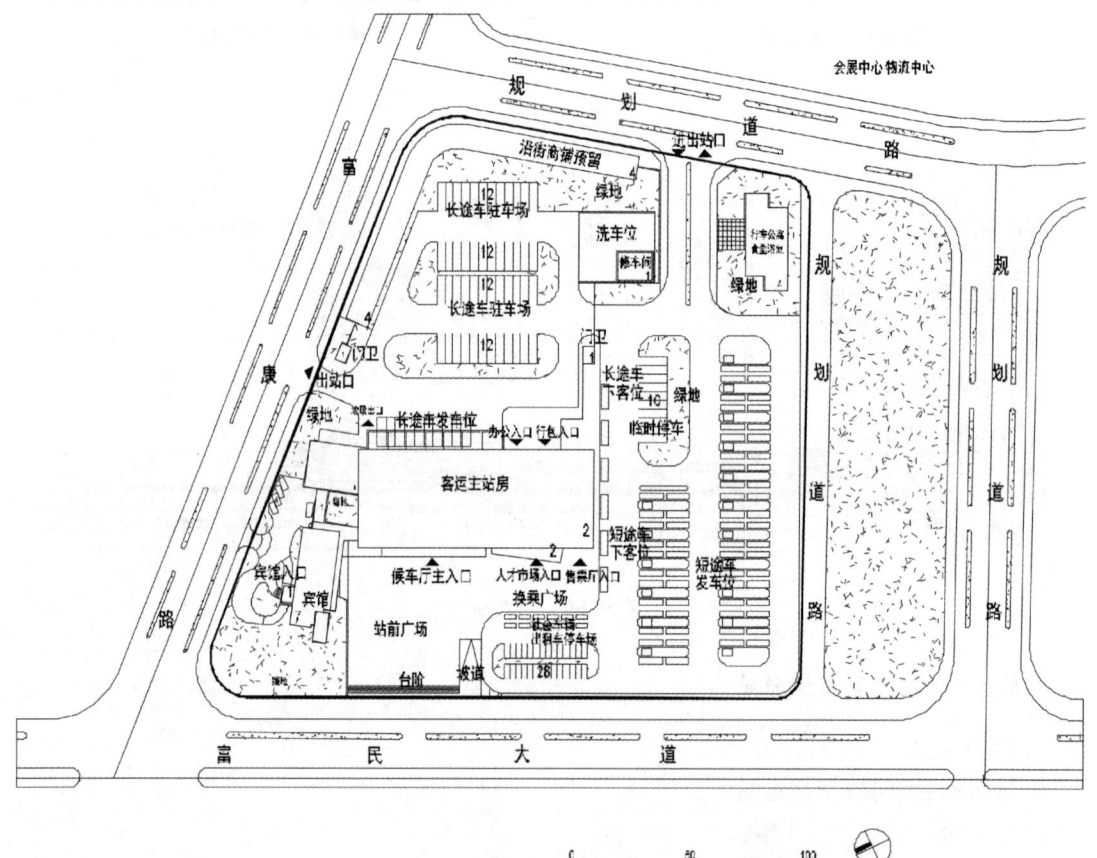

图 9.56 总平面图

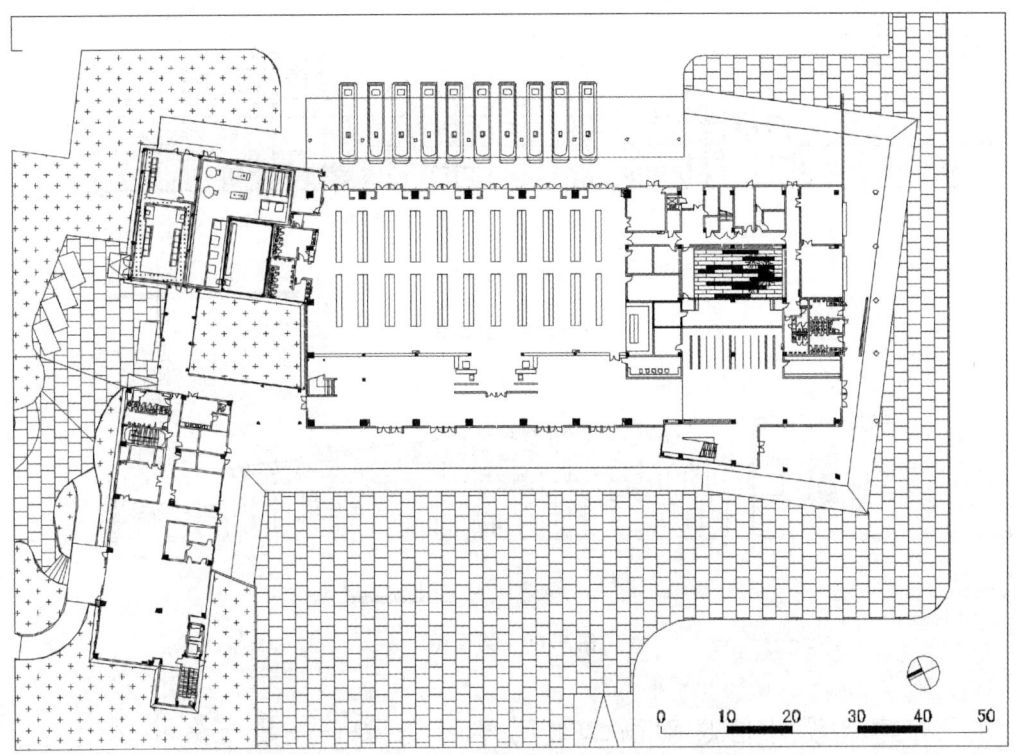

图 9.57 一层平面图

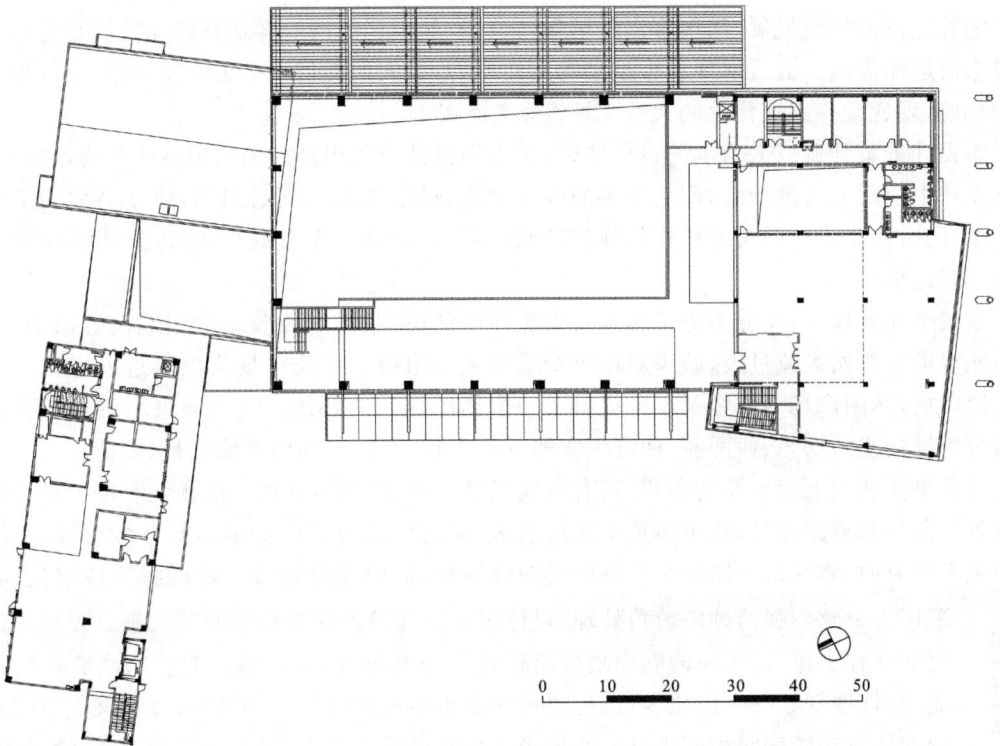

图 9.58 二层平面图

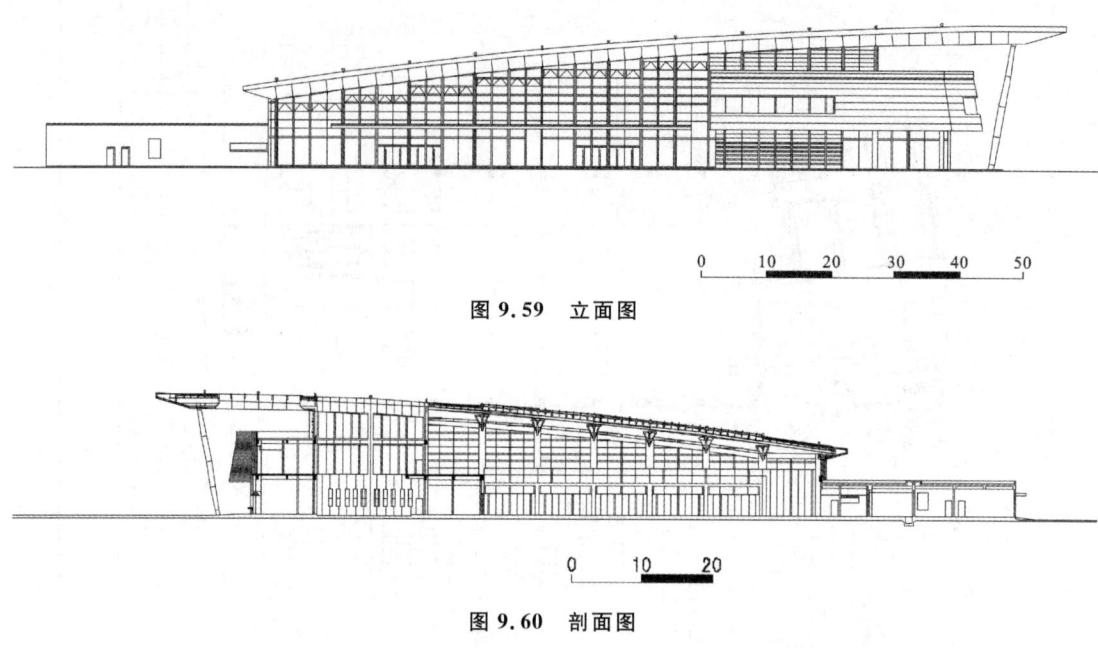

图 9.59　立面图

图 9.60　剖面图

9.7　建筑设计信息动画二维码学习资源——某市汽车客运站

设计：山西凯的建筑设计规划有限公司。

随着经济的快速发展，某市客流量迅猛增长，地处市区的两所客运站已无法满足客运量增长带来的运输需求。为缓解现有客运站的工作压力，为人们提供一个更方便快捷、更加舒适的运输环境，现建设一座现代化的大型二级汽车客运站。

本设计方案强调以人为本的设计原则，在规划设计中以提高人们的出行体验为出发点，在规划设计中应用先进的理念，配套完善的服务设施，通过合理的交通组织，建立高效的道路安全系统，同时注重步行系统的建构与静态交通的安排，创造一个布局合理、流线明确快捷的现代汽车客运枢纽。

建筑平面设计中，充分考虑了建筑与周边环境的协调，结合市政绿化用地设置站前广场，避免旅客进出车站人流过大，减少对城市交通造成的阻碍。硬质广场为旅客进入主站房的主要集散广场，休闲广场为旅客及市民提供了一个休闲娱乐的场地。在交通组织设计上进出口道路分别设在主站房东、西两侧，使进出车辆互不干扰，车辆在站内流线顺畅、便捷。

建筑单体造型上突出简洁明快、富有时代气息的现代风格，立面空间张弛有度。结合现有场地条件及相邻道路环境，将主体置于场地前区，同时留出充足的场地以结合城市绿地设计。在沿主干道方向，将建筑主体整合于整体场地环境中，同时用整片玻璃幕墙将主体虚化，转角采用力量感较强的倾斜转角处理，以体现交通建筑的快节奏以及时代感。屋顶采用高大的立柱支撑，以明晰的立面划分出建筑的功能布置，采用通透的玻璃幕墙将建筑功能、特性展现给每一位旅客，也使建筑与城市用地协调统一，同时通过构架、中庭的设置使所有功能房间均能满足天然采光和自然通风的要求，以达到节能、经济的目的。

扫码演示

（项目信息动画资源学习请扫二维码。）

9.8 实训课题——长途汽车客运站建筑方案设计

(一)实训项目概况

随着我国国民经济的发展,某市公路交通客运量成倍增长,原有客运站的规模及运送旅客的能力已不能满足要求。现拟在该市中心边缘靠近火车站附近选址,新建一座长途汽车客运站。

(二)实训目的

(1)本课程设计属交通类建筑。本次作业的重点是处理好车流与人流的流线关系,同时反映现代交通建筑快速、方便、安全、舒适的特点。此外,在造型上应力求新颖,并适当考虑地方特色。
① 通过长途汽车客运站建筑设计,理解与掌握交通建筑的设计方法与步骤;
② 训练和培养学生处理和组织复杂流线的能力;
③ 培养学生解决建筑功能、技术、艺术等相互关系的能力。
(2)通过小组合作,互为甲方,审核与纠正各阶段设计图纸成果,培养团队合作的意识。
(3)将课堂所学知识与工程实践紧密结合,培养学生的工程实践能力。

(三)实训内容及要求

具体要求如下:

1.规模

年平均日旅客发送量为3000人次,日发车量80辆,停车场驻车40辆,规模属城市三级站。

2.基地

已选定建筑基地两处(图9.61),基地A位于城市干道与环城公路交叉口,西距火车站1km,地势平坦;基地B位于城市干道南侧,地势平坦。

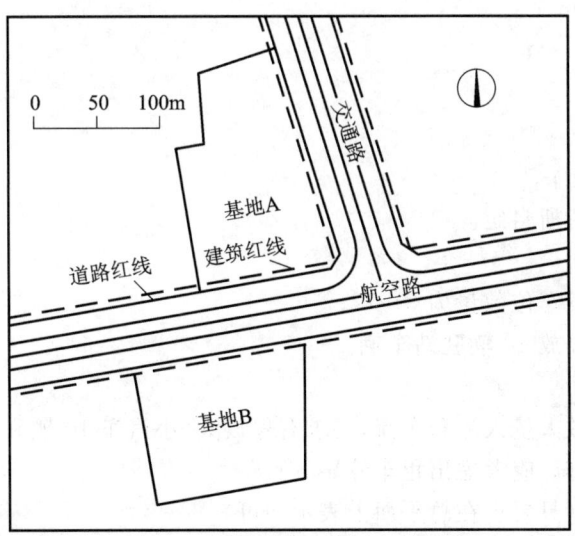

图9.61 某汽车客运站地形图

3.建筑面积组成

总计建筑面积4000m²。

其中:

(1)客运营业部分

候车厅 800~1200m²；
售票厅 120~200m²；
售票室 50m²(共设售票窗口 6~8 个)；
票据库 9m²；
饮水、盥洗室 50m²；
医务室 20m²；
行包库房 120m²；
行包托运处 80m²；
行包提取处 40m²；
小件寄存处 50m²；
问讯处 10m²；
小卖部 100m²；
旅客厕所 按旅客最大聚集量为 600 人计算卫生器具数量，男女对等；
出口处应设验票、补票室，及供到站旅客使用的厕所等，面积自定；
其他：邮政、电话亭等自定。
(2)站内业务部分
站务员室 50m²(3~4 间)；
值班站长室 20m²；
调度室 20m²；
广播室 10m²；
司助休息室 40m²；
公安值勤 15~20m²；
财务室 20m²；
统计室 20m²；
会议室 100m²；
工作人员盥厕自定；
外地司机驻站招待所自定。
(3)站台部分
发车站台 有效发车位数量为 8~12；
站内停车场应能停放 40 辆驻站车辆。
(4)站前广场部分
站前广场应能集散大量人流和车流，要求有停放大、小汽车 10 辆和自行车 200 辆的场地，面积由设计者自行安排。应考虑出租车停靠。
(5)附属建筑部分(只要求在总平面上表示即可)
工作人员生活服务楼 1000m²；
锅炉房 80m²；
洗车、修车 500m²。
4.参观调研提要
(1)所处城市区位——选址是否合理？

(2)与周边建筑环境是否协调?
(3)总平面布局中进、出口的设置方式如何?
(4)站前广场的人、车流如何组织?
(5)旅客流线(即客流)、车流、行包流线等的组织方式如何?
(6)候车厅的空间布局,以及与售票厅、行包托运处之间的关系如何?
(7)有效车位及站内停车场如何布局?
(8)找出调研汽车站中1~2个设计较好的方面,并说明理由。
(9)找出调研汽车站中1~2个设计不合理之处,并说明理由。
(10)画出总平面图、各层平面图、透视草图若干。

(四)实训主要步骤
(1)根据实训任务要求,调研同类已建建筑,查阅相应的规范及资料,获取设计数据。
(2)完成汽车客运站建筑方案草图设计。
(3)以小组为单位,进行草图交流,讨论并纠正图中存在的问题。
(4)完成汽车客运站建筑方案正图设计。
(5)任课教师组织小组进行成果展示与评价。

(五)实训成果要求
1. 成果规格与深度
采用A2图纸完成图纸绘制,要求标注相关尺寸,并符合国家制图规范。
2. 成果内容
总平面图(1∶500);
各层平面(1∶200);
立面图(2个以上,1∶200);
剖面图(1∶200);
表现图(方法不限,A2以上图纸单张);
设计分析图(若干);
局部透视图(若干);
设计说明及技术经济指标。

(六)实训成果评价
(1)各部分功能合理,流线明确清晰、不交叉。(25%)
(2)根据空间形式合理设置结构方式。(20%)
(3)构思巧妙或独特,概念新颖有依据。(15%)
(4)建筑对周边环境有积极作用。(15%)
(5)图纸美观清洁,表现出色。(10%)
(6)调研报告的规范性及完成情况。(15%)

(与汽车客运站方案设计对应的规范内容请扫描二维码,上线查找信息资源。)

扫码演示

模块四　信息技术与建筑设计

> **课程思政融合点思维导读**
> 　　党的二十大报告强调,"推动战略性新兴产业融合集群发展,构建新一代信息技术、人工智能、生物技术、新能源、新材料、高端装备、绿色环保等一批新的增长引擎""推进教育数字化,建设全民终身学习的学习型社会、学习型大国"。**课程融合点**:"BIM 与建筑方案设计、参数化建筑设计"。

解析 10　认知 BIM

　　党的二十大报告指出,要加快建设数字中国,加快发展数字经济。近年来,我国数字技术发展迅猛,随着数字中国建设的不断深入,数字技术推动建筑设计创新发展,数字化建筑成为建筑设计发展的必然过程。数字化作为建筑设计行业转型升级的核心引擎,对建筑的影响除了数字化虚拟空间与实体建筑的结合,还包括数字化技术支持下建筑智能环境的创造,使得建筑设计智能化、数字化不断深化,BIM 技术优势得以充分彰显。

　　纵观建筑全生命周期,BIM 是实践建筑数字化的核心技术底座及重要抓手。BIM 的价值并不局限于三维的可视化呈现,而是作为集成全生命周期建筑数据、项目业务流程数据的关键载体。通过将冗杂的工程信息、统筹调度、采购等项目数据进行分类存储、加工利用、快速流转,最终实现为建筑建造项目各阶段及各参与方的业务决策提供有力的数据支撑。

10.1　BIM 的基本概念

10.1.1　BIM 的来源与定义

　　1975 年,"BIM 之父"——佐治亚理工学院的 Chuck Eastman(查理·伊斯特曼)教授提出了 BIM 理念。至今,BIM 技术的研究经历了三大阶段:萌芽阶段、产生阶段和发展阶段。BIM 理念的启蒙,受到了 1973 年全球石油危机的影响,美国全行业需要考虑提高行业效益的问题。1975 年,"BIM 之父"伊斯特曼教授在其研究的课题 *Building Description System* 中提出 a computer based description of a building,以便于实现建筑工程的可视化和量化分析,提高工程建设效率。

　　当前社会发展正朝集约经济转变,建设行业需要精益建造的时代已经来临。BIM 已成为工程建设行业的一个热点,在政府部门相关政策指引和行业的大力推广下迅速普及。

　　BIM 是英文 Building Information Modeling 的缩写,国内比较统一的翻译是建筑信息模型。BIM 是以建筑工程项目的各项相关信息数据作为模型的基础,进行建筑模型的建立,通过数字信息仿真模拟建筑物所具有的真实信息。BIM在建筑的全生命周期内,通过参数化建模来进行建筑模型的数字化和信息化管理,从而实现各个专业在设计、建造、运营维护阶段的协同工作。

建筑智慧国际联盟(building SMART International,简称bSI)对BIM的定义包括以下三个层次:

(1)第一个层次是"Building Information Model",中文可称之为"建筑信息模型"。bSI对这一层次的解释为建筑信息模型是一个工程项目物理特征和功能特性的数字化表达,可以作为该项目相关信息的共享知识资源,为项目全生命周期内的所有决策提供可靠的信息支持。

(2)第二个层次是"Building Information Modeling",中文可称之为"建筑信息模型应用"。bSI对这一层次的解释为建筑信息模型应用是创建和利用项目数据在其全生命周期内进行设计、施工和运营的业务过程,允许所有项目相关方通过不同技术平台之间的数据互用在同一时间利用相同的信息。

(3)第三个层次是"Building Information Management",中文可称之为"建筑信息管理"。bSI对这一层次的解释为建筑信息管理是指通过使用建筑信息模型内的信息支持项目全生命周期信息共享的业务流程组织和控制过程,建筑信息管理的效益包括集中和可视化沟通、更早进行多方案比较、可持续分析、高效设计、多专业集成、施工现场控制、竣工资料记录等。

不难理解,上述三个层次的含义相互之间是有递进关系的,也就是说,首先要有建筑信息模型,然后才能把模型应用到工程项目建设过程中去,有了前面的模型和模型应用,建筑信息管理才会成为有源之水、有本之木。

10.1.2 BIM的特点

BIM具有可视化、协调性、模拟性、优化性和可出图性五大特点。

(1)可视化。可视化即"所见所得"的形式,对于建筑行业来说,可视化的真正运用在建筑业的作用是非常大的,例如经常拿到的施工图纸只是各个构件的信息在图纸上采用线条的绘制表达,但是其真正的构造形式就需要建筑行业的参与人员去自行想象了。对于一般简单的东西来说,这种想象也未尝不可,但是近几年建筑业的建筑形式各异,复杂造型在不断推出,那么这光靠人脑去想象就未免有点不太现实了。所以,BIM提供了可视化的思路,让人们将以往的线条式构件形成一种三维的立体实物图形展示在人们的面前。建筑业也有设计方出效果图的情况,但是这种效果图是分包给专业的效果图制作团队进行识读设计并制作出的线条式信息,并不是通过构件的信息自动生成的,缺少了同构件之间的互动性和反馈性,然而BIM提到的可视化是一种能够同构件之间形成互动性和反馈性的可视,在BIM建筑信息模型中,由于整个过程都是可视化的,所以可视化的结果不仅可以用于效果图的展示及报表的生成,更重要的是,项目设计、建造、运营过程中的沟通、讨论、决策都在可视化的状态下进行。

(2)协调性。协调性是建筑业中的重点内容,不管是施工单位还是业主及设计单位,都在做着协调及相配合的工作。一旦项目在实施过程中遇到了问题,就要将各有关人士组织起来召开协调会,找出问题发生的原因及解决办法,然后作出变更,或采取相应补救措施等,从而使问题得到解决。在设计时,往往由于各专业设计师之间的沟通不到位而出现各种专业之间的碰撞问题,例如暖通等专业中管道在进行布置时,由于是绘制在各自的施工图纸上的,但在真正施工过程中,可能在布置管线时正好在此处有结构设计的梁等构件妨碍管线的布置,这种问题就是施工中常遇到的。像这样的碰撞问题就只能在其出现之后再进行协调解决吗？BIM的协调性服务就可以帮助处理这种问题，也就是说，BIM可在建筑物建造前期对各专业的碰撞问题进行协调，生成协调数据提供出来。当然，BIM的协调作用也并不是只能解决各专业间的碰撞问题，它还可以解决如电梯井布置与其他设计布置及净空要求的协调、防火分区与其他设计布置的协调、地下排水布置与其他设计布置的协调等。

（3）模拟性。模拟性并不是只能模拟设计出建筑物模型，还可以模拟不能够在真实世界中进行操作的事物。在设计阶段，BIM可以对设计上需要进行模拟的一些东西进行模拟试验，例如：节能模拟、紧急疏散模拟、日照模拟、热能传导模拟等；在招投标和施工阶段可以进行4D模拟（三维模型加项目的发展时间），也就是根据施工组织设计模拟实际施工，从而确定合理的施工方案来指导施工。同时还可以进行5D模拟（基于3D模型的造价控制），从而实现成本控制；后期运营阶段可以模拟日常紧急情况的处理方式，例如地震发生时人员逃生模拟及火警响时消防人员疏散模拟等。

（4）优化性。事实上整个设计、施工、运营的过程就是一个不断优化的过程，当然优化和BIM也不存在实质性的必然联系，但在BIM的基础上可以做更好的优化、更好地做优化。优化受三种因素的制约：信息、复杂程度和时间。没有准确的信息做不出合理的优化结果，BIM模型提供了建筑物实际存在的信息，包括几何信息、物理信息、规则信息，还提供了建筑物变化以后的实际状况。复杂到一定程度，参与人员本身的能力无法掌握所有的信息，必须借助一定的科学技术和设备的帮助。现代建筑物的复杂程度大多超过参与人员本身的能力极限，BIM及与其配套的各种优化工具提供了对复杂项目进行优化的可能。基于BIM的优化可以做以下两方面的工作：

① 项目方案优化：把项目设计和投资回报分析结合起来，设计变化对投资回报的影响可以实时计算出来；这样业主对设计方案的选择就不会主要停留在对形状的评价上，从而更多地可以使业主知道哪种项目设计方案更有利于自身的需求。

② 特殊项目的设计优化：例如裙楼、幕墙、屋顶、大空间到处可以看到异形设计，这些内容看起来占整个建筑的比例不大，但是占投资和工作量的比例往往要大得多，而且通常也是施工难度比较大和施工问题比较多的地方，对这些内容的设计施工方案进行优化，可以带来显著的工期和造价改进。

（5）可出图性。运用BIM技术，可以进行建筑各专业平面图、立面图、剖面图、详图及一些构件加工的图纸输出。但BIM并不是为了出常规的设计图纸，而是通过对建筑物进行可视化展示、协调、模拟、优化以后，可以帮助建设方出如下图纸：综合管线图（经过碰撞检查和设计修改，消除了相应错误以后）；综合结构留洞图（预埋套管图）；碰撞检查侦错报告和建议改进方案。

10.1.3 BIM技术的优势

BIM所追求的是根据业主的需求，在建筑全生命周期之内，以最少的成本、最有效的方式得到性能最好的建筑。因此，在成本管理、进度控制及建筑质量优化方面，相较于传统建筑工程方式，BIM技术有着非常明显的优势。

（1）成本

美国麦格劳-希尔建筑信息公司（McGraw-Hill Construction）指出，2013年最有代表性的国家中,约有 75% 的承建商表示他们对 BIM 项目投资有正面回报率。可以说,BIM 对建筑行业带来的最直接的利益就是成本的减少。

不同于传统工程项目,BIM 项目需要项目各参与方从设计阶段开始紧密合作,并通过多方位的检查及性能模拟不断改善并优化建筑设计。同时,由于 BIM 本身具有的信息互联特性,可以在改善设计过程中确保数据的完整性与准确性。因此,可以大大减少施工阶段因图纸错误而需要设计变更的问题。47% 的 BIM 团队认为施工阶段图纸错误与遗漏的减少是最直接影响高投资回报的原因。

此外,BIM 技术对造价管理方面有着先天性的优势。众所周知,价格是随经济市场的变动而变化的,价格的真实性取决于对市场信息的掌握。而 BIM 可以通过与互联网的连接,再根据模型所具有的几何特性,实时计算出工程造价。同时,由于所有计算都是由计算机自动完成的,可以避免手工计算所带来的失误。因此,项目参与方所获得的预算量非常贴近实际工程,控制成本更为方便。

对于全生命周期费用,因为 BIM 项目大部分决策是在项目前期由各方共同进行的,前期所需费用会比传统建筑工程有所增加。但是,在项目经过某一临界点之后,前期所做的努力会给整个项目带来巨大的利益,并且将持续到最后。

(2)进度

传统进度管理主要依靠人工操作来完成,项目参与方向进度管理人员提供、索取相关数据,并由进度管理员负责更新并发布后续信息。这种管理方式缺乏及时性与准确性,对工期影响较大。

对于 BIM 项目,由于各参与方是在同一平台,利用同一模型完成项目,因此可以非常迅速地查询到项目进度,并制订后续工作计划。特别是在施工阶段,施工方可以通过 BIM 对施工进度进行模拟,以此优化施工组织方案,从而减少施工误差和返工,缩短施工工期。

(3)质量

建筑物的质量可以说是一切目标的前提,不能因为赶进度而忽视。建筑质量的保障不仅可以给业主及使用者带来舒适环境,还可以大幅降低运营费用、提高建筑使用效率,最终贡献于可持续发展。BIM 的信息化与协调化都是以最终建筑的高质量为首要目标的,即通过最优化的设计、施工及运营方案展现出与设计理念相同的实际建筑。

设计阶段,设计师与工程师可通过 BIM 进行建筑仿真模拟,并根据结果提高建筑物性能。施工阶段的施工组织模拟,可以为施工方在实际施工前提出注意点,以防止缺陷出现。

当然,建得再好的建筑物,如果没有后期维护将很难保持其初期质量。运维阶段,通过 BIM 与物联网的合作,可以实时监控建筑物运行状态,并以此为依据在最短时间内定位故障位置并进行维修。

(4)安全

BIM 与安全的结合使得项目安全管控上升一个新高度。在重大项目方案编制阶段已经运用 BIM 技术进行模拟施工,可以直观地了解到重大危险源的具体施工时间、进度、施工方式以及存在的安全隐患,有针对性地制定安全预防控制措施,确保重大危险源施工安全。同时,在日常安全管理中,应用 BIM 模型可以全面地排查现场"四口""五临边"的位置及大小,对照模型检查现场,防止缺漏,保障防护安全。同时,依据 BIM 中的施工时间可以及时安排防护设备的进场和搭设等,确保防护及时到位。

(5) 环保

BIM 在实现绿色设计、可持续设计方面有着天然的技术优势,可用于分析包括影响绿色条件的采光、能源效率和可持续性材料等建筑性能的方方面面;可分析、实现最低能耗的可能性,并借助通风、采光、气流组织以及视觉对人体心理感受的控制等,实现节能环保;采用 BIM 理念,还可在项目方案完成的同时计算日照、模拟风环境,为建筑设计的"绿色探索"注入高科技力量。

10.2 BIM 的发展与应用

10.2.1 AEC 行业的发展历程

AEC 为 Architecture Engineering and Construction 的缩略词,即建筑工程与施工。从人类开始建造房屋开始到现在,随着技术发展与管理需求,AEC 行业迎来了多次翻天覆地的变化。与根据时代背景而频繁出现不同建筑思想和建筑技术相反,建筑流程仅有过三种不同形式。

在古代社会,建筑设计与施工的分化并不像现在如此明确,两项均由一名建筑师或工匠所负责。建筑师会根据自己所在地区的自然条件与生活习惯等进行设计与施工。即便项目非常复杂,建筑所有相关信息均出自建筑师一人。因科技水平的限制,建筑师或工匠较少采用设计图纸,大多数情况下设计与施工是在现场同步实施的。

第一次重要变化出现在文艺复兴时期。这期间设计与施工逐渐分离,建筑师脱离现场手工制作,专门从事建筑艺术创作,而后期施工则由专门工匠负责。在这个分离过程中,建筑过程及建筑工具都发生了根本性改变。建筑师需要把自己的设计概念完整地灌输到工匠的大脑中,因此设计图纸变得尤为重要,并且成为了最重要的施工依据。同时,随着造纸技术的发展,图纸在整个建筑业中运用得非常频繁,而这也衍生出了除设计与施工以外的交付过程。之后随着科技的发展,建筑运用了大量的机电设备,同时也分化出多个专业,如暖通、给排水、电气等,可是对于建筑过程的变化则少之又少。这时还是以手绘图纸为基础,设计师进行设计并交到施工方手中进行施工。

直到 1980 年以后,个人计算机的普及给 AEC 行业带来了又一波巨大的冲击,其主要以 CAD(Computer Aided Design,计算机辅助设计)为主。第一台电子计算机早在 1946 年就制造成功,而 CAD 也诞生于 20 世纪 60 年代。可是由于当时硬件设施昂贵,只有一些从事汽车、航空等领域的公司自行开发使用。之后随着计算机价格的降低,CAD 得以迅速发展,AEC 行业也开始经历信息化浪潮。计算机代替手工作业带来的不仅是设计工具的升级,细节与效率上的提升也非常显著。比如利用 CAD 修改设计不再容易出现错误,对图作业也无需传统对图方式,传递设计文件更加方便。虽然此次变革对建筑工具带来了根本性改变,可是对于整个建筑过程,与之前形式相差无几。建筑师设计方案敲定之后由多位专业工程师依次进行后续设计,最后交付到施工团队。由于各团队间协调配合工作不够完善,在后期施工期间,依然有大量问题出现。

在这种背景下,随着项目复杂度的提升,对于整个工程项目全程协调与管理的重要性也同样逐渐提高。1975 年,查理·伊斯特曼博士在《AIA》杂志上发表了一篇关于建筑描述系统(Building Description System)的工作原型的文章,被认为是最早提及 BIM 概念的一份文献。

在随后的30年时间中,BIM概念一再被提起并由许多专家进行研究,但由于技术所限还是只停留于概念与方法论研究层面上。直到21世纪初,在计算机与IT技术长足发展的前提下,应AEC市场需求,欧特克(Autodesk)在2002年将Building Information Modeling这个术语展现到世人面前并推广。而BIM的出现,也正逐渐带来第三次建筑流程的改变。

10.2.2 BIM在国外的发展路径与相关政策

(1)美国

美国作为最早启动BIM研究的国家之一,其技术与应用都走在世界前列。与世界其他国家相比,美国从政府到公立大学,不同级别的机关都在积极推动BIM的应用,并制订了各自的目标及计划。

早在2003年,美国总务管理局(General Services Administration,GSA)通过其下属的公共建筑服务部(Public Building Service,PBS)设计管理处(Office of Chief Architect,OCA)创立并推进了3D-4D-BIM计划,致力于将此计划提升为美国BIM应用政策。从创立到现在,GSA在美国各地已经协助200个以上项目实施BIM,项目总费用高达120亿美元。以下为3D-4D-BIM计划具体细节:

①制订3D-4D-BIM计划;
②向实施3D-4D-BIM计划的项目提供专家支持与评价;
③制定对使用3D-4D-BIM计划的项目补贴政策;
④开发对应3D-4D-BIM计划的招标语言(供GSA内部使用);
⑤与BIM公司、BIM协会、开放性标准团体及学术/研究机关合作;
⑥制定美国总务管理局BIM工具包;
⑦制作BIM门户网站与BIM论坛。

2006年,美国陆军工程师兵团(United States Army Corps of Engineers, USACE)发布为期15年的BIM发展规划(A Road Map for Implementation to Support MILCON Transformation and Civil Works Projects within the United States Army Corps of Engineers),声明在BIM领域成为一个领导者,并制定六项BIM应用的具体目标。在2012年,他们声明对USACE所承担的军用建筑项目强制使用BIM。此外,他们向一所开发CAD与BIM技术的研究中心提供资金帮助,并在美国国防部(United States Department of Defense, DoD)内部进行BIM培训。同时,美国退伍军人部也发表声明,从2009年开始,其所承担的所有新建与改造项目将全部采用BIM技术。

美国建筑科学研究所(National Institute of Building Sciences,NIBS)建立NBIMSUSTM项目委员会,以开发国家BIM标准,并研究大学课程添加BIM的可行性。2014年年初,NIBS在新成立的建筑科学在线教育上发布了第一个BIM课程,取名为COBie简介(The Introduction to COBie)。

除上述国家政府机构以外,各州政府机构与科研院所也相继建立BIM应用计划。例如,2009年7月,威斯康星州对设计公司要求500万美元以上的项目与250万美元以上的新建项目一律使用BIM技术。

(2)英国

英国是由政府主导,与英国政府建设局(UK Government Construction Client Group)在

2011年3月共同发布推行BIM战略报告书(Building Information Modeling Working Party Strategy Paper),同时在2011年5月由英国内阁办公室发布的政府建设战略(Government Construction Strategy)中正式包含BIM的推行。此政策分为Push与Pull,由建筑业(Industry Push)与政府(Client Pull)为主导发展。

Push的主要内容为由建筑业主导建立BIM文化、技术与流程;通过实际项目建立BIM数据库;加大BIM培训机会。

Pull的主要内容为政府站在客户的立场,为使用BIM的业主及项目提供资金上的补助;当项目使用BIM时,鼓励将重点放在收集可以持续沿用的BIM情报,以促进BIM的推行。

英国政府表明从2011年开始,对所有公共建筑项目强制性使用BIM。同时为了实现上述目标,英国政府专门成立BIM任务小组(BIM Task Group)主导一系列BIM简介会,并且为了提供BIM培训项目初期情报,发布BIM学习构架。2013年年末,BIM任务小组发布了一份关于COBie要求的报告,以处理基础设施项目信息交换问题。

(3)芬兰

对于BIM的采用,全世界没有其他国家可以赶得上芬兰。作为芬兰财务部(The Finnish Ministry of Finance)旗下最大的国有企业,国有地产服务公司(Senate Properties)早在2007年就要求在自己的项目中使用IFC/BIM。

(4)挪威

挪威政府在2010年发布声明,将致力于发展BIM,随后众多公共机关开始着手实施BIM。例如,挪威国防产业部(The Norwegian Defense Estates Agency)开始实施三个BIM试点项目。作为公共管理公司和挪威政府主要顾问,Statsbygg要求所有新建建筑使用可以兼容IFC标准的BIM。为了推广BIM的采用,Statsbygg主要对建筑效率、室内导航、基于地理的模拟与能耗计算等BIM应用展开研发项目。

(5)丹麦

丹麦政府为了向政府项目提供BIM情报通信技术,在2007年着手实施数字化建设项目(the Digital Construction Project)。通过此项目开发出的BIM要求事项,随后由政府客户,如皇家地产公司(the Palaces & Properties Agency)、国防建设服务公司(the Defense Construction Service)相继使用。

(6)瑞典

虽然BIM在瑞典国内建筑业已被采用多年,可是瑞典政府直到2013年才由瑞典交通部(Swedish Transportation Administration)发表声明使用BIM之后开始推行。瑞典交通部同时声明,从2015年开始,对所有投资项目强制性使用BIM。

(7)澳大利亚

2012年,澳大利亚政府通过发布国家BIM行动方案(National BIM Initiative)报告制定多项BIM应用目标。这份报告由澳大利亚building SMART协会主导,并由建筑环境创新委员会(Built Environment Industry Innovation Council, BEIIC)授权发布。此方案主要提出如下观点:2016年7月1日起,所有的政府采购项目强制性使用全三维协同BIM技术;鼓励澳大利亚州及地区政府采用全三维协同Open BIM技术;实施国家BIM行动方案。

澳大利亚本地建筑业协会同样积极参与BIM推广。例如,机电承包协会(Air Conditioning & Mechanical Contractors Association, AMCA)发布了BIM-MEP行动方案,促进推广澳大利亚建筑设备领域应用 BIM 与整合式项目交付（Integrated Project Delivery，IPD）技术。

(8) 新加坡

早在 1995 年，新加坡启动房地产建造网络（Construction Real Estate Network，CORENET）以推广及要求 AEC 行业 IT 与 BIM 的应用。之后，建设局（Building and Construction Authority，BCA）等新加坡政府机构开始使用以 BIM 与 IFC 为基础的网络提交系统（e-submission system）。2010 年，新加坡建设局发布 BIM 发展策略，要求在 2015 年建筑面积大于 5000m^2 的新建建筑项目中，BIM 和网络提交系统使用率达到 80%。同时，新加坡政府希望在未来的 10 年内，利用 BIM 技术为建筑业的生产力带来 25% 的性能提升。2010 年，新加坡建设局建立建设 IT 中心（Center for Construction IT，CCIT），以帮助顾问及建设公司开始使用 BIM，并在 2011 年开发多个试点项目。同时，建设局建立 BIM 基金以鼓励更多的公司将 BIM 应用到实际项目上，并多次在全球或全国范围内举办 BIM 竞赛大会以鼓励 BIM 创新。

(9) 日本

2010 年，日本国土交通省声明对政府新建与改造项目的 BIM 试点计划，此为日本政府首次公布采用 BIM 技术。

除日本政府机构外，一些行业协会也开始将注意力放到 BIM 应用上。2010 年，日本建设业联合会（Japan Federation of Construction Contractors，JFCC）在其建筑施工委员会（Building Construction Committee）旗下建立了 BIM 专业组，通过标准化 BIM 的规范与使用方法提高施工阶段 BIM 所带来的利益。

(10) 韩国

2012 年 1 月，韩国国土海洋部（Korean Ministry of Land，Transport & Maritime Affairs，MLTM）发布了 BIM 应用发展策略，表明 2012 年到 2015 年间对重要项目实施四维 BIM 应用，并从 2016 年起对所有公共建筑项目使用 BIM。另一个国家机构韩国公共采购服务中心（Public Procurement Service，PPS）在 2011 年发布 BIM 计划，并计划在 2013 年到 2015 年间对总承包费用大于 5000 万美元的项目使用 BIM 技术，并从 2016 年起对所有政府项目强制性应用 BIM 技术。

在韩国，以国土海洋部为首的许多政府机构参与 BIM 研发项目。从 2009 年起，国土海洋部就持续向多个研发项目进行资金补助，包括名为 SEUMTER 的建筑许可系统及一些基于 Open BIM 的研发项目，如超高层建筑项目的 Open BIM 信息环境技术（Open BIM Information Environment Technology for the Super-tall Buildings Project）、建立可提高设计生产力的基于 Open BIM 的建筑设计环境（Establishment of Open BIM based Building Design Environment for Improving Design Productivity）。同样，韩国公共采购服务中心在 2011 年对造价管理咨询（Cost Management Consulting）研发项目提供资金支持。

10.2.3 BIM 在国内的发展路径与相关政策

2011 年，中华人民共和国住房和城乡建设部发布《2011—2015 年建筑业信息化发展纲要》，声明在"十二五"期间，基本实现建筑企业信息系统的普及应用，加快建筑信息模型、基于网络的协同工作等新技术在工程中的应用，推动信息化标准建设，促进具有自主知识产权软件的产业化，形成一批信息技术应用达到国际先进水平的建筑企业。这一年被业界普遍认为是中国的 BIM 元年。

2016 年,中华人民共和国住房和城乡建设部发布《2016—2020 年建筑业信息化发展纲要》,声明全面提高建筑业信息化水平,着力增强 BIM、大数据、智能化、移动通信、云计算、物联网等信息技术集成应用能力,建筑业数字化、网络化、智能化取得突破性进展,初步建成一体化行业监管和服务平台,数据资源利用水平和信息服务能力明显提升,形成一批具有较强信息技术创新能力和信息化应用达到国际先进水平的建筑企业及具有关键自主知识产权的建筑业信息技术企业。

此外,住房城乡建设部在 2013 年到 2016 年期间,先后发布了若干 BIM 相关指导意见:

① 2016 年以前,政府投资的 20000m^2 以上大型公共建筑及省报绿色建筑项目的设计、施工采用 BIM 技术。

② 截至 2020 年,完善 BIM 技术应用标准、实施指南,形成 BIM 技术应用标准和政策体系;在有关奖项,如全国优秀工程勘察设计奖、中国建设工程鲁班奖(国家优质工程)及各行业、各地区勘察设计奖和工程质量最高奖的评审中,设计应用 BIM 技术的条件。

③ 推进建筑信息模型(BIM)等信息技术在工程设计、施工和运行维护全过程的应用,提高综合效益,推广建筑工程减(隔)震技术,探索开展白图代替蓝图、数字化审图等工作。

④ 到 2020 年年末,建筑行业甲级勘察、设计单位以及特级、一级房屋建筑工程施工企业应掌握并实现 BIM 与企业管理系统和其他信息技术的一体化集成应用。

⑤ 到 2020 年年末,以下新立项项目勘察设计、施工、运营维护中,集成应用 BIM 的项目比率达到 90%:以国有资金投资为主的大中型建筑;申报绿色建筑的公共建筑和绿色生态示范小区。

同时,随着 BIM 发展进步,各地方政府按照国家规划指导意见也陆续发布了地方 BIM 相关政策,鼓励当地工程建设企业全面学习并使用 BIM 技术,促进企业、行业转型升级,以适应社会发展的需要。

10.2.4 BIM 的应用

BIM 发展至今,已经从单点和局部的应用发展到集成应用,同时也从阶段性应用发展到项目全生命周期应用。

(1)规划阶段 BIM 应用

①模拟复杂场地分析。随着城市建筑用地的日益紧张,城市周边山体用地将日益成为今后建筑项目、旅游项目等开发的主要资源,而山体地形的复杂性,又势必给开发商们带来选址难、规划难、设计难、施工难等问题。但如能通过计算机直观地再现及分析地形的三维数据,则将节省大量时间和费用。借助 BIM 技术,通过原始地形等高线数据,建立起三维地形模型,并加以高程分析、坡度分析、放坡填挖方处理,从而为后续规划设计工作奠定基础。比如,通过软件分析得到地形的坡度数据,以不同跨度分析地形每一处的坡度,并以不同颜色区分,则可直观看出哪些地形比较平坦,哪些地形陡峭,进而为开发选址提供有力依据,也避免过度填挖土方而造成无端浪费。

②进行可视化能耗分析。从 BIM 技术层面而言,可进行日照模拟、二氧化碳排放计算、自然通风和混合系统情境仿真、环境流体力学情境模拟等多项测试比对,也可将规划建设的建筑物置于现有建筑环境当中进行分析论证,讨论在新建筑增加的情况下各项环境指标的变化,从

而在众多方案中优选出更节能、更绿色、更生态、更适合人居住的最佳方案。

③进行前期规划方案比选与优化。通过 BIM 三维可视化分析,也可对运营、交通、消防等其他各方面规划方案进行比选、论证,从中选择最佳结果。亦即,利用直观的 BIM 三维参数模型,让业主、设计方(甚至施工方)尽早地参与项目讨论与决策,这将大大提高沟通效率,减少不同人因对图纸理解不同而造成的信息损失及沟通成本。

(2)设计阶段 BIM 应用

从 BIM 的发展可以看到,BIM 最开始的应用就是在设计阶段,然后再扩展到建筑工程的其他阶段。BIM 在方案设计、初步设计、施工图设计的各个阶段均有广泛的应用,尤其是在施工图设计阶段的冲突检测和三维管线综合以及施工图出图方面。

①可视化功能有效支持设计方案比选。在方案设计和初步分析阶段,利用具有三维可视化功能的 BIM 设计软件,一方面,设计师可以快速通过三维几何模型的方式直接表达设计灵感,直接就外观、功能、性能等多方面进行讨论,形成多个设计方案,并进行逐一比选,最终确定出最优方案。另一方面,在业主进行方案确认时,协助业主针对一些设计构想、设计亮点、复杂节点等通过三维可视化手段予以直观表达或展现,以便了解技术的可行性、建成的效果,以及便于专业之间的沟通协调,及时作出方案的调整。

②可分析性功能有效支持设计分析和模拟。确定项目的初步设计方案后,需要进行详细的建筑性能分析和模拟,再根据分析结果进行设计调整。BIM 三维设计软件可以导出多种格式的文件,与基于 BIM 技术的分析软件和模拟软件无缝对接,进行建筑性能分析。这类分析与模拟软件包括日照分析、光污染分析、噪声分析、温度分析、安全疏散模拟、垂直交通模拟等,能够对设计方案进行全性能的分析,只要简单地输入 BIM 模型,就可以提供数字化的可视分析图,对提高设计质量有很大的帮助。

③集成管理平台有效支持施工图的优化。BIM 技术将传统的二维设计图纸转变为三维模型并整合集成到同一个操作平台中,在该平台通过链接或者复制功能融合所有专业模型,直观地暴露各专业图纸本身的问题以及相互之间的碰撞问题。使用局部三维视图、剖面视图等功能进行修改调整,提高了各专业设计师及负责人之间的沟通效率,在深化设计阶段解决了大量设计不合理问题、管线碰撞问题,空间得到最优化,最大限度地提高了施工图纸的质量,减少后期图纸变更数量。

④参数化协同功能有效支持施工图的绘制。在设计出图阶段,方案的反复修改时常发生,某一专业的设计方案发生修改,其他专业也必须考虑协调的问题。基于 BIM 的设计平台,所有的视图(剖面图、三维轴测图、平面图、立面图)中构件和标注都是相互关联的,设计过程中只要在某一视图中进行修改,其他视图中构件和标注也会跟着修改。不仅如此,施工图纸在 BIM 模型中也是自动生成的,这使设计人员对图纸的绘制、修改的时间大大减少。

(3)施工阶段 BIM 应用

施工阶段是项目由虚到实的过程,在此阶段施工单位关注的是在满足项目质量的前提下,运用高效的施工管理手段,对项目目标进行精确的把控,确保工程按时保质保量完成。而 BIM 在进度控制与管理、工程量的精确统计等方面均能发挥巨大的作用。

① BIM 为进度管理与控制提供可视化解决方法。施工计划的编制是一个动态且复杂的过程,通过将 BIM 模型与施工进度计划相关联,可以形成 BIM 4D 模型,通过在 4D 模型中输入实际进度,则可实现进度实际值与计划值的比较,提前预警可能出现的进度拖延情况,实现

真正意义上的施工进度动态管理。不仅如此,在资源管理方面,以工期为媒介,可快速查看施工期间劳动力、材料的供应情况,机械运转负荷情况,提早预防资源用量高峰和资源滞留的情况发生,做到及时把控、及时作出调整、及时预案,从而防止出现进度拖延。

② BIM为施工质量控制和管理提供技术支持。工程项目施工中对复杂节点和关键工序的控制是保证施工质量的关键,4D模拟不但可以模拟整个项目的施工进度,还可以对复杂技术方案的施工过程和关键工艺及工序进行模拟,实现施工方案可视化交底,避免由语言文字和二维图纸交底引起的理解分歧和信息错漏等问题,提高建筑信息的交流层次并且使各参与方之间沟通方便,为施工过程各环节的质量控制提供新的技术支持。另外,通过BIM与物联网技术可以实现对整个施工现场的动态跟踪和数据采集,在施工过程中对物料进行全过程的跟踪管理,记录构件与设备施工的实时状态与质量检测情况。管理人员及时对质量情况进行分析和处理,BIM为大型建设项目的质量管理开创新途径和新方法提供了有力的支持。

③ BIM为施工成本控制提供有效数据。对施工单位而言,具体工程实量、具体材料用量是工程预算、材料采购、下料控制、计量支付和工程结算的依据,是涉及项目成本控制的重要数据。BIM模型中构件的信息是可运算的,且每个构件具有独特的编码,通过计算机可自动识别、统计构件数量,再结合实体扣减规则,实现工程实量的计算。在施工过程中结合BIM资源管理软件,从不同时间段、不同楼层、不同分部分项工程,对工程实量进行计算和统计,根据这些数据从材料采购、下料控制、计量支付和工程结算等不同的角度对施工项目的成本进行跟踪把控,使建筑施工的成本得到有效控制。

④ BIM为协同管理工作提供平台服务。施工过程中,不同参与方、不同专业、不同部门岗位之间需要协同工作,以保证沟通顺畅、信息传达正确、行为协调一致,避免事后推诿和返工。利用BIM模型可视化、参数化、关联化等特性,将模型信息集成到同一个软件平台,实现信息共享。施工各参与方均在BIM基础上搭建协同工作平台,以BIM模型为基础进行沟通协调,在图纸会审方面,能在施工前期解决图纸问题;在施工现场管理方面,实时跟踪现场情况;在施工组织协调方面,提高各专业间的配合度,合理组织工作。

(4)运维阶段BIM应用

运营阶段是项目投入使用的阶段,在建筑生命周期中持续时间最长。在运营阶段中,设施运营和维护方面耗费的成本不容小觑。BIM能够提供关于建筑项目协调一致和可计算的信息,该信息可以共享和重复使用。通过建立基于BIM的运维管理系统,业主和运营商可大大降低因缺乏操作性而导致的成本损失。目前,BIM在设施维护中的应用主要在设备运行管理和建筑空间管理两方面。

① 建筑设备智能化管理。利用基于BIM的运维管理系统,能够在模型中快速查找设备相关信息,例如:生产厂商、使用期限、责任人联系方式、使用说明等信息,通过对设备周期的预警管理,可以有效防止事故的发生,利用终端设备、二维码和RFID技术,迅速对发生故障的设备进行检修。

② 建筑空间智能化管理。对于大型商业地产项目而言,业主可以通过BIM模型直观地查看每个建筑空间上的租户信息,如租户的名称、建筑面积、租金情况,还可以实现租户各种信息的提醒功能。同时,还可以根据租户信息的变化,随时进行数据的调整和更新。

10.3 BIM 技术相关标准

10.3.1 BIM 标准概述

BIM 作为一个建筑工程领域全新的概念，目前被多数国家采用并推广，而各国政府在 BIM 的采用与推广过程中起到了主导性作用。各国政府先后建立 BIM 研究机构或者与其他公共机构合作，制定符合各国需求的国家 BIM 标准指南，并随着研发进度相继优化更新已出的条款。同时，各国大学与地方机构在政府大力支持下，各自研究推广地区 BIM 标准。

10.3.2 国外 BIM 标准

(1) 美国

截至 2015 年，美国各公共机构共发布了 47 份 BIM 标准与指南，其中 17 份来自政府机构，30 份来自非营利机构。其中，大部分标准都包含项目实施计划(Project Execution Plan)、建模方法论(Modeling Methodology)与构件表达方式及数据组织(Component Presentation Style and Data Organization)。而最大的差异来自于细节程度(Level of Details)，大约有一半的标准并未提供模型在各阶段所需要的精度指标。

47 份 BIM 标准与指南中有 24 份是由国家级组织机构主导发布的。

GSA 为了支持 3D-4D-BIM 计划推广，先后发布了 8 本 BIM 指南系列，分别如下：

①第一册：3D-4D-BIM 简介(3D-4D-BIM Overview)。介绍 BIM 技术，尤其是 GSA 的 3D-4D-BIM 如何运用在建筑工程项目中，主要对象是 BIM 入门用户。

②第二册：检验空间规划(Spatial Program Validation)。介绍 BIM 如何用于设计并检验复核 GSA 要求的空间规划。

③第三册：三维激光扫描(3D Laser Scanning)。为三维成像与评价标准提供指南。

④第四册：四维工程计划(4D Phasing)。定义四维工程计划范围，并提供技术指南。

⑤第五册：能源效率(Energy Performance)。介绍项目各阶段能耗模拟重要性及模拟流程。

⑥第六册：人流与保安验证(Circulation and Security Validation)。介绍 BIM 如何用于设计决策，以保障满足相应要求。

⑦第七册：建筑因素(Building Element)。介绍不同构架的建筑信息，并为信息的建立、修改与维护提供指导意见。

⑧第八册：设施管理(Facility Management)。为设施管理提供 BIM 应用指南，并规定 BIM 模型需满足的最低技术要求。

美国建筑科学研究院在 2007 年与 2012 年相继发布了美国 BIM 标准(National Building Information Modeling Standard)第一版与第二版，而在 2015 年年末，发布了此标准第三版。第三版包含从规划到设计、施工及运营的建筑全生命周期中的 BIM 标准。

美国建筑师协会(American Institute of Architects, AIA)在 2008 年发布了 E202TM—2008 建筑信息模型展示协议(E202TM—2008 Building Information Modeling Protocol Exhibit)，制定了五类开发等级(Levels of Development)与相应 BIM 应用要求。

(2)英国

为了实现英国政府制定的 2016 年开始在政府项目中全面使用 BIM 的目标,建设委员会(Construction Industry Council,CIC)与 BIM 任务小组合作推出多项 BIM 标准。在 BIM 任务小组的主导与技术支持下,建设委员会在 2013 年发布了两项 BIM 标准:BIM 协议(BIM Protocol V1)与使用 BIM 过程中专业赔偿保险实践指南(Best Practice Guide for Professional Indemnity Insurance When Using BIMs V1)。前者确定项目团队在所有建设合同中所需达到的 BIM 要求,后者对 BIM 项目中所能遇到的专业赔偿保险的主要风险进行了概述。

同时,许多英国本地非营利机构,如英国标准机构(British Standards Institution,BSI)与 AEC-UK 委员会(the AEC-UK Committee),也发布了各自的 BIM 标准。英国标准机构 B/555 委员会(BSI B/555 Committee)从 2007 年起,为建筑业全生命周期信息的数字化定义与交换出台了多项标准。例如,PAS 1192-2:2013 说明信息管理流程以支持交付阶段的二等级 BIM(BIM Level 2);PAS 1192-3:2014 则将重点放在运营阶段中的资产。AEC-UK 委员会在 2009 年与 2012 年先后发布首版 BIM 标准(BIM Standard)与第二版 BIM 协议(BIM Protocol Version 2.0)。从 2012 年开始,AEC-UK 委员会将 BIM 协议扩展到各软件平台,包括 Autodesk Revit、Bentley AECOsim Building Designer 与 Graphisoft ArchiCAD。

(3)芬兰

芬兰国有地产服务公司在建设公司、咨询公司等多家企业的协助支持下,在 2012 年发布了全新 BIM 指南(The Common BIM Requirements 2012 V1.0)。这本指南包含多家经验丰富的企业与组织提供的 13 个要求事项,因此其实用性非常高。同年,芬兰混凝土协会发表制作了混凝土结构物的 BIM 指南。

(4)挪威

截至 2013 年,挪威政府与非营利机构共发布 6 项 BIM 标准。为了准确说明兼容 IFC 标准的 BIM,Statsbygg 从 2008 年到 2013 年先后发布四个版本的 BIM 标准(Statsbygg Building Information Modeling Manual)。作为政府主导开发的标准,挪威政府将强制性应用该标准,同时它还适用于挪威所有的建筑工程项目。挪威住建协会(Norwegian Home Builders Association)也分别在 2011 年与 2012 年发布第一版与第二版的 BIM 标准,主要对常用软件工具进行了介绍,并对能耗模拟、造价计算、通风与屋架等四个部分进行了详细的说明。

(5)丹麦

2007 年,国家企业建设局(the National Agency for Enterprise and Construction)发布了四种 3D CAD/BIM 应用指南,分别为 3D CAD Manual 2006,3D Working Method 2006,3D CAD Project Agreement 2006 和 Layer and Object Structure 2006。

(6)瑞典

瑞典非营利机构——瑞典标准协会(Swedish Standards Institute,SSI)在 2009 年发布了施工与设施管理的数字化交付(Digital Deliverables for Construction and Facilities Management)。由于此标准仅为管理指南,缺乏具体方法与案例,因此,2009 年 OpenBIM 机构(OpenBIM Organization)在瑞典成立并建立当地 BIM 标准。

(7)澳大利亚

2009 年,澳大利亚合作研究中心(Cooperative Research Centre,CRC)建筑创新部发布国家信息模型指南(National Guidelines for Digital Modeling),以推广 BIM 技术在本国建筑与

施工行业的应用。该指南对模型的建造、开发、模拟及性能评测进行了详细的讲解。2011年，由澳大利亚政府资助的非营利机构——建筑信息系统公司（Construction Information Systems Limited）发布了BIM指南，并取名为NATSPEC National BIM Guide（NATSPEC国家BIM指南），包含BIM优势、建模方法论、展现方式与交付要求。2012年，该机构再次发布一个辅助文档——"BIM项目管理计划模板"（Project BIM Management Plan Template）。

(8) 新加坡

作为全球发展BIM最前卫的国家之一，新加坡已出台12项BIM标准。大部分标准都对建模方法论与构件表达方式及数据组织进行了详细的解释，可是有一部分标准并未提起项目规划实施计划与细节程度。唯有该国建设部发布的BIM指南（BIM Guide）含有上述四个因素。

(9) 日本

相较于其他发达国家，日本在BIM标准开发进度上较慢。直到2012年，日本建筑师协会（Japan Institute of Architects，JIA）发布BIM标准指南。此标准对建筑师提供了BIM的流程化与交付要求。

(10) 韩国

到目前为止，韩国国土海洋部、韩国公共采购服务中心、韩国建设交通技术评价机构及韩国建设技术研究院先后发布6个BIM标准。

2009年，韩国建筑BIM标准（National Architectural BIM Guide）项目在国土海洋部出资主导下，由韩国buildingSMART协会与庆熙大学（Kyung Hee University）合作开发。此标准含三个指南：BIM工作指南、技术指南与管理指南。

韩国公共采购服务中心从2010年开始也主持建立BIM指南，由韩国buildingSMART协会、庆熙大学及熙林建筑事务所（Heerim Architecture）共同开发，已推出建筑BIM指南（PPS Guideline V1：Architectural BIM Guide）与基于BIM的造价管理指南（PPS Guideline V2：BIM based Cost Management Guide）。

10.3.3 国内BIM标准

(1) 国家级

中华人民共和国住房和城乡建设部在2011年声明"十二五"期间大力发展BIM，在2012年批准了5个关于建筑工程的BIM国家标准编制。这5个标准分别为《制造工业工程设计信息模型应用标准》《建筑信息模型应用统一标准》《建筑工程信息模型存储标准》《建筑信息模型设计交付标准》《建筑信息模型分类和编码标准》。其中，《建筑信息模型应用统一标准》（GB/T 51212—2016）正式发布，自2017年7月1日起实施。

根据住房城乡建设部建标〔2013〕6号文《关于印发2013年工程建设标准规范制订修订计划的通知》，立项编制《建筑信息模型施工应用标准》（GB/T 51235—2017），自2018年1月1日起实施。

(2) 行业级

为规范建筑工程设计信息模型的表达方式，协调建筑工程各参与方识别建筑工程设计信息，2014年成立了《建筑工程设计信息模型制图标准》编委会，经历了几年的行业探索与研究，于2018年颁布了《建筑工程设计信息模型制图标准》（JGJ/T 448—2018），贴近模型实际，更适用于建筑工程设计和建造过程中建筑工程设计信息模型的建立、传递和使用，各专业之间的协同,工程设计各参与方的协作等过程。建筑装饰行业工程建设标准已制定并颁布,《建筑装饰装修工程 BIM 实施标准》(T/CBDA 3—2016)自 2016 年 12 月 1 日起实施。

(3)地方级

各直辖市与各省政府陆续推出地方 BIM 标准供建筑工程单位使用。

① 北京市:2014 年,北京市质量技术监督局与北京市规划委员会共同发布《民用建筑信息模型设计标准》,此标准涉及 BIM 的资源要求、模型深度要求、交付要求等在 BIM 应用过程中所需的基本内容。

② 上海市:2015 年,由上海市城乡建设管理委员会发布《上海市建筑信息模型技术应用指南》。此指南在国家 BIM 标准基础上,针对上海地区建筑工程项目的特点,建立了相应技术标准,并界定了各项目参与方权利和义务。上海专项行业标准也在积极制定中。

③ 深圳市:2015 年,深圳市建筑工务署发布《BIM 实施管理标准》。此标准对深圳市新建、改建、扩建项目在应用 BIM 时所需满足的职责、交付、协同等提出要求。

④ 香港特区:香港房屋委员会在 2009 年发布了香港地区首个 BIM 标准,并推广到整个建筑工程行业,此标准包含 BIM 标准(BIM Standard)、用户指南(User Guide)、构件设计指南(Library Component Design Guide)和参考文献(Reference)。2013 年,香港建造业议会(Construction Industry Council,CIC)建立了一个 BIM 工作小组,并指定由该组织开发 BIM 标准,最终在 2015 年年初出版。

⑤ 浙江省:2016 年,浙江省住房和城乡建设厅发布《浙江省建筑信息模型(BIM)技术应用导则》,针对 BIM 实施的组织管理与 BIM 技术应用点提出了相应的要求。

解析 11　BIM 工具及技术标准的应用

11.1　BIM 工具概述

BIM 应用离不开软（硬）件的支持，在项目的不同阶段或不同目标单位，需要选择不同软件并予以必要的硬件和设施设备配置。BIM 工具有软件、硬件和系统平台三种类别。硬件工具包括计算机、三维扫描仪、3D 打印机、全站仪机器人、手持设备、网络设施等。系统平台是指由 BIM 软（硬）件支持的模型集成、技术应用和信息管理的平台体系。这里主要介绍软件工具。

BIM 软件的数量十分庞大，其系统并不能靠一个软件实现，或靠一类软件实现，而是需要不同类型的软件，而且每类软件也可选择不同的产品。这里通过对目前在全球具有一定市场影响或占有率，并且在国内市场具有一定认知和应用的 BIM 软件（包括能发挥 BIM 价值的软件）进行梳理和分类，希望对 BIM 软件有个总体了解。

先对 BIM 软件的各个类型作一个归纳，如图 11.1 所示，BIM 软件分为核心建模软件和用模软件。图 11.1 所示的中央为核心建模软件，围绕其周围的均为用模软件。

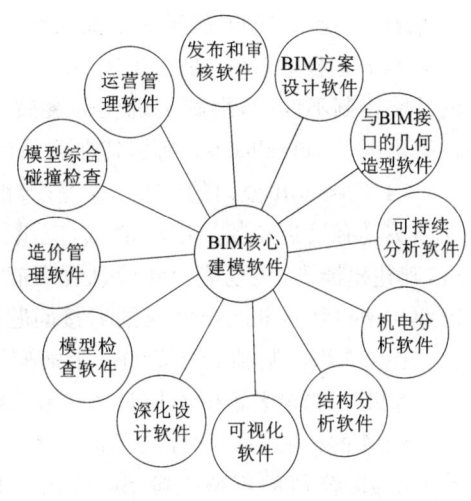

图 11.1　BIM 软件

11.1.1　BIM 核心建模软件

这类软件英文通常叫 BIM Authoring Software，是 BIM 的基础，换句话说，正是因为有了这些软件才有了 BIM，这也是从事 BIM 的同行要碰到的第一类 BIM 软件。因此，我们称之为"BIM 核心建模软件"，简称"BIM 建模软件"。BIM 核心建模软件分类详见图 11.2。

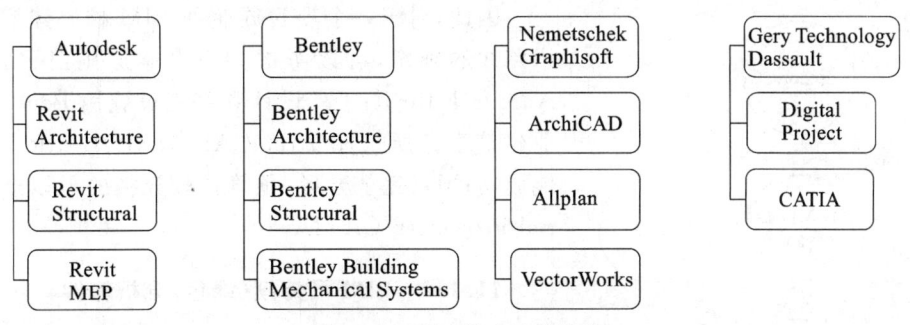

图 11.2　BIM 核心建模软件

从图 11.2 可以了解到，BIM 核心建模软件主要有以下四个方向：

（1）Autodesk 公司的综合性最强，包含 Revit 建筑、结构和机电系列，在民用建筑市场中借助 AutoCAD 已有的优势，有相当不错的市场表现。Revit 平台的核心是 Revit 参数化更改引擎,它可以自动协调在任何位置(例如在模型视图或图纸、明细表、剖面、平面图中)所做的更改,针对特定专业的建筑设计和文档系统,支持所有阶段的设计和施工图纸,多视口建模。

(2) Bentley 侧重专业领域的市场耕耘,包括建筑、结构和设备系列,Bentley 产品在工厂设计(石油、化工、电力、医药等)和基础设施(道路、桥梁、市政、水利等)领域有无可比拟的优势。开发出 MicroStation TriForma 这一专业的 3D 建筑模型制作软件(由所建模型可以自动生成平面图、剖面图、立面图、透视图及各式的量化报告,如数量计算、规格与成本估计)。

(3) ArchiCAD 最早普及了 BIM 的概念,自从 2007 年 Nemetschek 收购了 Graphisoft 以后,ArchiCAD、Allplan、VectorWorks 三个产品就被归到同一个系列里面了,其中国内同行最熟悉的是 ArchiCAD,属于一个面向全球市场的产品,可以说是最早的一个具有市场影响力的 BIM 核心建模软件,但是在中国,由于其专业配套的功能(仅限于建筑专业)与多专业一体的设计院体制不匹配,很难实现业务突破。Nemetschek 的另外 2 个产品——Allplan 主要市场在德语区,VectorWorks 则是其在美国市场使用时的产品名称。

(4) Dassault 公司的 CATIA 是全球最高端的机械设计制造软件,在航空航天、汽车制造等领域具有接近垄断的市场地位,应用到工程建设行业,无论是对复杂形体还是超大规模建筑,其建模能力、表现能力和信息管理能力都比传统的建筑类软件有明显优势,而与工程建设行业的项目特点和人员特点的对接问题则是其不足之处。Digital Project 是 Gery Technology 公司在 CATIA 基础上开发的一个面向工程建设行业的应用软件(二次开发软件),其本质还是 CATIA,就跟天正的本质是 AutoCAD 一样。

BIM 的核心建模软件除了这四大系列外,目前还有四个被广泛应用的"后起之秀",它们是 Google 公司的草图大师 SketchUp、Robert McNeel 的犀牛 Rhino、FormZ 及 Tekla,其中 SketchUp 和 Rhino 的市场更大。SketchUp 操作最简单,建模极快,最适合前期的建筑方案推敲,因为建立的形体模型难以用于后期的设计和施工图;Rhino 广泛应用于工业造型设计,简单快速,不受约束的自由造型 3D 和高阶曲面建模工具,在建筑曲面建模方面可谓大显身手;FormZ 类似于 Autodesk 的 Max,也是国外 3D 绘图的常用设计工具;来自芬兰 Tekla 公司的 Tekla Structure(Xsteel)用于不同材料的大型结构设计,在国外占有很大的市场份额,目前在国内发展迅速,但比较复杂,不易掌握,对异形结构支持弱。

因此,对于一个项目或企业 BIM 核心建模软件技术路线的确定,可以考虑如下基本原则:民用建筑用 Autodesk Revit;工厂设计和基础设施用 Bentley;单专业建筑事务所选择 ArchiCAD、Revit、Bentley,都有可能成功;项目完全异形、预算比较充裕的可以选择 Digital Project 或 CATIA。

11.1.2 BIM 可持续(绿色)分析软件

可持续或绿色分析软件如图 11.3 所示,可以使用 BIM 模型的信息对项目进行日照、风环境、热工、景观可视度、噪声等方面的分析,主要软件有国外的 Echotect、Green Building Studio、IES 以及国内的 PKPM 等。

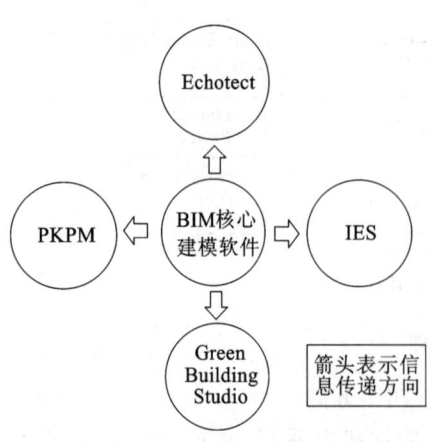

图 11.3 BIM 可持续分析软件

11.1.3 BIM 机电分析软件

水暖电等设备和电气分析软件,如图 11.4 所示。国内产品有鸿业、博超等,国外产品有 Design Master,IES Virtual Environment,Trane Trace 等。

11.1.4 BIM 结构分析软件

结构分析软件是目前和 BIM 核心建模软件集成度比较高的产品,基本上两者之间可以实现双向信息交换,即结构分析软件可以使用 BIM 核心建模软件的信息进行结构分析,分析结果对结构的调整又可以反馈到 BIM 核心建模软件中去,自动更新 BIM 模型。

ETABS、STAAD、Robot 等国外软件以及 PKPM 等国内软件都可以与 BIM 核心建模软件配合使用,如图 11.5 所示。

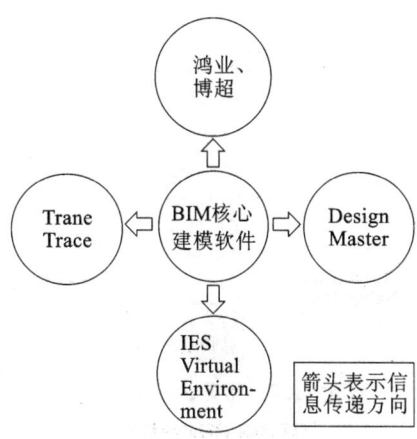

图 11.4　BIM 机电分析软件

11.1.5 BIM 可视化软件

有了 BIM 模型以后,对可视化软件的使用至少有如下好处:

(1)可视化建模的工作量减少了;
(2)模型的精度和与设计(实物)的吻合度提高了;
(3)可以在项目的不同阶段以及各种变化情况下快速产生可视化效果。

常用的可视化软件包括 3ds Max,Artlantis,AccuRender 和 Lightscape 等,如图 11.6 所示。

11.1.6 BIM 深化设计软件

Xsteel 是目前最有影响的基于 BIM 技术的钢结构深化设计软件,该软件可以使用 BIM 核心建模软件的数据,对钢结构进行面向加工、安装的详细设计,生成钢结构施工图(加工图、深化图、详图)、材料表、数控机床加工代码等。

11.1.7 BIM 模型综合碰撞检查软件

有两个根本原因直接促使了模型综合碰撞检查软件的出现:

①不同专业人员使用各自的 BIM 核心建模软件建立与自己专业相关的 BIM 模型,这些模型需要在一个环境里面集成起来才能完成整个项目的设计、分析、模拟,而这些不同的 BIM 核心建模软件无法实现这一点;

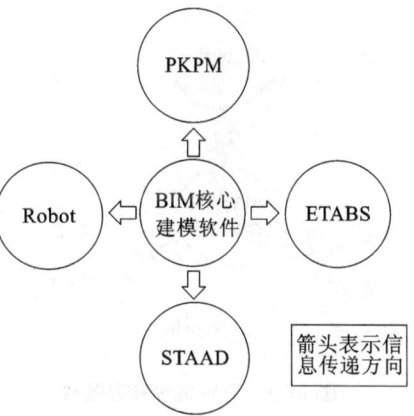

图 11.5　BIM 结构分析软件

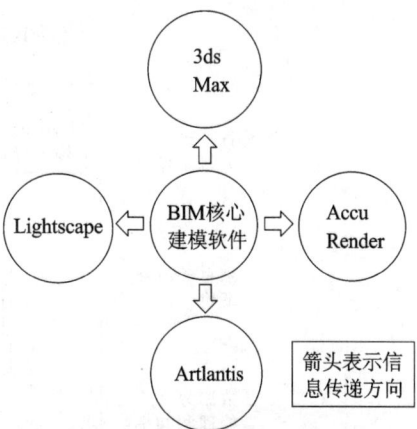

图 11.6　BIM 可视化软件

②对于大型项目来说,硬件条件的限制使得 BIM 核心建模软件无法在一个文件里面操作整个项目模型,但是又必须把这些分开创建的局部模型整合在一起研究整个项目的设计、施工及其运营状态。

模型综合碰撞检查软件的基本功能包括集成各种三维软件(包括 BIM 软件、三维工厂设计软件、三维机械设计软件等)创建的模型,进行 3D 协调、4D 计划、可视化、动态模拟等,属于项目评估、审核软件的一种。常见的模型综合碰撞检查软件有 Autodesk Navisworks、Bentley Projectwise Navigator 和 Solibri Model Checker 等,如图 11.7 所示。

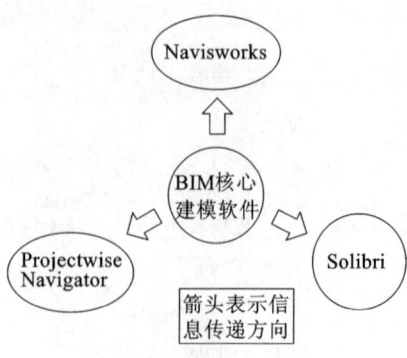

图 11.7 常见的 BIM 模型综合碰撞检查软件

11.1.8 BIM 造价管理软件

造价管理软件利用 BIM 模型提供的信息进行工程量统计和造价分析,由于 BIM 模型结构化数据的支持,基于 BIM 技术的造价管理软件可以根据工程施工计划动态提供造价管理所需要的数据,这就是所谓的 BIM 技术的 5D 应用。

国外的 BIM 造价管理有 Innovaya 和 Solibri,RIBiT-WO,鲁班是国内 BIM 造价管理软件的代表,如图 11.8 所示。

鲁班对以项目或业主为中心的基于 BIM 的造价管理解决方案应用给出了图 11.9 所示的整体框架,这无疑对 BIM 信息在造价管理上的应用水平提升起到积极作用,同时也是全面实现和提升 BIM 对工程建设行业整体价值

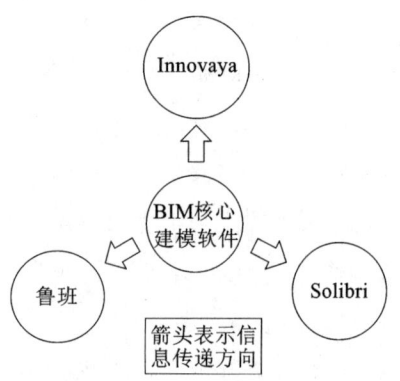

图 11.8 BIM 造价管理软件

的有效实践,因此我们知道,能够使用 BIM 模型信息的参与方和工作类型越多,BIM 对项目能够发挥的价值就越大。

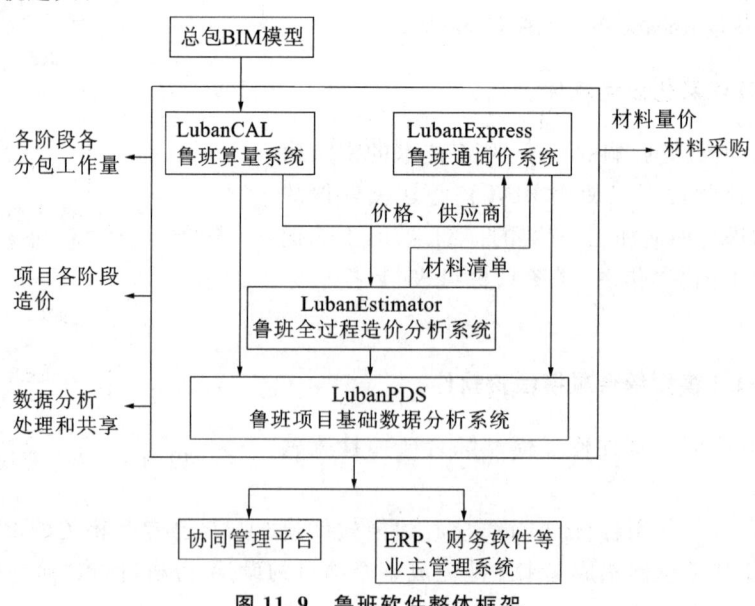

图 11.9 鲁班软件整体框架

11.1.9 BIM 运营管理软件

可以把 BIM 形象地比喻为建设项目的 DNA。根据美国国家 BIM 标准委员会的资料,一个建筑物全生命周期 75% 的成本发生在运营阶段(使用阶段),而建设阶段(设计、施工)的成本只占项目全生命周期成本的 25%。

BIM 模型为建筑物的运营管理阶段服务是 BIM 应用的重要推动力和工作目标,在这方面,美国运营管理软件 ArchiBUS 是最有市场影响力的软件之一。

11.1.10 BIM 发布审核软件

最常用的 BIM 成果发布审核软件包括 Autodesk Design Review、Adobe PDF 和 Adobe 3D PDF,正如这类软件本身的名称所描述的那样,发布审核软件把 BIM 的成果发布成静态的、轻型的、包含大部分智能信息的、不能编辑修改但可以标注审核意见的、更多人可以访问的格式,如 DWF、PDF 和 3D PDF 等,供项目其他参与方进行审核或者利用,见图 11.10。

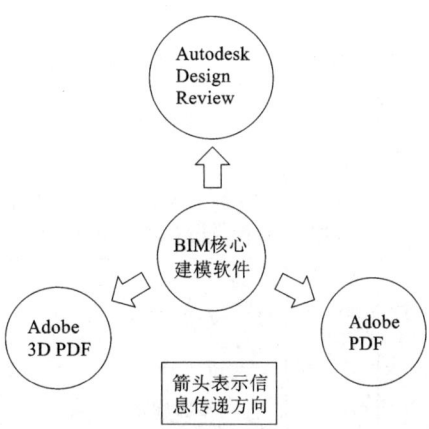

图 11.10 BIM 发布审核软件

11.1.11 BIM 常用软件汇总

基于前文所述的 BIM 核心建模软件和应用软件的阐述,可见有关 BIM 的软件很多,体系很庞大,而且现在每家软件公司都在开发更多的功能,一个软件可能以项目周期中一个环节为主兼顾其他几个环节,因而下面我们通过一张表来帮助理清软件分类,表中软件的排序依据是按照大多数建筑类高校师生使用的频率,并结合 BIM 生命周期,从概念、设计、分析、算量和施工的顺序排列,同时又按区域性差异作出分类,如表 11.1 所示。

表 11.1 BIM 常用软件一览表

	BIM 软件及所属公司			特点
1	概念设计软件	Google(美国)	SketchUp	简单易用,建模快,适合前期方案推敲
2		Autodesk(美国)	3ds Max	集 3D 建模、效果图和动画展示于一体,适用于方案后期效果展示
3	设计建模软件	Autodesk(美国)	Revit	集 3D 建模展示、方案和施工图于一体,集成建筑、结构和机电专业,市场应用较广,但对中国标准规范的支持不足
4		Graphisoft(匈牙利)	ArchiCAD	最早的 BIM 软件,集 3D 建模展示、方案和施工图于一体,但对中国标准规范的支持不足
5		Bentley(美国)	Architecture 系列	基于 MicroStation 平台,集 3D 建模展示、方案和施工图于一体
6		Robert McNeel(美国)	犀牛 Rhino	不受约束的自由造型 3D 和高阶曲面建模工具,应用于工业造型设计,简单快速,在建筑曲面建模方面可大显身手

续表 11.1

		BIM 软件及所属公司		特点
7	设计建模软件	Dassault（法国）	CATIA	起源于飞机设计,最强大的三维 CAD 软件,独一无二的曲面建模能力,应用于复杂异形的三维建筑设计
8		Tekla Corp（芬兰）	Tekla/Xsteel	应用于不同材料的大型结构设计,但对异形结构支持不足
9		CSI（美国）	SAP2000	集成建筑结构分析与设计,SAP2000 适合多模型计算,拓展性和开放性更强,设置更灵活,趋向于"通用"的有限元分析;ETABS 与中国标准规范结合得比较好
10			ETABS	
11		中国建筑科学研究院检验科技股份有限公司（中国）	PKPM 系列	集建筑、结构、设备与节能于一体的建筑工程综合 CAD 系统,符合本地化标准
12		天正公司（中国）	天正系列	基于 AutoCAD 平台,遵循国标和设计师习惯,可完成各个设计阶段的任务,为建筑、结构与电气等专业设计提供了全面的解决方案
13		北京理正（中国）	理正系列	基于 AutoCAD 平台,遵循国标和设计师习惯,可在建筑、结构、水电、勘察与岩土系列进行施工图绘制
14		鸿业科技（中国）	鸿业系列	提供了基于 Revit 平台的建筑与机电专业的协同建模和基于 AutoCAD 平台的施工图设计与出图
15	环境能源	美国能源部与劳伦斯伯克利国家实验室共同开发（美国）	EnergyPlus	用于对建筑中的热环境、光环境、日照、能量分析等方面的因素进行精确的模拟和分析
16		Autodesk(美国)	Echotect Analysis	
17	施工造价管理	广联达股份有限公司（中国）	广联达系列	基于自主 3D 图形平台研发的系列算量软件,适合全国各省市计算规则与清单、定额库,可快速进行算量建模。其 BIM 5D 平台通过模型与成本关联,以此对项目商务应用进行管控
18		上海鲁班软件（中国）	鲁班系列	基于 AutoCAD 平台开发的土建、钢筋、安装等专业算量软件,其 Luban PDS 系统以算量模型或 BIM 模型以及造价数据为基础,将数据与 ERP 系统对接,形成数据共享,从而对项目进行施工管理
19		深圳斯维尔（中国）	斯维尔系列	基于 AutoCAD 平台进行开发,有设计、节能设计、算量与造价分析等功能,应用于编制工程概预算、结算与招标投标报价
20	施工管理	Autodesk（美国）	Navisworks	可导入 Autodesk AutoCAD 与 Revit 等软件创建的设计数据,从而可实现动态 4D 模拟、冲突管理、动态漫游等
21		RIB Software(德国)	iTWO	通过整合 CAD 与企业资源管理系统（ERP）的信息及其应用,依据建筑流程,实时获取施工过程的材料、设备信息
22		Vico Software(美国)	Vico Office Suite	5D 虚拟建造软件,包含多个模块,可进行工序模拟、成本估计、体量计算、详图生成、碰撞检查、施工问题检查等应用

目前,BIM软件众多,可选择范围广,如何正确选择合适的BIM软件并能学以致用,发挥其价值,是摆在BIM应用单位和个人面前必须解决的问题。面对中国巨大的市场需求,期待有更多更好的适合中国应用实际的BIM软件问世。

11.1.12 软件互操作性

目前,在我国市场上具有影响力的BIM软件有几十种,这些软件主要集中在设计阶段和工程量计算阶段,施工管理和运营维护的软件相对较少。而较有影响力的供应商主要包括Autodesk(美国)、Bentley(美国)、Progman(芬兰)、Graphisoft(匈牙利)以及中国的鸿业、理正、广联达、鲁班、斯维尔等。

根据试验及应用可以得出这样一个结论:这些BIM软件间的信息交互性是存在的,但是在项目运营阶段BIM技术并未得到充分应用,使得运营阶段在建设项目的全生命周期内处于"孤立"状态。然而,在建设项目全生命周期管理中是以运营为导向实现建设项目价值最大化。如何使得BIM技术最大限度地符合全生命周期管理理念,提升我国建设行业生产力水平,值得深入研究。进一步分析,就某一个阶段BIM技术而言,应用价值也未达到充分实现的目标,比如设计阶段中"绿色设计""规范检查""造价管理"三个环节仍出现了"孤岛"现象。当前,如何统筹管理,实现BIM在各阶段、各专业间的协同应用,软件互操作性是研究解决的关键。

这里需要指出,BIM是10%的技术问题加上90%的社会文化问题。而目前已有研究中90%是技术问题,这一现象说明BIM技术的实现并非技术问题,更多的是统筹管理问题。值得欣慰的是,由中国建筑科学研究院主导的P-BIM体系对于提升国内外软件互操作能力、实现建筑全生命周期的信息交换取得了阶段性成果。

11.2 BIM相关技术

近些年随着BIM应用的发展,相关技术很多,下面从以下方面作简要介绍,如图11.11所示。

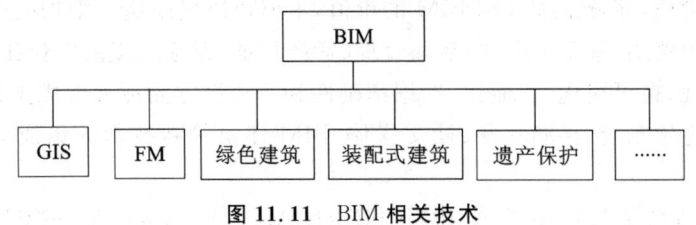

图11.11 BIM相关技术

11.2.1 BIM和GIS

地理信息系统(GIS)是在计算机软、硬件支持下,对地理空间数据进行采集、输入、存储、操作、分析、建模、查询、显示和管理,以提供对资源、环境及各种区域性研究、规范、管理决策所需信息的人机模型,从而能够解决问题:某个地方有什么,符合条件的实体在哪里,实体在地理位置上发生了哪些变化,某个地方如果具备某种条件会发生什么等。它对于城市规划这样的宏观领域是一项重要的技术。它可以在城市规划的各个阶段发挥重要的作用,包括专题制图(图框、图例、风玫瑰)、空间叠加技术分析(现状容积率统计、城市用地适宜性评价)、三维分析技术(三维场景模拟、地形分析和构建、景观视域分析)、交通网络分析技术(交通网络构建、设施服务区分析、设施优化布局分析、交通可达性分析)、空间研究分析(空间句法、空间格局分析)、规划信息管理技术(规划管理信息系统、规划信息资源库)等,可以方便制作各类专题图和三维模拟,而且软件模块丰富,可以嵌套编程,方便灵活地嵌入其他系统中。

其缺点:正因为 ESRI 定位大视角系统,前期数据整理比较费精力,所以上手比较慢。而且此软件在规划领域应用广泛,在建筑设计领域的具体视角体现得较少,故主要用于环境分析。此外,对硬件要求也比较高,价格昂贵。

BIM 与 GIS 的契合性主要体现在技术方面,首先二者的专业基础技术相似,包括数据库管理和图形图像处理等技术,这为 BIM 和 GIS 的可视化功能提供了较好的基础;其次二者的数字化信息处理方式相同,二者的数据可以转换为统一标准下的数字化数据,因此可将 BIM 中的数据导入 GIS 中,同时也可将 GIS 中的数据应用于 BIM 中,互为对方的数据源,用来确定施工场地的合理化布置和物料运输路线的最佳选择。BIM 技术可以将施工阶段和设计阶段的物料属性信息(形状、大小、所占空间)进行相互比较,而 GIS 技术是对与建设项目相关的环境、现有建筑的分布和建设项目外形的客观描述,是一个具备查询和分析功能的平台。

11.2.2 BIM 和 FM

BIM 技术的价值并不仅仅局限于建筑的设计与施工阶段,在运营维护阶段,同样能产生极其巨大的价值。在运维阶段重要的一门技术就是 FM,又叫设施管理系统,BIM 模型中包含的丰富信息可以为 FM 的决策和实施提供有力的信息支撑。

现代设施管理的业务范围已超越了物业维修和保养的工作范畴,覆盖设施的全生命周期,其职能范围包括维护运营、行政服务、空间管理、建筑工程设计和工程服务、不动产管理、设施规划、财务规划、能源管理、健康安全等。它从建筑物业主、管理者和使用者的利益出发,对业务运营涉及的所有设施与环境进行全生命周期的规划、管理,对可预见性风险进行规避和控制。设施管理注重并坚持与新技术应用同步发展,在降低成本、提高效率的同时,保证了管理与技术数据分析处理的准确性,促进科学决策,为核心业务的发展提供服务和支撑。

在运营维护阶段,充分发挥利用 BIM 的价值,不但可以提高运营维护的效率和质量,而且可以降低运营维护费用,基于 BIM 的空间管理、资产管理、设施故障的定位排除、能源管理、安全管理等功能实现,在可视化、智能化、数据精确性和一致性方面都大大优于传统的运维软件。大数据、传感器、定位系统、移动互联、社交媒体、BIM 建筑等新技术的集成应用,也是智慧化运维的必然趋势。

国外 FM 管理系统软件主要有 IBM TRIRIGA + Maximo,ArchiBUS。TRIRIGA 是 IBM 公司于 2011 年收购的软件,它基于 WEB 开发,与 IBM Maximo 资产管理软件结合为用户提供投资项目管理、空间管理、资产组合规划、能源管理等全面的设施和房地产管理解决方案。ArchiBUS 是全球知名的设施管理系统软件,可以管理所有不动产及设施,包含"不动产及租赁管理""工作场所管理""设备资产管理""大厦运维管理""可持续管理"等主要模块。它可以集中资产信息、控制支出和执行规范、优化设施使用、有效执行流程。目前,国外的设施管理软件也已开始对 BIM 模型提供支持,并尝试向云平台服务模式转化。

虽然 FM 管理体系在国外已经比较成熟,但在国内还处在发展期,比如上海现代建筑设计集团率先通过申都大厦的运维管理平台实践,但整体还缺少与 BIM 及物联网相结合的、适合国内 FM 运维管理需求的系统化管理云平台,这个云平台远期将以 BIM 和网络为基础,共用操作界面环节,将完美融合建筑的后期应用:物业及设施管理(PM+FM)、建筑设备管理(BMS)、综合安全管理(SMS)、信息设施管理(ITSI),从而实现智慧化各应用系统之间信息资源的共享与管理、各应用系统的交互操作和快速响应与联动控制,以达到自动化监视与控制的目的。基于云计算和 BIM 的建筑管理信息平台如图 11.12 所示。

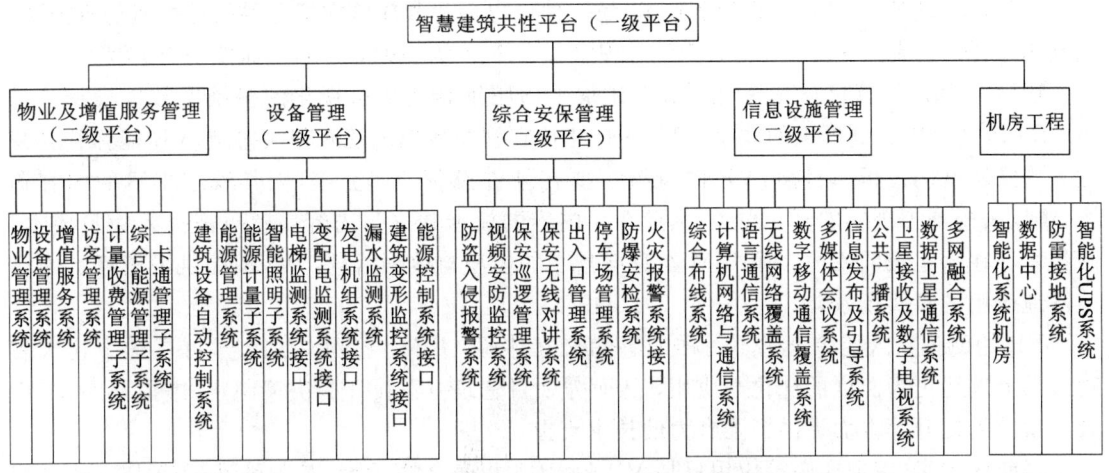

图 11.12　基于云计算和 BIM 的建筑管理信息平台

11.2.3　BIM 和绿色建筑设计

绿色建筑的含义主要体现在高效利用周边的自然环境、气候条件等,减少建筑污染的排放,与生态环境良好共生,做到可持续发展。随着 BIM 技术的普及,越来越多的项目开始尝试应用 BIM 技术融入绿色建筑的各个环节。就建筑全生命周期而言,建筑总平面设计阶段分析最重要。

应用 BIM 技术分析采光、热能、电能、噪声、气流、不同建材等建筑性能的各个方面,以实现建筑设计最低能耗的分析;应用 BIM 技术还可在项目的大环境规划中完成群体间的日照时间、模拟风环境、热岛检测、景观模拟、排水模拟等,为建筑设计的"绿色探索"注入高科技力量。

我国绿色建筑设计处于起步阶段,缺少系统分析工具,其软件主要存在以下问题:

(1)国内绿色建筑软件发展滞后,核心功能计算依赖于国外软件,还不能形成独立的体系;

(2)各绿色建筑软件相互独立,数据共享性差;

(3)绿色建筑需要多专业多软件配合,因软件无法集成,所以绿色建筑评价标准的准确性和一致性还存在问题。

11.2.4　BIM 和历史街区与历史建筑保护

BIM 模型核心是将现实建筑的参数录入计算机中,建立一个与现实完全相同的虚拟模型,这个模型本质上是一个数字化的、信息完备的、与实际情况完全一致的建筑信息库。这个信息库应当包含建筑所有的数据信息,包括建筑构件的几何形体、物理特性、状态属性等。同时还应包括非构件对象的信息,如构件所围合的空间、处于对象内的人的行为、发生火灾时火势的蔓延等。这种高度集成的信息模型不但可以运用到建筑设计阶段,同样对已建成建筑的保护与研究有很大的帮助。因此,能够通过 BIM 模型模拟历史街区及建筑在现实世界的状态,以及在遇到突发问题时发生的变化,对研究古建筑的现状、变化规律以及发展趋势有很大帮助。

11.2.5 BIM 和 VR

VR(Virtual Reality,即虚拟现实技术)是一种可以创建和体验虚拟世界的计算机仿真系统,它利用计算机生成一种交互式的三维动态视景和实体行为的虚拟环境,从而使用户沉浸到其中。

BIM 是利用计算机与互联网技术将建筑平面图纸转化成可视化的多维度数据模型。虽然 BIM 模型可以达到模拟的效果,但与 VR 相比在视觉效果上还有很大差距,VR 能弥补其视觉表现真实度的短板。目前,VR 的发展主要在硬件设备的研究上,因其缺乏丰富的内容资源,难以表现虚拟现实的真正价值,因此 VR 内容的模型建立与内容调整更需投入大量成本,新技术存在落地难的困境。而 BIM 本身就具有的模型与数据信息,为 VR 提供了极好的内容与落地应用的真实场景。

VR 的诞生给人们带来了不一样的感知交互体验,BIM 与 VR 的结合,可在虚拟建筑表现效果上进行更为深度的优化与应用,从而为项目建筑方案设计的决策制定、虚拟交底、工程教育质量的提升等方面提供了强有力的技术支撑。

当前样板房、虚拟交底等应用只是 VR 与 BIM 相融合的开始,未来利用 BIM 与 VR 系统平台打造虚拟城市,为城市创造更多的新空间,推动超大型城市的形成与改变,才是其发展的长远道路。在此过程中,无论是在设备硬件研究上,还是在内容填充上,BIM 与 VR 都还有很长的道路需要走。当 BIM 与 VR 真正相互融合,带给我们的将不只是简单的虚拟建筑场景,而是一场全方位感知的盛宴,是一场建筑技术的新革命!

11.2.6 BIM 和三维激光扫描技术

BIM 具有可视化、协调性、模拟性、优化性和可出图性的特点,而三维激光扫描仪则具有数据真实性、准确性的特点。通过三维激光扫描施工现场可得到真实、准确的数据;通过对比检测得知施工现场是否在施工质量控制范围之内;旧的建筑物因图纸不齐全或长年累月的位移而导致在对其改造时无法获取准确的数据信息,也就无法正确地实施改造;通过三维激光扫描改造现场,建立 BIM 体系模型,通过 BIM 体系模型建立整套的 BIM 改造方案。目前,参与的项目应用点如下:

(1)三维激光扫描仪结合 BIM 施工环节;
(2)检测控制施工质量;
(3)根据现有施工情况进行合理的二次设计;
(4)三维激光扫描仪结合 BIM 翻新环节;
(5)图纸不足造成改造方案不准确的问题。

但是三维激光扫描的物体是大量的点云,一个小房子可能达到数以亿级的点数,对计算机的硬件要求会更高,后期处理的工作量也会增大。随着硬件和软件技术的进步,激光扫描技术将会成为 BIM 的数据测量利器。

11.2.7 BIM 和 3D 打印技术

3D 打印机(3D Printers)是一位名为恩里科·迪尼(Enrico Dini)的发明家设计的一种神

奇的打印机。1995年,美国麻省理工学院创造了"三维打印"一词,当时的毕业生Jim Bredt和Tim Anderson修改了喷墨打印机方案——把墨水挤压在纸张上的方案变为把约束溶剂挤压到粉末床的解决方案。

3D打印技术对于生产者来说,可大幅降低生产成本,提高原材料和能源的使用效率,减少对环境的影响,它还使得消费者能根据自己的需求量身定制产品。3D打印机既不需要用纸,也不需要用墨,而是通过电子制图、远程数据传输、激光扫描、材料熔化等一系列技术,使特定金属粉或者记忆材料熔化,并按照电子模型图的指示一层层重新叠加起来,最终把电子模型图变成实物。其优点是大大节省了工业样品制作时间,且可以"打印"造型复杂的产品。将这种技术应用于建筑中会缩短建筑制造时间,大大提高效率。目前,建筑师使用3D打印机成功地"打印"出一幢完整的建筑,以及所有房间内部的立体物品。3D打印的前提是有三维模型,BIM技术与3D打印机技术相结合,扩展应用范围,将会极大改变目前的建筑业态。例如武汉楚河汉街万达广场,由国际知名的荷兰UN Studio设计公司设计的,在项目设计中打破了以往万达广场的设计标准,力求每一个细节做到完美。3D打印建筑架构首先来源于美国,如果我们利用BIM技术建立建筑模型,再利用3D打印机将建筑打印出来。建筑行业领域的新技术平台Autodesk InfraWorks之所以了不起,就在于它可以在3D的环境之下对不同的方案进行比较评估,而且这个模型是基于真实环境建立的。从时间上来讲,你也可以看到不同的设计方案、不同的选择,可以提前进行比较,从而保证在整个生命周期当中实现贯穿始终的效果。所以我们不仅发展BIM技术,同时也需要发展3D打印技术,这样我们可以建造出像悉尼歌剧院、埃菲尔铁塔那样著名的建筑,我国建筑行业才会有更新的突破。

11.3 建筑设计信息模型(BIM)制图标准

应用建筑信息模型进行建筑设计表达是BIM的重要环节,主要是"人—计算机—人"信息的传递过程,即人利用BIM手段将建筑设计意图表达在计算机系统中,然后其他工程参与方根据自身的应用需求从计算机系统中提取所需的信息。在这个过程中,如果建筑设计信息输入和输出等表达方法不规范,就有可能造成信息的缺失、难以辨识,甚至会发生错误。因此住房城乡建设部发布行业标准《建筑工程设计信息模型制图标准》(JGJ/T 448—2018),自2019年6月1日起实施,以下简称为《标准》。该《标准》从信息模型(BIM)的命名、颜色、如何表达设计信息和如何表达交付物几个方面加以规定,涵盖了建筑信息模型的创建、应用和交互的全过程,从而使建筑工程各参与方在BIM表达方面形成一定的共识,有利于提高建筑设计信息的可识别性和沟通效率,使BIM满足建筑工程建设的需要。

11.3.1 相关的术语定义及说明

(1)制图表达——为表达设计意图,采用建筑信息模型表述设计内容、呈现交付物的工作。

* 说明:在建筑信息模型(BIM)设计领域,从建筑概念设计、方案设计阶段到施工图阶段,设计信息逐渐得到完善,并根据应用需求形成交付物。因此,从设计过程上看,模型的表达有两个层面的含义,一是把设计意图表达为建筑信息模型,二是通过建筑信息模型表达为交付物。

当前的技术水平和实际需要,仍然要求从业者利用BIM进行图纸交付,考虑BIM的技术特点,结合传统的制图方法和现行国家有关规定,"制图表达"这个术语意味着具有"制图"的概念。同时,鉴于 BIM 的信息化特点,交付表达由传统的图纸化逐渐转变为数据化,突破"图示"为主的表达局限,拓展到包括二维图纸、表格、文档等传统方式在内的多种方法,诸如基于三维模型的视图、各类多媒体、激光扫描成果、网页等,只要能够利用 BIM 表达设计意图的手段,都可以采用。因此,"制图表达"的外延已经扩大,重点在于"表达"。

(2)模型单元——建筑信息模型中承载建筑信息的实体及其相关属性的集合,是工程对象的数字化表述。

(3)体量——以几何形体或组合表示的建筑物或构配件的空间形状和大小。

*说明:设计表达过程往往是逐步进入细节的,在建筑设计的概念初期往往以几何形体来表示工程设计对象的大致几何特征,包括大小和位置等。运用几何形体及体量在 BIM 中表达,有利于迅速对建设项目建立视觉感受并进行概念性判断。

(4)空间占位——建筑物或构配件在三维空间的指定位置上,于各方向上所占用的最大空间。

*说明:建筑物之间的空间关系是设计的重要内容之一。在建筑设计概念初期,建筑师需要对建筑物进行合理的定位,充分考虑建筑物或构配件不小于自身形状的静态空间需要,这种最大化的静态空间需求即表达为空间占位。

(5)定位基点——模型单元的空间定位特征点。

*说明:为了便于放置模型单元或描述其位置关系,需要选取一个或多个具有较为明显的几何特征的点来作为模型单元定位的基准,如端点、顶点、交接点、形心等,这些特征点定义为"定位基点"。至于到底采用哪些点作为定位基点,可根据模型单元的特征、放置的便利性决定。

(6)模型容差——模型单元与所描述的实际工程对象之间的容许偏差。

*说明:建筑信息模型在建模过程中,表达实际存在的建筑物时,很难完全描述对象的实际几何特征,允许存在一定的几何偏差。为了控制偏差,设置其最大的允许数值范围,以便量化评估。

(7)模型工程量——依据建筑信息模型承载的信息提取的工程空间、构配件、材料和产品的数量集合。

*说明:鉴于现有技术水平和对实际操作的调研,建筑信息模型、传统图纸、现场实际三者之间的工程量往往不一致。这些工程量相互关联,但不能混为一谈,需要明确定义场景。在模型表达过程中,模型工程量受设计阶段、表达意图、表达便利性等因素的影响,是否贴近实际,取决于其所包含的数据的充分性和准确性。

(8)建筑信息模型工程视图——将建筑信息模型在某个空间方向上向投影面投射时所形成的投影,简称模型视图。

*说明:现行国家标准《房屋建筑制图统一标准》(GB/T 50001—2017)中,对于视图的术语定义为"将物体按正投影法向投影面投射时所得到的投影称为视图"。本术语参照上述定义,但是根据 BIM 的特点,将"物体"修改为"模型",同时不局限于正投影法,这样能够充分利用模型的三维特性。

模型视图即实践中观察建筑信息模型的界面。从计算机图形学的角度看,观察者通过某个角度的视图来观察模型,并不能看到模型全部。"模型视图"是"建筑信息模型"的表达方式。

(9)正投影视图——建筑信息模型在投射线与投影面相垂直的方向上投射所形成的视图。

(10)镜像投影图——建筑信息模型在平面镜中的反射投射时所形成的正投影视图。

(11)简图——由规定的符号、文字和图线组成的示意性的图。

(12)轴测图——将建筑信息模型连同其参考直角坐标系,沿不平行于任一坐标面的方向,用平行投影法将其投射在单一投影面上所形成的视图。

(13)透视图——用中心投影法将建筑信息模型投射在单一投影面上所形成的视图。

(14)标高投影图——在建筑信息模型的水平投影上,加注其某些特征面、线以及控制点的高程数值的正投影视图。

*(9)~(14)说明:参照了现行国家标准《技术制图 通用术语》(GB/T 13361—2012)的有关规定。利用软(硬)件,BIM技术有便利条件做到利用多种视图和图示方法来表达设计意图。

(15)点云——通过扫描得到的海量的点集合。

*说明:点云主要通过激光扫描形成。点云的每个点都记录了自身的几何位置信息,甚至还有颜色、强度等信息。

11.3.2 标准的相关基本规定

(1)建筑信息模型(BIM)制图表达应满足工程项目各阶段的应用需求,并应以模型单元作为基本对象。模型单元的种类分为项目级、功能级、构件级和零件级。

*说明:模型单元可以理解为工程对象或其组合在数字化环境中的反映,二者之间相互描述、相互影响,大致存在以下两种描述关系:

①对于实际不存在的工程对象,模型单元"正向描述",即工程对象的定义先行,然后进行实际施工,描述应尽可能精细,以便保障施工的精确性。

②对于实际已存在的工程对象,模型单元"逆向描述",即利用模型单元模拟表达实际物体,模拟的相似程度根据实际需求而定。

(2)建筑信息模型应能够通过命名和颜色快速识别模型单元所表达的工程对象。

*说明:在人机交互过程中,应用者需要快速识别信息模型包含的模型单元,快速识别的手段主要是事先约定的命名和颜色规则。命名是一种简单而明确的信息,能够初步表明模型单元所指向的工程对象。颜色是人类视觉识别的重要途径,能够协助判断工程对象所属的系统,从而迅速掌握建筑物的构成逻辑。

(3)模型单元应以几何信息和属性信息来表达工程对象的设计内容,并应符合下列规定:

①应能表达工程对象在设计各阶段中的全部设计内容;

②应能满足设计或应用所需的数据精度和格式要求;

③应能根据各设计阶段或应用的需求进行动态补充、迭代或删除信息。

*说明:模型单元的几何信息和属性信息形成了对建筑物的数字化描述,具有数据海量、数据类型繁多等特点,因此,良好的信息质量才能保障BIM的信息交付效率。上述三条规定可依次理解为充分性、有效性和适宜性,三者为质量管理的基本原则,在模型单元的设计表达中应该遵循。充分性原则保障了建筑物的数字化描述信息均能够在建筑信息模型中找到;有效性原则的目的是信息或数据能够使用;适宜性原则说明信息不是一成不变的,而是根据项目的进展不断地调整和更新,以满足各类信息应用的需求。

(4)建筑信息模型交付物的表达应符合下列规定:

①应能利用多种表达方式体现模型信息;

②各类表达方式应与信息模型之间具有关联关系。

*说明：建筑信息模型承载的信息丰富，为了使交付物充分体现出数字化的特点，规定了交付的两条原则，即多样性原则和关联性原则。交付物形式多种多样，所以有必要利用多种方式完成交付物的表达。同时，鉴于信息的关联性，也要求无论采用何种表达方式，均能够与建筑信息模型之间形成数据上的关联。

(5)当全部或部分采用自定义的制图表达方法时，应在建筑信息模型执行计划中注明。建筑信息模型执行计划的编制应符合现行国家标准《建筑信息模型设计交付标准》(GB/T 51301—2018)的有关规定。

(6)模型单元命名规则

①模型单元应根据项目、工程对象的特征命名，并应符合下列规定：

a. 应简明且易于辨识；

b. 同一项目中，表达相同工程对象的模型单元命名应具有一致性。

②项目级模型单元命名应由项目编号、项目位置、项目名称、设计阶段和描述字段依次组成，其间宜以下划线"_"隔开。必要时，字段内部的词组宜以连字符"-"隔开，并应符合下列规定：

a. 项目编号应采用数字编码，当无项目编码时，宜以"000"替代；

b. 项目位置应采用市级或县级行政区划名称或数字码，行政区划名称和数字码应符合现行国家标准《中华人民共和国行政区划代码》(GB/T 2260—2007)的规定；

c. 项目名称应采用中文简称或英文字母缩写，并应由项目管理者统一制定；

d. 设计阶段应划分为方案设计、初步设计、施工图设计、深化设计等阶段；

e. 描述字段可自定义，也可省略。

③功能级模型单元命名宜由项目名称、模型单元名称、设计阶段和描述字段依次组成，其间宜以下划线"_"隔开。必要时，字段内部的词组宜以连字符"-"隔开，并应符合下列规定：

a. 项目名称应继承项目级模型单元项目信息，通用的模型单元可省略此字段；

b. 模型单元名称应采用工程对象的名称。描述系统的模型单元应采用系统分类的名称，系统分类应符合现行国家标准《建筑信息模型设计交付标准》(GB/T 51301—2018)的有关规定；

c. 描述字段可自定义，也可省略。

④构件级模型单元命名宜由项目名称、系统分类、位置、模型单元名称、设计阶段、描述字段依次组成，其间宜以下划线"_"隔开。必要时，字段内部的词组宜以连字符"-"隔开，并应符合下列规定：

a. 项目名称应继承项目级模型单元项目信息，通用的模型单元可省略此字段；

b. 系统分类应继承功能级模型单元系统分类信息，同时属于多个系统的，应全部列出，并应以连字符隔开，通用的模型单元可省略此字段；

c. 位置应采用工程对象所处的楼层或房间名称，此字段可省略；

d. 模型单元名称应采用工程对象的名称，当需要为多个同一类型模型单元进行编号时，可在此字段内增加序号，序号应依照正整数依次编排；

e. 描述字段可自定义，也可省略。

例如某商住楼项目，项目级模型单元可命名为"219_上海市_某商住楼-西区_施工图设计_A版-20170424"；功能级模型单元可命名为"某商住楼-西区_给水系统_施工图设计_组合文件_20170424"；构件级模型单元可命名为"某商住楼-西区_给水系统_地下一层_水泵-2号_施工图设计_20170424";零件级模型单元可命名为"螺栓-01_铜质"。

11.3.3 模型单元表达

(1)几何信息表达

①建筑信息模型中模型单元的几何信息表达应包含空间定位、空间占位和几何表达精度。

＊说明：模型单元所承载的几何信息描述了工程对象的空间位置和自身的几何特征，主要由三方面的指标来控制，即空间定位、空间占位和几何表达精度。这三项指标与设计意图的表达息息相关，其中空间定位确定表述工程对象在三维空间中的位置，解决"在哪里"的问题；空间占位确定表述工程对象占据的空间最大尺寸，解决"有多大"的问题；几何表达精度确定与表述工程对象的几何相似程度，解决"像什么"的问题。

②模型单元的空间定位应准确，并应符合下列规定：

a.项目级和功能级模型单元的模型坐标应与项目工程坐标一致，并应注明所采用的平面坐标系统和高程基准；

b.有安装要求的构件级模型单元应标明定位基点，其中的一个定位基点应采用安装交接面的特征点，定位基点应便于几何测量；

c.相同类型的模型单元，定位基点的相对位置应相同。

＊说明：对于项目而言，使用工程坐标是最好的定位手段，特别是多项目数据集中处理时，使用工程坐标有利于与城市规划信息接轨。采用工程坐标时，要注意所采用的坐标系和高程基准，避免混乱。项目当中的构件级模型单元内含坐标数据，此时需要更加强调定位基点的设置。

③模型单元的空间占位应符合下列规定：

a.项目级和功能级模型单元的空间占位应符合设计意图；

b.构件级模型单元的空间占位应满足工程对象的形变、公差和操作空间要求；

c.不同材质的模型单元应各自表达，不应相互重叠或剪切。

＊说明：空间占位往往表达建筑设计前期的空间布局意图和设计创意，特别是项目级和功能级模型单元。在概念设计或者方案设计阶段前期，为了快速反映设计意图，往往采用体量来表达空间布局。对于构件级模型单元，除了确定工程对象的空间要求外，还需要预判构配件形变、操作等因素，并需反映在模型单元空间占位中，有利于设计的进一步深化。

④构件级模型单元几何表达精度应划分为G1、G2、G3和G4四个等级。等级要求应符合现行国家标准《建筑信息模型设计交付标准》(GB/T 51301—2018)的有关规定。

＊说明：模型单元几何表达精度是一种评估几何描述近似度的手段，其主要作用在于能够建立工程参与方之间衡量体系的基本共识。几何表达精度主要是构件级模型单元的指标，原因是构件级模型单元是BIM模型最主要的基本组成单元。对于由构件级组成的项目级和功能级模型单元，不存在几何表达精度的概念。零件级模型单元的几何表达精度情况比较多样，由具体项目需求约束。

⑤模型单元的几何表达精度应根据设计阶段或应用需求选取，不同模型单元可选取不同的几何表达精度。

＊说明：几何表达精度等级与设计阶段不存在一一对应关系，而是根据设计阶段或应用需求选取。在项目中，可以为不同的模型单元选取不同等级的几何表达精度。例如，某项目的施工图阶段，现浇钢筋混凝土楼梯段选取G4，以便保障准确施工，而同时楼梯栏杆选取G3，使采

购人员能够掌握设计要求而顺利选择生产厂家的成品。

⑥常见构件级模型单元几何表达精度应符合表 11.2、表 11.3 的规定。

⑦几何表达精度为 G2、G3、G4 级的模型单元,无论采用何种模型容差,均不应超过自身的空间占位范围。

*说明:无论选取何种等级的精度,模型单元的几何表达与实际工程对象之间都有差别。但由于空间占位控制了模型单元的最大空间范围,突破空间占位有可能会引起冲突,或者影响模型准确性。例如,标定总高度为 900mm 的阳台栏板,900mm 即为整个栏板高度方向上的空间占位尺寸。在建模时,在 G2、G3 和 G4 的几何表达精度下,栏板的总高度不应超过 900mm。

值得注意的是,鉴于空间占位的定义,本条文是建模准确性的最低要求之一,即模型单元最大空间尺寸上的要求。在模型单元自身的准确性上,没有必然推论。例如在上述举例的情况中,本条文并不意味着栏板建模的总高度必然可以低于 900mm。

表 11.2　场地的模型单元几何表达精度

模型单元	几何表达精度	几何表达精度要求
现状场地	G1	·宜以二维图形表示场地范围 ·若项目周边现状场地中有铁路、地铁、变电站、水处理厂等基础设施时,可采用二维图形表示 ·除非可视化需要,场地及其周边的水体、绿地等景观可以二维区域表达
	G2	·应建模,等高距宜为 2m ·若项目周边现状场地中有铁路、地铁、变电站、水处理厂等基础设施时,可采用二维图形表示。必要时,宜采用简单几何形体表示 ·除非可视化需要,场地及其周边的水体、绿地等景观可以二维区域表达
	G3	·应建模,等高距宜为 1m ·若项目周边现状场地中有铁路、地铁、变电站、水处理厂等基础设施时,宜采用简单几何形体表示 ·除非可视化需要,场地及其周边的水体、绿地等景观可以二维区域表达。必要时,宜采用简单几何形体表示
	G4	·应建模,等高距宜为 0.5m ·若项目周边现状场地中有铁路、地铁、变电站、水处理厂等基础设施时,宜采用高精度几何形体表示 ·场地及其周边的水体、绿地等景观宜采用高精度扫描成果表达
设计场地	G1	·宜以二维图形表示场地范围 ·除非可视化需要,水体、绿地等景观可以二维区域表达
	G2	·应建模,等高距宜为 1.0m ·除非可视化需要,水体、绿地等景观可以二维区域表达 ·应在剖切视图或三维视图中观察到与现状场地的填挖关系
	G3	·应建模,等高距宜为 0.5m ·水体、绿地等景观可以二维区域表达。必要时,宜采用简单几何形体表示。项目设计的景观设施构筑物宜建模 ·应在剖切视图或三维视图中观察到与现状场地的填挖关系
	G4	·应建模,等高距宜为 0.1m ·水体、绿地等景观可以二维区域表达。必要时,宜采用简单几何形体表示。项目设计的景观设施构筑物宜建模 ·应在剖切视图或三维视图中观察到与现状场地的填挖关系

续表 11.2

模型单元	几何表达精度	几何表达精度要求
现状建筑和设施（仅限体量化建模表示空间占位）	G1	• 宜以二维图形表示
	G2	• 应以体量表示空间占位
	G3	• 应建模表示主要外观特征
	G4	• 宜采用高精度扫描成果表达
新（改）建建筑和设施（仅限体量化建模表示空间占位）	G1	• 宜以二维图形表示
	G2	• 应以体量表示空间占位
	G3	• 应以体量表示主要外观特征
	G4	• 应以体量表示外观和空间特征，并且模型表面宜有可正确识别的材质

表 11.3 建筑构件的模型单元几何表达精度

模型单元	几何表达精度	几何表达精度要求
外墙	G1	• 宜以二维图形表示
	G2	• 应体量化建模表示空间占位 • 宜表示核心层和外饰面材质 • 外墙定位基线宜与墙体核心层外表面重合，如有保温层，宜与保温层外表面重合
	G3	• 构造层厚度不小于 20mm 时，应按照实际厚度建模 • 应表示安装构件 • 应表示各构造层的材质 • 外墙定位基线应与墙体核心层外表面重合，无核心层的外墙体，定位基线应与墙体内表面重合，有保温层的外墙体定位基线应与保温层外表面重合
	G4	• 构造层厚度不小于 10mm 时，应按照实际厚度建模 • 应按照实际尺寸建模并安装构件 • 应表示各构造层的材质 • 外墙定位基线应与墙体核心层外表面重合，无核心层的外墙体，定位基线应与墙体内表面重合；有保温层的外墙体定位基线应与保温层外表面重合 • 当砌体垂直灰缝大于 30mm，采用 C20 细石混凝土灌实时，应区分砌体与细石混凝土
内墙	G1	• 宜以二维图形表示
	G2	• 应体量化建模表示空间占位 • 宜表示核心层和外饰面材质 • 内墙定位基线宜与墙体核心层表面重合，如有隔声层，宜与隔声层外表面重合
	G3	• 构造层厚度不小于 20mm 时，应按照实际厚度建模 • 应表示安装构件 • 宜表示各构造层的材质 • 内墙定位基线应与墙体核心层外表面重合，无核心层的内墙体，定位基线应与墙体内表面重合；有隔声层的内墙体，定位基线应与隔声层外表面重合
	G4	• 构造层厚度不小于 10mm 时，应按照实际厚度建模 • 应按照实际尺寸建模并安装构件 • 应表示各构造层的材质 • 内墙定位基线应与墙体核心层外表面重合，无核心层的内墙体，定位基线应与墙体内表面重合；有隔声层的内墙体，定位基线应与隔声层外表面重合

续表 11.3

模型单元	几何表达精度	几何表达精度要求
建筑柱	G1	• 宜以二维图形表示
	G2	• 应体量化建模表示空间占位 • 宜表示核心层和外饰面材质 • 建筑柱定位基线宜与柱体核心层表面重合,如有保温层,宜与保温层外表面重合
	G3	• 构造层厚度不小于 20mm 时,应按照实际厚度建模 • 应表示安装构件 • 宜表示各构造层的材质 • 建筑柱定位基线应与柱体核心层外表面重合,无核心层的建筑柱,定位基线应与建筑柱内表面重合;有保温层的建筑柱,定位基线与保温层外表面重合
	G4	• 构造层厚度不小于 10mm 时,应按照实际厚度建模 • 应按照实际尺寸建模并安装构件 • 应表示各构造层的材质 • 建筑柱定位基线应与柱体核心层外表面重合,无核心层的建筑柱,定位基线应与建筑柱内表面重合,有保温层的建筑柱,定位基线与保温层外表面重合 • 构造柱构件的轮廓表达应与实际相符,即包括嵌接墙体部分(马牙槎)
门窗	G1	• 宜以二维图形表示
	G2	• 应表示框材、嵌板 • 门窗洞口尺寸应准确
	G3	• 应表示框材、嵌板、主要安装构件 • 应表示内嵌板的门窗 • 门窗百叶框材和断面模型容差应为 30mm
	G4	• 应表示框材、嵌板、主要安装构件、密封材料 • 应按照实际尺寸建模内族的门窗和百叶
屋顶	G1	• 宜以二维图形表示
	G2	• 应体量化建模表示空间占位 • 平屋面建模可不考虑屋面坡度,且结构构造层顶面与屋面标高线宜重合 • 坡屋面与异形屋面应按设计形状和坡度建模,主要结构支座顶标高与屋面标高线宜重合
	G3	• 应输入屋面各构造层的信息,构造层厚度不小于 20mm 时,应按照实际厚度建模 • 楼板的核心层和其他构造层可按独立楼板类型分别建模 • 平屋面建模宜考虑屋面坡度 • 坡屋面与异形屋面应按设计形状和坡度建模,主要结构支座顶标高与屋面标高线宜重合 • 屋面主要构件宜建模,模型容差为 20mm
	G4	• 应输入屋面各构造层的信息,构造层厚度不小于 10mm 时,应按照实际厚度建模 • 楼板的核心层和其他构造层可按独立楼板类型分别建模 • 平屋面建模应考虑屋面坡度 • 坡屋面与异形屋面应按设计形状和坡度建模,主要结构支座顶标高与屋面标高线宜重合 • 宜按照实际尺寸建模并安装构件 • 如视觉表达需要,屋面各层构造、构件宜赋予可识别的材质信息

续表 11.3

模型单元	几何表达精度	几何表达精度要求
楼面	G1	·宜以二维图形表示
	G2	·应体量化建模表示空间占位 ·除非设计要求,无坡度楼板顶面与设计标高应重合,有坡度楼板根据设计意图建模
	G3	·应输入楼板各构造层的信息,构造层厚度不小于20mm时,应按照实际厚度建模 ·楼板的核心层和其他构造层可按独立楼板类型分别建模 ·主要的无坡度楼板建筑完成面应与标高线重合
	G4	·在"类型"属性中区分建筑楼板和结构楼板 ·应输入楼板各构造层的信息,构造层厚度不小于10mm时,应按照实际厚度建模 ·楼板的核心层和其他构造层可按独立楼板类型分别建模 ·无坡度楼板建筑完成面应与标高线重合
地面	G1	·宜以二维图形表示
	G2	·应体量化建模表示空间占位 ·地面完成面与地面标高线宜重合
	G3	·应输入地面各构造层的信息,构造层厚度不小于20mm时,应按照实际厚度建模 ·地面的核心层和其他构造层可按独立楼板类型分别建模 ·建模应符合地面坡度变化 ·平地面完成面与地面标高线宜重合
	G4	·应输入地面各构造层的信息,构造层厚度不小于10mm时,应按照实际厚度建模 ·地面的核心层和其他构造层可按独立楼板类型分别建模 ·建模应符合地面坡度变化 ·平地面完成面与地面标高线宜重合 ·如视觉表达需要,屋面各层构造、构件宜赋予可识别的材质信息
幕墙系统	G1	·宜以二维图形表示
	G2	·应体量化建模表示空间占位 ·宜表示嵌板,并按照设计意图划分
	G3	·应表示嵌板、主要支撑构件 ·内嵌的门窗应明确表示 ·幕墙竖梃和横撑断面模型容差应为10mm
	G4	·宜按照实际尺寸建模嵌板、主要支撑构件、支撑构件配件、安装构件、密封材料 ·内嵌的门窗应明确表示
顶棚	G1	·宜以二维图形表示
	G2	·应体量化建模表示空间占位 ·宜表示嵌板,并按照设计意图划分
	G3	·应表示嵌板、主要支撑构件 ·应明确表示人孔、百叶等 ·幕墙竖梃和横撑断面模型容差应为10mm
	G4	·宜按照实际尺寸建模嵌板、主要支撑构件、支撑构件配件、安装构件、密封材料 ·应明确表示人孔、百叶等

续表 11.3

模型单元	几何表达精度	几何表达精度要求
楼梯	G1	• 宜以二维图形表示
	G2	• 应体量化建模表示空间占位 • 楼梯应建模踏步、梯段
	G3	• 梯梁、梯柱应建模，并应输入构造层次信息，构造层厚度不小于 20mm 时，应按照精确厚度建模
	G4	• 梯梁、梯柱应建模，并应输入构造层次信息，构造层厚度不小于 10mm 时，应按照实际厚度建模
运输系统	G1	• 宜以二维图形表示
	G2	• 主要构配件应建模，模型容差为 100mm • 可采用生产商提供的成品设备信息模型
	G3	• 主要构配件应建模，模型容差为 50mm • 可采用生产商提供的成品设备信息模型
	G4	• 宜采用高精度扫描成果表达
坡道、台阶	G1	• 宜以二维图形表示
	G2	• 应体量化建模表示空间占位
	G3	• 坡道或台阶应建模，并应输入构造层次信息，构造层厚度不小于 20mm 时，应按照精确厚度建模
	G4	• 坡道或台阶应建模，并应输入构造层次信息，构造层厚度不小于 10mm 时，应按照实际厚度建模 • 宜按照实际尺寸建模防滑条和安装构件
散水与明沟	G1	• 宜以二维图形表示
	G2	• 应体量化建模表示空间占位
	G3	• 构造层厚度不小于 20mm 时，应按照精确厚度建模
	G4	• 构造层厚度不小于 10mm 时，应按照实际厚度建模
栏杆	G1	• 宜以二维图形表示
	G2	• 应体量化建模表示空间占位
	G3	• 应建模，主要构配件模型容差宜为 20mm
	G4	• 应按照实际尺寸建模
雨篷	G1	• 宜以二维图形表示
	G2	• 应体量化建模表示空间占位 • 雨篷板按照设计意图划分
	G3	• 应表示雨篷板、主要支撑构件
	G4	• 应按照实际尺寸建模雨篷板、主要支撑构件、支撑配件、安装构件、密封材料

续表 11.3

模型单元	几何表达精度	几何表达精度要求
阳台、露台	G1	• 宜以二维图形表示
	G2	• 应体量化建模表示空间占位 • 阳台(露台)板顶面与设计标高应重合,有坡度的阳台(露台)板根据设计意图建模
	G3	• 应输入阳台(露台)板各构造层的信息,构造层厚度不小于20mm时,应按照实际厚度建模 • 主要的无坡度阳台(露台)板建筑完成面应与标高线重合
	G4	• 应输入阳台(露台)板各构造层的信息,构造层厚度不小于10mm时,应按照实际厚度建模 • 应按照实际尺寸建模并安装构件 • 无坡度阳台(露台)板建筑完成面应与标高线重合
压顶	G1	• 宜以二维图形表示
	G2	• 应体量化建模表示空间占位
	G3	• 应输入阳台(露台)板各构造层的信息,构造层厚度不小于20mm时,应按照实际厚度建模
	G4	• 应输入阳台(露台)板各构造层的信息,构造层厚度不小于10mm时,应按照实际厚度建模 • 应按照实际尺寸建模并安装构件
变形缝	G1	• 宜以二维图形表示
	G2	• 应体量化建模表示空间占位
	G3	• 应建模主要构配件,模型容差宜为10mm
	G4	• 应按照实际尺寸建模需生产加工的构件
室内构造	G1	• 宜以二维图形表示
	G2	• 应体量化建模表示空间占位 • 宜表达基层、面层、嵌板
	G3	• 应表达基层、面层、嵌板、主要支撑构件、主龙骨,并按照设计意图划分
	G4	• 应表达基层、面层、嵌板,宜表达板块分格、主要支撑构件、龙骨 • 应按照实际尺寸建模安装构件
装饰设备、灯具	G1	• 宜以二维图形表示
	G2	• 应体量化建模表示空间占位 • 应建模主要构配件,模型容差为50mm
	G3	• 应建模主要构配件,模型容差宜为20mm
	G4	• 宜采用高精度扫描成果表达
家具	G1	• 宜以二维图形表示
	G2	• 应体量化建模表示空间占位 • 应建模主要构配件,模型容差为100mm
	G3	• 应建模主要构配件,模型容差宜为50mm
	G4	• 宜采用高精度扫描成果表达

续表 11.3

模型单元	几何表达精度	几何表达精度要求
设备安装孔洞	G1	• 宜以二维图形表示
	G2	• 应建模孔洞的大小和位置
	G3	• 应建模表示孔洞的精确位置 • 主要安装构件、预埋件应建模,模型容差宜为 10mm
	G4	• 应建模表示孔洞的精确位置 • 主要安装构件、预埋件应按实际尺寸建模
各类设备基础	G1	• 宜以二维图形表示
	G2	• 应表示空间占位、位置和方向 • 主要构配件模型容差宜为 30mm
	G3	• 应表示精确的尺寸、形状、位置和方向 • 主要安装构件、预埋件应建模,模型容差宜为 10mm
	G4	• 应表示实际尺寸、形状、位置和方向 • 主要安装构件、预埋件应按实际尺寸建模

(2)属性信息表

①建筑信息模型的模型单元属性信息表达应包含表达样式和信息深度。

*说明:本条规定了属性信息表的基本要素。属性信息以数据条目的方式反映模型单元的所有工程定义,是信息应用的重点。属性信息的表达主要有三个原则:第一个是明确,即模型单元的属性名称、属性值、属性值来源三个要素均得以表述出来,并一一对应;第二个是清晰,即表述方法严谨而简单,一目了然,使信息应用方能够快速检索出所需信息,特别是人机对话过程中,应用方能够依据属性信息作出初步判定;第三是充分,即使应用方能够检索所需的全部信息。

②属性信息表达样式应按照属性信息表编制,字段包含属性组、代号、属性名称、属性值和计量单位,并应符合下列规定:

a.属性组和代号应符合现行国家标准《建筑信息模型设计交付标准》(GB/T 51301—2018)的有关规定;

b.属性名称应根据模型单元的种类、工程对象特征、应用需求逐一列举;

c.属性信息表中属性值应从建筑信息模型中提取,尚不具备的属性值可空缺;

d.计量单位应符合国家现行有关标准的规定,无单位的属性值,计量单位应填写符号"—"或汉字"无",或英文"N/A"。当属性值可计量时,本字段不得空缺。

*说明:本标准规定了属性信息表作为属性信息表达样式,以满足明确和清晰的原则;规定了模型单元属性信息及信息深度。属性信息表承载的信息或数据条目繁多,如果不进行合理的规划和整理,会给应用方造成查询困难。

首先要进行属性分组并赋予代号。现行国家标准《建筑信息模型设计交付标准》(GB/T 51301—2018)已规定了属性信息的分组,表达时也需要按照此规定对属性进行整理。需要说明的是,属性代号与编码作用是不同的,不能相互替代。属性代号主要为人机对话提供便利,使人能够迅速定位属性信息表中的数据位置。

其次是明确标识属性名称、属性值和计量单位。在分组的基础上,本条规定属性名称条目逐一列举,虽然可能表述冗长,但是会更加清晰明确,有利于查询和迭代。属性值应来源于信息模型,如果相互脱节,会给模型应用带来极大的隐患。同时,考虑到不同的设计阶段,信息模型所提供的信息深度是不同的,此时属性信息表预置的数据条目可不表达属性值,直到有应用需求时,由掌握此信息的输入方进行补充。另外,可以计量的属性,有必要明确计量单位,才能确保信息的正确性。例如同样长度,5m 和 5000mm 在数值上是不同的,如果不明确表达计量单位,就有可能为下一步的信息应用带来错误的后果。

③当编制项目级模型单元属性信息表时,应符合现行国家标准《建筑信息模型设计交付标准》(GB/T 51301—2018)的规定。

④模型单元信息深度应划分为 N1、N2、N3 和 N4 四个等级,等级要求应符合现行国家标准《建筑信息模型设计交付标准》(GB/T 51301—2018)的规定。

⑤模型单元的信息深度应根据设计阶段或应用需求选取,不同的模型单元可选取不同的信息深度。

*说明:信息深度的主要作用在于能够建立工程参与方之间衡量体系的基本共识,用来粗略评估信息的丰富程度。根据项目的设计阶段和应用需求来选取所需的信息深度,信息深度与设计阶段的发展关联度相对大一些,即信息随着设计的深入而逐步丰富起来,但仍然存在对于不同的模型单元要求的信息深度不同的情况。

11.3.4 交付物表达

(1)建筑信息模型设计交付物应包括信息模型、属性信息表、工程图纸、项目需求书、建筑信息模型执行计划、建筑指标表和模型工程量清单等,并应符合现行国家标准《建筑信息模型设计交付标准》(GB/T 51301—2018)的规定。

*说明:交付物表达是重要的环节。本条引用国家标准《建筑信息模型设计交付标准》(GB/T 51301—2018)所规定的交付物,并说明表达方式和方法。以表达方式规定交付物呈现的介质、界面或载体,以表达方法规定各类表达方式如何组织和安排。

(2)交付物表达方式应根据设计阶段和应用需求所要求的交付内容、交付物特点选取,应采用模型视图、表格和文档,宜采用图像、点云、多媒体和网页作为表达方式。

*说明:从工程交付物的角度上看,三维模型是通过视图来呈现模型几何信息的,通过表格以数据条目来呈现模型属性信息,通过文档来呈现必要的叙述性说明,因此三者作为主要表达方式,可以提供大量的信息。然而考虑到 BIM 的信息多样性和扩展性,图像、点云、多媒体和网页在某些情况下也非常有效,可作为有效表达方式。但由于无法精确测量、工程逻辑性不强等,这几种方式只能作为辅助表达方式。

(3)各类表达方式应采用与模型单元分类、组合相融合的单元化表达方法。当提供工程图纸交付物时,还应采用图纸化表达方法。

*说明:由于表达方式的多样化,如果不进行合理的组织,容易导致信息凌乱和碎片化。利用模型单元分类进行单元化表达,可以充分反映模型单元的组织层次,也有利于信息递进展开,从而避免应用者陷入信息"海洋"。另外,考虑到现阶段对工程图纸的需求,本条也明确了图纸化表达方法应用的范畴。

11.3.5 表达方式

(1)模型单元几何信息及必要尺寸和注释应采用模型视图表达。模型单元属性信息应采用表格表达。叙述性说明内容应采用文档表达。

　　*说明:本条规定了主要表达方式的适用性。其中表格和文档不局限于特定形式或文件格式,也不要求形成独立文件。

　　(2)模型视图及其可表达的图应符合表 11.4 的规定。

表 11.4　模型视图分类

类别代码	模型视图	可表达的图
A	正投影图、镜像投影图、剖面图	平面图、立面图、剖面图、详图
B	轴测图、透视图	组合图、装配图、安装图
C	标高投影图	地形图
D	简图	原理图、系统图

注:1. A 类、B 类和 C 类模型视图应由三维模型直接生成;
　　2. D 类模型视图可独立绘制,并应与模型单元关联关系一一对应;
　　3. 详图宜在平面图、立面图、剖面图基础上绘制或独立绘制而成,并应与所表达的模型单元双向访问。

　　*说明:本条所列的 A、B、C、D 四种视图基本上涵盖了常见的传统图纸内容。为了体现 BIM 的三维化和数据化的技术特点,要求各种视图不能脱离与模型之间的关系,否则容易造成数据冲突以及缺乏真实性。考虑到现阶段的软(硬)件发展水平和 BIM 应用状况,对于局部构造和交接构造等细节,在模型视图的基础上独立绘制,以充分的图形、线条、符号、尺寸和注释进行表达,往往能更加清晰地展示设计意图,也能提高表达效率,因此详图也是必要的视图内容,并包含在 A 类视图中。

　　(3)多个模型单元在同一模型视图中无法正确表达工程对象重叠关系时,宜补充局部模型视图。

　　*说明:使用同一视图表达多个模型单元是常见的。但模型较为复杂时,有可能无法正确表达工程对象的重叠关系。在传统的二维图纸中,往往会采取文字注释的手段来说明。在 BIM 领域,鼓励使用模型视图表达空间定位和空间占位,充分利用计算机软件能力,补充局部视图,使信息表达更加明确清晰。

　　(4)采用表格方式可表达属性信息表、建筑指标表、模型工程量清单,表格所表达的内容应基于模型单元属性信息导出,并应与模型单元一一对应。

　　*说明:利用表格表达某一个模型单元的属性信息时,为了避免信息混乱,本条规定模型单元和属性信息表的一一对应关系,即"一单元一表格"。

　　(5)采用文档方式可表达项目需求书、建筑信息模型执行计划、标准规范、图集、报告、设计说明、产品规格书、安装说明等内容。

　　*说明:有关建筑设计的各类说明,也是建筑信息的必要组成部分。这类信息使用文档进行表达,可充分利用文档的文字和图形的描述性、可编辑性。

　　(6)辅助表达方式表达的内容宜符合下列规定:
　　① 设计效果、产品外观等内容可采用图像表达;
　　② 激光扫描成果可采用点云表达;
　　③ 设计演示、操作演示等内容可采用多媒体表达;
　　④ 参考信息可采用网页表达。

　　*说明:本条列出了一些常见场景下所适用的辅助表达方式。具体操作中,可根据实际需

求进行综合采用。

(7)图像宜内嵌在模型视图或表格中表达。点云、多媒体和网页宜作为外部文件与其他表达方式建立链接关系。

*说明：由于图像不具有明确的工程数据，只适合表达视觉信息，因此要求将图像与模型视图或表格加强关联性。点云、多媒体和网页多为专业软件生成，且为独立文件，为了避免信息"孤岛"，也要求明确与其他表达方式之间的引用关系。

11.3.6 单元化表达

(1)各类表达方式应根据模型单元的种类进行单元化表达，表达方式之间应具有关联访问关系。

*说明：单元化表达方法与模型架构单元化的要求和逻辑一致。采用单元化表达，使信息模型应用者快速理清模型组织架构，从而迅速地定位所需的信息，也有利于建立表达方式之间的联系。

(2)单元化表达应根据应用需求，依次表达项目级、功能级、构件级和零件级模型单元。

*说明：单元化表达是模型内在组织架构的体现，因此应符合模型单元的种类划分。为了顺应工程认知逻辑，要求从大到小，从项目到零件逐步表达。

(3)项目级模型单元应采用表11.4中的A类、B类和C类视图表达场地关系、建筑物空间布局和形态等。

(4)功能级模型单元应采用表11.4中的A类和B类视图表达空间组合关系，采用D类视图表达设计原理、系统架构和系统组成关系，并应符合下列规定：

① 所包含的构件级模型单元的几何表达精度可为G1或G2级；

② 需进一步表达的模型单元，应索引相应的构件级模型单元视图。

*说明：功能级模型单元的主要任务在于清晰表达空间或系统的组成架构、逻辑关系以及整体性能，从视觉表达上看，各组成视图的表现内容并不是越复杂越好，而是应凸显设计人员的综合意图。因此，本条对功能级模型单元在表达空间组合关系、设计原理、系统架构、系统组成这些设计意图时，可以适当降低其所包含的构件级模型单元的几何表达精度。

(5)构件级模型单元应采用表11.4中的A类、B类表达，并应符合下列规定：

① 构件级模型单元应各自独立表达；连续的线性模型单元，可采用局部视图表示重复部分。

② 同一类型的模型单元可合并表达。

③ 局部构造和交接构造宜采用A类视图中的详图表达。

*说明：构件级模型单元的表达继承功能级模型单元，进一步说明设计要求。由于在功能级模型单元中已经表明构配件之间的相互关系，此时只需说明每个构配件自身的设计意图即可，因此应独立表达。为了提高效率，允许将不同位置但同种类型的模型单元指向同一个表达组合。保障正确性的同时，为了降低实际工作量和系统荷载，也允许用详图来表达局部构造和交接节点，也就是发挥二维制图的效率。然而上述前提均为满足应用需求，如果需要对局部构造进行三维观察或核算工程量时，应根据需求进行必要的三维建模和表达。

11.3.7 图纸化表达

(1)各类表达方式应在单元化表达的基础之上，根据工程图纸出版要求进行图纸化表达。

*说明：考虑到当前的交付模式和技术手段，图纸化表达方法还将长期存在。需要说明的

是,此处"图纸"并非指以纸为介质,而是利用二维界面将工程信息整理、组合并有序表达出来。近些年来出现的电子图档即属于此类。《建筑信息模型应用统一标准》(GB/T 51212—2016)考虑到工程习惯,仍然采用了"图纸"这个说法。在审批、施工、生产等环节,图纸仍然具有友好的人机交互界面,更加符合人类的思维模式。图纸化表达有效组织各类表达方式,有利于完成出版文件。本节主要面向基于 BIM 交付工程图纸而作出规定,主要的原则如下:

① 充分利用信息化优势,采用丰富的表达方式来说明设计意图;

② 规定了单元化的模型架构和表达方法,因此要求图纸化表达体现相同的模型内在关联特点;

③ 利用合理的命名方式,使应用者能够迅速掌握图纸大致内容,提高工作效率;

④ 工程图纸量往往都比较大,需要合理编排,以便应用者能够迅速定位所需的信息。

(2)工程图纸应由模型视图、表格或图像组合而成,工程图纸电子文件可索引文档、多媒体或网页,但应建立可靠链接关系。

* 说明:BIM 技术能够提供更丰富的表达方式,在形成图纸时,利用索引可充分引用所需的资源。可靠链接是指在交付之后,被索引的文件仍能够被访问,并能够提供索引时的等同信息。

(3)工程图纸命名宜由专业代码、图纸编号、图纸名称、描述等字段依次组成,以下划线"_"隔开,字段内部的词组以连字符"-"隔开,并应符合下列规定:

① 专业代码应符合现行国家标准《建筑信息模型设计交付标准》(GB/T 51301—2018)的有关规定;

② 图纸编号宜符合表 11.5 的规定;

③ 图纸名称应简要表达模型单元特征;

④ 描述字段可自定义,也可省略。

表 11.5 图纸编号

图纸编号	图纸内容
000—029	图纸目录、设计说明
030—059	原理图、系统图
060—099	勘察测绘图、总图、防火分区示意图、人防分区示意图
100—199	平面图(项目级、功能级模型单元)
200—299	立面图(项目级、功能级模型单元)
300—399	剖面图(项目级、功能级模型单元)
400—499	大比例模型视图(功能级模型单元或局部)
5000—5099	建筑外围护系统模型视图(构件级模型单元)
5100—5199	其他建筑构件系统模型视图(构件级模型单元)
5200—5299	给水排水系统模型视图(构件级模型单元)
5300—5399	暖通空调系统模型视图(构件级模型单元)
5400—5499	电气系统模型视图(构件级模型单元)
5500—5599	智能化系统模型视图(构件级模型单元)
5600—5699	动力系统模型视图(构件级模型单元)

续表 11.5

图纸编号	图纸内容
600—699	（自定义）
700—799	（自定义）
800—899	建筑指标表、模型工程量清单等表格
900—999	项目需求书、建筑信息模型执行计划、工程建设审批等文档

注：图纸编号可根据实际需求扩充，并在建筑信息模型执行计划中说明。

* 说明：依托工程图纸编号来判定图纸内容的范畴，有利于提高表达效率，也是国际上常见的做法。如在美国国家 CAD 标准（National CAD Standard）中，类似的规定见表 11.6。考虑到 BIM 领域图纸化表达更加复杂，因此本条参考这样的做法。编号体现单元化表达的特点，将模型单元按照种类从大到小依次表达，1～4 系图纸可分别表达传统意义上的平面图、立面图、剖面图和详图。5 系图纸用来表达构件级模型单元，考虑到构件级模型单元数量较多，因此本表编号扩充为 4 位。对于大型工程，所有的编号均可扩充为 4 位。

表 11.6 美国国家 CAD 标准规定

图纸序号类	英文名称	中文解释
0	general(symbol, legends, notes *, ect.)	总图（符号、图例、说明等）
1	planes(horizontal views)	平面图（水平视图）
2	elevations(vertical views)	立面图（垂直视图）
3	sections(sectional views, wall sections)	剖面图（剖视图、墙身剖面）
4	large-scale views (planes, elevations, stair sections, or sections that are not details)	大比例视图（平面图、立面图、楼梯剖面图、IE 详图的剖面图）
5	details	详图
6	schedules and diagrams	表格和简图
7	user defined(for types that do not fall in other categories, including typical detail sheets)	自定义（留给不在规定类别的类型，包括典型详图）
8	user defined (for types that do not fall in other categories)	自定义（留给不在规定类别的类型）
9	3D representations (isometrics, perspectives, photographs)	3D 表现图（轴测图、透视图、照片）

（与建筑设计信息模型制图标准对应的规范内容请扫描二维码，上线查找信息资源。）

扫码演示

解析 12　BIM 与建筑设计

12.1　Revit 概念体量工具

Revit 是 Autodesk 公司一套系列软件的名称。Revit 系列软件是专为建筑信息模型(BIM)构建的全新的概念设计功能,可以按照建筑师和设计师的思考方式进行设计,从而提供高质量、更加精确的建筑设计。

Revit 具有提供概念体量工具的功能,可用于在项目前期概念设计阶段,为建筑师提供灵活、简单、快速的概念设计模型。使用概念体量模型可以帮助建筑师推敲建筑形态,帮助建筑师进行自由形状建模和参数化设计,可以自由绘制草图,快速创建三维形状,交互地处理各个形状,还可以利用内置的工具进行复杂形状的概念澄清,统计概念体量模型的建筑楼层面积、占地面积、外表面积等设计数据。还可以根据概念体量模型表面创建建筑模型中的墙、楼板、屋顶等图元对象,从概念模型到施工文档的整个设计流程都在一个直观环境中完成,从而实现建筑概念设计阶段向建筑方案、建筑施工图设计的转换。

12.1.1　创建体量族及分析明细表的实现过程

(1)利用 Revit 参数化功能及概念方案阶段,通过驱动参数化的体块及体块组合实现方案阶段的体块推敲,实现建筑概念方案设计的数据驱动。

(2)Revit 创建"新建概念体量""公制体量"文件,见图 12.1、图 12.2。

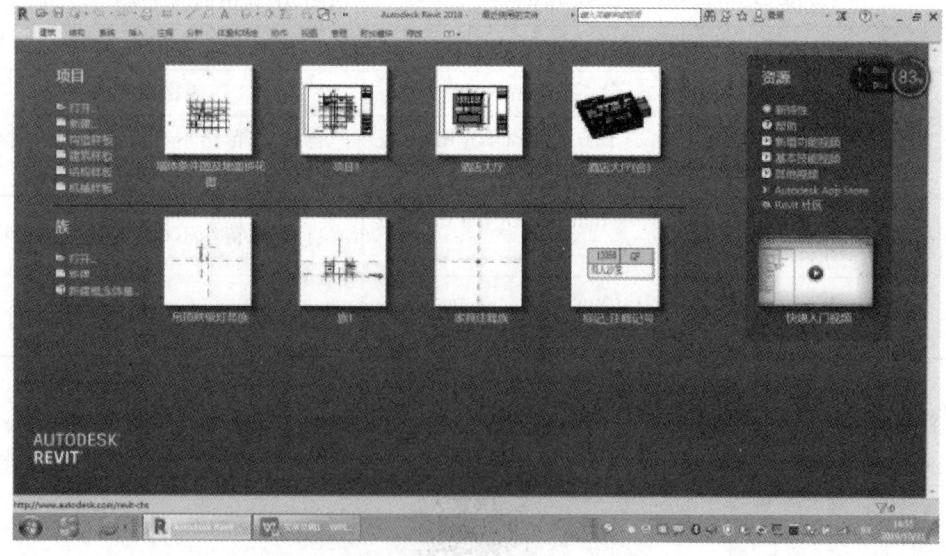

图 12.1　新建概念体量

(3)进入立面视图,复制标高 2、标高 3、标高 4,见图 12.3。

(4)绘制模型线,如图 12.4、图 12.5 所示,点击"创建形状"→"实心形状",生成体量模型,进入立面图,调整模型高度(图 12.6),与设计标高对齐。

解析 12　BIM 与建筑设计

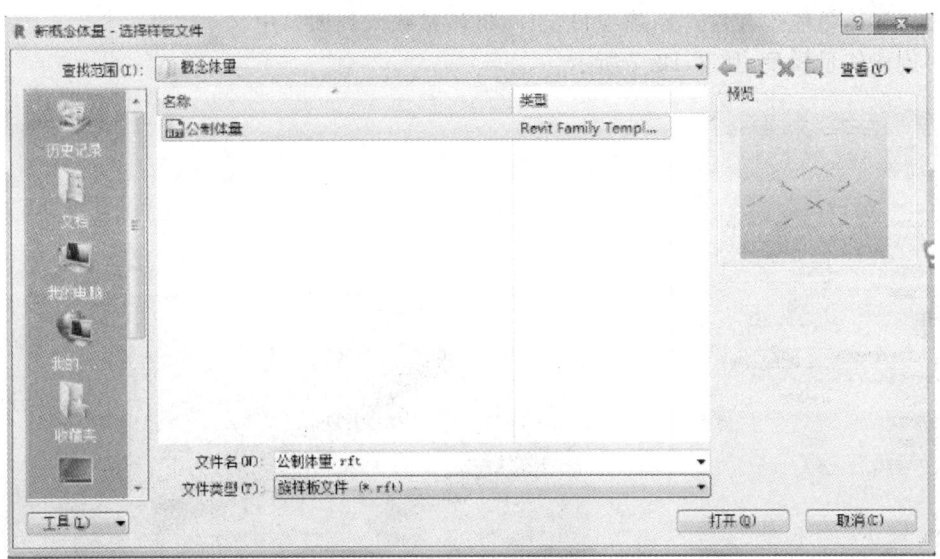

图 12.2　公制体量

图 12.3　标高复制　　　　　　　　图 12.4　绘制参照线

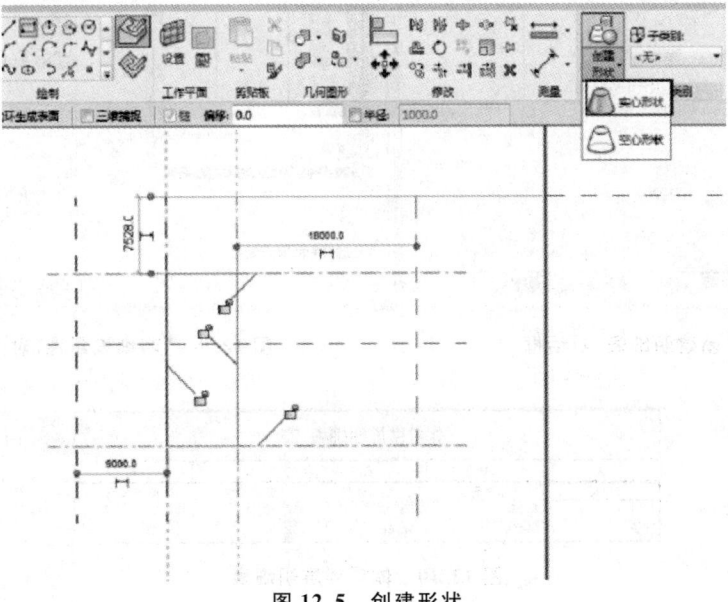

图 12.5　创建形状

(5)保存体量模型文件。新建项目文件,将体量载入到项目中。
(6)创建体量模型,如图12.7所示。

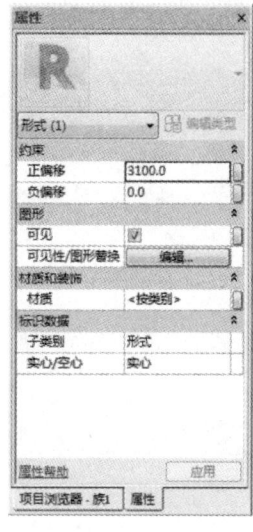

图12.6 高度设置

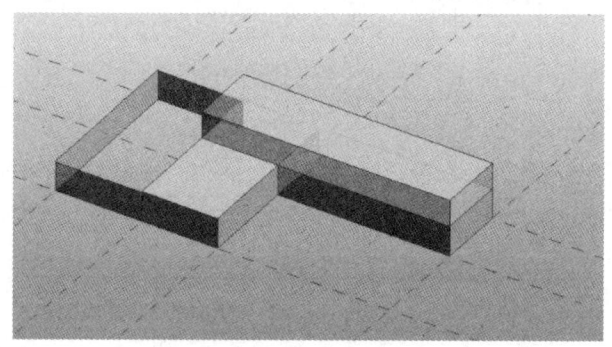

图12.7 创建体量模型

(7)在"视图"→"创建"→"明细表"中,选择"明细表|数量","新建明细表"面板。点击"体量"→"体量楼层",单击"确定"。在弹出的"明细表属性"面板中,添加"标高""楼层体积""楼层面积""楼层周长""外表面积"参数,最后单击"确定",该明细表将显示在绘图区域中。见图12.8至图12.10。

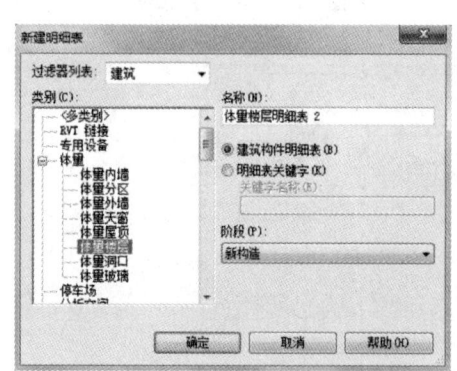

图12.8 "新建明细表"对话框

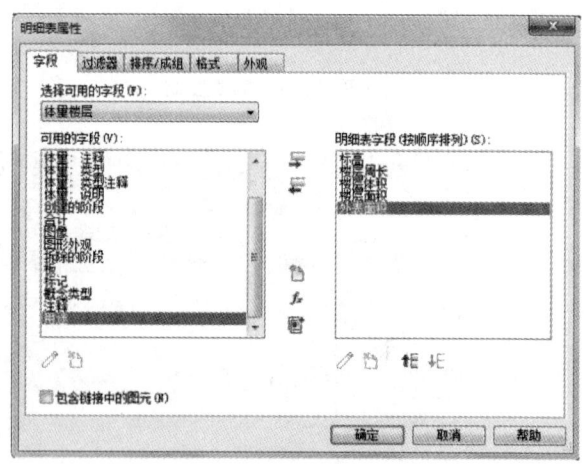

图12.9 "明细表属性"对话框

〈体量楼层明细表 2〉				
A	B	C	D	E
标高	楼层周长	楼层体积	楼层面积	外表面积
标高 1	86000	976.00	262.00	406.00
标高 2	66000	491.40	182.00	336.06

图12.10 体量楼层明细表

12.1.2 分析图

分析图如表12.1所示。

表 12.1 分析图

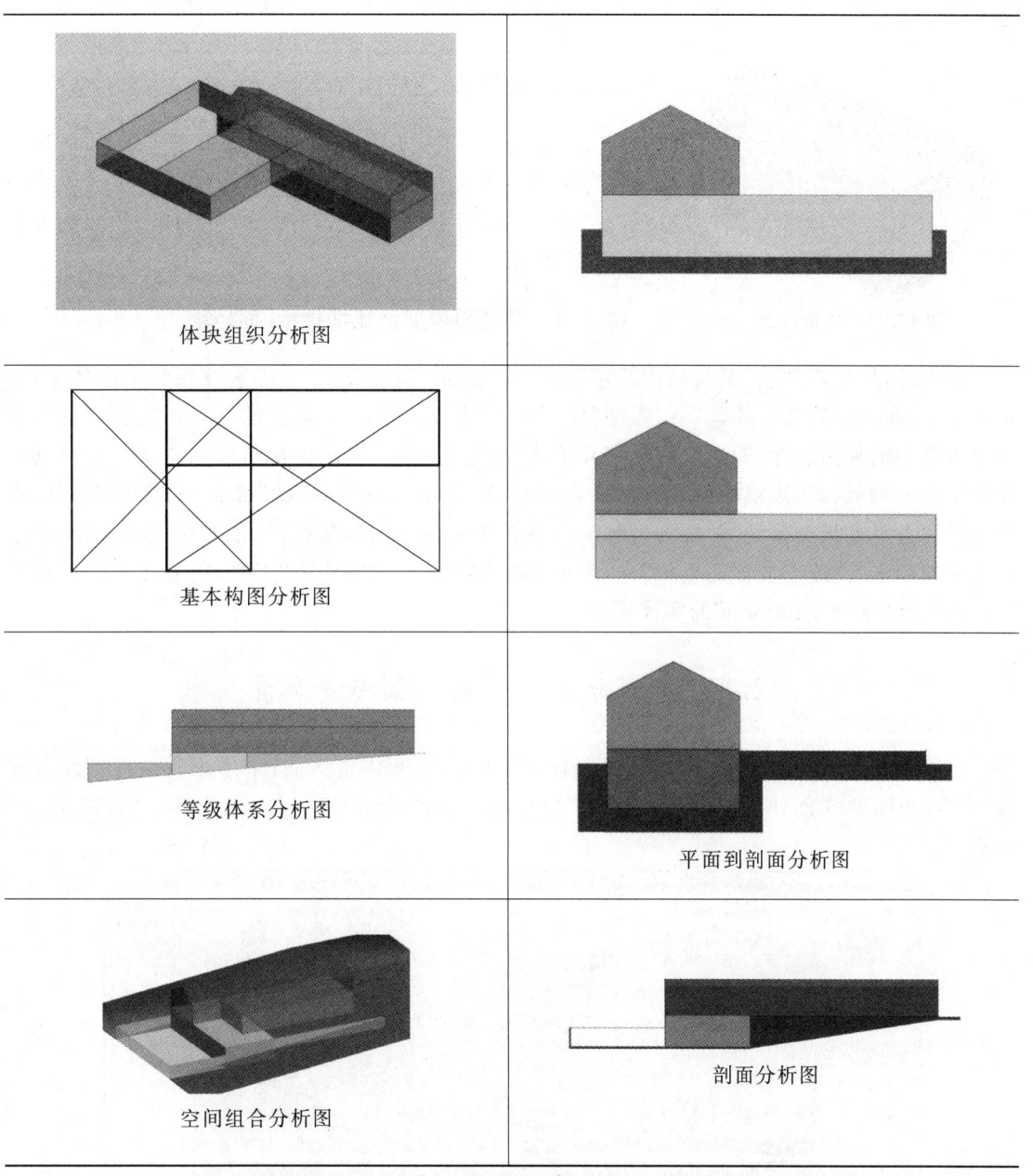

12.2 模型创建

完成概念体量模型后,可以通过拾取体量模型的表面生成墙、幕墙系统、屋顶、楼板等建筑构件,将概念体量模型转化为建筑设计模型,实现由概念设计阶段到方案设计阶段的过渡。下面介绍由体量模型转换生成建筑设计模型。

12.2.1 通过面模型创建面墙

在"建筑"选项卡中,点击"墙"→"面墙"命令,在属性中选择基本墙,选中体量面墙体位置,生成基本墙体。

12.2.2 通过面模型创建面屋顶

图 12.11 体量模型

在"建筑"选项卡中,单击"屋顶"→"面屋顶"命令,楼板的"属性"为"常规-100",再到三维视图中选中需要生成屋顶的顶面,在"修改|放置面屋顶"中,点击"创建屋顶",生成的模型如图 12.11 所示。

12.2.3 通过面模型创建面楼板、面地面

只有通过"体量楼层"工具创建的楼层才可以添加"面楼板"。首先选择项目中的体量,单击上下文选项卡"修改|体量"→"模型"面板→"体量楼层"工具,弹出的"体量楼层"对话框将列出项目中的标高名称,勾选所有标高并单击"确定",Revit 将在体量与标高交叉位置自动生成楼层面。然后在三维视图中,单击"体量和场地"选项卡→"面模型"面板→"楼板"工具,在"属性"栏选择楼板类型为"常规-150mm",在绘图区域单击体量楼层,或直接框选体量,单击上下文选项卡"修改|放置面楼板"→"多重选择"面板→"创建楼板"工具,所有被框选的楼层将自动生成"常规-150mm"的实体楼板。

12.3 实例分析——幼儿园概念体量

(1)Revit 创建"新建概念体量""公制体量"文件,点开体量界面,采用工具栏模型绘制建筑-墙体,用模型线创建宽 9250mm、长 63000mm、厚 200mm 的墙体,如图 12.12、图 12.13 所示。

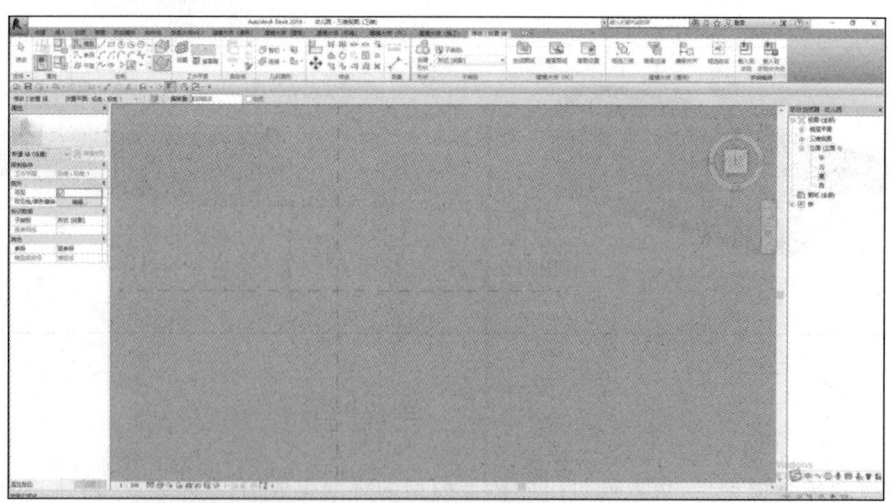

图 12.12 创建"新建概念体量""公制体量"

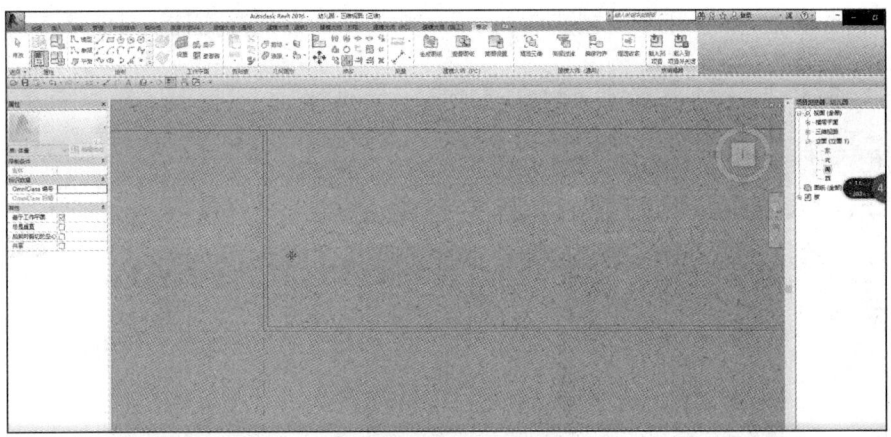

图 12.13 创建墙体

(2)用"修剪"命令来修剪墙体多余线段(图 12.14)。

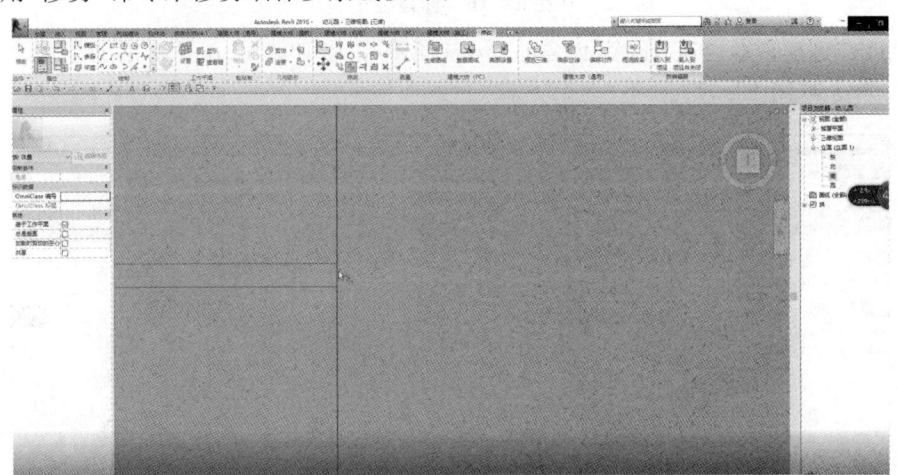

图 12.14 修剪墙体

(3)点击"创建形状-实心形状"工具,创建高度为 600mm 墙体(图 12.15)。

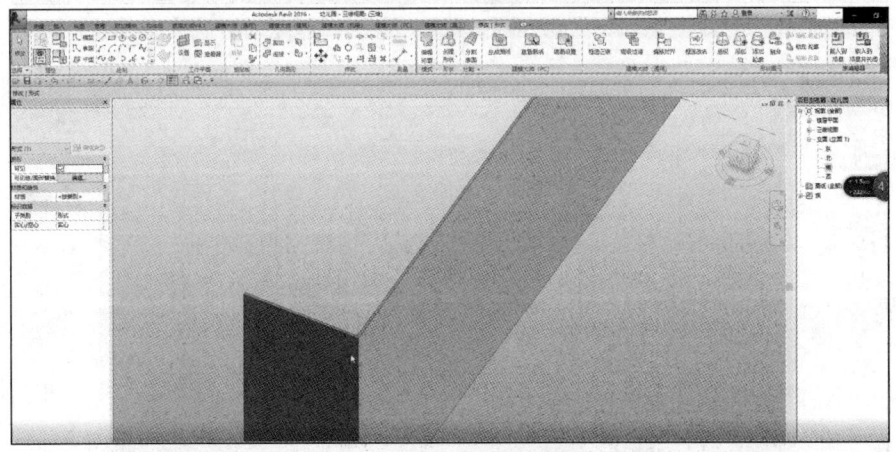

图 12.15 创建墙体高度

(4)点击工具栏"模型-矩形",创建 500mm×500mm 钢筋混凝土柱子(图 12.16)。

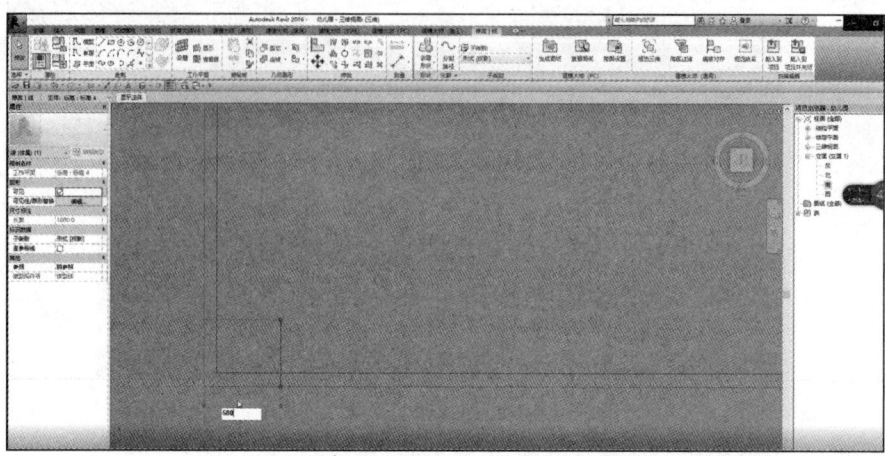

图 12.16 创建柱子

(5)点击"创建形状-实心形状"创建柱子,柱子高度为 1800mm,复制钢筋混凝土装饰柱,间距为 6300mm(图 12.17)。

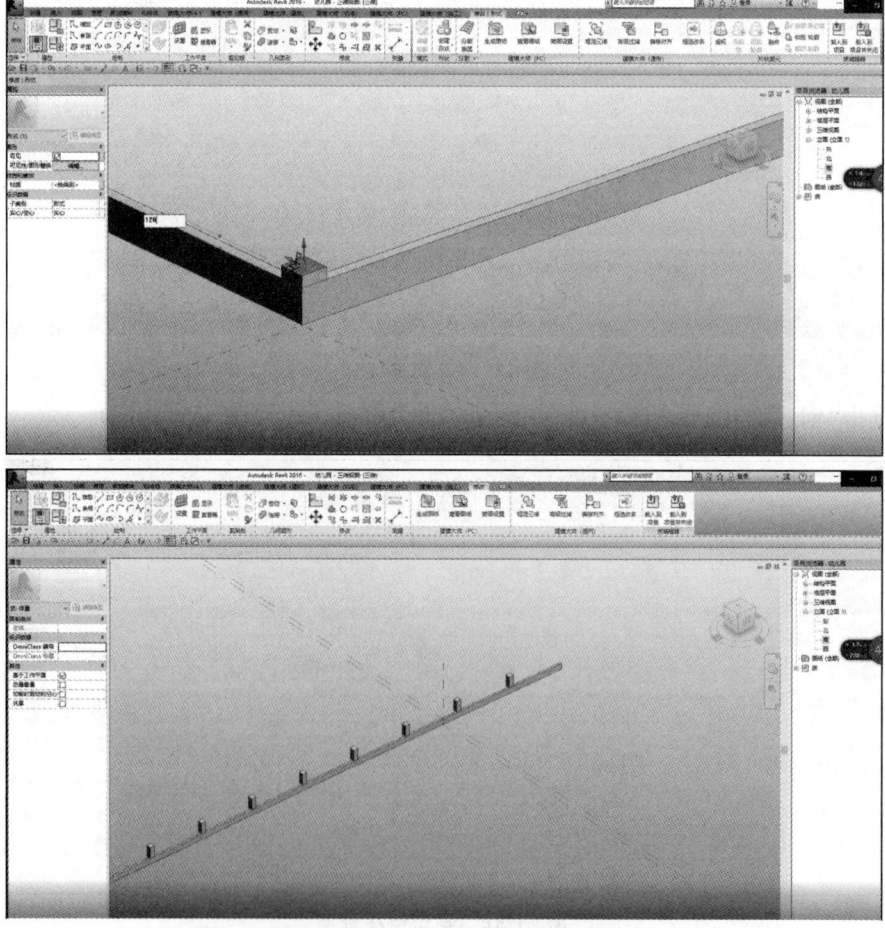

图 12.17 创建柱子并复制柱子

(6)点击"创建形状-实心形状"创建墙体,墙体高度为1800mm(图12.18)。

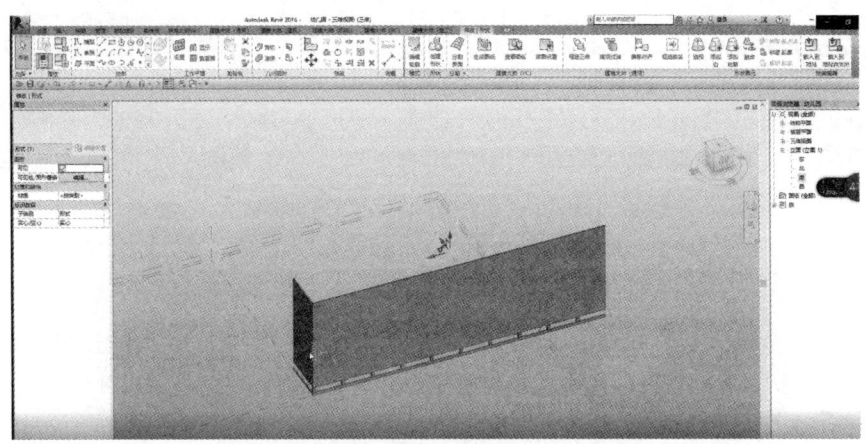

图12.18 创建高度为1800mm的墙体

(7)用模型线创建右侧墙体,选择面用对齐工具对齐墙体(图12.19)。

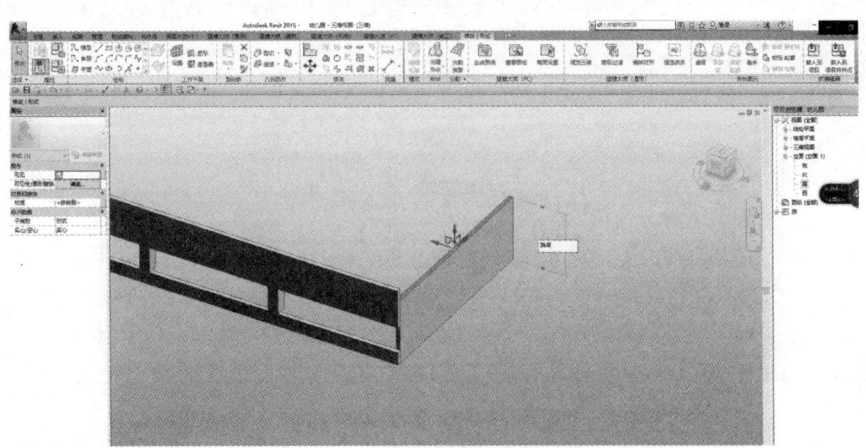

图12.19 创建右侧墙体并对齐

(8)用模型线绘制左、右两端墙体,点击"创建形状-实心形状"进行创建,选择墙体截面对齐墙体(图12.20)。

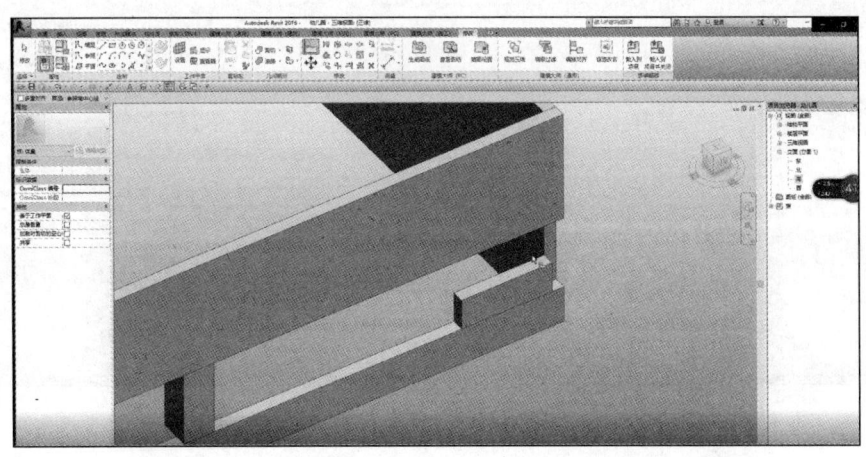

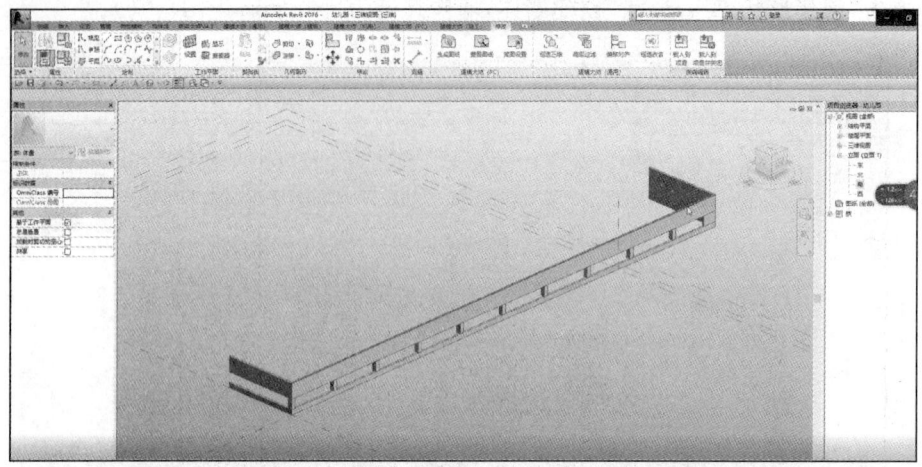

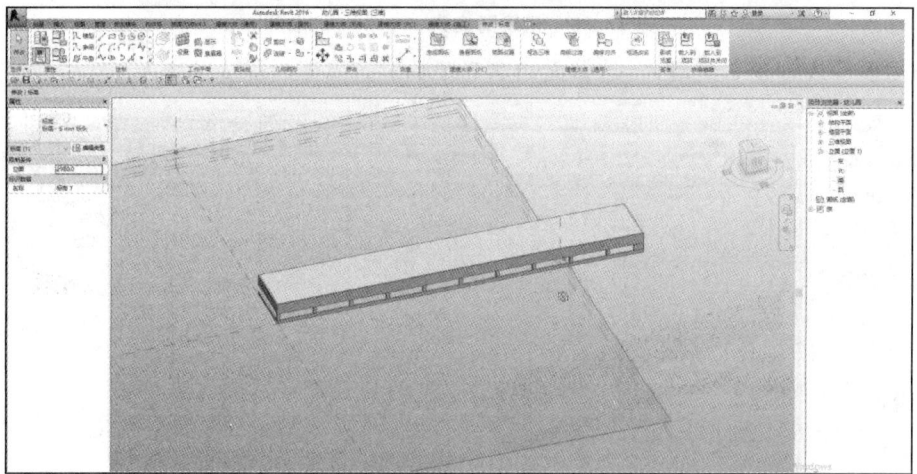

图 12.20　创建侧墙

(9)点击"创建形状-实心形状",高度为 7700mm(图 12.21)。

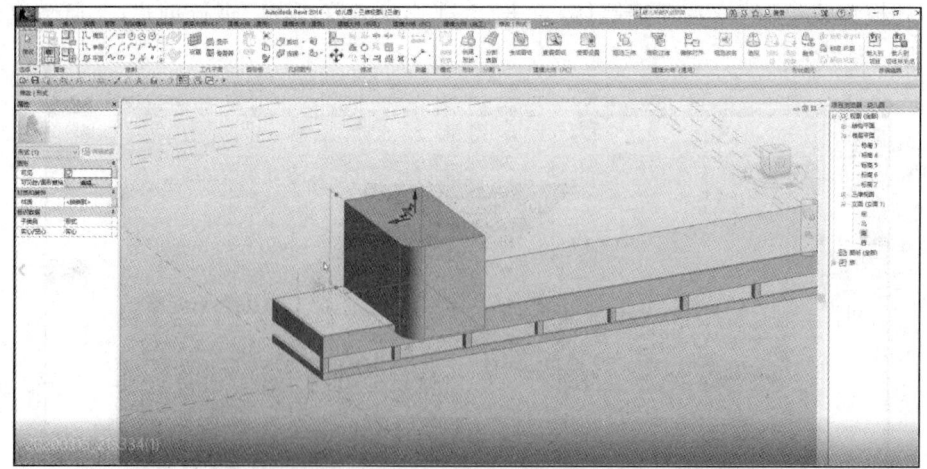

图 12.21　创建实块

(10)用工具栏模型线绘制矩形,点击"空心形状"绘制(图 12.22)。

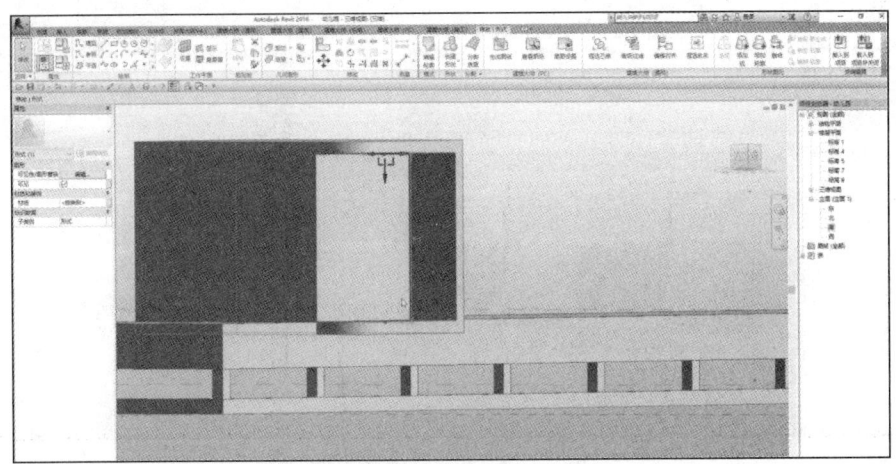

图 12.22　创建矩形空心

(11)用模型线绘制矩形,点击"实心形状"绘制玻璃,创建好后用"复制"命令复制造型建筑(图 12.23)。

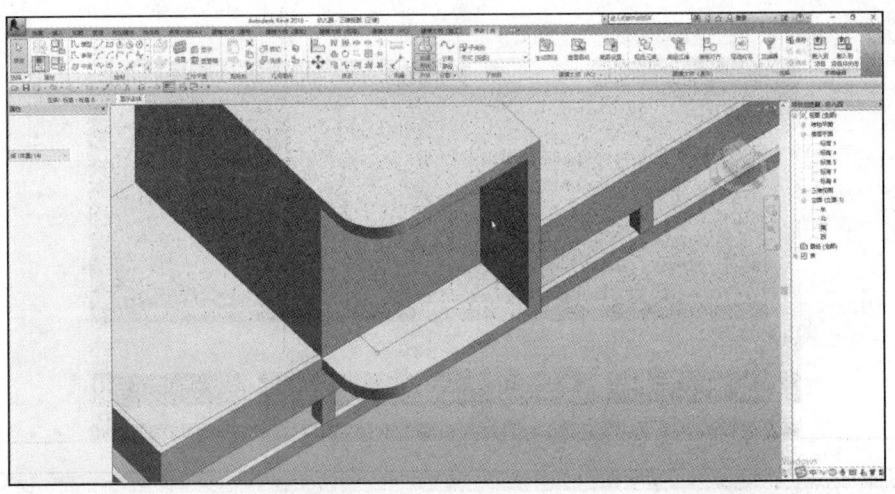

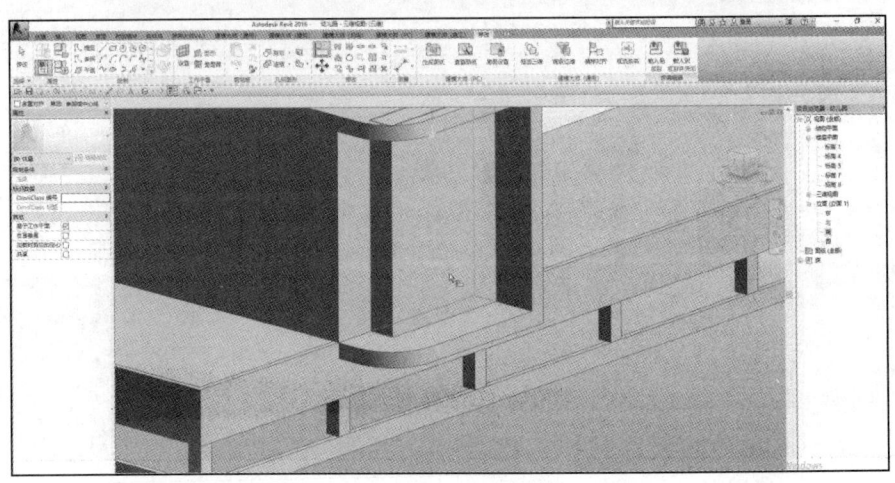

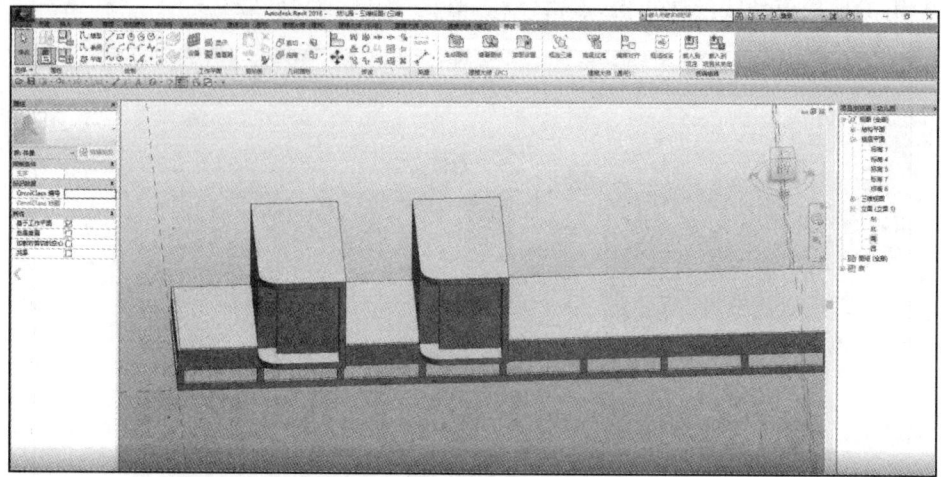

图 12.23　创建玻璃并复制

(12)用模型线绘制矩形,倒圆角,点击"创建形状-实心形状",并用对齐工具对齐建筑(图 12.24)。

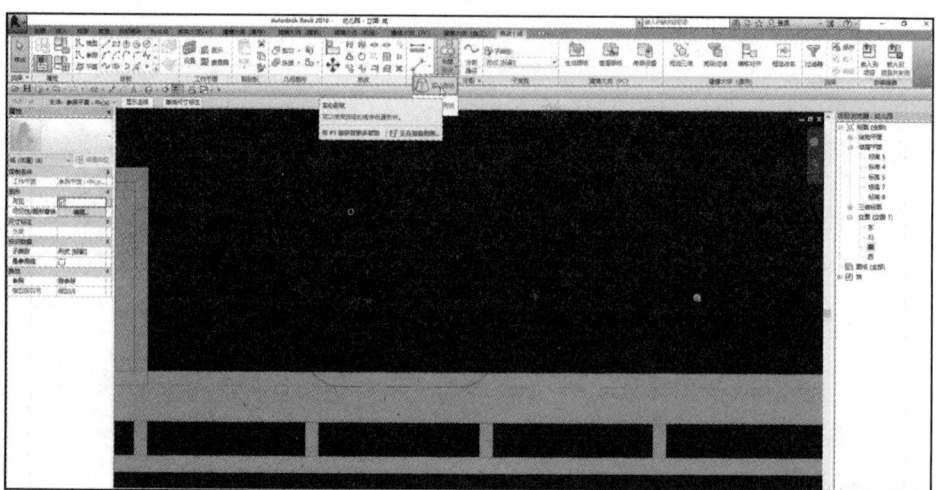

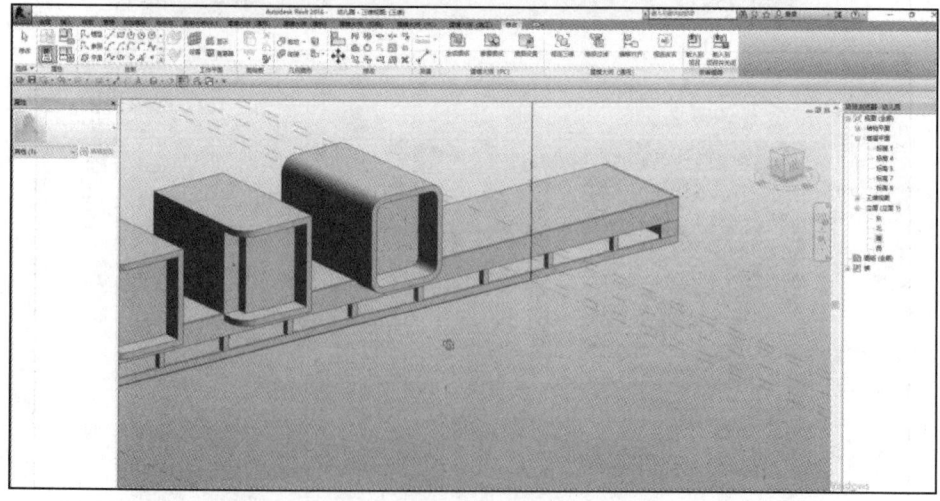

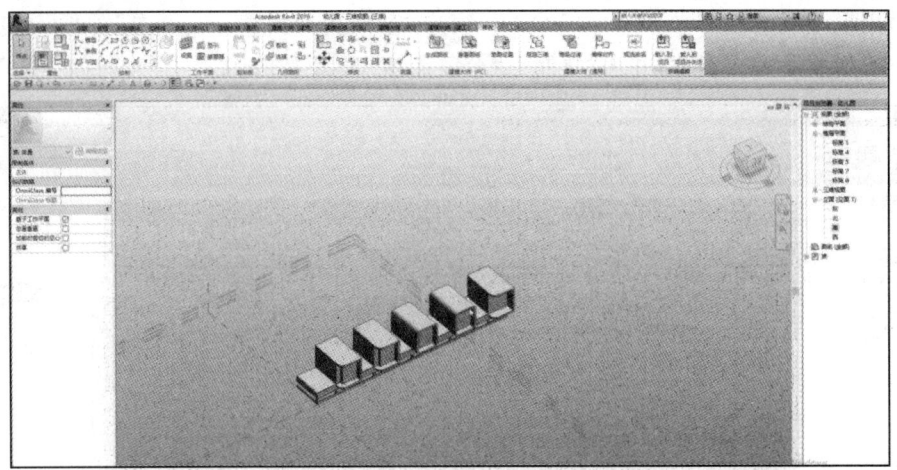

图 12.24　创建其他实体并复制

(13)绘制宽 4800mm、长 63000mm 的建筑二,点击"创建形状-实心形状",高度为 8100mm(图 12.25)。

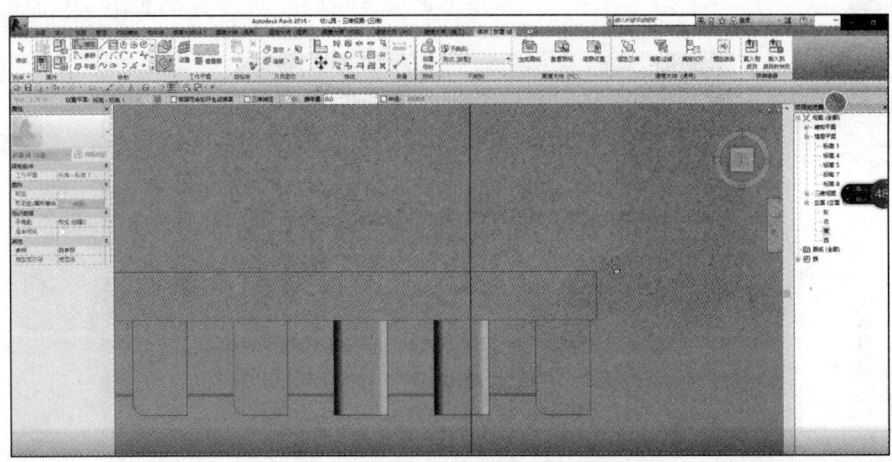

图 12.25　创建建筑二

(14)用模型线绘制 1500mm×1500mm 窗户,窗框宽为 100mm,点击"外框为实心形状,内框为空心形状",完成窗框,并用"复制"命令复制窗户(图 12.26)。

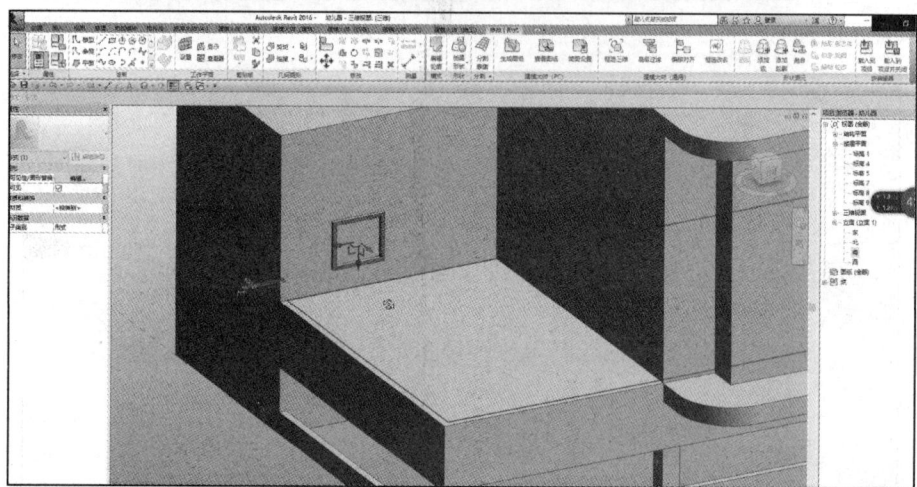

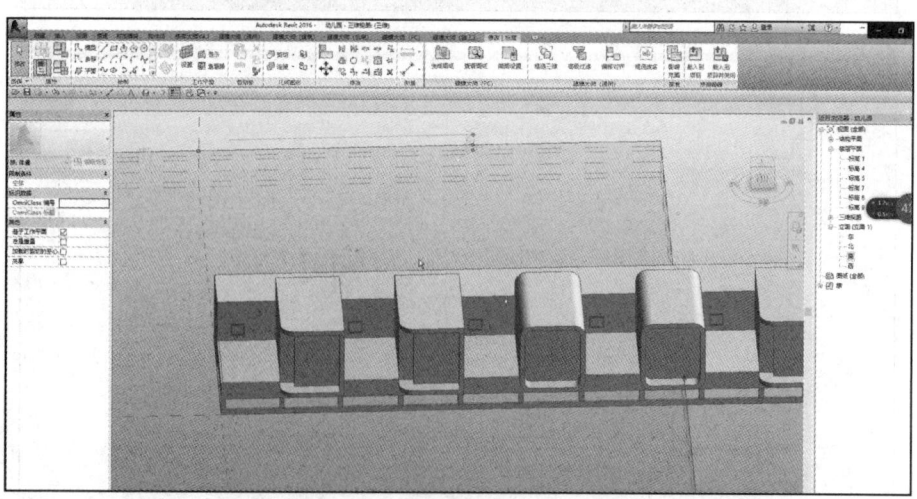

图 12.26　创建窗户并复制(一)

(15)用模型线绘制 1000mm×1000mm 窗户,窗框宽为 100mm,并用"复制"命令复制窗户(图 12.27)。

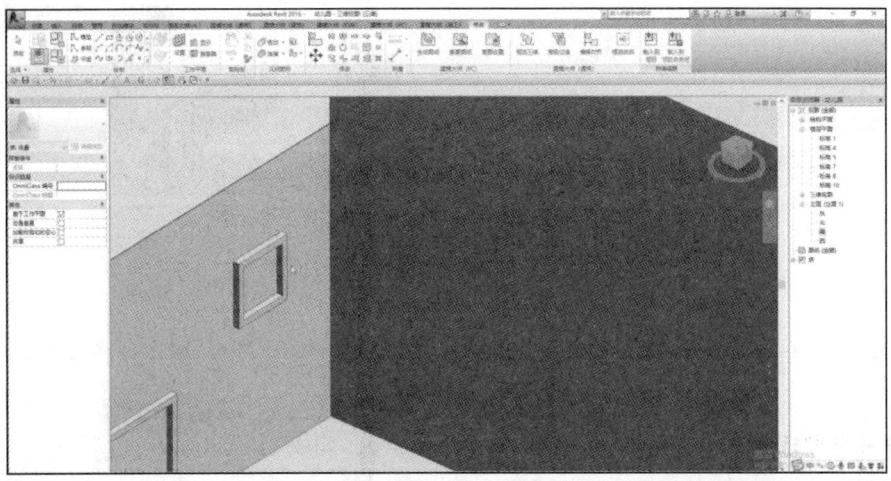

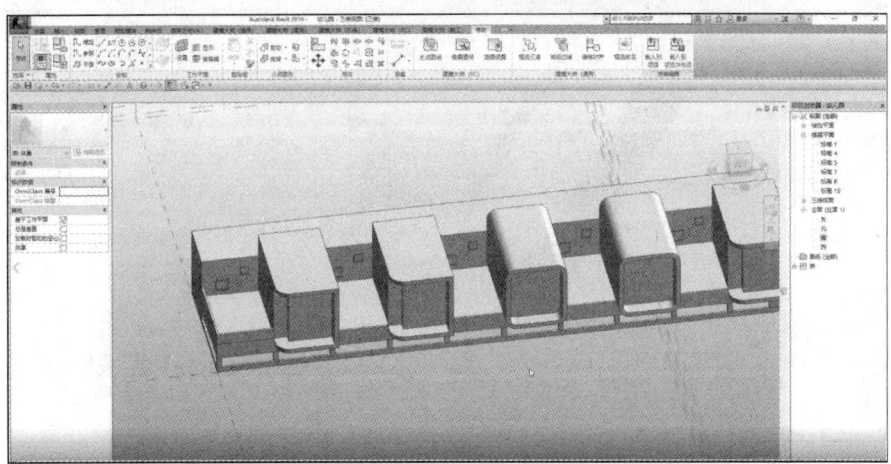

图 12.27 创建窗户并复制(二)

(16)用模型线绘制露天阳台,墙体高度为 1100mm,复制完成后如图 12.28 所示。

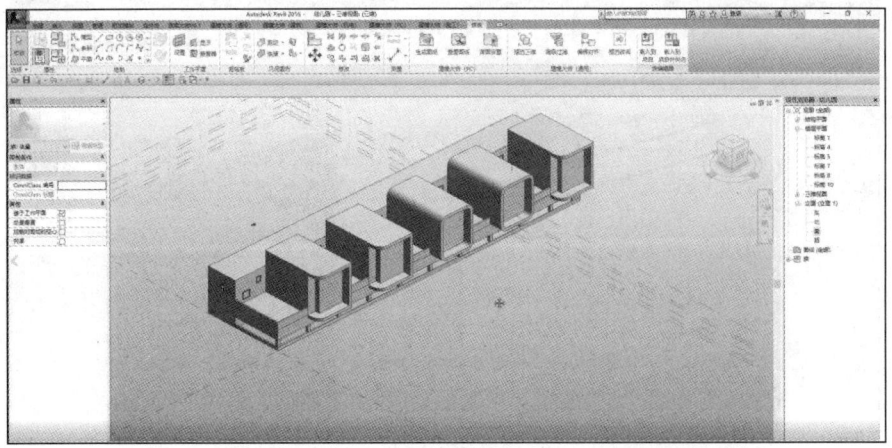

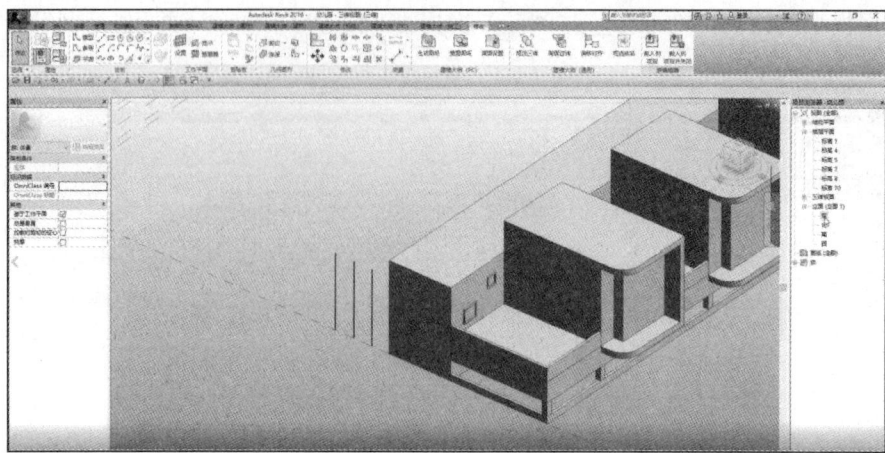

图 12.28 创建露天阳台

(17)用模型线绘制 50mm×150mm 矩形装饰型材,如图 12.29 所示。

图 12.29 创建装饰型材

(18)用旋转工具旋转竖向装饰型材并复制,如图 12.30 所示。

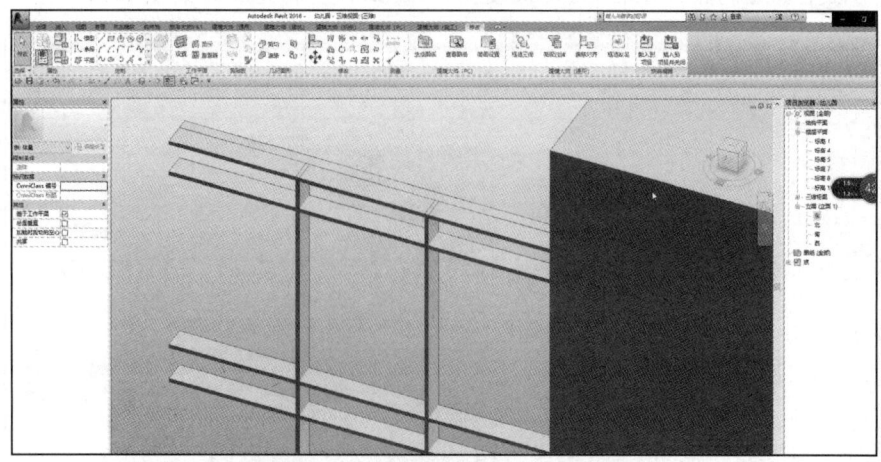

图 12.30 旋转竖向装饰型材并复制

(19)复制横向顶面装饰型材,间距为1050mm,如图12.31所示。

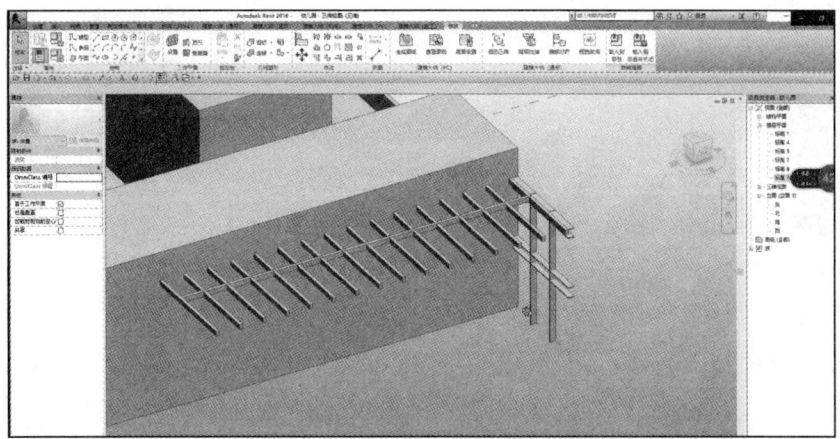

图 12.31　复制顶面装饰型材

(20)用模型线绘制建筑三,外轮廓长35500mm、宽8350mm、高8100mm(图12.32)。

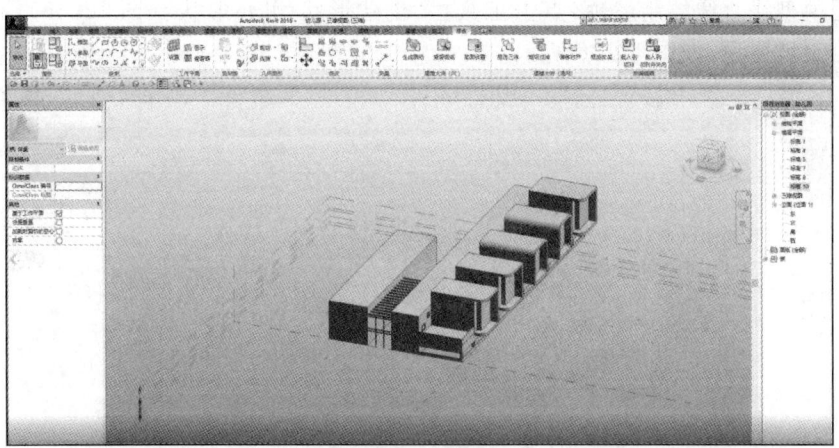

图 12.32　创建建筑三

(21)用模型线绘制L形建筑四,长26785mm、宽12050mm、宽二4900mm、宽三4900mm(图12.33)。

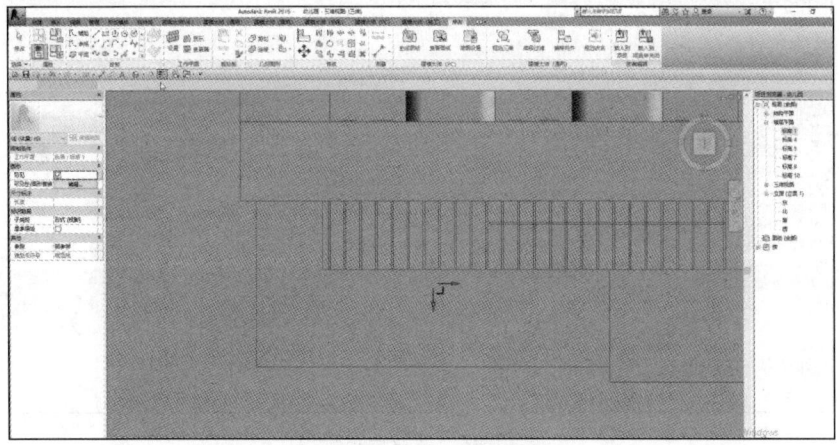

图 12.33　创建L形建筑四

(22)点击"创建形状-实心形状",设置建筑高度为7200mm(图12.34)。

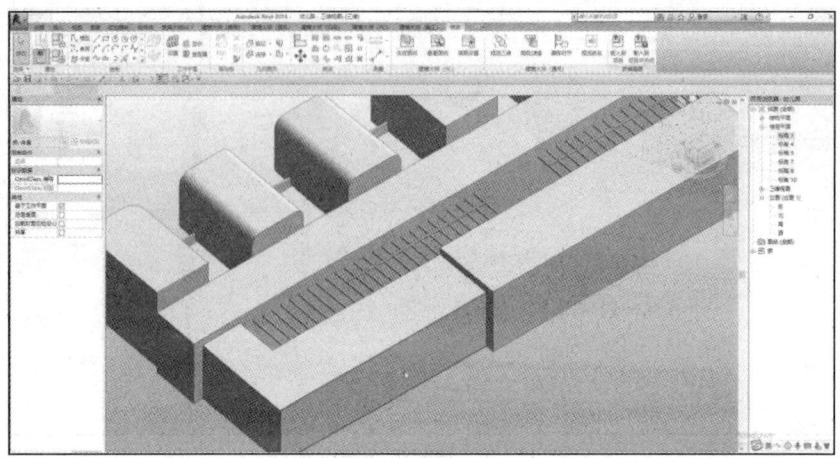

图 12.34　设置建筑高度

(23)用模型线直线绘制屋顶,点击工具栏"创建形状-实心形状"(图 12.35),并在建筑四用模型线绘制坡屋顶,如图 12.36 所示。

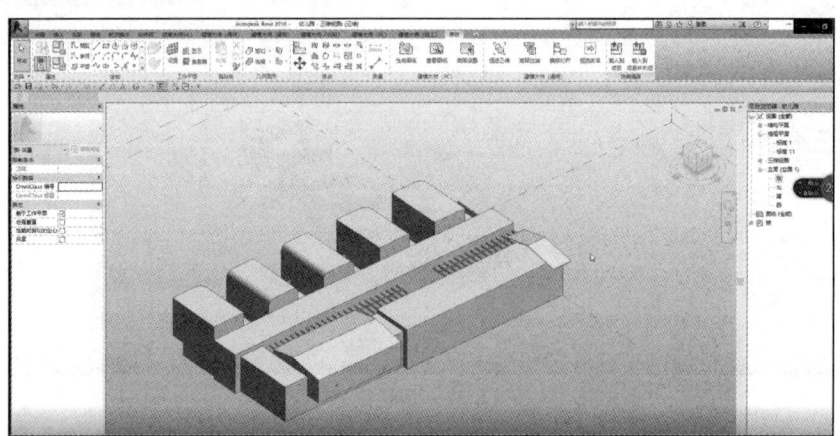

图 12.35　创建屋顶(一)

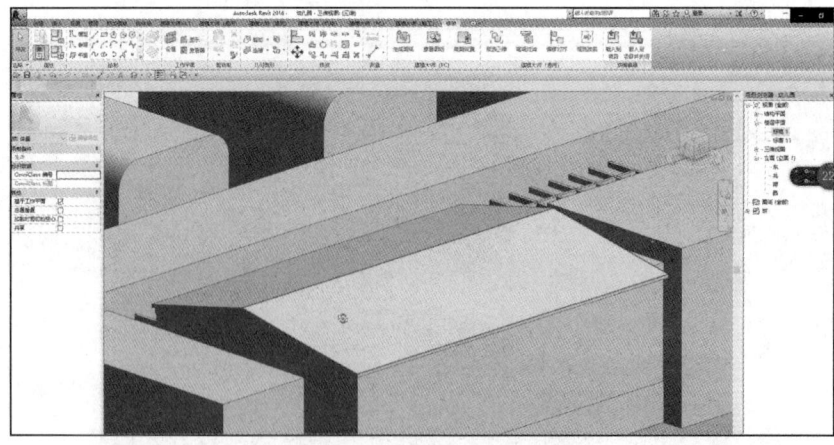

图 12.36　创建屋顶(二)

(24)用模型线绘制吊顶边缘线,用创建图形栏"实心形状"和"空心形状"结合绘制(图 12.37)。

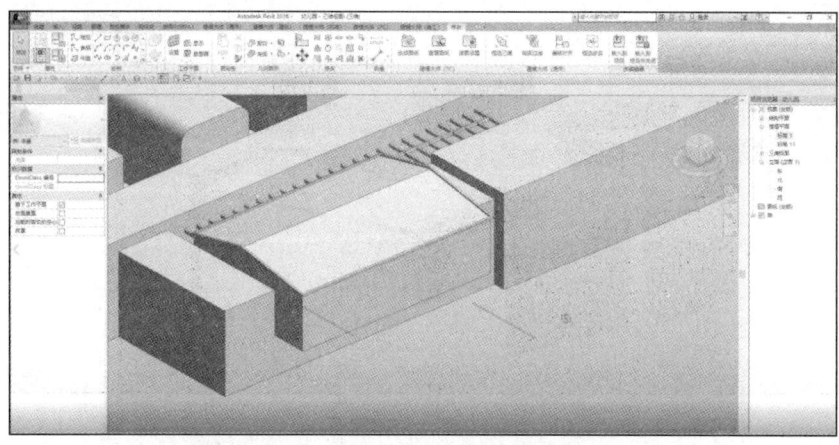

图 12.37　绘制吊顶边缘线

(25)用模型线绘制斜三角,点击"实心形状"创建屋顶,造型如图 12.38 所示。

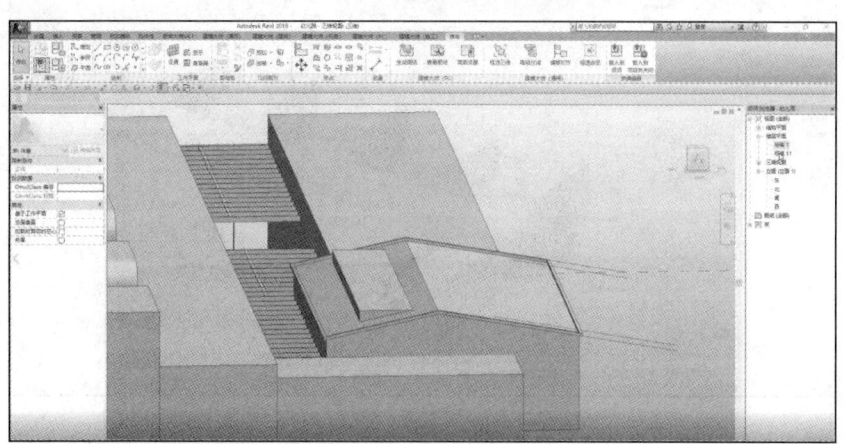

图 12.38　创建屋顶(三)

(26)用模型线绘制 L 形,点击"创建形状-空心形状",创建高 1800mm 窗洞,最终效果如图 12.39 所示。

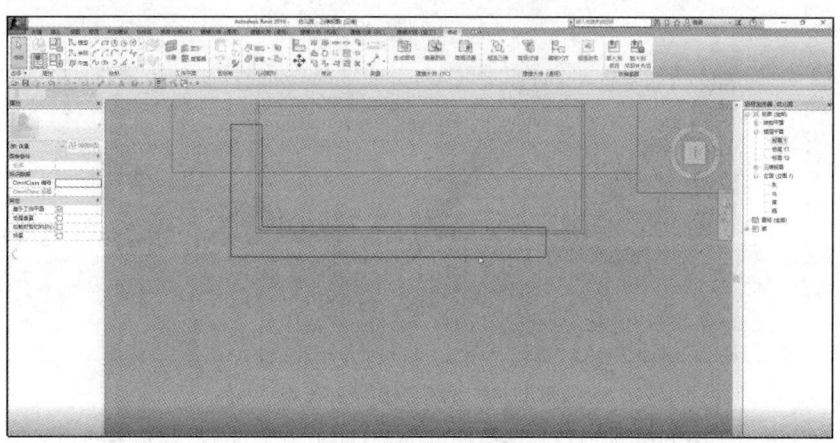

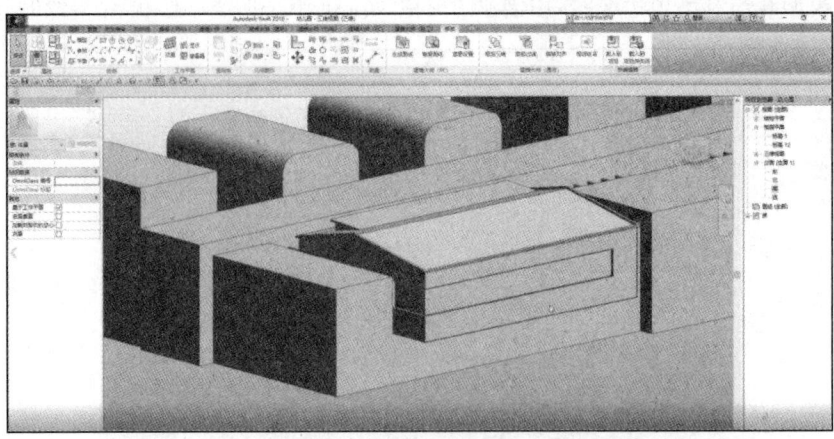

图 12.39 创建窗洞

(27)用模型线创建 L 形装饰条,宽 450mm、厚 150mm,如图 12.40 所示。

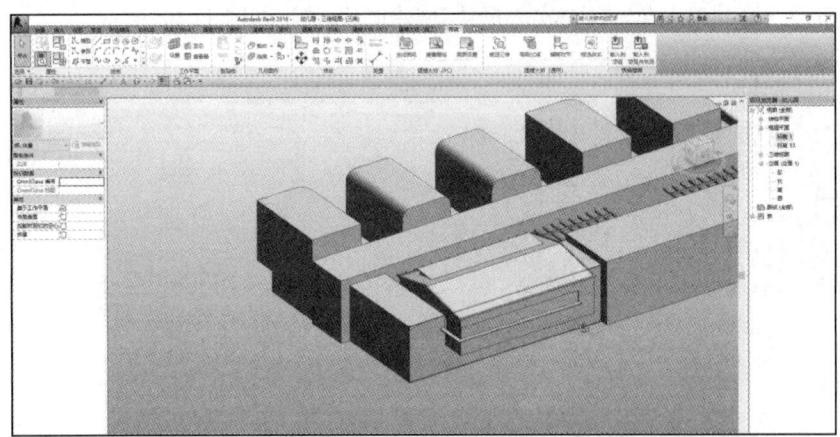

图 12.40 创建 L 形装饰条

(28)用模型线绘制 50mm×150mm 钢型材并复制,间距为 450mm,最终效果如图 12.41 所示。

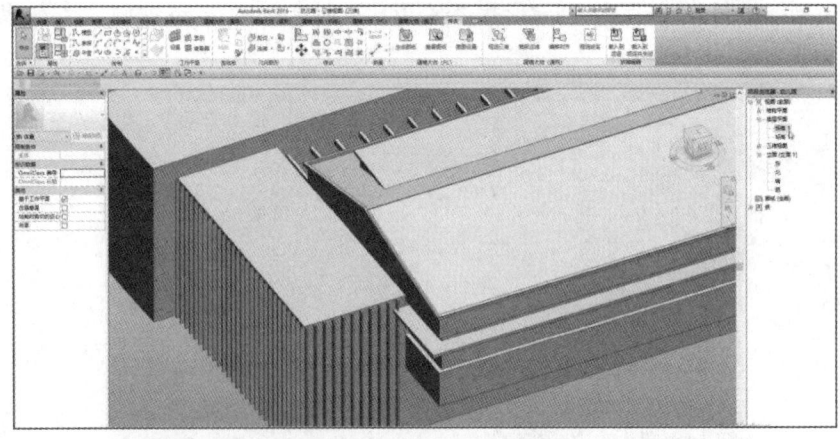

图 12.41 绘制钢型材并复制

(29)绘制 50mm×150mm 钢型材雨篷骨架并复制,间距为 450mm,并对齐凸出骨架(图 12.42)。

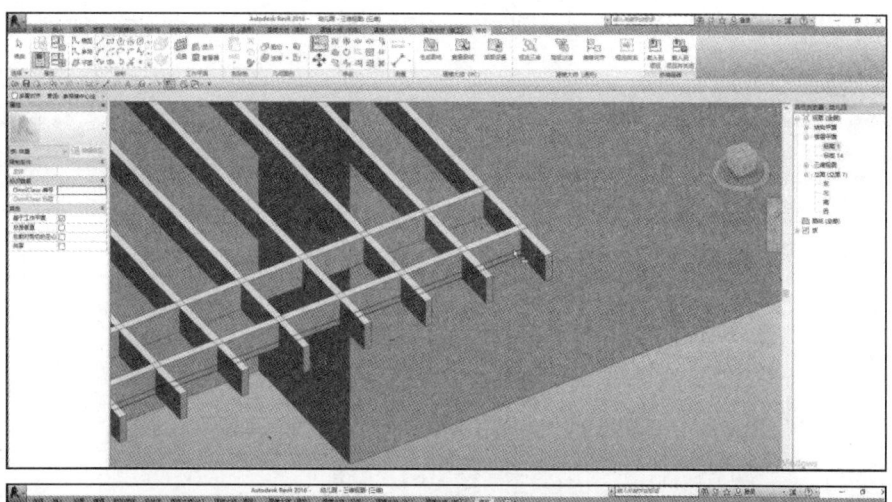

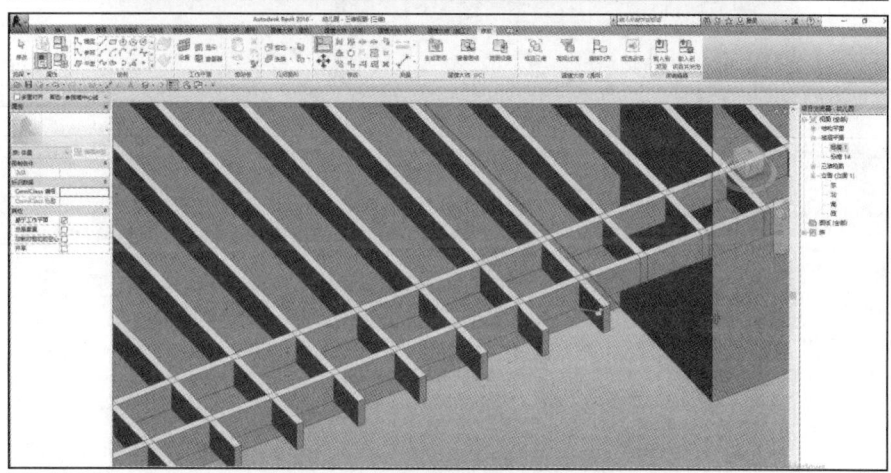

图 12.42　绘制雨篷骨架并复制、对齐

（30）创建一个长 6200mm、宽 3800mm、最高点 2280mm、最低点 1180mm 模型，如图 12.43 所示。

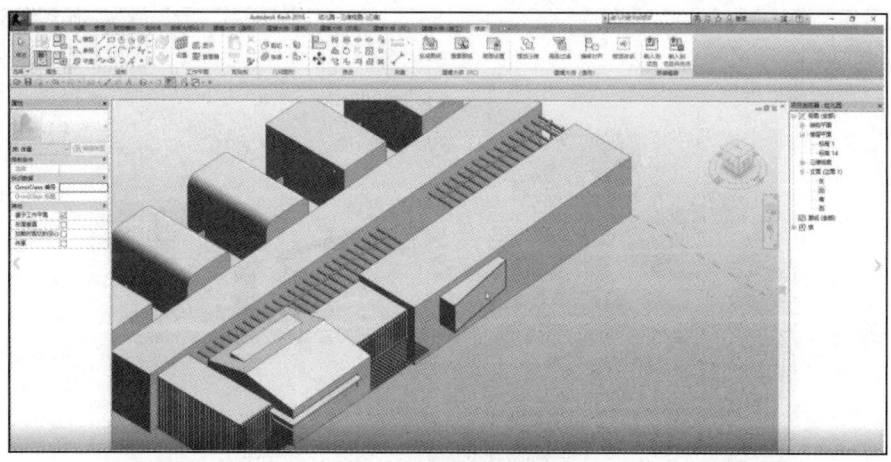

图 12.43　创建一个模型

(31)用模型线绘制内部轮廓,间距为200mm,用"创建图形-空心形状"进行创建,如图12.44所示,用镜像复制造型窗。

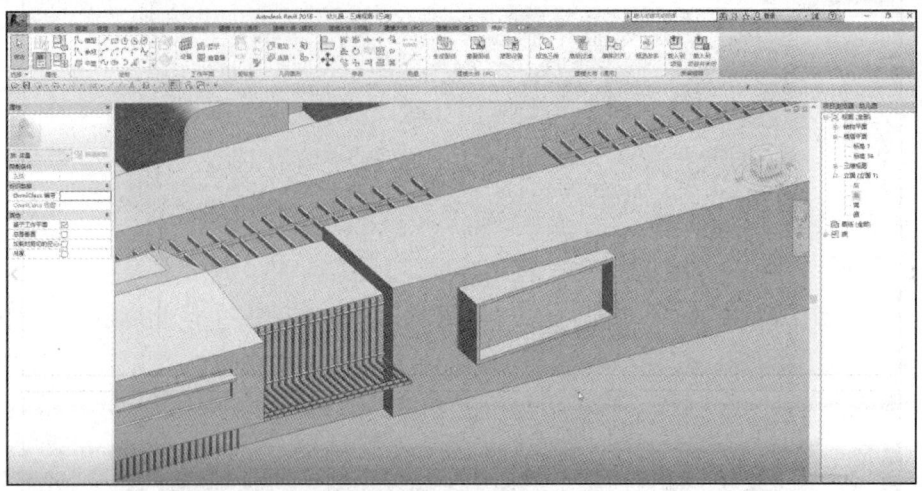

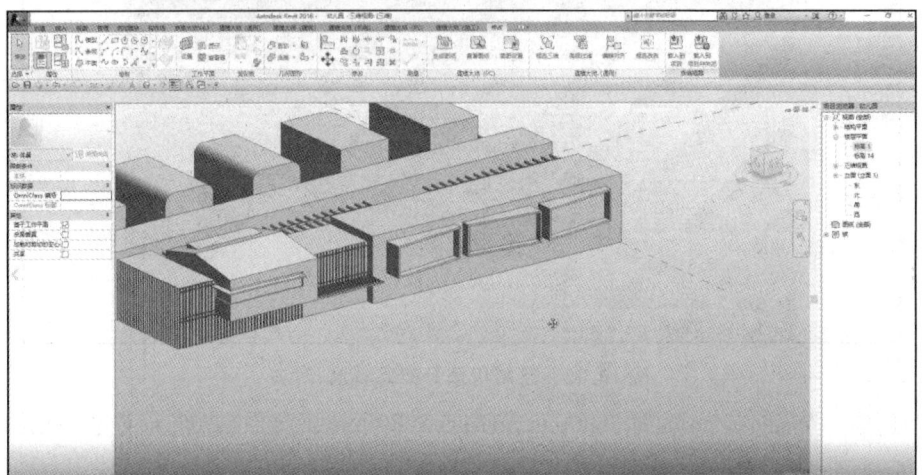

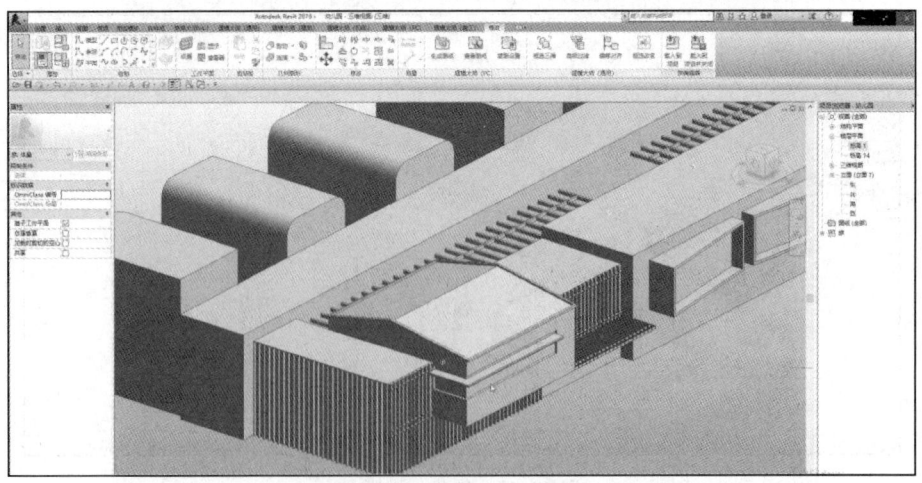

图 12.44 创建造型窗

(32)在建筑三用模型线绘制造型天窗,点击工具栏"创建图形-实心形状",效果如图12.45所示。

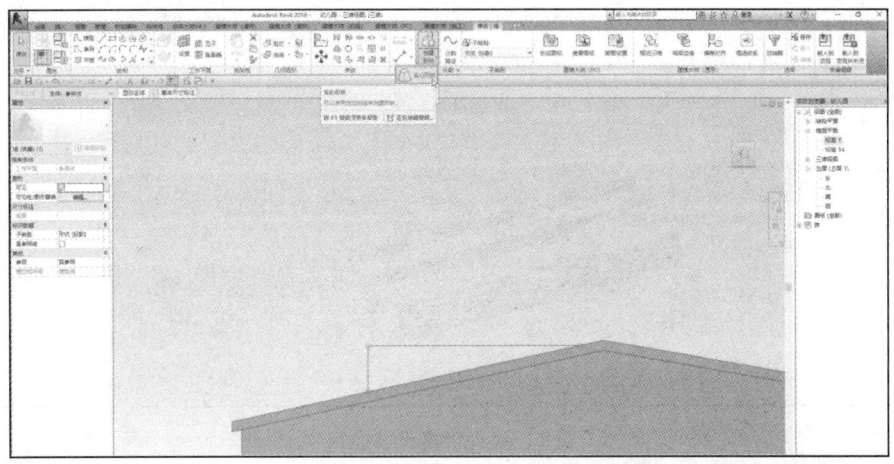

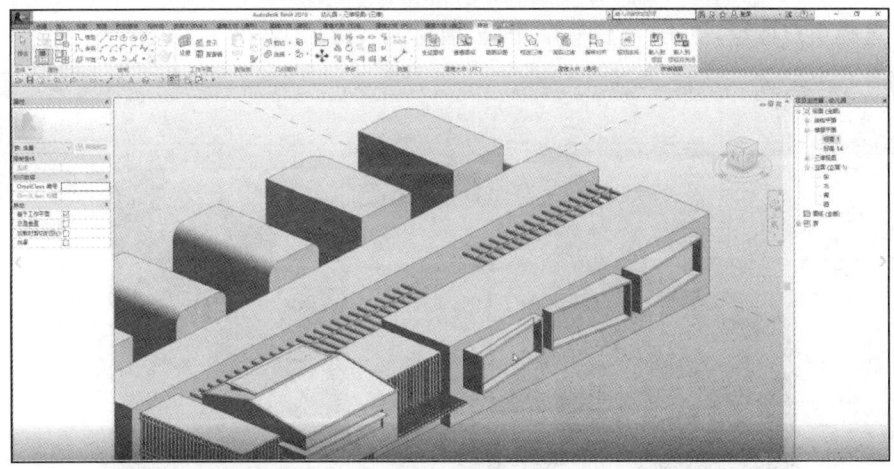

图 12.45　创建天窗

(33)使用模型线创建天窗盖板,长9200mm、宽2500mm、厚200mm,复制天窗造型,如图12.46所示。

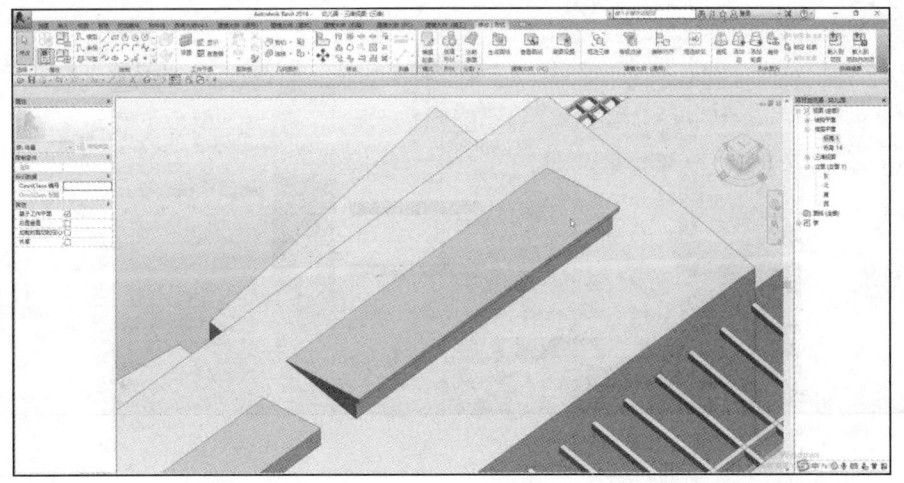

图 12.46　创建天窗盖板

(34)选择窗户体量,点击"属性",赋予"玻璃材质"(图 12.47)。

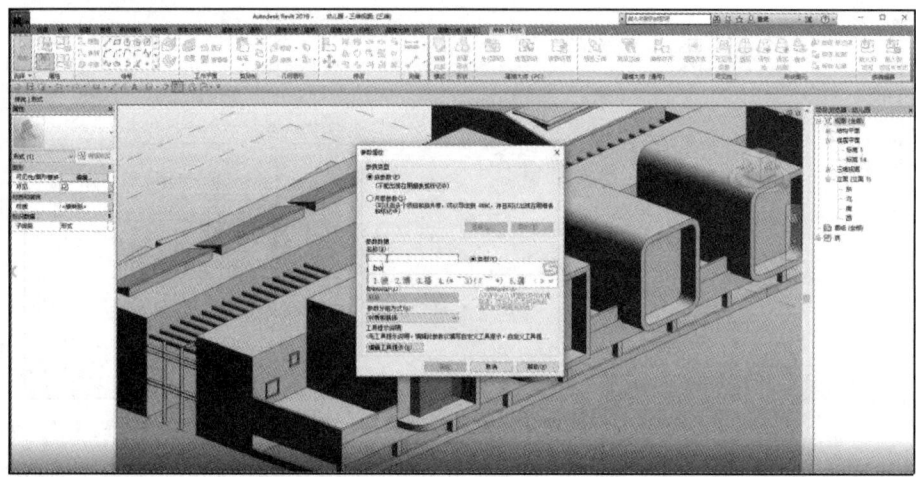

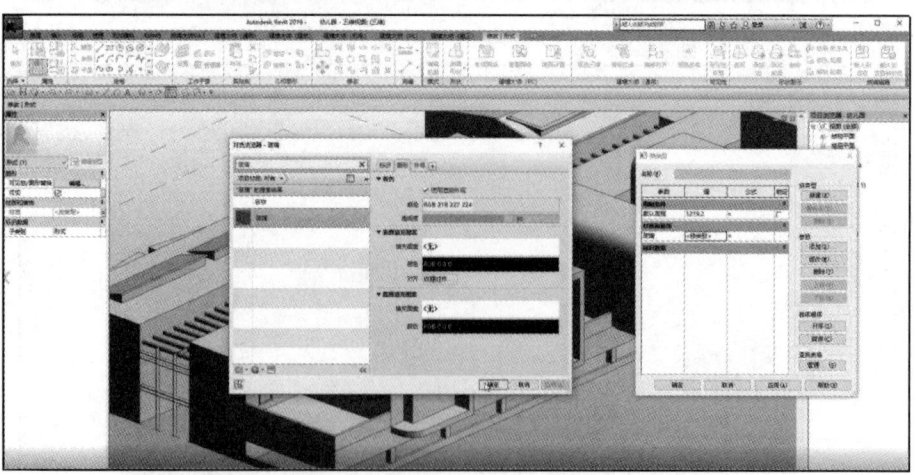

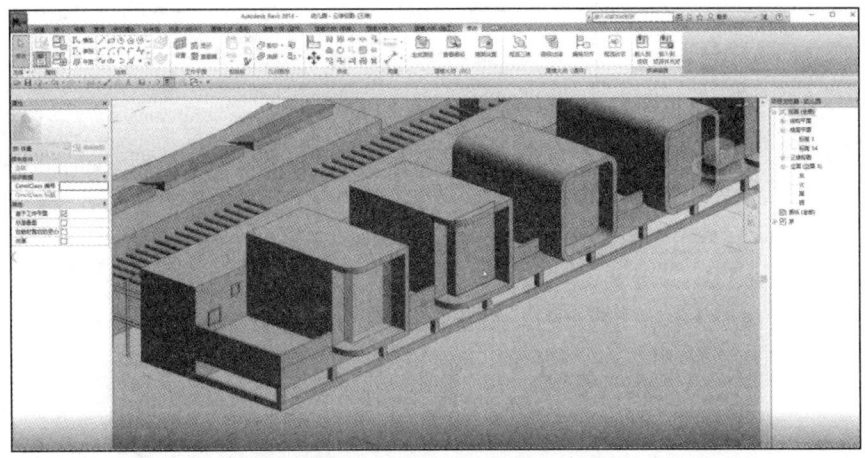

图 12.47　赋予窗户玻璃材质

(35)选择体量装饰型材,点击"属性",点击"铝合金或仿木纹材质"进行赋予(图 12.48)。

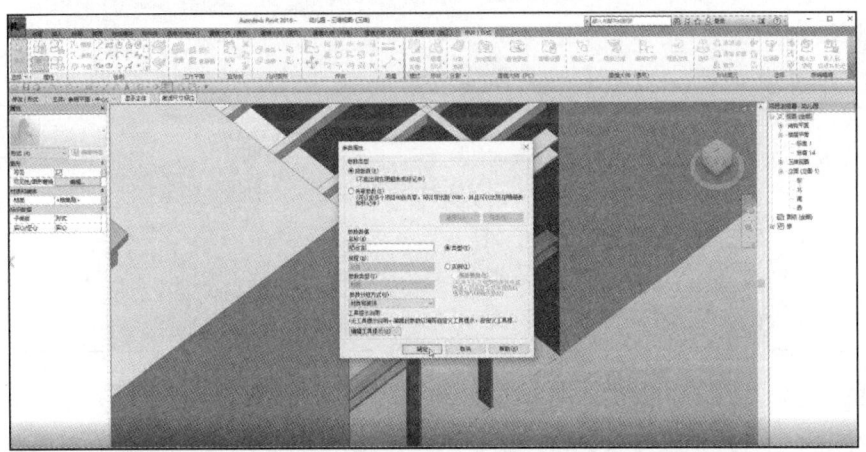

图 12.48　赋予型材铝合金或仿木纹材质

(36)选择体量天窗顶面造型,点击"属性",赋予"绿色外墙涂料"(图 12.49)。

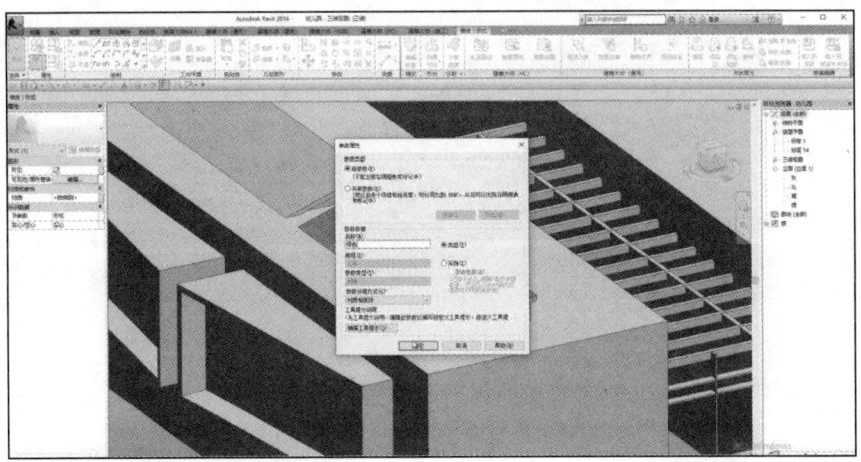

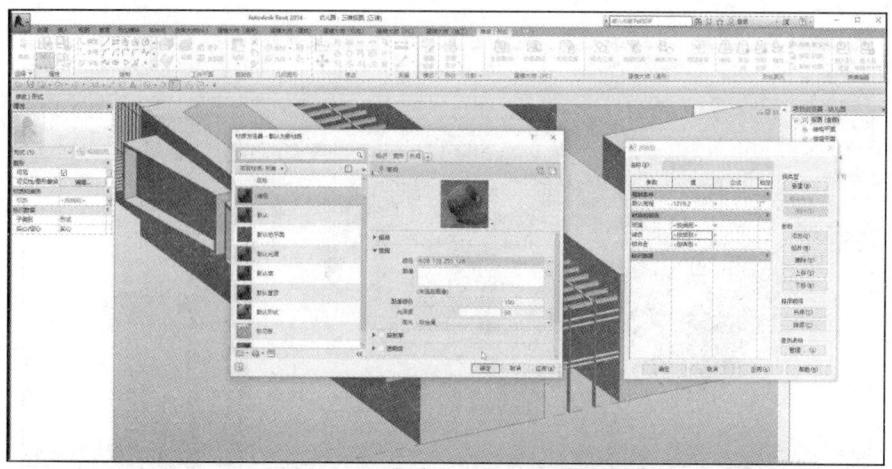

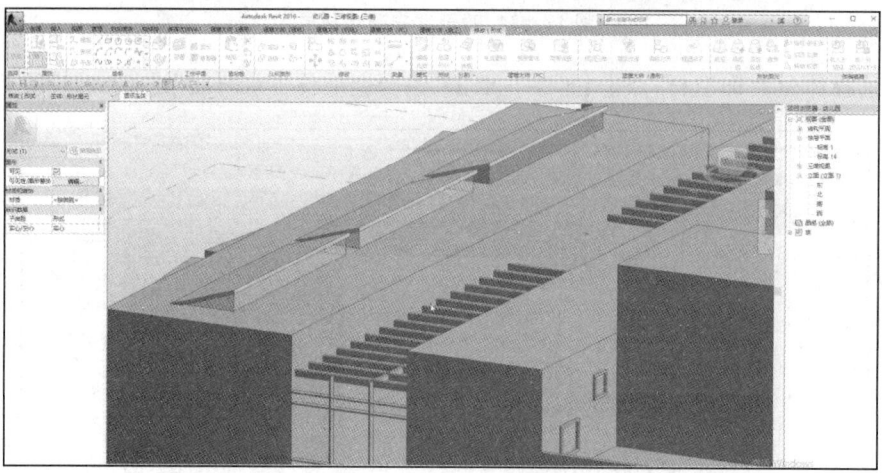

图 12.49 赋予天窗顶面绿色外墙涂料

(37)以同样的方法选择建筑三窗户体量,点击"属性",赋予"绿色外墙涂料",最终效果如图 12.50 所示。

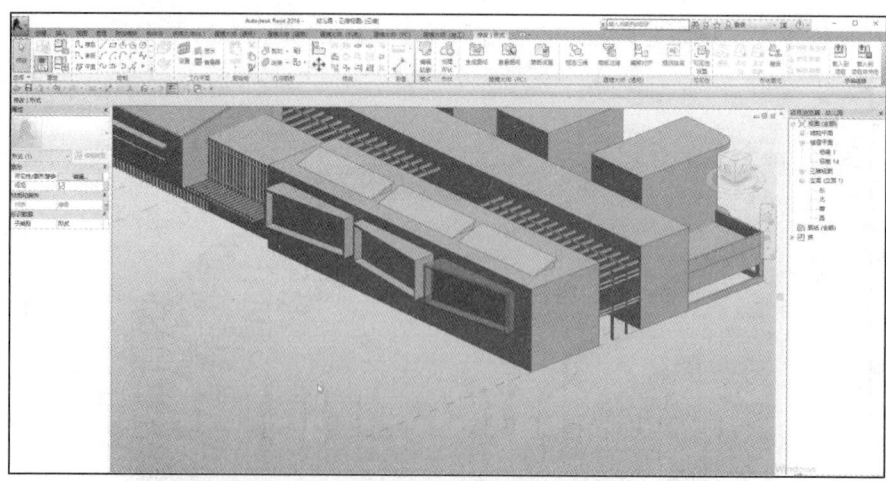

图 12.50 赋予建筑三窗户绿色外墙涂料

(38) 选择"建筑-体量",点击"属性",赋予"白色外墙涂料"(图 12.51)。

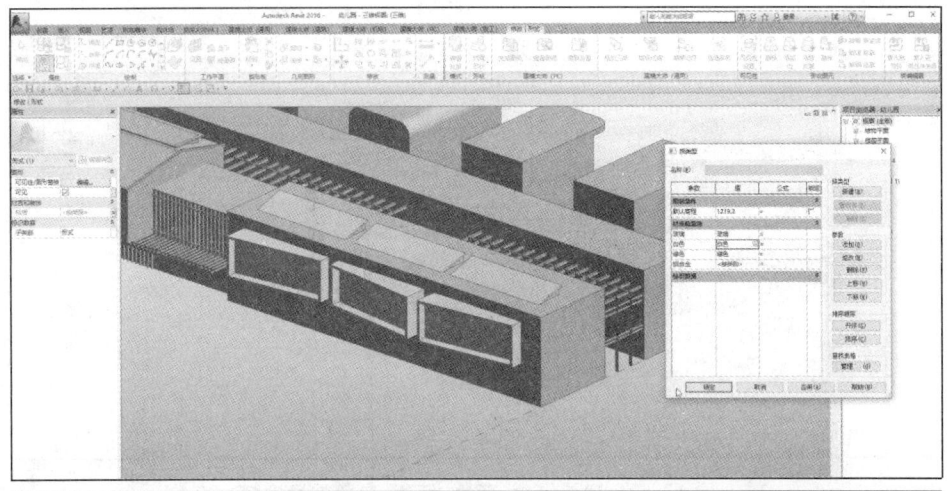

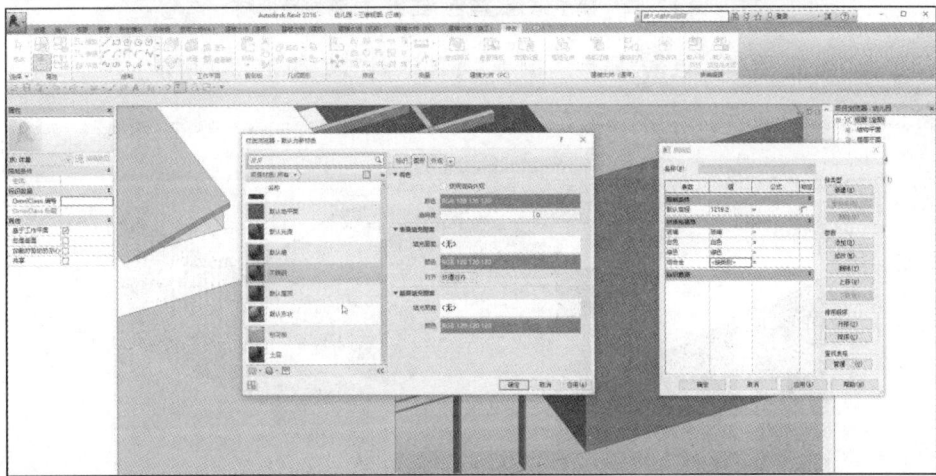

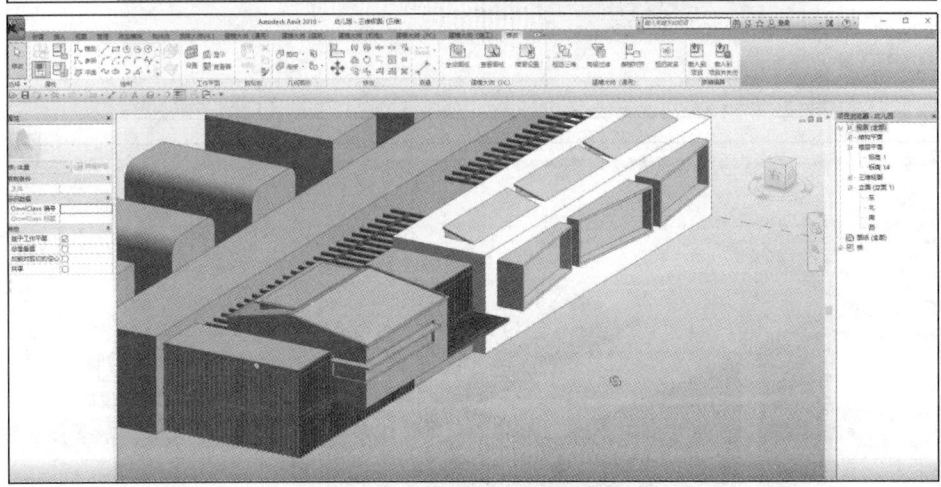

图 12.51 赋予白色外墙涂料

(39) 选择"建筑-体量",点击"属性",赋予"绿色、蓝色、红色、白色外墙涂料",如图 12.52 所示。

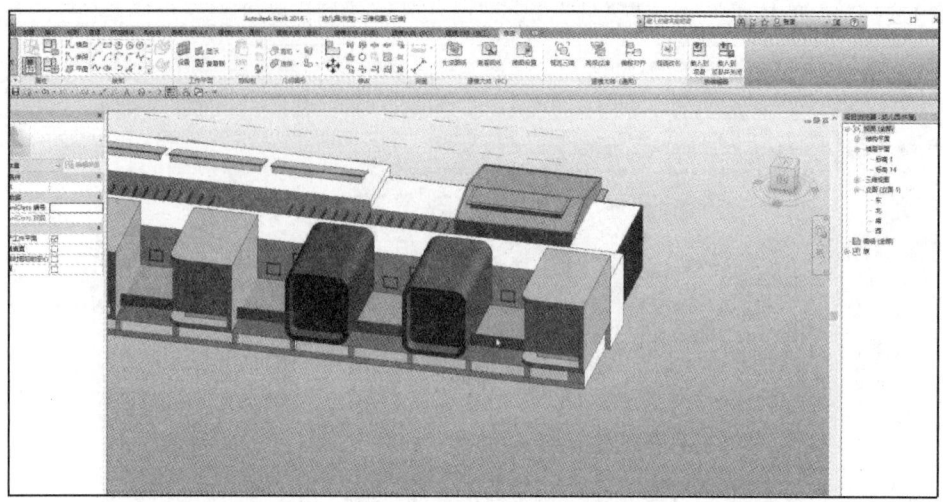

图 12.52 赋予绿色、蓝色、红色、白色外墙涂料

(40)选择"建筑-体量",点击"属性",赋予"外墙涂料",如图 12.53 所示。

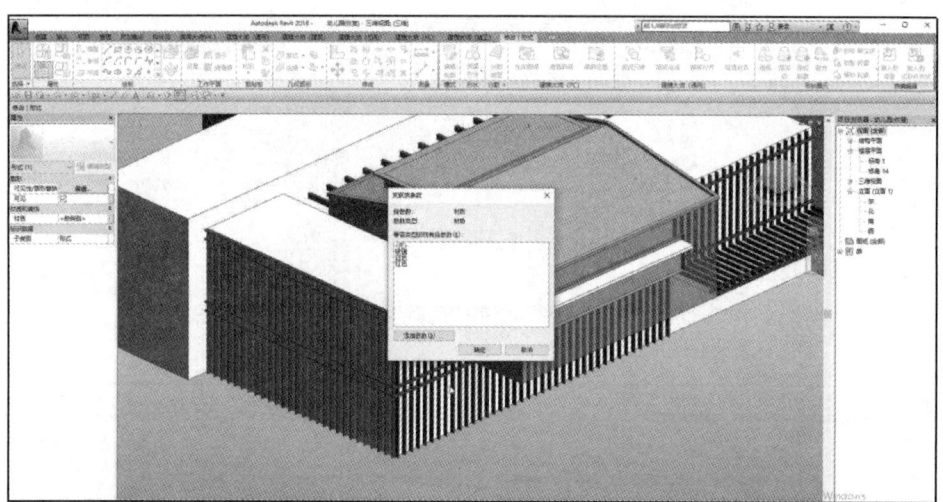

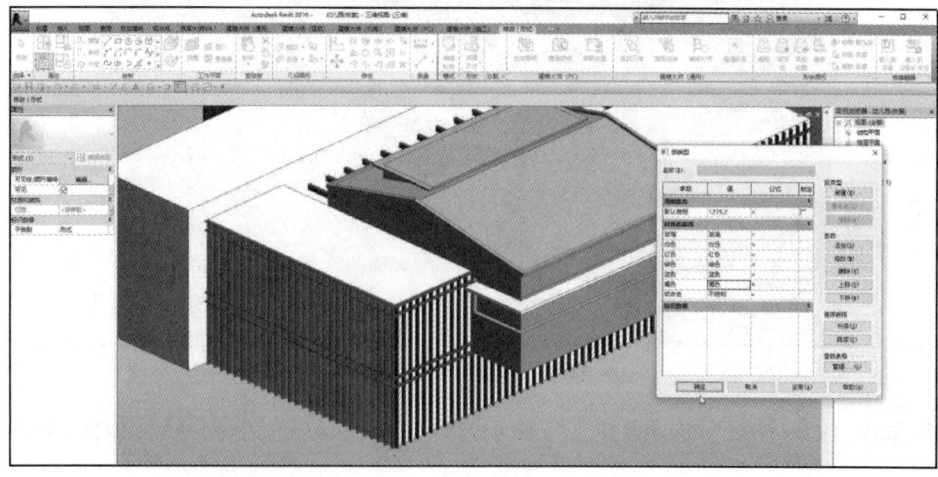

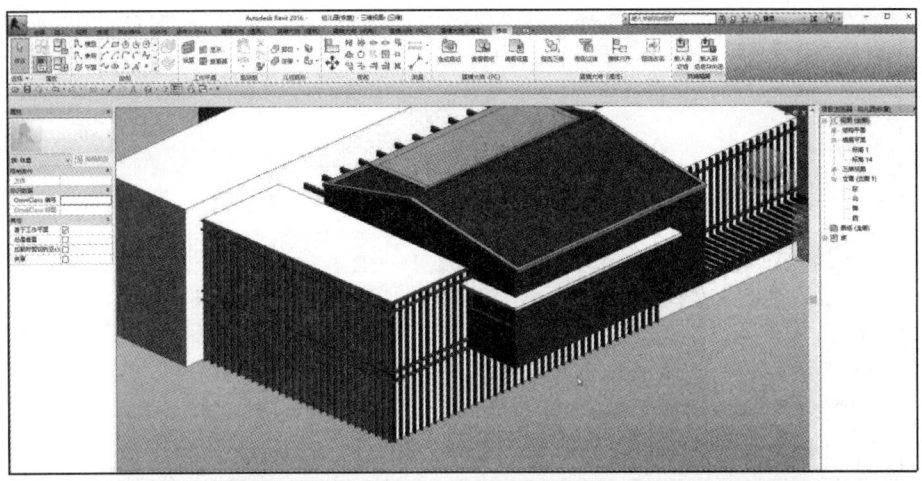

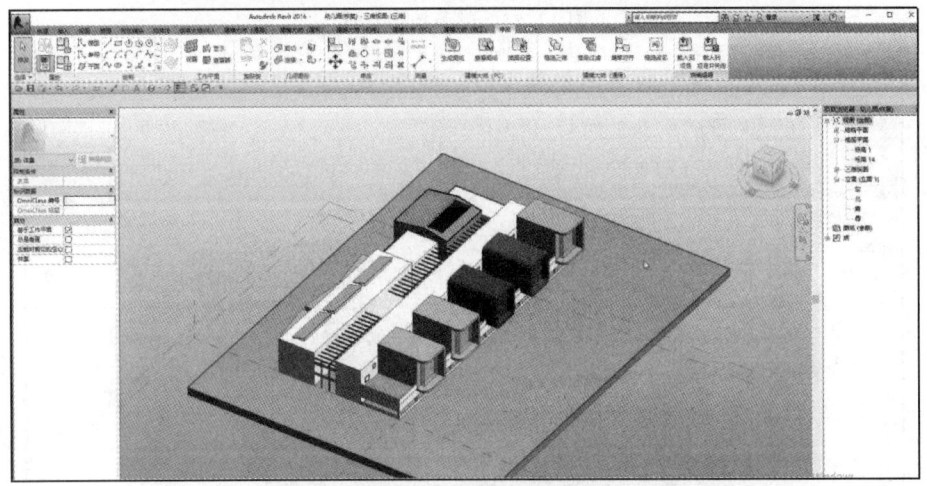

图 12.53 赋予其余外墙涂料

(41)新建 Revit,导入 CAD 文件创建地面,点击"属性-材质",按类别赋予材质,场地完成效果如图 12.54 所示。

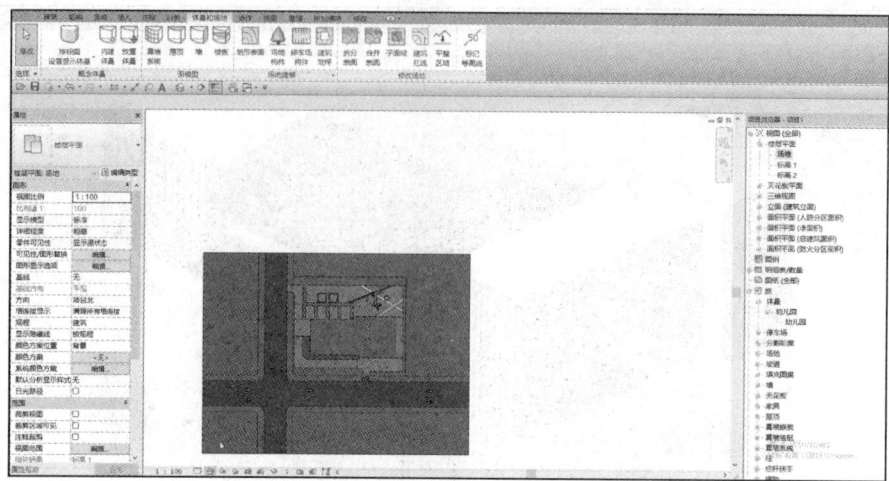

图 12.54　赋予地面材质

(42)点击"插入-载入族",载入体量模型(图 12.55)。

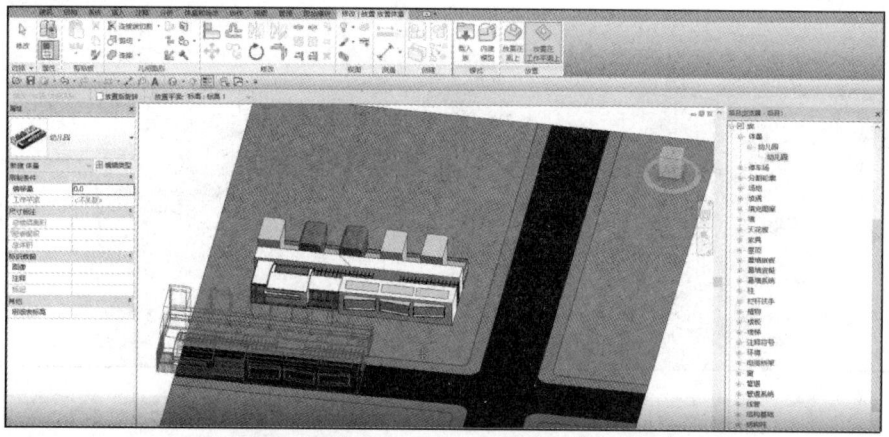

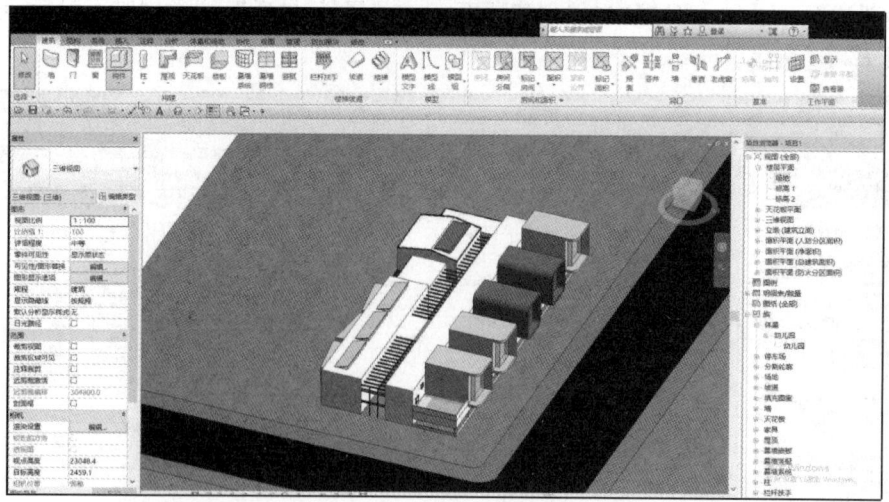

图 12.55　载入体量模型

(43)点击"插入-载入族",载入树木并复制,如图12.56所示。

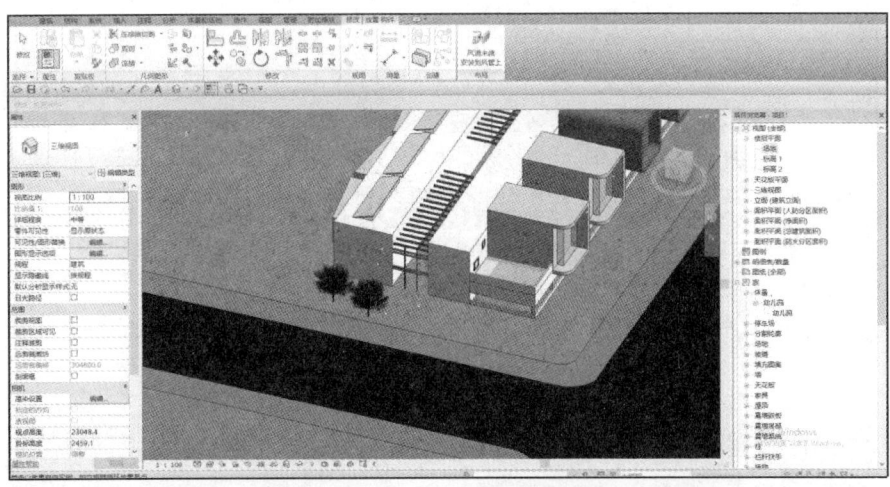

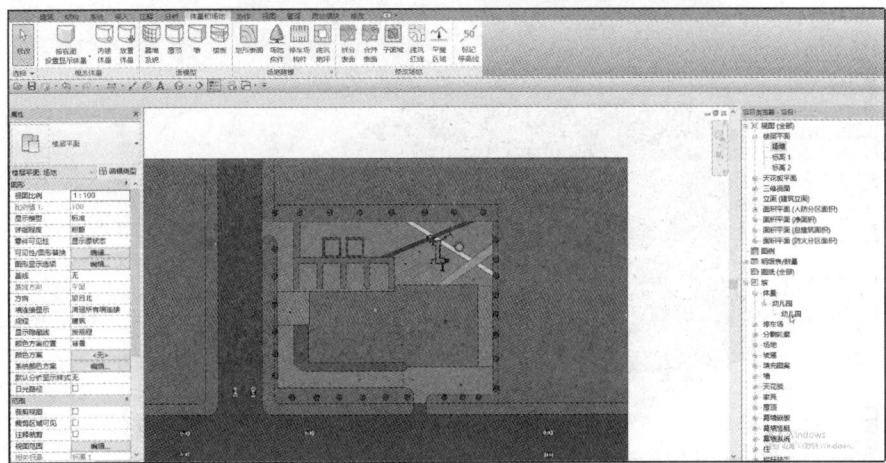

图 12.56 载入树木并复制

(44)点击"载入族",载入汽车模型(图 12.57)。

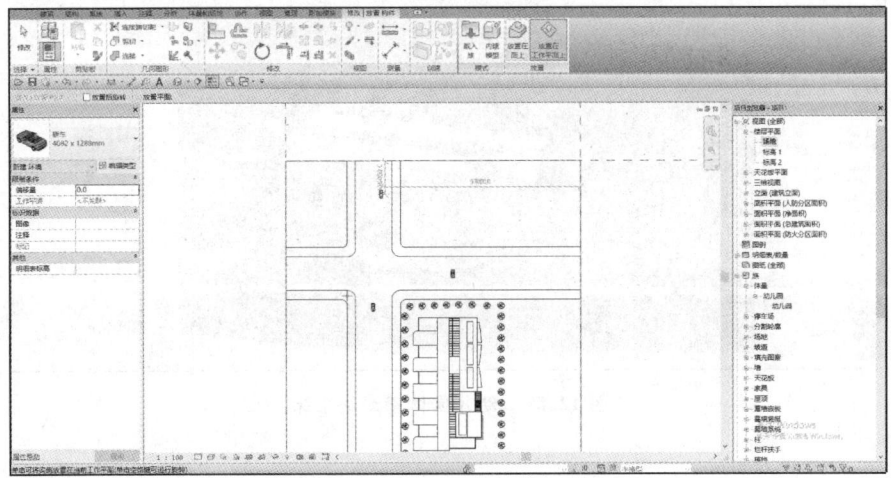

图 12.57 载入汽车模型

(45) 载入幼儿园体量,最终效果如图 12.58 所示。

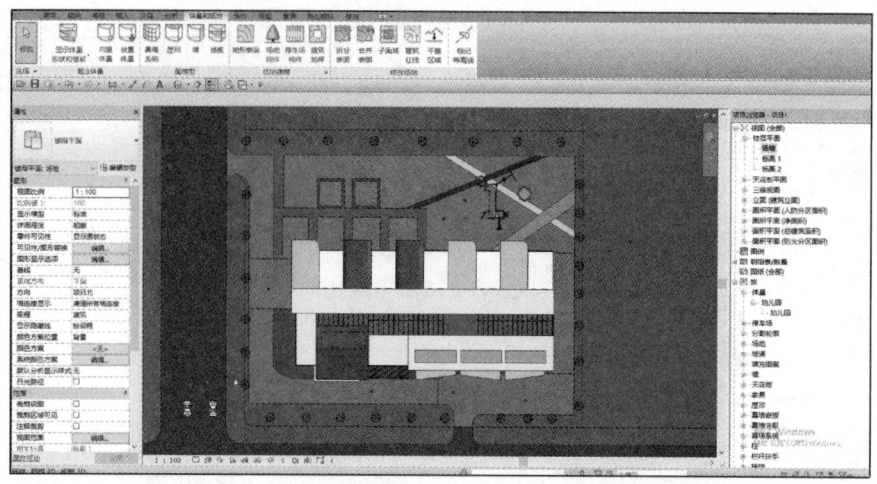

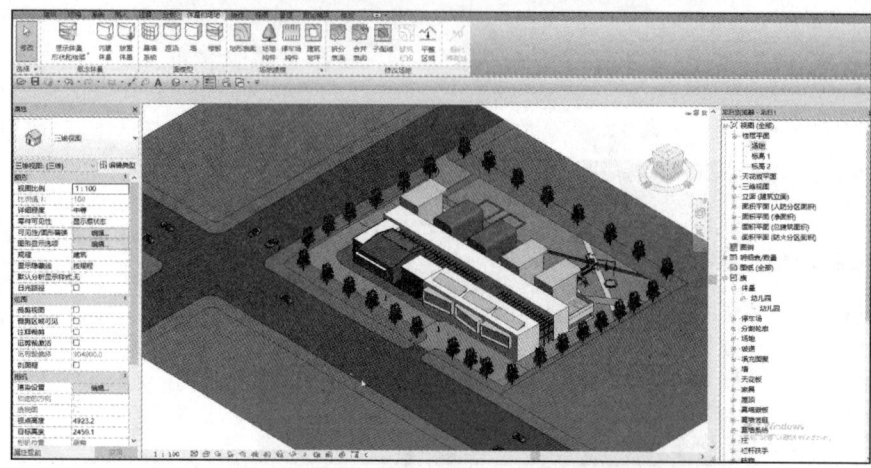

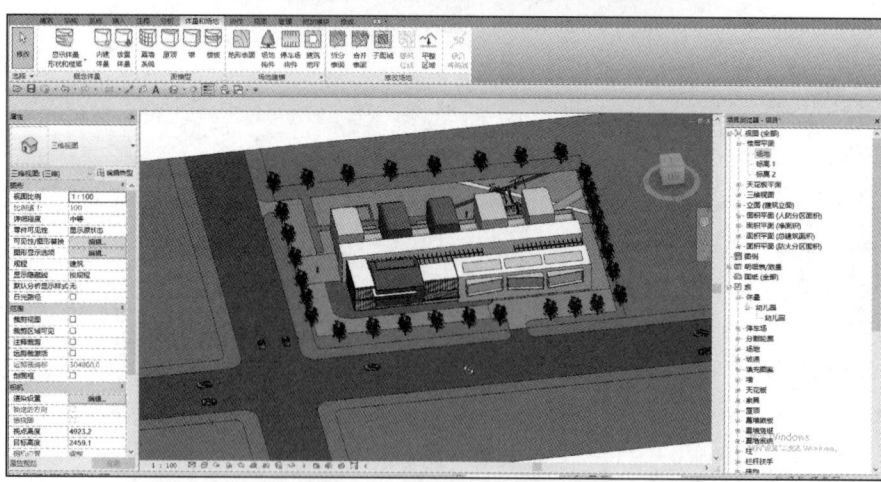

图 12.58 幼儿园体量最终效果

解析 13　BIM 与建筑方案设计

在规划方案概念模型的基础上,生成体量轮廓外墙,用墙体进行内部空间的划分,放置主要功能空间,按设计要求在外墙上开简单窗洞或布置幕墙,及竖向交通模型的二维表达。

在方案设计阶段,设计人员应基于概念模型搭建方案模型,并利用方案模型自动生成方案阶段的平、立、剖面等图纸。也可以应用 Revit 自带的多方比选功能实现一个模型多个方案,降低方案优化和对比成本。

设计人员可利用 BIM 模型结合绿建分析软件完成项目对周围环境的影响,并基于模型完成采光、日照、通风、噪声等基础分析,以及应用参数化特性针对以上绿建分析进行设计优化,以获得设计的最佳方案。

13.1　运用 Revit 软件,建立 BIM 模型

添加地下室内部墙体,如图 13.1 所示。绘制门窗,如图 13.2 所示。

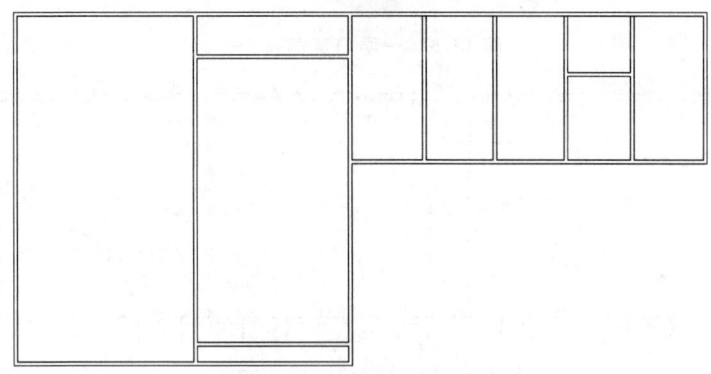

图 13.1　地下室墙体绘制

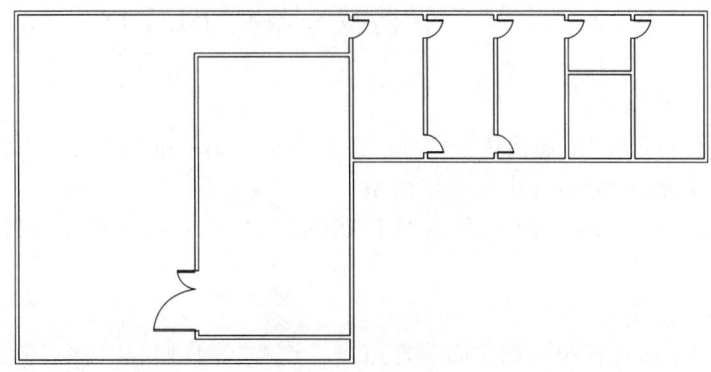

图 13.2　门窗插入

绘制一层内部墙体,如图 13.3、图 13.4 所示。

插入门窗,如图 13.5、图 13.6 所示。

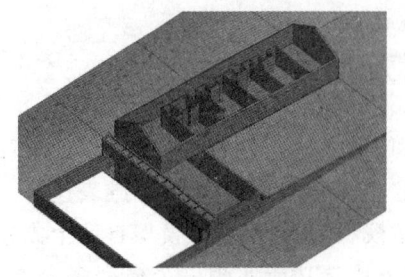
图 13.3 一层墙体绘制(一)

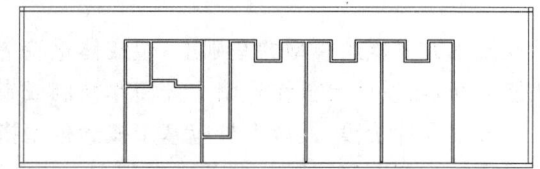
图 13.4 一层墙体绘制(二)

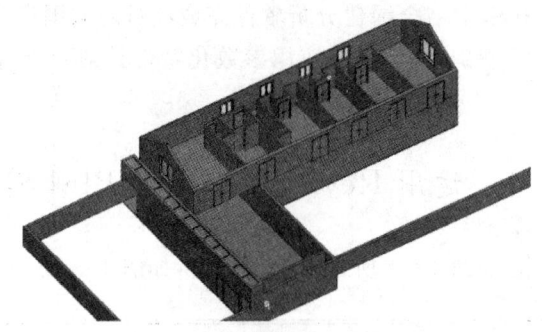
图 13.5 一层门窗插入(一)

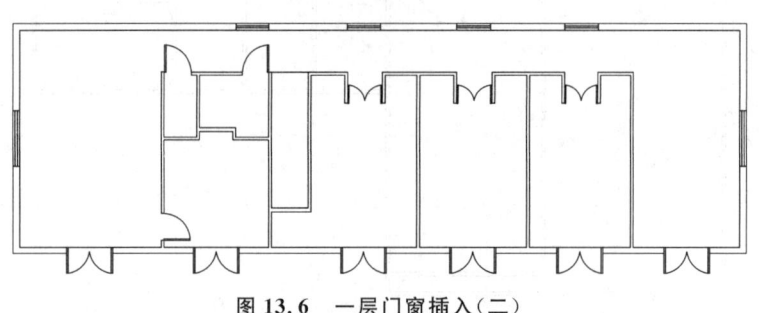
图 13.6 一层门窗插入(二)

13.2 建筑日照模拟分析的 BIM 应用

(1)导出斯维尔模型

打开 Revit 模型,选择"附加模块"→"外部工具"→"导出斯维尔",弹出"筛选层高和墙体"对话框,进行层高和墙体筛选,导出斯维尔模型。

打开斯维尔日照软件 SUN2018,键入"LJ_DRRV"命令,可打开模型文件,即可开始日照分析。

(2)"常规分析"之平面"等日照线"分析

等日照线分为平面等日照线和立面等日照线。点击"等日照线"命令,弹出"等日照线"对话框,设置日期、地点、时间、网格设置、日照标准,分析面设置。可选择平面分析或立面分析;选择"网格设置",勾选"输出网格信息",即可生成时间(日照)坐标网格。输出等日照线可输入1、2、3、4、5,即可生成时间为 1~5h 的日照线。如图 13.7 所示。

标注间隔设置为"2",即每两格生成标准时间点位。

图 13.7 "等日照线"对话框

步骤：
① 点击"等日照线"；
② 选择遮挡物，框选范围（所有建筑都框选）；
③ 点击平面等日照线生成的区域；
④ 框选范围，命令完成（只框选需生成日照范围的边界）。

如图 13.8 所示，可清晰看到那栋楼是否满足，那段墙是否满足；如果分析面，建筑底标高不一样，有 1m、0m、2m 高，则分区域、分楼栋完成各区域的等日照线。只需在修改面板中"分析面设置"→"平面分析"→"标高"输入不同的数值，生成即可。

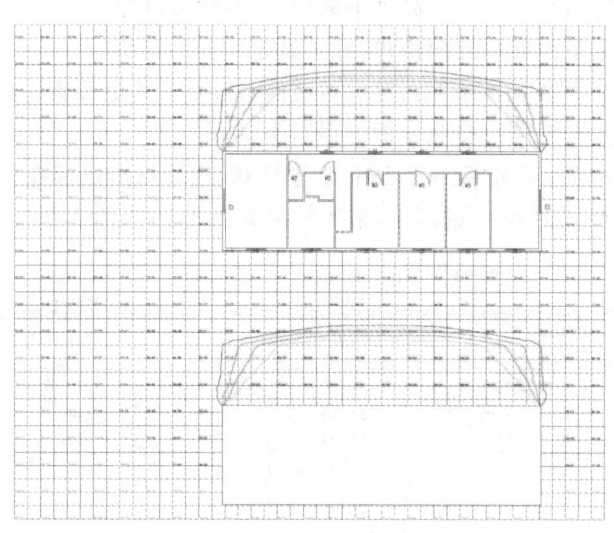

图 13.8 平面等日照线实例

如果想一次完成不同底标高楼层的等日照线，可通过下述方法完成：
① "常规分析"→"定分析面"，设置标高+900；分别设置各区域标高+1900，+2900；
② 点击"等日照线""分析面设置"，勾选"已定标高"，"标高"数值即灰显，无法输入状态；
③ 点击"确定"，选择全部遮挡物；
④ 选择要生成的闭合区域范围；

⑤ 一定要注意,这些不同底标高楼栋的底标高参数要设置正确。

(3)"单体窗照"

点击"单总分析"→"单体窗照",如图13.9所示。仅对单体建筑进行分析是没有意义的,分析单体窗照需要单体建筑和周边遮挡建筑同时存在,因此,使用该命令前需要先确定周边遮挡建筑。本功能适用于规划、设计各阶段,其作用是对单体建筑中居住空间的日照窗进行日照分析。本功能应用前需对准备分析的单体建筑进行"搜索房间""搜索户型""门窗编号"命令操作。

运行命令后,对话框如图13.10所示。需要设定日照标准、工程地点、节气、开始(结束)时刻等参数。另外,本命令对话框还有下面几个功能:

图13.9 "单体窗照"按钮

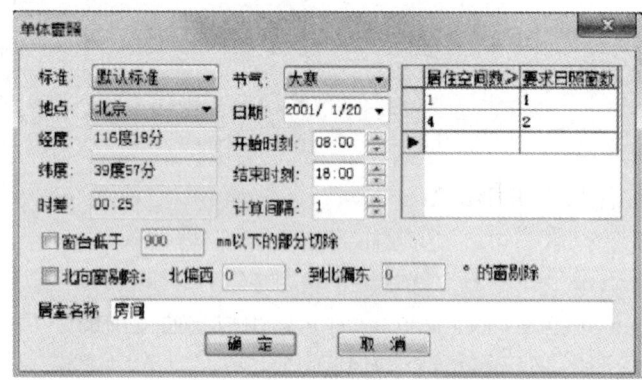

图13.10 "单体窗照"对话框

① 通过勾选,设定是否切除某一高度下的窗户,并输入高度。
② 通过勾选,确定是否剔除北向窗户,并且设定北向的范围。
③ 设定某一户型的居住空间数超过某一数值的时候要求满足日照的窗户数达到某一数值。
④ 居室名称:过滤需要进行日照分析的房间类型。

设定好所有的参数后,点击"确定",进行程序计算,然后点击鼠标左键,将计算出的数据以表格形式输出到文件格式为dwg的图中,输出效果如图13.11、图13.12所示。

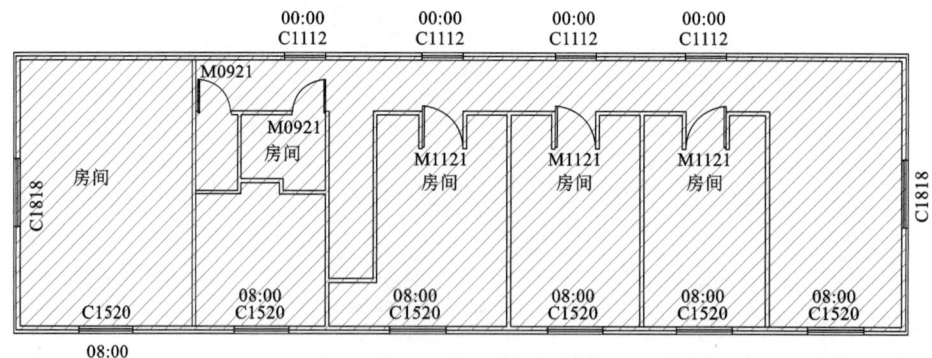

图13.11 单体窗照例图

(4)"窗点分析"

"高级分析"→"窗点分析":本命令按当前日照标准对日照窗窗台上的分析点进行日照时间计算,并输出立面的窗点分析图,如图13.13所示。

分析标准:默认标准;地区:北京;时间:2001年1月20日(大寒)08:00—16:00;计算间隔:1分钟

层号	户号	房间编号	窗编号	窗台高	日照时间	总有效日照	居住空间数	朝向
2	1-A	2001房间	C1112	3.90	0	00:00	5	正北
			C1112	3.90	0	00:00		正北
			C1112	3.90	0	00:00		正北
			C1112	3.90	0	00:00		正北
			C1520	3.15	08:00—16:00	08:00		正南
			C1520	3.15	08:00—16:00	08:00		正南
			C1520	3.15	08:00—16:00	08:00		正南
		2002房间	C1520	3.15	08:00—16:00	08:00		正南
		2003房间	C1520	3.15	08:00—16:00	08:00		正南
		2004房间	C1520	3.15	08:00—16:00	08:00		正南

窗照分析

总户数：1；不满足要求户数：0；满足要求户数：1；满足要求户数比例：100%。

图 13.12　单体窗照输出表

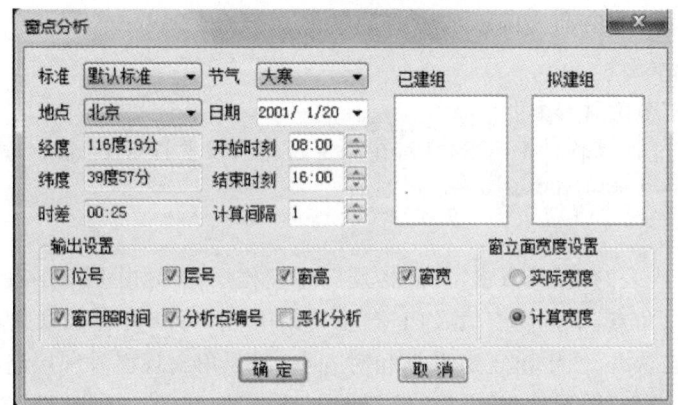

图 13.13　窗点分析

输出设置项可根据需要进行勾选,其中的恶化分析是针对已有建筑和拟建建筑的叠加遮挡分析,可通过以下两种方式实现：

①建筑进行了编组,且有"已建组"和"拟建组",勾选"恶化分析"；

②建筑无编组,勾选"恶化分析",分别选取"已建建筑"和"拟建建筑"。窗点分析平面图、立面图如图 13.14、图 13.15 所示。

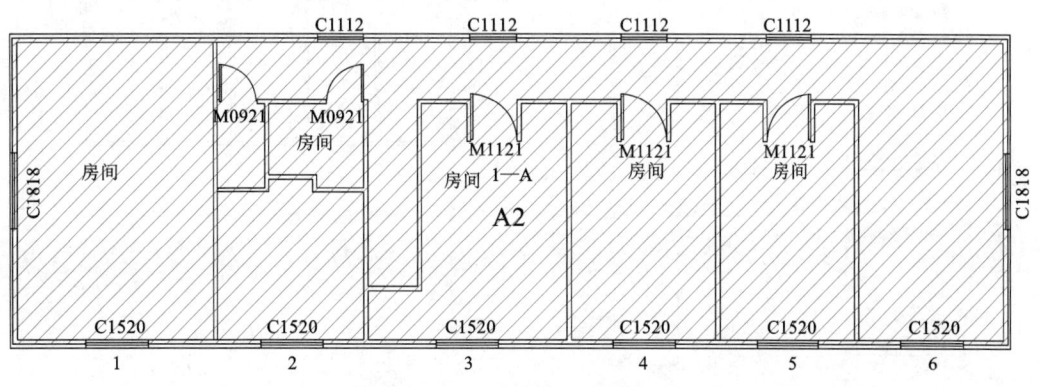

图 13.14　窗点分析平面图

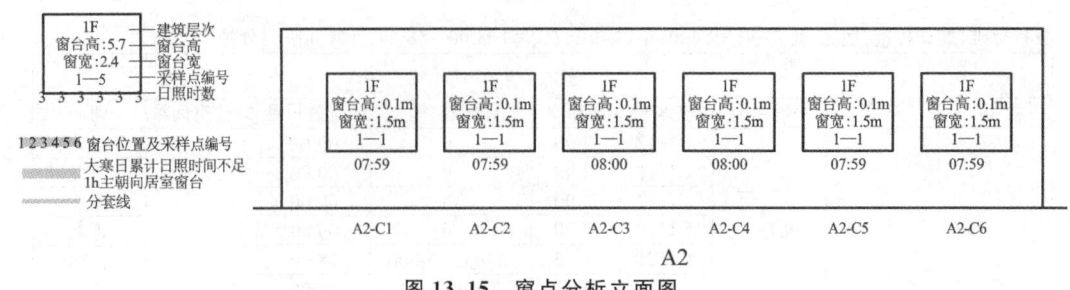

图 13.15 窗点分析立面图

13.3 建筑节能模拟分析的 BIM 应用

在 Revit 软件中打开模型文件,导出 gbxml 格式文件,导出过程需要注意以下几点:①所有房间需要建立房间模型,房间模型需要设置为计算体积;②房间个数需要与房间明细表对应起来,不能出现明细表中有而实际模型没有的情况;③导出 gbxml 格式文件的时候所有房间名称前面不能出现叹号。

(1)打开斯维尔节能计算软件

打开斯维尔节能计算软件 BECS2018,在命令行输入"LJ_DRGB"命令,选择导出的 gbxml 格式文件,即可开始节能计算分析。

(2)建楼层框

指定平面图所代表的楼层,点击"房间楼层"→"建楼层框",如图 13.16 所示。点击输入矩形框第一角点、第二角点,框选所有墙及门窗;指定对齐点,每个楼层都以此点为对齐点;输入层号、层高,单击"确认"。图中出现矩形框和对齐点,左下角出现层号和层高数字,依次生成其余各层楼层框。再点击"图形检查"→"关键显示";是否显示轴线,选择"否",不显示轴线,只显示墙体及门窗。如图 13.17 所示。

图 13.16 "建楼层框"按钮

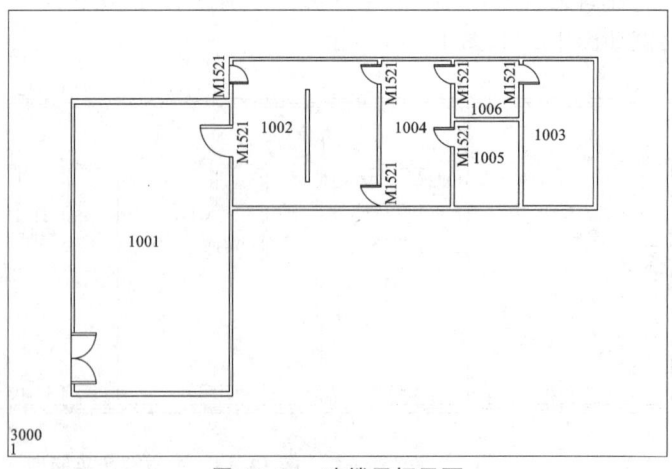

图 13.17 建楼层框平面

(3) 搜索房间

生成建筑轮廓、房间对象,并编号。点击"房间楼层"→"搜索房间",如图 13.18 所示。在"房间生成选项"面板设置参数;设置好后框选本楼层,单击鼠标右键确认,如图 13.19 所示。点击建筑面积的标注位置,软件自动生成外框轮廓及内部房间名称编号。系统自动将墙体加粗,选中粗线墙(任意一条线),单击鼠标右键,去掉加粗,平面将以细线显示。

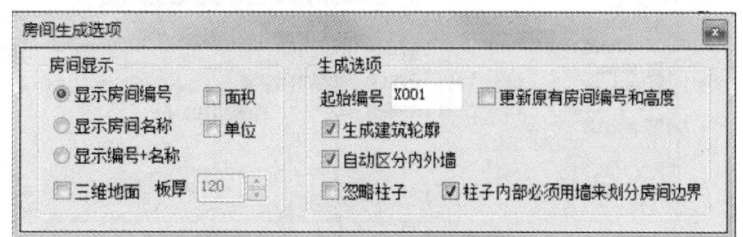

图 13.18　"搜索房间"按钮　　　　图 13.19　"房间生成选项"对话框

(4) 模型观察

观察建筑模型是否与实际建筑相符。点击"检查"→"模型观察",如图 13.20 所示。可观察墙体高度、对齐点、楼板、门窗是否正确,如图 13.21 所示。

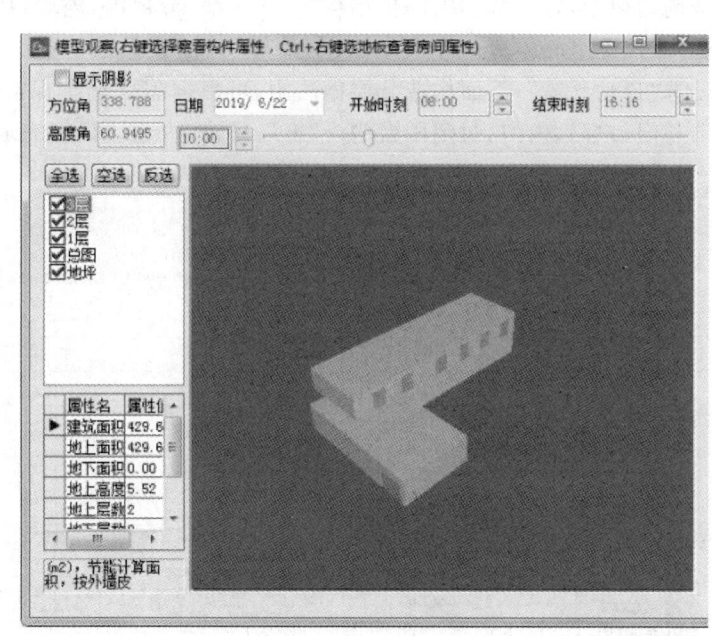

图 13.20　"模型观察"按钮　　　　图 13.21　模型观察

(5) 工程设置

设置工程地点、建筑类型、朝向等信息。点击"热工设置"→"工程设置",如图 13.22 所示。"地理位置"选择山西-太原;"建筑类型"选择居建;"标准选用";"北向角度"选择指北方向与世界坐标系 x 轴的夹角,如图 13.23 所示。

 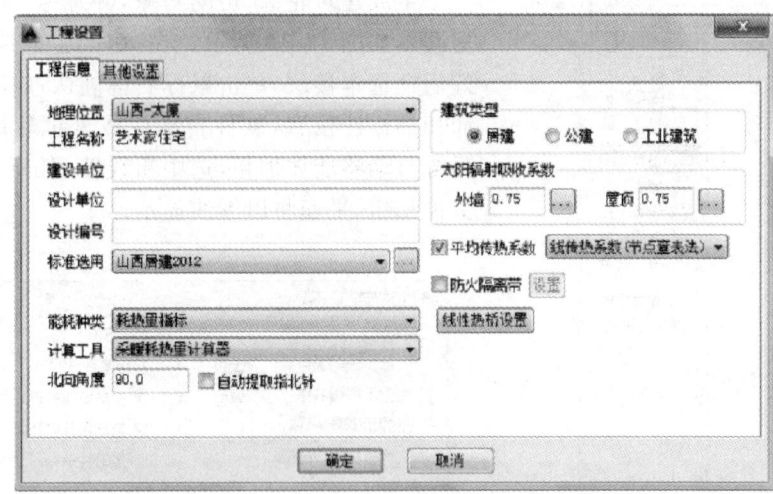

图 13.22 "工程设置"按钮　　　　图 13.23 "工程设置"对话框

(6)工程构造

给本工程围护结构制定构造做法。点击"热工设置"→"工程构造",如图 13.24 所示。"外围护结构"——屋顶,外墙,梁柱,挑空楼板,凸窗侧板,顶板,底板;"地下围护结构"——周边地面,非周边地面,地下墙;"内围护结构"——户墙,分户墙,内墙,控温和非控温空间隔墙,楼板,控温与非控温空间楼板。导入做法"构造库"选工程做法构造;点选蓝色小箭头,加入本工程中;勾选"自动计算";下面构造分层做法中,可根据需要调整保温层厚度,传热系数自动计算。"门":外门,户门,内门,封闭阳台门。"窗":外窗、内窗。设置完成后,点击"确定"完成设置,如图 13.25 所示。

 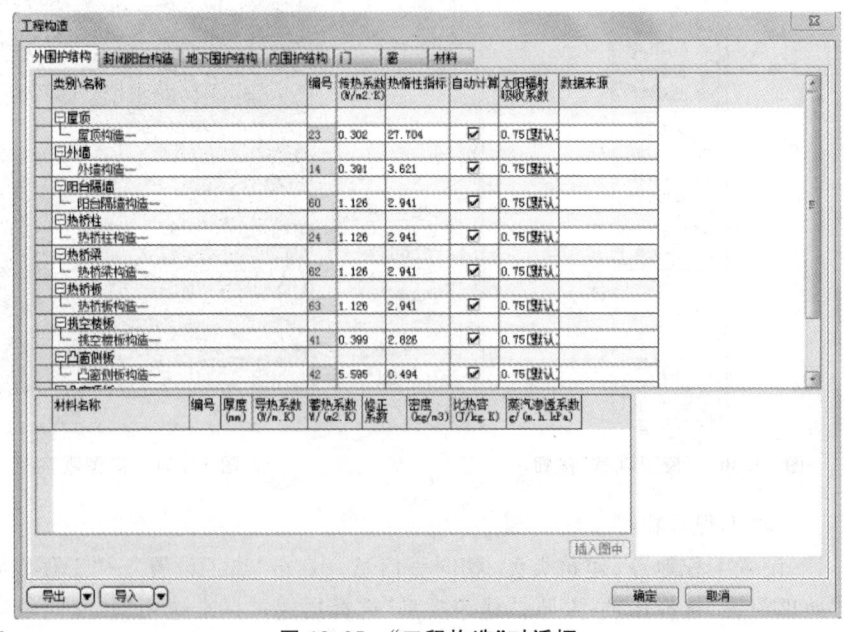

图 13.24 "工程构造"按钮　　　　图 13.25 "工程构造"对话框

(7)门窗类型

开启比例和气密性等级的要求,点击"热工设置"→"门窗类型",如图 13.26 所示。要点开确认一下,默认是满足要求的,如图 13.27 所示。

图 13.26 "门窗类型"按钮

图 13.27 "门窗类型"对话框

(8)局部设置

在"特性表"中设置细部信息,点击"热工设置"→"局部设置",如图 13.28 所示。在 CAD 特性表中设置:"修改"→"特征",快捷键"CH";点击楼梯间,不采暖房间;特性表中出现"热工"参数;"房间功能"改为"楼梯间";图中文字变为绿色,墙体变为红色。如何快速地将楼梯间全选中呢?屏幕上单击鼠标右键,"过滤选择"→"过滤条件"面板弹出,选择"房间""面积",点击一个过滤对象。楼梯间面积、样板对象,直接单击鼠标右键确认,所有楼梯间均选中,统一将"房间功能"改为"楼梯间"。类似的房间还有封闭阳台、库房(车库),"房间功能"改为"空房间"即可。外墙高度改为层高 2.9m;实际上梁是从楼板墙顶往下返的,需在墙中设置出来;"梁高"设为"240",完成设置。构造柱(砌体结构)的设置,"热工设置"→"T墙热桥",点击并框选所有图形,立刻在所有构造柱部位添上小柱子。如果有变形缝,可选中变形缝两侧墙体,特性表中"热工"→"边界条件"改为变形缝即可。如图 13.29 所示。

(9)数据提取

提取工程计算数据,计算体型系数。点击"节能设计"→"数据提取",如图 13.30 所示。在视图空白处单击鼠标右键"模型观察",能看到添加构造柱和梁的模型情况;点击"数据提取"自动运行,弹出"体型系数"对话框,自动计算出结果,单击"确定保存"。如果需要重新计算,点击"计算",然后"确定保存"即可,如图 13.31 所示。

图 13.28 "局部设置"按钮

(10)节能检查

可按两格方法判断工程是否达标。点击"节能设计"→"节能检查",如图 13.32 所示。弹出的面板中显示各构造是否满足标准要求。以上是"规定指标",可选择"性能指标";但要显示"性

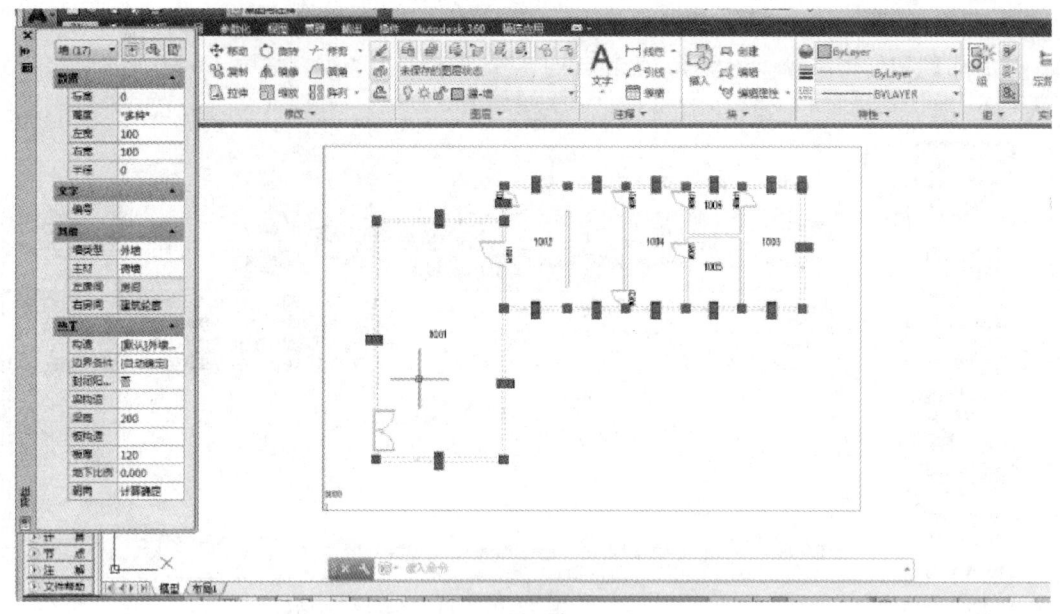

图 13.29　对象在特性表中指定构造

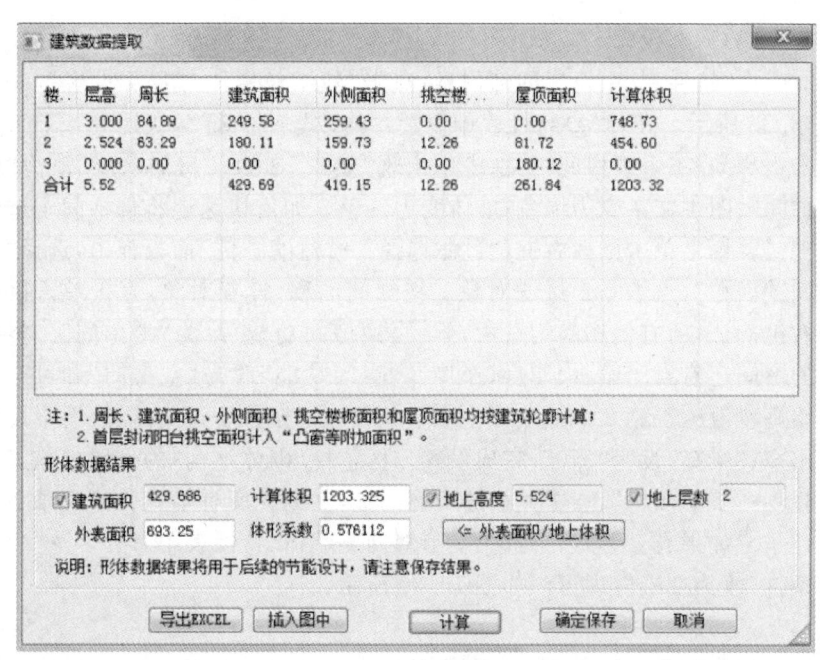

图 13.30　"数据提取"按钮　　　　　图 13.31　"建筑数据提取"对话框

能指标",要先进行"能耗计算"。"能耗计算"是性能指标判定时计算能耗的功能键,如图 13.33 所示。一般体型系数和窗墙比不满足规定要求时,只能查看性能指标,要查看"性能指标",必须先完成"能耗计算"。点击"能耗计算",弹出"是否将计算结果输出到 Excel?"对话框,点击"是"。在表格的下方有一个"建筑物耗热量",该值应小于"建筑物耗热量指标"限定值,即可认定"综合权衡"满足标准要求。再次点击"节能检查",选择"性能指标",查看是否满足标准要求,如图 13.34 所示。

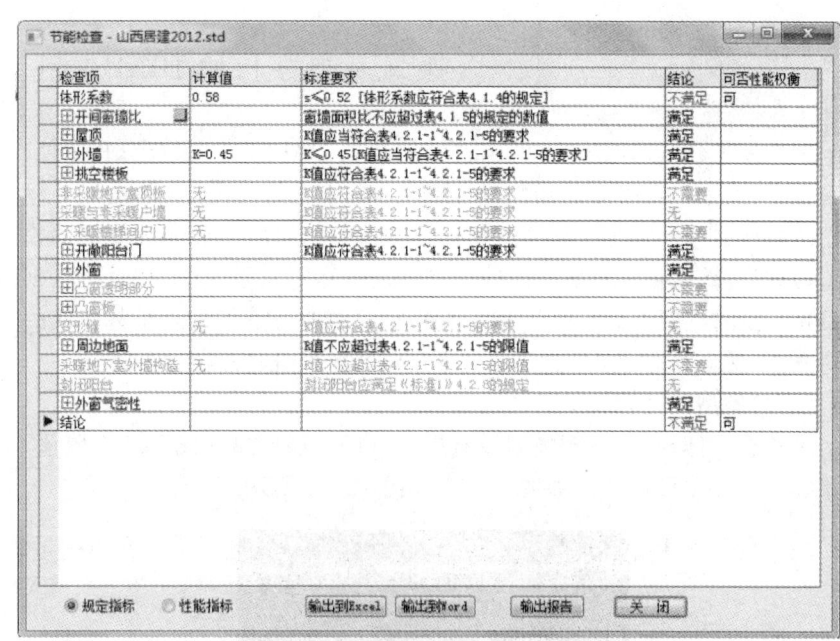

图 13.32 "节能检查"按钮　　　　图 13.33 "节能检查"对话框（一）

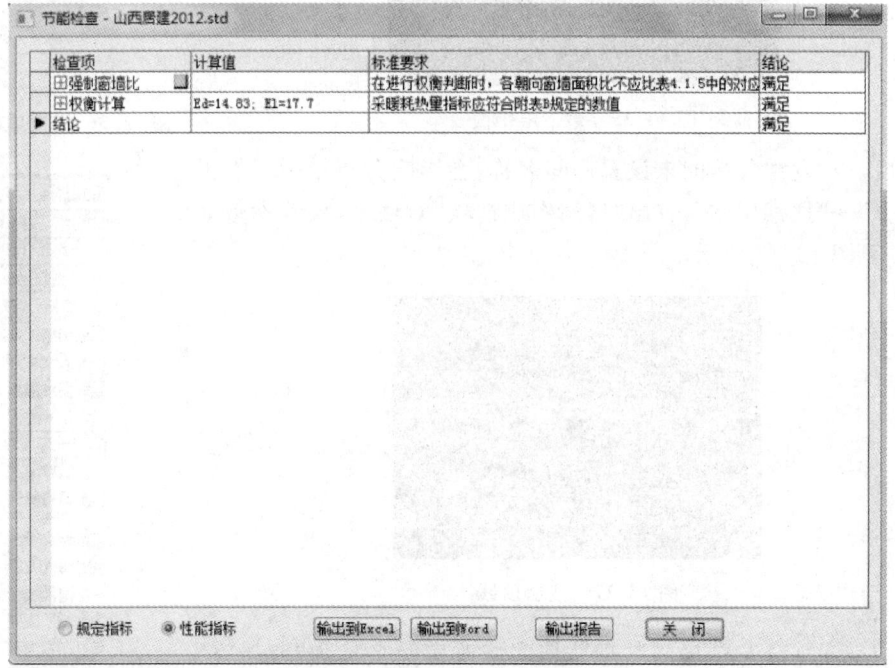

图 13.34 "节能检查"对话框（二）

(11)节能结果输出

"节能结果输出"包括"节能报告""报审表""导出审图"。

"节能报告"：生成比较全面的节能计算说明书，局部仍需要使用者自行完善。

"报审表"：根据各地方审查部门的不同要求，生成相应的审查表格。

"导出审图":生成节能设计的电子审查文件,以备提交给施工图审查部门。

13.4 建筑采光分析的BIM应用

本采光分析采用的是深圳斯维尔开发的DALI 2018采光分析软件。采光分为三个步骤:一是模型的处理;二是采光的设置;三是结果的输出。模型是由单体建筑和总图相结合的。单体用的是节能处理完的模型,总图与通风和日照是一样的。总图是用0层来表示的,用总图框来确定总图的范围。总图也有一个对齐点,这个对齐点指的是单体建筑的对齐点,意思就是把单体建筑的对齐点坐落在总图对齐点的位置。

(1)模型的处理

检查单体模型,发现模型没有屋顶,可通过"搜屋顶线"和"平屋顶"添加一层和二层屋顶。如图13.35至图13.40所示。

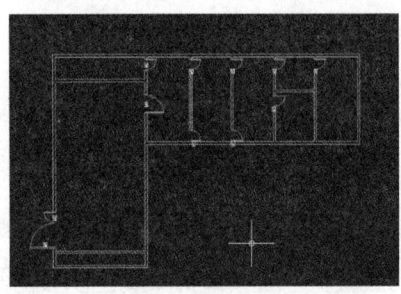

图13.35 地下层平面

图13.36 "搜屋顶线"按钮

通过检查,发现各房间未设置房间名称,会影响分析结果。点击"空间划分"→"搜索房间",弹出"房间生成选项"对话框,设置参数如图13.41至图13.43所示。

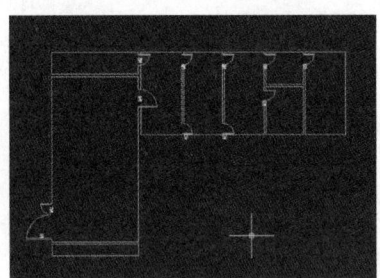

图13.37 搜屋顶线

点击"空间划分"→"房间整理",依次修改房间名称为"起居室""卧室""厨房""卫生间",如图13.44、图13.45所示。

(2)采光设置

进行采光设置时,选择采光的地点。光气候区不同,标准对应光气候区的室外照度设计值也是不一样的,比如Ⅰ区的值是18000。采光标准选择的是《建筑采光设计标准》(GB 50033—2013),这个标准

图13.38 "平屋顶"按钮

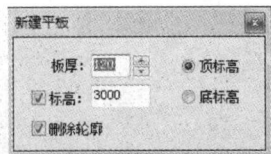

图 13.39　生成屋顶板（一）

图 13.40　生成屋顶板（二）

图 13.41　"搜索房间"按钮

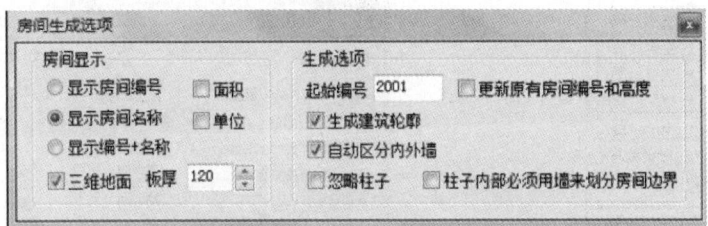

图 13.42　"房间生成选项"对话框

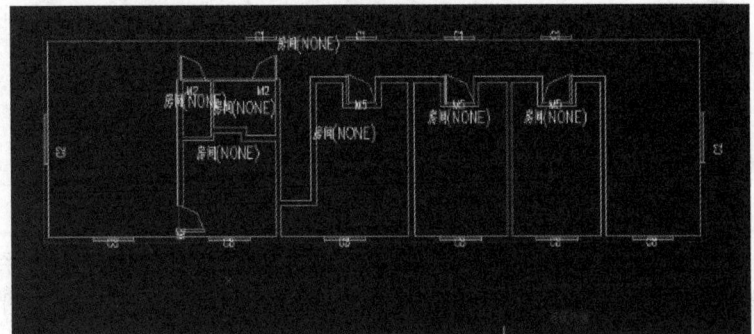

图 13.43　房间对象生成实例

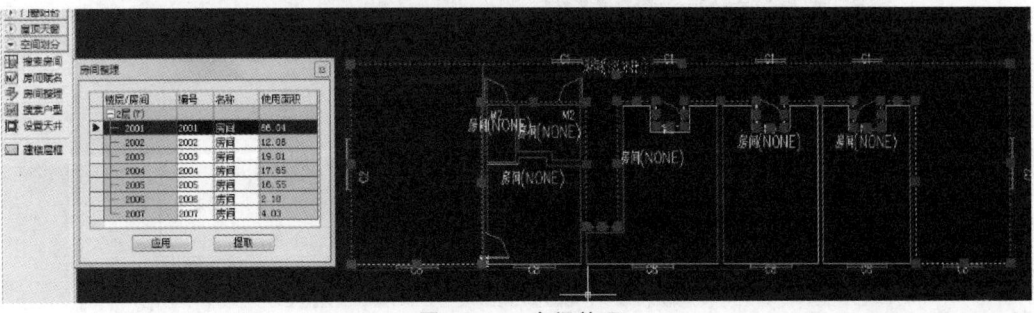

图 13.44　房间整理

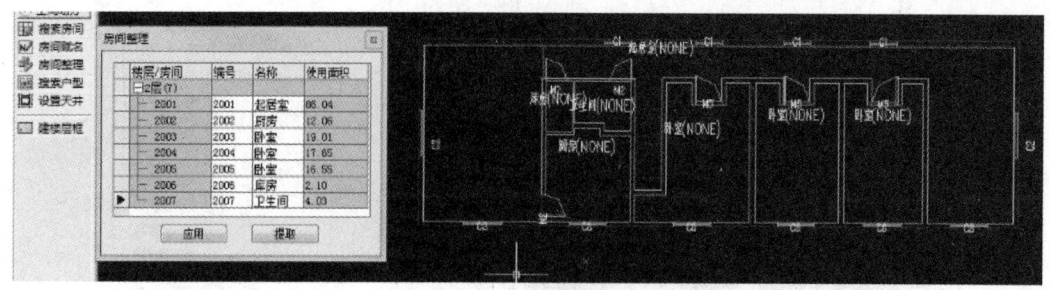

图 13.45 修改房间名称

主要是评价房间的平均采光系数,用房间的采光系数来衡量房间的采光质量。采光系数是在室外全阴天条件下室内天然光照度和室外天然光照度的比值,它受室内材料的反射比影响,还与窗污染的程度有关系,将"多雨地区"勾选即可。"采光引擎"和"分析精度"按默认即可,如图 13.46、图 13.47 所示。

图 13.46 "采光设置"按钮

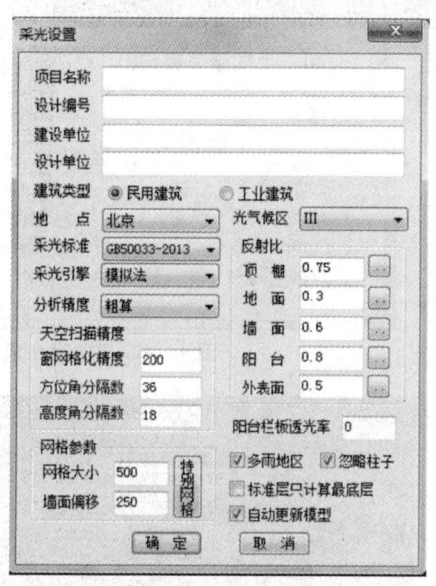

图 13.47 "采光设置"对话框

然后设置"门窗类型"。门窗类型影响的是窗口的透光性能,这个也对采光系数有影响。选择"窗框类型"影响的是"结构挡光系数","玻璃类型"影响的是"玻璃透射比",如图 13.48 所示。

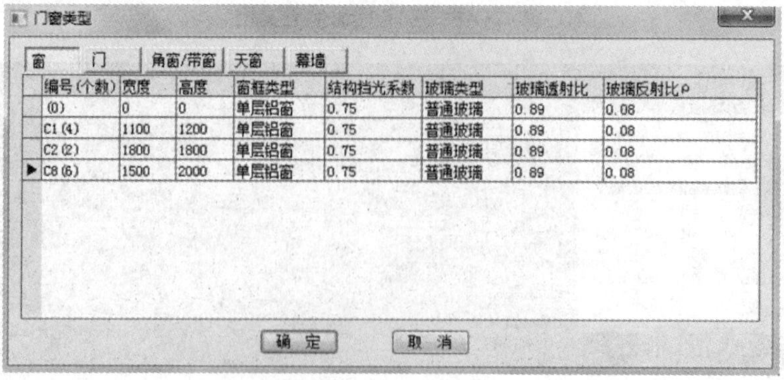

图 13.48 门窗类型

随后设置"房间类型",选择"建筑类型"是"居住建筑"或其他类型的建筑。类型不同,采光标准也不同,"采光等级"分为五个等级,设置好后赋予房间,也可"自动设置",在视图中框选平面图中的所有房间,单击鼠标右键弹出对话框确定即可,如图 13.49 所示。

(3)计算分析

进行计算分析时,选择"基本分析",点击"采光计算",弹出"房间采光选择"面板,选择"民用建筑"→"2 楼层",勾选所有房间,点击"采光计算",弹出的"房间采光值分析"面板中显示"结论"满足或不满足,生成 Word 格式报告,然后打开"建筑采光分析报告书"可查看结论,并保存文件;还可以打开"设置"查看"分析结果"。如图 13.50 至图 13.53 所示。

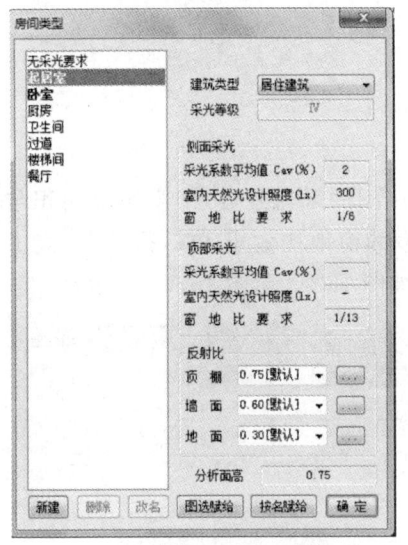

图 13.49 房间类型

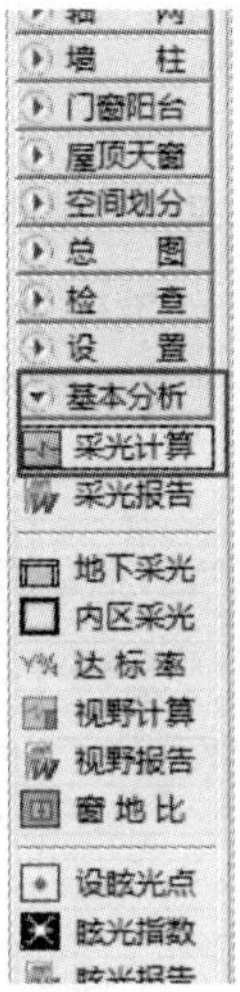

图 13.50 "采光计算"按钮

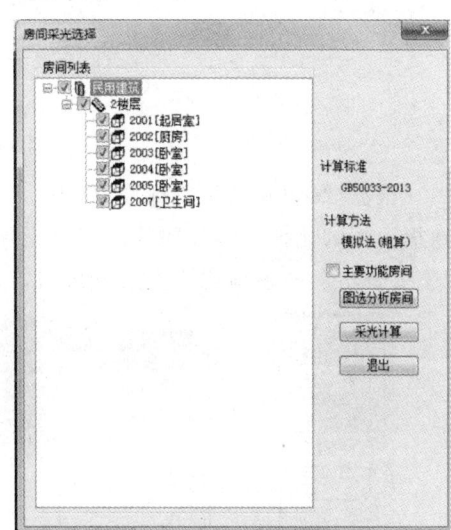

图 13.51 采光计算(一)

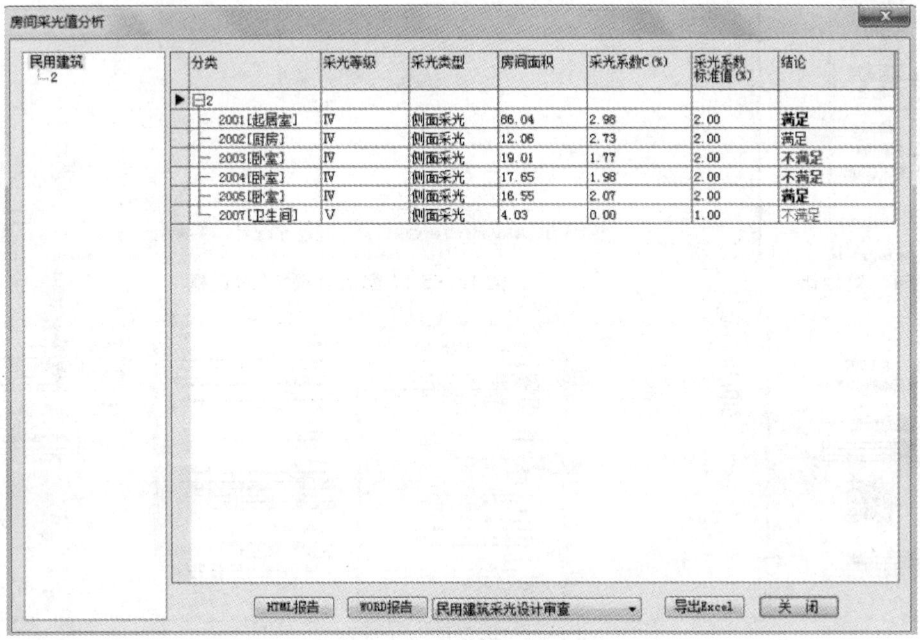

图 13.52 采光计算(二)

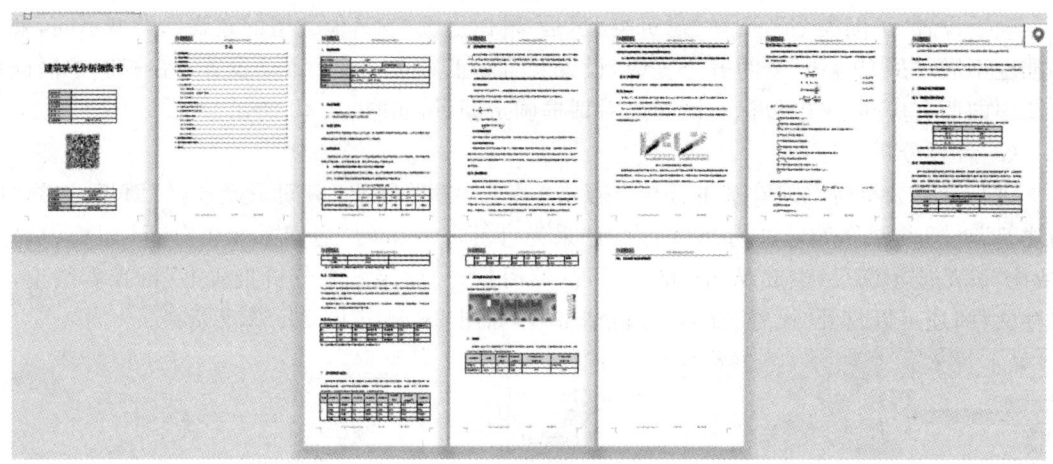

图 13.53 采光计算报告书

根据《绿色建筑评价标准》(GB/T 50378—2019)可知,房间的采光系数,即窗洞口面积与地板面积的比值。居住建筑使用的是窗地比,起居室和卧室的窗地比大于 1/6,得 8 分,点击"主要分析"→"窗地比",生成分析报告,查看并保存文档。如图 13.54 至图 13.56 所示。

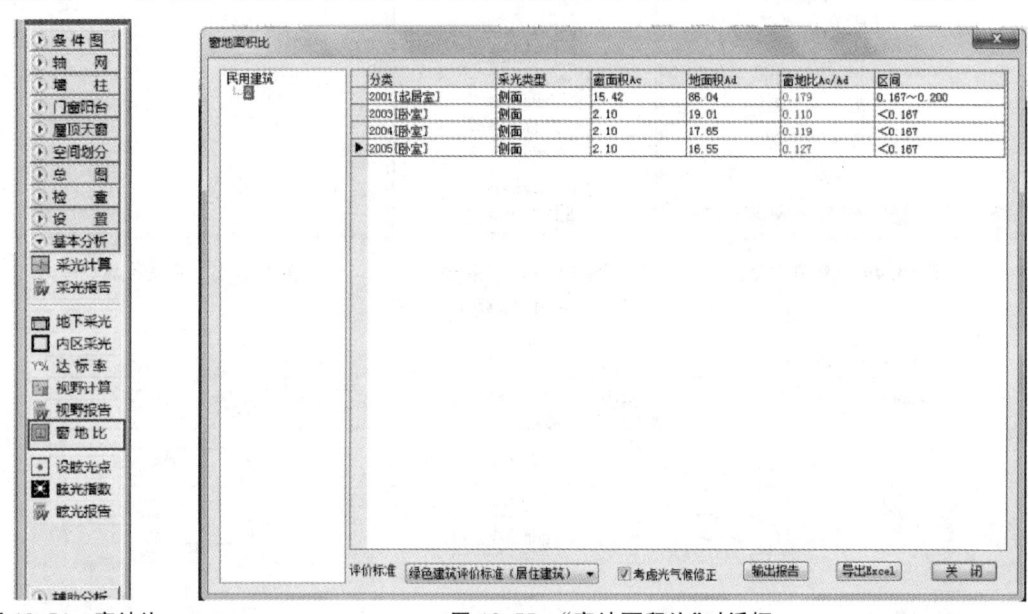

图 13.54 窗地比　　　　　　　　图 13.55 "窗地面积比"对话框

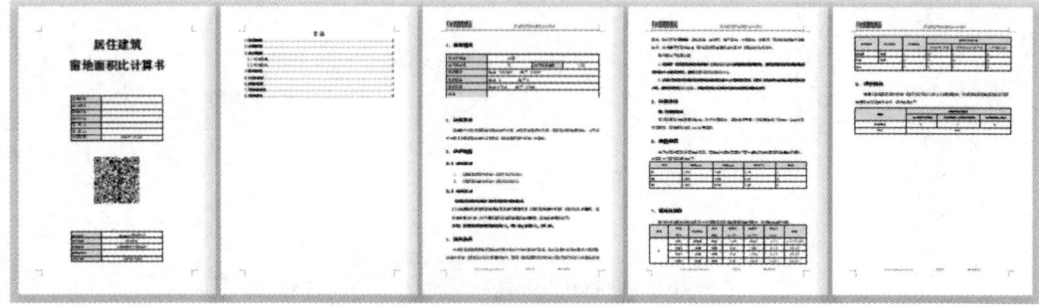

图 13.56 窗地面积比计算书

公共建筑中主要的功能房间,满足采光标准的面积比例达到60%～65%,得4分,每增多5%加1分,最多可以得到8分。这个采用的衡量标准就是达标率,先把计算结果打开,点击"设置"→"分析结果",再点击"主要分析"→"达标率",在屏幕上框选测算楼层,自动生成楼层/房间的达标率,可点击"输出报告",生成"公共建筑采光达标率计算书",查看文档并保存即可。但是计算达标率是建筑的一个单体,它就是主要的功能房间达标面积除以单体建筑主要功能房间总面积的一个比例。

《绿色建筑评价标准》(GB/T 50378—2019)第5.2.8条规定,主要功能房间有眩光控制措施,得3分。这里先需要设置一下眩光点,点击"主要分析"→"设眩光点",眩光点可以自动设置,先选中房间,单击鼠标右键自动确定,菜单提示有的房间是无法设置眩光点的,是因为这个房间有许多窗户,它无法判定,那就需要手动设置眩光点,如将眩光点设置在距内墙向外偏移1m处,垂直于窗户。点击"眩光指数",选择眩光,点击鼠标右键,弹出"眩光计算参数"对话框,对话框中"光气候"选择"晴天-CIE12(大气清晰)","晴天设置"中"节气"选择"夏至","时间"设"12:00",不同采光等级房间的眩光值是不一样的,在采光标准中都有明确的规定,点击"确定"后自动生成眩光报告,查看"不舒适眩光分析报告书",查看并保存文档。如图13.57至图13.61所示。

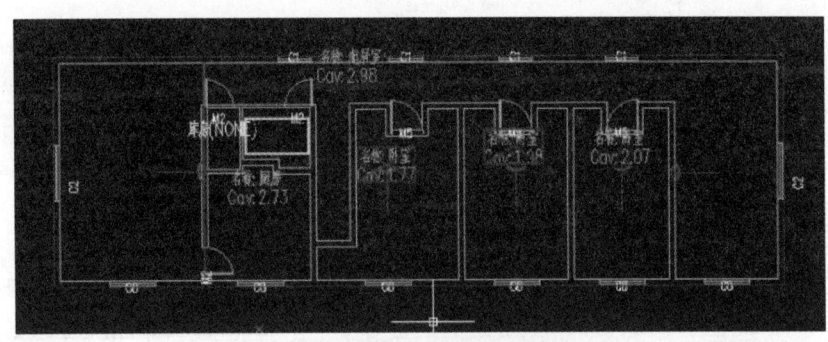

图13.58 眩光点设置

图13.57 眩光计算

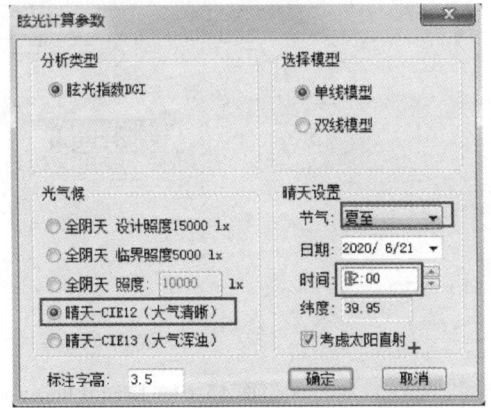

图13.59 "眩光计算参数"对话框

点击"主要分析"→"内区采光",因为内区采光系数一般都很小,一般公共建筑很难达到,可直接"输出报告",自动生成"建筑采光分析报告书(公建内区采光)",查看并保存文档。

查看一下"地下采光",只要在地下室设置天井,这个分就可以得到,在弹出的面板中选择

"利用已有分析结果","采光值要求(%)"为"5%",勾选"输出计算报告书",查看报告书评价结论,得 4 分,保存文档。

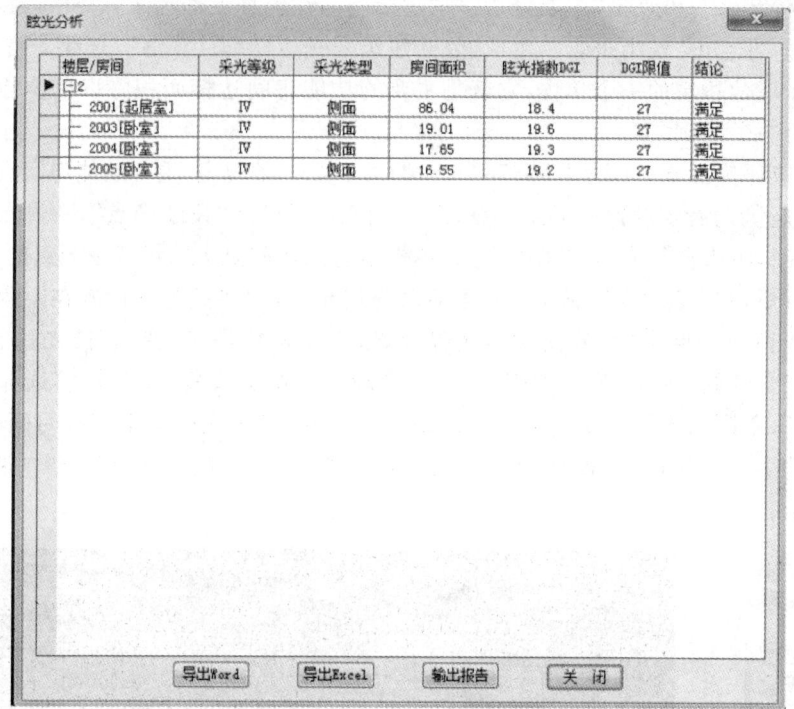

图 13.60　眩光分析

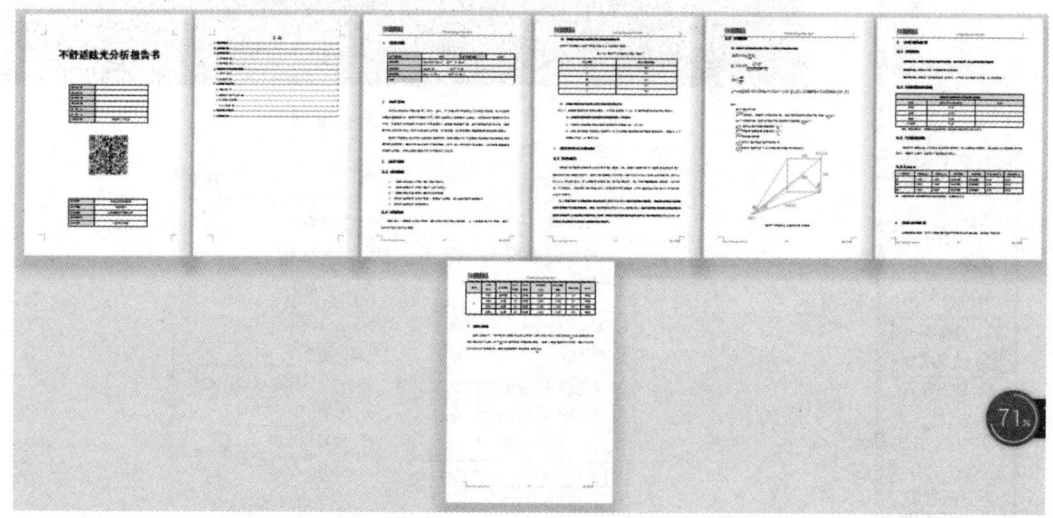

图 13.61　眩光分析报告书

点击"采光报告",弹出"房间采光值分析"面板。采光系数与房间材料的反射比、窗洞口的采光透光性能以及玻璃所占窗户的面积有关,如采光系数不满足要求,不可以修改窗洞口尺寸面积,可以使窗框面积小一些、玻璃面积大一些,或者修改玻璃的材料,查看"建筑采光分析报告书",保存文档。

解析 14　BIM 与建筑初步设计

初步设计的目的是对各专业的方案或重大技术问题进行综合技术经济分析，协调各方矛盾，初步完成建筑结构和机电系统的设计方案并逐渐完善。由于 BIM 软件的空间性质，使得三维设计过程中大量的施工图阶段的工作提前到初步设计阶段来解决。

BIM 技术应用在初步设计阶段的主要目标是优化建筑布局、完善形体设计的细节，优化机电系统方案，协调专业设备间的空间关系，以及补充完善并满足编制施工图设计文件的需要。

BIM 技术应用于初步设计阶段的主要流程包括初步设计第一时段模型的建立、初步设计第二时段模型的建立、初步设计最终版模型的建立。在此时间范围内各专业应根据工程复杂程度按进度计划分批次完成该时段设计的工作。

(1) 初步设计第一时段模型设计

初步设计第一时段模型机电各专业均为配合阶段，无建模要求。可使用相关 BIM 软件对模型进行查看，了解配合的情况，也可以导出 CAD 图纸，对各专业进行配合，对各专业提资等。

初步设计第一时段模型的建立：此时段是为了提供最基本的专业协调模型，用该模型作为各专业的基础平台进行深化设计，根据方案设计阶段条件（模型或 CAD），搭建初步设计第一时段模型，如建筑专业的建立项目基准点，按策划要求拆分子项模型，建立或整理完善轴网标高系统，搭建外墙（轮廓）、内墙、门窗、核心筒、房间布置等。

(2) 初步设计第二时段模型设计

初步设计第二时段模型的建立：此时段是根据初步设计第一时段模型协同结果调整优化设计，如建筑专业搭建的核心筒详细布置，楼梯，门窗（详细分隔、分类等），幕墙（轮廓），人防布置，坡道，建筑楼板，主要外立面造型轮廓族，净高控制天花板等。

(3) 初步设计最终版模型的设计

① 设计模型的调整

初步设计终版模型的建立包含两点：第一点是根据初步设计第二时段模型协同结果调整设计的，审核审定人参与模型校审，根据初步设计 BIM 交付标准完成模型；第二点是初步设计加工出图。

此时段是根据初步设计第二时段模型协同及性能分析结果调整优化设计，搭建初步设计最终版模型。作为各专业在初步设计阶段最终提资的节点，各专业以最终版模型为依据条件，进行各专业系统图纸成图、校审会签等工作，最终完成初步设计。如表 15.1 样例所示。

② 初步设计加工出图

初步设计加工出图的要求主要体现在以下几个方面：

a. 在 BIM 初步设计的模型最终版阶段，按照《建筑工程设计文件编制深度规定》全面进入模型的建立和检查阶段，完善模型，为出图做好准备。在该阶段设计深度达到初步设计的 100%。

b. 初步设计加工出图依据初步设计深度要求添加二维注释、尺寸标注、各专业设计说明、图例等。

c. 各类详图可根据设计人员软件掌握情况和策划要求选择使用 Revit 平台直接完成出图。

表 14.1 建筑专业模型内容

室外建筑	保留的地形、地物
	场地四邻原有及规划道路的位置和主要建筑物及构筑物的位置、层数、建筑间距
	拟建建筑物、构筑物的位置,其中主要建筑物、构筑物应包括位置、尺寸和层数
	道路、广场的位置,停车场及停车位、消防车道及高层建筑消防扑救场地的布置
	绿化、景观及休闲设施的布置示意
	场地四邻的道路、地面、水面及其高度关系
	主要建筑物和构筑物的室外设计高度
	场地的地面坡度及护坡、挡土、排水沟等
室内建筑	承重结构的形式、定位及尺寸,以及主要承重结构构件,如内外承重墙、柱网、剪力墙等
	主要结构和建筑构造的部、配件,如非承重墙、壁柱、地面、楼板、吊顶、梁、柱、内外门窗(幕墙)、天窗、楼梯、电梯、自动扶梯、中庭、夹层、平台、阳台、雨篷、地沟、地坑、台阶、坡道、散水、明沟等
	主要建筑设备,如水池、卫生器具等与设备专业有关的设备及位置
	其他专业要求的竖井,如电梯井、管道井等,以及楼板及承重墙上较大的洞口

建筑专业补充完善不限于表 14.2 所示的内容。

表 14.2 建筑专业补充内容

建筑专业	按施工图深度要求添加二维注释、尺寸标注、建筑说明、图例等,完成图纸的制作,各类详图可根据设计人员软件掌握情况和策划要求选择 Revit 平台直接完成出图,或导出 CAD 完成后处理出图,平面图、立面图、剖面图、详图宜使用 BIM 平台直接出图,以确保模型信息的延续性。建筑图纸需达到初步设计深度要求

解析 15　BIM 与建筑施工图设计

工程设计主要划分为三个阶段,即方案设计阶段、初步设计阶段和施工图设计阶段。目前各个设计阶段均是在二维 CAD 模式下,建筑设计师把三维的建筑用画法几何的知识变成二维的图纸。CAD 制图在一定程度上成了建筑设计的核心工作,占整个项目的设计周期比重较大。

在利用 Revit 软件进行建筑设计时,流程及各设计阶段的时间分配与传统模式有较大区别。Revit 建筑设计是以三维模型为基础的,图纸只是设计的衍生品。虽然前期建立模型所花费的工作时间占整个设计周期的比重较大,但是在后期成图、变更等方面有很大的优势。

15.1　建筑三维设计

15.1.1　标高与轴网的建立

(1)绘制轴网,标注轴网尺寸,并复核轴网位置尺寸,如图 15.1 至图 15.3 所示。

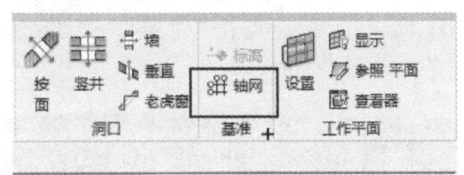

图 15.1　轴网

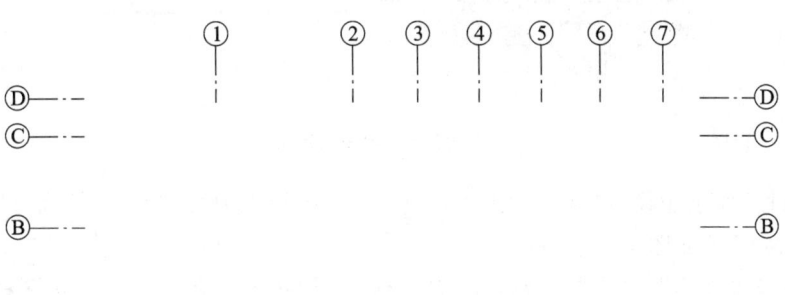

图 15.2　绘制轴网

(2)设置标高,如图 15.4 所示。

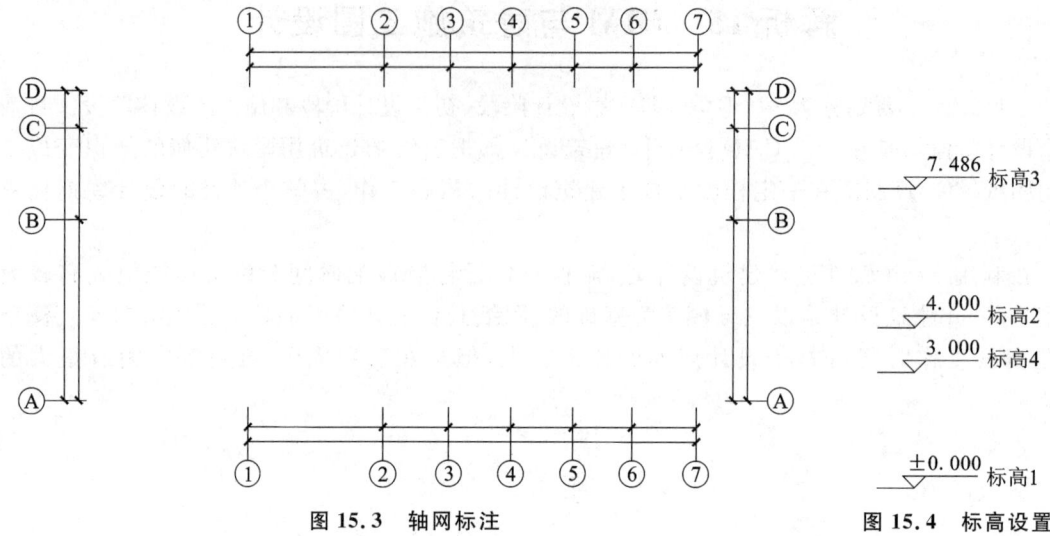

图15.3 轴网标注　　　　　　　图15.4 标高设置

15.1.2 几何模型建模

(1)墙体的创建

① 绘制地下层墙体,如图15.5所示。点击"建筑"→"墙:建筑",弹出"基本墙　常规-100mm2"属性面板。

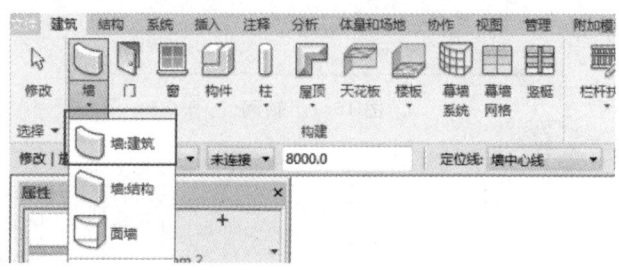

图15.5 建筑:墙

② 在"属性"面板中设置"底部约束为标高1""顶部约束为直到标高:标高2""底部偏移为0""顶部偏移为0"。如图15.6所示。

③ 点击"编辑类型",弹出"类型属性"对话框,复制并重命名,点击"结构"→"编辑",弹出"编辑部件"对话框,设置墙体构造各层次做法与构造厚度。如图15.7、图15.8所示。

④ 依次沿轴网绘制外墙及内墙,如图15.9所示。

(2)门窗创建

① 创建地下层门窗,点击"建筑"→"窗",弹出"属性"面板,修改属性参数,如图15.10所示。

② 弹出"类型属性"对话框,重新载入窗族,如图15.11、图15.12所示。

③ 修改窗宽度、高度、窗台高度等参数后,在墙体部位插入门窗即可,如图15.13、图15.14所示。

解析 15　BIM 与建筑施工图设计

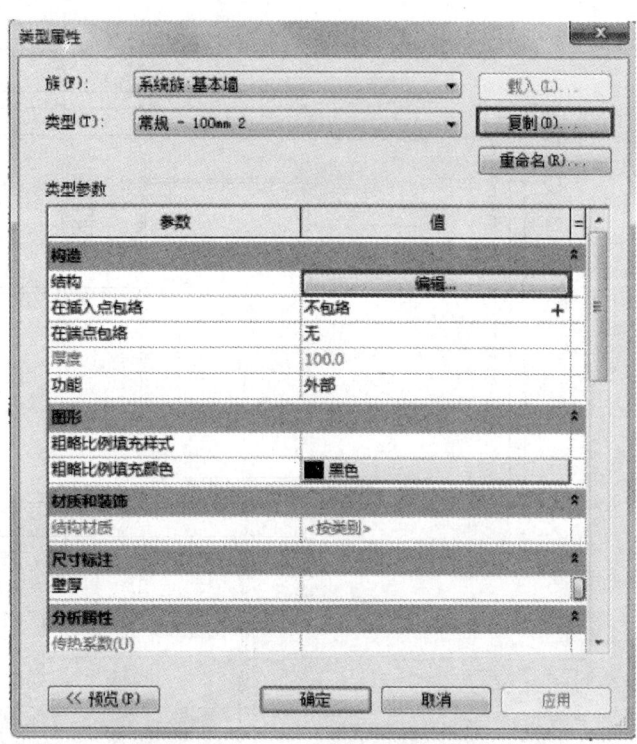

图 15.6　墙"属性"面板　　　图 15.7　墙"类型属性"对话框

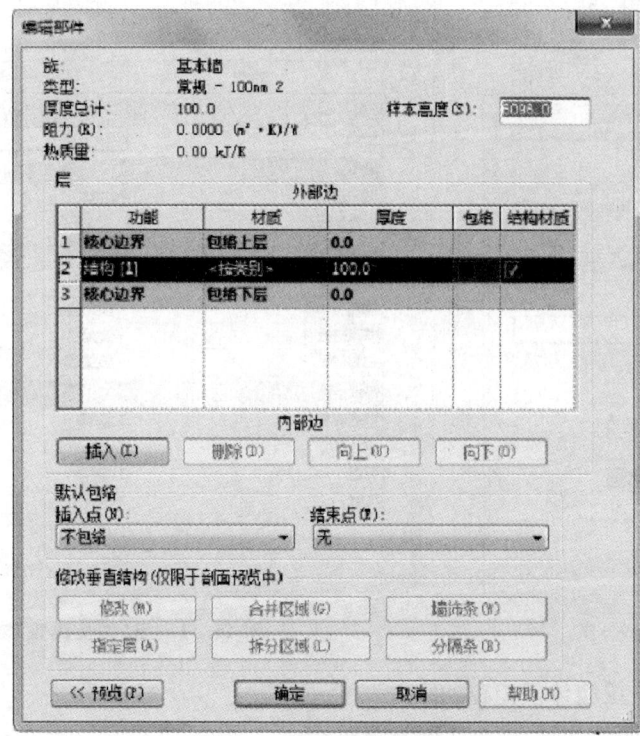

图 15.8　"编辑部件"对话框

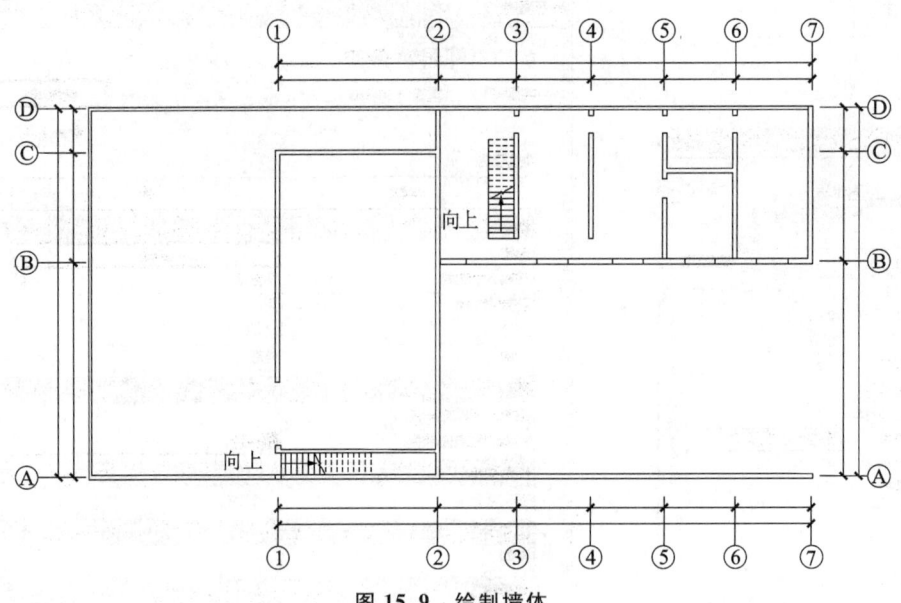

图 15.9 绘制墙体

图 15.10 插入:窗

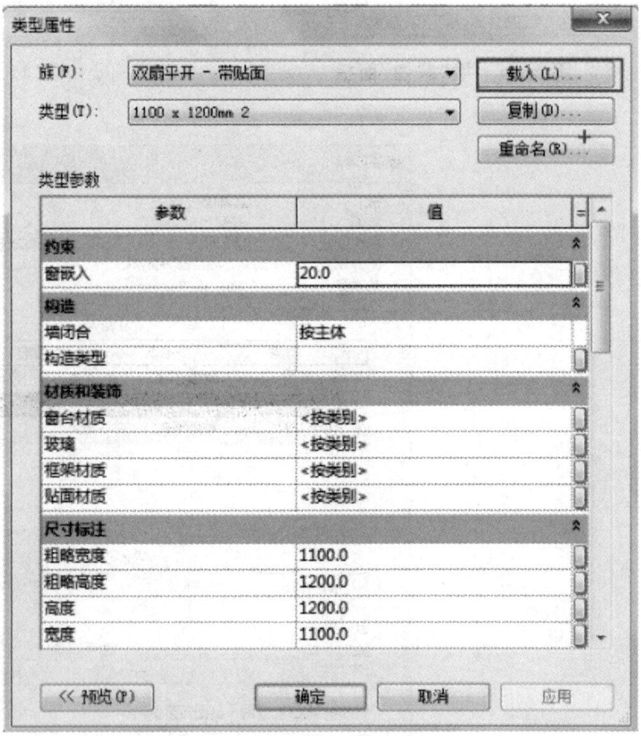

图 15.11 窗"类型属性"对话框

依此方法绘制二层墙体及门窗。

(3)楼板、屋顶创建

① 绘制地下层地面,绘制一层楼板。点击"建筑"→"楼板",见图 15.15。

图 15.12　打开窗族

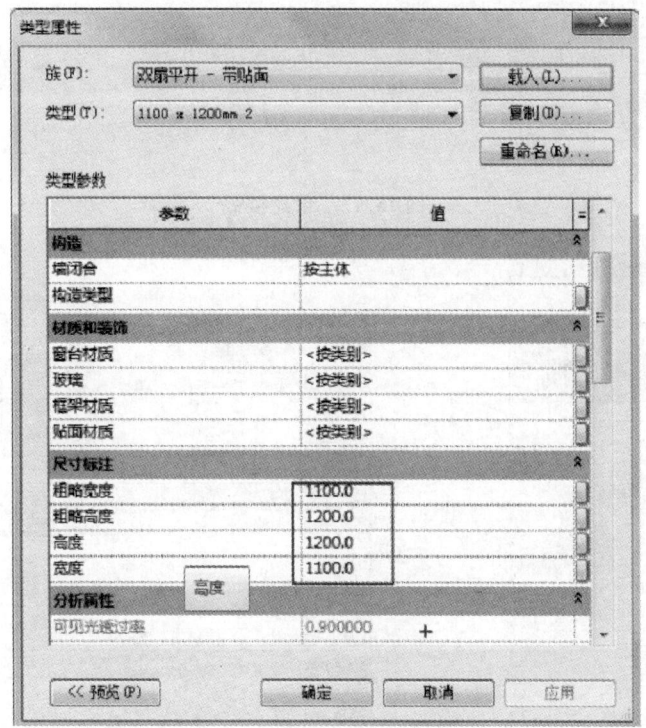

图 15.13　修改窗参数

②弹出"属性"面板(图 15.16),点击"编辑类型",弹出"类型属性"对话框,复制楼板并重命名,见图 15.17。点击"结构"→"编辑",弹出"编辑部件"对话框,设置楼板构造层次及厚度,见图 15.18。

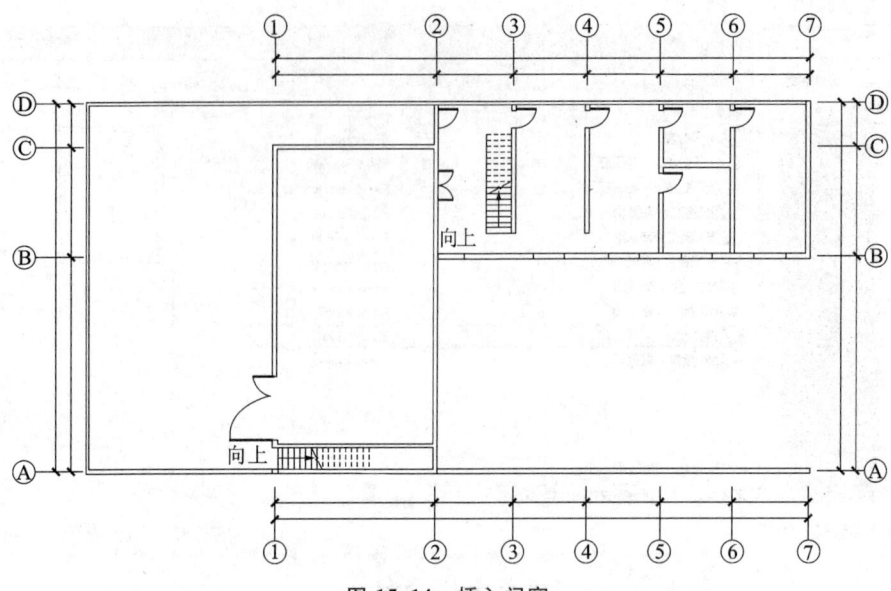

图 15.14 插入门窗

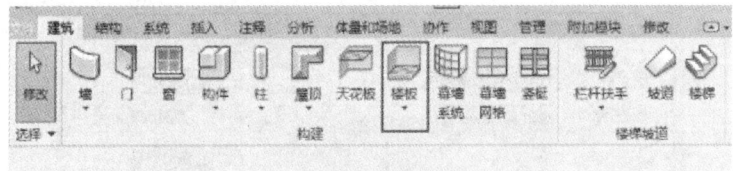

图 15.15 创建楼板

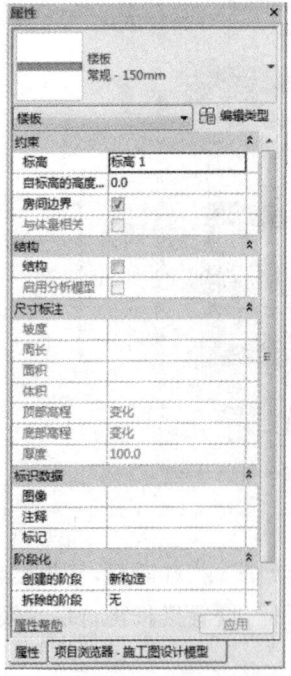

图 15.16 楼板"属性"面板

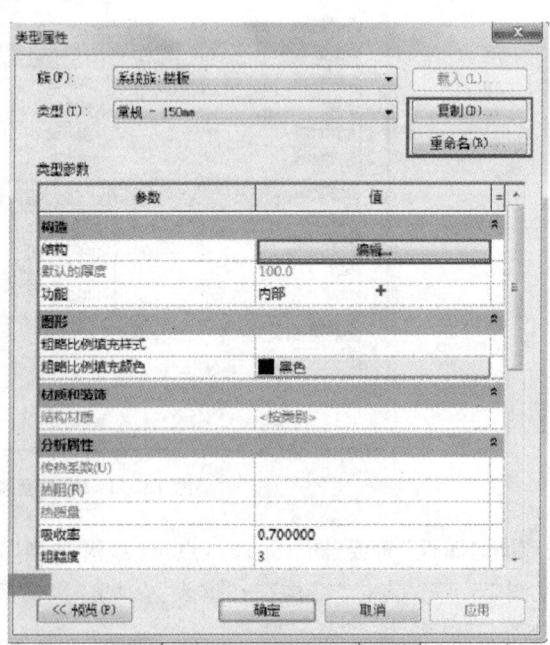

图 15.17 楼板"类型属性"对话框

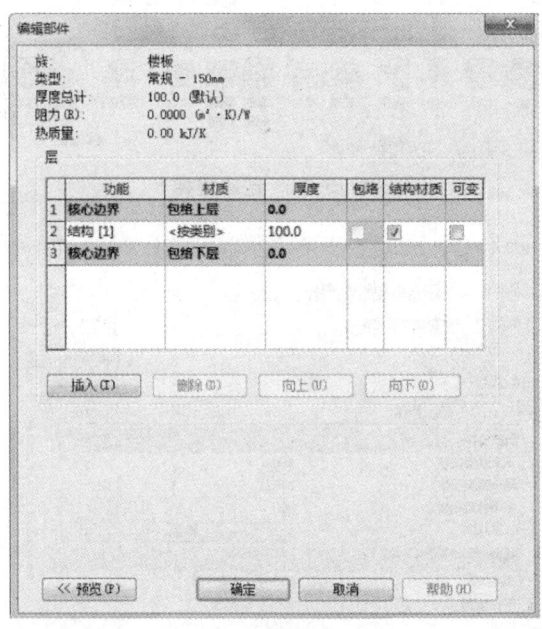

图 15.18　楼板"编辑部件"对话框

③ 沿建筑墙体边沿绘制楼板边界,生成楼板,如图 15.19、图 15.20 所示。

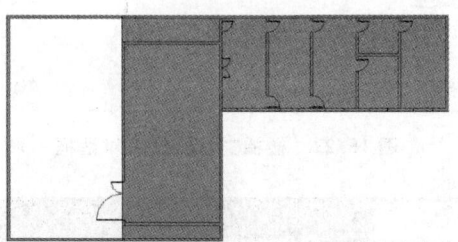

图 15.19　创建地下层楼板

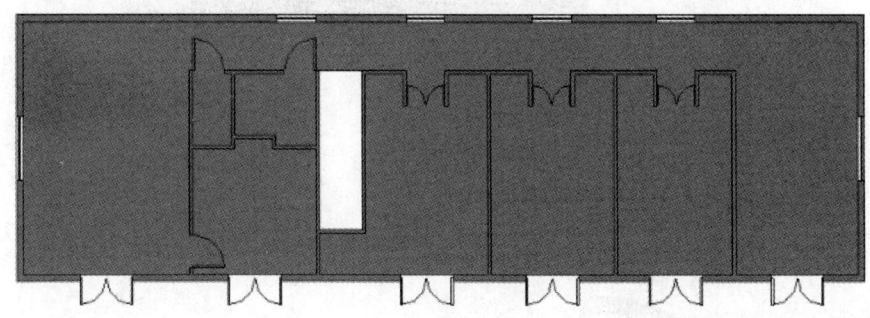

图 15.20　创建一层楼板

(4)楼梯、电梯的创建

① 绘制楼梯,点击"建筑"→"楼梯"。如图 15.21 所示。

② 点击"构件"→"梯段"→"直梯"。设置"类型属性"面板,在弹出的"类型属性"对话框中设置楼梯宽度、踏面高度、踏板深度等参数,如图 15.22 所示。在平面适合位置绘制楼梯,如图 15.23 所示。

图 15.21　创建楼梯

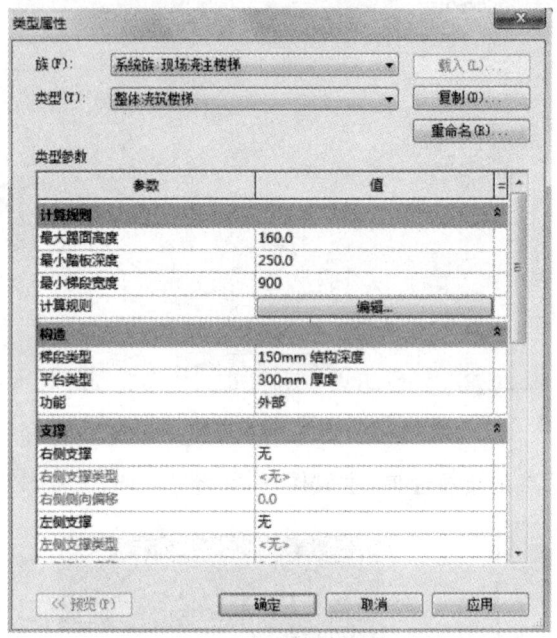

图 15.22　楼梯"类型属性"对话框

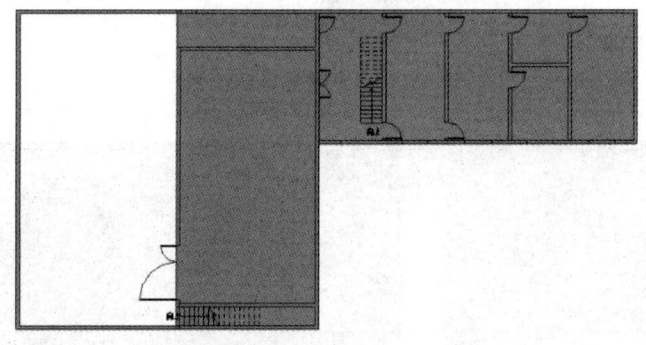

图 15.23　绘制楼梯

15.1.3　特殊立面建模

绘制坡屋顶，如图 15.24 所示。

绘制地下室展厅采光天窗，如图 15.25 至图 15.27 所示。

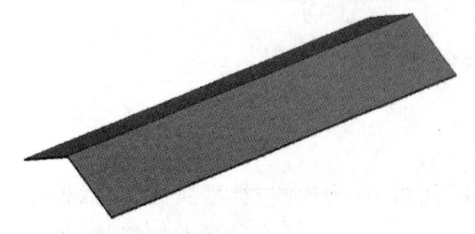

图 15.24　坡屋顶

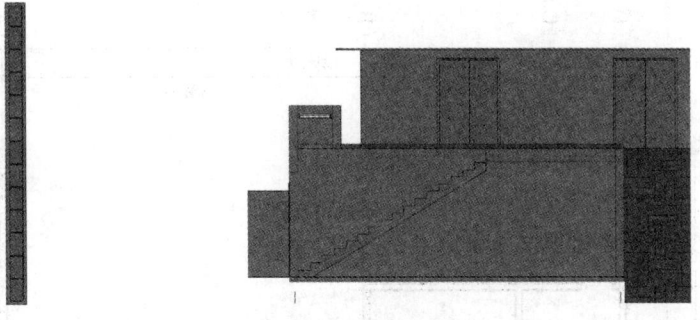

图 15.25 地下层天窗　　　　图 15.26 天窗剖面

图 15.27 天窗透视

15.2 施工图绘制

15.2.1 平面图纸

插入图纸,如图 15.28、图 15.29 所示。

15.2.2 立面图纸

插入图纸,如图 15.30、图 15.31 所示。

15.2.3 剖面图纸

插入图纸,如图 15.32 所示。

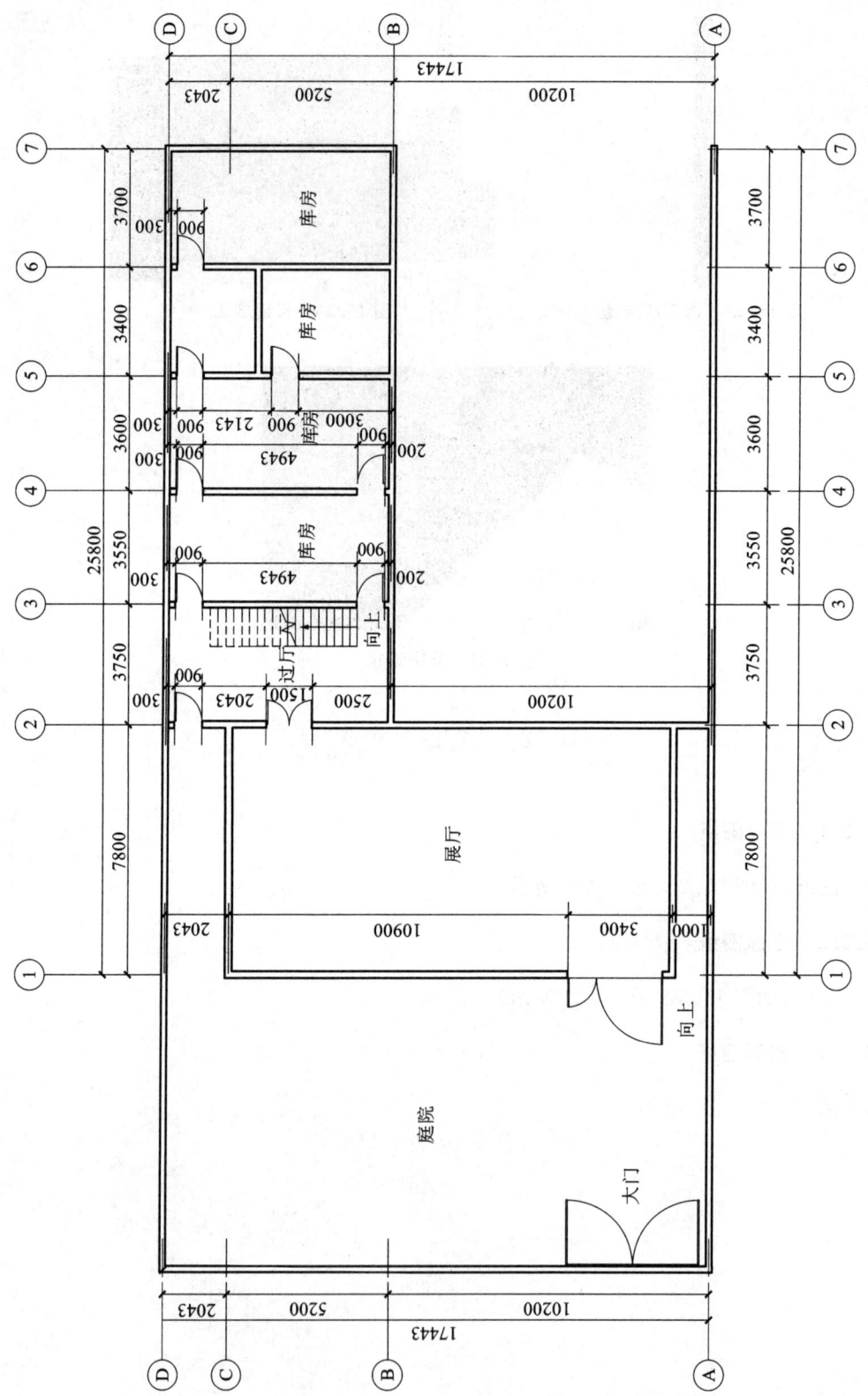

图 15.28 地下层平面图（1∶100）

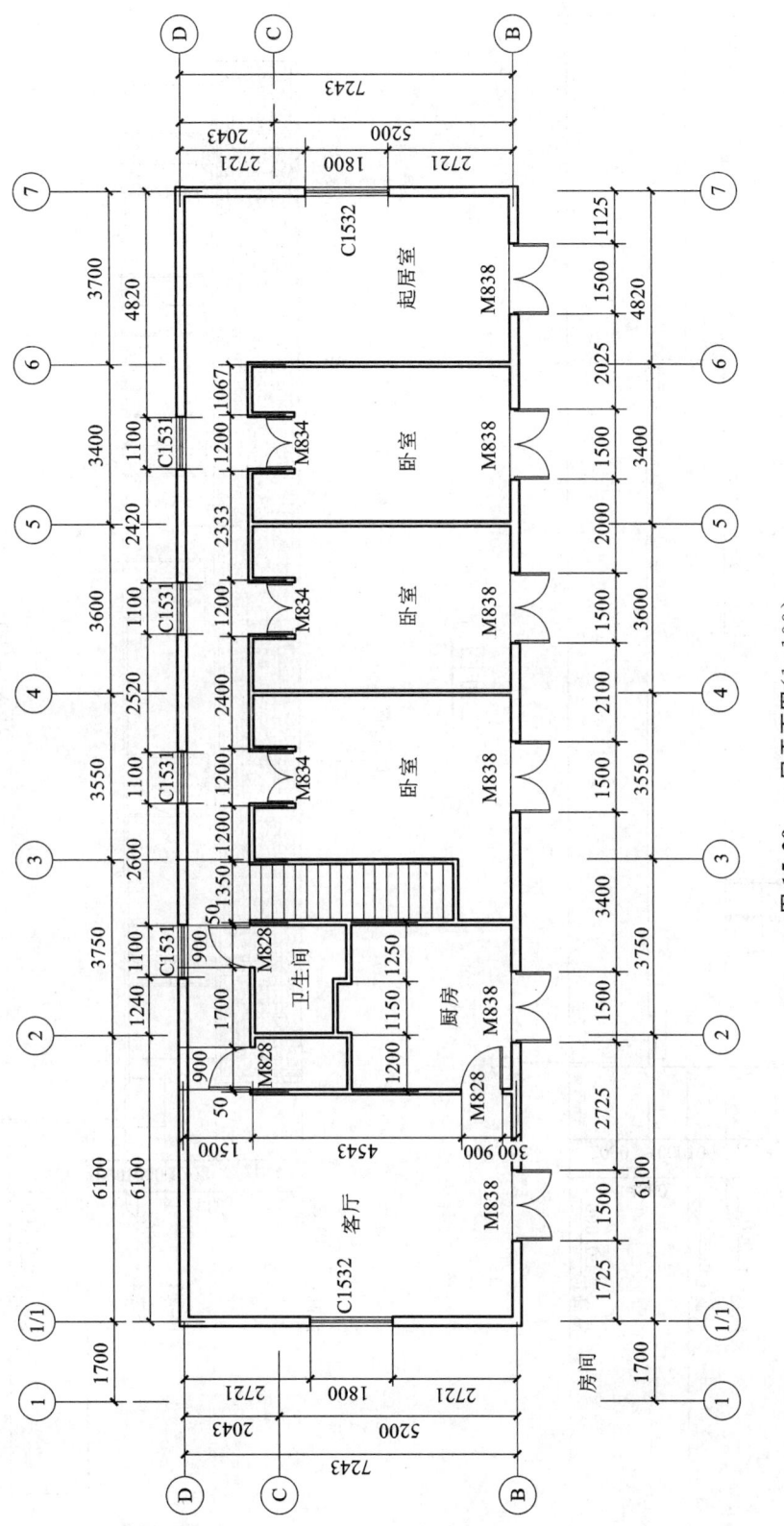

图 15.29　一层平面图（1∶100）

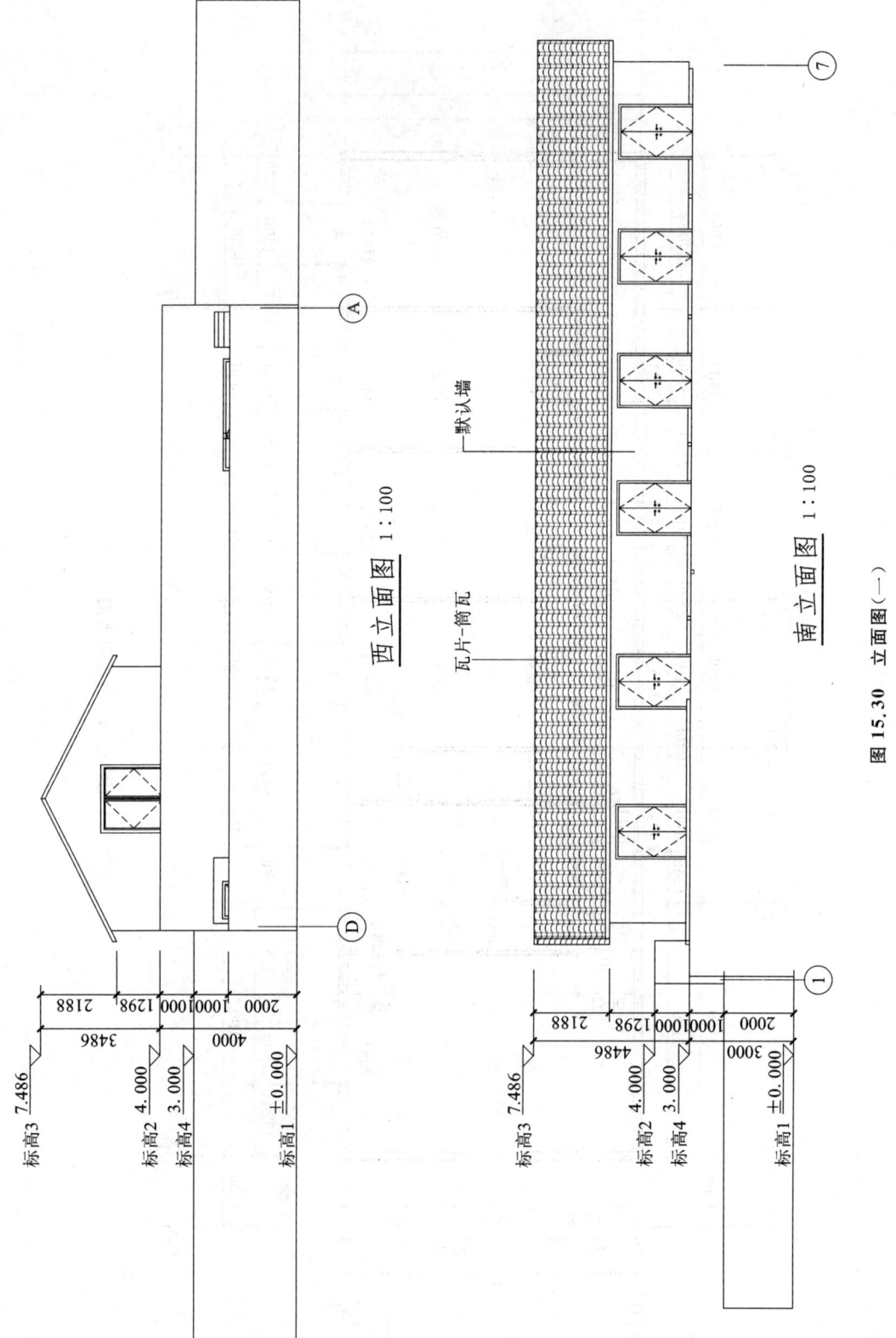

图 15.30 立面图（一）

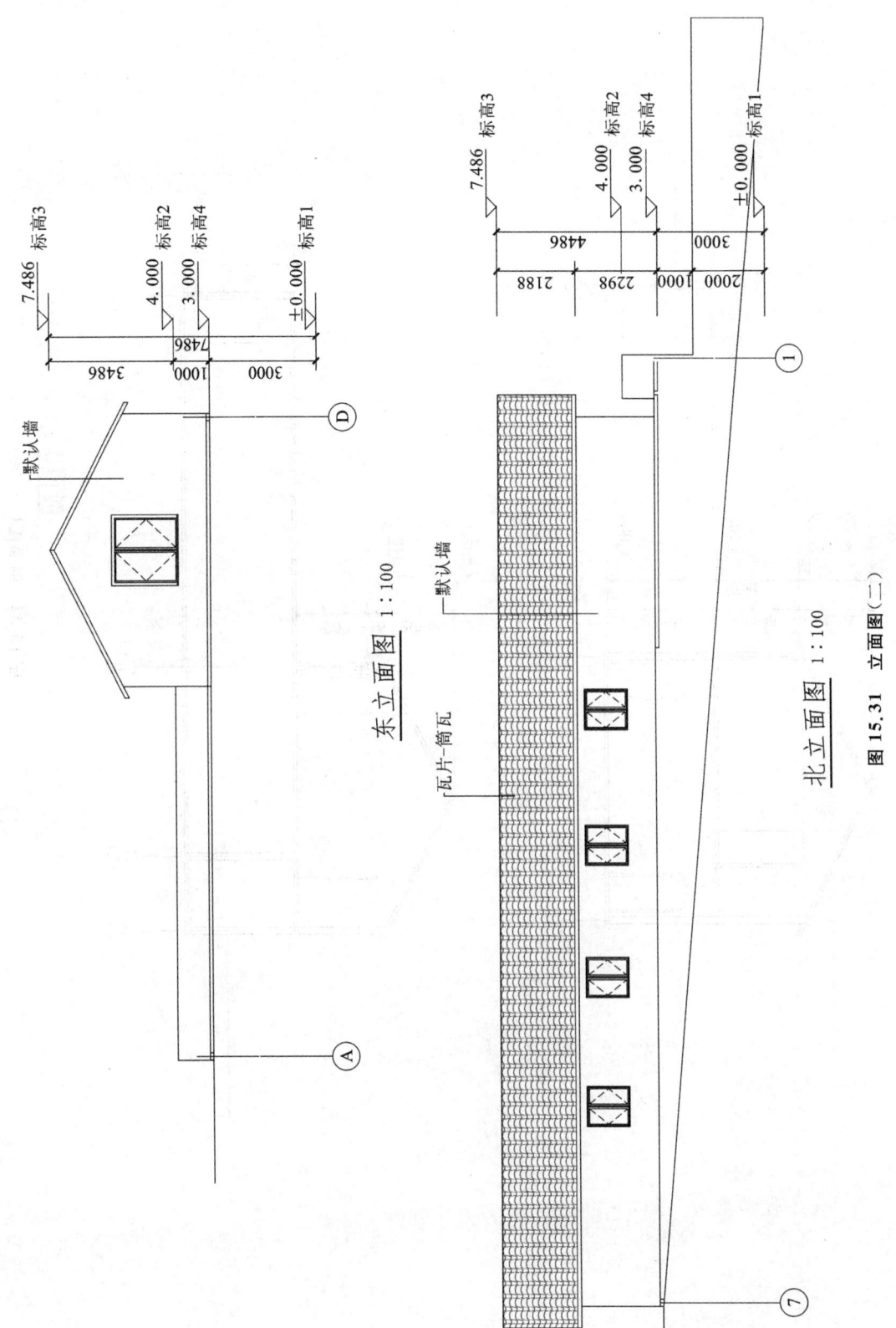

图 15.31 立面图(二)

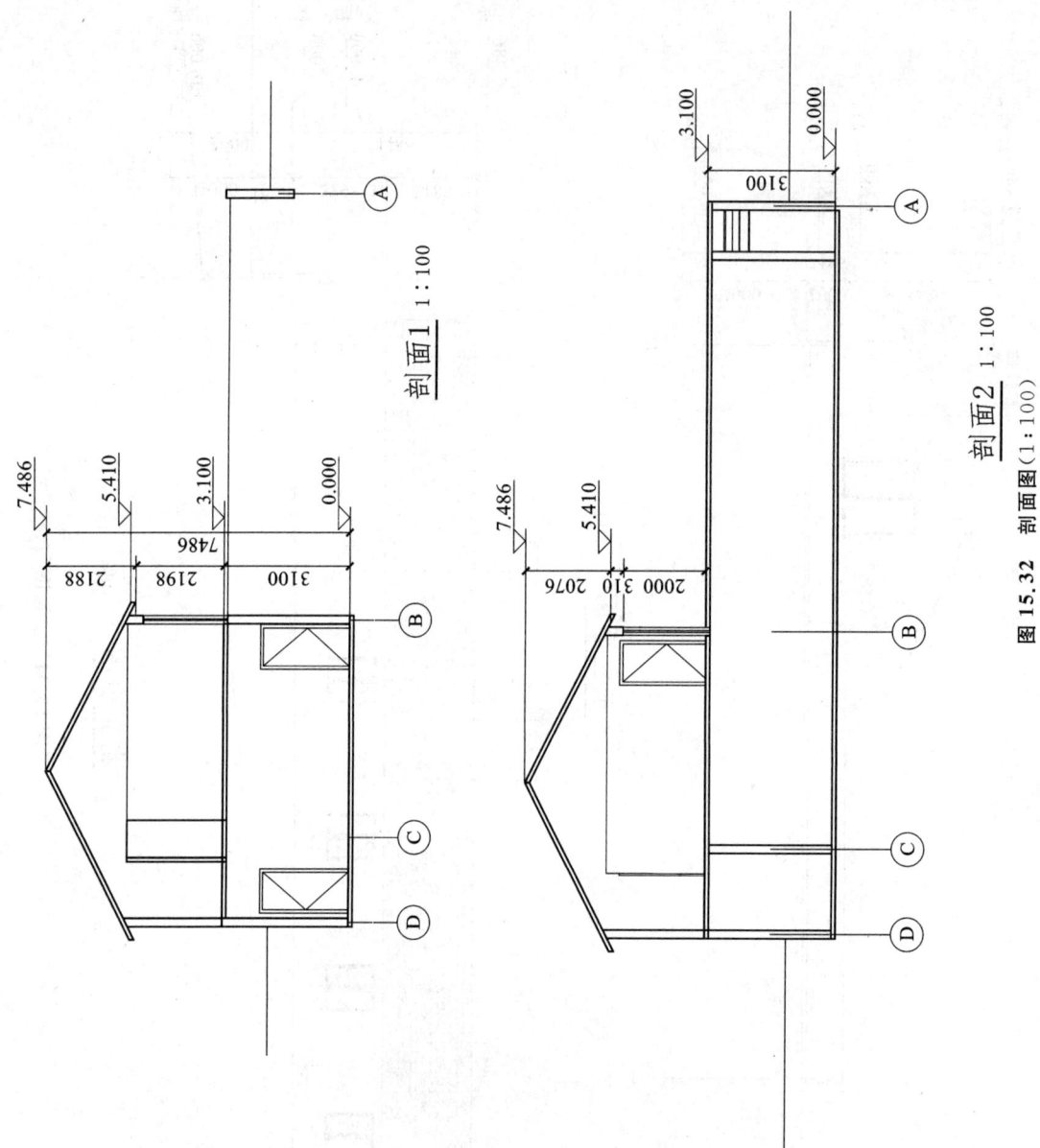

图 15.32 剖面图(1:100)

15.3 施工图阶段 BIM 流程

BIM 技术应用于施工图设计阶段的主要流程包括施工图第一时段模型的建立、施工图第二时段模型的建立、施工图最终版模型的建立、施工图加工出图。

15.3.1 施工图第一时段模型设计

施工图第一时段模型的建立：此时段主要是根据初步设计审查意见修改，搭建施工图阶段初步模型。如建筑专业的门窗、幕墙模型深化、立面（造型）模型深化、轮廓构造深化等。该阶段的模型内容可参见表 15.1。

表 15.1 施工图第一时段模型内容

专业	内容	深度要求
建筑	总平面图	建筑物、构筑物（人防工程、地下车库、油库、贮水池等隐蔽工程以虚线表示）的名称或编号、层数、定位、标高
		广场、停车场、运动场地、道路无障碍设施、排水沟、挡土墙、护坡的定位尺寸
		场地四邻的道路、水面、地面的关键性标高
		广场、停车场、运动场地的设计标高
		挡土墙、护坡或土坎顶部和底部的主要设计标高及护坡坡度
		管道综合，需要注明各管线与建筑物、构筑物的距离和管线间距
	各层平面图	承重墙、柱及其定位轴线和轴线编号，内外门窗位置、编号及定位尺寸，门的开启方向，注明房间名称或编号
		轴线总尺寸（或外包总尺寸）、轴线间尺寸（柱距、跨度）、门窗口尺寸、分段尺寸
		墙体厚度（包括承重墙和非承重墙）及其与轴线关系尺寸
		变形缝位置、尺寸
		主要建筑设备和固定家具的位置，如卫生器具、雨水管、水池、台、橱、柜、隔断等
		电梯、自动扶梯及步道、楼梯（爬梯）位置和楼梯上下方向示意，规格、容量、类别（消防）
		补充主要结构和建筑构造部件的位置、尺寸和做法索引，如中庭、天窗、地沟、地坑、重要设备或设备机座的位置尺寸，各种平台、夹层、人孔、阳台、雨篷、台阶、坡道、散水、明沟等
		室外地面标高、底层地面标高、各楼层标高、地下室各层标高
		各专业设备用房面积、位置及有关技术要求等
		每层平面中防火分区面积和防火分隔位置示意及卷帘门、防火门的形式
		屋面平面图应有女儿墙、檐口、屋脊（分水线）、出屋面楼梯间、水箱间、屋面上人孔及屋面排水方式，如雨水口、天沟、坡度、坡向等
		车库的停车位和通行路线
		特殊工艺要求土建配合放大图部分，特殊部位平面节点大样
		室内装修构造材料表，如天棚、地面、内墙面、屋面保温等

续表 15.1

专业	内容	深度要求
建筑	立面图	两端轴线编号,立面转折较复杂时可用展开表示
		立面外轮廓及主要结构和建筑构造部件的位置
		平、剖面未能表示出的屋顶、檐口、女儿墙、窗台等
		在平面图上表达不清的窗编号
		立面饰面材料
	剖面图	墙、柱轴线和轴线编号
		剖切到或构件的主要结构,如室外地面、底层地(楼)面、各层楼板夹层、平台、屋架、屋顶、出屋面烟囱、檐口、女儿墙、门、窗、楼梯、台阶、坡道、阳台、雨篷等
		高度尺寸,外部尺寸:门、窗洞口高度,室内外高差,女儿墙高度,总高度
		构筑物及其他屋面特殊构件等标高,室外地面标高
	其他	标高:主要结构和建筑构造部件的标高,如地面、楼面(含地下室)、屋面板、屋面檐口、女儿墙顶、高出屋面的建筑物
		其他凡在平、立、剖面或文字说明中无法交代或交代不清楚的建筑构配件和建筑构造
		人防口部设计、人防专业门型号、扩散室和风井处理、出地面风井、人防地面部分做法
		特殊装饰物构造尺寸,如旗杆、构(花)架等

15.3.2 施工图第二时段模型设计

施工图第二时段模型的建立:此时段主要是根据施工图第一时段模型协同结果调整设计,搭建施工图第二时段的模型。如深化里面模型的材质、雨篷、栏杆,建筑面层楼板的细化,施工图详图要求的土建模型等。该阶段的模型内容可参见表 15.2。

表 15.2 施工图第二时段模型内容

专业	内容
建筑	住宅的家居布置大样图
	有特殊要求的建筑,室内家具布置大样图,如旅馆建筑、医院建筑、幼儿园建筑等
	天棚吊顶
	基础形式及有防水要求的做法
	有特殊要求,如电控防火门、安全门、无障碍卫生间等
	其他凡在平、立、剖面或文字说明中无法交代或交代不清楚的建筑构配件和建筑构造
	人防口部设计、人防专业门型号、扩散室和风井处理,出地面风井,人防地面部分做法
	特殊装饰物的构造尺寸,如旗杆、构(花)架等
	卫生间大样图
	如有特殊房间,需设置开水器、洗手盆等大样图
	如有公共浴室、桑拿房及厨房等大样图
	应在建筑图上反映留孔、留洞及地坑(洞)等大样图
	外墙做法大样图(有节能要求)
	门窗尺寸、开启方式、立面分隔等(有节能要求)
	楼、电梯间的前室或合用前室大样图

15.3.3 施工图最终模型的设计

(1) 施工图模型调整

施工图最终模型的建立：此时段的主要工作有两点，一是根据施工图第二时段模型协同结果调整设计，审核审定人参与的模型校审，根据施工图BIM交付标准完成模型；二是依据施工图深度要求添加二维注释、尺寸标注、各专业设计说明、图例等，完成图纸的制作，各类详图可根据设计人员软件掌握情况和策划要求选择使用Revit平台下直接完成出图，或导出CAD处理完成出图。

在BIM施工图设计的模型最终版时段，按照《建筑工程设计文件编制深度规定》，全面进入模型的建立和检查阶段，完善模型，并为出图做好准备。具体内容见表15.3。

表15.3 施工图最终模型内容

室外建筑	保留的地形、地物
	场地四邻原有及规划道路的位置和主要建筑物及构筑物的位置、层数、建筑间距
	广场、停车场、运动场地、道路、围墙、无障碍设施、排水沟、挡土墙、护坡等的布置
	拟建建筑物、构筑物的位置，其中主要建筑物、构筑物应包括形状、位置、尺寸和层数
	场地内的综合管线布置
室内建筑	墙(柱)体，包括内、外墙、柱的位置，墙体厚度及壁柱尺寸，墙体(主要为填充墙、承重砌体墙)预留洞的位置及尺寸
	各层楼板、夹层、楼地面预留孔洞和通气管道、管线竖井、烟囱、垃圾道等的位置及尺寸
	楼梯(爬梯)、电梯、自动扶梯及步道等建筑构件的位置
	主要建筑结构和建筑构造部件，如中庭、天窗、地沟、地坑、重要设备或设备机座、各种平台、夹层、阳台、雨篷、台阶、散水、明沟等的位置及尺寸
	主要建筑设备和固定家具，如卫生器具、雨水管、水池、台、橱、柜、隔断等的位置
	屋面结构，如女儿墙、檐口、天沟、屋顶、雨水口、变形缝、楼梯间、水箱间、电梯机房、天窗及挡风板、屋面上人孔、检修梯、室外楼梯和垂直爬梯及其他构筑物的位置
	每个楼层的防火分区和防火卷帘门的位置及安全出口的位置示意

(2) 施工图加工出图

施工图加工出图要求主要体现在以下几个方面：

① 施工图加工出图依据施工图深度要求添加二维注释、尺寸标注、各专业设计说明、图例等；

② 完成图纸的制作，各类详图可根据设计人员软件掌握情况和策划要求选择使用Revit平台下直接完成出图，或导出CAD处理完成出图；

③ 施工图加工出图以施工图最终版模型为基础，添加标注、图框等信息，按照施工图要求进行加工出图。

解析16　认知参数化建筑设计

16.1　参数化设计概述

16.1.1　参数的定义与使用

(1)参数的定义:参数是在软件运行时具有常量值的变量。

(2)参数的分类:分为可变参数(即各种尺寸值)和不变参数(即几何元素间的各种连续几何信息)。

(3)参数的使用:参数在软件程序开发过程中使用,能够调整目标系统中程序的反应,可以为不同的应用场景高度灵活地集成软件程序,而不必更改代码基础。在程序执行前,由开发人员对参数进行调整和测试。如果检测到不利的行为,则应用其他参数值再次测试,重复该过程,直到软件适应所选的部署场景。参数在代码中主要用于建模限制,作为调优参数和激活功能的行为。

16.1.2　参数化设计

(1)参数化设计的定义:参数化设计(Parametric Design)是将工程本身编写为函数与过程,通过修改初始条件并经计算机计算得到工程结果的设计过程,以实现设计过程的自动化。

(2)参数化设计的本质意义:参数化设计的本质是在可变参数的作用下,系统能够自动维护所有的不变参数。参数化设计模型中建立的各种约束关系,能够体现设计人员的设计意图,可以大大提高模型的生成和修改的速度,在产品的系列设计、相似设计及专用CAD系统和BIM开发方面都具有较大的应用价值。总体来说,参数化设计是处理问题的一个具体的方法。与BIM平台相比,参数化设计是一个通用性很强的基础工具,一个完整的参数化设计过程可以简单概括为

$$输入 \longrightarrow 响应过程 \longrightarrow 输出$$

参数在左端输入这一过程,然后在过程内部经过预先设定的方法进行计算处理,最后在右端形成结果。它反映了从左到右的有序的传递过程,一旦改变输入端的参数,输出的结果随之改变。这一过程如此简单有效,与计算机响应输入命令的过程完全一致。在我们的日常电脑使用中参数化无处不在,比如,"在桌面属性中修改颜色或窗口字体大小,窗口样式将相应改变",便是一个完整而日常的参数化过程。

16.2　参数化建筑设计

16.2.1　参数化建筑设计的概念、内涵、分类、特点

(1)参数化建筑设计的概念

参数化建筑设计是把影响建筑设计的因素看作参数,然后找到一种关系,把这些影响建筑

设计的参数借助计算机编程和计算机的软件组织在一起,形成一个参数模型。如果将一座建筑的 BIM 平台比喻成一部复杂的由上百万个部件组成的虚拟汽车,那么参数化可以理解为一把简单至极的螺丝刀工具,通过这把螺丝刀可以将上百万个部件组合在一起,形成 BIM。参数中包括了各种各样的影响因素,有些因素是可变的,称为参变量,当改变参变量的时候就能得到不同的结果,这个结果就是建筑设计的雏形,也就形成了参数化建筑设计的结果。所以,参数化建筑设计是一种建筑设计方法,该方法可以简单地理解为通过计算机技术自动生成建筑设计方案的方法。

(2)参数化建筑设计的内涵

建筑师选择参数建立程序,将建筑设计问题转变为逻辑推理问题,用理性思维代替主观想象进行建筑方案设计;参数化建筑设计将建筑师的工作从"个性挥洒"推向"有据可依",它使得建筑师重新认识设计的规则,并大大提高运算量。参数化建筑设计的根本目的在于用新的软件工程方法来延伸建筑师的思维,让建筑师有更多选择的可能。参数化建筑设计的前景之所以被看好,就是因为所有的变量都是有变化范围的。如果建筑师判断某建筑方案设计有不合理和不舒服的地方,他可以不用直接修改建筑方案,而是去调节参数,经过新一轮的计算,建筑方案会得到改善,取得好的效果。

(3)参数化建筑设计的分类

参数化可以在"建筑师主导设计"的过程中的某个阶段介入设计,并对建筑师在头脑中预设的模糊形态进行逻辑化和明确化,使预设形态得到实现。不仅如此,还可以对一个复杂造型结合实际的加工进行物质化和优化,使造型能够被生产出来。所以,参数化建筑设计可以分为两类:

①参数化实现建筑设计。由建筑师先构思形态,然后用参数化手段实现这个形态,即参数化实现;通过参数化手段建立虚拟模型,即参数化优化;通过参数化使构件适应工厂生产,使设计得以建造。

②参数化指导建筑设计。建筑师不预设形态,由参数化系统独立塑造一个形态。

(4)参数化建筑设计的特点

①表达建筑设计思想的创新。参数化建筑设计具有表达建筑师发散思维的特点,能够在建筑设计变化的瞬间注入建筑设计理念与创新思想。

②可控可变的建筑设计成果。当建筑设计条件变更时,参数化建筑设计可以直接改变参数,完成新的建筑方案设计,充分体现了参数化建筑设计的灵活性和可控性特点。

③从里到外、由下至上的设计手法。参数化建筑设计是从建筑整体的构造到建筑框架的架构分析建筑设计的每一点,充分展现了参数化建筑设计的关联性特点。

16.2.2 参数化建筑设计的应用

参数化建筑设计贯穿建筑设计的全过程。

(1)可行性研究阶段应用。参数化建筑设计的任务是根据项目设计任务书,设定需要解决的建筑设计问题,拟定可以解决这些问题的解决途径和设计方法,并确定最适宜的软件技术平台。

(2)概念设计阶段应用。参数化建筑设计的任务是在不同试验选择的基础上,确定最终的设计方法,与此同时,通过调整参数,求证建筑信息模型的可操作性,并生成多种可选择方案。

(3) 初步设计阶段应用。参数化建筑设计的任务是收集业主和其他所有相关工种的反馈信息参数,审核参数的设置是否可以响应建筑方案未来可能的变化,同时根据反馈信息调整参数化模型的输入参数,分析和评估形式的输出。

(4) 扩充初步设计阶段应用。在初步设计阶段评估选择方案的基础上,参数化建筑设计可以确定最终的形式大样,开始导出建筑二维图纸供其他协作单位配合设计,以及物料数据以供工程预算之用。建筑的初步形体确定后,可以在建筑信息模型上开展进一步细部设计,并与相关技术人员持续保持交流互动,及时发现和更正建筑信息模型中不交圈的问题,同时更新二维图纸。

(5) 施工图设计阶段应用。参数化建筑设计的任务是从确定的参数化建筑模型中导出所有建筑施工图,配合专业设计师完成结构、暖通、水电等相关专业的施工图设计。

(6) 施工过程服务阶段应用。参数化建筑设计的任务是对甲方和乙方的建筑信息模型、图纸进行审核,确保甲乙双方的信息数据和参数化建筑信息模型导出的信息数据一致,并对施工过程中不可预料的实际问题作出相应的参数化建筑信息模型调整和数据更新。

16.2.3 参数化建筑设计过程的关键环节

(1) 各个参数化建筑设计阶段所需信息的数字化。对周边环境特征和人的活动行为数据进行收集、整理和数字化,作为计算机内形态生成的基础。

(2) 参数化建筑设计中参数关系的确定。寻找影响建筑设计的主要因素所表现出来的行为和现象,并用某些关系和规则模拟行为和现象的特征,这样就确立了基本的参数关系。

(3) 计算机中参数化模型的构建。用计算机语言表达参数关系,形成参数化模型,并输入一定的参数信息,就可以得到建筑设计的基本雏形。

(4) 建筑设计基本雏形的优化。基本雏形只能解决一般复杂系统的主要矛盾,还需要在其他因素作用下进化,从而发生建筑形态的优化变形,逐渐达到建筑师满意的设计效果。

(5) 建筑造型的参数化结构系统和构造逻辑的设计。通过前面4个步骤的不断深化、结构应力分析和构造研究,或向自然生物结构学习,完成不规则非线性体的结构系统和构造逻辑设计。

(6) 参数化建筑设计成果的测试和反馈。通过模拟软件的测试,将问题与不足反馈到上述各个环节,最终获得满足最高使用要求的设计成果。

16.2.4 参数化建筑设计对建筑师提出的要求

(1) 建筑师运用参数化软件进行建筑设计时,不能把参数化软件作为一种工具,只掌握其软件的功能,而是要发现建筑的艺术感和美感,运用参数化软件发现和处理建筑中的正比例线条问题。

(2) 建筑师运用参数化软件进行建筑设计时,要充分掌握正比例线条的问题,了解并发现非线性问题的规律与正比例线条之间的关系,要勇于提出新的解决方法。

(3) 建筑师通过运用参数化设计理念处理非正比例的问题,来实现建筑设计理念与规划。同时,建筑师要跟踪项目施工的全过程,要求施工人员按照建筑师的设计理念进行施工,如有不妥和错误之处,应及时反馈核实参数,做出决策并修正。

16.3 参数化建筑设计实例解析

16.3.1 上海中心大厦参数化幕墙设计解析

(1)项目设计

采用美国 Gensler 建筑设计事务所设计的"龙型"方案。大厦细部深化设计以"龙型"方案作为蓝本,由同济大学建筑设计研究院完成施工图出图。

(2)地理位置

上海中心大厦位于浦东新区陆家嘴银城中路。

(3)项目概况

上海中心大厦(图 16.1)总建筑面积 57.8 万 m^2,建筑主体为地上 127 层,地下 5 层,总高为 632m,结构高度为 580m,是上海市的一座巨型高层地标式摩天大楼,其设计高度超过附近的上海环球金融中心,突破了上海天际线,整个建筑旋转形体让建筑呈几何规律缓缓自地面延伸向云端,不对称形体、锥形建筑轮廓和圆角设计有利于抵御上海常见的台风。

图 16.1 上海中心大厦

(4)项目参数化建筑设计

①设计目标

设计上海中心大厦时,将绿色建筑作为整个建筑的设计目标之一,对建筑相关各领域的尖端技术进行全方位的创造性整合和应用,而在诸多绿色建筑专业设计技术中,分离式双层幕墙是最关键的绿色建筑设计技术策略。为了达到这一目标,上海中心大厦创造性地设计了从未在超高层建筑中大规模使用的内、外分离的双层幕墙系统,在双层幕墙之间形成环境缓冲区,双层幕墙的外表皮呈逐层旋转并逐渐向上收分的形态,这意味着大楼的每个楼层除均保持几乎相同的几何形状外,还会逐层旋转缩小(图 16.2)。

②设计流程

为了达到上述设计目标,确定外幕墙的最佳形态,设计团队制定并遵循一套严谨的参数化设计流程,从几何学的角度对塔楼的扭转和收分这两种主要的运动方式进行准确的描述,其几何生成的过程理论上可以被称为生成算法。根据设定的算法在参数化软件中建立关联性模型,由计算机自动完成复杂的运算,创建起一个整合了建筑结构和表皮的关联模型。这一步的工作包括定义二维几何、三维几何的生成规则。在参数化软件里,算法本身不断被优化,直到快速、最直接地找到需要的信息。输入参数也被限定在最小范围,比如最主要的旋转、收分等,通过这些关键参数就可以对模型进行从总体到局部的动态调整。模型调整完毕之后,设计团队将设计结果提交给风工程顾问公司进行风洞试验,以验证和确定最终的外幕墙形态。上海中心大厦的玻璃幕墙运用参数化设计技术精准规划了两万多块幕墙组合,制造了七千种不同规格的玻璃面板。

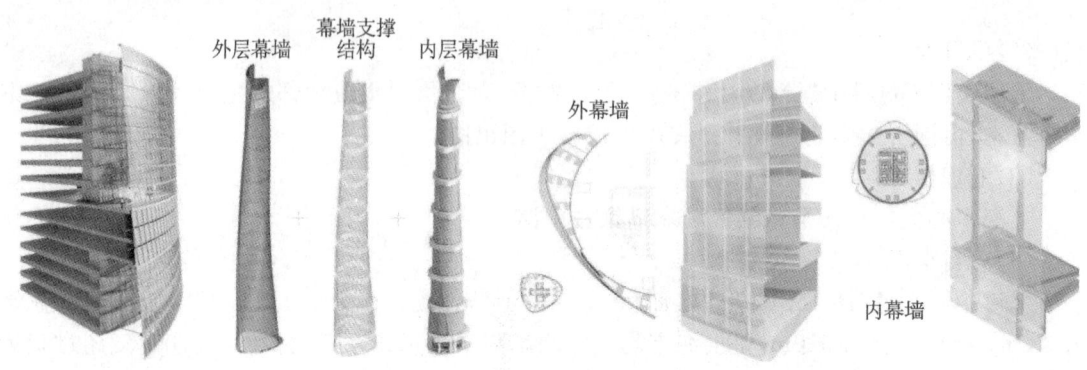

图16.2 上海中心大厦的玻璃幕墙

③设计方法

在整个外幕墙的选型设计中,主要解决两个关键问题:一是确定外幕墙水平向基准平面,二是确定外幕墙竖向旋转角度和缩放比例。

A.确定外幕墙水平向基准平面:在水平外形设计上,由于外立面45m以下区域基本上被周边建筑遮挡,为此以45m标高处的圆角三角形轮廓作为建筑表皮的基准平面,沿高度方向逐层扭转、收分形成整个光滑、连续的流线型建筑表皮,圆角三角形由两段半径分别为88.38m和19.453m的大小圆弧围绕建筑的几何中心交替衔接,重复3次,并在其中一个圆角开95°的V形口。其中大圆弧圆心距建筑几何中心47.565m,圆心角46.6°,小圆弧在端部与大圆弧相切连接,圆心角73.4°(图16.3)。

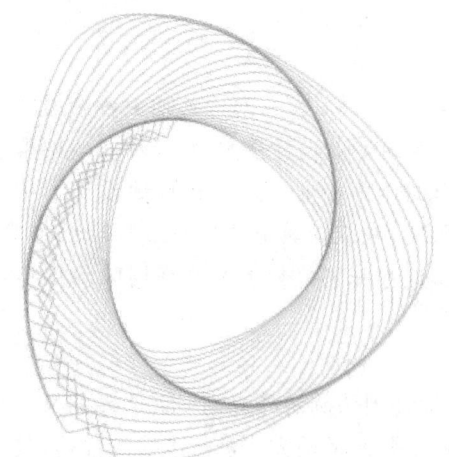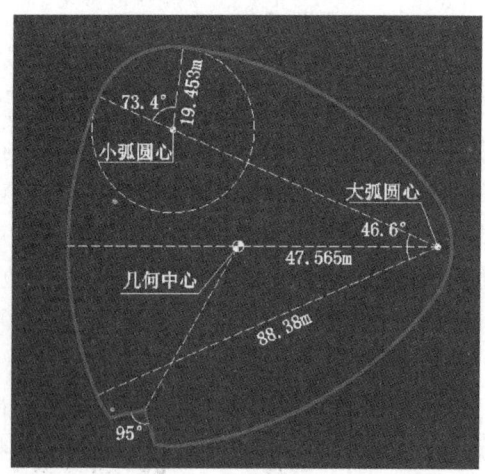

图16.3 外幕墙水平向基准平面的确定

B.确定外幕墙竖向旋转角度和缩放比例:在外幕墙的竖向设计上,为了使建筑形态更加优美、轻盈,在方案设计早期,建筑师从数学和美学的双向角度对建筑扭转角度进行了反复论证和优化。从 90°开始按 10°量级递增，一直到 210°，每个递增角度分别输出模型进行比较（图 16.4 至图 16.6）。通过比较发现，旋转角度越大，建筑体量动态效果就越强烈，但过于强烈的动态感将破坏上海中心大厦和陆家嘴超高层建筑群体之间的和谐关系。为确保建筑几何造型的最优化，最终借助风洞试验对大楼外形进行空气动力学优化。通过许多参数建模研究和物理测试建立原型后，设计团队选择了一个从底部到顶端旋转 120°及缩放比例为 55%的原型，该设计模型发给风工程顾问公司进行风洞试验后，最终确定了大厦的几何造型。同时，设计团队以底倾覆弯矩为比较指标，与最初的设计旋转 100°造型相比，设计风荷载降低了约 24%，等效体型系数仅为 0.95，节省结构造价约 3.5 亿元。

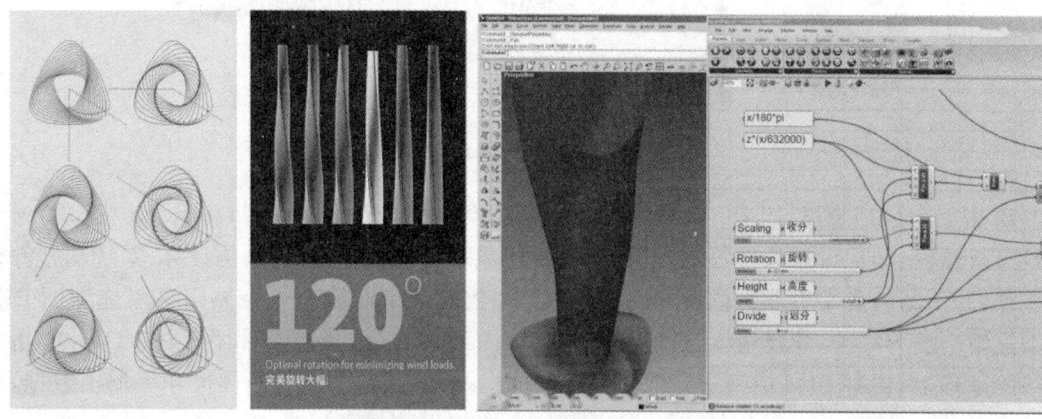

图 16.4　外幕墙参数化设计示意

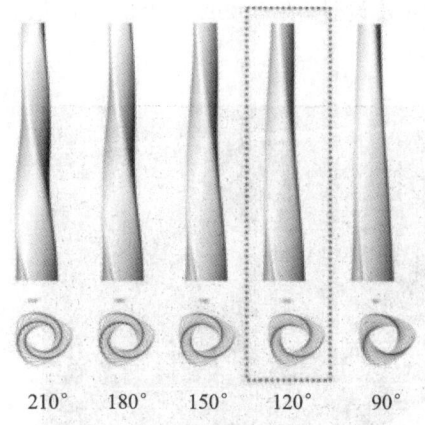

图 16.5　外幕墙旋转角度参数化设计

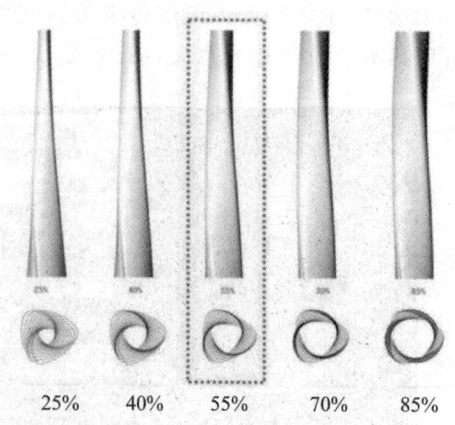

图 16.6　外幕墙收缩比例参数化设计

④BIM 幕墙深化设计

上海中心大厦外立面面积约 13 万 m²，共计 19317 个单元，以每个单元中平均包含 30 个不同种类的主要构件计算，约有 58 万个主要构件，面对如此海量的设计数据，必须用 BIM 技术代替传统的设计手段，完成幕墙的初步设计、施工图设计以及加工图设计（图 16.7）。

A. 初步设计阶段：采用 Rhino 与 Grasshopper 软件，通过程序模块驱动设计出初步的建筑外皮模型，建模精度达到 LOD100，初步设计模型经由建筑师确认后，幕墙设计团队将该模型导入 Revit 软件，完成施工图设计。

图 16.7 幕墙 BIM 深化设计

B. 施工图设计阶段：以 Revit 软件作为主要建模软件，通过数据接口将 Revit 模型与绿色建筑分析软件、结构设计软件等进行模型对接，完成幕墙的性能设计、结构计算、系统构造等设计工作，并不断与各个专业协调设计问题，经过多轮的"设计—审核—调整"，幕墙施工图 BIM 模型逐渐丰满与完善，建模精度达到 LOD300；审图通过之后，幕墙设计团队在 LOD300 精度等级的基础上，再对 BIM 模型进行深化，增加开孔、端切、板材与龙骨具体尺寸等加工数据，此时的 BIM 模型精度可达到 LOD400，模型中包含的加工数据可以自动提取，为后续的幕墙加工深化设计奠定了基础，大大提高了后续幕墙加工图设计的准确率与工作效率。

综上所述，上海中心大厦的幕墙参数化设计与 BIM 设计，在 500m 以上的超高层建筑幕墙设计中具有广泛的指导意义（图 16.8）。

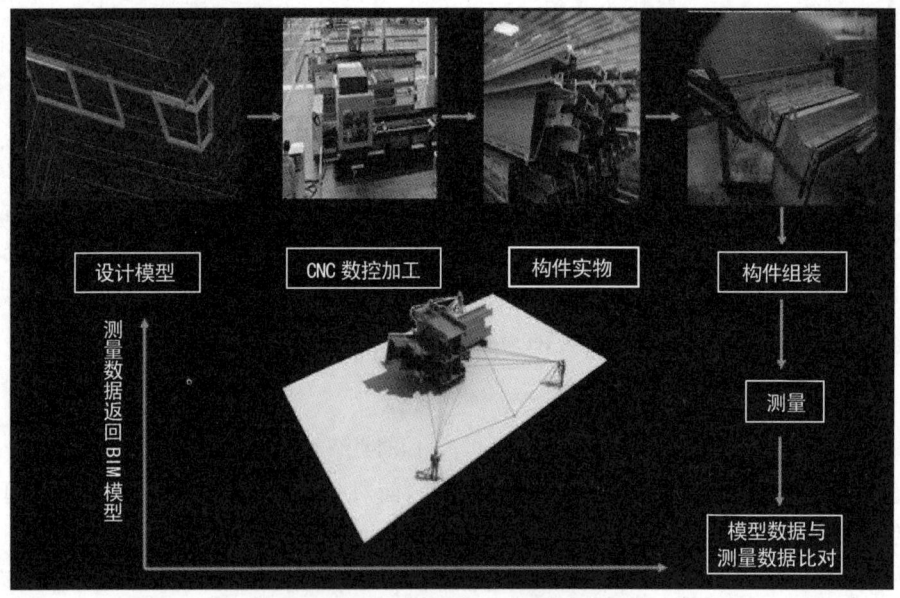

图 16.8 幕墙 BIM 预控过程

16.3.2 杭州奥体中心体育游泳馆参数化建筑设计解析

(1)项目设计团队

杭州奥体中心体育游泳馆由北京市建筑设计研究院设计完成

(2)项目地理位置

杭州奥体中心体育游泳馆位于浙江省杭州市萧山区杭州奥体博览中心内北侧,北临钱塘江,西临七甲河。

(3)项目概况

杭州奥体中心体育游泳馆是一座集合了体育馆、游泳馆、商业设施和停车设施等复杂内容的庞大综合体建筑,总用地面积22.79ha,总建筑面积396950m^2(地上建筑面积197553m^2,地下建筑面积199397m^2),是世界上最大的两馆连接体非线性造型("化蝶"双馆)。主体结构体系为现浇钢筋混凝土框架-剪力墙结构,两馆钢结构屋盖为一整体结构,屋面采用铝镁合金板,呈自由双曲面造型(图16.9)。

图16.9 杭州奥体中心体育游泳馆外观造型

(4)项目参数化建筑设计

①设计目标

杭州奥体中心体育游泳馆建筑形态分为上下两个部分,下部是一个形式低调的大平台,内部包含了以商业设施和地下停车为主的功能空间,平台上部放置了一个形态生动的巨大非线性曲面,将体育馆、游泳馆两个最主要的功能空间覆盖其中。这一非线性曲面通过长短轴连续变化的一系列剖面椭圆连缀放样而成,曲面内的支撑结构和曲面外表皮分块相互对应,保持了内外一致,分格体系呈菱形网格状分布,使曲面成为巨大的网壳体。由于这一形态从造型到构造用传统手段难以完成设计、优化和输出,因此设计团队从方案阶段引入了参数化手段,直至施工图设计结束。借助参数化手段,设计团队应用了一系列逻辑强烈的数学方式对网壳主体和各子体加以描述并确定其形态,对网壳结构和内外表面进行有效划分和组织,对空间构件进行定位,对围护结构构造和内外节点进行设计和控制,并且从实际加工角度对构件进行了逐次优化。同时,还在建筑内部进行了BIM设计,使上部网壳围护结构的构造、空间结构、内外幕墙、雨水、采光、通风等系统与下部功能对应的各系统全部虚拟搭建起来,并进行了三维的校核和调整。

②设计流程

按照奥体中心总体规划中的宏观空间设想,体育游泳馆将使用一个空间曲线的形态,把体育、游泳两座大型运动场馆组织在一个建筑体型中。

A.设计前期阶段——主要特征和轮廓的形成

在设计前期阶段,建筑师对体育游泳馆两馆组合的各种可能进行了造型比选,逐渐在头脑中形成了最终形态的雏形,同时也形成了对造型逻辑的认识。随后,在造型设计中引入了参数化设计手段,对前期设想的造型进行了逻辑推导、调整、定位。这一过程表明,在设计前期阶段,建筑的主要特征和轮廓已存在于建筑师的脑海中,参数化只是作为一个工具,用来搭建实现建筑师预先构思建筑形式的数字化平台。这一过程决定了该项目设计属于一个"参数化实现"的实例,而非一个用参数化创造出的超越建筑师经验和人脑想象力的"参数化主导"实例。

B. 方案设计阶段——平面边界的生成

平面边界的生成是体育游泳两馆连接后南北两侧的平面逻辑生成,是由南北两条基准线组成的双轨,利用双轨和后续设计流程中生成的一系列剖面椭圆对屋面进行一次成型。南侧基准线为一条串连两座场馆南边界的大弧线,北侧基准线为两条较大的反向弧线和中间四条首尾相切的连系弧线。在决定各圆弧半径之前,先对场馆的尺度进行了测算,两条基准线围合图形的内部大小要"装得下"两座场馆的平面。调试后,南侧大圆弧半径为420m。取南侧基准线大圆弧的圆心作为平面甚至整个模型参考坐标系的原点,并将两座场馆的中心点分别设定在南侧大圆弧的两条间隔40°的半径线上。这样就从几何上限定了南北两条线,同时,还可以通过调整各圆弧的半径对曲线形状进行修改。

C. 方案设计阶段——基础曲面的生成

水平分点和连线:将南北基准线上对应点的曲线关键点连接起来,平面被分成5个部分,其中首尾4个部分是两两对称的。南北两条基准线的实际长度有400余米,需要像划分柱网一样对这两条线分别分段,再把对应分段点连接起来,形成一组平面定位线。两线各划分为264份,南侧圆弧采用等分方式划分,北侧曲线采用使长度渐变的等差方式划分。

脊线的生成:脊线的作用是确定屋脊所有点的高度。首先根据需要的空间高度设定出5个空间关键点。这5个点分别是体育馆最高点、体育馆最低点、中部连接体最低点、游泳馆最低点和游泳馆最高点。然后通过这些点来构造一条连续变化的曲线作为脊线。

脊线位于平面分点连线线段中点的正上方,它是一条空间曲线,这里需要设定一个参考坐标系把脊线简化为一条平面内的参考曲线。参考曲线是一条通过5个关键点的阶数为3的内插点曲线,曲线两端的切线方向为水平方向。确定此参考曲线之后,可以在其上映射出每一条平面分点连线中点对应的脊线上点的高度。如果在每一个分点连线上做一个剖切,可得到三个数据点——分点连线的两个端点和表示高度的脊线点。后续步骤将通过这三个点建立剖面椭圆。

剖面椭圆的生成:剖面椭圆是指在每一个分点连线处建立的椭圆图形,最终的体型就是通过连缀这些椭圆得到的。把每条分点连线作为剖面椭圆的一条弦,脊线点作为椭圆短轴上端点,再指定椭圆圆心,根据椭圆公式求出椭圆长轴长度,进而画出椭圆。最后将分点连线以下的椭圆剪切掉,留下上半部分作为放样外幕墙曲面的剖面线。

完成基础曲面:根据脊线计算出中间三部分的剖面椭圆后,再根据镜像关系得到两端部分的剩余椭圆,就得到了南北侧外幕墙基准线上的全部剖面椭圆。将这些剖面椭圆放样,会得到完整的外幕墙曲面。得到的曲面称为"外幕墙基准面",它是后续步骤的基础工作曲面。

D. 方案设计阶段——网格划分的定义

在上步得到的基础曲面上划分网格,这些网格将成为外幕墙分块的分界线,并与内部钢结构网架形成对应关系。具体分两步走:

首先在每条剖面椭圆线（共 265 条）上，按长度均分为 96 份，设 97 个分点，从而在幕墙基准面上形成 265×97 的网格点阵。

其次，在幕墙基准面上建立点阵坐标。把基准面设定为 UV 曲面，在长方向上共分为 264 份，短方向上共分为 96 份。接下来再将斜向隔点连接起来，形成菱形网格体系。在此过程中出现的参数可分为两大类：第一类参数影响外幕墙基准面的形态，主要有椭圆方程式、参考脊线点坐标。这些参数可称为体型参数，它们是决定曲面覆盖容积的影响因素。第二类参数影响网格的密度，包括基准线上的分点数目、椭圆线上的分点数目。在实际建造中，密度参数影响了单元面板的大小，并且由于外幕墙曲面的网格与钢网壳结构的网格存在联动关系，因此密度参数也是决定钢网壳结构网格的划分因素。

E. 方案设计阶段——结构上下弦曲面和杆件的生成

在得到了外幕墙基准面和网格划分之后，就可以按下面的步骤建立屋面的钢结构体系了。钢结构位于外幕墙基准面内侧，是由上下两层杆件组成的空间网架结构。网架的厚度随所在点位距地面高度变化而变化，在两馆跨度的中心处最厚，达到 1.2m，而在两条平面基准线上的网架落地点处为 0m，上下弦在此交叉成一个点。

对外幕墙基准面上 265×97=25705 个交叉点分别计算法线，然后各点沿法线方向向内 1.2m 得到一套新的网格点，这些点作为结构上弦中心线的空间定位点。

继续沿法线方向，根据点所在标高计算该点处结构上下弦间的高度，并按此高度向内推导得到 25705 个结构下弦中心线的定位点。

参照外幕墙划分网格的方法在两套结构点中分别建立结构网格。由于结构网格尺度比外幕墙网格大一倍，需要从点阵中过滤掉一半数量的点，所以可采用隔三选一的选点方法，使点阵密度降低一半。

逐点分别连接对应的上弦交叉点和下弦交叉点，得到完整的双层结构网格。

F. 方案设计阶段——特殊部位造型设计

直立锁边屋面：直立锁边防水屋面是由外幕墙基准面沿法线方向向内偏移 300mm 得到的曲面。这个曲面限定了直立锁边排水屋面系统最外层边界。同时为了满足两馆之间室外大厅的自然采光要求，在这一区域内以两条曲线将一部分防水屋面切除掉。其他被切除掉的部位还包括中央大厅的斗形连接体与屋面连接的椭圆部分、场馆内的四个出入口部分。

中部斗形体：中部斗形体不仅为体育馆、游泳馆的中间区域带来了自然采光，同时，还能发挥结构巨型柱的作用，让两馆造型中部变得生动有趣。中部斗形体是两个斗形空间体，顶、底面在平面上的投影都是椭圆，但大小和摆放方向不同。首先用椭圆投影从顶面造型上进行切割，然后再将斗形造型平滑地"焊接"上去。斗形表面后面起实际支撑作用的钢结构，同样用这种方法与顶面的结构进行衔接。斗形体自身的造型中，在顶、底面椭圆之间设定了四条轨迹线，这四条线是用同一逻辑生成的四分之一椭圆。然后通过 Rhino 的线面命令生成与主形体平滑连接的造型。结构布置参考主体造型的菱形网格方法，网格数量与顶部椭圆切断顶部结构网格的数量联动起来，一旦顶部椭圆大小或位置发生变化，斗形体结构布置也将随之变化。斗形体的造型由 Rhinoscript 脚本编写，采用了全程参数化设计方法，调整椭圆大小、次数等关键参数，斗形体和结构可自适应调整，在形体尚不定型的时候，为建筑师提供了若干种备选方案。

南北入口：在体育馆和游泳馆长轴的两侧，构建了四个巨大入口，其造型有些像人耳内凹的构造。具体生成逻辑如下：

将一个椭圆投影到外壳上并剪切外壳,在剪切得到的开口里嵌入一个平面倾斜 45°的光滑内凹曲面,然后将曲面的边缘与外壳的剪切边缘光滑地连接为一体。每个入口的生成逻辑相同,但开口方向和大小都不尽相同。

引入椭圆公式来建立需要在外壳上剪切开口的大致形状。

内嵌的入口曲面以地面左右两条边界为双轨,以 3 个椭圆为剖面线,进行一次成型,曲面外边界与外壳光滑地连接。轨道和各椭圆分别设置了各自的参数,包括椭圆长短轴参数、轨道与地面基准线在交叉点相切连接等。调整这些参数并重新生成后可对入口造型进行修正。

G. 方案设计阶段——外幕墙表皮单元设计

基础曲面和特殊部位的造型工作完成之后,下面转入外幕墙表皮的设计和生成。外幕墙表皮是建筑外墙上微观单元的组合,如何在宏观曲面上对其定位并用可实际建造的方式实施是一个有趣的挑战。参数化设计非常吸引人的地方在于对形态的细分与重构,这会使形态设计与更为细小的构造单元设计直接地联系在一起,并且相互影响着。在操作层面,将为上一阶段划分的每个菱形网格赋予一个立体造型单元。菱形网格的划分是对曲面的细分,而每个网格上的单元形态的设计将最终积分成对整体形态的重构。将宏观曲面划分与微观单元形态联系起来的是两者定位信息的相互关联,一旦这种定位关联确立,创建整体形态的表皮模型就像单独建立一个单元形态那样容易,每一个单元形态会根据自己所处的位置发生变形,以适应其所在的曲面环境。这样的建筑表皮就好像生物鳞片一样具有有机的渐变形态。

幕墙单元形态组合:将若干个幕墙单元形态组合方案进行对比,最终选定了放到曲面上整体效果令人满意、最简练的四边形平板形态组合方案(图 16.10)。因为越简练的单元造型整体效果越明显,而复杂的单元形态却会显得意图不清晰。四边形平板形态组合方案有一点落在曲面定位点上,其他点沿法线升起,平板相对于曲面翘起,四个顶点翘起的高度都不同,平板之间呈现相互叠压的关系,为此,在落在曲面上的角点处切出一个四边形的方洞(板块越大开洞越小),这样建筑表皮整体上呈现出两种渐变相互交错的效果。

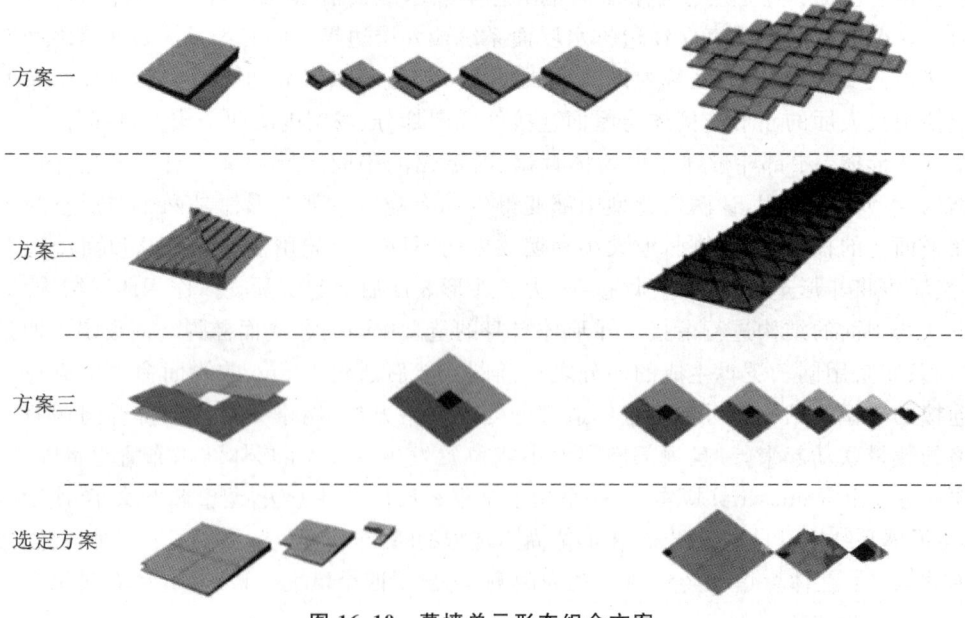

图 16.10 幕墙单元形态组合方案

幕墙整体效果变化规律：选用单一单元片造型后，需要让鳞片呈现出规律变化。首先选用曲率、单元尺寸、不同朝向的光线、气流、人的视角等物理参数做试验，从中找到规律；其次进行定量分析，包括各点的高斯曲率分析，以及单元片的面积分析等；最终选择曲面网格单元的周长作为幕墙单元开洞变化的影响因素。周长与开洞大小成反比关系，将这种规律应用在整个建筑表皮上，形成一种实体与空洞的面积逐渐变幻的效果，从而较好地反映外幕墙曲面网格排列的疏密变化。

幕墙表皮网格选点和编组方法：首先需要从外幕墙25705个点阵中依次提取出每块单元的四个角点坐标数据，并重新编组。也就是将外幕墙的数据点转化为每四个点组成的单元。这个过程实质上是设计一个数据转化方法，在计算机中将一组平板状的数据流转化成一个数组，每个数组有四个点，数组逐个对应于面板上的单元片。

H. 方案设计阶段——体育馆与游泳馆表皮参数化模型的逻辑描述

首先，将每个单元四个角点分别沿曲面法线方向抬高，最低点高度为0mm（即位于基准面上），最高点高度400mm，设定第三点高度为250mm，第四点高度由前三点确定的空间平面与第四点法线的交点计算确定，这样就形成了翘起的空间单元，且单元表面是一个平面。

其次，从宏观上统计单元大小的分布情况。图16.11中越趋近红色的位置单元面积越大，趋近绿色的位置单元面积越小。对每个单元四点、周长进行统计，找出最小单元和最大单元的实际位置，并得到它们周长的实际数据。

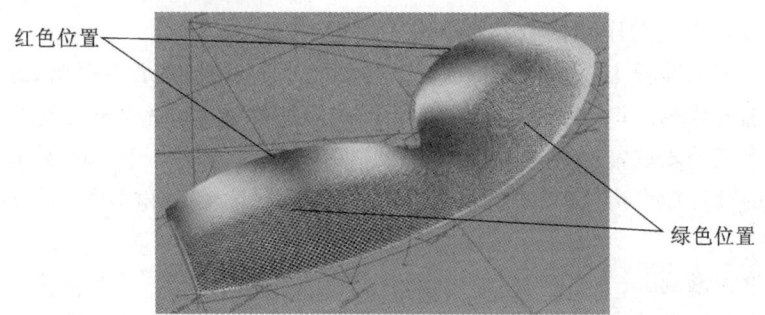

图16.11　幕墙单元面积示意图

最后，在单元片的最低点（翘起为0处）设定开洞。在单元片上开洞的步骤：逐一取每个单元片的周长，计算与最大、最小单元周长差值之间的比率，得到一个比率因数→设定一个最小开洞的实际数据→通过反比关系，确定每一单元片开洞的实际大小→通过建模，完成在每个单元片上开洞的操作。按上面的步骤开洞之后的单元面板如图16.12所示。在单元片上开洞的步骤，用Grasshopper完成。在Rhino平台中，Grasshopper从Rhinoscript的计算结果中接收剖面椭圆线并计算得到幕墙基准面25705个分点的空间坐标数据。然后逐次完成表面单元从分组、翘起到开洞的全过程。这也是一个全程参数化的过程，修改起翘高度、开洞大小等关键参数，外幕墙的形式在宏观上会相应发生改变。

以上方案设计阶段六大参数化设计流程描述了杭州奥体中心体育游泳馆从平面图形逐步发展直至微观表面单元生成的全过程。在这些参数化流程之后，还将进行构造设计、节点设计和构件优化设计等，最终结果以图纸和列表形式输出。

图 16.12　外幕墙单元面板效果

③设计方法

A. 各阶段软件使用与分工

平面工作由 MicroStation 完成。设计前期与方案阶段的基础形态由 Rhino 生成，用 3ds Max 进行细节加工；初步设计阶段引入 GC 对造型进行参数化，特殊部位使用 Rhino 生成，用 Catia 进行综合并输出；施工图阶段由 GC 转移至 Rhino 平台，并采用 Rhinoscript＋Grasshopper 实现从总体造型到特殊部位全过程的参数化，由 Catia 进行整合、细化和 BIM，并在 Catia 中实现输出。

B. 参数化设计生成顺序和构造方法层次

通过参数化逻辑编程生成的内容顺序：先平面后剖面，产生满足体育馆、游泳馆功能尺度的基础曲面→加入檐廊入口、南北入口、中部斗形体等特殊造型，完成满足建筑全部功能需求的基础造型→建筑外表皮幕墙设计（面向构思的"实现设计"过程）→内部结构和防水布置等建造和构造问题的设计（面向建造的"优化设计"过程）→设计输出和 BIM 反馈后进行个别的调整。

④技术评价和影响

杭州奥体中心体育游泳馆建筑设计虽然属于"参数化实现"的实例，对当前的设计模式不会产生冲击性的影响，但在参数化应用技术和设计过程组织方面都进行了深入的探索。该设计采用了严密的逻辑关系，宏观形态完全由基本图形推导出来，从宏观形态到微观单元具有强烈的自动联动关系，参数化覆盖和影响到了全形态的范围，是一次具有挑战性的设计尝试。

参考文献

1　林玉莲,胡正凡. 环境心理学[M]. 北京:中国建筑工业出版社,2000.
2　阮宝湘. 人机工程基础及应用[M]. 北京:机械工业出版社,2006.
3　来增祥,陆震纬. 室内设计原理[M]. 北京:中国建筑工业出版社,1996.
4　刘盛璜. 人体工程学与室内设计[M]. 北京:中国建筑工业出版社,1997.
5　彭一刚. 建筑空间组合论[M]. 北京:中国建筑工业出版社,1998.
6　骆宗岳,徐友岳. 建筑设计原理与建筑设计[M]. 北京:中国建筑工业出版社,1999.
7　吕道馨. 建筑美学[M]. 重庆:重庆大学出版社,2001.
8　黎志涛. 一级注册建筑师考试建筑方案设计(作图)应试指南[M]. 2版. 北京:中国建筑工业出版社,2005.
9　田学哲. 建筑初步[M]. 北京:中国建筑工业出版社,1999.
10　朱昌廉. 住宅建筑设计原理[M]. 北京:中国建筑工业出版社,1999.
11　尹青. 建筑设计构思与创意[M]. 天津:天津大学出版社,2002.
12　高木干朗. 宾馆·旅馆[M]. 马俊,韩毓芬,译. 北京:中国建筑工业出版社,1995.
13　石氏克彦. 多层集合住宅[M]. 张丽丽,译. 北京:中国建筑工业出版社,2001.
14　《建筑设计资料集》编委会. 建筑设计资料集·第3集[M]. 2版. 北京:中国建筑工业出版社,1994.
15　建筑设计资料集(第三版)总编委会. 建筑设计资料集　第5分册　休闲娱乐·餐饮·旅馆·商业[M]. 3版. 北京:中国建筑工业出版社,2017.
16　《建筑设计资料集》编委会. 建筑设计资料集·第5集[M]. 2版. 北京:中国建筑工业出版社,1994.
17　北京市注册建筑师管理委员会. 一级注册建筑师考试辅导教材[M]. 北京:中国建筑工业出版社,2003.
18　陈眼云,谢兆鉴,许典斌. 建筑结构选型[M]. 广州:华南理工大学出版社,1985.
19　中国建筑职业网. 建筑结构[M]. 北京:中国建筑工业出版社,2006.
20　周建国,张玉明,程启明. 民用建筑设计与构造[M]. 济南:山东地图出版社,1993.
21　王绍森. 透视建筑学——建筑艺术导论[M]. 北京:科学出版社,2000.
22　同济大学,西安建筑科技大学,东南大学,重庆建筑大学. 房屋建筑学[M]. 北京:中国建筑工业出版社,1998.
23　沈福煦. 建筑概论[M]. 上海:同济大学出版社,2003.
24　侯幼彬,李婉贞. 中国古代建筑历史图说[M]. 北京:中国建筑工业出版社,2002.
25　罗小未,蔡琬英. 外国建筑历史图说[M]. 上海:同济大学出版社,1986.
26　中华人民共和国住房和城乡建设部. 民用建筑设计统一标准:GB 50352—2016[S]. 北京:中国建筑工业出版社,2005.
27　王素卿. 2003全国民用建筑工程设计技术措施——规划·建筑[M]. 北京:中国建筑标准设计研究院,2003.
28　亓育岱. 民用建筑设计通则图说[M]. 济南:山东科学技术出版社,2004.
29　《注册建筑师考试辅导教材》编委会. 一级注册建筑师考试辅导教材·第一分册·设计前期　场地与建筑设计[M]. 北京:中国建筑工业出版社,2006.
30　刘芳,苗阳. 建筑空间设计[M]. 上海:同济大学出版社,2001.
31　黎志涛. 建筑设计方法入门[M]. 北京:中国建筑工业出版社,1996.
32　鲁一平,朱向军,周刃荒. 建筑设计[M]. 北京:中国建筑工业出版社,1997.
33　张文忠. 公共建筑设计原理[M]. 北京:中国建筑工业出版社,2005.
34　靳玉芳. 房屋建筑学[M]. 北京:中国建材工业出版社,2004.
35　刘先觉. 阿尔瓦·阿尔托[M]. 北京:中国建筑工业出版社,2000.

36 李志民,庞丽娟,郑红雁. 快速建筑设计图集[M]. 北京:中国建材工业出版社,2002.
37 徐卫国. 快速建筑设计方法[M]. 北京:中国建筑工业出版社,2007.
38 黎志涛. 快速建筑设计方法入门[M]. 北京:中国建筑工业出版社,1999.
39 赵晓光. 民用建筑场地设计[M]. 北京:中国建筑工业出版社,2004.
40 贾新年,徐飞鹏. 建筑设计方法入门[M]. 天津:天津大学出版社,2000.
41 王捷二. 旅游饭店规划与设计[M]. 长沙:湖南大学出版社,2006.
42 中华人民共和国住房和城乡建设部. 旅馆建筑设计规范:JGJ 62—2014[S]. 北京:中国建筑工业出版社,2014.
43 中南建筑设计院. 建筑工程设计文件编制深度规定[M]. 北京:中国计划出版社,2009.
44 中国建筑西北建筑设计研究院. 建筑施工图示例图集——编制框架与表达模式[M]. 2版. 北京:中国建筑工业出版社,2006.
45 中华人民共和国住房和城乡建设部. 全国民用建筑工程设计技术措施——规划·建筑·景观[M]. 北京:中国计划出版社,2009.
46 北京市建筑设计研究院. BIAD 设计文件编制深度规定[M]. 北京:中国建筑工业出版社,2010.
47 深圳市建筑设计研究总院. 建筑设计技术细则与措施[M]. 北京:中国建筑工业出版社,2009.
48 住房城乡建设部执业资格注册中心网. 建筑方案设计 建筑技术设计 场地设计(作图)[M]. 8版. 北京:中国建筑工业出版社,2012.
49 中华人民共和国建设部标准定额研究所. 公共厕所设计导则:RISN—TG004—2008[S]. 北京:中国建筑工业出版社,2008.
50 北京市环境卫生设计科学研究所. 城市公共厕所设计标准:CJJ 14—2016[S]. 北京:中国建筑工业出版社,2005.
51 刘云月. 公共建筑设计原理[M]. 南京:东南大学出版社,2004.
52 中国建筑标准设计研究院,中国中元国际工程公司. 建筑专业设计常用数据:17J911[S]. 北京:中国计划出版社,2009.
53 刘建荣. 高层建筑设计与技术[M]. 北京:中国建筑工业出版社,2005.
54 段翔. 住宅建筑设计原理[M]. 北京:高等教育出版社,2008.
55 武勇. 居住建筑设计原理[M]. 武汉:华中科技大学出版社,2007.
56 王瑞鑫. 建筑设计实训[M]. 北京:北京理工大学出版社,2010.
57 周燕珉. 住宅精细化设计[M]. 北京:中国建筑工业出版社,2008.
58 北京京诚华宇建筑设计研究院有限公司. 建筑设计导读[S]. 北京:中国建筑工业出版社,2011.
59 中国建筑标准设计研究院. 民用建筑工程建筑施工图设计深度图样:09J801[S]. 北京:中国计划出版社,2009.
60 建筑设计资料集(第三版)总编委会. 建筑设计资料集 第2分册 居住[M]. 3版. 北京:中国建筑工业出版社,2017.
61 建筑设计资料集(第三版)总编委会. 建筑设计资料集 第4分册 科教·文化·宗教·博览·观演[M]. 3版. 北京:中国建筑工业出版社,2017.
62 建筑设计资料集(第三版)总编委会. 建筑设计资料集 第7分册 交通·物流·工业·市政[M]. 3版. 北京:中国建筑工业出版社,2017.
63 许蓁. BIM建筑模型创建与设计[M]. 西安:西安交通大学出版社,2017.

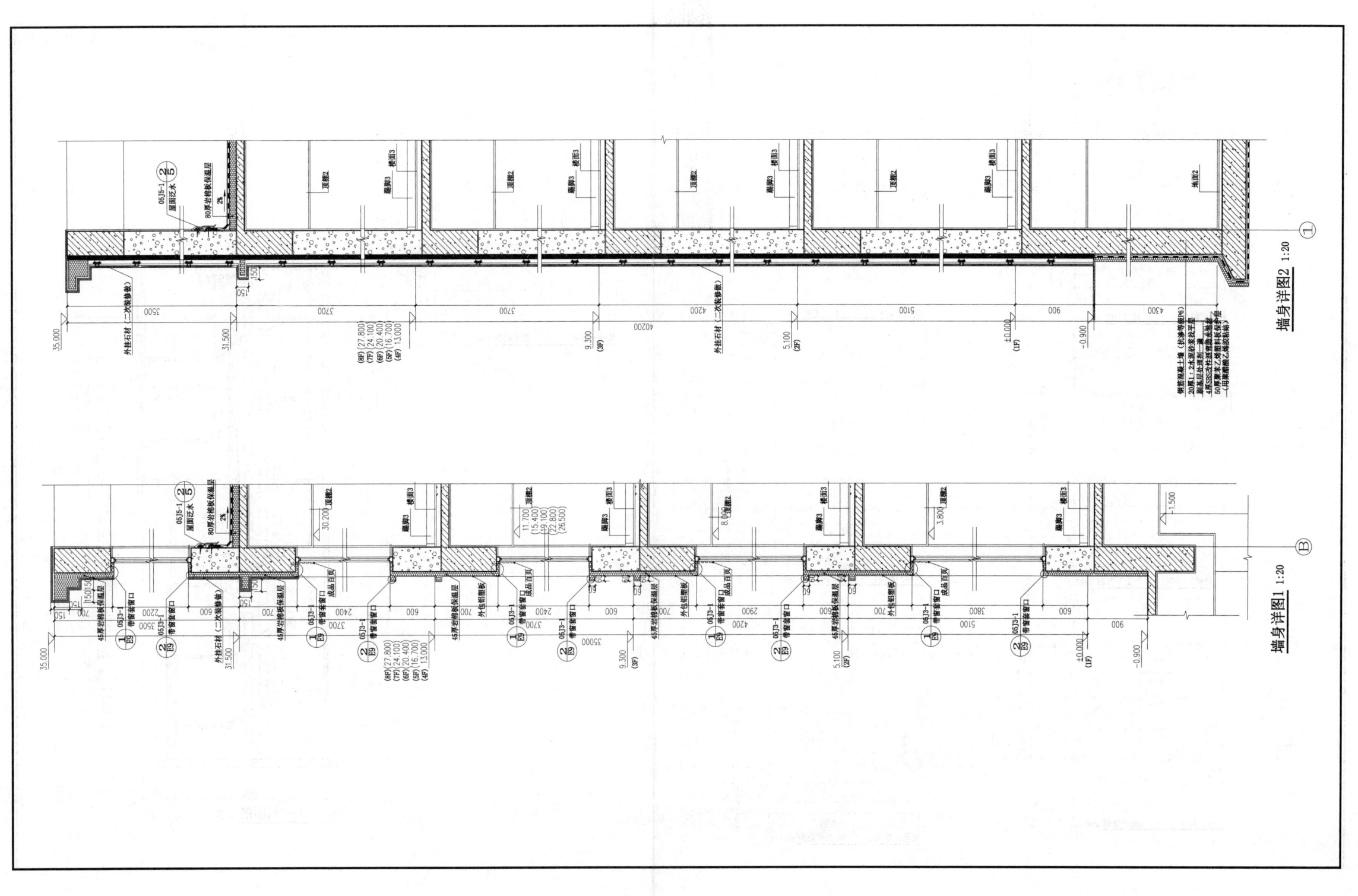

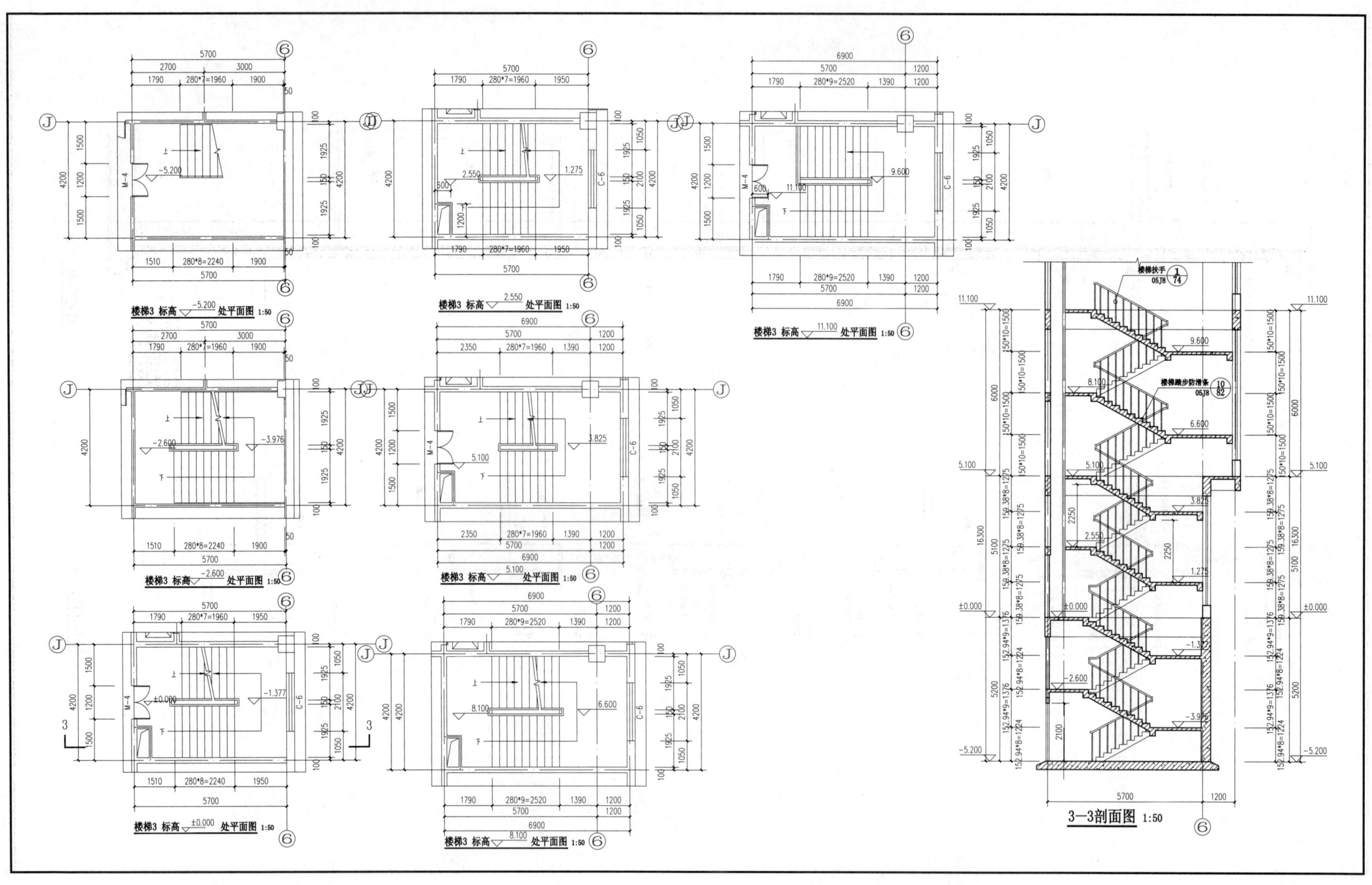

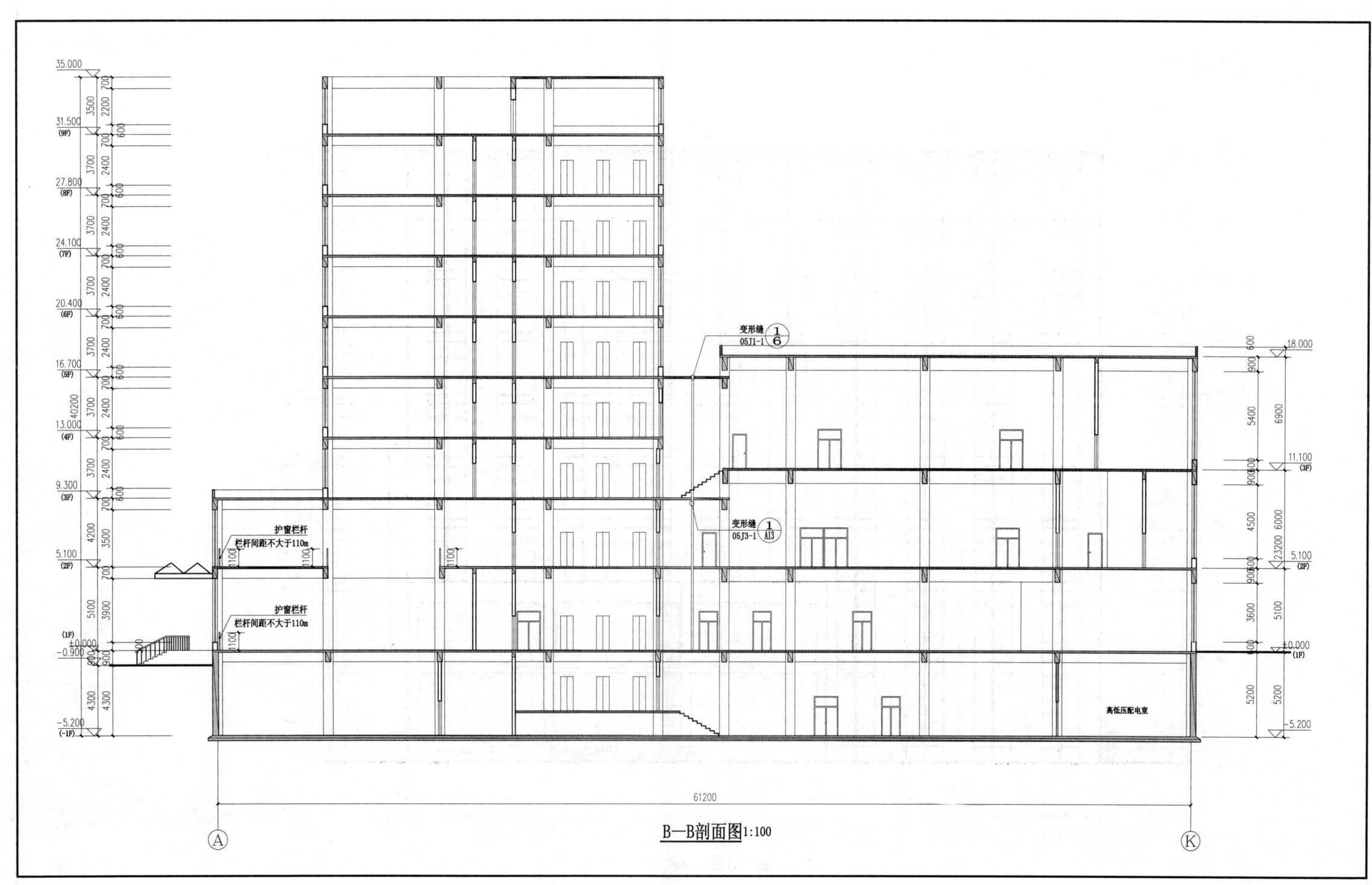

B—B剖面图 1:100

①~⑥轴立面图 1:100

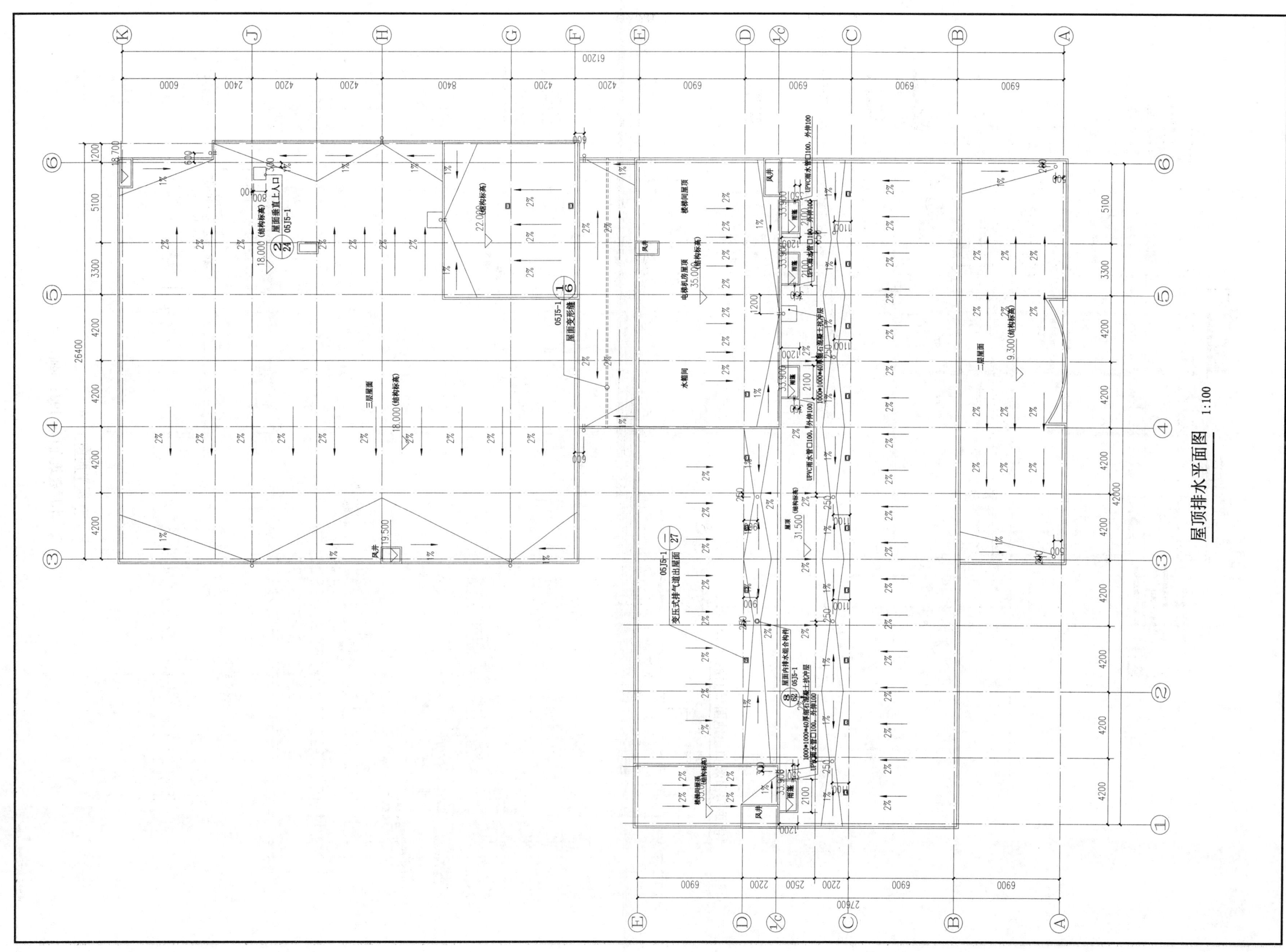

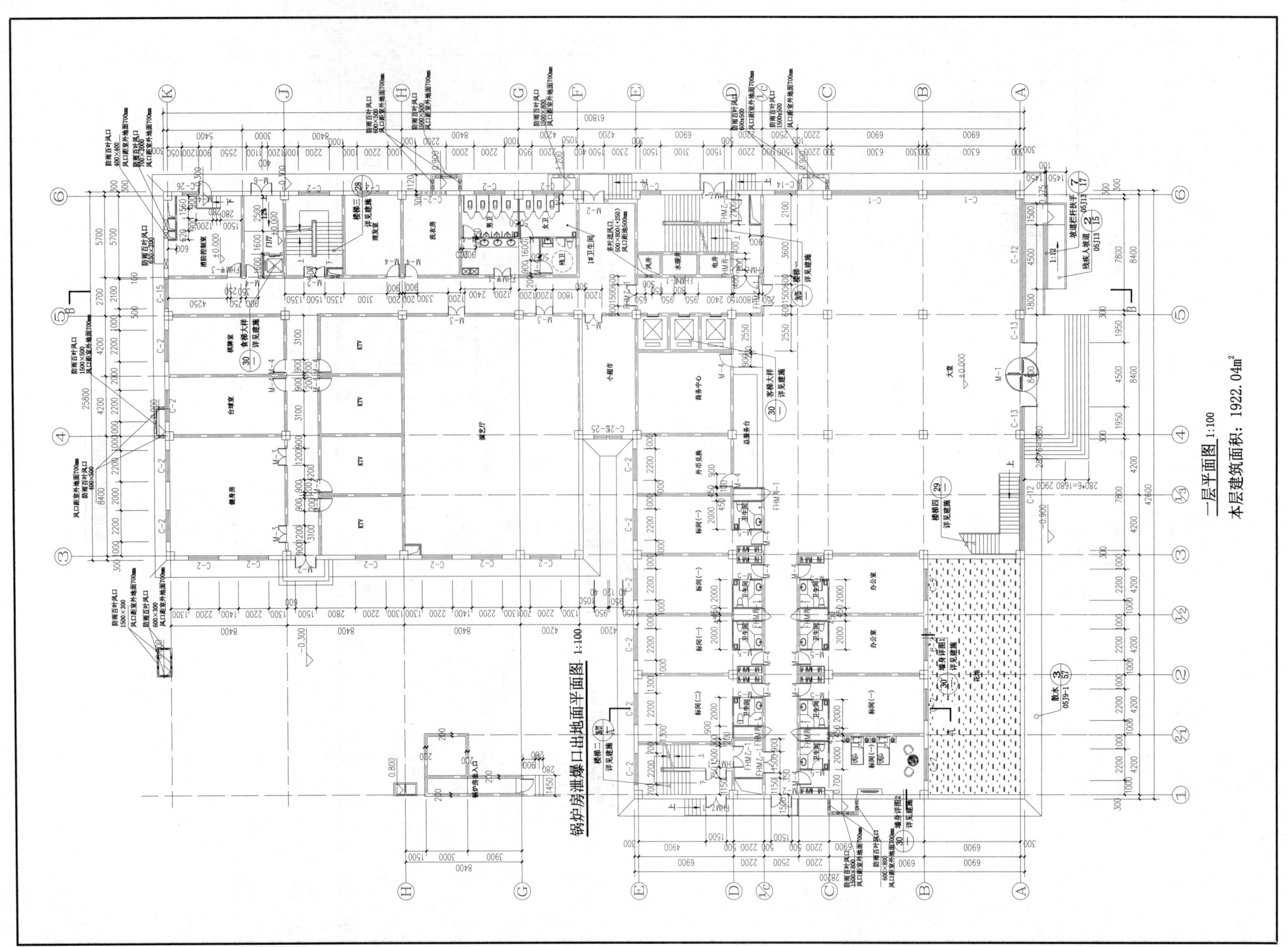

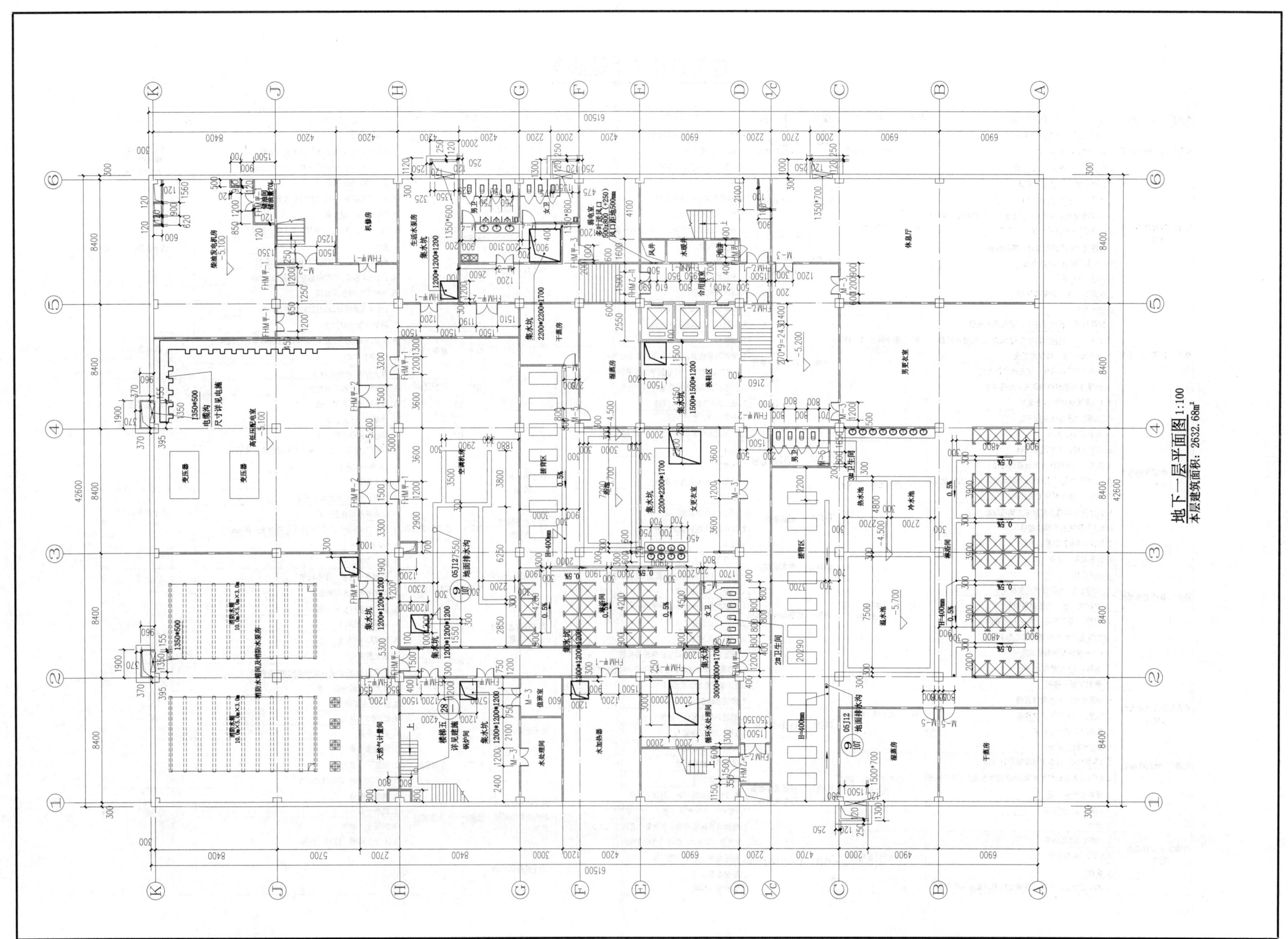

建筑设计工程做法表

编号	名称	工程做法	厚度	备注
地面1	水泥砂浆地面	1. 20厚1:2水泥砂浆抹面压光 2. 素水泥浆结合层一遍 3. 素土夯实后抹60厚C15混凝土	80	用于设备用房
地面2	陶瓷地砖防水地面	1. 10厚地砖，干水泥浆擦缝 2. 20厚1:3干硬性水泥砂浆结合层 3. 1.5厚聚氨酯防水涂料，面撒黄砂，四周沿墙上翻300 4. 60厚C15豆石混凝土填充热水管道间 5. 50厚复合铝箔挤塑聚苯乙烯泡沫板 6. 1.5厚聚氨酯涂料防潮层 7. 60厚C15混凝土 8. 20厚1:3水泥砂浆找平层 9. 素土夯实	220	洗浴区
楼面1	陶瓷地砖地面	1. 10厚地砖，板铺实拍平，素水泥浆擦缝 2. 20厚1:3干硬性水泥砂浆结合层，表面散水泥粉 3. 水泥浆一道（内掺建筑胶） 4. 50厚C15豆石混凝土填充热水管道间 5. 20厚复合铝箔挤塑聚苯乙烯保温板 6. 1.5厚聚氨酯涂料防潮层 7. 20厚1:3水泥砂浆找平层 8. 钢筋混凝土楼板	120	用于除2、3、4外的房间
楼面2	陶瓷地砖防水楼面	1. 10厚地砖，干水泥浆擦缝 2. 20厚1:3干硬性水泥砂浆结合层 3. 1.5厚聚氨酯防水涂料，面撒黄砂四周沿墙上翻300 4. 60厚C15豆石混凝土填充热水管道间 5. 20厚复合铝箔挤塑聚苯乙烯泡沫板 6. 1.5厚聚氨酯涂料防潮层 7. 20厚1:3水泥砂浆找平层 8. 钢筋混凝土楼面	150	用于厨房、卫生间
楼面3	弹性地毯楼面	1. 10厚地毯 2. 20厚1:2.5水泥砂浆压实抹光 3. 水泥浆一道（内掺建筑胶） 4. 50厚C15豆石混凝土填充热水管道间 5. 20厚复合铝箔挤塑聚苯乙烯保温板 6. 1.5厚聚氨酯涂料防潮层 7. 20厚1:3水泥砂浆找平层 8. 钢筋混凝土楼板	120	用于客房、走道合用前室
楼面4	花岗岩或大理石楼面	1. 10厚地砖，干水泥浆擦缝 2. 20厚1:4干硬性水泥砂浆 3. 素水泥砂浆结合层一遍 4. 钢筋混凝土楼板	30	用于楼、电梯间
内墙1	釉面砖墙面	1. 4厚釉面砖，白水泥浆擦缝（用户自理） 2. 4厚1:1水泥砂浆加水重20%的建筑胶镶贴（用户自理） 3. 刷素水泥浆一遍 4. 15厚1:3水泥砂浆 5. 墙体		用于卫生间、厨房洗浴区
内墙2	水泥砂浆内墙面	1. 15厚1:3水泥砂浆 2. 5厚1:2水泥砂浆 3. 墙体		用于设备用房
内墙3	贴花岗岩或大理石墙面	1. 20厚花岗岩或大理石板铺实拍平，素水泥浆擦缝 2. 5厚1:1砂浆加水重20%建筑胶结合层 3. 刷素水泥浆一遍 4. 15厚1:3水泥砂浆找平 5. 墙体	20	用于大厅、门厅餐厅、楼电梯间前室走道、多功能厅会议室
内墙4	吸声墙面	1. 5厚穿孔热压纤维板面层 2. 50×50竖筋中距500		客房、KTV、演艺厅
内墙5	混合砂浆涂料墙面	1. 20厚1:3水泥砂浆粉刷冷底子油一遍 2. 乳胶漆两遍 3. 刷底漆一道 4. 满刮腻子一遍 5. 清理抹灰基层 6. 15厚1:1:6水泥石灰砂浆 7. 5厚1:0.5:3水泥石灰砂浆 8. 墙体		用于服务用房地下洗浴休息区
外墙	干挂石材外墙面	1. 30厚石质板材，用环氧树脂胶固定铆钉石材接缝宽5-8，用硅酮密封胶填缝 2. 按石材板高度安装配套不锈钢挂件 3. 刷1.2厚聚氨酯防水涂料 4. 外贴45厚岩棉板保温层 5. 外墙表面清理后，用20厚1:3水泥砂浆找平 6. 墙体		
踢脚1	水泥砂浆踢脚	1. 15厚1:3水泥砂浆 2. 10厚1:2水泥砂浆抹面压光 3. 墙体	25	用于设备用房，高120
踢脚2	面砖踢脚	1. 15厚1:3水泥砂浆 2. 10厚1:2水泥砂浆抹面压光 3. 墙体	25	用于设备用房，高120
踢脚3	硬木踢脚	1. 10厚面砖，水泥浆擦缝 2. 7厚1:1水泥砂浆加水重20%建筑胶镶贴 3. 17厚1:3水泥砂浆		用于客房，高120
顶棚1	岩棉板保温顶棚	1. 钢筋混凝土板底面清理干净 2. 5厚1:3水泥砂浆 3. 5厚1:2水泥砂浆 4. 配套胶粘剂粘贴60厚岩棉板保温层 5. 2厚聚合物水泥涂料铺贴耐碱5×5玻璃纤维网格布 6. 1.5厚聚合物水泥涂料 7. 饰面喷涂涂料		用于除设备用房外的顶棚
顶棚2	水泥砂浆顶棚	1. 钢筋混凝土板底面清理干净 2. 7厚1:3水泥砂浆 3. 5厚1:2水泥砂浆 4. 表面喷涂涂料另选		用于设备用房顶棚
吊顶1	轻钢龙骨纸石膏板吊顶	1. 表面装饰另选 2. 配套防潮涂料一遍，用腻子填平 3. 9厚900×2700纸面石膏板，自攻螺钉拧牢，孔眼 4. 轻钢龙骨标准骨架：主龙骨中距900~1000，次龙骨中距450、横撑龙骨中距900	12	用于除设备用房和洗浴外的房间吊顶
吊顶2	铝合金板材吊顶	1. 钢筋混凝土底面清理干净 2. 配套金属龙骨 3. 铝合金吊顶板		用于洗浴区吊顶
屋面1	不上人平屋面	1. 粒料或涂料 2. 2道各3厚的高聚物改性沥青防水卷材 3. 1:3水泥砂浆，砂浆中掺聚丙烯0.8kg/m³ 4. 贴80厚岩棉板保温层 5. 1:8水泥膨胀珍珠岩找坡2%，最薄处20 6. 钢筋混凝土屋面板		用于三层裙房屋面楼电梯间屋面水箱间屋面
屋面2	上人平屋面	1. 250×250×30，C20预制混凝土板，缝宽5~8 2. 粗砂 3. 两道各3厚的高聚物改性沥青防水卷材 4. 1:3水泥砂浆，砂浆中掺聚丙烯0.8kg/m³ 5. 贴80厚岩棉板保温层 6. 1:8水泥膨胀珍珠岩找坡2%，最薄处20 7. 钢筋混凝土屋面板		用于八层上人屋面
散水	混凝土散水	1. 60厚C15混凝土，面上加5厚1:1水泥砂浆随打随抹光 2. 150厚3:7灰土 3. 素土夯实，向外坡4%		散水宽1200
台阶1	花岗石台阶	1. 12厚1:2水泥石子磨光 2. 素水泥砂浆结合层一遍 3. 18厚1:3水泥砂浆 4. 素水泥砂浆结合层一遍 5. 60厚C15混凝土台阶（厚度不包括踏步三角部分） 6. 300厚3:7灰土 7. 素土夯实		用于主要出入口
台阶2	水泥砂浆台阶	1. 20厚1:2水泥砂浆抹面压光 2. 素水泥砂浆结合层一遍 3. 60厚C15混凝土台阶（厚度不包括踏步三角部分） 4. 300厚3:7灰土 5. 素土夯实		用于次要出入口
坡道1	花岗石坡道	1. 40厚花岗石板，表面剁平 2. 30厚干硬性水泥砂浆 3. 素水泥砂浆结合层一道 4. 60厚C15混凝土 5. 300厚3:7灰土 6. 素土夯实		
坡道2	水泥砂浆坡道	1. 25厚1:2水泥砂浆抹面作出60宽7深锯齿 2. 素水泥砂浆结合层一道 3. 60厚C15混凝土 4. 300厚3:7灰土 5. 素土夯实		
油漆1	金属基层	1. 调和漆两遍 2. 刮腻子、磨光 3. 金属面除锈，刷防锈漆一遍		
油漆2	木质基层	1. 调和漆两遍 2. 底油一遍 3. 刮腻子、磨光 4. 木质基层清理、除污、打磨		

建筑节能专篇

一、工程概况

本工程为忻州市河曲县陵德大酒店项目,建筑面积13850m²。其中主楼一至八层为客房及服务用房,裙房一至三层为餐饮、娱乐、办公、会议等用房。地下一层为设备用房和洗浴中心。其结构形式为框架结构。工程地址位于河曲县城,建筑朝向为南北向,建筑气候分区属于寒冷地区。节能设计办公用房执行《公共建筑节能设计标准 山西地区实施细则(第二阶段)》DBJ 04-216-2006,节能标准为50%。节能计算利用的建筑面积为总建筑面积。

二、体形系数与窗墙比

建筑体形系数为$S=0.16$,各朝向的计算窗墙比与限值比较表

朝向	设计值	限值	比较
东向	0.25	0.70	满足要求
西向	0.19	0.70	满足要求
北向	0.41	0.70	满足要求
南向	0.43	0.70	满足要求

由上表可见,本工程的体形系数小于0.4、单一朝向的窗墙比小于0.7,故应填写《建筑热工性能设计表》(寒冷地区)即可。计算书和表格附后。

三、节能工程做法

1. 屋顶
本工程为钢筋混凝土基层平屋顶,选用80厚的岩棉板,传热系数$K_0=0.55 W/(m^2·K)$。

2. 外墙
本工程外墙主体材料为300厚加气混凝土砌块,选用45厚岩棉板,平均传热系数$K_m=0.53 W/(m^2·K)$。

3. 采暖空调房间与不采暖空调房间的隔墙
本工程采暖空调房间与不采暖空调房间的隔墙主体材料为200厚加气混凝土砌块,经计算确定保温层厚度为30厚的玻化微珠保温防火砂浆。传热系数为$K_0=1.26 W/(m^2·K)$。

4. 采暖空调房间与不采暖空调房间的楼板
本工程采暖空调房间与不采暖空调房间的楼板主体材料为100厚钢筋混凝土楼板,经计算确定保温层厚度为70厚岩棉板保温层。传热系数为$1.506 W/(m^2·K)$。

5. 洗浴部分地下室外墙
本工程洗浴部分地下室外墙主体材料为350厚钢筋混凝土墙,经计算确定保温层厚度为50厚挤塑聚苯板保温层。传热系数为$3.28 W/(m^2·K)$。

6. 外门窗
(1) 外门窗的传热系数$K[W/(m^2·K)]$,遮阳系数SC及可见光透射比。
根据建筑工程的体形系数$S=0.16<0.4$限值和各朝向的窗墙比值,查表C.0.1《建筑热工性能判断表(寒冷地区、严寒地区)》得出本工程建筑外窗的传热系数限值和遮阳系数如下表限值:

建筑外门窗的传热系数限值和遮阳系数限值表

朝向	窗墙比值	传热系数限值[W/(m²·K)]	遮阳系数SC限值
北	0.41	≤2.3	≤0.60
西	0.19	≤3.5	不限制
东	0.25	≤3.0	不限制
南	0.43	≤2.3	≤0.60

(2) 查附录B表B.0.5-1和表B.0.5-2求得本建筑物外窗的传热系数,遮阳系数及可见光透射比如下表:

建筑物外窗的传热系数、遮阳系数及可见光透射比表

朝向	传热系数[W/(m²·K)]	玻璃	间隔层	间隔层气体	玻璃传热系数限值	窗框材料	K_c/K_n	玻璃颜色	可见光透过比	玻璃遮阳系数
北	1.90	辐射率≤0.25 Low-E中空玻璃	12mm	空气	2.30	塑钢	1.00	无色	63%	0.63
西	2.60	中空玻璃	12mm	空气	3.50	塑钢	0.90~0.95	无色	75%	0.77
东	2.60	中空玻璃	12mm	空气	3.00	塑钢	0.90~0.95	无色	75%	0.77
南	1.90	辐射率≤0.25 Low-E中空玻璃	12mm	空气	2.30	塑钢	1.00	无色	63%	0.63

(3) 外窗的可开启总面积与外墙总面积的比值应大于12%。

建筑热工性能判断表(寒冷地区)

工程号	工程名称	建筑面积	设计建筑窗墙比				单一朝向窗墙比限值	屋面透明部分与屋顶总面积之比M
SGT08-11-03	陵德大酒店	13850m²	南	东	西	北		
建筑外表面积	建筑体积	体形系数	0.43	0.25	0.19	0.41	S<0.7	M<0.2
7361.2	45497.43	0.16						

围护结构项目	设计建筑		体形系数			
	传热系数K_i W/(m²·K)	遮阳系数SC	S≤0.3		0.3<S≤0.4	
			传热系数限值 W/(m²·K)	遮阳系数SC	传热系数限值 W/(m²·K)	遮阳系数SC
屋面非透明部分	0.55		<0.55		<0.45	
屋面采明部分			<2.7	<0.50	<2.7	<0.50
外墙	0.53		<0.6		<0.5	
外窗 窗墙面积比<0.2	2.60	0.77	<3.5	—	<3.0	—
0.2<窗墙面积比<0.3	2.60	0.77	<3.0	—	<2.5	—
0.3<窗墙面积比<0.4			<2.7	<0.70	<2.3	<0.70
0.4<窗墙面积比<0.5	1.90	0.63	<2.3	<0.60	<2.0	<0.60
0.5<窗墙面积比<0.7			<2.0	<0.50	<1.8	<0.50
接触室外空气的架空或外挑楼板			<0.5		<0.5	
非采暖空调房间与采暖空调房间的隔墙或楼板	1.26		<1.5		<1.5	

注:设计建筑的传热系数K_i和遮阳系数SC宜不大于传热系数限值K和遮阳系数SC的限值

节能设计计算书

公共建筑执行《公共建筑节能设计标准》(DBJ 04-241-2006).节能标准为50%

一、计算窗墙面积比(取标准层计算):

1. 南向
窗面积:33.44+63.96+31.98+25.25+49.92+23.04+(42.24+15.36)×6=573.19
墙面积:42.6×31.5=1341.9
窗墙比:573.19÷1341.9=0.43

2. 东向
窗面积:51.66+5.7+6.84+50.16+40.32+4.8+6.84+67.76+7.92
+3.6+4.32+67.76+7.92+3.6×5=343.6
墙面积:25×31.5+29.9×18+6.9×9.3=1389.87
窗墙比:343.6÷1389.87=0.25

3. 西向
窗面积:58.52+4.35+77.44+3.6+93.28+3.6×5=255.19
墙面积:33.6×18+21.3×31.5+6.9×9.3=1339.92
窗墙比:255.19÷1339.92=0.19

4. 北向
窗面积:91.96+7.98+38.28+48.4+9.24+31.68+46.64+9.24+9.68
+(42.24+7.92)×5=543.9
墙面积:42.6×31.5=1341.9
窗墙比:543.9÷1341.9=0.41

二、体形系数计算

南 向:42.6×31.5=1341.9
北 向:42.6×31.5=1341.9
东 向:25×31.5+29.9×18+6.9×9.3=1389.87
西 向:33.6×18+21.3×31.5+6.9×9.3=1339.92
屋 顶:1947.61
总外表面积:1341.9×2+1389.87+1339.92=7361.2
体 积:307.38×31.5+309.54×17.1+553.68×18+178.02×9.3=45497.43
体形系数:7361.2÷45497.43=0.16

建筑施工图设计说明（二）

十一、防火设计

1. 本工程属一类高层建筑。基地两侧留消防车道。基地西边原有四层建筑山墙无窗。其防火间距满足规范要求。
2. 本工程布置三部客梯，一部餐梯。三部客梯均为消防电梯。载重量为800kg，行驶速度1.75m/s，全程未超过60s。地下一层设喷淋为一个防火分区，满足防火分区的面积要求。
3. 楼梯间在首层与地下室的出入口处设置耐火极限不小于两小时的隔墙和乙级防火门。具体位置见建施。
4. 用于防火分区、楼梯间、前室的甲、乙级防火门均设闭门器。双扇门均设顺序器。防火门在关闭时，应能从任何一侧手动开启。
5. 电缆井、管道井与层间吊顶等相连通的孔洞间隙应采用不燃材料紧密填实，凡穿越防火墙及楼板的各类管道，在管道四周缝隙处均用不燃材料紧密填实，且层层封堵。
6. 设备管道井穿越防火分区时使用不燃材料，并填塞严实。穿墙管线待安装完毕后，墙身必须用C20细石混凝土填实补严。穿楼板的立管应预埋套管，套管高出屋面30mm，套管与立管之间缝隙用不燃材料填实，电缆在楼板处用防火包封堵。
7. 防火卷帘的耐火极限不应低于3.00h。当防火卷帘的耐火极限符合现行国家标准《门和卷帘耐火极限试验方法》(GB 7633)有关升温面升温的判定条件时，可不设置自动喷水灭火系统保护；符合现行国家标准《门和卷帘耐火极限试验方法》(GB 7633)有关背火面辐射热的判定条件时，应设置自动喷水灭火系统保护。自动喷水灭火系统的设计应符合现行国家标准《自动喷水灭火系统设计规范》(GB 50084)的有关规定，但其火灾延续时间不应小于3.0h。
   防火卷帘应具有防烟性能，与楼板、梁和墙柱之间的空隙应采用防火封堵材料封堵。

十二、无障碍设计

按照国家颁布的《城市道路和建筑物无障碍设计规范》(JGJ 50—2001)的有关要求，
本工程在建筑主入口处设残疾人坡道，外门为平开门，设置了三部无障碍电梯，三套无障碍客房。电梯均按无障碍电梯设计。候梯厅设计要求：
(1) 电梯按钮高度为900～1100mm。
(2) 清晰显示轿厢上下运行方向和层数位置及电梯抵达音响。
(3) 每层电梯口安装楼层标志。
(4) 每层电梯口设提示盲道。

电梯门洞净宽为1100mm，轿厢宽度设计大于1100mm，轿厢深度设计大于1400mm。

电梯其他设计要求：
(1) 轿厢正面和侧面在高850mm处设扶手。
(2) 轿厢侧面在高1000mm处设带盲文的选层按钮。
(3) 轿厢正面高900mm至顶部安装镜子。
(4) 设轿厢上下运行及到达显示装置和报层音响。

十三、其他设计

1. 施工图等效文件：施工图技术交底、会审纪要，施工技术核定单及设计单位编制的修改图。
2. 各部位工程做法详见"工程做法表"及"门窗表"。
3. 预埋木件和金属件的防腐、防锈处理做法：凡墙内预埋木件均应刷防腐剂，凡预埋铁件均需镀锌或刷防锈漆两道。
4. 楼板与墙体留洞，施工时应与相关专业图纸落实位置与尺寸，避免打槽凿洞。
5. 根据建设场地地质勘察报告提供的地质资料，采取相应的地下防水措施。
6. 最高一层楼梯的水平栏杆高度为1100mm。
7. 装修施工需先做样板，待业主、设计、施工三方共同确认后，方可正式施工。
8. 窗帘盒、窗台板等部件，由建设单位自理。
9. 电梯选用载重量为800kg。施工时应与产品样本核对有关数据无误后方可施工。
10. 电梯底坑及地下室集水坑内抹20mm厚1:2.5有机硅防水砂浆压实赶光。
11. 凡有水湿的房间，楼地面均找坡，坡向地漏或排水口。找坡度为1%。
12. 凡隐蔽部位和隐藏工程，应及时会同有关部门进行检查并验收。土建工程施工前应综合校阅各专业图纸，做好施工交底工作，并应与施工安装公司协调。按施工顺序，做好预埋管道和预留孔洞与埋件的工作。
13. 建筑物立面装修的选材关系到建筑立面设计的完整性及建成的效果，外墙装修材料选型应做样板，获得建设单位与设计单位同意方可订货施工。
14. 二次装修室内分隔和使用应符合本次设计的结构荷载允许值，并符合国家有关规范规定。
15. 屋面工程应在各专业出屋面管线预埋敷设或安装完毕后施工，管道出屋面防水做法详见05J5-1第30页 1号做法。
16. 屋顶风机基础的防水层在屋面防水施工完毕后，在外侧砌120砖墙保护。
17. 空调入户管本设计仅留洞口，入户套管及洞口封堵做法厂家负责处理。
18. 根据《民用建筑工程室内环境污染控制规范》(GB 50325—2001)第1.0.5条规定，本工程为(Ⅰ)类，民用建筑工程所选用建筑材料和装修材料，其放射性指标限量，应符合国家标准规定；第1.0.6 民用建筑工程室内环境污染控制除应符合本规范规定外，尚应符合现行的有关强制性标准的规定；关于建筑材料和装修材料的放射性指标，人造木板及饰面人造木板的游离甲醛含量或游离甲醛释放量应符合《民用建筑工程室内环境污染控制规范》(GB 50325—2001)的规定。
19. 除图纸注明者外本工程所有内隔墙均砌至板或梁底并堵塞严密；所有管道井待管线安装完毕后用相当于楼板耐火极限的混凝土浇注。
20. 本工程通风道为变压式通风道，卫生间变压式排气道选用图集05J11-2第J42页型号PW12，尺寸320mm×240mm，楼板预留洞尺寸370mm×290mm。
21. 凡窗台高度不足900mm者，设护窗栏杆，采用不易攀登的构造，竖向杆件净距不大于110mm，水平荷载为1.0kN/m。
22. 本施工图仅提供卫生间，厨房平面布置图。卫生器具和厨房设备的选择由甲方自理。
23. 屋面主楼部分采用有组织内排水，裙房部分采用有组织外排水。
24. 室外台阶、散水均在主体完工后施工，台阶向外找1%坡，散水找5%坡。
25. 凡管道穿过水湿房间楼板时，须预埋套管，高出建筑完成面20mm。
26. 所有保温、防水材料的性能均应达到规范要求。
27. 本工程施工图未尽事项，在施工配合中共同商定，施工及验收均应严格执行国家现行的建筑安装工程及施工验收规范并按有关规定办理，施工中各工种应密切配合，如有问题及时与设计单位协商解决，确保工程质量。
28. 电梯与客房等相邻时，应采取有效的隔声和减振措施，在电梯轨道和井壁之间设置减振垫。
29. 施工单位应严格执行国家现行的有关施工验收规范。
30. 本施工图待规划报建通过后方可施工。
31. 本施工图须经消防等主管部门审批。
32. 本施工图应按国家规定进行施工图审查。

建筑配件通用图索引表

配件工程名称	图集分册号	详图所在页码	详图号	备注
散水	05J9-1	⑰	③	宽度1200,位置见平面图
室外台阶	05J9-1	⑰	②	
屋面内排水构件组合	05J5-1	㉒	⑧	位置见建施
	05J5-1	㉔	Ⓕ	位置见建施
屋面上人梯	05J8		①	
卫生间变压式排气道	05J11-2	㊷	PW12	自绘
变压式排气道出屋面	05J5-1	㉗		位置见建施
屋面风洞	05J5-1	㉘	①	位置见建施
女儿墙泛水	05J5-1	⑤	②	
滴水	05J3-1	㊽	Ⓐ	
无障碍坡道栏杆扶手	05J13	⑰	⑦	位置见建施
楼梯扶手	05J8		①	垂直杆件间距小于110mm
楼梯踏步防滑条	05J8		⑩	
屋面垂直上人口	05J5-1	㉔	②	
室内栏杆	05J7-1	㊺		位置见建施

注：本工程做法及通用图索引可根据二次装修情况进行修改。

门窗表

类型	设计编号	洞口尺寸(mm)	数量	图集名称	页数	选用型号	备注
门	FHM丙-1	800×2100	74	05J4-2	3	MFM01-0821	木制丙级防火门
	FHMZ-1	1500×2100	37	05J4-2	3	MFM01-1521	木制乙级防火门
	FHMZ-2	1800×2100	2	05J4-2	3	MFM01-1821	木制乙级防火门
	FHM甲-1	1200×2100	17	05J4-2	3	MFM01-1221	木制甲级防火门
	FHM甲-2	1500×2100	8	05J4-2	3	MFM01-1521	木制甲级防火门
	FHM甲-3	1000×2100	1	05J4-2	3	MFM01-1021	木制甲级防火门
	M-1	4500×2100	1			成品门	旋转门
	M-2	1500×2100	19	05J4-2	89	1PM-1521	平开夹板门
	M-3	1200×2100	29	05J4-2	89	1PM-1221	平开夹板门
	M-4	900×2100	139	05J4-2	89	1PM-0921	平开夹板门
	M-5	800×2100	105	05J4-2	89	1PM-0821	平开夹板门
	M-6	1000×2400	1	05J4-2	89	1PM-1024	平开夹板门
	M-7	1200×2400	1	05J4-1	4	1PM-1024	平开全铝门
	MLC-1	900×2100	1			自绘	门连窗
	TLM-1	1800×2100	1	05J4-1	103	2TM-1821	推拉门
窗	C-1	6300×3900	2				推拉门
	C-2	2200×3800	26				
	C-3	2200×3900	10				
	C-4	2200×2400	91				
	C-5	2200×2200	3				
	C-6	3300×2400	5				
	C-7	1500×2900	2				
	C-8	1500×2400	12				
	C-9	6300×3500	2				
	C-10	7800×4500	2				
	C-11	7800×3900	2				
	C-12	7800×3900	2				
	C-13	1650×4400	2				单框双玻铝合金中空玻璃窗
	C-14	1500×3800	1			自绘	
	C-15	2100×3800	2				
	C-16	1500×2900	1				
	C-17	1500×2900	1				
	C-18	1800×2900	1				
	C-19	2200×4500	23				
	C-20	1800×2900	1				
	C-21	2200×5400	19				
	C-22	1800×4700	1				
	C-23	3200×2400	6				
	C-24	2100×1800	2				
	C-25	950×3800	10				
	C-26	1200×3800	2				
	C-19-1	2200×4500	1				
	C-21-1	2100×5400	1				
	FHJL	尺寸见建施-08	2			由专业厂家制作安装	防火卷帘

建筑施工图设计说明（一）

一、设计依据
1. 建设单位提出的任务书及设计要求
2. 建设单位确认的设计方案
3. 甲方提供的《岩土工程勘察报告》
4. 城建规划部门提供的地形图和审批意见
5. 国家现行有关建筑设计规范：
    (1)《高层民用建筑设计防火规范》 GB 50045—1995（2005年版）
    (2)《民用建筑设计通则》 GB 50352—2005
    (3)《建筑工程设计文件编制深度的规定》及其他有关标准和规范
    (4)《民用建筑热工设计规范》 GB 50176—93
    (5)《民用建筑节能设计标准》 JGJ 26—1995（2006年版）
    (6)《民用建筑隔声设计规范》 GBJ 118—1988
    (7)《屋面工程技术规范》 GB 50345—2004
    (8)《地下工程防水技术规范》 GB 50108—2008
    (9)《建筑内部装修设计防火规范》 GB 50222—1995
    (10)《民用建筑节能设计标准、山西地区实施细则》 山西省地方标准 DBJ 04-216-2006
    (11)《民用建筑工程室内环境污染控制规范》 GB 50325—2001（2006年版）
    (12)《山西省工程建设标准设计》 05系列建筑标准设计图集
    (13)《公共建筑节能设计标准》 DBJ 04-241-2006
    (14)《城市道路和建筑物无障碍设计规范》 JGJ 50-2001
    (15)《锅炉房设计规范》 GB 50041—2008
    (16) 其他国家及地方有关现行设计规范和规定。

二、工程概况
1. 建设单位：忻州市河曲县陕德大酒店有限公司
2. 工程名称：陕德大酒店
3. 建设地点：山西省河曲县黄河大街
4. 规模及功能：本工程为一类高层建筑，楼座东西长为42.6m，南北宽为61.8m（最宽处）。楼座地下一层，地上八层。地下一层为洗浴和设备用房，地上一至八层为客房、餐饮、娱乐及服务用房等。
5. 结构形式：框架结构
6. 主要设计参数：
    1) 建筑设计使用年限： 50年
    2) 建筑防火分类： 一类
    3) 建筑耐火等级： 一级
    4) 抗震设防烈度： 六度
    5) 屋面防水等级： Ⅱ级
    6) 地下工程防水等级： Ⅱ级
7. 建筑基底面积：1922.04 m²
8. 总建筑面积：13580 m²，其中地上建筑面积10947.32 m²，地下建筑面积2632.68 m²。
9. 建筑高度：主体31.50m，最高处35.50m。

三、设计范围
设计范围包括建筑、结构、给排水、暖通、电气等专业的施工图设计。

四、标高及尺寸标注
1. 本工程的平面定位尺寸详见总平面图。
2. 除标高及总平面位置图以米为单位外，其余尺寸均以毫米为单位。
3. 本工程各层标高为建筑完成面标高，屋面标高为结构面标高。

五、墙体
1. 地下室外墙为300厚防水钢筋混凝土墙，内墙为120厚砖墙。电梯部分为200厚加气混凝土砌块墙。
2. 地面以上外墙为300厚加气混凝土砌块墙，内墙为200厚加气混凝土砌块墙。卫生间内墙为100厚加气混凝土砌块墙。
3. 除图纸上注明者外，本工程所有内隔墙均应砌至板（梁）底并堵塞严密。
4. 凡两种材料的墙身交接处，在做墙面饰面前须加钉钢丝网以防止裂缝。
5. 距楼地面的门窗洞口2.10m内侧阳角做20厚的1：2.5水泥砂浆护角，两侧宽各50mm。
6. 所有墙体施工时各专业应密切配合，并严格执行产品的施工要点及构造节点要求。
7. 室内墙体因嵌入设备而穿通时，应在墙体背面钉钢板网，抹灰补平后再做内墙装修。
8. 凡消火栓预留洞同墙厚时在消火栓背面做3厚钢板网抹灰。

六、防水、防潮
1. 本工程屋面防水等级为Ⅱ级，地下室防水等级为Ⅱ级，地下室为配电室部分防水等级为Ⅰ级。
2. 地下室防水：侧墙、底板除结构采用P6级抗渗自防水混凝土外，在底板下和侧墙外侧做4厚SBS改性沥青防水卷材。防水设防高度应高出室外地坪500mm。
3. 所有防水材料进行下一道施工时，应注意保护防水层，避免损伤，并应由具有相应资质的专业队伍施工。
4. 屋面采用两道防水，具体做法详工程做法表。
5. 卫生间地面采用聚氨酯涂膜防水层2厚，周边卷起高300。
6. 管井内表面用20厚1：2.5水泥砂浆抹面，如空间太小，用原浆随砌随刮平。管线安装后，每层应用相当于楼板耐火等级的不燃材料封堵，所有管井内做150高细石混凝土门槛。
7. 本工程所用防水材料必须经有关部门批准使用。应满足有关施工验收规范的要求。
8. 防水混凝土的施工缝、穿墙管道预留洞、转角、坑槽、后浇带等部位和变形缝等地下工程薄弱环节建筑构造做法应按《地下防水工程质量验收规范》GB 50208处理。

七、散水
总平面图中靠外墙未做铺砌地面处均须做散水，宽度1200mm，做法见工程做法表。

八、外装修
1. 本工程外墙为干挂石材外墙面，具体做法由专业厂家二次装修做。
2. 本工程施工时需设计、施工、监理及厂家多方紧密配合，确保整体风格和细部的比例尺度及构造得当，方能达到预期的效果。
3. 本施工图立面详图部分，控制重点节点，外轮廓尺寸及结构浇注尺寸。立面上各种饰面材料使用部位除参见立面图外，还应参照墙身详图中的有关标注。
4. 施工图中所注材料及色彩为控制设计，为确保外立面效果良好，对立面装修材料质感及色彩的最后确定，应会同业主及施工单位与工程负责人共同认证后，方可统一实施。

九、门窗工程
1. 本工程的门窗按不同用途、材料及立面要求分别编号，详见门窗立面图及门窗表。
2. 本工程外窗采用单框双玻中空铝合金窗（6+12+6），玻璃厚度由承制厂商根据立面分块要求及风压值确定。
3. 门窗的小五金配件，由承包商提供样品及构造大样，由业主及建筑师共同审定。
4. 门窗定位：除有特殊标注者外，防火门以开启方向外墙皮定位，其余均以墙中心定位。
5. 外窗气密性等级不低于《建筑外窗空气渗透性能分析及其检测方法》(GB/T 7106—2008)规定6级。透明玻璃幕墙的气密性不应低于《建筑幕墙物理性能分级》(GB/T 15225)中规定的Ⅲ级。
6. 门窗主要技术参数：(1) 抗风压性：按"GB/T 7106—2008"要求不低于3级。
    (2) 气密性：按"GB/T 7106—2008"要求不低于6级。
    (3) 水密性：按"GB/T 7106—2008"要求不低于3级。

十、室内装修
1. 各房间室内装修详"工程做法表"。
2. 本工程二次装修不应危及结构安全，影响水电系统和采暖方式，并应满足《建筑内部装修设计防火规范》(GB 50222—95)(2005年版)。及《民用建筑工程室内环境污染控制规范》的要求。
3. 本设计所注各部分装修用料业主可根据需要在二次装修中调整，为保证结构安全，所选材料自重应满足本设计荷载的要求，并应经建筑师认可后方能实施。

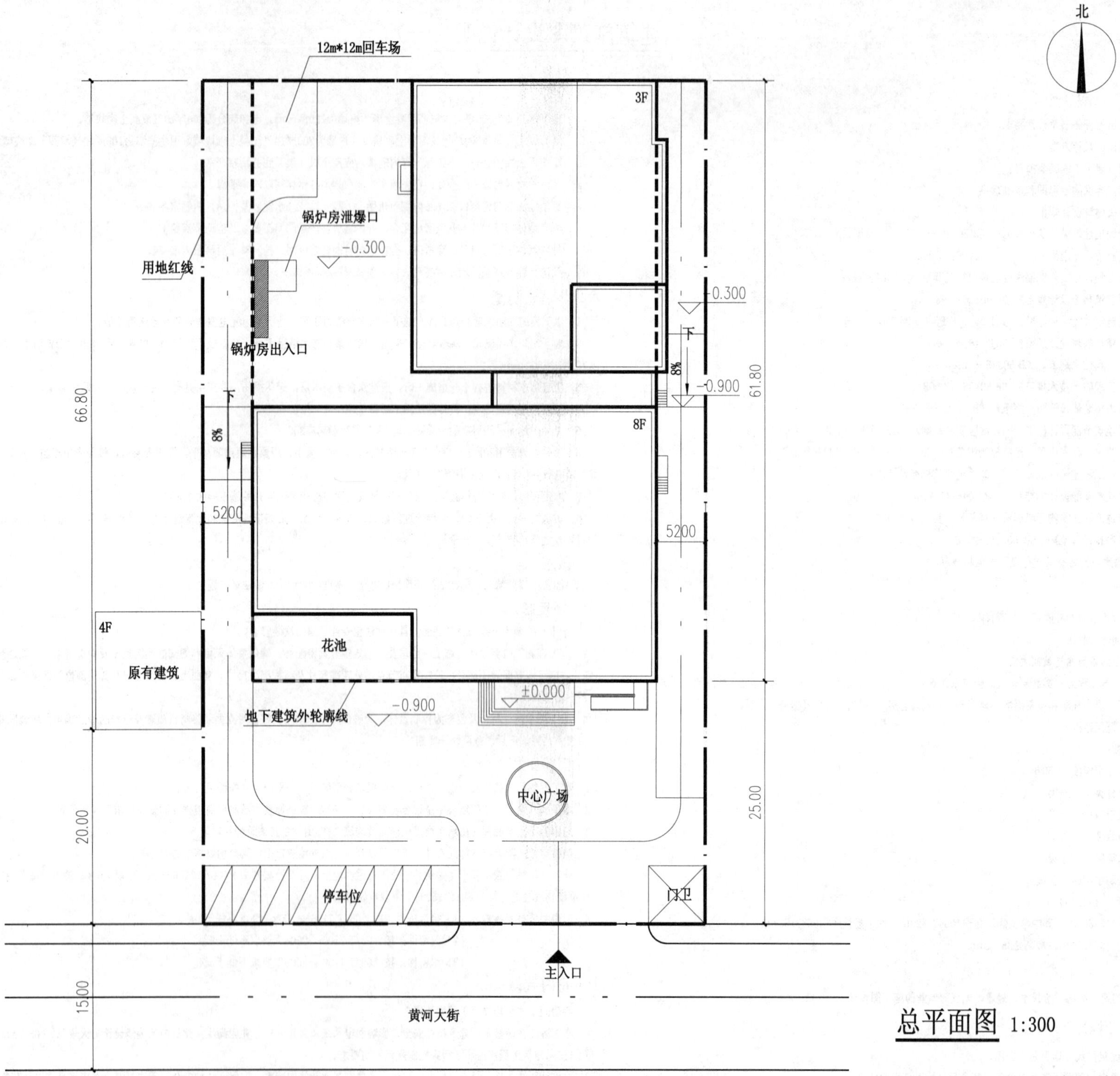

北

总平面图 1:300

12m*12m回车场
锅炉房泄爆口 −0.300
用地红线
−0.300
−0.900
3F
锅炉房出入口
8F
5200
5200
66.80
61.80
4F
原有建筑
花池
地下建筑外轮廓线 −0.900
±0.000
中心广场
20.00
25.00
停车位
门卫
15.00
主入口
黄河大街

主要经济技术指标

总用地面积	4782m²
总建筑面积	13580m²
建筑密度	25%
容积率	2.3
绿化率	30%